刘清河　崔研　崔艳东 / 编著

新能源发电数据统计分析及应用

——WPS 表格篇

中国电力出版社
CHINA ELECTRIC POWER PRESS

内 容 提 要

本书共分为4大部分11章115节。全书结合新能源发电实际应用案例，介绍了高阶函数、智能表和透视表、高阶图表、VBA自动化控制等功能应用。其中，包含的典型案例有“风机编号识别为日期问题”“快速查找风电场限电电量年累计出错位置”“风能资源区划分类别”“条件格式突出显示异常发电量”“巧妙设置生产绩效考核数值上下限”“风电场运维积分多角度统计”“求风机理论发电量”“通过数组函数实现故障停机记录筛选”“通过智能表创建故障分析模型”“通过透视表创建故障分析模型”“风功率曲线拟合及绘图”“区域发电量预测”等。

本书适用于新能源发电企业员工，由浅入深，通过短时间培训学习入门，帮助新能源发电企业员工快速掌握数据统计分析方法，并大幅提高工作效率。统一使用软件为国家能源集团版WPS 2019及以上版本（含VBA插件）。

图书在版编目（CIP）数据

新能源发电数据统计分析及应用．WPS表格篇/刘清河，崔研，崔艳东编著．—北京：中国电力出版社，2023.11

ISBN 978-7-5198-8175-7

Ⅰ.①新…　Ⅱ.①刘…　②崔…　③崔…　Ⅲ.①表处理软件-应用-新能源-发电-统计　Ⅳ.①TM61

中国国家版本馆CIP数据核字（2024）第004293号

出版发行：中国电力出版社
地　　址：北京市东城区北京站西街19号（邮政编码100005）
网　　址：http://www.cepp.sgcc.com.cn
责任编辑：孙　芳（010－63412381）
责任校对：黄　蓓　常燕昆　王海南
装帧设计：王红柳
责任印制：吴　迪

印　　刷：三河市航远印刷有限公司
版　　次：2023年11月第一版
印　　次：2023年11月北京第一次印刷
开　　本：787毫米×1092毫米　16开本
印　　张：34.25
字　　数：807千字
印　　数：0001—1000册
定　　价：175.00元

前言

PREFACE

非常感谢您选择《新能源发电数据统计分析及应用——WPS 表格篇》。

现在我们处于一个智能化、信息化变革的时代，人工智能、大数据、5G 网络、云存储、无人机、北斗卫星等已经在我们的生产和生活领域广泛应用。目前，新能源发电企业都在陆续建设集控中心，构建智能监控、智能预警、视频监控、大数据平台系统，老旧机组在“上大压小”，更换大叶片、高塔筒、高度智能化机组，发电效益更强。这一切变化可能让我们觉得是否以后工作会越来越轻松，每天鼠标点击几下，工作就完成了。其实，并不是这样，信息化、智能化带来的主要影响是劳动人员精简和公司效益提升。简单来说，就是“减人增效”，个人的工作劳动强度可能不会变化太大。因此，想要提高工作效率，实现自我价值，必须提高自身信息化技能水平。WPS 表格就是一个很好的开端，用好这一办公软件，能让你从海量数据中发现问题，并大幅提高工作效率。

面向读者

本书面向的读者主要是新能源发电企业员工，所应用的实例均与新能源发电相关，是一本针对性较强的数据统计分析书籍。希望大家能够从中有所收获，也许其中某一个知识点就能让你受到启发，进而敲开一扇知识的大门，学有所用。

编写分工

本书由刘清河组织策划编写，第一部分函数应用篇（第 1～7 章）、第四部分 VBA 自动化控制应用篇（第 11 章）由刘清河编写，第二部分智能表与透视表应用篇（第 8、9 章）由崔研编写，第三部分图表应用篇（第 10 章）由崔艳东编写。

软件版本

本书统一使用软件为国家能源集团版 WPS 2019 及以上版本（含 VBA 插件）。

数据资料下载

数据资料存储在中国移动云盘，见下载链接及二维码。

目录

CONTENTS

目录

CONTENTS

认识 WPS 表格和 Excel

大家平常用得最多的办公软件就是 WPS 表格或 Excel，从上学到工作用了多年，可能部分同学已经掌握了一些必备的使用技能，能够熟练运用函数公式、透视表等操作。但大部分人仍旧停留在初学者阶段，只会一些简单应用统计功能。现在让我们重新认识一下这个熟悉的陌生人……

WPS 表格和 Excel 有哪些功能?

类别	功 能 说 明
共有功能	高阶函数：快速统计计算，通过函数嵌套组合，实现更复杂计算功能。 70%统计分析工作 OK!
	智能表和透视表：智能表可以自动美化表格、自动扩展区域等，通过使用切片器、分类汇总实现简单数据统计分析。透视表可以通过拖拽方式，快速进行数据透视分析，构建较为复杂的数据统计分析模型，方便快捷。 更高更快更强!
	高阶图表：制作各种精美图表，只有你想不到，没有做不到。 制作专业精美图表，让你的分析报告增光添彩!
	VBA 自动化控制：实现自动化控制，比如自动化报表，比较难上手。 基本上已经无所不能!
Excel 独有功能	Power Query（超级查询）：从不同数据源提取数据、对数据进行转换整合，建立数据模型。 用于数据获取、数据清洗阶段。
	Power Pivot（超级透视）：是 Excel 在数据透视表上的加持强化功能模块，通过创建关联形成新的复合数据源，并扩展 Excel 数据操作功能，支持大量多维数据，实现更高级和复杂的分组计算分析。 用于数据分析阶段。
	Power View（数据可视化）：用于创建交互式图表、图形、地图和其他视觉效果，以便直观呈现数据。 用于数据展示阶段。
—	Power BI：商业智能分析软件：由 Power Query、Power Pivot、Power View 构成，类似于 Tableau、Tibco 数据分析软件。 突破 Excel 表格数据量上限（104 万）限制，计算效率大幅提高，突破 Excel 透视表计算字段局限性，更智能更高效!

说明:

（1）统一使用软件：国家能源集团版 WPS2019 及以上版本（含 VBA 插件）。

（2）本教材主要讲授高阶函数、智能表和透视表、高阶图表、VBA 自动化控制。

（3）不讲大而全，通过短时间培训学习入门，使新能源发电企业运行检修人员掌握数据统计分析方法，并大幅提高工作效率。

函 数 应 用 篇

1　公式和函数基础

1.1　课　程　概　述

1.1.1　函数举例

(1) 风机编号识别为日期问题。

风电场风电机组标准化编号一般为“线路编号-风机编号”形式，例如：1-4、2-3、5-8、12-14 等，这样能从编号中得知属于哪条线路第几台风机。在 WPS 表格中输入或导出机组编号时，经常会发生表格识别为日期形式，例如：1-4 识别为 2022-1-4、2-3 识别为 2022-2-3，其中年份为当年年份，如图 1-1 所示。

	A	B
1	风机编号（识别为日期）	实际风机编号
2	2022-1-4	
3	2022-2-3	
4	2022-5-8	
5	2022-12-14	

图 1-1　风机编号显示格式转换问题

那如何将日期格式的风机编号改为文本格式的风机编号呢？

1）第一种方式：手动修改。

输入风机编号时，首先输入单引号“’”，再输入风机编号，例如：’1-4。

其中单引号作用是强制转化为文本格式，并且单元格不显示单引号，需要注意必须是英文状态下的单引号。

如果数据量较大，这种方式显然不太合适。

2）第二种方式：使用 TEXT 函数。

TEXT 格式化文本函数

功能： 将数值转换为按指定数字格式表示的文本。

语法： ＝TEXT(值,数值格式)。

这里说明下日期格式其实也是数值格式，比如“2022-1-1”，虽然显示为日期，其实 WPS 表格存储的是数值，它的数值为 44562.00。为什么会是这个数值呢？这主要是 WPS 表格对日期定义有关系，在 WPS 表格中定义日期 1900-1-1 为数值 1，意思是从 1900 年 1 月 1 日开始计数，到 2022 年 1 月 1 日共计 44 562 天。其中整数部分代表整数天，小数部分代表时分秒。

那如何从日期数据里提取风机编号呢？

我们看以下规律，比如 2022-1-4 代表 1-4 风机，其中 1 为月份，4 为具体日期。那么我们要设定的数值格式为"**m-d**"，其中 m 代表月份（month），d 代表日期（day），中间的横杠指定显示的字符。

则在 B2 单元格输入公式：=TEXT(A2,"m-d")。

输入完毕回车，并向下填充公式，如图 1-2 所示。

如果机组编号增加前置零，例如 1-4 显示为 1-04，则设定的数值格式为**"m-dd"**。

则在 B2 单元格输入公式：=TEXT(A2,"m-dd")。

输入完毕回车，并向下填充公式，如图 1-3 所示。

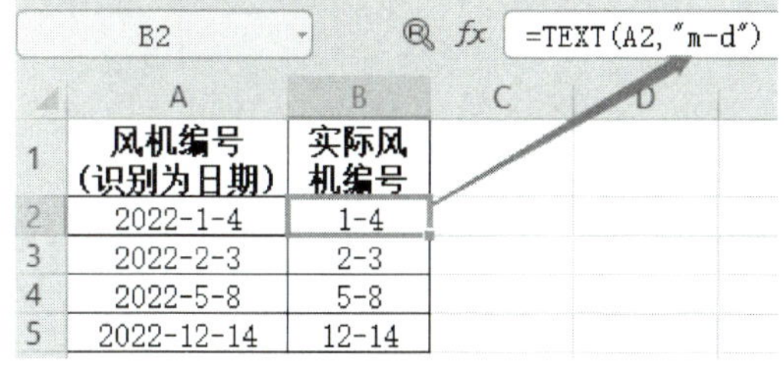

B2 | =TEXT(A2,"m-d")

	A	B
1	风机编号（识别为日期）	实际风机编号
2	2022-1-4	1-4
3	2022-2-3	2-3
4	2022-5-8	5-8
5	2022-12-14	12-14

图 1-2 风机编号显示格式转换方法 1

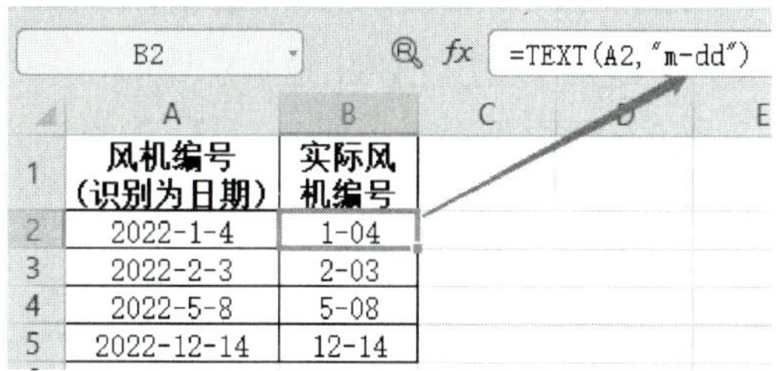

B2 | =TEXT(A2,"m-dd")

	A	B
1	风机编号（识别为日期）	实际风机编号
2	2022-1-4	1-04
3	2022-2-3	2-03
4	2022-5-8	5-08
5	2022-12-14	12-14

图 1-3 风机编号显示格式转换方法 2

（2）风电场风机编号拆分问题。

单纯的风机编号存在不唯一性，比如#1-01 机组或#1 机组，公司管辖范围内的每个风电场都存在这个编号，所以我们经常会用“风电场名称+风机编号”组合来代表具体某台机组，比如大同#1-01、秦皇岛#2-03、石家庄#4-51、天津#6-65，另外“×-×”形式编号 WPS 表格容易识别为日期，故一般在机组编号前加“#”。如图 1-4 所示，目前有风电场风机编号，如何对其进行拆分？

	A	B	C
1	风电场风机编号	风电场	风机编号
2	大同#1-01	大同	#1-01
3	秦皇岛#2-03	秦皇岛	#2-03
4	石家庄#4-51	石家庄	#4-51
5	天津#6-65	天津	#6-65

图 1-4 风电场风机编号拆分问题

1）第一种方式：函数拆分法。

第一步：从字符串中首先提取风电场名称。

这里需要用到三个函数，分别是：

LEFT 从左取字符函数

功能：从文本字符串的第一个字符开始返回指定个数的字符。

语法：=LEFT(字符串,[字符个数])。

LEN 求字符串字符个数函数

功能：返回文本字符串中的字符个数。

用法：=LEN(字符串)。

LENB 求字符串字符字节数函数

功能：返回文本字符串中的字符字节数。

用法：=LENB(字符串)。

注意：LEN 和 LENB 区别是：LEN 统计字符串中字符个数，LENB 统计字符串中字符的字节数，其中汉字 2 个字节、半角（英文字母、特殊字符、标点、数字）1 个字节、全角（英文字母、特殊字符、标点、数字）2 个字节，如图 1-4 中字符全部为半角。

那如何取出风电场名称（比如大同#1-01）？我们的写函数公式一般是从外向里写。

首先用 LEFT 函数取出“大同”二字，在 B2 单元格输入：=LEFT(A2,2)。

计算得出结果为：大同。

如果风电场名称均为两个汉字，那这个公式即可完成。但数据中存在“秦皇岛、石家庄”三个汉字的风电场名称。我们希望 LEFT 第二个参数可以动态变化，遇到两个汉字取两个，遇到三个汉字取三个。

如何判断字符串中有几个汉字？

通过 LENB 和 LEN 函数组合，LENB 计算汉字会多算 1，所以在 C2 单元格输入：**=LENB(A2)-LEN(A2)**。

计算得出结果为：2。

最终在 B2 单元格输入函数嵌套公式：**=LEFT(A2,LENB(A2)-LEN(A2))**。

输入完毕回车，并向下填充公式，如图 1-5 所示。

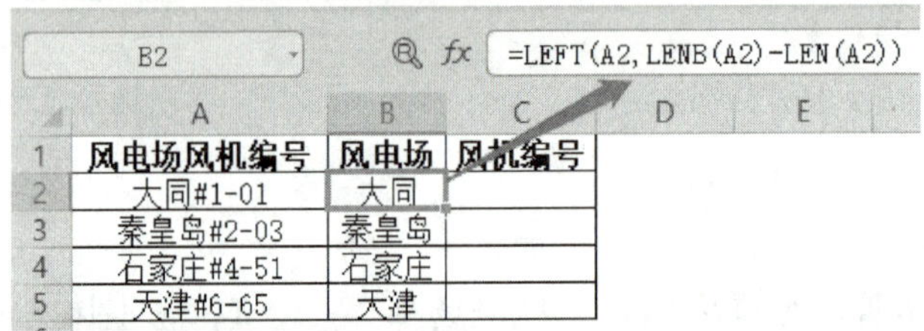

图 1-5　提取风电场名称函数公式

第二步：从字符串中提取风机编号。

我们解题思路是：将获取到的风电场名称替换为空值，其中空值用两个英文双引号表示，即""。

SUBSITITUTE 替换函数

功能：将字符串中部分字符替换为新字符串。

语法：=SUBSITITUTE(字符串,原字符串,新字符串,[替换序号])。

则在 C2 单元格输入：=SUBSITITUTE(A2,B2,"")。

输入完毕回车，并向下填充公式，如图 1-6 所示。

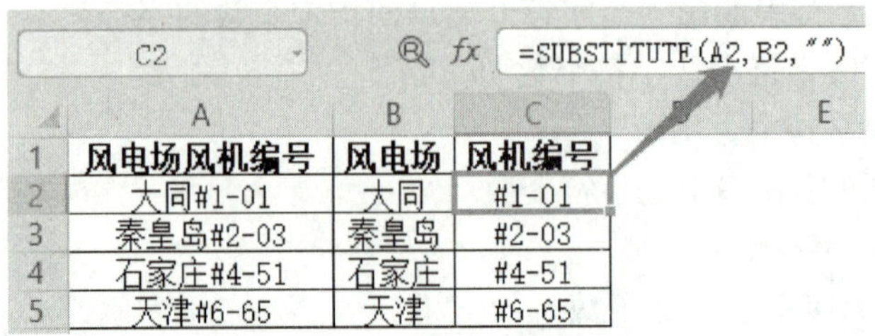

图 1-6　提取风机编号函数公式

2）第二种方式：Ctrl+E 智能填充法。

具体操作方法：

①在 B2 单元格手动输入“大同”；

②选中需要填充区域 B2:B5（必须包含 B2，B2 相当于参照实例）；

③按 Ctrl+E 快捷键，会按照 B2 形式填充所选单元格区域；

④在 C2 单元格手动输入“#1-01”；

⑤选中需要填充区域 C2:C5（必须包含 C2，C2 相当于参照实例）；

⑥按 Ctrl+E 快捷键，会按照 C2 形式填充所选单元格区域，如图 1-7 所示。

	A	B	C
1	风电场风机编号	风电场	风机编号
2	大同#1-01	大同	
3	秦皇岛#2-03		
4	石家庄#4-51		
5	天津#6-65		

→

	A	B	C
1	风电场风机编号	风电场	风机编号
2	大同#1-01	大同	
3	秦皇岛#2-03	秦皇岛	
4	石家庄#4-51	石家庄	
5	天津#6-65	天津	

	A	B	C
1	风电场风机编号	风电场	风机编号
2	大同#1-01	大同	#1-01
3	秦皇岛#2-03	秦皇岛	
4	石家庄#4-51	石家庄	
5	天津#6-65	天津	

→

	A	B	C
1	风电场风机编号	风电场	风机编号
2	大同#1-01	大同	#1-01
3	秦皇岛#2-03	秦皇岛	#2-03
4	石家庄#4-51	石家庄	#4-51
5	天津#6-65	天津	#6-65

图 1-7 Ctrl+E 智能填充快捷键

3）两种方式优劣比较。

①可能大家觉得快捷键操作简单快捷，比较方便。如果只操作一次，推荐选择使用智能填充快捷键 Ctrl+E。

②函数公式法最大的好处是输入完成一次公式后，任由前面变量变化，均能正确计算出拆分结果。所以如果是制作计算模板或者需要多次操作，推荐选择使用函数公式法。

小贴士：

Ctrl+E 智能填充相关功能用法：①拆分内容；②合并内容；③替换字符；④去除空格和符号；⑤自动换行；⑥提取身份证信息。

1.1.2 怎么样学习函数?

函数对于初学者而言，上手较为困难。函数公式输入完毕，回车输出结果报错，反复修改还报错，最终导致放弃，并给自己下了定义“不适合学习函数”。

这种心态我也有过，但是通过一段时间练习，体验到使用函数计算的快捷、省时省力，顿感兴奋，并主动去钻研如何利用函数解决复杂问题。所以，学习函数是一个过程，只要开始坚持练习，入门后会非常轻松快乐。

那么如何去学习函数?

(1) 不要通过“插入函数”方式使用函数，建议上手直接在单元格或输入框输入函数，更容易掌握函数要领；

（2）谨记函数中录入的符号必须为英文状态下符号（英文双引号括起来的符号除外），初学者经常在这块栽跟头；

（3）必须掌握基本的函数知识，学会简单应用，然后再探索综合应用；

（4）结合工作学习遇到的实际问题，学会从不同角度分析思考解决问题思路；

（5）尽量争取一题多解。

1.1.3 课程安排

（1）公式和函数基础；

（2）统计与求和函数应用；

（3）查找与引用函数应用；

（4）文本处理函数应用；

（5）日期时间函数应用；

（6）常用数学函数应用；

（7）强大的数组函数应用。

1.2 认识了解公式相关术语

1.2.1 公式的输入编辑

（1）公式的输入。

风电场	单机容量（兆瓦）	风机台数	总装机容量（兆瓦）
赤峰	2	150	=C3*D3
张家口	3	100	300
秦皇岛	1.5	100	150
保定	2.3	44	101.2

图 1-8 双击公式单元格

以“＝”号开始，后面输入函数名称、引用区域、文本、数值、运算符、括号等，以回车结束。

（2）编辑修改公式。

1）双击公式位置单元格，如图 1-8 所示；

2）选中公式位置单元格，单击编辑栏，如图 1-9 所示。

优点：输入公式后手动选择引用单元格区域，不会出现遮挡造成选不中情况。

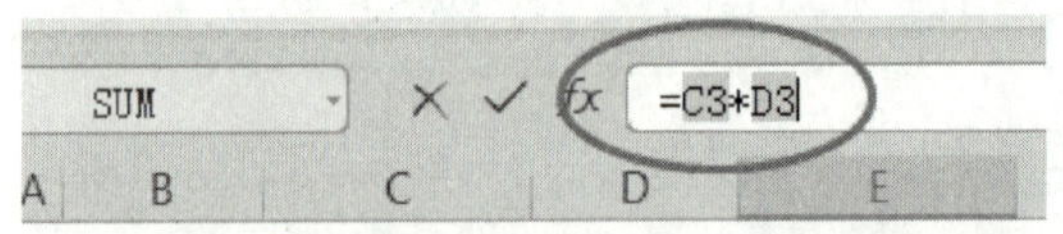

风电场	单机容量（兆瓦）	风机台数	总装机容量（兆瓦）
赤峰	2	150	=C3*D3
张家口	3	100	300
秦皇岛	1.5	100	150
保定	2.3	44	101.2

图 1-9 单击公式编辑栏

3）选中公式位置单元格，按快捷键 F2，**和双击单元格效果相同。**

1.2.2 公式的复制与填充

（1）拖拽填充柄。

鼠标移动至公式位置单元格右下角，指针变为“十字”，单击鼠标左键并按住不放，向公式填充方向拖拽。

（2）双击填充柄。

鼠标移动至公式位置单元格右下角，指针变为“十字”，双击鼠标，公式会参照左右邻近列最大连续位置向下填充。

优点：如果纵向数据行数非常多，双击填充能够实现快速填充，相比拖拽方式更省时省力。

（3）快捷键填充公式。

1）向下填充公式（快捷键 Ctrl＋D，D 的英文是 Down，功能为复制上一行内容到当前单元格）：选中公式位置单元格和需要填充公式的单元格区域，按快捷键 Ctrl＋D，如图 1-10 所示。

风电场	单机容量（兆瓦）	风机台数	总装机容量（兆瓦）
赤峰	2	150	300
张家口	3	100	
秦皇岛	1.5	100	
保定	2.3	44	

风电场	单机容量（兆瓦）	风机台数	总装机容量（兆瓦）
赤峰	2	150	300
张家口	3	100	300
秦皇岛	1.5	100	150
保定	2.3	44	101.2

图 1-10 Ctrl＋D 快捷键向下填充公式

2）向右填充公式（快捷键 Ctrl＋R，R 的英文是 Right，功能为复制左边列内容到当前单元格）：选中公式位置单元格和需要填充公式的单元格区域，按快捷键 Ctrl＋R，如图 1-11 所示。

风电场	赤峰	张家口	秦皇岛	保定
单机容量（兆瓦）	2	3	1.5	2.3
风机台数	150	100	100	44
总装机容量（兆瓦）	300			

风电场	赤峰	张家口	秦皇岛	保定
单机容量（兆瓦）	2	3	1.5	2.3
风机台数	150	100	100	44
总装机容量（兆瓦）	300	300	150	101.2

图 1-11 Ctrl＋R 快捷键向右填充公式

优点：相比双击填充柄方式，可避免邻近列无连续数据，造成双击填充柄填充不到指定位置，并且可以实现横向填充公式。

（4）复制粘贴。

通过复制公式单元格，粘贴至目标单元格区域。如公式中关键变量为相对引用，则通过批量粘贴可实现快速正确计算。

1.2.3 公式中的运算符

（1）算术运算符：＋(加)、－(负、减)、＊(乘)、/(除)、%(百分比)、^(乘幂)；

（2）比较运算符：＝(等于)、＞(大于)、＞＝(大于等于)、＜(小于)、＜＝(小于

等于)、<>(不等于);

(3) 文本运算符: &(文本字符串连接符);

(4) 引用运算符:

1) 冒号(区域运算符): 两个引用单元格，其中一个引用为左上角，一个引用位右下角，组成的矩形区域。例如：A1:C10，是以 A1 为左上角单元格，C10 为右下角单元格组成的矩形区域。

2) 逗号(联合区域运算符): 将多个引用区域合并为一个引用区域。例如：SUM(A1:A10,C1:C10)，是将 A1:A10 和 C1:C10 两块区域进行求和运算。

3) 空格(交叉区域运算符): 两个引用区域交叉部分区域。例如：SUM(A1:C10 B1:D10)，是对 A1:C10 区域和 B1:D10 区域交叉重叠部分 B1:C10 进行求和。

(5) 运算优先级，如表 1-1 所示。

表 1-1 运算优先级

运算次序	运 算 符
1	引用运算符：冒号、逗号、空格
2	算数运算符：-(负号，非减号)
3	算数运算符：%(百分比)
4	算数运算符：^(乘幂)
5	算数运算符：*(乘)、/(除)
6	算数运算符：+(加)、-(减)
7	文本运算符：&(文本字符串连接符)
8	比较运算符：=(等于)、>(大于)、>=(大于等于)、<(小于)、<=(小于等于)、<>(不等于)

注意: 括号可以改变运算优先级。

1.2.4 常见错误列表(见表 1-2)

表 1-2 常见错误列表

类别	释义	处理方式
#####	**无法显示错误:** ①列宽不能完整地显示数字； ②使用了负的日期或负的时间或超过最大显示日期(9999-12-31)时出现错误	①如果是列宽的原因，调整列宽或者字体大小即可。 ②如果是因为日期或时间格式，可以将单元格改为非日期和时间格式显示
#VALUE!	**VALUE(值、参数值)** **参数值错误:** ①公式引用错误类型数值，如文本类型数据参与算数运算； ②数组公式未按组合键“Ctrl+Shift+Enter”确认，导致系统认为非数组公式引用了错误的数组类型，从而报错	①调整数据类型错误的数据或修改公式； ②数组公式进入编辑状态，按下数组确认组合键“Ctrl+Shift+Enter”，自动在公式两侧加上数组公式标记大括号“{}”

续表

类别	释义	处理方式
DIV/0!	DIV（Divide 除以） 除零错误：函数公式中出现除数为零或空的错误	如果运算中难免出现这种情况，可以用 IFERROR 公式避免单元格返回错误值
#NAME?	NAME（名称） 名称错误： 公式或者函数中出现了无法识别的文本。具体包括：函数的名字拼写错误、公式中的文本未使用双引号、引用单元格区域缺失冒号、引用工作表未使用“!”、使用了未定义的名称等	检查函数名称拼写正确；文本使用英文双引号括起来；单元格区域补齐冒号；引用工作表使用“!”；在名称管理器定义后使用指定名称等
#N/A	N/A（NotApplicable 不适用、无适配） 无适配错误： 没有东西可填写但空格也不允许留空出现“#N/A”查询类函数找不到可用结果时出现错误	如果运算中难免出现这种情况，可以用 IFERROR 公式避免单元格返回错误值
#REF!	REF（Reference 参考、引用） 无引用区域错误： 当被引用的单元格区域或被引用的工作表被删除时出现错误	重新选择公式引用区域
#NUM!	NUM（Number 数字） 无效数字错误： ①公式或函数使用无效数字值：如公式=SMALL(A1:A6,7)，要在 6 个单元格中返回第 7 个最小值，出现错误。又如计算负数的平方根 SQRT(−4)，负值无法开方。 ②当公式返回的值太大或者太小超出 Execl 的显示范围，可存储最大数 10-308，最小数−(10-308)	①调整公式参数。 ②避免超过 WPS 表格数值极限值
#NULL!	NULL（空值） 空值错误： 空格表示两个引用单元格之间的交叉区域运算符，如计算并不相交的两个区域的交集时，出现错误。如公式=SUM(A:A B:B)，A 与 B 列不相交	将空格改为逗号，计算并集
#CALC!	CALC（Calculate 计算） 计算错误： 当 WPS 表格引擎遇到它当前不支持的方案时，发生计算错误。 比如：WPS 表格无法返回空集，当 FILTER 函数筛选后结果为空集，返回计算错误	FILTER 筛选函数当可能返回空集时，使用第三个参数“未找到结果返回值”，避免发生错误

注意：可以充分利用系统错误提示信息，左上角会出现一个黄色叹号警示按钮，点击按钮打开一个下拉列表，可以查看相关提示信息，如图 1-12 所示。

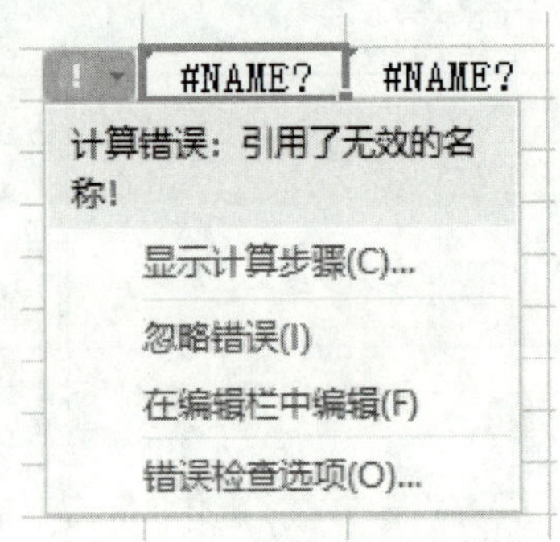

图 1-12　系统错误提示信息

1.3　认识了解函数相关知识

1.3.1　函数的概念

WPS 表格函数：是预先内置在 WPS 表格软件中用于计算、分析等数据处理的功能模块。注意：**函数不区分大小写，**输入完毕后自动转换为大写字母。

1.3.2　函数的分类

WPS 表格函数主要分为财务函数、逻辑函数、文本函数、时间和日期函数、查找与引用函数、数学和三角函数、其他函数，如图 1-13 所示。

图 1-13　函数的分类

1.3.3　函数的输入

（1）通过插入函数按钮。

插入函数，选择或查找需要使用的函数名称，选择或输入参数，确定完成输入，如图 1-14 所示。

（2）手动输入函数（见图 1-15）。

函数名称逐个输入字符，软件根据输入部分字符自动筛选符合条件的函数，从下拉选项中选择需要的函数，双击确认输入，软件会自动补齐函数左右两个括号。选择或输入参数，回车确定完成公式。

1.3.4　F9 与公式求值的妙用

如公式输出报错或公式存在函数嵌套、计算逻辑较为复杂，想要研究明白其计算原理，可利用 F9 快捷键或公式求值对公式进行逐步计算，验证每一步计算结果，直至输

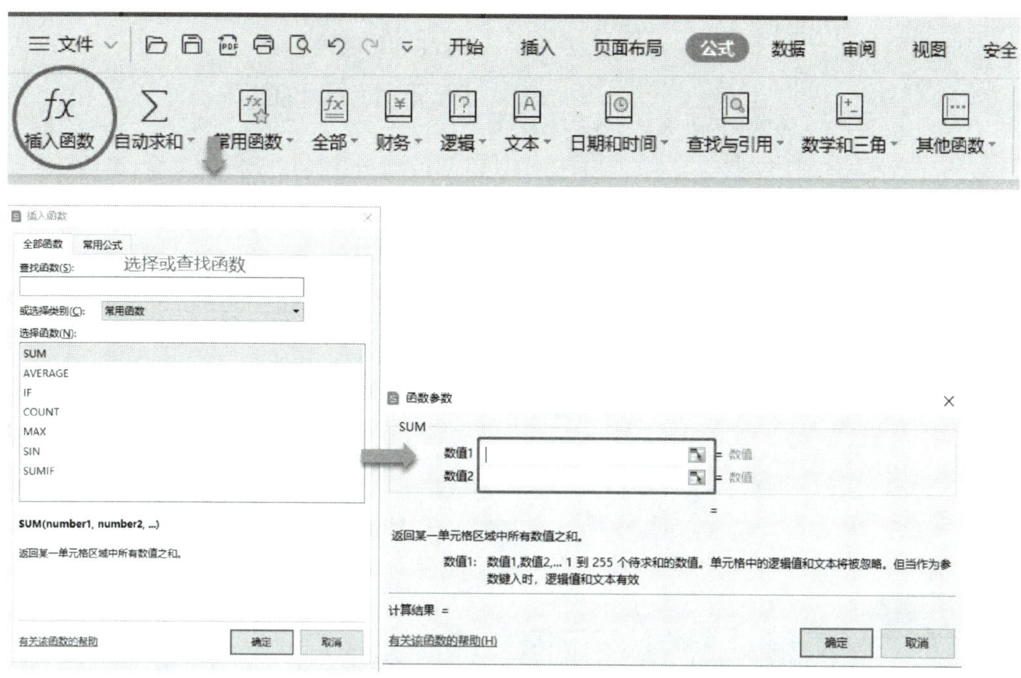

图 1-14 通过插入函数按钮实现输入函数

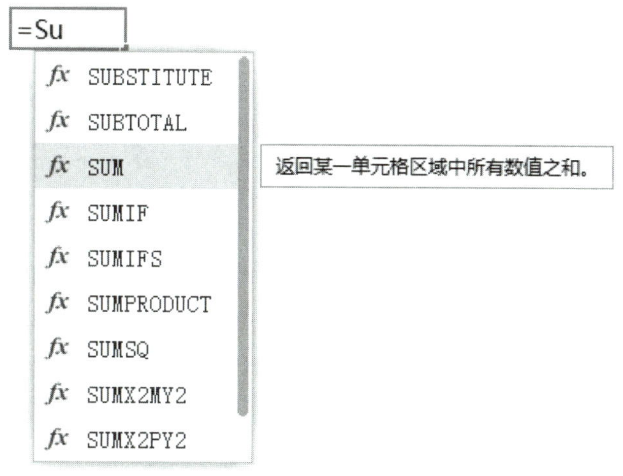

图 1-15 手动输入函数

出最终结果。

（1）通过 F9 查看公式局部计算结果。

选择函数公式内部分内容，按 F9 键后可显示选择部分的计算结果，进行验证局部计算结果是否正确，如图 1-16 所示。

注意：如果想要退出查看计算结果状态，按 Esc 键，则恢复至原公式状态；切记不要按回车键，按回车键会使公式变成目前计算结果状态。

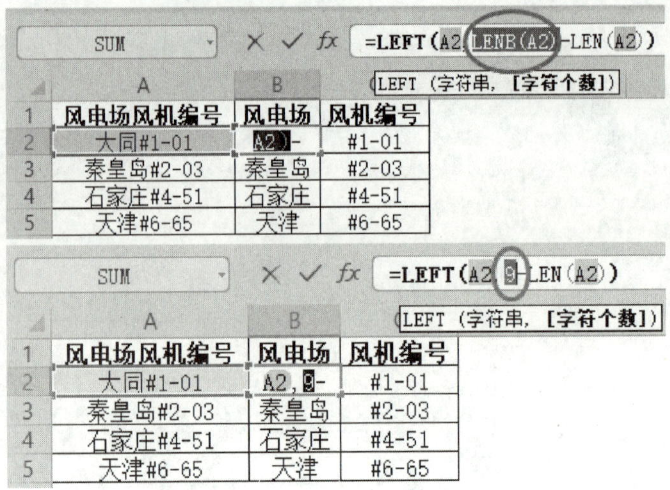

图 1-16　F9 查看公式局部计算结果

小贴士：

F9 快捷键相关功能用法：①公式局部求值 ②刷新随机函数计算结果 ③刷新迭代公式计算结果。

（2）通过“公式求值”查看公式的每一步计算结果。

1）选择公式单元格，点击公式选项卡，点击公式求值，弹出公式求值窗口，如图 1-17 所示。

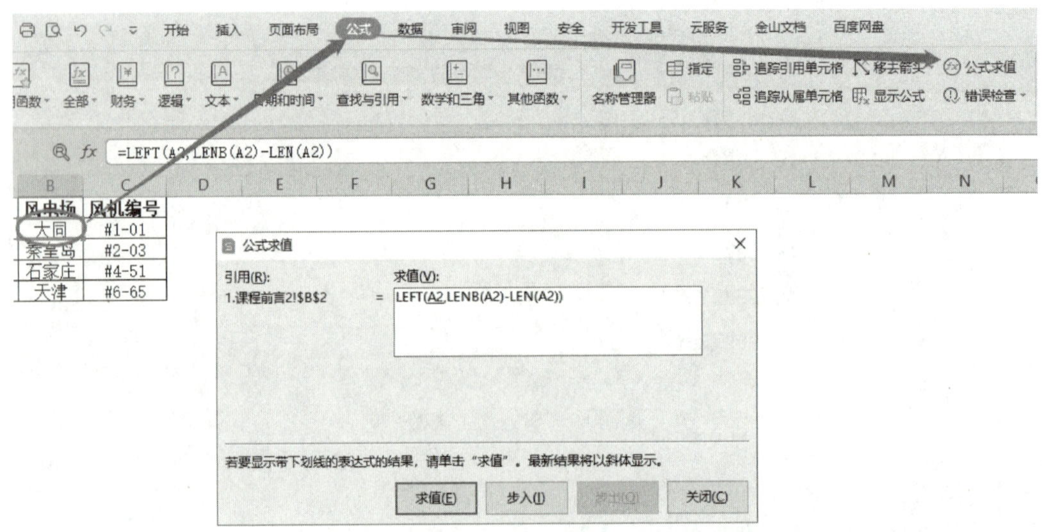

图 1-17　公式求值 1

2）窗口公式中带下划线部分为当前求值部分，点击求值，则显示当前部分计算结果，如图 1-18 所示。

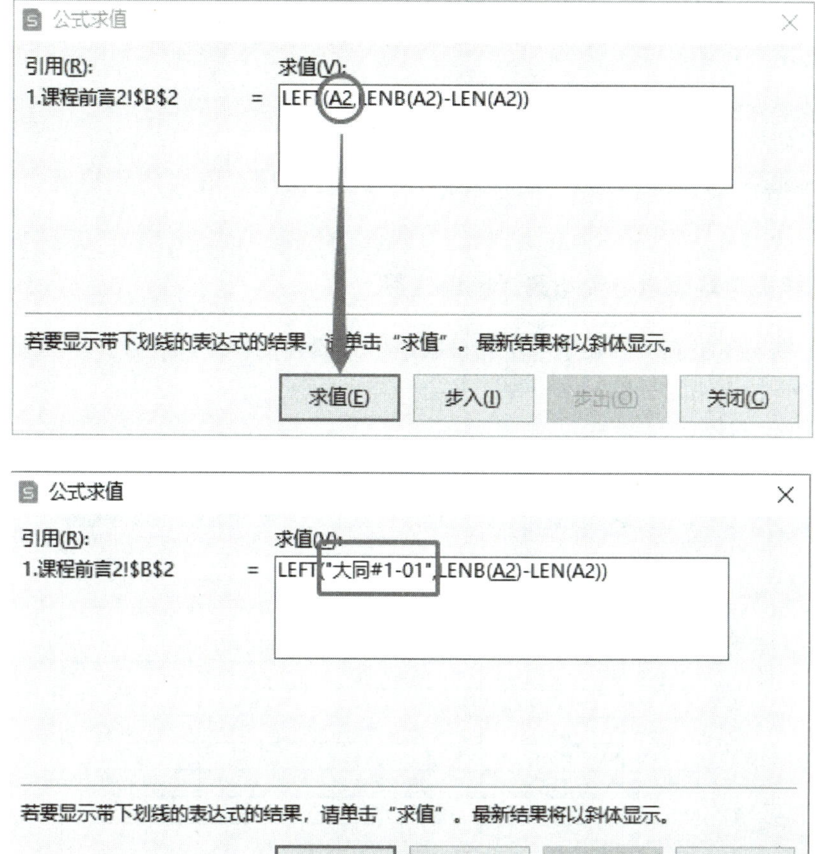

图 1-18 公式求值 2

3）依次点击求值，直至最终计算结果。

4）出现最终结果后，再次点击求值，可重新出现原来公式，再进行一遍求值。

1.4 相对、绝对、混合引用

1.4.1 相对、绝对、混合引用概念

相对、绝对、混合引用在 WPS 表格函数公式应用中发挥着重要作用，当可以熟练使用引用方式，会起到事半功倍效果，往往写一个公式后，通过拖拽公式填充柄，实现快速计算全部结果。

(1) 相对引用：公式中单元格区域引用将随着公式所在单元格位置而改变。

(2) 绝对引用：公式中单元格区域引用位置是固定不变的。绝对引用是在列字母和行数字之前都加上美元号“$”，如$A$1，$C$6。

(3) 混合引用：在一个单元格区域引用中，既有绝对引用，也有相对引用。

1）列变行不变：如 A$1，在**列字母前没有**美元号，**行数字前有**美元号。

2）列不变行变：如＄A1，在列字母前有美元号，行数字前没有美元号。

（4）引用方式变换快捷键 F4：选中引用区域按 F4 键，按第一次为绝对引用，按第二次为混合引用“列变行不变”，按第三次为混合引用“列不变行变”，按第四次为相对引用，逐次循环变换。

注意：如果 F4 快捷键被其他软件占用，未起作用，请使用快捷键：功能键 Fn＋F4。

1.4.2 查找风电场限电电量年累计出错位置

某风电场发现报表年累限电电量和日限电电量累计值相差 0.5 万 kWh（见图 1-19），如何能快速查找出错的日期并加以修正？

	A	B	C	D	E
1	日期	日限电量	报表年累计	实际年累计	差值
2	2020-1-1	0.0000	0.0000		
3	2020-1-2	93.0984	93.0984		
4	2020-1-3	2.0000	95.0984		
5	2020-1-4	0.0000	95.0984		
6	2020-1-5	0.0000	95.0984		
7	2020-1-6	0.0000	95.0984		
8	2020-1-7	0.0000	95.0984		
9	2020-1-8	34.1200	129.2184		
10	2020-1-9	23.6900	152.9084		
11	2020-1-10	46.7800	199.6884		
12	2020-1-11	0.0000	199.6884		
13	2020-1-12	90.7543	290.4427		
14	2020-1-13	0.0000	290.4427		
15	2020-1-14	0.0000	290.4427		
16	2020-1-15	0.0000	290.4427		
17	2020-1-16	0.0000	290.4427		
18	2020-1-17	0.5000	290.9427		
19	2020-1-18	0.5000	290.9427		
20	2020-1-19	249.2888	540.2315		
21	2020-1-20	100.0000	640.2315		

……

30	2020-1-29	82.2565	1017.7964		
31	2020-1-30	0.0000	1017.7964		
32	2020-1-31	45.6811	1063.4775		
33	2020-2-1	0.0000	1063.4775		
34	2020-2-2	0.0000	1063.4775		
35	2020-2-3	0.0000	1063.4775		
36	2020-2-4	1.6000	1065.0775		
37	2020-2-5	28.0000	1093.0775		
38	2020-2-6	0.0000	1093.0775		
39	2020-2-7	0.0000	1093.0775		
40	2020-2-8	90.0000	1183.0775		
41	2020-2-9	121.8320	1304.9095		
42	2020-2-10	116.4957	**1421.4052**		
43	**合计**	**1421.9052**			
44	**差值**	**0.5000**			

图 1-19 某风电场限电电量统计表

解题思路：可以通过函数 SUM 依次计算当天实际年累计限电电量，然后和报表年累计限电电量做差，求出哪天数据开始有偏差。

解题步骤：

步骤 1 在 D2 单元格输入公式：=SUM($B$2:B2)，回车完成公式输入。其中 B2:B2 依指的是以 B2 为左上角 B2 为右下角的单元格区域引用，依然为 B2 单元格，在第一个 B2 行列号上加美元号，是将左上角锁定，当公式往下拖动时，左上角单元格引用不变，右下角单元格为相对引用，会随着公式位置变化移动。因此，D3 单元格公式会变为=SUM($B$2:B3)，依次类推，可计算出每天实际年累计数据，如图 1-20 所示。

D2　fx =SUM($B$2:B2)

	A	B	C	D
1	日期	日限电量	报表年累计	实际年累计
2	2020-1-1	0.0000	0.0000	0.0000
3	2020-1-2	93.0984	93.0984	
4	2020-1-3	2.0000	95.0984	
5	2020-1-4	0.0000	95.0984	
6	2020-1-5	0.0000	95.0984	
7	2020-1-6	0.0000	95.0984	
8	2020-1-7	0.0000	95.0984	
9	2020-1-8	34.1200	129.2184	

D3　fx =SUM($B$2:B3)

	A	B	C	D
1	日期	日限电量	报表年累计	实际年累计
2	2020-1-1	0.0000	0.0000	0.0000
3	2020-1-2	93.0984	93.0	93.0984
4	2020-1-3	2.0000	95.0984	95.0984
5	2020-1-4	0.0000	95.0984	95.0984
6	2020-1-5	0.0000	95.0984	95.0984
7	2020-1-6	0.0000	95.0984	95.0984
8	2020-1-7	0.0000	95.0984	95.0984
9	2020-1-8	34.1200	129.2184	129.2184

图 1-20　日限电电量累计公式

步骤 2 鼠标指针移动至第一个公式单元格右下角，当鼠标指针变为十字时，双击填充柄，实现公式向下填充。

步骤 3 在 E2 单元格输入公式：=D2−C2，求出实际年累计和报表年累计限电电量的差值，并将公式向下填充。发现从 1 月 18 日开始，限电电量开始偏差 0.5 万千瓦时电量，如图 1-21 所示。

	A	B	C	D	E
1	日期	日限电量	报表年累计	实际年累计	差值
2	2020-1-1	0.0000	0.0000	0.0000	0
3	2020-1-2	93.0984	93.0984	93.0984	0
4	2020-1-3	2.0000	95.0984	95.0984	0
5	2020-1-4	0.0000	95.0984	95.0984	0
6	2020-1-5	0.0000	95.0984	95.0984	0
7	2020-1-6	0.0000	95.0984	95.0984	0
8	2020-1-7	0.0000	95.0984	95.0984	0
9	2020-1-8	34.1200	129.2184	129.2184	0
10	2020-1-9	23.6900	152.9084	152.9084	0
11	2020-1-10	46.7800	199.6884	199.6884	0
12	2020-1-11	0.0000	199.6884	199.6884	0
13	2020-1-12	90.7543	290.4427	290.4427	0
14	2020-1-13	0.0000	290.4427	290.4427	0
15	2020-1-14	0.0000	290.4427	290.4427	0
16	2020-1-15	0.0000	290.4427	290.4427	0
17	2020-1-16	0.0000	290.4427	290.4427	0
18	2020-1-17	0.5000	290.9427	290.9427	0
19	2020-1-18	0.5000	290.9427	291.4427	0.5
20	2020-1-19	249.2888	540.2315	540.7315	0.5
21	2020-1-20	100.0000	640.2315	640.7315	0.5
22	2020-1-21	90.5215	730.7530	731.2530	0.5
23	2020-1-22	0.0000	730.7530	731.2530	0.5
24	2020-1-23	0.0000	730.7530	731.2530	0.5
25	2020-1-24	0.0000	730.7530	731.2530	0.5

图 1-21　限电电量累计值出现偏差位置

1.5　跨工作表和工作簿引用

1.5.1　引用其他工作表单元格区域

引用其他工作表单元格区域：指的是引用同一工作簿的其他工作表。

表示方式：工作表名称+感叹号+单元格区域引用，例如：sheet1！A1，默认为相对引用，如图 1-22 所示。

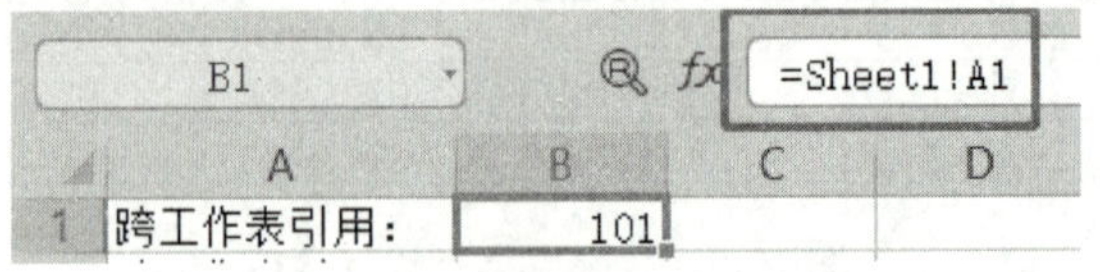

图 1-22　引用其他工作表单元格区域

注意：如引用的工作表名称包含**空格或特殊字符**（~、!、@、#、$、%、^、&、*、/、(、)、+、-、_ 等），需要在工作表名称前后添加英文单引号。例如：'示例@'！A1，如图 1-23 所示。

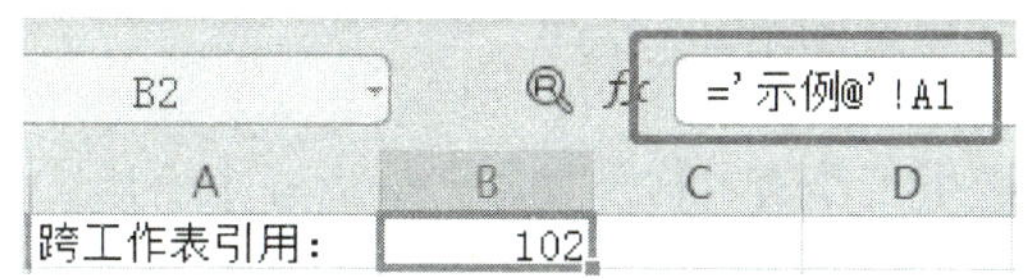

图 1-23 引用其他工作表单元格区域【含特殊符号】

1.5.2 引用其他工作簿中的工作表单元格区域

引用其他工作簿中的工作表区域：指的是引用不同工作簿中的工作表。

(1) 如果引用的其他工作簿当前处于打开状态。

表示方式：[工作簿名称]＋工作表名称＋感叹号＋单元格区域引用。例如：[函数基础.xlsx] sheet1! $A$1，默认为绝对引用，如图 1-24 所示。

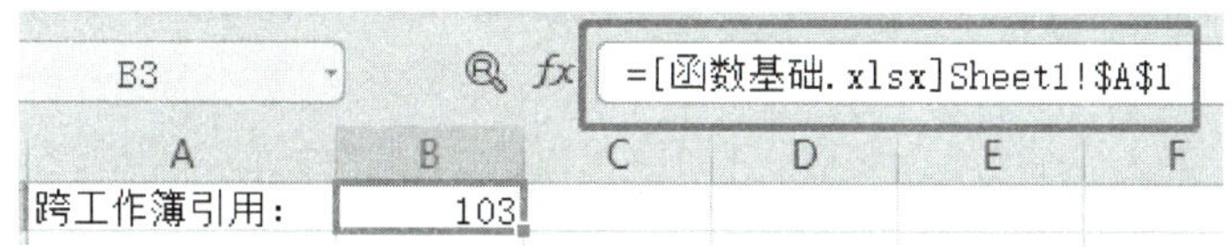

图 1-24 引用其他工作簿中的工作表单元格区域

注意：

1) 工作簿名称前后添加方括号“[]”。

2) 如引用的工作簿或工作表名称包含空格或特殊字符时，需要在工作簿工作表名称前后添加单引号。例如：'[函数基础@.xlsx]Sheet1'! $A$1，如图 1-25 所示。

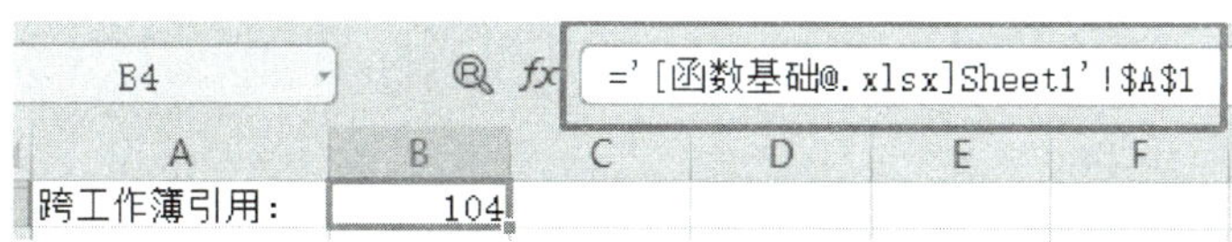

图 1-25 引用其他工作簿中的工作表单元格区域【含特殊字符】

3) 当关闭引用的其他工作簿时，公式会自动添加引用文件存放路径。例如：'E:\※Excel 数据分析教材编写\[函数基础@.xlsx]Sheet1'! $A$1，如图 1-26 所示。

图 1-26 引用其他工作簿中的工作表单元格区域【含文件路径】

(2) 如果引用的其他工作簿当前处于关闭状态。

表示方式：文件存放路径＋[工作簿名称]＋工作表名称＋感叹号＋单元格区域引用，例如：'E:\※Excel 数据分析教材编写\[函数基础@.xlsx]Sheet1'! $A$1。

注意：需要在文件存放路径、工作簿名称、工作表名称前后添加英文单引号。

1.5.3 引用多个连续工作表的相同区域

表示方式：第一个引用工作表名称＋冒号＋最后一个引用工作表名称＋感叹号＋单元格区域引用

应用实例：上半年发电量统计表中，包含 6 个月（6 张表）数据，每张表记录所有场站月度发电量，并且数据记录位置一致，均为 B2:B11 单元格区域，在汇总表中计算公司上半年总发电量，如图 1-27 所示。

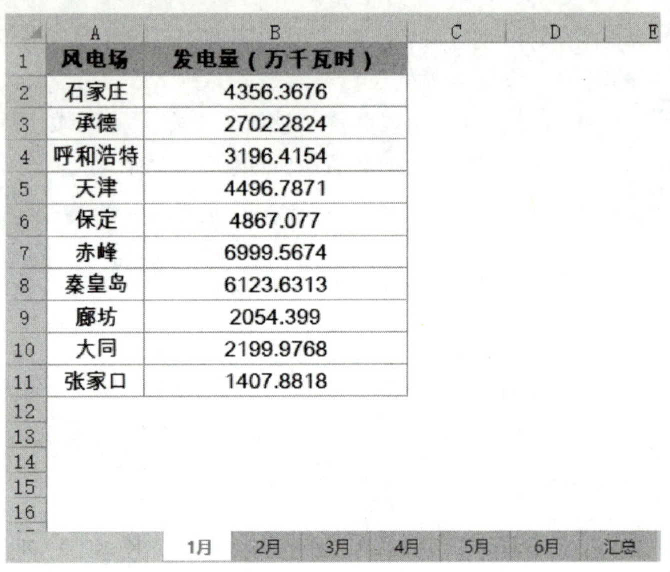

	A	B
1	风电场	发电量（万千瓦时）
2	石家庄	4356.3676
3	承德	2702.2824
4	呼和浩特	3196.4154
5	天津	4496.7871
6	保定	4867.077
7	赤峰	6999.5674
8	秦皇岛	6123.6313
9	廊坊	2054.399
10	大同	2199.9768
11	张家口	1407.8818

1月 2月 3月 4月 5月 6月 汇总

图 1-27　1～6 月所有场站月度发电量表

操作方式：

（1）手动修改法。

在汇总表 B2 单元格输入函数 SUM，选择第一张工作表“1 月”求和区域“B2:B11”，回车确认，即＝SUM('1 月'! B2:B11)。

手动修改公式为：＝SUM('1 月:6 月'! B2:B11)即可，如图 1-28 所示。

B2　=SUM('1月:6月'!B2:B11)

	A	B
1		2021年上半年总发电量（万千瓦时）
2		192199.5745

图 1-28　引用连续工作表相同区域求和

（2）手动选择法。

在汇总表 B2 单元格输入函数 SUM，选择第一张工作表“1 月”，**按住 Shift 键，**选择最后一张工作表“6 月”，再选择第一张工作表“1 月”求和区域“B2:B11”，回车确认，即=SUM('1 月:6 月'! B2:B11)。

注意：WPS2022 不能使用 Shift 选择全部工作表，但可以通过 Ctrl 依次选择需要求和的工作表。

(3) 通配符法。

注意：此方法 Excel 适用，WPS2022 不适用此方法。

在汇总表 B2 单元格输入函数 SUM，选择第一张工作表“1 月”求和区域“B2:B11”，回车确认，即=SUM('1 月'! B2:B11)。

将 1 月改为星号“*”，回车确认，则公式自动变为=SUM('1 月:6 月'! B2:B11)。

其中，通配符“*”代表公式所在工作表之外的所有其他工作表名称。

1.5.4 更新引用的工作簿

如果引用的其他工作簿文件存放路径改变，或工作簿名称改变，原有文件链接中断。点击“公式选项卡-编辑链接”，弹出编辑链接窗口，点击“更改源”，选择新的文件，重新建立链接，如图 1-29 所示。

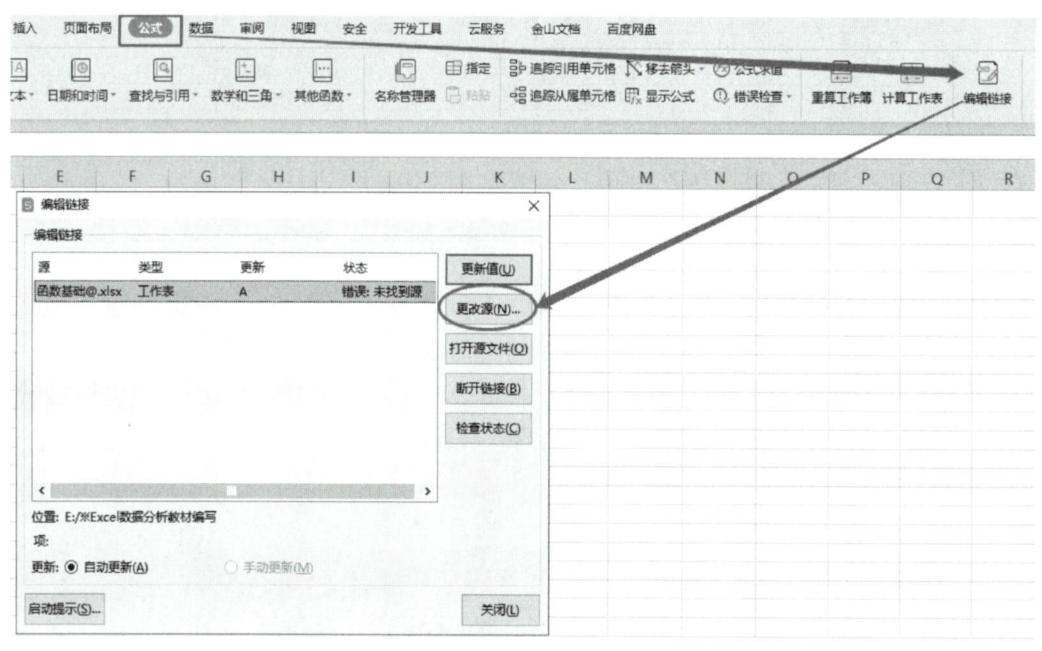

图 1-29 更新引用的工作簿

1.6 快速求和方法

1.6.1 自动求和按钮和快捷键

自动求和按钮在“公式选项卡”下，其快捷键为 Alt+“=”，建议直接使用快捷键操作，如图 1-30 所示。

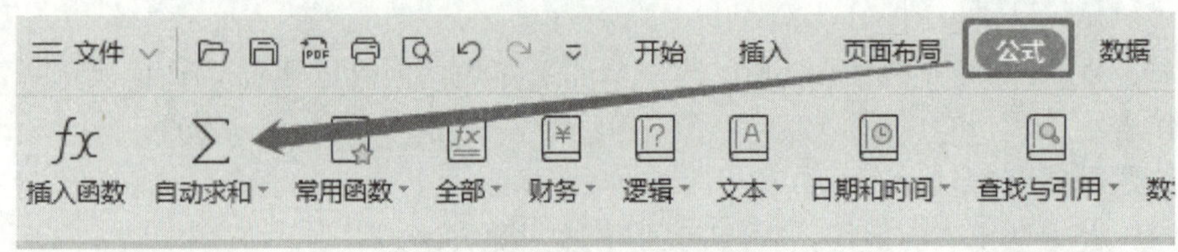

图 1-30　自动求和按钮位置

1.6.2　快速计算累计发电量

已知上半年公司所有场站发电量表，计算各场站上半年累计发电量，各月全公司累计电量和上半年公司整体累计电量，如图 1-31 所示。

	A	B	C	D	E	F	G	H
1	发电量（万kWh）	1月	2月	3月	4月	5月	6月	上半年总计
2	石家庄	4356.368	3409.426	2547.06	3448.436	3918.555	2683.545	
3	承德	2702.282	2422.212	1552.498	1595.577	1794.034	1242.331	
4	呼和浩特	3196.415	2462.656	1597.164	1880.348	2116.51	1331.713	
5	天津	4496.787	3499.599	2369.951	2292.889	2569.669	1709.445	
6	保定	4867.077	4415.954	3105.86	3155.828	3435.461	2246.714	
7	赤峰	6999.567	8398.461	5879.258	7135.053	7847.068	5184.438	
8	秦皇岛	6123.631	4899.366	4482.108	4225.706	5624.581	4017.586	
9	廊坊	2054.399	1630.365	1298.55	1356.442	1663.287	1166.18	
10	大同	2199.977	1971.848	1749.461	1640.81	1591.121	1122.308	
11	张家口	1407.882	2508.244	2554.636	2400.502	5037.78	5606.596	
12	公司总计							

图 1-31　公司上半年各场站发电量表

（1）第一种方式：依次选择需要求和的行列区域。

首先选择上半年总计列 H2:H11，点击快捷键 Alt+ “=”，可快速计算其**左侧对应行数据之和**。再次选择公司总计 B12:H12，点击快捷键 Alt+ “=”，可快速计算其**上侧对应列数据之和，如图 1-32 所示。**

	A	B	C	D	E	F	G	H
1	发电量（万kWh）	1月	2月	3月	4月	5月	6月	上半年总计
2	石家庄	4356.3676	3409.4262	2547.0595	3448.4364	3918.5547	2683.5445	
3	承德	2702.2824	2422.2115	1552.4984	1595.5765	1794.0341	1242.331	
4	呼和浩特	3196.4154	2462.6557	1597.1638	1880.3477	2116.5097	1331.7132	
5	天津	4496.7871	3499.5991	2369.9513	2292.8889	2569.6693	1709.4451	
6	保定	4867.077	4415.9544	3105.8598	3155.8277	3435.4605	2246.7138	
7	赤峰	6999.5674	8398.4612	5879.2583	7135.053	7847.0684	5184.4375	
8	秦皇岛	6123.6313	4899.3663	4482.1076	4225.7061	5624.5812	4017.5863	
9	廊坊	2054.399	1630.3646	1298.5504	1356.4416	1663.2871	1166.1804	
10	大同	2199.9768	1971.8477	1749.4609	1640.8099	1591.1211	1122.3076	
11	张家口	1407.8818	2508.2438	2554.6364	2400.5019	5037.7803	5606.5963	
12	公司总计							

图 1-32　快速求和方式一（一）

	A	B	C	D	E	F	G	H
1	发电量（万kWh）	1月	2月	3月	4月	5月	6月	上半年总计
2	石家庄	4356.368	3409.426	2547.06	3448.436	3918.555	2683.545	20363.3889
3	承德	2702.282	2422.212	1552.498	1595.577	1794.034	1242.331	11308.9339
4	呼和浩特	3196.415	2462.656	1597.164	1880.348	2116.51	1331.713	12584.8055
5	天津	4496.787	3499.599	2369.951	2292.889	2569.669	1709.445	16938.3408
6	保定	4867.077	4415.954	3105.86	3155.828	3435.461	2246.714	21226.8932
7	赤峰	6999.567	8398.461	5879.258	7135.053	7847.068	5184.438	41443.8458
8	秦皇岛	6123.631	4899.366	4482.108	4225.706	5624.581	4017.586	29372.9788
9	廊坊	2054.399	1630.365	1298.55	1356.442	1663.287	1166.18	9169.2231
10	大同	2199.977	1971.848	1749.461	1640.81	1591.121	1122.308	10275.524
11	张家口	1407.882	2508.244	2554.636	2400.502	5037.78	5606.596	19515.6405
12	公司总计							

	A	B	C	D	E	F	G	H
1	发电量（万kWh）	1月	2月	3月	4月	5月	6月	上半年总计
2	石家庄	4356.3676	3409.4262	2547.0595	3448.4364	3918.5547	2683.5445	20363.3889
3	承德	2702.2824	2422.2115	1552.4984	1595.5765	1794.0341	1242.331	11308.9339
4	呼和浩特	3196.4154	2462.6557	1597.1638	1880.3477	2116.5097	1331.7132	12584.8055
5	天津	4496.7871	3499.5991	2369.9513	2292.8889	2569.6693	1709.4451	16938.3408
6	保定	4867.077	4415.9544	3105.8598	3155.8277	3435.4605	2246.7138	21226.8932
7	赤峰	6999.5674	8398.4612	5879.2583	7135.053	7847.0684	5184.4375	41443.8458
8	秦皇岛	6123.6313	4899.3663	4482.1076	4225.7061	5624.5812	4017.5863	29372.9788
9	廊坊	2054.399	1630.3646	1298.5504	1356.4416	1663.2871	1166.1804	9169.2231
10	大同	2199.9768	1971.8477	1749.4609	1640.8099	1591.1211	1122.3076	10275.524
11	张家口	1407.8818	2508.2438	2554.6364	2400.5019	5037.7803	5606.5963	19515.6405
12	公司总计							

	A	B	C	D	E	F	G	H
1	发电量（万kWh）	1月	2月	3月	4月	5月	6月	上半年总计
2	石家庄	4356.3676	3409.4262	2547.0595	3448.4364	3918.5547	2683.5445	20363.3889
3	承德	2702.2824	2422.2115	1552.4984	1595.5765	1794.0341	1242.331	11308.9339
4	呼和浩特	3196.4154	2462.6557	1597.1638	1880.3477	2116.5097	1331.7132	12584.8055
5	天津	4496.7871	3499.5991	2369.9513	2292.8889	2569.6693	1709.4451	16938.3408
6	保定	4867.077	4415.9544	3105.8598	3155.8277	3435.4605	2246.7138	21226.8932
7	赤峰	6999.5674	8398.4612	5879.2583	7135.053	7847.0684	5184.4375	41443.8458
8	秦皇岛	6123.6313	4899.3663	4482.1076	4225.7061	5624.5812	4017.5863	29372.9788
9	廊坊	2054.399	1630.3646	1298.5504	1356.4416	1663.2871	1166.1804	9169.2231
10	大同	2199.9768	1971.8477	1749.4609	1640.8099	1591.1211	1122.3076	10275.524
11	张家口	1407.8818	2508.2438	2554.6364	2400.5019	5037.7803	5606.5963	19515.6405
12	公司总计	38404.386	35618.131	27136.546	29131.59	35598.066	26310.856	192199.5745

图 1-32　快速求和方式一（二）

（2）第二种方式：选择全部数据和求和区域。

选择 B2:H12，点击快捷键 Alt+“=”，可快速计算出所有对应行列数据之和。

注意： WPS 不能直接计算出右下角单元格总和，需要将左侧或上侧公式填充至当前单元格。Excel 可以使用此方法快速求和，如图 1-33 所示。

（3）第三种方式：定位选择求和区域。

首先选择全部数据和求和区域，即 B2:H12，**Ctrl+G 定位需要求和的空白单元格，**点击快捷键 Alt+“=”，可快速计算出所有对应行列数据之和，如图 1-34 所示。

	A	B	C	D	E	F	G	H
1	发电量（万kWh）	1月	2月	3月	4月	5月	6月	上半年总计
2	石家庄	4356.3676	3409.4262	2547.0595	3448.4364	3918.5547	2683.5445	
3	承德	2702.2824	2422.2115	1552.4984	1595.5765	1794.0341	1242.331	
4	呼和浩特	3196.4154	2462.6557	1597.1638	1880.3477	2116.5097	1331.7132	
5	天津	4496.7871	3499.5991	2369.9513	2292.8889	2569.6693	1709.4451	
6	保定	4867.077	4415.9544	3105.8598	3155.8277	3435.4605	2246.7138	
7	赤峰	6999.5674	8398.4612	5879.2583	7135.053	7847.0684	5184.4375	
8	秦皇岛	6123.6313	4899.3663	4482.1076	4225.7061	5624.5812	4017.5863	
9	廊坊	2054.399	1630.3646	1298.5504	1356.4416	1663.2871	1166.1804	
10	大同	2199.9768	1971.8477	1749.4609	1640.8099	1591.1211	1122.3076	
11	张家口	1407.8818	2508.2438	2554.6364	2400.5019	5037.7803	5606.5963	
12	公司总计							

	A	B	C	D	E	F	G	H
1	发电量（万kWh）	1月	2月	3月	4月	5月	6月	上半年总计
2	石家庄	4356.3676	3409.4262	2547.0595	3448.4364	3918.5547	2683.5445	20363.3889
3	承德	2702.2824	2422.2115	1552.4984	1595.5765	1794.0341	1242.331	11308.9339
4	呼和浩特	3196.4154	2462.6557	1597.1638	1880.3477	2116.5097	1331.7132	12584.8055
5	天津	4496.7871	3499.5991	2369.9513	2292.8889	2569.6693	1709.4451	16938.3408
6	保定	4867.077	4415.9544	3105.8598	3155.8277	3435.4605	2246.7138	21226.8932
7	赤峰	6999.5674	8398.4612	5879.2583	7135.053	7847.0684	5184.4375	41443.8458
8	秦皇岛	6123.6313	4899.3663	4482.1076	4225.7061	5624.5812	4017.5863	29372.9788
9	廊坊	2054.399	1630.3646	1298.5504	1356.4416	1663.2871	1166.1804	9169.2231
10	大同	2199.9768	1971.8477	1749.4609	1640.8099	1591.1211	1122.3076	10275.524
11	张家口	1407.8818	2508.2438	2554.6364	2400.5019	5037.7803	5606.5963	19515.6405
12	公司总计	38404.386	35618.131	27136.546	29131.59	35598.066	26310.856	192199.5745

图 1-33　快速求和方式二

	A	B	C	D	E	F	G	H
1	发电量（万kWh）	1月	2月	3月	4月	5月	6月	上半年总计
2	石家庄	4356.3676	3409.4262	2547.0595	3448.4364	3918.5547	2683.5445	
3	承德	2702.2824	2422.2115	1552.4984	1595.5765	1794.0341	1242.331	
4	呼和浩特	3196.4154	2462.6557	1597.1638	1880.3477	2116.5097	1331.7132	
5	天津	4496.7871	3499.5991	2369.9513	2292.8889	2569.6693	1709.4451	
6	保定	4867.077	4415.9544	3105.8598	3155.8277	3435.4605	2246.7138	
7	赤峰	6999.5674	8398.4612	5879.2583	7135.053	7847.0684	5184.4375	
8	秦皇岛	6123.6313	4899.3663	4482.1076	4225.7061	5624.5812	4017.5863	
9	廊坊	2054.399	1630.3646	1298.5504	1356.4416	1663.2871	1166.1804	
10	大同	2199.9768	1971.8477	1749.4609	1640.8099	1591.1211	1122.3076	
11	张家口	1407.8818	2508.2438	2554.6364	2400.5019	5037.7803	5606.5963	
12	公司总计							

定位

查找(D)　替换(P)　定位(G)

选择

○ 数据(A)

☑ 常量(O)　☑ 公式(R)

数据类型:　☑ 数字(U)　☑ 文本(X)　☑ 逻辑值(L)　☑ 错误(E)

○ 批注(C)　◉ 空值(K)　○ 可见单元格(Y)

○ 最后一个单元格(S)　○ 当前数据区域(N)　○ 对象(B)

○ 行内容差异单元格(W)　○ 列内容差异单元格(M)

定位(T)　关闭

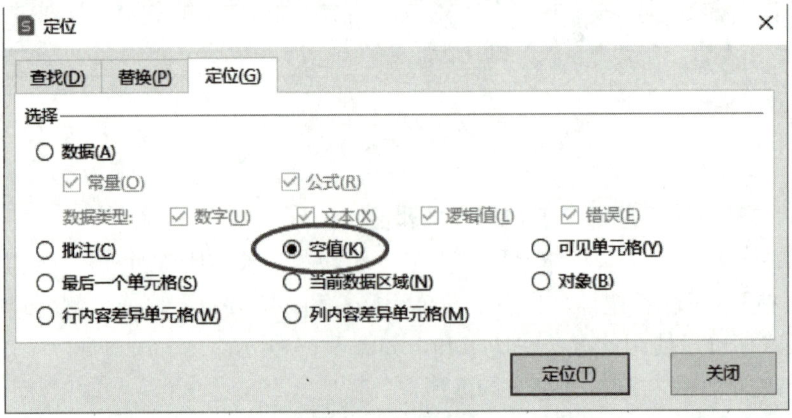

图 1-34　快速求和方式三（一）

	A	B	C	D	E	F	G	H
1	发电量（万kWh）	1月	2月	3月	4月	5月	6月	上半年总计
2	石家庄	4356.3676	3409.4262	2547.0595	3448.4364	3918.5547	2683.5445	
3	承德	2702.2824	2422.2115	1552.4984	1595.5765	1794.0341	1242.331	
4	呼和浩特	3196.4154	2462.6557	1597.1638	1880.3477	2116.5097	1331.7132	
5	天津	4496.7871	3499.5991	2369.9513	2292.8889	2569.6693	1709.4451	
6	保定	4867.077	4415.9544	3105.8598	3155.8277	3435.4605	2246.7138	
7	赤峰	6999.5674	8398.4612	5879.2583	7135.053	7847.0684	5184.4375	
8	秦皇岛	6123.6313	4899.3663	4482.1076	4225.7061	5624.5812	4017.5863	
9	廊坊	2054.399	1630.3646	1298.5504	1356.4416	1663.2871	1166.1804	
10	大同	2199.9768	1971.8477	1749.4609	1640.8099	1591.1211	1122.3076	
11	张家口	1407.8818	2508.2438	2554.6364	2400.5019	5037.7803	5606.5963	
12	公司总计							

	A	B	C	D	E	F	G	H
1	发电量（万kWh）	1月	2月	3月	4月	5月	6月	上半年总计
2	石家庄	4356.3676	3409.4262	2547.0595	3448.4364	3918.5547	2683.5445	20363.3889
3	承德	2702.2824	2422.2115	1552.4984	1595.5765	1794.0341	1242.331	11308.9339
4	呼和浩特	3196.4154	2462.6557	1597.1638	1880.3477	2116.5097	1331.7132	12584.8055
5	天津	4496.7871	3499.5991	2369.9513	2292.8889	2569.6693	1709.4451	16938.3408
6	保定	4867.077	4415.9544	3105.8598	3155.8277	3435.4605	2246.7138	21226.8932
7	赤峰	6999.5674	8398.4612	5879.2583	7135.053	7847.0684	5184.4375	41443.8458
8	秦皇岛	6123.6313	4899.3663	4482.1076	4225.7061	5624.5812	4017.5863	29372.9788
9	廊坊	2054.399	1630.3646	1298.5504	1356.4416	1663.2871	1166.1804	9169.2231
10	大同	2199.9768	1971.8477	1749.4609	1640.8099	1591.1211	1122.3076	10275.524
11	张家口	1407.8818	2508.2438	2554.6364	2400.5019	5037.7803	5606.5963	19515.6405
12	公司总计	38404.386	35618.131	27136.546	29131.59	35598.066	26310.856	192199.5745

图 1-34 快速求和方式三（二）

1.7 IF 条件判断函数

1.7.1 IF 函数介绍

功能：判断一个条件是否满足，如果满足返回一个值，如果不满足返回另外一个值。

语法：＝IF(测试条件,真值,[假值])。

1.7.2 IF 函数基本应用

某次生产人员安全知识考试，规定成绩大于等于 90 分为及格，低于 90 分为不及格。

解题步骤：

步骤 1 在 B2 单元格输入公式：＝IF(B2>＝90,"及格","不及格")。

步骤 2 输入完毕回车，并向下填充公式。最终结果：赵云、关羽及格，张飞不及格，如图 1-35 所示。

C2　=IF(B2>=90,"及格","不及格")

	A	B	C	D
1	生产人员	考试成绩	结果	
2	赵云	91	及格	
3	关羽	95	及格	
4	张飞	86	不及格	

图 1-35 生产人员考试成绩分类

1.7.3 与逻辑函数 AND 或 OR 配合使用

（1）两个基本逻辑函数。

1）AND 逻辑与函数。

功能：在参数组中，任何一个参数逻辑值为假 FALSE，则均返回假 FALSE；只有当所有参数逻辑值为真 TRUE，才返回真 TRUE。

语法：=AND(逻辑值 1,逻辑值 2,……)。

2）OR 逻辑或函数。

功能：在参数组中，任何一个参数逻辑值为真 TRUE，则均返回真 TRUE；只有当所有参数逻辑值为假 FALSE，才返回假 FALSE。

语法：=OR(逻辑值 1,逻辑值 2,……)。

（2）同时满足条件判断。

某次生产人员竞聘考试，规定笔试成绩和面试成绩均大于等于 80 分，则竞聘成功。

解题步骤：

步骤 1 首先按照一个条件：笔试成绩大于等于 80 分，则返回“是”，否则返回“否”。则在 D11 单元格输入公式：=IF(B11>=80,"是","否")。

步骤 2 确认输出结果无误后，再将一个条件改为同时满足笔试成绩和面试成绩均大于等于 80 分，即 AND(B11>=80，C11>=80)，则完成公式为：=IF(AND(B11>=80，C11>=80),"是","否")。

步骤 3 输入完毕回车，并向下填充公式。最终结果：赵云、关羽成功竞聘，如图 1-36 所示。

D11 =IF(AND(B11>=80,C11>=80),"是","否")

	A	B	C	D
10	生产人员	笔试成绩	面试成绩	是否竞聘上岗
11	赵云	91	85	是
12	关羽	95	90	是
13	张飞	86	75	否
14	周瑜	95	78	否

图 1-36 生产人员竞聘上岗【笔试面试均大于等于 80 分】

（3）满足任一条件判断。

某次生产人员竞聘考试，规定笔试成绩和面试成绩任何一项大于等于 90 分，则竞聘成功。

解题步骤：

步骤 1 首先按照一个条件：笔试成绩大于等于 90 分，则返回“是”，否则返回“否”。则在 D11 单元格输入公式：=IF(B21>=90,"是","否")。

步骤 2 确认输出结果无误后，再将一个条件改为满足任一项成绩大于等于 90 分，即 OR(B21>=90，C21>=90)，则完成公式为：=IF(OR(B21>=90,C21>=90),"是","否")。

步骤 3 输入完毕回车，并向下填充公式。最终结果：赵云、关羽、周瑜成功竞聘，如图 1-37 所示。

D21	=IF(OR(B21>=90,C21>=90),"是","否")			
	A	B	C	D
20	生产人员	笔试成绩	面试成绩	是否竞聘上岗
21	赵云	91	85	是
22	关羽	95	90	是
23	张飞	86	75	否
24	周瑜	95	78	是

图 1-37 生产人员竞聘上岗【任一项成绩大于等于 90 分】

1.7.4 IF 函数多层嵌套

(1) IF 函数多层嵌套介绍。

功能：通过 IF 函数多层嵌套，可以构造复杂的检测条件，实现多层级条件判断。

注意：IF 函数可以嵌套 7 层，使用 IF 函数多层嵌套时，首先需要理清各个层级之前的关系，层级较多时可以画流程图，再来构建函数公式。

语法：＝IF(测试条件 1,IF(测试条件 2,真值,[假值]),IF(测试条件 3,真值,[假值]))。

其中，判断为真或为假后，可以继续进行 IF 条件判断。

(2) 风能资源区划分。

我国风能资源区划分：考虑到有效风能密度的大小和全年有效累积小时数，将年平均有效风能密度大于 200W/m²、3～20m/s 风速的年累积小时数大于 5000h 的划为风能丰富区，用“Ⅰ”表示；将 150～200W/m²、3～20m/s 风速的年累积小时数在 3000～5000h 的划为风能较丰富区，用“Ⅱ”表示；将 50～150W/m²、3～20m/s 风速的年累积小时数在2000～3000h 的划为风能可利用区，用“Ⅲ”表示；将 50W/m² 以下、3～20m/s 风速的年累积小时数在 2000h 以下的划为风能贫乏区，用“Ⅳ”表示。如图 1-38 所示，现有各个地区年累计利用小时数据，求各个地区划分为哪类风能资源区？

	A	B	C
36	地区	年累计利用小时	风能资源区分类
37	赤峰	5500	
38	乌鲁木齐	5200	
39	张家口	3200	
40	承德	3300	
41	克拉玛依	5200	
42	长沙	1800	
43	昆明	2500	
44	伊春	2600	

图 1-38 风能资源区分类问题

解题步骤：

步骤 1 按照风能资源区划分标准规定的年累计利用小时数，**从大到小（或从小到大）逐次判断。**

步骤 2 首先在 C37 单元格输入：＝IF(B37>＝5000,"Ⅰ类资源区",)。

第一个 IF 判断为假时留空不填，补齐右侧括号（1 个）。

步骤 3 回车确认输出结果无误后，添加第二个 IF:＝IF(B37>＝5000,"Ⅰ类资源区",IF（B37>＝3000,"Ⅱ类资源区",)）。

第二个 IF 判断为假时留空不填，补齐右侧括号（2 个）。

步骤 4 回车确认输出结果无误后，添加第三个 IF：＝IF(B37＞＝5000,"Ⅰ类资源区",IF(B37＞＝3000,"Ⅱ类资源区",IF(B37＞＝2000,"Ⅲ类资源区",)))。

第三个 IF 判断为假时留空不填，补齐右侧括号（3 个）。

步骤 5 如前三个条件均不满足，则返回"Ⅳ类资源区"，最后完整公式为：＝IF(B37＞＝5000,"Ⅰ类资源区",IF(B37＞＝3000,"Ⅱ类资源区",IF(B37＞＝2000,"Ⅲ类资源区","Ⅳ类资源区")))。

步骤 6 输入完毕回车，并向下填充公式。最终结果：赤峰、乌鲁木齐、克拉玛依为Ⅰ类资源区；张家口、承德为Ⅱ类资源区；昆明、伊春为Ⅲ类资源区；长沙为Ⅳ类资源区，如图 1-39 所示。

	A	B	C
36	地区	年累计利用小时	风能资源区分类
37	赤峰	5500	Ⅰ类资源区
38	乌鲁木齐	5200	Ⅰ类资源区
39	张家口	3200	Ⅱ类资源区
40	承德	3300	Ⅱ类资源区
41	克拉玛依	5200	Ⅰ类资源区
42	长沙	1800	Ⅳ类资源区
43	昆明	2500	Ⅲ类资源区
44	伊春	2600	Ⅲ类资源区

图 1-39 风能资源区分类输出结果

1.7.5 ※构建二维数组

使用 IF 函数构建二维数组经常与 VLOOKUP 函数配合使用实现反向查找（详见 3.2 VLOOKUP 纵向查找函数一(6) 逆向查找）。VLOOKUP 函数为纵向查找匹配函数，后面章节会详细说明其用法。

1.8 IFS 多条件判断函数

1.8.1 IFS 函数介绍

功能： 检查是否满足一个或多个条件，当满足时，返回符合条件的那个真值。

语法： ＝IFS(测试条件 1,真值 1,[测试条件 2],[真值 2],……)。

注意：

(1) IFS 函数和 IF 函数都属于条件判断函数，不过当面对多条件判断时，IF 函数嵌套导致公式较为复杂且难以理解，以至于使人思维混乱出错，而 IFS 函数操作更为便捷、公式更易理解。**IFS 函数可以称为 IF 函数补充完善后的升级版。**

(2) IFS 函数最多可以输入 **127** 个条件。

(3) 测试条件注意按顺序输入，顺序颠倒会出现错误结果。

(4) 如果要指定默认结果，应将最后一个测试条件设为 TRUE 或 1。即不满足其他任何条件，则将返回默认结果。

(5) 所有测试条件中如果没有符合的，则返回错误值 **#N/A（无返回结果错误）。**

(6) IFS 函数为 Excel2019 或 WPS2019 版新增函数，因此只有 2019 版及更高版本才可以使用。

1.8.2 IFS 函数基本应用

应用实例（上小节实例）： 我国风能资源区划分：考虑到有效风能密度的大小和全

年有效累积小时数，将年平均有效风能密度大于 200W/m^2、3～20m/s 风速的年累积小时数大于 5000h 的划为风能丰富区，用“Ⅰ”表示；将 150～200W/m^2、3～20m/s 风速的年累积小时数在 3000～5000h 的划为风能较丰富区，用“Ⅱ”表示；将 50～150W/m^2、3～20m/s 风速的年累积小时数在 2000～3000h 的划为风能可利用区，用“Ⅲ”表示；将 50W/m^2 以下、3～20m/s 风速的年累积小时数在 2000h 以下的划为风能贫乏区，用“Ⅳ”表示。如图 1-40 所示，现有各个地区年累计利用小时数据，求各个地区划分为哪类风能资源区？

	A	B	C	D
36	地区	年累计利用小时	风能资源区分类(IF嵌套)	风能资源区分类(IFS函数)
37	赤峰	5500	Ⅰ类资源区	
38	乌鲁木齐	5200	Ⅰ类资源区	
39	张家口	3200	Ⅱ类资源区	
40	承德	3300	Ⅱ类资源区	
41	克拉玛依	5200	Ⅰ类资源区	
42	长沙	1800	Ⅳ类资源区	
43	昆明	2500	Ⅲ类资源区	
44	伊春	2600	Ⅲ类资源区	

图 1-40 风能资源区分类问题

解题步骤：

步骤 1 同样按照风能资源区划分标准规定的年累计利用小时数，**从大到小（或从小到大）逐次判断。**

步骤 2 在 D37 单元格按照**条件返回值对**依次输入：=IFS(B37>=5000,"Ⅰ类资源区",B37>=3000,"Ⅱ类资源区",B37>=2000,"Ⅲ类资源区",B37<2000,"Ⅳ类资源区")。

注意：最后一个条件可以改为 TRUE 或 1，表示不满足其他任何条件，则返回默认结果。

步骤 3 输入完毕回车，并向下填充公式。最终返回和 IF 嵌套相同的结果：赤峰、乌鲁木齐、克拉玛依为Ⅰ类资源区；张家口、承德为Ⅱ类资源区；昆明、伊春为Ⅲ类资源区；长沙为Ⅳ类资源区，如图 1-41 所示。

	A	B	C	D
36	地区	年累计利用小时	风能资源区分类(IF嵌套)	风能资源区分类(IFS函数)
37	赤峰	5500	Ⅰ类资源区	Ⅰ类资源区
38	乌鲁木齐	5200	Ⅰ类资源区	Ⅰ类资源区
39	张家口	3200	Ⅱ类资源区	Ⅱ类资源区
40	承德	3300	Ⅱ类资源区	Ⅱ类资源区
41	克拉玛依	5200	Ⅰ类资源区	Ⅰ类资源区
42	长沙	1800	Ⅳ类资源区	Ⅳ类资源区
43	昆明	2500	Ⅲ类资源区	Ⅲ类资源区
44	伊春	2600	Ⅲ类资源区	Ⅲ类资源区

图 1-41 风能资源区分类输出结果

1.9　条件格式应用

1.9.1　认识条件格式

条件格式是最容易上手的可视化功能。利用它可以突出显示大于小于等于某个值或介于某个区间值、突出显示重复值、色阶显示数据大小渐变、突出显示异常值、显示时间进度、两列信息互检、自动扩充表格区域功能等，利用条件格式可以做出非常炫酷的效果。

（1）主要功能（见图 1-42）。

1）突出显示单元格规则：大于、小于、介于、等于、文本包含、发生日期、重复值、其他规则；

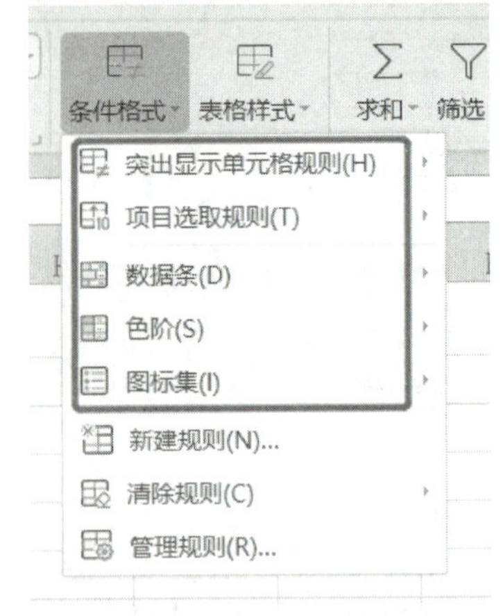

图 1-42　条件格式主要功能

2）项目选取规则：前 10 项、前 10%、最后 10 项、最后 10%、高于平均值、低于平均值、其他规则；

注意：数字 10 可以调整为其他数字。

3）数据条：渐变填充、实心填充；

4）色阶：双色刻度、三色刻度；

5）图标集：方向、形状、标记、等级。

（2）规则类型（见图 1-43）。

1）基于各自值设置所有单元格的格式。

2）只为包含以下内容的单元格设置格式。

3）仅对排名靠前或靠后的数值设置格式。

4）仅对高于或低于平均值的数值设置格式。

5）仅对唯一值或重复值设置格式。

6）使用公式确定要设置格式的单元格。

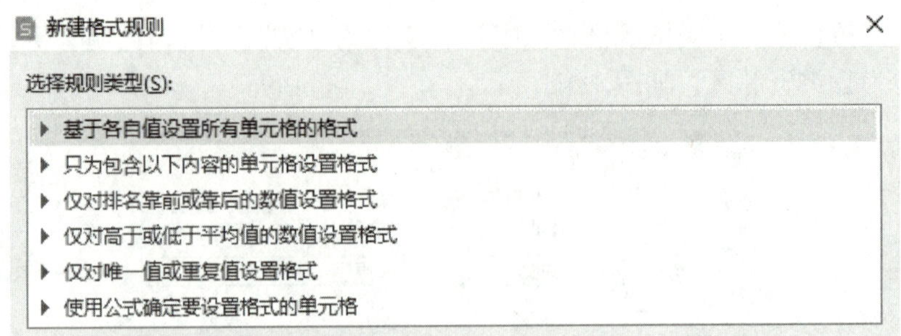

图 1-43　条件格式规则类型

1.9.2　条件格式应用实例

（1）突出显示大于某值。

现有某新能源发电公司所有场站年利用小时数，设置突出显示利用小时超过 2500

小时，如图 1-44 所示。

	A	B
1	发电场站	年利用小时数(h)
2	石家庄	2550.99
3	承德	2092.46
4	呼和浩特	2241.91
5	天津	2001.49
6	保定	2494.39
7	赤峰	2800.62
8	秦皇岛	1494.4
9	廊坊	2263.06
10	大同	1734.18
11	张家口	2549.72

图 1-44 某新能源公司场站年累利用小时数

解题步骤：

步骤 1 首先选择 B1:B11 单元格区域。

步骤 2 依次选择开始选项卡→条件格式→突出显示单元格规则→大于，弹出“大于”设置窗口，输入数据 2500，设置一种单元格格式，点击“确定”，如图 1-45 所示。可以看到年累利用小时大于 2500 小时的场站为石家庄、赤峰、张家口，如图 1-46 所示。

注意：条件格式设置完毕后，显示效果会随着单元格值变化。

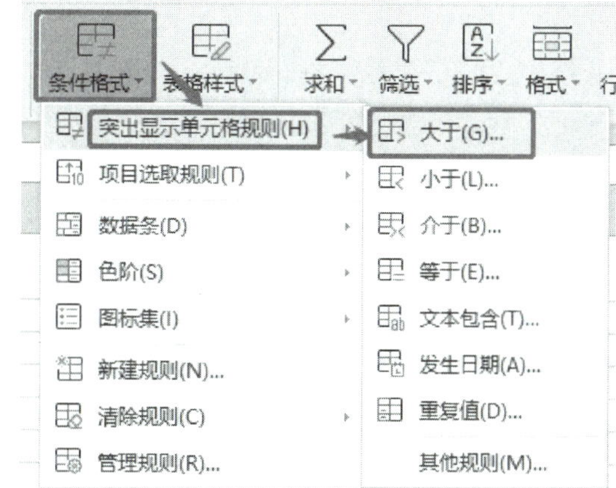

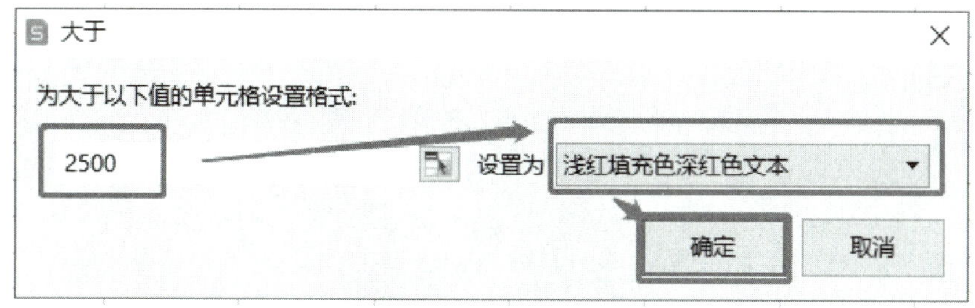

图 1-45 突出显示大于某值操作步骤

（2）色阶显示值大小变化。

现有某发电场站各月利用小时数，设置色阶显示利用小时随月份变化，如图 1-47 所示。

解题步骤：

步骤 1 首先选择 B15:B26 单元格区域。

步骤 2 依次选择开始选项卡→条件格式→色阶→绿黄红色阶（第一个），可以通过颜色渐变明显看到各月利用小时值的大小变化。其中，绿色最大、嫩绿色中上、黄色中间、橙色中下、红色最小，如图 1-48 所示。该场站各月利用小时最小值为 89.47h（8 月），最大值为 342.86h（12 月），如图 1-49 所示。

	A	B
1	发电场站	年利用小时数(h)
2	石家庄	2550.99
3	承德	2092.46
4	呼和浩特	2241.91
5	天津	2001.49
6	保定	2494.39
7	赤峰	2800.62
8	秦皇岛	1494.4
9	廊坊	2263.06
10	大同	1734.18
11	张家口	2549.72

图 1-46　突出显示年利用小时数大于 2500h 结果

	A	B
14	月份	石家庄
15	1月	292.37
16	2月	228.82
17	3月	170.94
18	4月	231.44
19	5月	262.99
20	6月	180.10
21	7月	139.94
22	8月	89.47
23	9月	151.36
24	10月	178.55
25	11月	282.14
26	12月	342.86

图 1-47　某场站各月利用小时数

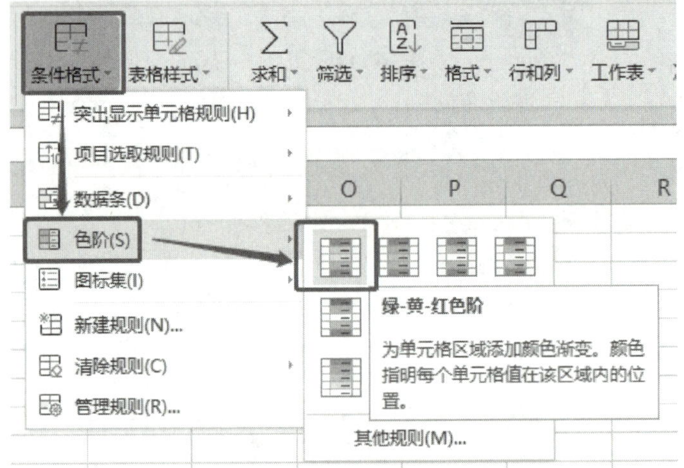

图 1-48　色阶显示单元格值变化操作步骤

	A	B
14	月份	石家庄
15	1月	292.37
16	2月	228.82
17	3月	170.94
18	4月	231.44
19	5月	262.99
20	6月	180.10
21	7月	139.94
22	8月	89.47
23	9月	151.36
24	10月	178.55
25	11月	282.14
26	12月	342.86

图 1-49　色阶显示月利用小时变化

(3) 突出显示等于某值。

新能源发电公司一般比较关注机组大部件停机故障，因此“是否为大部件故障”字段如果选择“是”，则突出显示标记出来，如图 1-50 所示。

	A	B	C	D	E	F	G	H	I
30	风机编号	风机类型	开始时间	结束时间	故障部位	是否为大部件故障	停机原因	处理方案	今日影响原因
31	#4-39	EN82-1500	2022-3-28 16:00		齿轮箱	是	齿轮箱高速轴断齿	更换高速轴	天气原因
32	#2-14	UP82-1500	2022-5-4 15:10		主控系统	否	机舱通讯故障	故障处理消缺	已恢复
33	#2-11	UP82-1500	2022-5-4 19:10		变桨系统	否	变桨供电故障	故障处理消缺	备件原因
34	#2-20	UP82-1500	2022-5-8 19:10		变频器	否	变频器故障	故障处理消缺	天气原因

图 1-50 风电机组故障停机记录

解题步骤：

步骤 1 首先选择 F31:F34 单元格区域。

步骤 2 依次选择开始选项卡→条件格式→突出显示单元格规则→等于，弹出“等于”设置窗口，输入文字“是”，设置一种单元格格式，点击“确定”，如图 1-51 所示。可以看到第一条大部件故障标记出来，如图 1-52 所示。

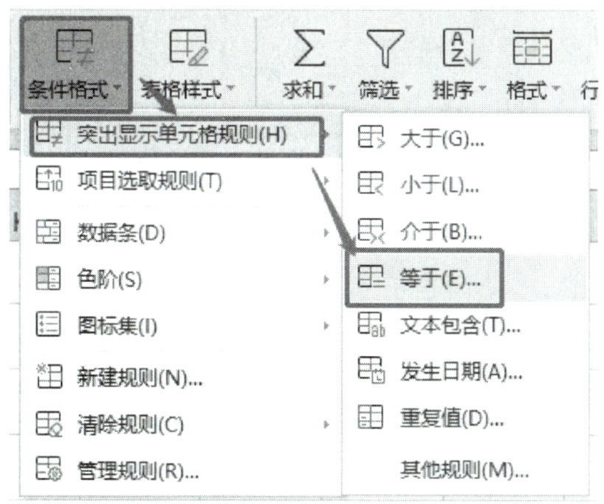

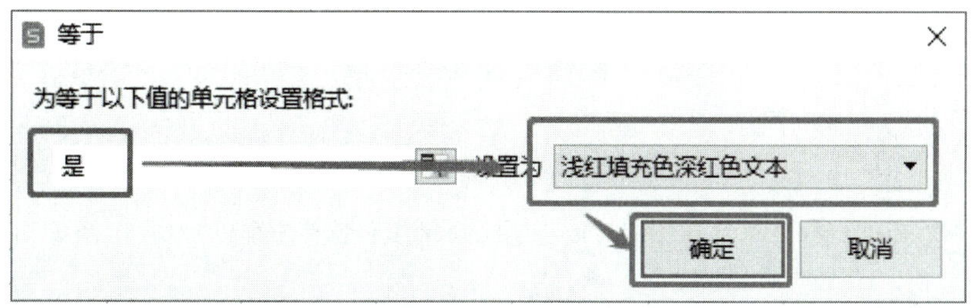

图 1-51 突出显示等于某值操作步骤

	A	B	C	D	E	F	G	H	I
30	风机编号	风机类型	开始时间	结束时间	故障部位	是否为大部件故障	停机原因	处理方案	今日影响原因
31	#4-39	EN82-1500	2022-3-28 16:00		齿轮箱	是	齿轮箱高速轴断齿	更换高速轴	天气原因
32	#2-14	UP82-1500	2022-5-4 15:10		主控系统	否	机舱通讯故障	故障处理消缺	已恢复
33	#2-11	UP82-1500	2022-5-4 19:10		变桨系统	否	变桨供电故障	故障处理消缺	备件原因
34	#2-20	UP82-1500	2022-5-8 19:10		变频器	否	变频器故障	故障处理消缺	天气原因

图 1-52　突出显示大部件故障停机机组

（4）突出显示重复值。

某次考试人员有重名，突出标记出来，如图 1-53 所示。

解题步骤：

步骤 1　首先选择 D2:D18 单元格区域。

步骤 2　依次选择开始选项卡→条件格式→突出显示单元格规则→重复值，弹出“重复值”设置窗口，设置一种单元格格式，点击“确定”，如图 1-54 所示。可以看到重复姓名：马超、李帅被标记出来，如图 1-55 所示。

注意：重复值窗口中，可以将“重复”改为“唯一”，实现突出显示唯一值。

	D	E
1	姓名	考试得分
2	刘清河	93
3	吴昊	97
4	谢立	90
5	王聪	90
6	马超	91
7	刘德庆	92
8	郝志强	97
9	丁杰	99
10	马超	93
11	李帅	100
12	高国伟	91
13	王琦	90
14	张迪	91
15	李坤	97
16	高飞	97
17	李文印	100
18	李帅	100

图 1-53　某次考试名单

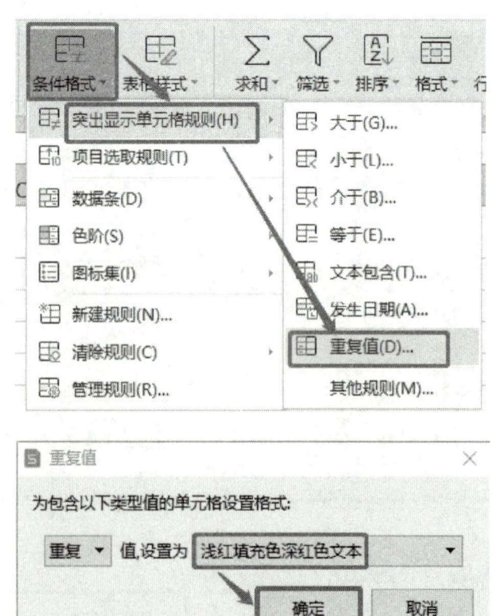

图 1-54　突出显示重复值操作步骤

	D	E
1	姓名	考试得分
2	刘清河	93
3	吴昊	97
4	谢立	90
5	王聪	90
6	马超	91
7	刘德庆	92
8	郝志强	97
9	丁杰	99
10	马超	93
11	李帅	100
12	高国伟	91
13	王琦	90
14	张迪	91
15	李坤	97
16	高飞	97
17	李文印	100
18	李帅	100

图 1-55　突出显示重名人员

（5）显示时间进度。

每年公司会制定年度电量任务，每天管理人员比较关注当前电量完成率，然后和时间进度比较下，判断是否能够提前完成当年电量任务。首先要计算出当天时间进度百分比，然后**通过数据条形式**做出类似进度条效果，如图 1-56 所示。

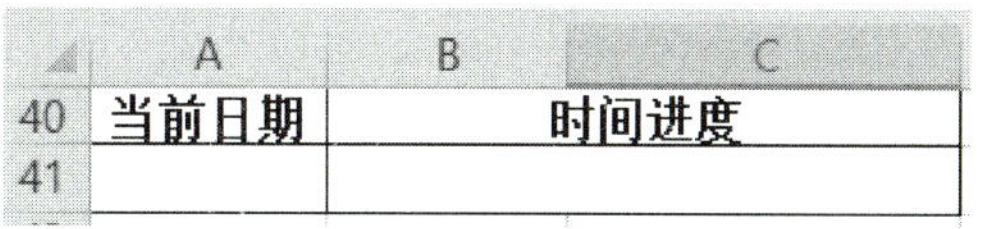

	A	B	C
40	当前日期	时间进度	
41			

图 1-56 当前日期和时间进度

解题步骤：

步骤 1 首先获取当前日期，在 A41 单元格输入公式：=TODAY()。

步骤 2 求当日是本年第几天，在 B41 单元格输入公式：=A41−DATE(YEAR(A41),1,1)+1。

步骤 3 求本年共有多少天，在 D41 单元格输入公式：=DATE(YEAR(A41),12,31)−DATE(YEAR(A41),1,1)+1。

步骤 4 合成时间进度百分比公式：=(A41−DATE(YEAR(A41),1,1)+1)/(DATE(YEAR(A41),12,31)−DATE(YEAR(A41),1,1)+1)。

并设置单元格格式为百分比，保留整数。

注意：DATE 日期函数里有三个参数，分别为年、月、日；YEAR 年函数计算某个日期所属年份；两个日期相减加 1 即为相隔天数。

步骤 5 选择 B41 单元格，依次选择开始选项卡→条件格式→数据条→其他规则，打开“新建格式规则”窗口，最大值类型改为“数字”，值改为 1，填充颜色选择一种清新靓丽的颜色，点击确定，如图 1-57 所示。最终形成时间进度条样式，当本年最后一天时，单元格填充满，值为 100%，如图 1-58 所示。

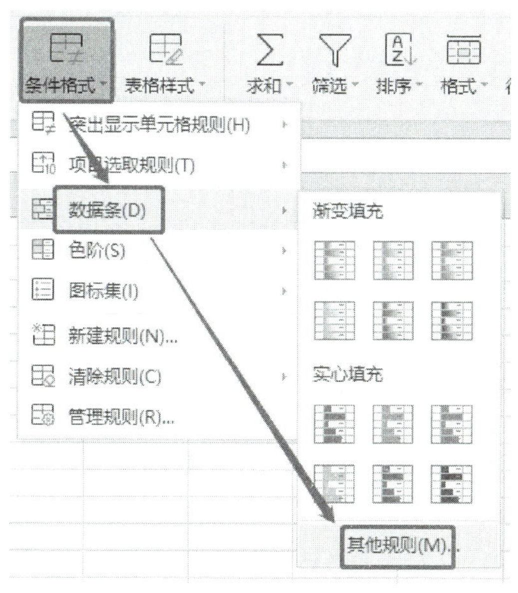

图 1-57 进度条设置操作步骤（一）

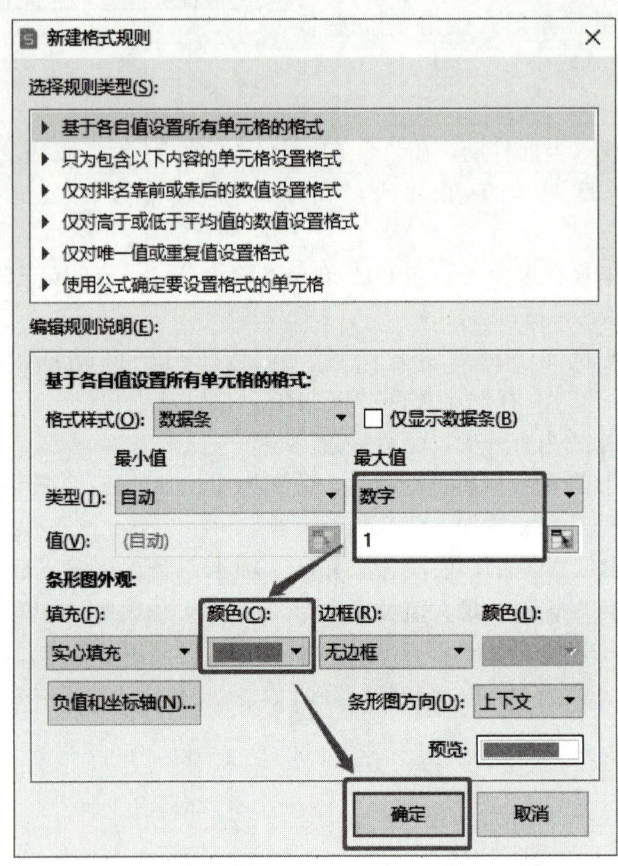

图 1-57 进度条设置操作步骤（二）

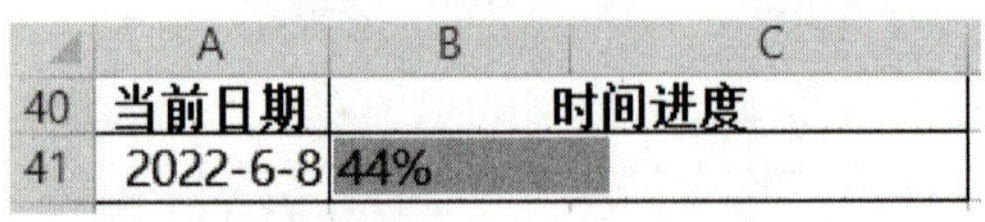

图 1-58 时间进度条显示效果

(6) 通过公式设置条件格式之突出显示异常值。

现有某风电场一期项目单机风速电量和日停机时间表，该项目为联合动力 UP82-1500 机组，单机容量 1500kW。由于 SCADA 系统电量累计问题，可能电量数据存在跳变或其他原因，导致单机发电量超过理论应发值或发电量为负值。通过设置条件格式，直接标记出异常发电量值，然后通过手动修正，确保单机电量数据准确，如图 1-59 所示。

解题步骤：

步骤 1 首先选择 C51:C83 单元格区域。

	A	B	C	D	E	F	G	H	I	J
49	风机编号	平均风速(m/s)	日发电量(kWh)	总停机小时(h)	日停机时间(h)					
50					计划停机	故障停机	输变电设备计划停运	输变电设备非计划停运	场外受累停运	自然灾害停运
51	**#4-34**	4.72	1300	2.30		2.30				
52	**#4-35**	4.73	4265	0.00						
53	**#4-36**	5.65	6450	0.00						
54	**#4-37**	5.64	6880	0.00						
55	**#4-38**	5.64	4500	24.00		24.00				
56	**#4-39**	5.29	5209	0.00						
57	**#4-40**	5.09	2970	0.00						
58	**#4-41**	4.67	4197	0.00						
59	**#4-42**	5.73	2898	0.00						
60	**#4-43**	6.15	5013	0.00						
61	**#4-44**	6.85	4484	0.00						
62	**#4-45**	5.67	40567	15.50	15.50					
63	**#5-46**	5.75	4776	0.00						
64	**#5-47**	4.53	3346	0.00						
65	**#5-48**	4.24	1918	0.00						
66	**#5-49**	4.66	3247	0.00						
67	**#5-50**	4.37	-125	12.00		12.00				
68	**#5-51**	4.99	4979	0.00						
69	**#5-52**	4.42	3459	0.00						
70	**#5-53**	4.78	1023	15.50		15.50				
71	**#5-54**	4.78	1043	0.00						
72	**#5-55**	4.76	3825	0.00						
73	**#5-56**	4.76	3583	0.00						
74	**#6-57**	5.25	1733	0.00						
75	**#6-58**	5.60	1771	11.00		11.00				
76	**#6-59**	5.09	3852	0.00						
77	**#6-60**	5.72	4351	0.00						
78	**#6-61**	4.48	3710	0.00						
79	**#6-62**	5.60	4325	0.00						
80	**#6-63**	5.08	4723	0.00						
81	**#6-64**	4.86	4321	0.00						
82	**#6-65**	4.91	4021	0.00						
83	**#6-66**	5.00	7707	0.00						
84	总计	**5.13**	**16.04**	**80.30**	**15.50**	**64.80**	**0.00**	**0.00**	**0.00**	**0.00**

图 1-59　某风电场一期项目单机风速电量和日停机时间表

步骤 2　依次选择开始选项卡→条件格式→新建规则，弹出“新建格式规则”窗口，选择“使用公式确定要设置格式的单元格”，先判断单机日发电量大于理论发电量，在“只为满足以下条件的单元格设置格式”下方输入框内输入公式：＝C51＞1500＊(24—D51)。

注意：单元格引用必须为相对引用，才会对选择区域内所有发电量数值起作用。

步骤 3　设置条件成立后单元格格式为浅红色，点击确定后，查看结果发现♯4-38、♯4-45 两台机组当日发电量超过理论最大值，如图 1-60 所示。

步骤 4　验证无误后，设置第二个判断条件。依次选择开始选项卡→条件格式→管理规则，弹出“条件格式规则管理器”窗口，选择当前规则，点击编辑规则，弹出“编

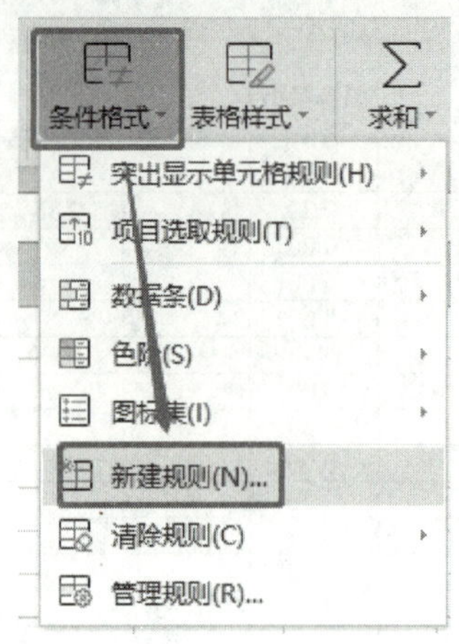

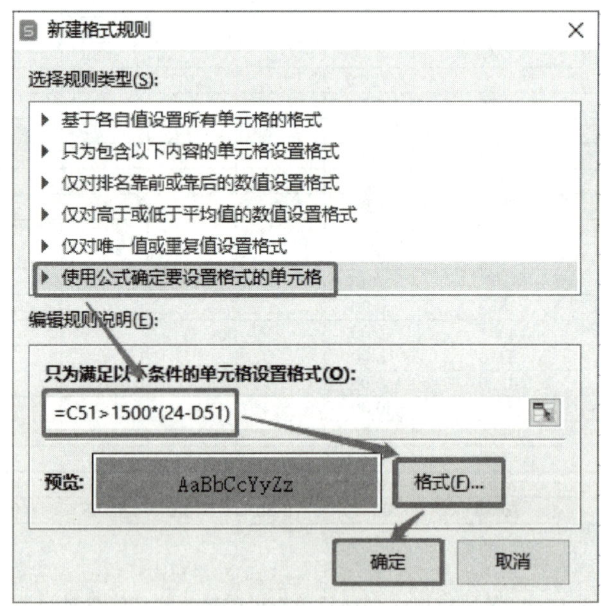

图 1-60 通过公式设置条件格式【满足一个条件】操作步骤

辑规则”窗口，如图 1-61 所示。

步骤 5 增加一个判断条件：发电量小于零，满足任何一个条件都标红。则在“只为满足以下条件的单元格设置格式”下方输入框内输入公式：=OR(C51>1500＊(24—D51),C51<0),如图 1-61 所示。

步骤 6 点击确定后，发现＃5-50 机组日发电量小于零，如图 1-62 所示。

注意：如果对公式和条件格式应用掌握熟练后，可以直接输入完整公式。

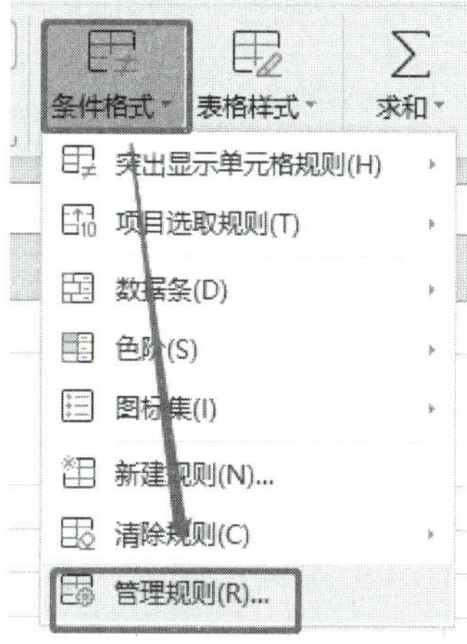

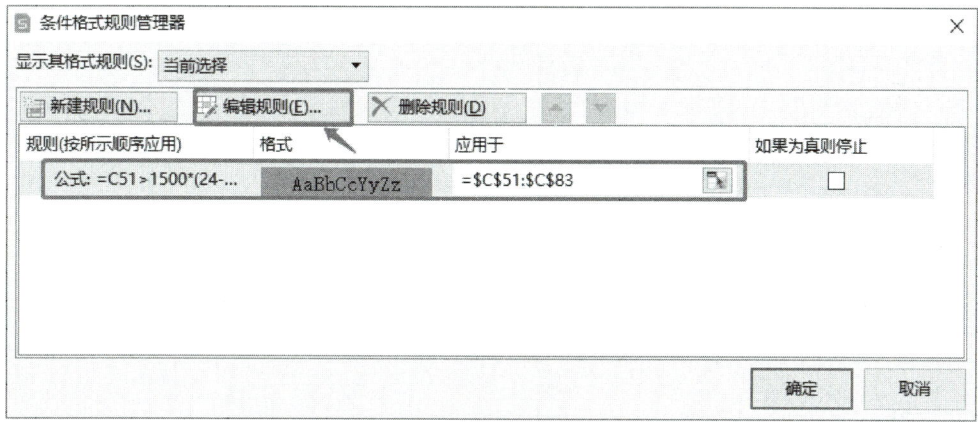

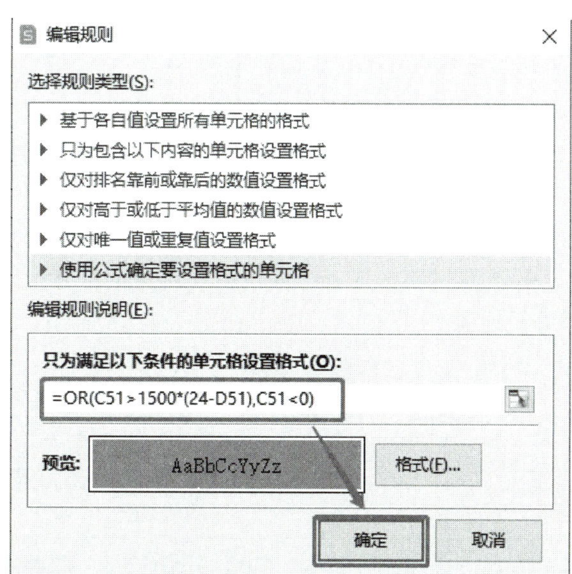

图 1-61 通过公式设置条件格式【满足两个条件中任意一个】操作步骤

	A	B	C	D	E	F	G	H	I	J
49	风机编号	平均风速(m/s)	日发电量(kWh)	总停机小时(h)	日停机时间(h)					
50					计划停机	故障停机	输变电设备计划停运	输变电设备非计划停运	场外受累停运	自然灾害停运
51	#4-34	4.72	1300	2.30		2.30				
52	#4-35	4.73	4265	0.00						
53	#4-36	5.65	6450	0.00						
54	#4-37	5.64	6880	0.00						
55	#4-38	5.64	4500	24.00		24.00				
56	#4-39	5.29	5209	0.00						
57	#4-40	5.09	2970	0.00						
58	#4-41	4.67	4197	0.00						
59	#4-42	5.73	2898	0.00						
60	#4-43	6.15	5013	0.00						
61	#4-44	6.85	4484	0.00						
62	#4-45	5.67	40567	15.50	15.50					
63	#5-46	5.75	4776	0.00						
64	#5-47	4.53	3346	0.00						
65	#5-48	4.24	1918	0.00						
66	#5-49	4.66	3247	0.00						
67	#5-50	4.37	-125	12.00		12.00				
68	#5-51	4.99	4979	0.00						
69	#5-52	4.42	3459	0.00						
70	#5-53	4.78	1023	15.50		15.50				
71	#5-54	4.78	1043	0.00						
72	#5-55	4.76	3825	0.00						
73	#5-56	4.76	3583	0.00						
74	#6-57	5.25	1733	0.00						
75	#6-58	5.60	1771	11.00		11.00				
76	#6-59	5.09	3852	0.00						
77	#6-60	5.72	4351	0.00						
78	#6-61	4.48	3710	0.00						
79	#6-62	5.60	4325	0.00						
80	#6-63	5.08	4723	0.00						
81	#6-64	4.86	4321	0.00						
82	#6-65	4.91	4021	0.00						
83	#6-66	5.00	7707	0.00						
84	总计	5.13	16.04	80.30	15.50	64.80	0.00	0.00	0.00	0.00

图 1-62　通过公式设置条件格式【满足两个条件中任意一个】显示结果

(7) 通过公式设置条件格式之实现两列信息互检功能。

风电场机组故障记录表中（同应用实例三），为规范现场运检人员记录数据，比如【结束时间】和【今日影响原因】关系：①如果有结束时间，则今日影响原因必须选择“已恢复”。如未选择“已恢复”，则今日影响原因单元格标注警示红色。②如果今日影响原因选择已恢复，则结束时间必须有。如没有，结束时间单元格标注警示红色。图 1-63 为风电机组故障停机记录。

	A	B	C	D	E	F	G	H	I
30	风机编号	风机类型	开始时间	结束时间	故障部位	是否为大部件故障	停机原因	处理方案	今日影响原因
31	#4-39	EN82-1500	2022-3-28 16:00		齿轮箱	是	齿轮箱高速轴断齿	更换高速轴	天气原因
32	#2-14	UP82-1500	2022-5-4 15:10		主控系统	否	机舱通讯故障	故障处理消缺	已恢复
33	#2-11	UP82-1500	2022-5-4 19:10	2022-5-5 16:10	变桨系统	否	变桨供电故障	故障处理消缺	备件原因
34	#2-20	UP82-1500	2022-5-8 19:10		变频器	否	变频器故障	故障处理消缺	天气原因

图 1-63　风电机组故障停机记录

解题步骤（互检一）：

步骤 1 首先选择 I31:I34 单元格区域。

步骤 2 依次选择开始选项卡→条件格式→新建规则，弹出“新建格式规则”窗口，选择“使用公式确定要设置格式的单元格”，首先进行第一个判断：有结束时间未选择已恢复，在“只为满足以下条件的单元格设置格式”下方输入框内输入公式：=AND(D31<>"",I31<>"已恢复")。

步骤 3 设置条件成立后单元格格式为浅红色，点击确定后，发现＃2－11 机组有结束时间，今日影响原因未选择“已恢复”，如图 1-64 所示。

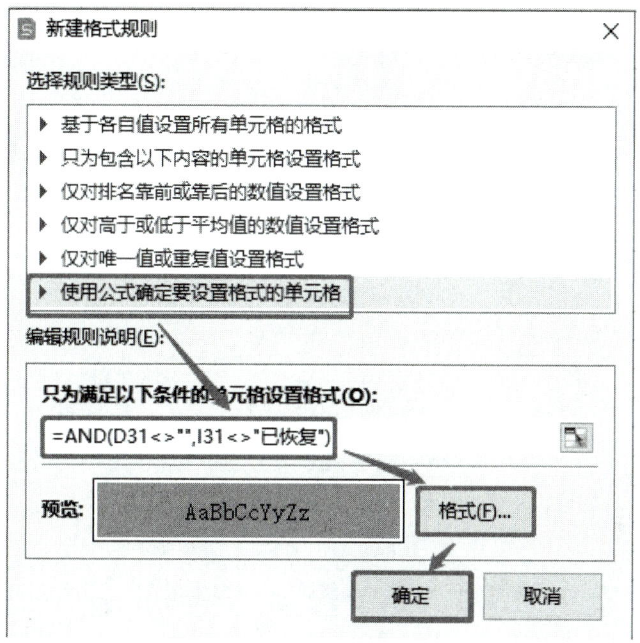

图 1-64 通过公式设置双列信息互检一操作步骤

解题步骤（互检二）：

步骤 1 首先选择 D31:D34 单元格区域。

步骤 2 依次选择开始选项卡→条件格式→新建规则，弹出“新建格式规则”窗口，选择“使用公式确定要设置格式的单元格”，首先进行第二个判断：已恢复没有结束时间，在“只为满足以下条件的单元格设置格式”下方输入框内输入公式：=AND(D31="",I31="已恢复")，如图 1-65 所示。

步骤 3 设置条件成立后单元格格式为浅红色，点击确定后，发现＃2－14 机组已恢复没有结束时间，如图 1-66 所示。

（8）自动扩充表格区域。

风电场机组定检维护信息表，如不想把初始表格做得太大，利用条件格式达到录入一行，表格区域边框自动增加一行的效果，如图 1-67 所示。

解题步骤：

步骤 1 首先选择 A91:F120 单元格区域。

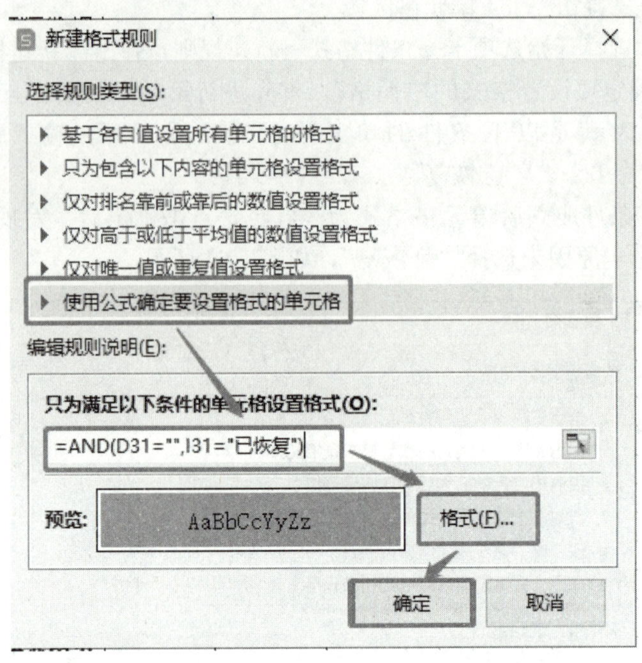

图 1-65　通过公式设置双列信息互检二操作步骤

	A	B	C	D	E	F	G	H	I
30	风机编号	风机类型	开始时间	结束时间	故障部位	是否为大部件故障	停机原因	处理方案	今日影响原因
31	#4-39	EN82-1500	2022-3-28 16:00		齿轮箱	是	齿轮箱高速轴断齿	更换高速轴	天气原因
32	#2-14	UP82-1500	2022-5-4 15:10		主控系统	否	机舱通讯故障	故障处理消缺	已恢复
33	#2-11	UP82-1500	2022-5-4 19:10	2022-5-5 16:10	变桨系统	否	变桨供电故障	故障处理消缺	备件原因
34	#2-20	UP82-1500	2022-5-8 19:10		变频器	否	变频器故障	故障处理消缺	天气原因

图 1-66　通过公式设置双列信息互检显示结果

步骤 2　依次选择开始选项卡→条件格式→新建规则，弹出“新建格式规则”窗口，选择“使用公式确定要设置格式的单元格”，在“只为满足以下条件的单元格设置格式”下方输入框内输入公式：＝＄A91<>""，如图 1-68 所示。

步骤 3　设置条件成立后单元格格式为全边框，点击确定。

注意：＄A91 单元格引用必须为列绝对行相对，这样当 A91:A120 单元格输入内容后，一整行同时出现边框。如果设置为 A91 相对引用，则只有输入内容的单元格出现边框，如图 1-69 所示。

	A	B	C	D	E	F
90	风机编号	开始时间	结束时间	停机时长（天）	损失电量（万千瓦时）	停机原因
91	#2-28	2021-3-9 9:00	2021-3-9 17:00	0.33	0.17	一级维护（半年检）
92	#2-25	2021-3-9 10:00	2021-3-9 15:00	0.21	0.11	一级维护（半年检）
93	#1-05	2021-3-10 8:30	2021-3-10 17:45	0.39	0.18	一级维护（半年检）
94	#6-06	2021-3-11 8:30	2021-3-11 18:00	0.40	0.25	一级维护（半年检）
95	#19-3	2021-3-11 8:50	2021-3-11 15:30	0.28	0.20	二级维护（全年检）
96	#17-9	2021-3-11 8:55	2021-3-11 18:10	0.39	0.27	二级维护（全年检）
97	#1-01	2021-3-11 9:00	2021-3-11 18:00	0.38	0.11	一级维护（半年检）
98	#6-85	2021-3-11 9:00	2021-3-11 15:00	0.25	0.09	一级维护（半年检）
99	#8-06	2021-3-11 9:20	2021-3-11 16:30	0.30	0.14	一级维护（半年检）
100	#9-13	2021-3-11 10:10	2021-3-11 18:00	0.33	0.12	一级维护（半年检）
101	#1-01	2021-3-11 14:30	2021-3-11 18:00	0.15	0.11	一级维护（半年检）
102	#3-39	2021-3-12 9:10	2021-3-12 13:30	0.18	0.00	一级维护（半年检）
103	#2-13	2021-3-12 14:30	2021-3-12 18:00	0.15	0.00	一级维护（半年检）
104						
105						
106						
107						
108						
109						
110						
111						
112						
113						
114						
115						
116						
117						
118						
119						
120						

图 1-67 风电场机组定检维护信息表

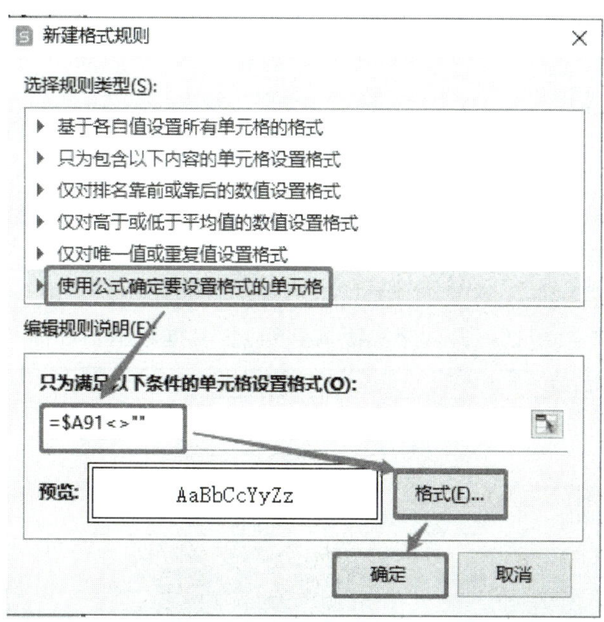

图 1-68 通过公式设置自动扩充表格区域操作步骤

	A	B	C	D	E	F
90	风机编号	开始时间	结束时间	停机时长（天）	损失电量（万千瓦时）	停机原因
91	#2-28	2021-3-9 9:00	2021-3-9 17:00	0.33	0.17	一级维护（半年检）
92	#2-25	2021-3-9 10:00	2021-3-9 15:00	0.21	0.11	一级维护（半年检）
93	#1-05	2021-3-10 8:30	2021-3-10 17:45	0.39	0.18	一级维护（半年检）
94	#6-06	2021-3-11 8:30	2021-3-11 18:00	0.40	0.25	一级维护（半年检）
95	#19-3	2021-3-11 8:50	2021-3-11 15:30	0.28	0.20	二级维护（全年检）
96	#17-9	2021-3-11 8:55	2021-3-11 18:10	0.39	0.27	二级维护（全年检）
97	#1-01	2021-3-11 9:00	2021-3-11 18:00	0.38	0.11	一级维护（半年检）
98	#6-85	2021-3-11 9:00	2021-3-11 15:00	0.25	0.09	一级维护（半年检）
99	#8-06	2021-3-11 9:20	2021-3-11 16:30	0.30	0.14	一级维护（半年检）
100	#9-13	2021-3-11 10:10	2021-3-11 18:00	0.33	0.12	一级维护（半年检）
101	#1-01	2021-3-11 14:30	2021-3-11 18:00	0.15	0.11	一级维护（半年检）
102	#3-39	2021-3-12 9:10	2021-3-12 13:30	0.18	0.00	一级维护（半年检）
103	#2-13	2021-3-12 14:30	2021-3-12 18:00	0.15	0.00	一级维护（半年检）
104	#1-10					
105						
106						
107						
108						
109						
110						
111						
112						
113						
114						
115						
116						
117						
118						
119						
120						

图 1-69　通过公式设置自动扩充表格区域显示效果

1.10　数组的含义和用法

1.10.1　数组的定义

数组：指一行、一列或多行多列数据元素的集合。

数组元素：可以是数值、文本、日期、逻辑值和错误值。

数组公式和普通公式操作区别：数组公式输入完成后，需要按“**Ctrl＋Shift＋回车**”组合键来完成，公式左右两侧有一对大括号“｛｝”。

数组类别：一维数组（横向数组和纵向数组）、二维数组，如图 1-70 所示。

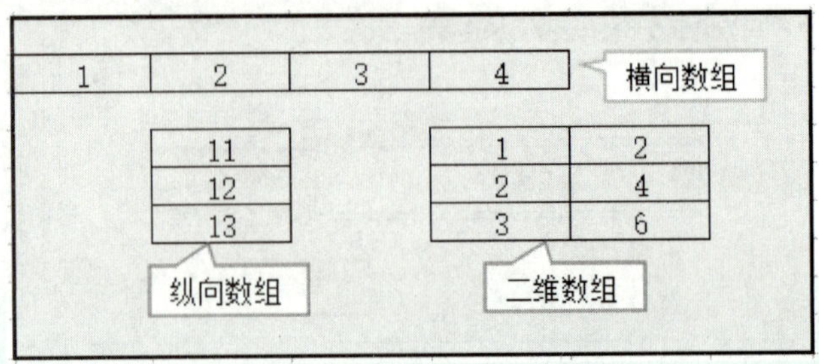

图 1-70　一维数组和二维数组

1.10.2 数组的存在形式

（1）常量数组。

指由常数组成的数组，直接嵌入公式，不需要单元格区域存储，可以包含文本、数值、逻辑值等。如：{2,4,6}、{2;4;6}、{"石家庄","承德","张家口"}。其中，用逗号“,”把列元素分开组成横向数组；用分号“;”把行元素分开组成纵向数组。

（2）区域数组。

指单元格区域引用组成的数组，数据存储在单元格中，公式必须引用单元格才能调用数据。

应用实例：对两列数组求乘积和，如图 1-71 所示。

	A	B
21	1	2
22	2	3
23	3	4
24	求乘积和：	

图 1-71 数组公式求乘积和

解题步骤：

步骤 1 在 B24 单元格输入公式：=SUM(A21:A23 * B21:B23)。

步骤 2 按数组公式组合键“Ctrl+Shift+回车”，公式两侧自动加一对大括号，输出结果为 20。

注意：本例中 SUM 函数中 A21:A23 和 B21:B23 为区域数组，A21:A23 * B21:B23 的计算结果为内存数组，如图 1-72 所示。

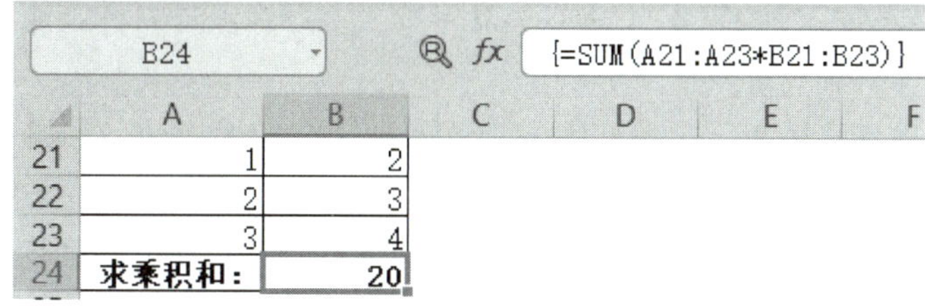

图 1-72 数组公式求乘积和结果

（3）内存数组。

指公式计算结果是数组，结果值在内存中临时构成数组，并且作为整体嵌入到其他公式中继续参与运算。

应用实例：对二维数组中大于 80 的数字求和，如图 1-73 所示。

	A	B
31	87	56
32	23	67
33	100	90
34	大于80求和：	

图 1-73 大于 80 数据求和

解题步骤：

步骤 1 在 B34 单元格输入公式：=SUM(IF(A31:B33>80,A31:B33,0))。

步骤 2 按数组公式组合键“Ctrl+Shift+回车”，公式两侧自动加一对大括号，输出结果为 277。

注意：本例中 SUM 函数中 A31:B33 为区域数组，IF(A31:B33>80,A31:B33,0)的计算结果为内存数组，如图 1-74 所示。

（4）命名数组。

用名称管理器定义一个上述三类数组。名称管理器在“公式选项卡”下面，其调用

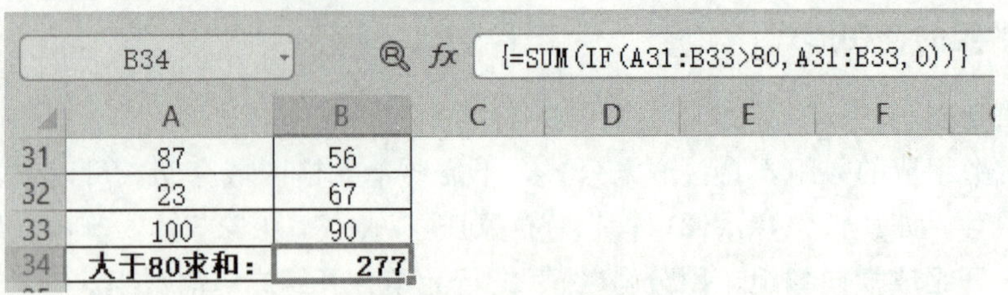
B34　fx {=SUM(IF(A31:B33>80,A31:B33,0))}

	A	B	C	D	E	F
31	87	56				
32	23	67				
33	100	90				
34	大于80求和：	277				

图 1-74　大于 80 数据求和结果

快捷键：Ctrl＋F3。

1.10.3　数组间的运算方式

（1）行与行或列与列数组运算（数组元素个数相同）。

	A	B	C
41	1	2	
42	2	3	
43	3	4	

图 1-75　两列数据求和

运算规则：数组元素一一对应运算。

应用实例：两列数据对应相加**（加、减、乘、除、乘方均可），如图 1-75 所示。**

解题步骤：

步骤 1　选择 C41:C43 单元格区域，在 C41 单元格输入公式：＝A41:A43＋B41:B43。

步骤 2　按数组公式组合键“Ctrl＋Shift＋回车”，公式两侧自动加一对大括号，输出结果为三个数，分别为 3、5、7。

注意：①如果选择少于 3 个单元格，则返回前几个结果数值；如果选择多于 3 个单元格，则多出的几个单元格返回错误值＃N/A**（无适配错误）**。②如果数组元素个数不同，如图 1-76 所示，两个不同元素个数的数组相加，前三个数值正确计算，最后一个值返回错误值＃N/A **（无适配错误）**。图 1-76 为两列不同元素个数数组求和报错。

C41　fx {=A41:A43+B41:B44}

	A	B	C	D	E
41	1	2	3		
42	2	3	5		
43	3	4	7		
44		5	#N/A		

图 1-76　两列不同元素个数数组求和报错

（2）n 行与 m 列数组的运算（数组元素个数可以不同）。

运算规则：列数组元素逐个和行数组元素进行运算，形成一个 n×m 矩阵。

应用实例：n 行与 m 列数组相加**（加、减、乘、除、乘方均可），如图 1-77 所示。**

解题步骤：

步骤 1　选择 G51:I54 单元格区域，在 G51 单元格输入公式：＝A51:A54＋C51:E51。

步骤 2　按数组公式组合键“Ctrl＋Shift＋回车”，公式两侧自动加一对大括号，输

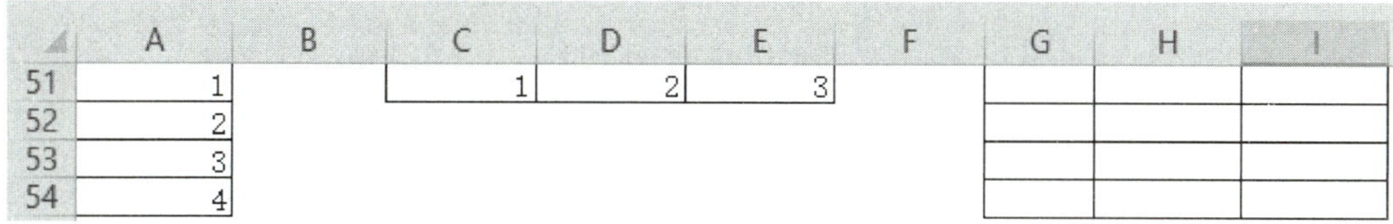

	A	B	C	D	E	F	G	H	I
51	1		1	2	3				
52	2								
53	3								
54	4								

图 1-77 n 行与 m 列数组的运算

出结果为一个 4×3 矩阵，如图 1-78 所示。

G51 　 fx 　 {=A51:A54+C51:E51}

	A	B	C	D	E	F	G	H	I
51	1		1	2	3		2	3	4
52	2						3	4	5
53	3						4	5	6
54	4						5	6	7

图 1-78 n 行与 m 列数组的运算结果

注意：上述为行数组加列数组，如颠倒顺序，改为列数组加行数组，返回结果一致，如图 1-79 所示。

G51 　 fx 　 {=C51:E51+A51:A54}

	A	B	C	D	E	F	G	H	I
51	1		1	2	3		2	3	4
52	2						3	4	5
53	3						4	5	6
54	4						5	6	7

图 1-79 n 行与 m 列数组的运算结果

（3）n×1 一维数组与 n×m 二维数组的运算。

运算规则：两个数组行数相同，其中一个数组为一列，另一个数组为多列，一维数组行元素逐个和二维数组对应行元素进行运算，形成一个 n×m 数组矩阵。

应用实例：n×1 一维数组与 n×m 二维数组相加（加、减、乘、除、乘方均可），如图 1-80 所示。

	A	B	C	D	E	F	G	H	I
61	1		7	6	2				
62	2		2	5	8				
63	3		3	1	1				
64	4		2	7	3				

图 1-80 n×1 一维数组与 n×m 二维数组的运算

解题步骤：

步骤 1 选择 G61:I64 单元格区域，在 G61 单元格输入公式：=A61:A64+C61:E64。

步骤 2 按数组公式组合键“Ctrl+Shift+回车”，公式两侧自动加一对大括号，输出结果为一个 4×3 矩阵，如图 1-81 所示。

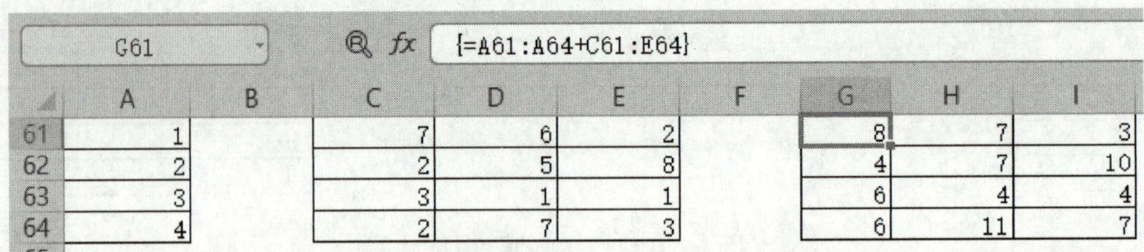

G61 fx {=A61:A64+C61:E64}

	A	B	C	D	E	F	G	H	I
61	1		7	6	2		8	7	3
62	2		2	5	8		4	7	10
63	3		3	1	1		6	4	4
64	4		2	7	3		6	11	7

图 1-81　n×1 一维数组与 n×m 二维数组的运算结果

1.10.4　数组运用注意事项

(1) 如输出结果为数组，不能单独修改或删除数组中某一部分，必须整体修改或删除，否则软件报错：不能更改数组公式的某一部分，如图 1-82 所示。

图 1-82　修改或删除数组中某一部分报错

(2) 数据量大时运行数组可能内存开销增大，反应变慢。

1.11　数组的简单运用

数组简单运用实例

(1) 求采购图书总金额和种类。

某公司采购一批图书如图 1-83 所示。①求图书总金额？②求采购数量大于 80 的图书种类？

	A	B	C	D	E	F
1	书名	单价	数量		总金额：	
2	风力发电技术与风电场工程	68	90		>80种类：	
3	风力发电机组安装与调试	38	45			
4	风力发电机组原理与应用	46.8	25			
5	电力系统继电保护原理	65	100			
6	发电厂电气部分	79	87			
7	风电场安全管理	80	97			

图 1-83　某公司采购图书清单

解题步骤：

1) 求图书总金额。

步骤 1 在 F1 单元格输入公式：＝SUM(B2:B7＊C2:C7)。

步骤 2 按数组公式组合键“Ctrl＋Shift＋回车”，公式两侧自动加一对大括号，输出结果为 30 133 元，如图 1-84 所示。

F1 {=SUM(B2:B7*C2:C7)}

	A	B	C	D	E	F
1	书名	单价	数量		总金额：	30133
2	风力发电技术与风电场工程	68	90		>80种类：	4
3	风力发电机组安装与调试	38	45			
4	风力发电机组原理与应用	46.8	25			
5	电力系统继电保护原理	65	100			
6	发电厂电气部分	79	87			
7	风电场安全管理	80	97			

图 1-84 图书总金额求值结果

2）求采购数量大于 80 的图书种类。

步骤 1 在 F2 单元格输入公式：＝SUM(IF(C2:C7>80,1,0))。

步骤 2 按数组公式组合键“Ctrl＋Shift＋回车”，公式两侧自动加一对大括号，输出结果为 4 种，如图 1-85 所示。

F2 {=SUM(IF(C2:C7>80,1,0))}

	A	B	C	D	E	F
1	书名	单价	数量		总金额：	30133
2	风力发电技术与风电场工程	68	90		>80种类：	4
3	风力发电机组安装与调试	38	45			
4	风力发电机组原理与应用	46.8	25			
5	电力系统继电保护原理	65	100			
6	发电厂电气部分	79	87			
7	风电场安全管理	80	97			

图 1-85 采购数量大于 80 的图书种类求值结果

（2）求笔试和实操同时为优的人数。

某次考试成绩分为笔试和实操，成绩结果为优良差三种，见图 1-86。求笔试和实操同时为优的有几个人？

	A	B	C	D
10	笔试	实操		同时为优人数
11	优	优		
12	良	优		
13	优	优		
14	差	优		
15	优	良		
16	优	优		
17	差	差		
18	优	良		
19	良	良		
20	优	优		

图 1-86 某次考试笔试和实操成绩

解题步骤：

步骤 1 在 D11 单元格输入公式：=SUM(IF(A11:A20&B11:B20="优优",1,0))。

步骤 2 按数组公式组合键“Ctrl+Shift+回车”，公式两侧自动加一对大括号，输出结果为 4 人。

注意： 公式计算过程为，首先 A11:A20&B11:B20 两列字符数组用字符串连接符“&”连接起来，其列数组中每个元素分别对应连接，生成一列内存数组，其值为：{优优"，良优"，优优"，差优"，优良"，优优"，差差"，优良"，良良"，优优"}；再进行条件判断，如果等于“优优”则为 1，否则为 0，生成一列数组 {1，0，1，0，0，1，0，0，0，1}；最后进行求和，得出结果 4。

(3) 求某月年累计划电量

某公司所有风电场项目计划发电量如图 1-87 所示，求各风电场截至 6 月年累计划电量。

	A	B	C	D	E	F	G	H	I	J	K	L	M	N	O	P	Q
30	风电场	项目	1月	2月	3月	4月	5月	6月	7月	8月	9月	10月	11月	12月		风电场	截至6月年计划电量
31	石家庄	石一	1174	917	1159	1015	1048	638	518	436	624	993	1026	1307		石家庄	
32	石家庄	石二	1115	871	1101	965	996	606	492	414	593	943	975	1242		承德	
33	石家庄	石三	1440	1125	1422	1246	1286	783	636	535	765	1218	1260	1604		呼和浩特	
34	承德	承一	1259	931	946	754	744	385	219	247	462	891	933	1328		天津	
35	承德	承二	1284	949	965	770	759	393	223	252	471	909	952	1355		保定	
36	呼和浩特	呼一	957	770	846	722	698	412	331	265	408	752	777	1036		赤峰	
37	呼和浩特	呼二	1210	974	1071	913	883	521	419	335	516	951	983	1310		秦皇岛	
38	天津	天津	3457	2657	2786	2284	2238	1244	809	878	1355	2573	2637	4027		廊坊	
39	保定	保一	1525	1229	1227	1038	1048	579	424	427	647	1165	1217	1816		大同	
40	保定	保二	1283	1034	1032	874	882	487	356	359	545	980	1024	1528		张家口	
41	保定	保三	1373	1106	1104	935	944	521	381	385	582	1049	1096	1634			
42	赤峰	赤峰	6533	6455	7252	6695	6660	4232	3123	3347	4996	6445	7193	7926			
43	秦皇岛	秦一	2141	1960	2195	2108	2156	1592	1072	1097	1335	1741	1748	2130			
44	秦皇岛	秦二	1524	1395	1562	1500	1535	1133	763	781	950	1239	1244	1516			
45	秦皇岛	秦三	1997	1828	2047	1966	2011	1485	1000	1023	1245	1624	1631	1987			
46	廊坊	廊一	717	773	1144	790	784	503	396	429	588	719	763	1101			
47	廊坊	廊二	479	516	764	528	524	336	265	286	393	480	509	735			
48	大同	大一	540	528	700	480	576	433	332	324	400	462	539	640			
49	大同	大二	679	663	880	603	724	545	418	408	503	581	678	805			
50	张家口	张家口	7570	6931	7761	5097	5195	5042	3506	2721	3784	5298	7635	7397			

图 1-87 某公司所有风电场项目计划发电量

解题步骤：

步骤 1 在 Q31 单元格输入公式：=SUM(($A$31:$A$50=P31)*$C$31:$H$50)。

注意： 风电场名称数据列 $A$31:$A$50 加绝对引用，1～6 月计划发电量区域 $C$31:$H$50 加绝对引用，条件 P31 为相对引用。

步骤 2 按数组公式组合键“Ctrl+Shift+回车”，公式两侧自动加一对大括号。

步骤 3 双击单元格右下角填充柄，向下填充公式，最终输出每个场站截至 6 月份年累计划电量，如图 1-88 所示。

Q31 fx {=SUM(($A$31:$A$50=P31)*$C$31:$H$50)}

	A	B	C	D	E	F	G	H	I	J	K	L	M	N
30	风电场	项目	1月	2月	3月	4月	5月	6月	7月	8月	9月	10月	11月	12月
31	石家庄	石一	1174	917	1159	1015	1048	638	518	436	624	993	1026	1307
32	石家庄	石二	1115	871	1101	965	996	606	492	414	593	943	975	1242
33	石家庄	石三	1440	1125	1422	1246	1286	783	636	535	765	1218	1260	1604
34	承德	承一	1259	931	946	754	744	385	219	247	462	891	933	1328
35	承德	承二	1284	949	965	770	759	393	223	252	471	909	952	1355
36	呼和浩特	呼一	957	770	846	722	698	412	331	265	408	752	777	1036
37	呼和浩特	呼二	1210	974	1071	913	883	521	419	335	516	951	983	1310
38	天津	天津	3457	2657	2786	2284	2238	1244	809	878	1355	2573	2637	4027
39	保定	保一	1525	1229	1227	1038	1048	579	424	427	647	1165	1217	1816
40	保定	保二	1283	1034	1032	874	882	487	356	359	545	980	1024	1528
41	保定	保三	1373	1106	1104	935	944	521	381	385	582	1049	1096	1634
42	赤峰	赤峰	6533	6455	7252	6695	6660	4232	3123	3347	4996	6445	7193	7926
43	秦皇岛	秦一	2141	1960	2195	2108	2156	1592	1072	1097	1335	1741	1748	2130
44	秦皇岛	秦二	1524	1395	1562	1500	1535	1133	763	781	950	1239	1244	1516
45	秦皇岛	秦三	1997	1828	2047	1966	2011	1485	1000	1023	1245	1624	1631	1987
46	廊坊	廊一	717	773	1144	790	784	503	396	429	588	719	763	1101
47	廊坊	廊二	479	516	764	528	524	336	265	286	393	480	509	735
48	大同	大一	540	528	700	480	576	433	332	324	400	462	539	640
49	大同	大二	679	663	880	603	724	545	418	408	503	581	678	805
50	张家口	张家口	7570	6931	7761	5097	5195	5042	3506	2721	3784	5298	7635	7397

P	Q
风电场	截至6月年计划电量
石家庄	18909
承德	10139
呼和浩特	9977
天津	14666
保定	18221
赤峰	37827
秦皇岛	32134
廊坊	7857
大同	7351
张家口	37595

图 1-88 某公司所有风电场截至 6 月年累计划发电量

2 统计与求和函数应用

2.1 七个基础统计函数

2.1.1 七个基础统计函数功能和用法（见表 2-1）

表 2-1 七个基础统计函数功能和用法

函数	说明	语法	备注
SUM	返回单元格区域或参数列表中的所有数值之和	SUM（数值 1，[数值 2]，……）	（1）参数可以是数值、名称、数组、引用。 （2）直接键入到参数列表中的数字、逻辑值（逻辑值 TRUE 为数字 1、FALSE 为数字 0）及数字的文本表达式将被计算，如： ①SUM("10",10,TRUE)，结果为 21； ②AVERAGE("10",10,TRUE)，结果为 7； ③MAX("12",10,TRUE)，结果为 12； ④MIN("12",10,TRUE)，结果为 1； ⑤MEDIAN(15,"10",TRUE)，结果为 10； ⑥COUNT(15,"10",TRUE,"2020/1/1")，结果为 4。 （3）如果参数为数组或引用，只有其中的数字将被计算。数组或引用中的空白单元格、逻辑值、文本将被忽略（COUNT 函数忽略错误值，其他函数参数中有错误值则报错）。 （4）在 MAX 和 MIN 函数中，如果参数中不包含数字则返回 0。 （5）求中位数时数组或引用区域数字个数如果为奇数个，则取中间值；如果为偶数个，则取中间两个数的平均值
AVERAGE	返回所有参数的算术平均值	AVERAGE（数值 1，[数值 2]，……）	
MAX	返回参数列表中的最大值	MAX（数值 1，[数值 2]，……）	
MIN	返回参数列表的最小值	MIN（数值 1，[数值 2]，……）	
MEDIAM	返回给定数值集合中的中值	MEDIAN（数值 1，[数值 2]，……）	
COUNT	返回包含数字的单元格或参数列表中数字的个数	COUNT（值 1，[值 2]，……）	
COUNTA	返回参数列表中非空单元格的个数	COUNTA（值 1，[值 2]，……）	—

参数解释：

数值 1、值 1：必需，进行相应统计的第一个数字、单元格引用或区域。

数值 2、值 2，……：可选。进行相应统计的其他数字、单元格引用或区域。

2.1.2 基础统计函数基本应用

（1）考试成绩各维度统计。

已知某次生产人员考试成绩如下图，求总成绩、考试人数、总人数、平均分、最高分、最低分、中位数，如图 2-1 所示。

解题步骤：

步骤 1 求总成绩用 SUM 求和函数。

步骤 2 求参加考试人数，用 COUNT 计数函数，只计算引用区域中包含数字的单元格个数，不包含成绩为“缺考”人员。

步骤 3 求总人数，用 COUNTA 计数函数，计算引用区域中非空单元格个数，包含成绩为“缺考”人员。

步骤 4 求平均分用 AVERAGE 平均函数，求最高分用 MAX 最大值函数，求最低分用 MIN 最小值函数，求中位数用 MEDIAN 中值函数。图 2-2 为应用实例一计算结果。

	A	B
1	姓名	考试得分
2	刘清河	98
3	吴昊	96
4	谢立	98
5	王聪	99
6	马超	92
7	刘德庆	99
8	郝志强	97
9	丁杰	90
10	马超	92
11	李帅	缺考
12	高国伟	92
13	王琦	97
14	张迪	97
15	李坤	96
16	高飞	96
17	李文印	91
18	李帅	93

图 2-1 某次生产人员考试成绩

(2) MAX 和 MIN 组合设置数值上下限。

某新能源公司月度生产绩效考核包括发电量完成率、风能利用率、停机时长、执行力考核，考核实行百分制，总分上限为 120 分，下限为 80 分。已知某月各风电场月度绩效考核得分（见图 2-3），请利用分数上下限求取最终得分。

D	E	F
统计类别	结果	公式
总成绩	1523	=SUM(B2:B18)
考试人数	16	=COUNT(B2:B18)
总人数	17	=COUNTA(B2:B18)
平均分	95.19	=AVERAGE(B2:B18)
最高分	99	=MAX(B2:B18)
最低分	90	=MIN(B2:B18)
中位数	96	=MEDIAN(B2:B18)

图 2-2 应用实例一计算结果

	A	B	C
20	风电场	考核得分	最终得分
21	崇礼	79	
22	石家庄	87	
23	张家口	123	
24	承德	82	
25	赤峰	94	
26	呼和浩特	112	
27	丰宁	90	
28	沽源	77	
29	张北	123	
30	围场	125	

图 2-3 某次月度生产绩效考核实际得分

解题步骤：

步骤 1 首先考虑上限，如果分数不高于上限 120 分，应该用实际得分和上限比较，求取最小值。则在 C21 单元格输入公式：=MIN(B21，120)。

由于 79 分小于 120 分，所以结果为 79；如果实际得分高于 120 分，则结果为 120。

步骤 2 接着考虑下限，如果分数低于下限 80 分，应该用实际得分和下限比较，求取最大值。则在 C21 单元格输入公式：=MAX(B21,80)。

由于 79 分小于 80 分，所以结果为 80；如果实际得分高于 80 分，则结果为实际得分。

步骤 3 将两个公式组合在一起，先求最小值再求最大值，则应在 C21 单元格输入公式：=MAX(MIN(B21,120),80)。图 2-4 为某次月度生产绩效考核最终得分。

步骤 4 输入完毕回车，并向下填充公式。

注意：也可以在 C21 单元格输入公式：=MIN(MAX(B21,80),120)。

C21 =MAX(MIN(B21,120),80)

	A	B	C	D	E
20	风电场	考核得分	最终得分		
21	崇礼	79	80		
22	石家庄	87	87		
23	张家口	123	120		
24	承德	82	82		
25	赤峰	94	94		
26	呼和浩特	112	112		
27	丰宁	90	90		
28	沽源	77	80		
29	张北	123	120		
30	围场	125	120		

图 2-4 某次月度生产绩效考核最终得分

先求最大值再求最小值，效果完全一样。

2.2 第 K 个最大/最小值

2.2.1 认识 LARGE 和 SMALL 函数

（1）LARGE 第 K 个最大值。

功能：返回数据集中第 K 个最大值。

语法：=LARGE(数组,K)。

（2）SMALL 第 K 个最小值。

功能：返回数据集中第 K 个最小值。

语法：=SMALL(数组,K)。

（3）注意事项。

①如果数组为空，则返回无效数字错误#NUM!。

②如果 K<=0 或 K>数据点个数，则返回无效数字错误#NUM!。

2.2.2 LARGE 和 SMALL 函数基本应用

某风电场项目安装 100 台单机容量 3MW 机组，月度单机发电量数据（见图 2-5）中，求取发电量最大和最小的前五个值（见图 2-6），并比较差异，寻找机组发电潜力。

解题步骤：

步骤 1 在 F2 单元格输入公式：=LARGE($C$2:$C$101,E2)。

第一个参数选取月度发电量值区域 C2:C101，并按 F4 键添加绝对引用；第二个参数选择左侧序号，为相对引用。

步骤 2 在 G2 单元格输入公式：=SMALL($C$2:$C$101,E2)。

第一个参数选取月度发电量值区域 C2:C101，并按 F4 键添加绝对引用；第二个参数选择左侧序号，为相对引用。

步骤 3 输入完毕回车，选择 F2:G2 单元格区域，双击向下填充公式。图 2-7 为单机发电量最大最小五个值。

	A	B	C
1	风机	平均风速(m/s)	月发电量(万kWh)
2	#1-1	7.27	88.8349
3	#1-2	7.73	87.95
4	#1-3	6.98	81.4066
5	#1-4	6.82	79.5692
6	#1-5	8.38	77.562
7	#1-6	7.18	79.0961
8	#1-7	7.03	80.0961
9	#1-8	7.2	76.9024
10	#3-9	6.98	79.4719
11	#3-10	7.06	73.3628
12	#3-11	6.75	72.0799
13	#3-12	6.85	70.9141
14	#3-13	6.83	81.8975
15	#3-14	7.15	73.6737
16	#5-15	7.21	84.9761
17	#5-16	6.95	68.7556
18	#5-17	7.23	77.6635
19	#5-18	6.97	79.0103
20	#5-19	7.34	77.7982
21	#5-20	7.06	67.7863
22	#7-21	7.31	83.183
23	#7-22	7.47	86.6353
24	#7-23	7.57	78.8331
25	#7-24	7.38	83.8236
26	#7-25	7.37	83.1191
27	#7-26	7.25	82.5792
28	#7-27	7.18	76.9826
29	#7-28	7.15	74.2505
30	#9-29	7.46	84.5764
31	#9-30	7.28	54.0795
32	#9-31	7.22	84.0638
33	#9-32	7.4	90.9498
34	#9-33	7.36	87.531
35	#9-34	7.25	86.3858
36	#9-35	7.19	84.083
37	#11-36	7.31	77.0039
38	#11-37	7.25	76.0068
39	#11-38	7.52	74.452
40	#11-39	7.47	80.598
41	#11-40	7.71	92.8751
42	#11-41	7.68	94.2349
43	#11-42	7.4	82.8417
44	#11-43	6.86	86.2197
45	#13-44	6.91	84.2301
46	#13-45	7.26	79.3514
47	#13-46	7.02	78.4691
48	#13-47	6.98	77.8702
49	#13-48	6.83	77.8177
50	#13-49	7.03	64.8062
51	#13-50	6.83	78.8872
52	#2-51	7.03	78.1511
53	#2-52	6.77	61.0822
54	#2-53	7.18	76.8236
55	#2-54	7.2	76.2389
56	#2-55	7.36	81.7946
57	#2-56	7.33	50.367
58	#4-57	7.26	79.5565
59	#4-58	7.51	82.9403
60	#4-59	7.49	78.6779
61	#4-60	7.36	86.2606
62	#4-61	7.53	80.798
63	#4-62	7.22	83.9671
64	#4-63	7.85	82.355
65	#6-64	6.79	77.7847
66	#6-65	6.65	86.152
67	#6-66	6.85	75.2491
68	#6-67	6.19	72.4083
69	#6-68	7.2	83.9315
70	#6-69	6.88	82.7405
71	#6-70	6.96	83.5345
72	#6-71	6.84	73.5043
73	#8-72	6.73	77.2126
74	#8-73	6.82	64.1791
75	#8-74	7.04	90.179
76	#8-75	7.09	80.6027
77	#8-76	7.21	85.2564
78	#8-77	7.1	84.1386
79	#8-78	7.4	75.2842
80	#8-79	6.97	73.8398
81	#10-80	6.75	81.2373
82	#10-81	7.12	90.4317
83	#10-82	6.89	75.0224
84	#10-83	6.74	75.5091
85	#10-84	7.35	80.8157
86	#10-85	7.16	82.946
87	#10-86	6.85	87.2436
88	#10-87	7.11	80.6774
89	#12-88	6.86	79.6988
90	#12-89	6.66	82.4684
91	#12-90	8.22	77.5006
92	#12-91	7.31	78.7035
93	#12-92	7.09	79.8517
94	#12-93	6.85	81.8774
95	#14-94	7.07	83.6141
96	#14-95	7.16	72.0199
97	#14-96	7.25	82.3871
98	#14-97	7.01	82.9014
99	#14-98	7.12	83.9938
100	#14-99	7.28	91.1539
101	#14-100	6.82	84.2785

图 2-5　某场站单机月度发电量

	E	F	G
1	序号	最大前5台	最小前5台
2	1		
3	2		
4	3		
5	4		
6	5		

图 2-6　求发电量最大最小五个值

	E	F	G
1	序号	最大前5台	最小前5台
2	1	94.2349	50.367
3	2	92.8751	54.0795
4	3	91.1539	61.0822
5	4	90.9498	64.1791
6	5	90.4317	64.8062

图 2-7　单机发电量最大最小五个值

2.3 RANK 排位函数

2.3.1 RANK.EQ 和 RANK.AVG 两种排位方式

(1) RANK.EQ 最佳排位 (EQ: equal 等于)。

功能: 返回一个数字在数字列表中的排位，其大小与列表中的其他值相关。如果多个值具有相同的排位，则返回该组数值的最高排位。

语法: =RANK.EQ(排位数值,引用区域,[排序方式])。

(2) RANK.AVG 平均排位 (AVG: average 平均)。

功能: 返回一个数字在数字列表中的排位，其大小与列表中的其他值相关。如果多个值具有相同的排位，则将返回平均排位。

语法: =RANK.AVG(排位数值,引用区域,[排序方式])。

(3) 参数说明。

1) 排位数值：必需，需要找到排位的数字。

2) 引用区域：必需，数字列表数组或对数字列表的引用。**其中的非数值型值将被忽略。**

3) 排序方式：可选。一个数字，指明数字排位的方式。**如果为 0 或省略，则按照降序排列；如果不为零（习惯输入 1），则按照升序排列。**

(4) 注意事项。

1) RANK 函数是 WPS 表格早期版本就有的函数，RANK 函数被拆分成两个函数：RANK.EQ 保留原来的作用，而新增 **RANK.AVG 能提高对重复值的排位精度。**

2) **RANK.EQ 和原来的 RANK 函数功能完全一样，没有差异。**直接输入 RANK 就是最高排位用法，可省略 EQ。

2.3.2 RANK 函数基本应用

现有某公司发电场站月度发电利用小时和发电差异率（见图 2-8），请对利用小时从大到小排位，对发电差异率从小到大排位。

(1) 最佳排位。

解题步骤:

步骤 1 最佳排位法，选择使用函数 RANK.EQ，可以省略 EQ，直接使用 RANK 函数。

步骤 2 在 D2 单元格输入公式：=RANK(B2,$B$2:$B$11)。

第一个参数为排位数值，设置相对引用；第二个参数是排位数值所在引用区域，必须保证其固定不变，因此设置绝对引用；第三个参数由于默认是从大到小排序，可以省略不写。

步骤 3 在 E2 单元格输入公式：=RANK(C2,$C$2:$C$11,1)。

第一个参数为排位数值，设置相对引用；第二个参数是排位数值所在引用区域，必须保证其固定不变，因此设置绝对引用；由于是按照从小到大排序，因此第三个参数设置为大于零的数值，一般输入 1。

风电场	月度发电利用小时(h)	发电差异率(%)	最佳排位		平均排位	
			利用小时排名	发电差异率排名	利用小时排名	发电差异率排名
大同	84.40	10.78%				
天津	188.00	3.37%				
张家口	235.30	1.76%				
承德	176.80	2.96%				
石家庄	216.80	0.41%				
秦皇岛	151.80	2.23%				
廊坊	176.80	3.63%				
保定	217.30	0.51%				
呼和浩特	190.5	1.76%				
赤峰	236.40	0.38%				

图 2-8 各场站月度利用小时和发电差异率

步骤 4 输入完毕回车，选择 D2:E2 单元格区域，双击向下填充公式。最终结果：承德、廊坊风电场利用小时相同，则利用小时排位相同，返回两个场站最佳排位 7（无第 8）；张家口、呼和浩特风电场发电差异率相同，则发电差异率排位相同，返回两个场站最佳排位 4（无第 5）。图 2-9 为各场站月度利用小时和发电差异率最佳排位结果。

风电场	月度发电利用小时(h)	发电差异率(%)	最佳排位	
			利用小时排名	发电差异率排名
大同	84.40	10.78%	10	10
天津	188.00	3.37%	6	8
张家口	235.30	1.76%	2	4
承德	176.80	2.96%	7	7
石家庄	216.80	0.41%	4	2
秦皇岛	151.80	2.23%	9	6
廊坊	176.80	3.63%	7	9
保定	217.30	0.51%	3	3
呼和浩特	190.5	1.76%	5	4
赤峰	236.40	0.38%	1	1

图 2-9 各场站月度利用小时和发电差异率最佳排位结果

（2）平均排位。

1）平均排位法，选择使用函数 RANK. AVG。

2）在 F2 单元格输入公式：=RANK. AVG(B2,$B$2:$B$11)。

第一个参数为排位数值，设置相对引用；第二个参数是排位数值所在引用区域，必须保证其固定不变，因此设置绝对引用；第三个参数由于默认是从大到小排序，可以省略不写。

3）在 G2 单元格输入公式：=RANK. AVG(C2,$C$2:$C$11,1)。

第一个参数为排位数值，设置相对引用；第二个参数是排位数值所在引用区域，必须保证其固定不变，因此设置绝对引用；由于是按照从小到大排序，因此第三个参数设置为大于零的数值，一般输入 1。

4）输入完毕回车，选择 F2:G2 单元格区域，双击向下填充公式。最终结果（见图 2-10)：承德、廊坊风电场利用小时相同，则利用小时排位相同，返回两个场站平均排位 7.5；张家口、呼和浩特风电场发电差异率相同，则发电差异率排位相同，返回两个场站平均排位 4.5。

	A	B	C	D	E	F	G
1	风电场	月度发电利用小时(h)	发电差异率(%)	最佳排位		平均排位	
2				利用小时排名	发电差异率排名	利用小时排名	发电差异率排名
3	大同	84.40	10.78%	10	10	10	10
4	天津	188.00	3.37%	6	8	6	8
5	张家口	235.30	1.76%	2	4	2	4.5
6	承德	176.80	2.96%	7	7	7.5	7
7	石家庄	216.80	0.41%	4	2	4	2
8	秦皇岛	151.80	2.23%	9	6	9	6
9	廊坊	176.80	3.63%	7	9	7.5	9
10	保定	217.30	0.51%	3	3	3	3
11	呼和浩特	190.5	1.76%	5	4	5	4.5
12	赤峰	236.40	0.38%	1	1	1	1

图 2-10 各场站月度利用小时和发电差异率平均排位结果

2.4 COUNTIF 单条件计数函数

2.4.1 条件统计函数介绍

条件统计函数包括单条件统计函数 COUNTIF、SUMIF 和 AVERAGEIF，以及多条件统计函数 COUNTIFS、SUMIFS 和 AVERAGEIFS 函数。另外 WPS 表格 2019 版本新增 MAXIFS 和 MINIFS 两个多条件求最大/最小值函数。

2.4.2 COUNTIF 函数介绍

功能： 计算区域中满足给定条件的单元格的个数。

语法： =COUNTIF(区域,条件)。

注意：

①区域：必需。需要计算满足条件的单元格区域。

②条件：必需。确定哪些单元格将被计算在内。其形式可以为数字、表达式、单元格引用或文本，甚至可以使用通配符 * 或?。例如，条件可以表示为 10、">10"、D3、"甲值"、"孙 *"。

2.4.3 COUNTIF 函数基本应用

现有某新能源场站甲乙丙三值人员运维积分，求：①甲乙丙各值人数？②求运维积分大于 5 分、等于 5 分、小于等于 5 分人数？③求姓氏为孙人数？姓孙且姓名为两个字人数？

(1) 统计文本。

统计甲乙丙各值人数，如图 2-11 所示。

	A	B	C	D	E	F	G
1	班组	姓名	工作日期	运维积分		1.统计文本	
2	甲值	赵云	2022-2-3	6		组别	人数
3	甲值	刘备	2022-2-3	7		甲值	
4	甲值	孙坚	2022-2-22	1		乙值	
5	甲值	孙策	2022-3-22	1		丙值	
6	乙值	鲁肃	2022-2-3	8			
7	乙值	刘璋	2022-2-24	5			
8	乙值	周瑜	2022-3-8	7			
9	乙值	曹操	2022-3-9	6			
10	乙值	孙尚香	2022-3-10	2			
11	乙值	关羽	2022-3-31	6			
12	丙值	孙权	2022-1-3	1			
13	丙值	曹丕	2022-2-4	2			
14	丙值	诸葛亮	2022-2-5	7			

图 2-11　统计甲乙丙各值人数

解题步骤：

步骤 1　在 G3 单元格输入公式：=COUNTIF($A$2:$A$14,F3)。

注意：计算区域$A$2:$A$14 为绝对引用，不能随着单元格拖拽而改变，条件引用单元格 F3 为相对引用，随着单元格向下拖拽而改变。

步骤 2　输入完毕回车，并向下填充公式。最终返回结果：甲值 4 人，乙值 6 人，丙值 3 人，如图 2-12 所示。

G3　fx　=COUNTIF($A$2:$A$14,F3)

	A	B	C	D	E	F	G
1	班组	姓名	工作日期	运维积分		1.统计文本	
2	甲值	赵云	2022-2-3	6		组别	人数
3	甲值	刘备	2022-2-3	7		甲值	4
4	甲值	孙坚	2022-2-22	1		乙值	6
5	甲值	孙策	2022-3-22	1		丙值	3
6	乙值	鲁肃	2022-2-3	8			
7	乙值	刘璋	2022-2-24	5			
8	乙值	周瑜	2022-3-8	7			
9	乙值	曹操	2022-3-9	6			
10	乙值	孙尚香	2022-3-10	2			
11	乙值	关羽	2022-3-31	6			
12	丙值	孙权	2022-1-3	1			
13	丙值	曹丕	2022-2-4	2			
14	丙值	诸葛亮	2022-2-5	7			

图 2-12　统计甲乙丙各值人数结果

（2）统计数字。

统计运维积分大于 5 分、等于 5 分、小于等于 5 分人数，如图 2-13 所示。

解题步骤：

1）第一种方式：以字符串形式写入条件参数（字符串必须用英文双引号括起来）。

步骤 1　大于 5 分，在 J4 单元格输入公式：=COUNTIF($D$2:$D$14,″>5″)。

步骤 2　等于 5 分，在 J5 单元格输入公式：=COUNTIF($D$2:$D$14,″=5″)。

步骤 3　小于等于 5 分，在 J6 单元格输入公式：=COUNTIF($D$2:$D$14,″<=5″)。

	A	B	C	D	E	I	J
1	班组	姓名	工作日期	运维积分		2. 统计数字	
2	甲值	赵云	2022-2-3	6		①以字符串形式写入条件参数	
3	甲值	刘备	2022-2-3	7		条件	人数
4	甲值	孙坚	2022-2-22	1		大于5分	
5	甲值	孙策	2022-3-22	1		等于5分	
6	乙值	鲁肃	2022-2-3	8		小于等于5分	
7	乙值	刘璋	2022-2-24	5		②引用单元格条件	
8	乙值	周瑜	2022-3-8	7		>5	
9	乙值	曹操	2022-3-9	6		5	
10	乙值	孙尚香	2022-3-10	2		<=5	
11	乙值	关羽	2022-3-31	6		③实现单元格控制	
12	丙值	孙权	2022-1-3	1		5	
13	丙值	曹丕	2022-2-4	2			
14	丙值	诸葛亮	2022-2-5	7			

图 2-13　统计运维积分大于、等于、小于等于 5 分人数

步骤 4　最终分别返回结果（见图 2-14）：7 人、1 人、6 人。

J4　fx　=COUNTIF($D$2:$D$14,">5")

	A	B	C	D	E	I	J
1	班组	姓名	工作日期	运维积分		2. 统计数字	
2	甲值	赵云	2022-2-3	6		①以字符串形式写入条件参数	
3	甲值	刘备	2022-2-3	7		条件	人数
4	甲值	孙坚	2022-2-22	1		大于5分	7
5	甲值	孙策	2022-3-22	1		等于5分	1
6	乙值	鲁肃	2022-2-3	8		小于等于5分	6
7	乙值	刘璋	2022-2-24	5		②引用单元格条件	
8	乙值	周瑜	2022-3-8	7		>5	
9	乙值	曹操	2022-3-9	6		5	
10	乙值	孙尚香	2022-3-10	2		<=5	
11	乙值	关羽	2022-3-31	6		③实现单元格控制	
12	丙值	孙权	2022-1-3	1		5	
13	丙值	曹丕	2022-2-4	2			
14	丙值	诸葛亮	2022-2-5	7			

图 2-14　第一种方式统计运维积分大于、等于、小于等于 5 分人数结果

2）第二种方式：引用单元格条件。

步骤 1　在 I8、I9、I10 单元格分别输入字符串：>5、=5(或直接输入数字 5)、<=5。

步骤 2　在 J8 单元格输入公式：=COUNTIF($D$2:$D$14,I8)。

注意： 计算区域 $D$2:$D$14 为绝对引用，不能随着单元格拖拽而改变，条件引用单元格 I8 为相对引用，随着单元格向下拖拽而改变。

步骤 3　输入完毕回车，并向下填充公式，最终分别返回结果（见图 2-15）：7 人 1 人，6 人。

3）第三种方式：实现单元格控制。

步骤 1　在 I12 单元格输入数字 5。

步骤 2　在 J12 单元格输入公式：=COUNTIF($D$2:$D$14,">"&$I$12)。

步骤 3　在 J13 单元格输入公式：=COUNTIF($D$2:$D$14,"="&$I$12)。

步骤 4　在 J14 单元格输入公式：=COUNTIF($D$2:$D$14,"<="&$I$12)。

J8 　fx =COUNTIF($D$2:$D$14,I8)

	A	B	C	D	E	I	J
1	班组	姓名	工作日期	运维积分		2.统计数字	
2	甲值	赵云	2022-2-3	6		①以字符串形式写入条件参数	
3	甲值	刘备	2022-2-3	7		条件	人数
4	甲值	孙坚	2022-2-22	1		大于5分	7
5	甲值	孙策	2022-3-22	1		等于5分	1
6	乙值	鲁肃	2022-2-3	8		小于等于5分	6
7	乙值	刘璋	2022-2-24	5		②引用单元格条件	
8	乙值	周瑜	2022-3-8	7		>5	7
9	乙值	曹操	2022-3-9	6		5	1
10	乙值	孙尚香	2022-3-10	2		<=5	6
11	乙值	关羽	2022-3-31	6		③实现单元格控制	
12	丙值	孙权	2022-1-3	1		5	
13	丙值	曹丕	2022-2-4	2			
14	丙值	诸葛亮	2022-2-5	7			

图 2-15　第二种方式统计运维积分大于、等于、小于等于 5 分人数结果

注意：计算区域 $D$2:$D$14、条件引用单元格 $I$12 均为绝对引用，不能随着单元格拖拽而改变。条件参数是由比较运算符（">"、"="、"<="）和单元格引用 $I$12 通过字符串连接符（&）连接起来组成的动态条件。

步骤 5　最终分别返回结果：7 人、1 人、6 人。

步骤 6　如果单元格 I12 数值改为 6，则分别返回结果（见图 2-16）：4 人、3 人、9 人。可见，通过 I12 单元格可以实现动态控制。

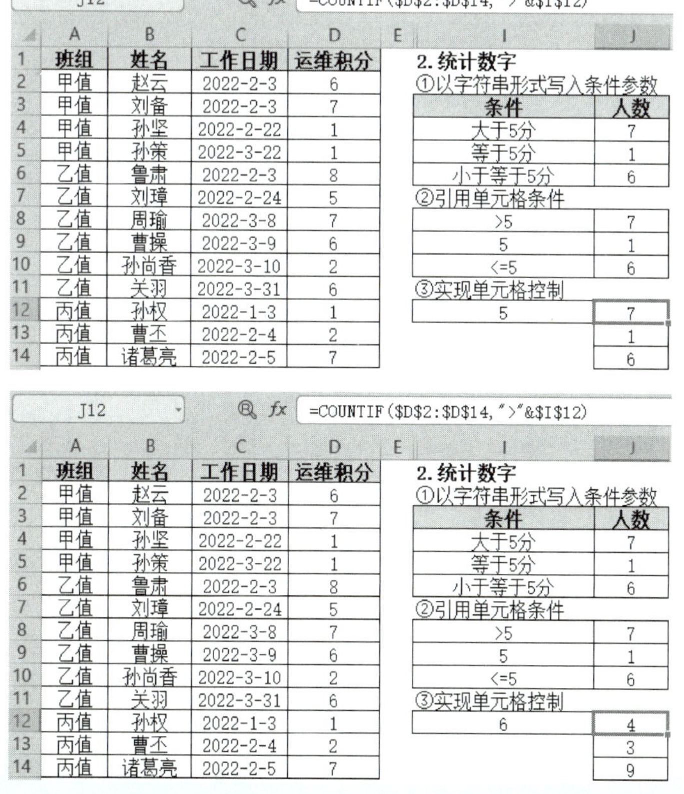

J12 　fx =COUNTIF($D$2:$D$14,">"&$I$12)

	A	B	C	D	E	I	J
1	班组	姓名	工作日期	运维积分		2.统计数字	
2	甲值	赵云	2022-2-3	6		①以字符串形式写入条件参数	
3	甲值	刘备	2022-2-3	7		条件	人数
4	甲值	孙坚	2022-2-22	1		大于5分	7
5	甲值	孙策	2022-3-22	1		等于5分	1
6	乙值	鲁肃	2022-2-3	8		小于等于5分	6
7	乙值	刘璋	2022-2-24	5		②引用单元格条件	
8	乙值	周瑜	2022-3-8	7		>5	7
9	乙值	曹操	2022-3-9	6		5	1
10	乙值	孙尚香	2022-3-10	2		<=5	6
11	乙值	关羽	2022-3-31	6		③实现单元格控制	
12	丙值	孙权	2022-1-3	1		5	7
13	丙值	曹丕	2022-2-4	2			1
14	丙值	诸葛亮	2022-2-5	7			6

J12 　fx =COUNTIF($D$2:$D$14,">"&$I$12)

	A	B	C	D	E	I	J
1	班组	姓名	工作日期	运维积分		2.统计数字	
2	甲值	赵云	2022-2-3	6		①以字符串形式写入条件参数	
3	甲值	刘备	2022-2-3	7		条件	人数
4	甲值	孙坚	2022-2-22	1		大于5分	7
5	甲值	孙策	2022-3-22	1		等于5分	1
6	乙值	鲁肃	2022-2-3	8		小于等于5分	6
7	乙值	刘璋	2022-2-24	5		②引用单元格条件	
8	乙值	周瑜	2022-3-8	7		>5	7
9	乙值	曹操	2022-3-9	6		5	1
10	乙值	孙尚香	2022-3-10	2		<=5	6
11	乙值	关羽	2022-3-31	6		③实现单元格控制	
12	丙值	孙权	2022-1-3	1		6	4
13	丙值	曹丕	2022-2-4	2			3
14	丙值	诸葛亮	2022-2-5	7			9

图 2-16　第三种方式统计运维积分大于、等于、小于等于 5 分人数结果

(3) 使用通配符。

统计姓氏为孙人数、姓孙且姓名为两个字人数，如图 2-17 所示。

班组	姓名	工作日期	运维积分
甲值	赵云	2022-2-3	6
甲值	刘备	2022-2-3	7
甲值	孙坚	2022-2-22	1
甲值	孙策	2022-3-22	1
乙值	鲁肃	2022-2-3	8
乙值	刘璋	2022-2-24	5
乙值	周瑜	2022-3-8	7
乙值	曹操	2022-3-9	6
乙值	孙尚香	2022-3-10	2
乙值	关羽	2022-3-31	6
丙值	孙权	2022-1-3	1
丙值	曹丕	2022-2-4	2
丙值	诸葛亮	2022-2-5	7

3.使用通配符

条件	人数
姓氏为孙	
姓孙且姓名为2个字	

图 2-17 统计姓氏为孙人数、姓孙且姓名为两个字人数

解题步骤：

步骤 1 在 M3 单元格输入公式：=COUNTIF($B$2:$B$14,"孙*")。

步骤 2 在 M4 单元格输入公式：=COUNTIF($B$2:$B$14,"孙?")。

注意：WPS 表格中通配符：* 星号表示多个任意字符;? 问号表示一个任意字符。

步骤 3 最终返回结果：姓氏为孙人数 4 人，姓孙且姓名为两个字人数 3 人，如图 2-18 所示。

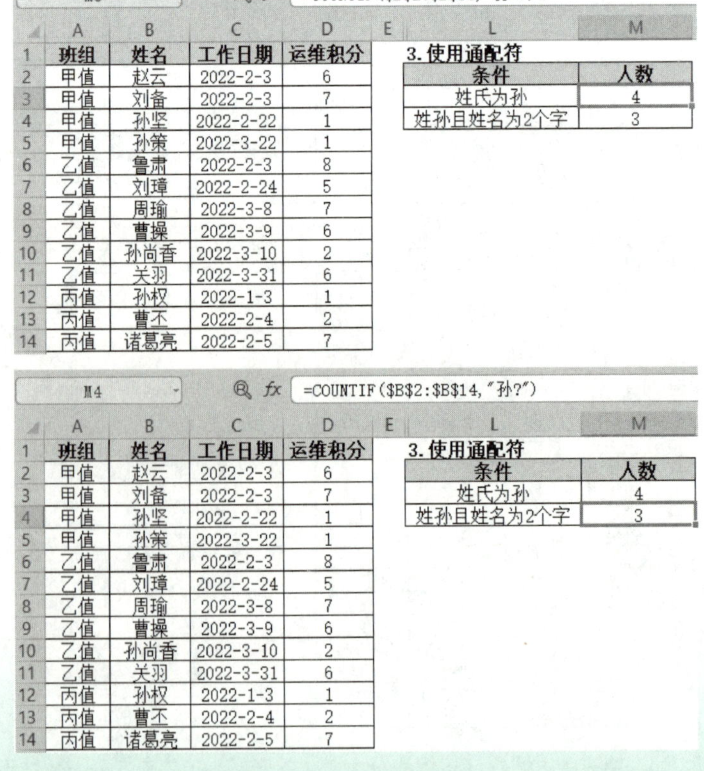

M3 =COUNTIF($B$2:$B$14,"孙*")

班组	姓名	工作日期	运维积分
甲值	赵云	2022-2-3	6
甲值	刘备	2022-2-3	7
甲值	孙坚	2022-2-22	1
甲值	孙策	2022-3-22	1
乙值	鲁肃	2022-2-3	8
乙值	刘璋	2022-2-24	5
乙值	周瑜	2022-3-8	7
乙值	曹操	2022-3-9	6
乙值	孙尚香	2022-3-10	2
乙值	关羽	2022-3-31	6
丙值	孙权	2022-1-3	1
丙值	曹丕	2022-2-4	2
丙值	诸葛亮	2022-2-5	7

3.使用通配符

条件	人数
姓氏为孙	4
姓孙且姓名为2个字	3

M4 =COUNTIF($B$2:$B$14,"孙?")

班组	姓名	工作日期	运维积分
甲值	赵云	2022-2-3	6
甲值	刘备	2022-2-3	7
甲值	孙坚	2022-2-22	1
甲值	孙策	2022-3-22	1
乙值	鲁肃	2022-2-3	8
乙值	刘璋	2022-2-24	5
乙值	周瑜	2022-3-8	7
乙值	曹操	2022-3-9	6
乙值	孙尚香	2022-3-10	2
乙值	关羽	2022-3-31	6
丙值	孙权	2022-1-3	1
丙值	曹丕	2022-2-4	2
丙值	诸葛亮	2022-2-5	7

3.使用通配符

条件	人数
姓氏为孙	4
姓孙且姓名为2个字	3

图 2-18 统计姓氏为孙人数、姓孙且姓名为两个字人数结果

2.4.4 某字段同时满足多条件计数

应用实例同上：如图 2-19 所示，求甲值和丙值共有多少人？

	A	B	C	D	E	O	P	Q
1	班组	姓名	工作日期	运维积分		4. 某字段同时满足多条件计数		
2	甲值	赵云	2022-2-3	6		组别	人数	
3	甲值	刘备	2022-2-3	7		甲值和丙值		
4	甲值	孙坚	2022-2-22	1				
5	甲值	孙策	2022-3-22	1				
6	乙值	鲁肃	2022-2-3	8				
7	乙值	刘璋	2022-2-24	5				
8	乙值	周瑜	2022-3-8	7				
9	乙值	曹操	2022-3-9	6				
10	乙值	孙尚香	2022-3-10	2				
11	乙值	关羽	2022-3-31	6				
12	丙值	孙权	2022-1-3	1				
13	丙值	曹丕	2022-2-4	2				
14	丙值	诸葛亮	2022-2-5	7				

图 2-19 统计甲值和丙值人数总和

解题步骤：

步骤 1 在 P3 单元格输入公式：＝SUM(COUNTIF($A$2:$A$14,{″甲值″,″丙值″}))。

注意：条件参数为一维数组｛″甲值″,″丙值″｝，共两个数组元素组成两个条件，通过 COUNTIF 函数计算结果同样是一维数组｛4，3｝，因此需要对数组元素进行求和，即在 COUNTIF 函数公式外套用求和函数 SUM。

步骤 2 最终返回结果：甲值和丙值人数共计 7 人，如图 2-20 所示。

P3 fx =SUM(COUNTIF($A$2:$A$14,{″甲值″,″丙值″}))

	A	B	C	D	E	O	P	Q
1	班组	姓名	工作日期	运维积分		4. 某字段同时满足多条件计数		
2	甲值	赵云	2022-2-3	6		组别	人数	
3	甲值	刘备	2022-2-3	7		甲值和丙值	7	
4	甲值	孙坚	2022-2-22	1				
5	甲值	孙策	2022-3-22	1				
6	乙值	鲁肃	2022-2-3	8				
7	乙值	刘璋	2022-2-24	5				
8	乙值	周瑜	2022-3-8	7				
9	乙值	曹操	2022-3-9	6				
10	乙值	孙尚香	2022-3-10	2				
11	乙值	关羽	2022-3-31	6				
12	丙值	孙权	2022-1-3	1				
13	丙值	曹丕	2022-2-4	2				
14	丙值	诸葛亮	2022-2-5	7				

图 2-20 统计甲值和丙值人数总和结果

2.5 COUNTIFS 多条件计数函数

2.5.1 COUNTIFS 函数介绍

功能：计算多个区域中满足给定条件的单元格的个数。

语法：=COUNTIFS(区域 1,条件 1,[区域 2,条件 2]……)。

注意：

①区域 1：必需。需要计算满足条件的第一个单元格区域。

②条件 1：必需。对应第一个条件区域，确定哪些单元格将被计算在内。形式可以为数字、表达式、单元格引用或文本，甚至可以使用通配符 * 或?。例如，条件可以表示为 10、">10"、D3、"甲值"、"孙 * "。

③区域 2，条件 2：可选。附加的区域及其关联条件。最多允许 **127 个区域及条件对。**

④每一个附加的区域都必须与区域 1 **具有相同的行数和列数**，这些区域无须彼此相邻。

2.5.2 COUNTIFS 函数基本应用

应用实例（同上小节实例）：现有某新能源场站甲乙丙三值人员运维积分，求：①1 月、2 月、3 月人数？②甲值且姓氏为孙人数？乙值 3 月运维人数？

(1) 统计日期。

统计 1 月、2 月、3 月人数，如图 2-21 所示。

	A	B	C	D	E	F	G
1	班组	姓名	工作日期	运维积分		1. 统计日期	
2	甲值	赵云	2022-2-3	6		月份	人数
3	甲值	刘备	2022-2-3	7		1	
4	甲值	孙坚	2022-2-22	1		2	
5	甲值	孙策	2022-3-22	1		3	
6	乙值	鲁肃	2022-2-3	8			
7	乙值	刘璋	2022-2-24	5			
8	乙值	周瑜	2022-3-8	7			
9	乙值	曹操	2022-3-9	6			
10	乙值	孙尚香	2022-3-10	2			
11	乙值	关羽	2022-3-31	6			
12	丙值	孙权	2022-1-3	1			
13	丙值	曹丕	2022-2-4	2			
14	丙值	诸葛亮	2022-2-5	7			

图 2-21 统计 1 月、2 月、3 月人数

解题步骤：

步骤 1 首先确定月初和月末日期，当月就是大于等于月初日期，小于等于月末日期。根据月份列数值，使用 DATE 函数构建月初和月末日期，DATE 函数语法：=DATE(年,月,日)得到：

月初日期公式：=DATE(2022,F3,1)。

组成动态条件公式：">="&DATE(2022,F3,1)。

月末日期公式：=DATE(2022,F3+1,1)-1，即为下个月 1 日减 1 天。

组成动态条件公式：“<=”&DATE(2022,F3+1,1)－1。

步骤 2 在 G3 单元格输入公式：=COUNTIFS($C$2:$C$14,">="&DATE(2022,F3,1),$C$2:$C$14,"<="&DATE(2022,F3+1,1)－1)。

注意：区域和条件是一一对应关系，本例中包含两个条件，均和日期相关，因此日期区域 $C$2:$C$14 被引用两次。计算区域 $C$2:$C$14 为绝对引用，不能随着单元格拖拽而改变，条件引用单元格 F3 为相对引用，随着单元格向下拖拽而改变。

步骤 3 输入完毕回车，并向下填充公式。最终返回结果（见图 2-22）：1 月 1 人、2 月 7 人、3 月 5 人。

G3 fx =COUNTIFS($C$2:$C$14,">="&DATE(2022,F3,1),$C$2:$C$14,"<="&DATE(2022,F3+1,1)-1)

	A	B	C	D
1	班组	姓名	工作日期	运维积分
2	甲值	赵云	2022-2-3	6
3	甲值	刘备	2022-2-3	7
4	甲值	孙坚	2022-2-22	1
5	甲值	孙策	2022-3-22	1
6	乙值	鲁肃	2022-2-3	8
7	乙值	刘璋	2022-2-24	5
8	乙值	周瑜	2022-3-8	7
9	乙值	曹操	2022-3-9	6
10	乙值	孙尚香	2022-3-10	2
11	乙值	关羽	2022-3-31	6
12	丙值	孙权	2022-1-3	1
13	丙值	曹丕	2022-2-4	2
14	丙值	诸葛亮	2022-2-5	7

1. 统计日期

月份	人数
1	1
2	7
3	5

图 2-22 统计 1 月、2 月、3 月人数结果

（2）不同条件区域的多条件统计。

1）统计甲值且姓氏为孙的人数，如图 2-23 所示。

	A	B	C	D
1	班组	姓名	工作日期	运维积分
2	甲值	赵云	2022-2-3	6
3	甲值	刘备	2022-2-3	7
4	甲值	孙坚	2022-2-22	1
5	甲值	孙策	2022-3-22	1
6	乙值	鲁肃	2022-2-3	8
7	乙值	刘璋	2022-2-24	5
8	乙值	周瑜	2022-3-8	7
9	乙值	曹操	2022-3-9	6
10	乙值	孙尚香	2022-3-10	2
11	乙值	关羽	2022-3-31	6
12	丙值	孙权	2022-1-3	1
13	丙值	曹丕	2022-2-4	2
14	丙值	诸葛亮	2022-2-5	7

2. 多条件统计

条件	人数
甲值且姓氏为孙人数	
乙值3月运维人数	

图 2-23 统计甲值且姓氏为孙的人数

解题步骤：

步骤 1 在 J3 单元格输入公式：=COUNTIFS($A$2:$A$14,"甲值",$B$2:$B$14,"孙*")。

注意：第一个条件区域为班组列 $A$2:$A$14，对应条件为“甲值”；第二个条

件区域为姓名列 $B$2:$B$14，对应条件为"孙 *"，其中 * 星号代表多个任意字符；两个条件区域必须满足具有相同的行数和列数。

步骤 2 最终返回结果（见图 2-24）：甲值且姓氏为孙的人数为 2 人。

J3 =COUNTIFS($A$2:$A$14,"甲值",$B$2:$B$14,"孙*")

	A	B	C	D	E	I	J
1	班组	姓名	工作日期	运维积分		2. 多条件统计	
2	甲值	赵云	2022-2-3	6		条件	人数
3	甲值	刘备	2022-2-3	7		甲值且姓氏为孙人数	2
4	甲值	孙坚	2022-2-22	1		乙值3月运维人数	
5	甲值	孙策	2022-3-22	1			
6	乙值	鲁肃	2022-2-3	8			
7	乙值	刘璋	2022-2-24	5			
8	乙值	周瑜	2022-3-8	7			
9	乙值	曹操	2022-3-9	6			
10	乙值	孙尚香	2022-3-10	2			
11	乙值	关羽	2022-3-31	6			
12	丙值	孙权	2022-1-3	1			
13	丙值	曹丕	2022-2-4	2			
14	丙值	诸葛亮	2022-2-5	7			

图 2-24 统计甲值且姓氏为孙的人数结果

2）统计乙值 3 月运维人数。

解题步骤：

步骤 1 日期范围为 3 月，组成月初月末条件公式：

月初条件为：">=2022/3/1"。

月末条件为："<=2022/3/31"。

步骤 2 在 J4 单元格输入公式：=COUNTIFS($A$2:$A$14,"乙值",$C$2:$C$14,">=2022/3/1",$C$2:$C$14,"<=2022/3/31")。

注意： 第一个条件区域为班组列 $A$2:$A$14，对应条件为"乙值"；第二、三个条件区域均为日期列 $C$2:$C$14，分别对应月初日期和月末日期；三个条件区域必须满足具有相同的行数和列数。

步骤 3 最终返回结果：乙值 3 月运维人数为 4 人，如图 2-25 所示。

J4 =COUNTIFS($A$2:$A$14,"乙值",$C$2:$C$14,">=2022/3/1",$C$2:$C$14,"<=2022/3/31")

	A	B	C	D	E	I	J	K	L	M	N
1	班组	姓名	工作日期	运维积分		2. 多条件统计					
2	甲值	赵云	2022-2-3	6		条件	人数				
3	甲值	刘备	2022-2-3	7		甲值且姓氏为孙人数	2				
4	甲值	孙坚	2022-2-22	1		乙值3月运维人数	4				
5	甲值	孙策	2022-3-22	1							
6	乙值	鲁肃	2022-2-3	8							
7	乙值	刘璋	2022-2-24	5							
8	乙值	周瑜	2022-3-8	7							
9	乙值	曹操	2022-3-9	6							
10	乙值	孙尚香	2022-3-10	2							
11	乙值	关羽	2022-3-31	6							
12	丙值	孙权	2022-1-3	1							
13	丙值	曹丕	2022-2-4	2							
14	丙值	诸葛亮	2022-2-5	7							

图 2-25 统计乙值 3 月运维人数结果

2.5.3 多字段同时满足多条件计数

应用实例同上：如图 2-26 所示，求甲值和丙值运维积分大于 6 分或小于 2 分的人数？

	A	B	C	D	E	L	M	N	O
1	班组	姓名	工作日期	运维积分		3. 多字段同时满足多条件计数			
2	甲值	赵云	2022-2-3	6		甲值和丙值运维积分大于6分或小于2分人数			
3	甲值	刘备	2022-2-3	7					
4	甲值	孙坚	2022-2-22	1					
5	甲值	孙策	2022-3-22	1					
6	乙值	鲁肃	2022-2-3	8					
7	乙值	刘璋	2022-2-24	5					
8	乙值	周瑜	2022-3-8	7					
9	乙值	曹操	2022-3-9	6					
10	乙值	孙尚香	2022-3-10	2					
11	乙值	关羽	2022-3-31	6					
12	丙值	孙权	2022-1-3	1					
13	丙值	曹丕	2022-2-4	2					
14	丙值	诸葛亮	2022-2-5	7					

图 2-26 统计甲值和丙值运维积分大于 6 分或小于 2 分的人数

解题步骤：

步骤 1 本题需求得甲值和丙值运维积分大于 6 分或小于 2 分的人数，可以分成四种情况，即甲值大于 6 分、甲值小于 2 分、丙值大于 6 分、丙值小于 2 分。在数组章节中，我们认识到行数组和列数组进行运算时，生成一个二维数组，即行数组元素分别与列数组元素进行运算。因此，本例中可以设置两个条件数组：行数组 {"甲值","丙值"} 和列数组 {">6";"<2"}，**保证两个条件数组一个为行数组一个为列数组即可。**

步骤 2 在 L3 单元格输入公式：=SUM(COUNTIFS(A2:A14,{"甲值","丙值"},D2:D14,{">6";"<2"}))。

注意： 第一个条件参数为行数组 {"甲值","丙值"}，第二个条件参数为列数组 {">6";"<2"}，两个条件数组通过 COUNTIFS 函数计算后生成二维数组 {1，1；2，1}，因此需要对所有数组元素进行求和，即在 COUNTIFS 函数公式外套用求和函数 SUM。

步骤 3 最终返回结果（见图 2-27）：甲值和丙值运维积分大于 6 分或小于 2 分人数共计 5 人。

L3 fx =SUM(COUNTIFS(A2:A14,{"甲值","丙值"},D2:D14,{">6";"<2"}))

	A	B	C	D	E	L	M	N	O	P
1	班组	姓名	工作日期	运维积分		3. 多字段同时满足多条件计数				
2	甲值	赵云	2022-2-3	6		甲值和丙值运维积分大于6分或小于2分人数				
3	甲值	刘备	2022-2-3	7		5				
4	甲值	孙坚	2022-2-22	1						
5	甲值	孙策	2022-3-22	1						
6	乙值	鲁肃	2022-2-3	8						
7	乙值	刘璋	2022-2-24	5						
8	乙值	周瑜	2022-3-8	7						
9	乙值	曹操	2022-3-9	6						
10	乙值	孙尚香	2022-3-10	2						
11	乙值	关羽	2022-3-31	6						
12	丙值	孙权	2022-1-3	1						
13	丙值	曹丕	2022-2-4	2						
14	丙值	诸葛亮	2022-2-5	7						

图 2-27 统计甲值和丙值运维积分大于 6 分或小于 2 分人数结果

2.6 SUMIF 单条件求和函数

2.6.1 SUMIF 函数介绍

功能：对满足条件的单元格求和。

语法：=SUMIF(区域,条件,[求和区域])。

注意：

①区域：必需。用于条件判断的单元格区域。

②条件：必需。确定哪些单元格将被计算在内。其形式可以为数字、表达式、单元格引用或文本，甚至可以使用通配符 * 或?。例如，条件可以表示为 10、">10"、D3、"甲值"、"孙 * "。

③求和区域：需要求和的单元格区域。**如忽略求和区域，则对条件区域中的单元格求和。**

2.6.2 SUMIF 函数基本应用

应用实例（同上小节实例）：现有某新能源场站甲乙丙三值人员运维积分，求：①甲乙丙各值的总积分？②求运维积分大于 5 分、等于 5 分、小于等于 5 分的总积分？③求姓氏为孙的人员总积分？姓孙且姓名为两个字的人员总积分？姓孙且姓名为三个字的人员总积分？

（1）统计文本。

求甲乙丙各值的总积分，如图 2-28 所示。

	A	B	C	D	E	F	G
1	班组	姓名	工作日期	运维积分		1.统计文本	
2	甲值	赵云	2022-2-3	6		组别	积分
3	甲值	刘备	2022-2-3	7		甲值	
4	甲值	孙坚	2022-2-22	1		乙值	
5	甲值	孙策	2022-3-22	1		丙值	
6	乙值	鲁肃	2022-2-3	8			
7	乙值	刘璋	2022-2-24	5			
8	乙值	周瑜	2022-3-8	7			
9	乙值	曹操	2022-3-9	6			
10	乙值	孙尚香	2022-3-10	2			
11	乙值	关羽	2022-3-31	6			
12	丙值	孙权	2022-1-3	1			
13	丙值	曹丕	2022-2-4	2			
14	丙值	诸葛亮	2022-2-5	7			

图 2-28　统计甲乙丙各值的总积分

解题步骤：

步骤 1　在 G3 单元格输入公式：=SUMIF($A$2:$A$14,F3,$D$2:$D$14)。

注意：条件区域 $A$2:$A$14、求和区域 $D$2:$D$14 为绝对引用，不能随着单元格拖拽而改变，条件引用单元格 F3 为相对引用，随着单元格向下拖拽而改变。

步骤 2　输入完毕回车，并向下填充公式。最终返回结果（见图 2-29）：甲值总积分

15 分，乙值总积分 34 分，丙值总积分 10 分。

G3 =SUMIF($A$2:$A$14,F3,$D$2:$D$14)

	A	B	C	D	E	F	G
1	班组	姓名	工作日期	运维积分		1.统计文本	
2	甲值	赵云	2022-2-3	6		组别	积分
3	甲值	刘备	2022-2-3	7		甲值	15
4	甲值	孙坚	2022-2-22	1		乙值	34
5	甲值	孙策	2022-3-22	1		丙值	10
6	乙值	鲁肃	2022-2-3	8			
7	乙值	刘璋	2022-2-24	5			
8	乙值	周瑜	2022-3-8	7			
9	乙值	曹操	2022-3-9	6			
10	乙值	孙尚香	2022-3-10	2			
11	乙值	关羽	2022-3-31	6			
12	丙值	孙权	2022-1-3	1			
13	丙值	曹丕	2022-2-4	2			
14	丙值	诸葛亮	2022-2-5	7			

图 2-29 统计甲乙丙各值的总积分结果

(2) 统计数字。

求运维积分大于 5 分、等于 5 分、小于等于 5 分人员的总积分，如图 2-30 所示。

	A	B	C	D	E	I	J
1	班组	姓名	工作日期	运维积分		2.统计数字	
2	甲值	赵云	2022-2-3	6		①以字符串形式写入条件参数	
3	甲值	刘备	2022-2-3	7		条件	积分
4	甲值	孙坚	2022-2-22	1		大于5分	
5	甲值	孙策	2022-3-22	1		等于5分	
6	乙值	鲁肃	2022-2-3	8		小于等于5分	
7	乙值	刘璋	2022-2-24	5		②引用单元格条件	
8	乙值	周瑜	2022-3-8	7		>5	
9	乙值	曹操	2022-3-9	6		5	
10	乙值	孙尚香	2022-3-10	2		<=5	
11	乙值	关羽	2022-3-31	6		③实现单元格控制	
12	丙值	孙权	2022-1-3	1		5	
13	丙值	曹丕	2022-2-4	2			
14	丙值	诸葛亮	2022-2-5	7			

图 2-30 统计运维积分大于、等于、小于等于 5 分人员的总积分

解题步骤：

1）第一种方式：以字符串形式写入条件参数（字符串必须用英文双引号括起来）。

步骤 1 大于 5 分，在 J4 单元格输入公式：=SUMIF($D$2:$D$14,">5")。

步骤 2 等于 5 分，在 J5 单元格输入公式：=SUMIF($D$2:$D$14,"=5")。

步骤 3 小于等于 5 分，在 J6 单元格输入公式：=SUMIF($D$2:$D$14,"<=5")。

注意：由于条件区域和求和区域为同一区域，求和区域可以省略不写。

步骤 4 最终分别返回结果（见图 2-31）：47 分、5 分、12 分。

2）第二种方式：引用单元格条件。

步骤 1 在 I8、I9、I10 单元格分别输入字符串：>5、=5(或直接输入数字 5)、<=5。

步骤 2 在 J8 单元格输入公式：=SUMIF($D$2:$D$14,I8)。

J4　=SUMIF($D$2:$D$14,">5")

	A	B	C	D	E	I	J
1	班组	姓名	工作日期	运维积分		2. 统计数字	
2	甲值	赵云	2022-2-3	6		①以字符串形式写入条件参数	
3	甲值	刘备	2022-2-3	7		条件	积分
4	甲值	孙坚	2022-2-22	1		大于5分	47
5	甲值	孙策	2022-3-22	1		等于5分	5
6	乙值	鲁肃	2022-2-3	8		小于等于5分	12
7	乙值	刘璋	2022-2-24	5		②引用单元格条件	
8	乙值	周瑜	2022-3-8	7		>5	
9	乙值	曹操	2022-3-9	6		5	
10	乙值	孙尚香	2022-3-10	2		<=5	
11	乙值	关羽	2022-3-31	6		③实现单元格控制	
12	丙值	孙权	2022-1-3	1		5	
13	丙值	曹丕	2022-2-4	2			
14	丙值	诸葛亮	2022-2-5	7			

图 2-31　第一种方式统计运维积分大于、等于、小于等于 5 分人员的总积分

注意：条件区域$D$2:$D$14 为绝对引用，不能随着单元格拖拽而改变，条件引用单元格 I8 为相对引用，随着单元格向下拖拽而改变。由于条件区域和求和区域为同一区域，求和区域可以省略不写。

步骤 3　输入完毕回车，并向下填充公式，最终分别返回结果（见图 2-32）：47 分、5 分、12 分。

J8　=SUMIF($D$2:$D$14,I8)

	A	B	C	D	E	I	J
1	班组	姓名	工作日期	运维积分		2. 统计数字	
2	甲值	赵云	2022-2-3	6		①以字符串形式写入条件参数	
3	甲值	刘备	2022-2-3	7		条件	积分
4	甲值	孙坚	2022-2-22	1		大于5分	47
5	甲值	孙策	2022-3-22	1		等于5分	5
6	乙值	鲁肃	2022-2-3	8		小于等于5分	12
7	乙值	刘璋	2022-2-24	5		②引用单元格条件	
8	乙值	周瑜	2022-3-8	7		>5	47
9	乙值	曹操	2022-3-9	6		5	5
10	乙值	孙尚香	2022-3-10	2		<=5	12
11	乙值	关羽	2022-3-31	6		③实现单元格控制	
12	丙值	孙权	2022-1-3	1		5	
13	丙值	曹丕	2022-2-4	2			
14	丙值	诸葛亮	2022-2-5	7			

图 2-32　第二种方式统计运维积分大于、等于、小于等于 5 分人员的总积分

3）第三种方式：实现单元格控制。

步骤 1　在 I12 单元格输入数字 5。

步骤 2　在 J12 单元格输入公式：=SUMIF($D$2:$D$14,">"&$I$12)。

步骤 3　在 J13 单元格输入公式：=SUMIF($D$2:$D$14,"="&$I$12)。

步骤 4　在 J14 单元格输入公式：=SUMIF($D$2:$D$14,"<="&$I$12)。

注意：条件区域$D$2:$D$14、条件引用单元格$I$12 均为绝对引用，不能随着单元格拖拽而改变。条件参数是由比较运算符（">"、"="、"<="）和单元格引用$I$12 通过字符串连接符（&）连接起来组成的动态条件。由于条件区域和求和区域为同

一区域，求和区域可以省略不写。

步骤 5 最终分别返回结果：47 分、5 分、12 分。

步骤 6 如果单元格 I12 数值改为 6，则分别返回结果（见图 2-33）：29 分、18 分、30 分。可见，通过 I12 单元格可以实现动态控制。

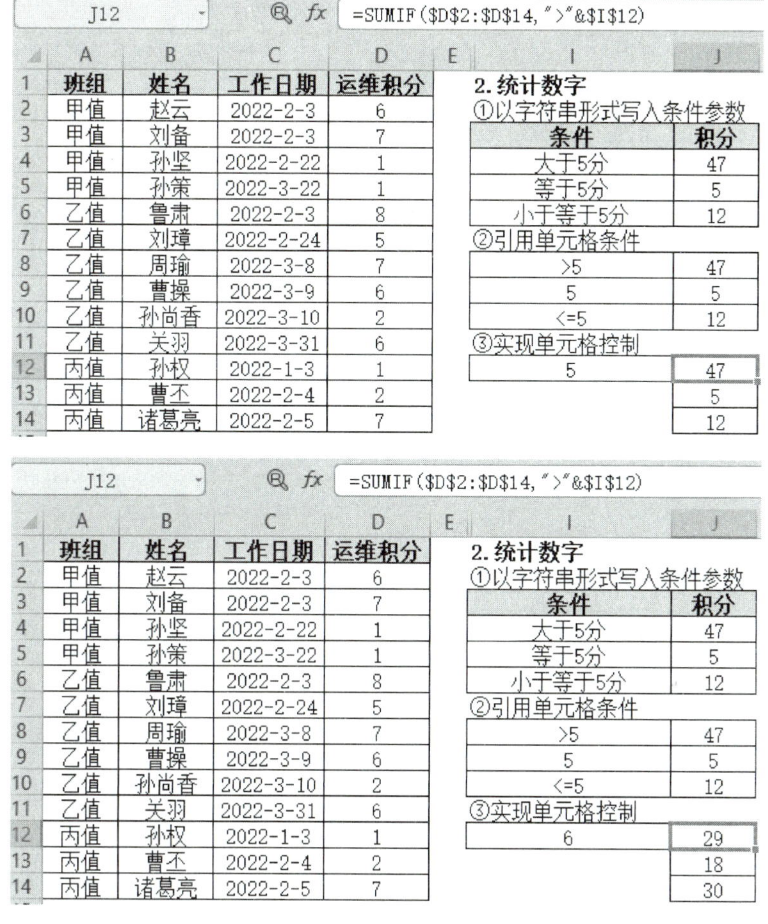

J12 =SUMIF($D$2:$D$14,">"&$I$12)

	A	B	C	D	E	I	J
1	班组	姓名	工作日期	运维积分		2. 统计数字	
2	甲值	赵云	2022-2-3	6		①以字符串形式写入条件参数	
3	甲值	刘备	2022-2-3	7		条件	积分
4	甲值	孙坚	2022-2-22	1		大于5分	47
5	甲值	孙策	2022-3-22	1		等于5分	5
6	乙值	鲁肃	2022-2-3	8		小于等于5分	12
7	乙值	刘璋	2022-2-24	5		②引用单元格条件	
8	乙值	周瑜	2022-3-8	7		>5	47
9	乙值	曹操	2022-3-9	6		5	5
10	乙值	孙尚香	2022-3-10	2		<=5	12
11	乙值	关羽	2022-3-31	6		③实现单元格控制	
12	丙值	孙权	2022-1-3	1		5	47
13	丙值	曹丕	2022-2-4	2			5
14	丙值	诸葛亮	2022-2-5	7			12

J12 =SUMIF($D$2:$D$14,">"&$I$12)

	A	B	C	D	E	I	J
1	班组	姓名	工作日期	运维积分		2. 统计数字	
2	甲值	赵云	2022-2-3	6		①以字符串形式写入条件参数	
3	甲值	刘备	2022-2-3	7		条件	积分
4	甲值	孙坚	2022-2-22	1		大于5分	47
5	甲值	孙策	2022-3-22	1		等于5分	5
6	乙值	鲁肃	2022-2-3	8		小于等于5分	12
7	乙值	刘璋	2022-2-24	5		②引用单元格条件	
8	乙值	周瑜	2022-3-8	7		>5	47
9	乙值	曹操	2022-3-9	6		5	5
10	乙值	孙尚香	2022-3-10	2		<=5	12
11	乙值	关羽	2022-3-31	6		③实现单元格控制	
12	丙值	孙权	2022-1-3	1		6	29
13	丙值	曹丕	2022-2-4	2			18
14	丙值	诸葛亮	2022-2-5	7			30

图 2-33 第三种方式统计运维积分大于、等于、小于等于 5 分人员的总积分

（3）使用通配符。

求姓氏为孙的人员总积分，姓孙且姓名为两个字的人员总积分，姓孙且姓名为三个字的人员总积分，如图 2-34 所示。

解题步骤：

步骤 1 在 M3 单元格输入公式：=SUMIF($B$2:$B$14,"孙*",$D$2:$D$14)。

步骤 2 在 M4 单元格输入公式：=SUMIF($B$2:$B$14,"孙?",$D$2:$D$14)。

步骤 3 在 M5 单元格输入公式：=SUMIF($B$2:$B$14,"孙??",$D$2:$D$14)。

注意：WPS 表格中通配符：*星号表示多个任意字符；? 问号表示一个任意字符。

	A	B	C	D
1	班组	姓名	工作日期	运维积分
2	甲值	赵云	2022-2-3	6
3	甲值	刘备	2022-2-3	7
4	甲值	孙坚	2022-2-22	1
5	甲值	孙策	2022-3-22	1
6	乙值	鲁肃	2022-2-3	8
7	乙值	刘璋	2022-2-24	5
8	乙值	周瑜	2022-3-8	7
9	乙值	曹操	2022-3-9	6
10	乙值	孙尚香	2022-3-10	2
11	乙值	关羽	2022-3-31	6
12	丙值	孙权	2022-1-3	1
13	丙值	曹丕	2022-2-4	2
14	丙值	诸葛亮	2022-2-5	7

3. 使用通配符

条件	积分
姓氏为孙	
姓孙且姓名为2个字	
姓孙且姓名为3个字	

图 2-34　统计姓氏为孙、姓孙且姓名为两个字、姓孙且姓名为三个字人员总积分

步骤 4　最终返回结果（见图 2-35）：姓氏为孙的人员总积分为 5 分，姓孙且姓名为两个字的人员总积分为 3 分，姓孙且姓名为三个字的人员总积分为 2 分。

M3　fx　=SUMIF($B$2:$B$14,"孙*",$D$2:$D$14)

	A	B	C	D
1	班组	姓名	工作日期	运维积分
2	甲值	赵云	2022-2-3	6
3	甲值	刘备	2022-2-3	7
4	甲值	孙坚	2022-2-22	1
5	甲值	孙策	2022-3-22	1
6	乙值	鲁肃	2022-2-3	8
7	乙值	刘璋	2022-2-24	5
8	乙值	周瑜	2022-3-8	7
9	乙值	曹操	2022-3-9	6
10	乙值	孙尚香	2022-3-10	2
11	乙值	关羽	2022-3-31	6
12	丙值	孙权	2022-1-3	1
13	丙值	曹丕	2022-2-4	2
14	丙值	诸葛亮	2022-2-5	7

3. 使用通配符

条件	积分
姓氏为孙	5
姓孙且姓名为2个字	3
姓孙且姓名为3个字	2

图 2-35　统计姓氏为孙、姓孙且姓名为两个字、姓孙且姓名为三个字人员总积分结果

2.6.3　某字段同时满足多条件求和

应用实例同上：如图 2-36 所示，求甲值和丙值人员总积分？

解题步骤：

步骤 1　在 P3 单元格输入公式：=SUM(SUMIF($A$2:$A$14,{"甲值","丙值"},$D$2:$D$14))。

注意：条件参数为一维数组｛"甲值","丙值"｝，共两个数组元素组成两个条件，通过 SUMIF 函数计算结果同样是一维数组｛15，10｝，因此需要对数组元素进行求和，即在 SUMIF 函数公式外套用求和函数 SUM。

步骤 2　最终返回结果（见图 2-37）：甲值和丙值人员总积分为 25 分。

	A	B	C	D	E	O	P	Q
1	班组	姓名	工作日期	运维积分		4. 某字段同时满足多条件求和		
2	甲值	赵云	2022-2-3	6		组别	积分	
3	甲值	刘备	2022-2-3	7		甲值和丙值		
4	甲值	孙坚	2022-2-22	1				
5	甲值	孙策	2022-3-22	1				
6	乙值	鲁肃	2022-2-3	8				
7	乙值	刘璋	2022-2-24	5				
8	乙值	周瑜	2022-3-8	7				
9	乙值	曹操	2022-3-9	6				
10	乙值	孙尚香	2022-3-10	2				
11	乙值	关羽	2022-3-31	6				
12	丙值	孙权	2022-1-3	1				
13	丙值	曹丕	2022-2-4	2				
14	丙值	诸葛亮	2022-2-5	7				

图 2-36 统计甲值和丙值人员总积分

P3　fx　=SUM(SUMIF($A$2:$A$14,{"甲值","丙值"},$D$2:$D$14))

	A	B	C	D	E	O	P	Q	R
1	班组	姓名	工作日期	运维积分		4. 某字段同时满足多条件求和			
2	甲值	赵云	2022-2-3	6		组别	积分		
3	甲值	刘备	2022-2-3	7		甲值和丙值	25		
4	甲值	孙坚	2022-2-22	1					
5	甲值	孙策	2022-3-22	1					
6	乙值	鲁肃	2022-2-3	8					
7	乙值	刘璋	2022-2-24	5					
8	乙值	周瑜	2022-3-8	7					
9	乙值	曹操	2022-3-9	6					
10	乙值	孙尚香	2022-3-10	2					
11	乙值	关羽	2022-3-31	6					
12	丙值	孙权	2022-1-3	1					
13	丙值	曹丕	2022-2-4	2					
14	丙值	诸葛亮	2022-2-5	7					

图 2-37 统计甲值和丙值人员总积分结果

2.7 SUMIFS 多条件求和函数

2.7.1 SUMIFS 函数介绍

功能：对区域中满足多个条件的单元格求和。

语法：=SUMIFS(求和区域,区域 1,条件 1,[区域 2],[条件 2]……)。

注意：

①求和区域：必需。需要计算求和的单元格区域，包括数值或包含数值的名称、区域或单元格引用，忽略空白和文本值。

②区域 1：必需。需要计算满足条件的第一个单元格区域。

③条件 1：必需。对应第一个条件区域，确定求和区域中哪些单元格将被计算在内。

形式可以为数字、表达式、单元格引用或文本，甚至可以使用通配符 * 或?。例如，条件可以表示为 10、">10"、D3、"甲值"、"孙 *"。

④区域 2，条件 2：可选。附加的区域及其关联条件。最多允许 **127 个区域及条件对**。

⑤每一个条件区域都必须与求和区域**具有相同的行数和列数**，这些区域无须彼此相邻。

⑥**SUMIFS 和 SUMIF 函数的参数顺序有所不同。**具体而言，【求和区域】参数在 SUMIFS 函数中是第一个参数，而在 SUMIF 函数中则是第三个参数，请确保按正确顺序输入参数。

2.7.2 SUMIFS 函数基本应用

应用实例（同上小节实例）：现有某新能源场站甲乙丙三值人员运维积分（见图 2-38）。求：①1 月、2 月、3 月总积分？②甲值且姓氏为孙总积分？乙值 3 月总积分？

（1）统计日期。

统计 1 月、2 月、3 月总积分。

	A	B	C	D	E	F	G
1	班组	姓名	工作日期	运维积分		1.统计日期	
2	甲值	赵云	2022-2-3	6		月份	积分
3	甲值	刘备	2022-2-3	7		1	
4	甲值	孙坚	2022-2-22	1		2	
5	甲值	孙策	2022-3-22	1		3	
6	乙值	鲁肃	2022-2-3	8			
7	乙值	刘璋	2022-2-24	5			
8	乙值	周瑜	2022-3-8	7			
9	乙值	曹操	2022-3-9	6			
10	乙值	孙尚香	2022-3-10	2			
11	乙值	关羽	2022-3-31	6			
12	丙值	孙权	2022-1-3	1			
13	丙值	曹丕	2022-2-4	2			
14	丙值	诸葛亮	2022-2-5	7			

图 2-38　统计 1 月、2 月、3 月的总积分

解题步骤：

步骤 1　首先确定月初和月末日期，当月就是大于等于月初日期，小于等于月末日期。根据月份列数值，使用 DATE 函数构建月初和月末日期，DATE 函数语法：=DATE(年,月,日)得到：

月初日期公式：=DATE(2022,F3,1)。

组成动态条件公式：">="&DATE(2022,F3,1)。

月末日期公式：=DATE(2022,F3+1,1)-1，即为下个月 1 日减 1 天。

组成动态条件公式："<="&DATE(2022,F3+1,1)-1。

步骤 2　在 G3 单元格输入公式：=SUMIFS($D$2:$D$14,$C$2:$C$14,">="&DATE(2022,F3,1),$C$2:$C$14,"<="&DATE(2022,F3+1,1)-1)。

注意：第一个参数为求和区域$D$2:$D$14，后面为两组区域条件对，本例中包

含两个条件，均和日期相关，因此日期区域＄C＄2:＄C＄14 被引用两次。求和区域和条件区域均为绝对引用，不能随着单元格拖拽而改变，条件引用单元格 F3 为相对引用，随着单元格向下拖拽而改变。

步骤 3 输入完毕回车，并向下填充公式。最终返回结果（见图 2-39）：1 月 1 分、2 月 36 分、3 月 22 分。

G3 fx =SUMIFS($D$2:$D$14,$C$2:$C$14,">="&DATE(2022,F3,1),$C$2:$C$14,"<="&DATE(2022,F3+1,1)-1)

	A	B	C	D
1	班组	姓名	工作日期	运维积分
2	甲值	赵云	2022-2-3	6
3	甲值	刘备	2022-2-3	7
4	甲值	孙坚	2022-2-22	1
5	甲值	孙策	2022-3-22	1
6	乙值	鲁肃	2022-2-3	8
7	乙值	刘璋	2022-2-24	5
8	乙值	周瑜	2022-3-8	7
9	乙值	曹操	2022-3-9	6
10	乙值	孙尚香	2022-3-10	2
11	乙值	关羽	2022-3-31	6
12	丙值	孙权	2022-1-3	1
13	丙值	曹丕	2022-2-4	2
14	丙值	诸葛亮	2022-2-5	7

1. 统计日期

月份	积分
1	1
2	36
3	22

图 2-39 统计 1 月、2 月、3 月的总积分结果

（2）不同条件区域的多条件统计。

1）统计甲值且姓氏为孙的人数，如图 2-40 所示。

	A	B	C	D
1	班组	姓名	工作日期	运维积分
2	甲值	赵云	2022-2-3	6
3	甲值	刘备	2022-2-3	7
4	甲值	孙坚	2022-2-22	1
5	甲值	孙策	2022-3-22	1
6	乙值	鲁肃	2022-2-3	8
7	乙值	刘璋	2022-2-24	5
8	乙值	周瑜	2022-3-8	7
9	乙值	曹操	2022-3-9	6
10	乙值	孙尚香	2022-3-10	2
11	乙值	关羽	2022-3-31	6
12	丙值	孙权	2022-1-3	1
13	丙值	曹丕	2022-2-4	2
14	丙值	诸葛亮	2022-2-5	7

2. 多条件统计

条件	积分
甲值且姓氏为孙的积分	
乙值3月的积分	

图 2-40 统计甲值且姓氏为孙的总积分

解题步骤：

步骤 1 在 J3 单元格输入公式：＝SUMIFS(＄D＄2:＄D＄14,＄A＄2:＄A＄14,"甲值",＄B＄2:＄B＄14,"孙＊")。

注意： 第一个参数为求和区域＄D＄2:＄D＄14，后面为两组区域条件对。第一个条件区域为班组列＄A＄2:＄A＄14，对应条件为“甲值”；第二个条件区域为姓名列＄B＄2:＄B＄14，对应条件为"孙＊"，其中＊星号代表多个任意字符；求和区域和两个条件区域必须满足具有相同的行数和列数。

步骤 2 最终返回结果（见图 2-41）：甲值且姓氏为孙的总积分为 2 分。

J3 =SUMIFS($D$2:$D$14,$A$2:$A$14,"甲值",$B$2:$B$14,"孙*")

	A	B	C	D	E	I	J	K
1	班组	姓名	工作日期	运维积分		2. 多条件统计		
2	甲值	赵云	2022-2-3	6		条件	积分	
3	甲值	刘备	2022-2-3	7		甲值且姓氏为孙的积分	2	
4	甲值	孙坚	2022-2-22	1		乙值3月的积分		
5	甲值	孙策	2022-3-22	1				
6	乙值	鲁肃	2022-2-3	8				
7	乙值	刘璋	2022-2-24	5				
8	乙值	周瑜	2022-3-8	7				
9	乙值	曹操	2022-3-9	6				
10	乙值	孙尚香	2022-3-10	2				
11	乙值	关羽	2022-3-31	6				
12	丙值	孙权	2022-1-3	1				
13	丙值	曹丕	2022-2-4	2				
14	丙值	诸葛亮	2022-2-5	7				

图 2-41 统计甲值且姓氏为孙的总积分结果

2）统计乙值 3 月运维的总积分。

解题步骤：

步骤 1 日期范围为 3 月，组成月初月末条件公式：

则月初条件为：“>=2022/3/1”。

月末条件为：“<=2022/3/31”。

步骤 2 在 J4 单元格输入公式：=SUMIFS($D$2:$D$14,$A$2:$A$14,"乙值",$C$2:$C$14,">=2022/3/1",$C$2:$C$14,"<=2022/3/31")。

注意：第一个参数为求和区域$D$2:$D$14，后面为三组区域条件对。第一个条件区域为班组列$A$2:$A$14，对应条件为“乙值”；第二、三个条件区域均为日期列$C$2:$C$14，分别对应月初日期和月末日期；求和区域和三个条件区域必须满足具有相同的行数和列数。

步骤 3 最终返回结果（见图 2-42）：乙值 3 月的总积分为 21 分。

J4 =SUMIFS($D$2:$D$14,$A$2:$A$14,"乙值",$C$2:$C$14,">=2022/3/1",$C$2:$C$14,"<=2022/3/31")

	A	B	C	D	E	I	J
1	班组	姓名	工作日期	运维积分		2. 多条件统计	
2	甲值	赵云	2022-2-3	6		条件	积分
3	甲值	刘备	2022-2-3	7		甲值且姓氏为孙的积分	2
4	甲值	孙坚	2022-2-22	1		乙值3月的积分	21
5	甲值	孙策	2022-3-22	1			
6	乙值	鲁肃	2022-2-3	8			
7	乙值	刘璋	2022-2-24	5			
8	乙值	周瑜	2022-3-8	7			
9	乙值	曹操	2022-3-9	6			
10	乙值	孙尚香	2022-3-10	2			
11	乙值	关羽	2022-3-31	6			
12	丙值	孙权	2022-1-3	1			
13	丙值	曹丕	2022-2-4	2			
14	丙值	诸葛亮	2022-2-5	7			

图 2-42 统计乙值 3 月的总积分结果

2.7.3 多字段同时满足多条件计数

应用实例同上：如图 2-43 所示，求甲值和丙值运维积分大于 6 分或小于 2 分的总积分？

	A	B	C	D	E	L	M	N	O
1	班组	姓名	工作日期	运维积分		3. 多字段同时满足多条件计数			
2	甲值	赵云	2022-2-3	6		甲值和丙值运维积分大于6分或小于2分的总积分			
3	甲值	刘备	2022-2-3	7					
4	甲值	孙坚	2022-2-22	1					
5	甲值	孙策	2022-3-22	1					
6	乙值	鲁肃	2022-2-3	8					
7	乙值	刘璋	2022-2-24	5					
8	乙值	周瑜	2022-3-8	7					
9	乙值	曹操	2022-3-9	6					
10	乙值	孙尚香	2022-3-10	2					
11	乙值	关羽	2022-3-31	6					
12	丙值	孙权	2022-1-3	1					
13	丙值	曹丕	2022-2-4	2					
14	丙值	诸葛亮	2022-2-5	7					

图 2-43 统计甲值和丙值运维积分大于 6 分或小于 2 分的总积分

解题步骤：

步骤 1 本题需求得甲值和丙值运维积分大于 6 分或小于 2 分的人数，可以分成四种情况，即甲值大于 6 分、甲值小于 2 分、丙值大于 6 分、丙值小于 2 分。在数组章节中，我们认识到行数组和列数组进行运算时，生成一个二维数组，即行数组元素分别与列数组元素进行运算。因此，本例中可以设置两个条件数组：行数组 {″甲值″,″丙值″} 和列数组 {″>6″;″<2″}，**保证两个条件数组一个为行数组一个为列数组即可。**

步骤 2 在 L3 单元格输入公式：=SUM(SUMIFS(D2:D14,A2:A14,{″甲值″,″丙值″},D2:D14,{″>6″;″<2″}))。

注意：第一个参数为求和区域 D2:D14，后面为两组区域条件对。第一个条件参数为行数组 {″甲值″,″丙值″}，第二个条件参数为列数组 {″>6″;″<2″}，两个条件数组通过 SUMIFS 函数计算后生成二维数组 {7，7；2，1}，因此需要对所有数组元素进行求和，即在 SUMIFS 函数公式外套用求和函数 SUM。

步骤 3 最终返回结果（见图 2-44）：甲值和丙值运维积分大于 6 分或小于 2 分的总积分为 17 分。

L3 fx =SUM(SUMIFS(D2:D14,A2:A14,{"甲值","丙值"},D2:D14,{">6";"<2"}))

	A	B	C	D	E	L	M	N	O	P
1	班组	姓名	工作日期	运维积分		3. 多字段同时满足多条件计数				
2	甲值	赵云	2022-2-3	6		甲值和丙值运维积分大于6分或小于2分的总积分				
3	甲值	刘备	2022-2-3	7		17				
4	甲值	孙坚	2022-2-22	1						
5	甲值	孙策	2022-3-22	1						
6	乙值	鲁肃	2022-2-3	8						
7	乙值	刘璋	2022-2-24	5						
8	乙值	周瑜	2022-3-8	7						
9	乙值	曹操	2022-3-9	6						
10	乙值	孙尚香	2022-3-10	2						
11	乙值	关羽	2022-3-31	6						
12	丙值	孙权	2022-1-3	1						
13	丙值	曹丕	2022-2-4	2						
14	丙值	诸葛亮	2022-2-5	7						

图 2-44 统计甲值和丙值运维积分大于 6 分或小于 2 分的总积分结果

2.8 AVERAGEIF 单条件求平均函数

2.8.1 AVERAGEIF 函数介绍

功能：对满足条件的单元格求算数平均值。

语法：＝AVERAGEIF(区域,条件,[求平均值区域])。

注意：

①区域：必需。用于条件判断的单元格区域。

②条件：必需。确定哪些单元格将被计算在内。其形式可以为数字、表达式、单元格引用或文本，甚至可以使用通配符 * 或?。例如，条件可以表示为 10、">10"、D3、"甲值"、"孙 * "。

③求平均值区域：需要求平均值的单元格区域。**如忽略求平均值区域，则对条件区域中的单元格求平均值。**

2.8.2 AVERAGEIF 函数基本应用

应用实例：现有某新能源公司生产抽调考考试成绩，①求各部门平均分？②求风电场平均分？

(1) 统计文本。

统计各部门平均分，如图 2-45 所示。

	A	B	C	D	E	F	G
1	序号	归属部门	姓名	成绩		1.统计文本	
2	1	监控中心	崔研	100		部门	平均成绩
3	2	监控中心	董艳阳	100		监控中心	100.00
4	3	监控中心	吴晓军	100		张家口风电场	99.67
5	4	张家口风电场	范士杰	100		承德风电场	98.90
6	5	张家口风电场	陈瑞强	100		石家庄风电场	98.86
7	6	张家口风电场	杨子庆	99			
8	7	承德风电场	李文德	100			
9	8	承德风电场	赵占霜	100			
10	9	承德风电场	董甲奇	99.5			
11	10	承德风电场	李忠琦	98			
12	11	承德风电场	张旭	97			
13	12	石家庄风电场	赵杨杨	100			
14	13	石家庄风电场	张浩雨	99			
15	14	石家庄风电场	赵子赫	99			
16	15	石家庄风电场	王超	99			
17	16	石家庄风电场	车家鹏	99			
18	17	石家庄风电场	梁仁亮	98.5			
19	18	石家庄风电场	郑继南	97.5			

图 2-45 某次生产抽调考考试成绩统计各部门平均分

解题步骤：

步骤 1 在 G2 单元格输入公式：＝AVERAGEIF($B$2:$B$19,F3,$D$2:$D$19)。

注意：条件区域$B$2:$B$19、求平均值区域$D$2:$D$19 为绝对引用，不能随着单元格拖拽而改变，条件引用单元格 F3 为相对引用，随着单元格向下拖拽而改变。

步骤 2 输入完毕回车，并向下填充公式。最终返回结果（见图 2-46）：监控中心平均 100 分，张家口风电场平均 99.67 分、承德风电场平均 98.9 分、石家庄风电场平均 98.86 分。

G3　fx　=AVERAGEIF($B$2:$B$19,F3,$D$2:$D$19)

	A	B	C	D	E	F	G
1	序号	归属部门	姓名	成绩		1.统计文本	
2	1	监控中心	崔研	100		部门	平均成绩
3	2	监控中心	董艳阳	100		监控中心	100.00
4	3	监控中心	吴晓军	100		张家口风电场	99.67
5	4	张家口风电场	范士杰	100		承德风电场	98.90
6	5	张家口风电场	陈瑞强	100		石家庄风电场	98.86
7	6	张家口风电场	杨子庆	99			
8	7	承德风电场	李文德	100			
9	8	承德风电场	赵占霜	100			
10	9	承德风电场	董甲奇	99.5			
11	10	承德风电场	李忠琦	98			
12	11	承德风电场	张旭	97			
13	12	石家庄风电场	赵杨杨	100			
14	13	石家庄风电场	张浩雨	99			
15	14	石家庄风电场	赵子赫	99			
16	15	石家庄风电场	王超	99			
17	16	石家庄风电场	车家鹏	99			
18	17	石家庄风电场	梁仁亮	98.5			
19	18	石家庄风电场	郑继南	97.5			

图 2-46　某次生产抽调考考试成绩各部门平均分结果

（2）使用通配符。

统计所有风电场平均分，如图 2-47 所示。

	A	B	C	D	E	I
1	序号	归属部门	姓名	成绩		2.使用通配符
2	1	监控中心	崔研	100		风电场平均分
3	2	监控中心	董艳阳	100		
4	3	监控中心	吴晓军	100		
5	4	张家口风电场	范士杰	100		
6	5	张家口风电场	陈瑞强	100		
7	6	张家口风电场	杨子庆	99		
8	7	承德风电场	李文德	100		
9	8	承德风电场	赵占霜	100		
10	9	承德风电场	董甲奇	99.5		
11	10	承德风电场	李忠琦	98		
12	11	承德风电场	张旭	97		
13	12	石家庄风电场	赵杨杨	100		
14	13	石家庄风电场	张浩雨	99		
15	14	石家庄风电场	赵子赫	99		
16	15	石家庄风电场	王超	99		
17	16	石家庄风电场	车家鹏	99		
18	17	石家庄风电场	梁仁亮	98.5		
19	18	石家庄风电场	郑继南	97.5		

图 2-47　某次生产抽调考考试成绩统计风电场平均分

解题步骤：

步骤 1　在 I3 单元格输入公式：=AVERAGEIF(B2:B19,"*风电场",D2:D19)。

注意：WPS 表格中通配符：*星号表示多个任意字符；?问号表示一个任意字符。

步骤 2　最终返回结果：如图 2-48 所示，风电场员工平均分为 99.03 分。

I3　=AVERAGEIF(B2:B19,"*风电场",D2:D19)

	A	B	C	D	E	I
1	序号	归属部门	姓名	成绩		2. 使用通配符
2	1	监控中心	崔研	100		风电场平均分
3	2	监控中心	董艳阳	100		99.03
4	3	监控中心	吴晓军	100		
5	4	张家口风电场	范士杰	100		
6	5	张家口风电场	陈瑞强	100		
7	6	张家口风电场	杨子庆	99		
8	7	承德风电场	李文德	100		
9	8	承德风电场	赵占霜	100		
10	9	承德风电场	董甲奇	99.5		
11	10	承德风电场	李忠琦	98		
12	11	承德风电场	张旭	97		
13	12	石家庄风电场	赵杨杨	100		
14	13	石家庄风电场	张浩雨	99		
15	14	石家庄风电场	赵子赫	99		
16	15	石家庄风电场	王超	99		
17	16	石家庄风电场	车家鹏	99		
18	17	石家庄风电场	梁仁亮	98.5		
19	18	石家庄风电场	郑继南	97.5		

图 2-48　某次生产抽调考考试成绩统计风电场平均分结果

2.9　AVERAGEIFS 多条件求平均函数

2.9.1　AVERAGEIFS 函数介绍

功能：对区域中满足多个条件的单元格求算数平均值。

语法：=AVERAGEIFS(求平均值区域,区域 1,条件 1,[区域 2],[条件 2]……)。

注意：

①求平均值区域：需要求平均值的单元格区域。包括数值或包含数值的名称、区域或单元格引用，忽略空白和文本值。

②区域 1：必需。需要计算满足条件的第一个单元格区域。

③条件 1：必需。对应第一个条件区域，确定求和区域中哪些单元格将被计算在内。形式可以为数字、表达式、单元格引用或文本，甚至可以使用通配符 * 或?。例如，条件可以表示为 10、">10"、D3、"甲值"、"孙 *"。

④区域 2，条件 2：可选。附加的区域及其关联条件。最多允许 127 个区域及条件对。

⑤每一个条件区域都必须与求平均区域具有相同的行数和列数，这些区域无须彼此相邻。

⑥AVERAGEIFS 和 AVERAGEIF 函数的参数顺序有所不同。具体而言，“求平均

域”参数在 AVERAGEIFS 函数中是第一个参数，而在 AVERAGEIF 函数中则是第三个参数，请确保按正确顺序输入参数。

2.9.2 AVERAGEIFS 函数基本应用

应用实例：新能源发电风功率预测系统一般可以导出未来七天短期预测风速（见图 2-49），其中每天每隔 15min 一个数据点，每天有 96 个数据点，请计算未来七天预测日平均风速。

	A	B	C	D	E	F
1	时间	平均风速		序号	日期	平均风速
2	2022-05-01 00:00:00	4.20		1		
3	2022-05-01 00:15:00	4.20		2		
4	2022-05-01 00:30:00	4.10		3		
5	2022-05-01 00:45:00	4.00		4		
6	2022-05-01 01:00:00	3.90		5		
7	2022-05-01 01:15:00	3.80		6		
8	2022-05-01 01:30:00	3.70		7		
9	2022-05-01 01:45:00	3.60				
10	2022-05-01 02:00:00	3.50				
11	2022-05-01 02:15:00	3.50				
12	2022-05-01 02:30:00	3.60				
13	2022-05-01 02:45:00	3.60				
14	2022-05-01 03:00:00	3.70				
15	2022-05-01 03:15:00	3.70				
16	2022-05-01 03:30:00	3.60				
17	2022-05-01 03:45:00	3.60				
18	2022-05-01 04:00:00	3.50				
19	2022-05-01 04:15:00	3.50				
20	2022-05-01 04:30:00	3.40				

图 2-49 某场站未来七天预测风速

解题步骤：

步骤 1 首先在 E2 单元格输入开始日期：2022-5-1，在 E3 单元格输入公式：=E2+1，输入完毕将公式填充至 E8 单元格，此时计算出未来七天日期，这样可以通过 E2 单元格控制未来七天日期，如图 2-50 所示。

E3 fx =E2+1

	A	B	C	D	E	F
1	时间	平均风速		序号	日期	平均风速
2	2022-05-01 00:00:00	4.20		1	2022-5-1	
3	2022-05-01 00:15:00	4.20		2	2022-5-2	
4	2022-05-01 00:30:00	4.10		3	2022-5-3	
5	2022-05-01 00:45:00	4.00		4	2022-5-4	
6	2022-05-01 01:00:00	3.90		5	2022-5-5	
7	2022-05-01 01:15:00	3.80		6	2022-5-6	
8	2022-05-01 01:30:00	3.70		7	2022-5-7	

图 2-50 单元格控制未来七天日期

步骤 2 考虑设定当日条件范围，时间应大于等于当日零点并小于后一日零点，则设置条件为：

大于等于当日零点:″>=″&E2。

小于后一日零点:″<″&E2+1。

步骤 3 在 F2 单元格输入公式：=AVERAGEIFS($B$2:$B$673,$A$2:$A$673,″>=″&E2，$A$2:$A$673,″<″&E2+1)。

注意：第一个参数为求平均区域 $B$2:$B$673，后面为两组区域条件对，两个条件区域均为日期列 $A$2:$A$673，分别对应当日零点和后一日零点；求平均区域和两个条件区域必须满足具有相同的行数和列数；求平均区域和条件区域均为绝对引用，不能随着单元格拖拽而改变，条件引用单元格 E2 为相对引用，随着单元格向下拖拽而改变。

步骤 4 向下填充公式，最终返回结果（见图 2-51）：未来七天平均风速分别为 3.5、4.3、2.9、1.3、3.3、6.0、7.4m/s。

F2 fx =AVERAGEIFS($B$2:$B$673,$A$2:$A$673,″>=″&E2,$A$2:$A$673,″<″&E2+1)

	A	B	C	D	E	F
1	时间	平均风速		序号	日期	平均风速
2	2022-05-01 00:00:00	4.20		1	2022-5-1	3.5
3	2022-05-01 00:15:00	4.20		2	2022-5-2	4.3
4	2022-05-01 00:30:00	4.10		3	2022-5-3	2.9
5	2022-05-01 00:45:00	4.00		4	2022-5-4	1.3
6	2022-05-01 01:00:00	3.90		5	2022-5-5	3.3
7	2022-05-01 01:15:00	3.80		6	2022-5-6	6.0
8	2022-05-01 01:30:00	3.70		7	2022-5-7	7.4

图 2-51 某场站未来七天预测风速结果

2.10 SUMPRODUCT 乘积和函数

2.10.1 SUMPRODUCT 函数介绍

功能：对给定的几组数组中，将数组间对应的元素相乘，并返回乘积之和。

语法：=SUMPRODUCT(数组 1,[数组 2],……)。

注意：

①数组 1：必需。其相应元素需要进行相乘并求和的第一个数组参数。

②数组 2：可选。最多 255 个数组参数，其相应元素需要进行相乘并求和。

③数组参数必须具有相同的维数，否则函数 SUMPRODUCT 将返回**参数值错误#VALUE!。**

④函数 SUMPRODUCT 将**非数值型的数组元素作为 0 处理。**

2.10.2 SUMPRODUCT 函数基本应用

（1）对纵向数组计算，如图 2-52 所示。

解题步骤：

步骤 1 在 D4 单元格输入公式：=SUMPRODUCT(A4:A6,B4:B6)。

	A	B	C	D
2	1. 纵向数组			
3	数组1	数组2		求乘积和
4	1	4		
5	2	5		
6	3	6		

图 2-52 对纵向数组求乘积和

步骤 2 输出结果（见图 2-53）：32，即 1＊4＋2＊5＋3＊6＝32。

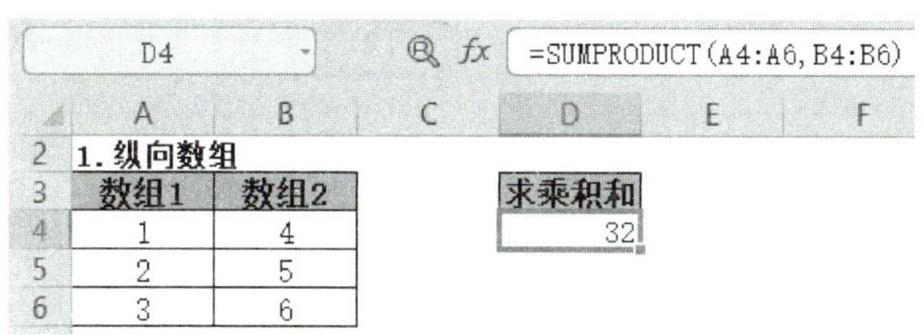

D4 | =SUMPRODUCT(A4:A6,B4:B6)

	A	B	C	D	E	F
2	1. 纵向数组					
3	数组1	数组2		求乘积和		
4	1	4		32		
5	2	5				
6	3	6				

图 2-53 对纵向数组求乘积和结果

（2）对横向数组计算，如图 2-54 所示。

	A	B	C	D	E	F
8	2. 横向数组					
9	数组1	1	2	3		求乘积和
10	数组2	4	5	6		

图 2-54 对横向数组求乘积和

解题步骤：

步骤 1 在 F9 单元格输入公式：＝SUMPRODUCT(B9:D9,B10:D10)。

步骤 2 输出结果（见图 2-55）：32，即 1＊4＋2＊5＋3＊6＝32。

F10 | =SUMPRODUCT(B9:D9,B10:D10)

	A	B	C	D	E	F
8	2. 横向数组					
9	数组1	1	2	3		求乘积和
10	数组2	4	5	6		32

图 2-55 对横向数组求乘积和结果

（3）对二维数组计算，如图 2-56 所示。

	A	B	C	D
12	3. 二维数组			
13	数组1			求乘积和
14	1	4		
15	2	5		
16	3	6		
17	数组2			
18	4	1		
19	5	2		
20	6	3		

图 2-56 对二维数组求乘积和

解题步骤：

步骤 1 在 D14 单元格输入公式：=SUMPRODUCT(A14:B16,A18:B20)。

步骤 2 输出结果（见图 2-57）：64，即 1＊4+2＊5+3＊6+4＊1+5＊2+6＊3=64。

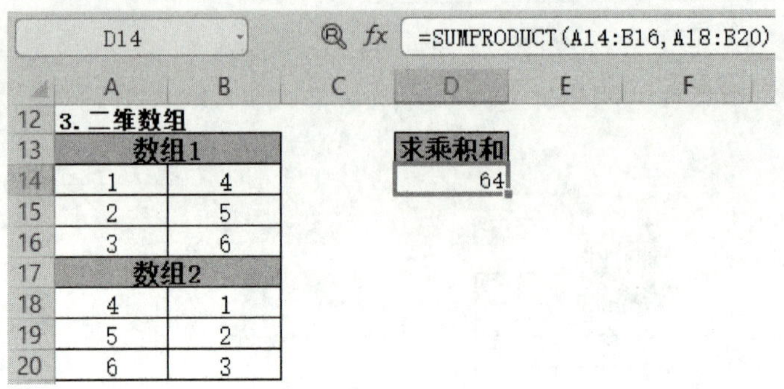

D14 fx =SUMPRODUCT(A14:B16,A18:B20)

	A	B	C	D
12	3.二维数组			
13	数组1			求乘积和
14	1	4		64
15	2	5		
16	3	6		
17	数组2			
18	4	1		
19	5	2		
20	6	3		

图 2-57 对二维数组求乘积和结果

2.10.3 SUMPRODUCT 函数基本应用实例

(1) 求演讲比赛打分。

某次公司举办演讲比赛，其中各项指标权重分别为：创意性（20%）、完整性（15%）、实用性（25%）、可拓展性（30%）、现场表达（10%），每项指标满分为 100 分。如图 2-58 所示，求下列参赛人员最终得分。

	A	B	C	D	E	F	G
23	打分项	创意性	完整性	实用性	可拓展性	现场表达	得分
24	比重	20%	15%	25%	30%	10%	100%
25	赵阳	100	95	90	85	100	
26	董超	90	100	75	95	85	
27	孙武	90	85	65	70	95	
28	刘星	70	80	100	80	95	

图 2-58 演讲比赛各项成绩

解题步骤：

步骤 1 在 G25 单元格输入公式：=SUMPRODUCT($B$24:$F$24,B25:F25)。

注意： 其中各项指标比重区域 $B$24:$F$24 为绝对引用，不能随着单元格拖拽而改变，参赛人员各项成绩区域 B25:F25 为相对引用，随着单元格向下拖拽而改变。

步骤 2 向下填充公式，最终返回结果（见图 2-59）：赵阳 92.25 分、董超 88.75 分、孙武 77.5 分、刘星 84.5 分。

(2) 求新能源总装机容量。

现有某新能源公司所有场站机组台数和单机容量（见图 2-60），求总装机容量。

解题步骤：

步骤 1 在 D32 单元格输入公式：=SUMPRODUCT(A32:A36,B32:B36)。

步骤 2 最终返回结果（见图 2-61）：231.6 兆瓦。

G25 =SUMPRODUCT($B$24:$F$24,B25:F25)

	A	B	C	D	E	F	G
23	打分项	创意性	完整性	实用性	可拓展性	现场表达	得分
24	比重	20%	15%	25%	30%	10%	100%
25	赵阳	100	95	90	85	100	92.25
26	董超	90	100	75	95	85	88.75
27	孙武	90	85	65	70	95	77.5
28	刘星	70	80	100	80	95	84.5

图 2-59 演讲比赛各项成绩结果

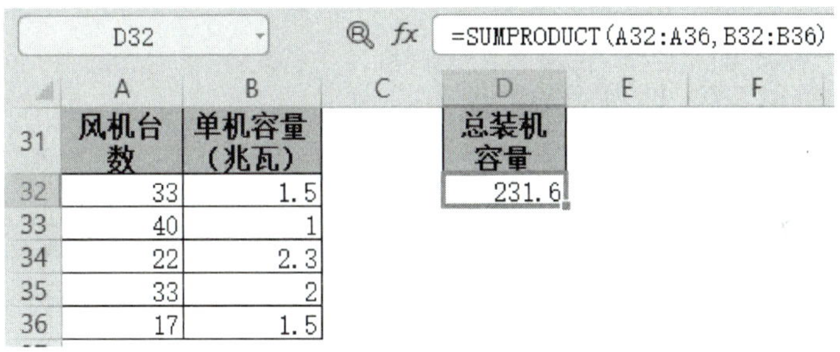

	A	B	C	D
31	风机台数	单机容量（兆瓦）		总装机容量
32	33	1.5		
33	40	1		
34	22	2.3		
35	33	2		
36	17	1.5		

图 2-60 某新能源公司机组台数和单机容量

D32 =SUMPRODUCT(A32:A36,B32:B36)

	A	B	C	D	E	F
31	风机台数	单机容量（兆瓦）		总装机容量		
32	33	1.5		231.6		
33	40	1				
34	22	2.3				
35	33	2				
36	17	1.5				

图 2-61 某新能源公司总装机容量

2.11 SUMPRODUCT 函数条件统计计算

2.11.1 SUMPRODUCT 函数条件统计计算介绍

函数 SUMPRODUCT 是一个集计数与求和于一身的函数，数组公式中函数 SUMPRODUCT 能取代函数 SUM 且不用按“Ctrl＋Shift＋Enter”三键结束。其用法有如下：

①单条件计数。

功能：SUMPRODUCT 可用于单条件计数。

语法：＝SUMPRODUCT((条件)*1)。

其中乘以 1 的作用是将逻辑值转化为数值（True 转化为 1，False 转化为 0）。

②单条件求和。

功能：SUMPRODUCT 可用于单条件求和。

语法一：=SUMPRODUCT((条件) * 数组)。

语法二：=SUMPRODUCT((条件) * 1,数组)。

③多条件计数：

功能：SUMPRODUCT 可用于多条件计数。

语法一：=SUMPRODUCT((条件 1) * (条件 2) * (条件 3)……)。

语法二：=SUMPRODUCT((条件 1) * 1,(条件 2) * 1,(条件 3) * 1……)。

④多条件求和：

功能：SUMPRODUCT 可用于多条件求和。

语法一：=SUMPRODUCT((条件 1) * (条件 2) * (条件 3)…… * 数组)。

语法二：=SUMPRODUCT((条件 1) * 1,(条件 2) * 1,(条件 3) * 1,……数组)。

注意：以上第一种语法录入比较简便快捷，第二种语法的优点是当单条件或多条件求和时，可忽略数组中存在的文本型数据，而使用第一种语法则会报错。

2.11.2 SUMPRODUCT 函数条件统计计算应用

同前面章节中单条件或多条件计数和求和中的应用实例。

现有某新能源场站甲乙丙三值人员运维积分，求：①甲乙丙各值人数和总积分？②求运维积分大于 5 分的总积分？③求姓氏为孙的总积分？④求乙值人员 3 月份积分？

(1) 统计文本。

统计甲乙丙各值人数和总积分，如图 2-62 所示。

	A	B	C	D	E	F	G	H	I
1	班组	姓名	工作日期	运维积分		1. 统计文本			
2	甲值	赵云	2022-2-3	6		组别	人数	积分1	积分2
3	甲值	刘备	2022-2-3	7		甲值			
4	甲值	孙坚	2022-2-22	1		乙值			
5	甲值	孙策	2022-3-22	1		丙值			
6	乙值	鲁肃	2022-2-3	8					
7	乙值	刘璋	2022-2-24	5					
8	乙值	周瑜	2022-3-8	7					
9	乙值	曹操	2022-3-9	6					
10	乙值	孙尚香	2022-3-10	2					
11	乙值	关羽	2022-3-31	6					
12	丙值	孙权	2022-1-3	1					
13	丙值	曹丕	2022-2-4	2					
14	丙值	诸葛亮	2022-2-5	7					

图 2-62 统计甲乙丙各值人数和总积分

解题步骤：

1) 统计甲乙丙各值人数。

步骤 1 在 G3 单元格输入公式：=SUMPRODUCT(($A$2:$A$14=F3) * 1)。

注意：区域$A$2:$A$14 为绝对引用，不能随着单元格拖拽而改变，条件单元格 F3 为相对引用，随着单元格向下拖拽而改变。条件公式后必须乘以 1，将逻辑值转换为数值 1 或 0，否则返回结果为零。

步骤 2 输入完毕回车，并向下填充公式。最终返回结果（见图 2-63）：甲值 4 人，乙值 6 人，丙值 3 人。

G3 =SUMPRODUCT(($A$2:$A$14=F3)*1)

	A	B	C	D	E	F	G
1	班组	姓名	工作日期	运维积分		1.统计文本	
2	甲值	赵云	2022-2-3	6		组别	人数
3	甲值	刘备	2022-2-3	7		甲值	4
4	甲值	孙坚	2022-2-22	1		乙值	6
5	甲值	孙策	2022-3-22	1		丙值	3
6	乙值	鲁肃	2022-2-3	8			
7	乙值	刘璋	2022-2-24	5			
8	乙值	周瑜	2022-3-8	7			
9	乙值	曹操	2022-3-9	6			
10	乙值	孙尚香	2022-3-10	2			
11	乙值	关羽	2022-3-31	6			
12	丙值	孙权	2022-1-3	1			
13	丙值	曹丕	2022-2-4	2			
14	丙值	诸葛亮	2022-2-5	7			

图 2-63　统计甲乙丙各值人数结果

2）统计甲乙丙各值总积分。

第一种方式：

步骤 1　在 H3 单元格输入公式：=SUMPRODUCT(($A$2:$A$14=F3)*$D$2:$D$14)。

注意：区域$A$2:$A$14、$D$2:$D$14 为绝对引用，不能随着单元格拖拽而改变，条件单元格 F3 为相对引用，随着单元格向下拖拽而改变。由于和数组相乘，因此条件公式后不必乘以 1。

步骤 2　输入完毕回车，并向下填充公式。最终返回结果（见图 2-64）：甲值 15 分，乙值 34 分，丙值 10 分。

H3 =SUMPRODUCT(($A$2:$A$14=F3)*$D$2:$D$14)

	A	B	C	D	E	F	G	H
1	班组	姓名	工作日期	运维积分		1.统计文本		
2	甲值	赵云	2022-2-3	6		组别	人数	积分1
3	甲值	刘备	2022-2-3	7		甲值	4	15
4	甲值	孙坚	2022-2-22	1		乙值	6	34
5	甲值	孙策	2022-3-22	1		丙值	3	10
6	乙值	鲁肃	2022-2-3	8				
7	乙值	刘璋	2022-2-24	5				
8	乙值	周瑜	2022-3-8	7				
9	乙值	曹操	2022-3-9	6				
10	乙值	孙尚香	2022-3-10	2				
11	乙值	关羽	2022-3-31	6				
12	丙值	孙权	2022-1-3	1				
13	丙值	曹丕	2022-2-4	2				
14	丙值	诸葛亮	2022-2-5	7				

图 2-64　统计甲乙丙各值总积分方式一

第二种方式：

步骤 1 在 H3 单元格输入公式：=SUMPRODUCT(($A$2:$A$14=F3)*1,$D$2:$D$14)。

注意：区域$A$2:$A$14、$D$2:$D$14 为绝对引用，不能随着单元格拖拽而改变，条件单元格 F3 为相对引用，随着单元格向下拖拽而改变。条件公式后必须乘以 1，将逻辑值转换为数值 1 或 0，否则返回结果为零。

步骤 2 输入完毕回车，并向下填充公式。最终返回结果（见图 2-65）：甲值 15 分，乙值 34 分，丙值 10 分。

I3 =SUMPRODUCT(($A$2:$A$14=F3)*1,$D$2:$D$14)

	A	B	C	D
1	班组	姓名	工作日期	运维积分
2	甲值	赵云	2022-2-3	6
3	甲值	刘备	2022-2-3	7
4	甲值	孙坚	2022-2-22	1
5	甲值	孙策	2022-3-22	1
6	乙值	鲁肃	2022-2-3	8
7	乙值	刘璋	2022-2-24	5
8	乙值	周瑜	2022-3-8	7
9	乙值	曹操	2022-3-9	6
10	乙值	孙尚香	2022-3-10	2
11	乙值	关羽	2022-3-31	6
12	丙值	孙权	2022-1-3	1
13	丙值	曹丕	2022-2-4	2
14	丙值	诸葛亮	2022-2-5	7

1.统计文本

组别	人数	积分1	积分2
甲值	4	15	15
乙值	6	34	34
丙值	3	10	10

图 2-65 统计甲乙丙各值总积分方式二

注意：如果将计算区域扩大至第一行，即区域改为$A$1:$A$14、$D$1:$D$14，由于区域$D$1:$D$14 包含标题文本“运维积分”，不是一个纯数值数组。

第一种方式首先会将函数内部公式计算出一个一维数组，此一维数组第一个数据为错误值，这时再对一维数组求和，就会报**参数值错误#！VALUE，如图 2-66 所示。**

第二种方式中，条件区域（$A$2:$A$14=F3）*1 和数组区域$D$2:$D$14 作为 SUMPRODUCT 函数两个输入参数，而 **SUMPRODUCT 函数本身具备计算时忽略文本特性，**因此不会报错，如图 2-67 所示。

（2）统计数字。

如图 2-68 所示，求运维积分大于 5 分的总积分。

解题步骤：

步骤 1 在 L3 单元格输入公式：=SUMPRODUCT((D2:D14>5)*D2:D14)。

注意：由于和数组相乘，因此条件公式后不必乘以 1。

步骤 2 输入完毕回车，最终返回结果（见图 2-69）：47 分。

（3）提取字符串部分值。

如图 2-70 所示，求姓氏为孙的总积分。

解题步骤：

步骤 1 SUMPRODUCT 函数不适用通配符方法，可以使用 LEFT 函数从左取一个

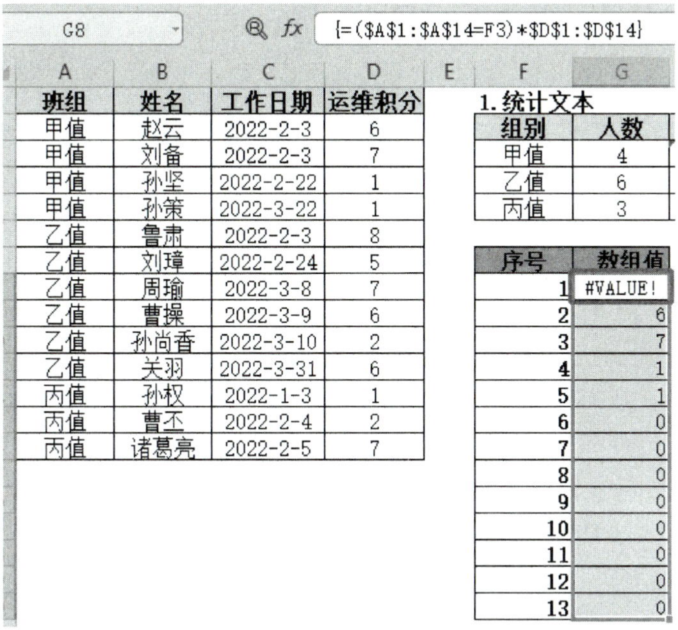

G8 fx {=($A$1:$A$14=F3)*$D$1:$D$14}

班组	姓名	工作日期	运维积分
甲值	赵云	2022-2-3	6
甲值	刘备	2022-2-3	7
甲值	孙坚	2022-2-22	1
甲值	孙策	2022-3-22	1
乙值	鲁肃	2022-2-3	8
乙值	刘璋	2022-2-24	5
乙值	周瑜	2022-3-8	7
乙值	曹操	2022-3-9	6
乙值	孙尚香	2022-3-10	2
乙值	关羽	2022-3-31	6
丙值	孙权	2022-1-3	1
丙值	曹丕	2022-2-4	2
丙值	诸葛亮	2022-2-5	7

1. 统计文本

组别	人数
甲值	4
乙值	6
丙值	3

序号	数组值
1	#VALUE!
2	6
3	7
4	1
5	1
6	0
7	0
8	0
9	0
10	0
11	0
12	0
13	0

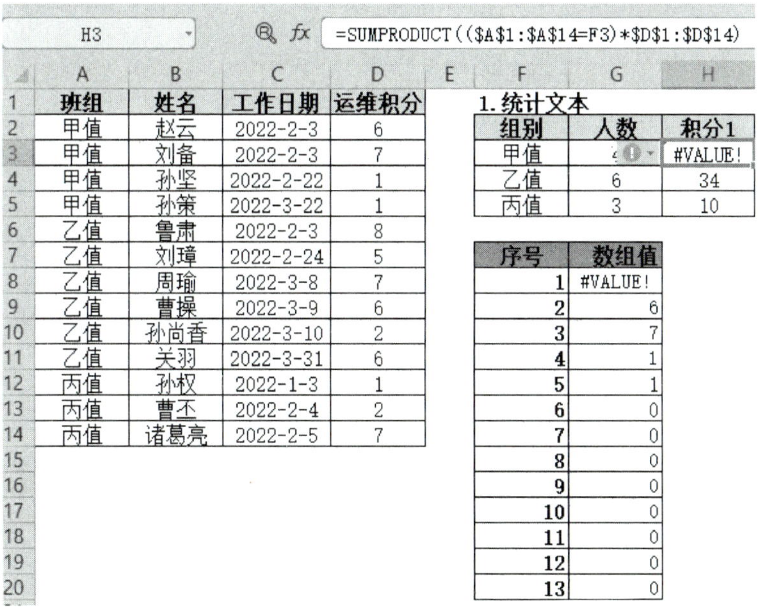

H3 fx =SUMPRODUCT(($A$1:$A$14=F3)*$D$1:$D$14)

	A	B	C	D
1	班组	姓名	工作日期	运维积分
2	甲值	赵云	2022-2-3	6
3	甲值	刘备	2022-2-3	7
4	甲值	孙坚	2022-2-22	1
5	甲值	孙策	2022-3-22	1
6	乙值	鲁肃	2022-2-3	8
7	乙值	刘璋	2022-2-24	5
8	乙值	周瑜	2022-3-8	7
9	乙值	曹操	2022-3-9	6
10	乙值	孙尚香	2022-3-10	2
11	乙值	关羽	2022-3-31	6
12	丙值	孙权	2022-1-3	1
13	丙值	曹丕	2022-2-4	2
14	丙值	诸葛亮	2022-2-5	7

1. 统计文本

组别	人数	积分1
甲值	4	#VALUE!
乙值	6	34
丙值	3	10

序号	数组值
1	#VALUE!
2	6
3	7
4	1
5	1
6	0
7	0
8	0
9	0
10	0
11	0
12	0
13	0

图 2-66　方式一计算时报错

字作为姓，并判断是否为孙：=LEFT(B2:B14,1)="孙"。

此公式返回一个逻辑值数组。

步骤 2　在 O3 单元格输入公式：=SUMPRODUCT((LEFT(B2:B14,1)="孙")*D2:D14)。

注意： 由于和数组相乘，因此条件公式后不必乘以 1。

步骤 3　输入完毕回车，最终返回结果（见图 2-71）：5 分。

I3 =SUMPRODUCT(($A$1:$A$14=F3)*1,$D$1:$D$14)

	A	B	C	D
1	班组	姓名	工作日期	运维积分
2	甲值	赵云	2022-2-3	6
3	甲值	刘备	2022-2-3	7
4	甲值	孙坚	2022-2-22	1
5	甲值	孙策	2022-3-22	1
6	乙值	鲁肃	2022-2-3	8
7	乙值	刘璋	2022-2-24	5
8	乙值	周瑜	2022-3-8	7
9	乙值	曹操	2022-3-9	6
10	乙值	孙尚香	2022-3-10	2
11	乙值	关羽	2022-3-31	6
12	丙值	孙权	2022-1-3	1
13	丙值	曹丕	2022-2-4	2
14	丙值	诸葛亮	2022-2-5	7

1. 统计文本

组别	人数	积分1	积分2
甲值	4	#VALUE!	15
乙值	6	34	34
丙值	3	10	10

图 2-67 方式二正确计算

	A	B	C	D
1	班组	姓名	工作日期	运维积分
2	甲值	赵云	2022-2-3	6
3	甲值	刘备	2022-2-3	7
4	甲值	孙坚	2022-2-22	1
5	甲值	孙策	2022-3-22	1
6	乙值	鲁肃	2022-2-3	8
7	乙值	刘璋	2022-2-24	5
8	乙值	周瑜	2022-3-8	7
9	乙值	曹操	2022-3-9	6
10	乙值	孙尚香	2022-3-10	2
11	乙值	关羽	2022-3-31	6
12	丙值	孙权	2022-1-3	1
13	丙值	曹丕	2022-2-4	2
14	丙值	诸葛亮	2022-2-5	7

2. 统计数字

条件	积分
大于5分	

图 2-68 求运维积分大于 5 分的总积分

L3 =SUMPRODUCT((D2:D14>5)*D2:D14)

	A	B	C	D
1	班组	姓名	工作日期	运维积分
2	甲值	赵云	2022-2-3	6
3	甲值	刘备	2022-2-3	7
4	甲值	孙坚	2022-2-22	1
5	甲值	孙策	2022-3-22	1
6	乙值	鲁肃	2022-2-3	8
7	乙值	刘璋	2022-2-24	5
8	乙值	周瑜	2022-3-8	7
9	乙值	曹操	2022-3-9	6
10	乙值	孙尚香	2022-3-10	2
11	乙值	关羽	2022-3-31	6
12	丙值	孙权	2022-1-3	1
13	丙值	曹丕	2022-2-4	2
14	丙值	诸葛亮	2022-2-5	7

2. 统计数字

条件	积分
大于5分	47

图 2-69 求运维积分大于 5 分的总积分结果

	A	B	C	D	E	N	O
1	班组	姓名	工作日期	运维积分		3. 提取字符串部分值	
2	甲值	赵云	2022-2-3	6		条件	积分
3	甲值	刘备	2022-2-3	7		姓氏为孙	
4	甲值	孙坚	2022-2-22	1			
5	甲值	孙策	2022-3-22	1			
6	乙值	鲁肃	2022-2-3	8			
7	乙值	刘璋	2022-2-24	5			
8	乙值	周瑜	2022-3-8	7			
9	乙值	曹操	2022-3-9	6			
10	乙值	孙尚香	2022-3-10	2			
11	乙值	关羽	2022-3-31	6			
12	丙值	孙权	2022-1-3	1			
13	丙值	曹丕	2022-2-4	2			
14	丙值	诸葛亮	2022-2-5	7			

图 2-70 求姓氏为孙的总积分

O3　fx　=SUMPRODUCT((LEFT(B2:B14,1)="孙")*D2:D14)

	A	B	C	D	E	N	O	P
1	班组	姓名	工作日期	运维积分		3. 提取字符串部分值		
2	甲值	赵云	2022-2-3	6		条件	积分	
3	甲值	刘备	2022-2-3	7		姓氏为孙	5	
4	甲值	孙坚	2022-2-22	1				
5	甲值	孙策	2022-3-22	1				
6	乙值	鲁肃	2022-2-3	8				
7	乙值	刘璋	2022-2-24	5				
8	乙值	周瑜	2022-3-8	7				
9	乙值	曹操	2022-3-9	6				
10	乙值	孙尚香	2022-3-10	2				
11	乙值	关羽	2022-3-31	6				
12	丙值	孙权	2022-1-3	1				
13	丙值	曹丕	2022-2-4	2				
14	丙值	诸葛亮	2022-2-5	7				

图 2-71 求姓氏为孙的总积分结果

(4) 提取月份值，如图 2-72 所示。

	A	B	C	D	E	Q	R
1	班组	姓名	工作日期	运维积分		4. 乙值人员3月份积分	
2	甲值	赵云	2022-2-3	6		组别	积分
3	甲值	刘备	2022-2-3	7		乙值3月	
4	甲值	孙坚	2022-2-22	1			
5	甲值	孙策	2022-3-22	1			
6	乙值	鲁肃	2022-2-3	8			
7	乙值	刘璋	2022-2-24	5			
8	乙值	周瑜	2022-3-8	7			
9	乙值	曹操	2022-3-9	6			
10	乙值	孙尚香	2022-3-10	2			
11	乙值	关羽	2022-3-31	6			
12	丙值	孙权	2022-1-3	1			
13	丙值	曹丕	2022-2-4	2			
14	丙值	诸葛亮	2022-2-5	7			

图 2-72 求乙值 3 月份总积分

解题步骤：

步骤 1 首先使用 MONTH 函数提取工作日期所在月份，并判断是否为 3 月：=MONTH(C2:C14)=3。

此公式返回一个逻辑值数组。

步骤 2 在 R3 单元格输入公式：=SUMPRODUCT((A2:A14="乙值")*(MONTH(C2:C14)=3)*D2:D14)。

注意： 由于和数组相乘，因此条件公式后不必乘以 1。

步骤 3 输入完毕回车，最终返回结果（见图 2-73）：21 分。

R3 =SUMPRODUCT((A2:A14="乙值")*(MONTH(C2:C14)=3)*D2:D14)

	A	B	C	D
1	班组	姓名	工作日期	运维积分
2	甲值	赵云	2022/2/3	6
3	甲值	刘备	2022/2/3	7
4	甲值	孙坚	########	1
5	甲值	孙策	########	1
6	乙值	鲁肃	2022/2/3	8
7	乙值	刘璋	########	5
8	乙值	周瑜	2022/3/8	7
9	乙值	曹操	2022/3/9	6
10	乙值	孙尚香	########	2
11	乙值	关羽	########	6
12	丙值	孙权	2022/1/3	1
13	丙值	曹丕	2022/2/4	2
14	丙值	诸葛亮	2022/2/5	7

4. 乙值人员3月份积分

组别	积分
乙值3月	21

图 2-73 求乙值 3 月份总积分结果

2.11.3 多家公司随机抽调考

某次新能源公司安全生产抽调考（见图 2-74），需要从各家子公司生产技术部抽调三人参加，如何进行随机抽取三人？

解题步骤：

步骤 1 首先使用随机函数 RAND 给每个人赋值一个随机数，在 D51 单元格输入公式：=RAND()。

向下填充公式，得出所有人员随机数字，如图 2-75 所示。

步骤 2 计算每个在部门排名，在 E51 单元格输入公式：=SUMPRODUCT(($C$51:$C$83=C51)*($D$51:$D$83>=D51))。

向下填充公式，得出所有人员所在公司排名。

注意： 区域 $C$51:$C$83、$D$51:$D$83 为绝对引用，不能随着单元格拖拽而改变，条件单元格 C51、D51 为相对引用，随着单元格向下拖拽而改变。

第一个条件公式：$C$51:$C$83=C51，可以求出所有人员是否归属当前人员所在公司，返回一个逻辑值数组。

第二个条件公式：$D$51:$D$83>=D51，可以判断所有人员的随机值是否大于等于当前人员的随机值，返回一个逻辑值数组。

	A	B	C	D	E	F
50	工号	姓名	公司	随机数字	公司排名	是否抽中
51	12050001	李*	河北			
52	12050002	刘**	河北			
53	12050003	田**	河北			
54	12050004	滕**	河北			
55	12050005	孙*	河北			
56	12050006	吴*	河北			
57	12050007	杨**	陕西			
58	12050008	李**	陕西			
59	12050009	周**	陕西			
60	12050010	吴**	陕西			
61	12050011	孙**	陕西			
62	12050012	梁**	陕西			
63	12050013	付**	陕西			
64	12050014	李*	陕西			
65	12050015	刘**	陕西			
66	12050016	葛*	陕西			
67	12050017	张**	天津			
68	12050018	季**	天津			
69	12050019	谭*	天津			
70	12050020	赵**	天津			
71	12050021	刘**	天津			
72	12050022	杨*	天津			
73	12050023	杨**	天津			
74	12050024	崔*	天津			
75	12050025	刘**	天津			
76	12050026	苏*	天津			
77	12050027	郝*	山东			
78	12050028	孙**	山东			
79	12050029	张*	山东			
80	12050030	程*	山东			
81	12050031	张*	山东			
82	12050032	张**	山东			
83	12050033	邓**	山东			

图 2-74 各公司抽调考人员名单

D51 =RAND()

	A	B	C	D	E	F
50	工号	姓名	公司	随机数字	公司排名	是否抽中
51	12050001	李*	河北	0.28525289		
52	12050002	刘**	河北	0.35224417		
53	12050003	田**	河北	0.50858586		
54	12050004	滕**	河北	0.01351749		
55	12050005	孙*	河北	0.18278037		
56	12050006	吴*	河北	0.44373724		
57	12050007	杨**	陕西	0.96174119		
58	12050008	李**	陕西	0.49762612		
59	12050009	周**	陕西	0.7593805		
60	12050010	吴**	陕西	0.86622024		

图 2-75 赋值随机数字

通过两个数组相乘，可以排除不属于其所在公司和小于其随机值的人员，返回的计算结果为其所在公司排名（见图 2-76）。

E51　=SUMPRODUCT(($C$51:$C$83=C51)*($D$51:$D$83>=D51))

	A	B	C	D	E	F	G	H
50	工号	姓名	公司	随机数字	公司排名	是否抽中		
51	12050001	李*	河北	0.28525289	4			
52	12050002	刘**	河北	0.35224417	3			
53	12050003	田**	河北	0.50858586	1			
54	12050004	滕**	河北	0.01351749	6			
55	12050005	孙*	河北	0.18278037	5			
56	12050006	吴*	河北	0.44373724	2			
57	12050007	杨**	陕西	0.96174119	1			
58	12050008	李**	陕西	0.49762612	6			
59	12050009	周**	陕西	0.7593805	3			
60	12050010	吴**	陕西	0.86622024	2			

图 2-76　求所有人员所在公司排名

步骤 3　判断是否抽中，由于每家公司抽取 3 人，因此判断公司排名是否小于等于 3，返回“是”“否”，“是”表示抽中，在 F51 单元格输入公式：=IF(E51<=3,"是","否")，如图 2-77 所示。

F51　=IF(E51<=3,"是","否")

	A	B	C	D	E	F
50	工号	姓名	公司	随机数字	公司排名	是否抽中
51	12050001	李*	河北	0.28525289	4	否
52	12050002	刘**	河北	0.35224417	3	是
53	12050003	田**	河北	0.50858586	1	是
54	12050004	滕**	河北	0.01351749	6	否
55	12050005	孙*	河北	0.18278037	5	否
56	12050006	吴*	河北	0.44373724	2	是
57	12050007	杨**	陕西	0.96174119	1	是
58	12050008	李**	陕西	0.49762612	6	否
59	12050009	周**	陕西	0.7593805	3	是
60	12050010	吴**	陕西	0.86622024	2	是

图 2-77　各位人员是否抽中

步骤 4　为使抽中人员显得醒目，可以对 F51:F83 区域设置条件格式，设置单元格值等于“是”时，单元格格式为“浅红填充色深红色文本”，如图 2-78 所示。

图 2-79 为随机抽调考最终结果。

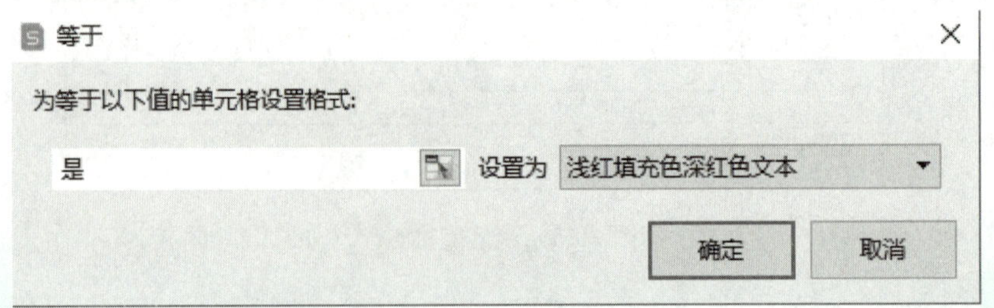

图 2-78　设置条件格式

	A	B	C	D	E	F
50	工号	姓名	公司	随机数字	公司排名	是否抽中
51	12050001	李*	河北	0.28525289	4	否
52	12050002	刘**	河北	0.35224417	3	是
53	12050003	田**	河北	0.50858586	1	是
54	12050004	滕**	河北	0.01351749	6	否
55	12050005	孙*	河北	0.18278037	5	否
56	12050006	吴*	河北	0.44373724	2	是
57	12050007	杨**	陕西	0.96174119	1	是
58	12050008	李**	陕西	0.49762612	6	否
59	12050009	周**	陕西	0.7593805	3	是
60	12050010	吴**	陕西	0.86622024	2	是
61	12050011	孙**	陕西	0.59807601	4	否
62	12050012	梁**	陕西	0.32093703	9	否
63	12050013	付**	陕西	0.48389639	7	否
64	12050014	李*	陕西	0.36710543	8	否
65	12050015	刘**	陕西	0.56725378	5	否
66	12050016	葛*	陕西	0.15291455	10	否
67	12050017	张**	天津	0.38221073	6	否
68	12050018	季**	天津	0.50658356	4	否
69	12050019	谭*	天津	0.66752362	2	是
70	12050020	赵**	天津	0.49447793	5	否
71	12050021	刘**	天津	0.53940491	3	是
72	12050022	杨*	天津	0.90508523	1	是
73	12050023	杨**	天津	0.2479241	8	否
74	12050024	崔*	天津	0.26534332	7	否
75	12050025	刘**	天津	0.15077436	10	否
76	12050026	苏*	天津	0.24501265	9	否
77	12050027	郝*	山东	0.83589042	4	否
78	12050028	孙**	山东	0.17348794	7	否
79	12050029	张*	山东	0.97865257	1	是
80	12050030	程*	山东	0.97005051	2	是
81	12050031	张*	山东	0.85871737	3	是
82	12050032	张**	山东	0.73736359	5	否
83	12050033	邓**	山东	0.23571552	6	否

图 2-79　随机抽调考最终结果

注意：可以按 F9 键刷新随机函数，使得重新赋值随机数字。另外注意另存为结果时，应将随机数字列复制选择性粘贴数值（去掉公式）保存，防止重新打开文件后随机数字列刷新导致结果变化。

3　查找与引用函数应用

3.1　ROW 和 COLUMN 行列函数

3.1.1　ROW 和 COLUMN 行列函数介绍

功能：返回指定引用的行号或列号。

语法：=ROW([参照区域])。

=COLUMN([参照区域])。

注意：

参照区域：可选，如果省略参照区域，则返回当前单元格的行列号。

3.1.2　ROW 和 COLUMN 行列函数基本应用

（1）返回当前单元格的行列号，如图 3-1 和图 3-2 所示。

解题步骤：

步骤 1　在 A2 单元格内输入公式：=ROW()。

注意：参照区域省略不写，即返回当前单元格所在行。

步骤 2　拖拽填充公式至 A2:C7 单元格区域。

步骤 3　在 E2 单元格内输入公式：=COLUMN()。

注意：参照区域省略不写，即返回当前单元格所在行。

步骤 4　拖拽填充公式至 E2:G7 单元格区域。

参照区域省略不写，即返回当前单元格所在列。

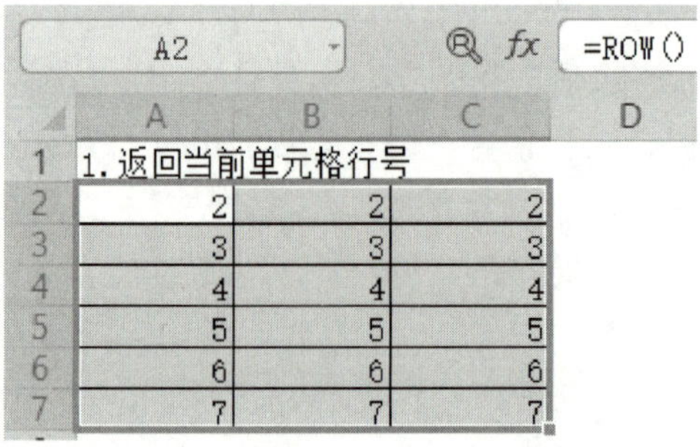

A2　fx　=ROW()

	A	B	C	D
1	1. 返回当前单元格行号			
2	2	2	2	
3	3	3	3	
4	4	4	4	
5	5	5	5	
6	6	6	6	
7	7	7	7	

图 3-1　返回当前单元格行号

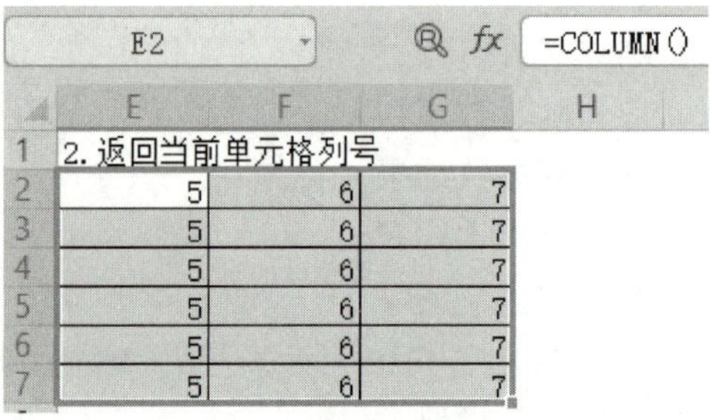

E2　fx　=COLUMN()

	E	F	G	H
1	2. 返回当前单元格列号			
2	5	6	7	
3	5	6	7	
4	5	6	7	
5	5	6	7	
6	5	6	7	
7	5	6	7	

图 3-2　返回当前单元格列号

（2）返回指定单元格的行列号（唯一数值），如图 3-3 和图 3-4 所示。

注意：

①WPS 表格中特定行表示方式为“行号:行号”，如“10:10”；特定列表示方式为“列:列”，如“F:F”。

②指定单元格必须为某一个单元格、ROW 函数指定某一特定行、COLUMN 列函

数指定某一特定列，函数结果返回一个数值。

	A	B	C
9	3. 返回指定单元格行号		
10	指定单元格	行号	使用公式
11	A1	1	=ROW(A1)
12	B11	11	=ROW(B11)
13	E35	35	=ROW(E35)
14	F40	40	=ROW(F40)
15	10:10	10	=ROW(10:10)
16	125:125	125	=ROW(125:125)

图 3-3　返回指定单元格行号

	E	F	G
9	4. 返回指定单元格列号		
10	指定单元格	列号	使用公式
11	A1	1	=COLUMN(A1)
12	B11	2	=COLUMN(B11)
13	E35	5	=COLUMN(E35)
14	F40	6	=COLUMN(F40)
15	F:F	6	=COLUMN(F:F)
16	AE:AE	31	=COLUMN(AE:AE)

图 3-4　返回指定单元格列号

（3）返回一列或一行单元格区域行列号（构成一维数组），如图 3-5 和图 3-6 所示。

解题步骤：

步骤 1　选中 B21:B30 单元格区域，在公式编辑栏输入公式：=ROW(A1:A10)。

步骤 2　按 Ctrl+Shift+回车完成数组计算，即可在 B21:B30 单元格区域显示所有数组元素。

步骤 3　选中 G21:P30 单元格区域，在公式编辑栏输入公式：=COLUMN(A1:J1)。

步骤 4　按 Ctrl+Shift+回车完成数组计算，即可在 G21:P30 单元格区域显示所有数组元素。

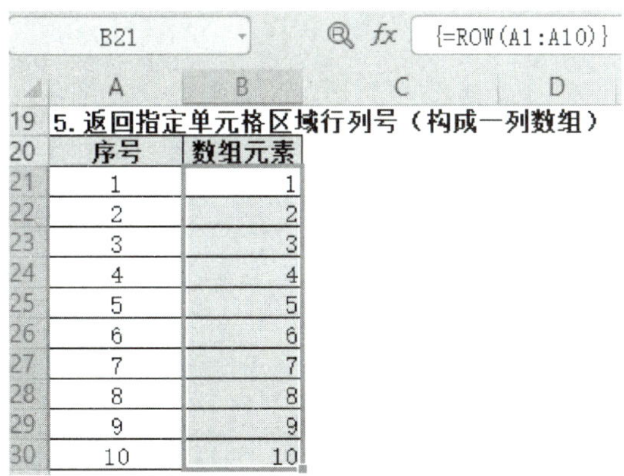

B21　{=ROW(A1:A10)}

	A	B	C	D
19	5. 返回指定单元格区域行列号（构成一列数组）			
20	序号	数组元素		
21	1	1		
22	2	2		
23	3	3		
24	4	4		
25	5	5		
26	6	6		
27	7	7		
28	8	8		
29	9	9		
30	10	10		

图 3-5　返回指定单元格区域行号（构成一列数组）

G21　{=COLUMN(A1:J1)}

	F	G	H	I	J	K	L	M	N	O	P
19	6. 返回指定单元格区域行列号（构成一行数组）										
20	序号	1	2	3	4	5	6	7	8	9	10
21	数组元素	1	2	3	4	5	6	7	8	9	10

图 3-6　返回指定单元格区域列号（构成一行数组）

（4）生成纵向横向等差数列，如图 3-7 和图 3-8 所示。

解题步骤：

步骤 1 在 B41 单元格内输入公式：=ROW(A1)＊2+1。

步骤 2 拖拽填充公式至 B41:B50 单元格区域，形成一组间隔为 2 的纵向等差数列。

步骤 3 在 E41 单元格内输入公式：=COLUMN(A1)＊2+1。

步骤 4 拖拽填充公式至 E41:N41 单元格区域，形成一组间隔为 2 的横向等差数列。

注意： 在函数高级应用中，可能会遇到隔行或隔列计算，可以使用偏移函数 OFFSET（后面章节会讲到），偏移量通过行列函数做等差数列，通过隔行或隔列偏移快速进行计算。

B41 =ROW(A1)*2+1

	A	B	C	D
39	7. 纵向等差数列			
40	序号	等差数列		
41	1	3		
42	2	5		
43	3	7		
44	4	9		
45	5	11		
46	6	13		
47	7	15		
48	8	17		
49	9	19		
50	10	21		

图 3-7 生成纵向等差数列

E41 =COLUMN(A1)*2+1

	D	E	F	G	H	I	J	K	L	M	N
39	8. 横向等差数列										
40	序号	1	2	3	4	5	6	7	8	9	10
41	等差数列	3	5	7	9	11	13	15	17	19	21

图 3-8 生成横向等差数列

（5）设置动态序号，如图 3-9 所示。

在统计信息时，第一列会设置一列序号值，一般序号为固定值，如果进行排序、删除行操作，则序号会发生混乱。这时，我们需要设置一列动态序号，不受排序、删除行操作影响。

解题步骤：

步骤 1 在 O3 单元格输入公式：=ROW()−2。

注意： 减去的数字以表头行数，即第一个序号上面行数多少而定。

步骤 2 向下填充公式，则返回一列动态序号。这列序号不受排序和删除行操作影响。

（6）设置隔行变色，如图 3-10 所示。

隔行变色： 在浏览一个非常大的工作表数据时，特别容易出现看错行，因此，对表格进行隔行变色设置，可以避免此种情况发生。

解题步骤：

步骤 1 在表格一侧增加一个辅助列，在 T3 单元格输入公式：=MOD(ROW(),2)。

步骤2 向下填充公式，生成一列0和1间隔变化的数组。

注意：MOD为求余函数，ROW()返回单元格所在行，除数为2，因此会生成一列0和1间隔变化的数组。

步骤3 全选表格区域，对表格进行筛选，筛选辅助列值0或1均可，选择筛选后的数据区域，添加单元格底色，取消筛选完成设置。

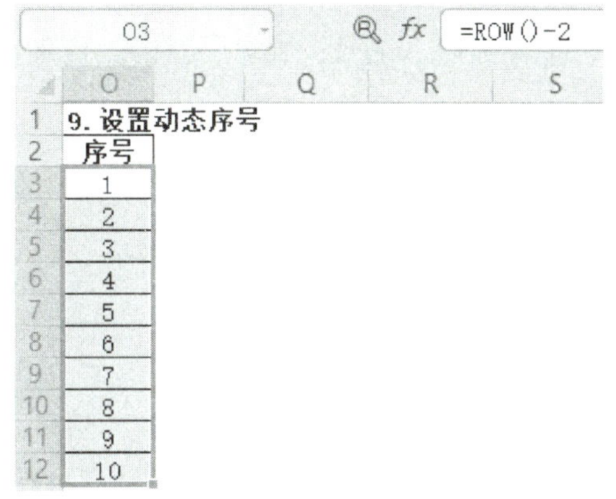

图3-9 生成一列动态序号

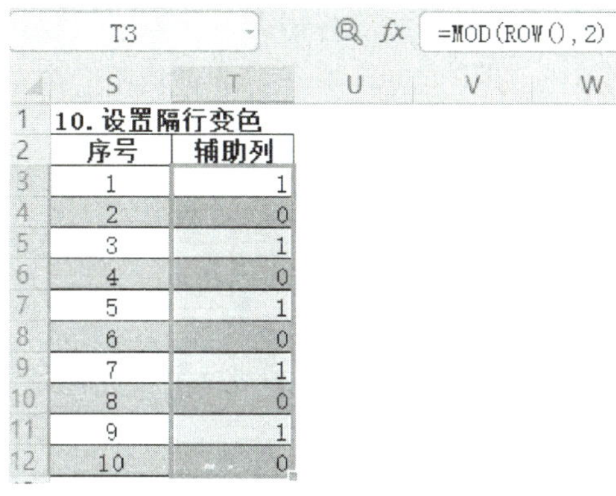

图3-10 设置隔行变色

3.2 VLOOKUP纵向查找函数

3.2.1 VLOOKUP函数介绍

VLOOKUP函数是使用频率非常高的查询函数之一，函数名称中的“V”表示Vertical，即“垂直的”。

功能：在表格或数组的首列查找指定的值，并返回表格或数组当前行中指定列处的数值。

语法：=VLOOKUP(查找值,数据表,列序数,[匹配条件])。

注意：

①查找值：必需。在表格第一列中所查询的值，查找值可以为数字、文本、逻辑值或包含数值的名称或引用。

②数据表：必需。为需要在其中查找数据的数据表，可以为单元格区域引用或区域名称引用。数据表首列可以为文本、数值或逻辑值。

注意：如果匹配条件为TRUE，即近似匹配，则数据表首列数据必须按升序排列，数值按从小到大、文本字符按字母从A到Z或按拼音从A到Z，否则函数不能返回正确结果。**如果匹配条件为FALSE，即精确匹配，则数据表首列不必进行排序。建议初学者使用精确匹配方式FALSE。**

③列序数：返回匹配值所在列的相对列序数。列序数为1时，返回数据表第一列数值，列序数为2时，返回数据表第二列数值，以此类推。

注意：如果列序数小于1，函数返回参数值错误#VALUE!，如果列序数大于数据

表最大列数，函数返回引用区域错误#REF!。

④匹配条件：为逻辑值。如果为 True 或省略，则要求首列按升序排列，返回近似匹配值，也就是说如果找不到精确匹配值，则返回小于查找值的最大值；如果为 FALSE，则返回精确匹配值；如果找不到，则返回无适配错误#N/A。

3.2.2 VLOOKUP 函数应用

现有某新能源公司人员信息表（见图 3-11），包含部门、工号、姓名、年龄、性别、职称、职位信息，根据需求查找符合要求的信息。

	A	B	C	D	E	F	G
1	部门	工号	姓名	年龄	性别	职称	职位
2	生产技术部	1816	陈万文	35	男	高级工程师	主任
3	生产技术部	1800	孔俊	40	男	中级工程师	专工
4	生产技术部	1887	赵道军	36	男	中级工程师	专工
5	安全环保部	1805	褚国庆	38	男	高级工程师	主任
6	安全环保部	1868	朱吉	35	男	中级工程师	专工
7	技术管理与培训中心	1858	杨云涛	36	男	高级工程师	主任
8	技术管理与培训中心	1841	云宏	31	男	中级工程师	专工
9	监控中心	1865	李谦	31	男	中级工程师	主任
10	监控中心	1832	周建国	38	男	中级工程师	值班员
11	监控中心	1883	张静	28	女	中级工程师	值班员

图 3-11 某公司人员信息表

（1）常规精确查找。

根据工号查找姓名，如图 3-12 所示。

	A	B	C	D	E	F	G	H	I	J
1	部门	工号	姓名	年龄	性别	职称	职位		1. 常规精确查找	
2	生产技术部	1816	陈万文	35	男	高级工程师	主任		工号	姓名
3	生产技术部	1800	孔俊	40	男	中级工程师	专工		1816	
4	生产技术部	1887	赵道军	36	男	中级工程师	专工			
5	安全环保部	1805	褚国庆	38	男	高级工程师	主任			
6	安全环保部	1868	朱吉	35	男	中级工程师	专工			
7	技术管理与培训中心	1858	杨云涛	36	男	高级工程师	主任			
8	技术管理与培训中心	1841	云宏	31	男	中级工程师	专工			
9	监控中心	1865	李谦	31	男	中级工程师	主任			
10	监控中心	1832	周建国	38	男	中级工程师	值班员			
11	监控中心	1883	张静	28	女	中级工程师	值班员			

图 3-12 根据工号查找姓名

解题步骤：

步骤 1 选择 J3 单元格，在公式编辑栏输入公式：=VLOOKUP(I3,B1:C11,2,FALSE)。

注意：第一个参数选择要查找的值；第二个参数选择数据表，首列必须为查找值所在列，并包含匹配值列；第三个参数为匹配值为该数据表第几列；第四个参数为 FALSE，即精确匹配。

步骤 2 输入完毕回车，最终返回结果（见图 3-13）：工号 1816 人员姓名为陈万文。

（2）文本数据查找。

J3 | =VLOOKUP(I3,B1:C11,2,FALSE)

	A	B	C	D	E	F	G
1	部门	工号	姓名	年龄	性别	职称	职位
2	生产技术部	1816	陈万文	35	男	高级工程师	主任
3	生产技术部	1800	孔俊	40	男	中级工程师	专工
4	生产技术部	1887	赵道军	36	男	中级工程师	专工
5	安全环保部	1805	褚国庆	38	男	高级工程师	主任
6	安全环保部	1868	朱吉	35	男	中级工程师	专工
7	技术管理与培训中心	1858	杨云涛	36	男	高级工程师	主任
8	技术管理与培训中心	1841	云宏	31	男	中级工程师	专工
9	监控中心	1865	李谦	31	男	中级工程师	主任
10	监控中心	1832	周建国	38	男	中级工程师	值班员
11	监控中心	1883	张静	28	女	中级工程师	值班员

1. 常规精确查找

工号	姓名
1816	陈万文

图 3-13 根据工号查找姓名结果

根据文本型数据工号查找职位，如图 3-14 所示。

	A	B	C	D	E	F	G
1	部门	工号	姓名	年龄	性别	职称	职位
2	生产技术部	1816	陈万文	35	男	高级工程师	主任
3	生产技术部	1800	孔俊	40	男	中级工程师	专工
4	生产技术部	1887	赵道军	36	男	中级工程师	专工
5	安全环保部	1805	褚国庆	38	男	高级工程师	主任
6	安全环保部	1868	朱吉	35	男	中级工程师	专工
7	技术管理与培训中心	1858	杨云涛	36	男	高级工程师	主任
8	技术管理与培训中心	1841	云宏	31	男	中级工程师	专工
9	监控中心	1865	李谦	31	男	中级工程师	主任
10	监控中心	1832	周建国	38	男	中级工程师	值班员
11	监控中心	1883	张静	28	女	中级工程师	值班员

2. 文本数据查找

工号	职位
1816	

图 3-14 根据文本型数据工号查找职位

解题步骤：

步骤 1 选择 M3 单元格，在公式编辑栏输入公式：=VLOOKUP(L3,B1:G11,6,FALSE)。

注意：由于 L3 单元格数据为文本型数据，因此函数查找不到信息，返回错误值无适配错误＃N/A。需要将文本型数据转化为数值型数据，通常解决方式为对数据：乘 1(＊1)、除 1(/1)、加 0(＋0)、减 0(－0)、负负为正（－－）等。我们选择乘 1，修改公式为：=VLOOKUP(L3＊1,B1:G11,6,FALSE)。

步骤 2 输入完毕回车，最终返回结果（见图 3-15）：工号 1816 人员姓名为陈万文，职位是主任。

(3) 屏蔽错误值。

查找不存在工号返回指定文本（见图 3-16）：如工号存在，返回姓名；如工号不存在，返回“查无此人”。

解题步骤：

步骤 1 选择 P3 单元格，在公式编辑栏输入公式：=(VLOOKUP(O3,B1:C11,2,FALSE)。

注意：由于不存在 1817 工号，因此返回错误值无适配错误＃N/A。为避免发生错误，当查找不到时，返回指定文本信息，这里推荐使用 IFERROR 条件错误函数。

M3 =VLOOKUP(L3*1,B1:G11,6,FALSE)

	A	B	C	D	E	F	G	H	L	M
1	部门	工号	姓名	年龄	性别	职称	职位		2. 文本数据查找	
2	生产技术部	1816	陈万文	35	男	高级工程师	主任		工号	职位
3	生产技术部	1800	孔俊	40	男	中级工程师	专工		1816	主任
4	生产技术部	1887	赵道军	36	男	中级工程师	专工			
5	安全环保部	1805	褚国庆	38	男	高级工程师	主任			
6	安全环保部	1868	朱吉	35	男	中级工程师	专工			
7	技术管理与培训中心	1858	杨云涛	36	男	高级工程师	主任			
8	技术管理与培训中心	1841	云宏	31	男	中级工程师	专工			
9	监控中心	1865	李谦	31	男	中级工程师	主任			
10	监控中心	1832	周建国	38	男	中级工程师	值班员			
11	监控中心	1883	张静	28	女	中级工程师	值班员			

图 3-15　根据文本型数据工号查找职位结果

	A	B	C	D	E	F	G	H	O	P
1	部门	工号	姓名	年龄	性别	职称	职位		3. 屏蔽错误值	
2	生产技术部	1816	陈万文	35	男	高级工程师	主任		工号	姓名
3	生产技术部	1800	孔俊	40	男	中级工程师	专工		1817	
4	生产技术部	1887	赵道军	36	男	中级工程师	专工			
5	安全环保部	1805	褚国庆	38	男	高级工程师	主任			
6	安全环保部	1868	朱吉	35	男	中级工程师	专工			
7	技术管理与培训中心	1858	杨云涛	36	男	高级工程师	主任			
8	技术管理与培训中心	1841	云宏	31	男	中级工程师	专工			
9	监控中心	1865	李谦	31	男	中级工程师	主任			
10	监控中心	1832	周建国	38	男	中级工程师	值班员			
11	监控中心	1883	张静	28	女	中级工程师	值班员			

图 3-16　查找不存在工号返回指定文本

IFERROR 条件错误函数介绍：

功能：如果公式计算错误，返回指定的值，如果公式计算正确，返回公式结果。

语法：＝IFERROR(值,错误值)。

步骤 2　修改公式为：＝IFERROR(VLOOKUP(O3,B1:C11,2,FALSE),"查无此人")。

步骤 3　输入完毕回车，最终返回结果（见图 3-17）：工号 1817 人员不存在，返回查无此人。

P3 =IFERROR(VLOOKUP(O3,B1:C11,2,FALSE),"查无此人")

	A	B	C	D	E	F	G	H	O	P
1	部门	工号	姓名	年龄	性别	职称	职位		3. 屏蔽错误值	
2	生产技术部	1816	陈万文	35	男	高级工程师	主任		工号	姓名
3	生产技术部	1800	孔俊	40	男	中级工程师	专工		1817	查无此人
4	生产技术部	1887	赵道军	36	男	中级工程师	专工			
5	安全环保部	1805	褚国庆	38	男	高级工程师	主任			
6	安全环保部	1868	朱吉	35	男	中级工程师	专工			
7	技术管理与培训中心	1858	杨云涛	36	男	高级工程师	主任			
8	技术管理与培训中心	1841	云宏	31	男	中级工程师	专工			
9	监控中心	1865	李谦	31	男	中级工程师	主任			
10	监控中心	1832	周建国	38	男	中级工程师	值班员			
11	监控中心	1883	张静	28	女	中级工程师	值班员			

图 3-17　查找不存在工号返回指定文本结果

(4) 通配符查找。

使用通配符查找第一个姓周人员职位，如图 3-18 所示。

	A	B	C	D	E	F	G	H	R
1	部门	工号	姓名	年龄	性别	职称	职位		4. 通配符查找：第一个姓周人员职位
2	生产技术部	1816	陈万文	35	男	高级工程师	主任		职位
3	生产技术部	1800	孔俊	40	男	中级工程师	专工		
4	生产技术部	1887	赵道军	36	男	中级工程师	专工		
5	安全环保部	1805	褚国庆	38	男	高级工程师	主任		
6	安全环保部	1868	朱吉	35	男	中级工程师	专工		
7	技术管理与培训中心	1858	杨云涛	36	男	高级工程师	主任		
8	技术管理与培训中心	1841	云宏	31	男	中级工程师	专工		
9	监控中心	1865	李谦	31	男	中级工程师	主任		
10	监控中心	1832	周建国	38	男	中级工程师	值班员		
11	监控中心	1883	张静	28	女	中级工程师	值班员		

图 3-18　使用通配符查找第一个姓周人员职位

解题步骤：

步骤 1　选择 R3 单元格，输入公式：=VLOOKUP("周*",C1:G11,5,FALSE)。

注意："*"表示多个任意字符。

步骤 2　输入完毕回车，最终返回结果（见图 3-19）：第一个姓周的人叫周建国，职位是值班员。

R3　　=VLOOKUP("周*",C1:G11,5,FALSE)

	A	B	C	D	E	F	G	H	R
1	部门	工号	姓名	年龄	性别	职称	职位		4. 通配符查找：第一个姓周人员职位
2	生产技术部	1816	陈万文	35	男	高级工程师	主任		职位
3	生产技术部	1800	孔俊	40	男	中级工程师	专工		值班员
4	生产技术部	1887	赵道军	36	男	中级工程师	专工		
5	安全环保部	1805	褚国庆	38	男	高级工程师	主任		
6	安全环保部	1868	朱吉	35	男	中级工程师	专工		
7	技术管理与培训中心	1858	杨云涛	36	男	高级工程师	主任		
8	技术管理与培训中心	1841	云宏	31	男	中级工程师	专工		
9	监控中心	1865	李谦	31	男	中级工程师	主任		
10	监控中心	1832	周建国	38	男	中级工程师	值班员		
11	监控中心	1883	张静	28	女	中级工程师	值班员		

图 3-19　使用通配符查找第一个姓周人员职位结果

(5) 查找一系列值。

通过姓名按顺序查找年龄、性别、职称、职位一系列值，如图 3-20 所示。

	T	U	V	W	X
1	5. 查找一系列值				
2	姓名	年龄	性别	职称	职位
3	孔俊				
4	朱吉				
5	李谦				

图 3-20　通过姓名按顺序查找一系列值

解题步骤：

步骤 1 选择 U3 单元格，在公式编辑栏输入公式：=VLOOKUP(T3,C1:G11,2,FALSE)。

注意： 由于查找所有信息列，因此查找区域选择从姓名列至职位列，即 C1:G11。

步骤 2 确定公式输入正确后，对公式引用方式进行修改：查找值 T3 修改为 \$T3，列绝对引用行相对引用，公式向右拖动查找值不变，公式向下拖动查找值改变；引用区域改为绝对引用 \$C\$1:\$G\$11。则公式修改为：=VLOOKUP(\$T3,\$C\$1:\$G\$11,2,FALSE)。

步骤 3 我们观察到查找的一系列值和数据表顺序完全一致，如实现公式向右拖动时，查找列序数也随之变化，则此处可以嵌套 COLUMN 函数。将 VLOOKUP 第三个参数查找列序数修改为：COLUMN(B\$1),返回 2(即第 2 列)，这时当公式向右拖动一个单元格时，B\$1 变为 C\$1，COLUMN(C\$1) 返回 3（即第 3 列），以此类推。最终修改公式为：=VLOOKUP(\$T3,\$C\$1:\$G\$11,COLUMN(B\$1),FALSE)。

步骤 4 输入完毕后回车，并向右向下拖动填充公式，最终返回所有查找信息，如图 3-21 所示。

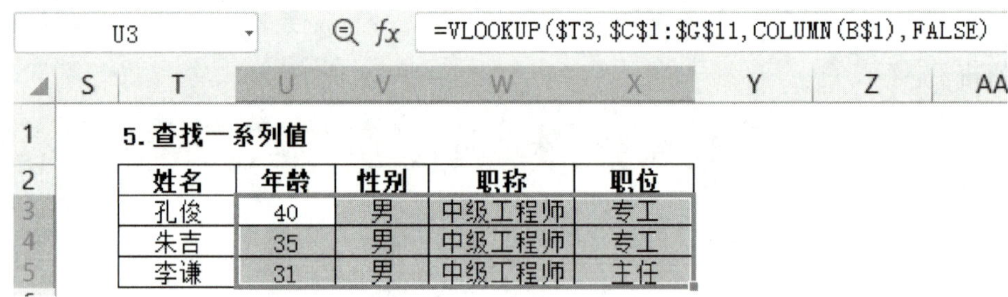
U3 =VLOOKUP($T3,$C$1:$G$11,COLUMN(B$1),FALSE)

5. 查找一系列值

姓名	年龄	性别	职称	职位
孔俊	40	男	中级工程师	专工
朱吉	35	男	中级工程师	专工
李谦	31	男	中级工程师	主任

图 3-21 通过姓名按顺序查找一系列值结果

(6) 逆向查找。

通过姓名逆向查找部门和工号。

解题步骤：

6.1逆向查找

姓名	部门	工号
孔俊		
朱吉		
李谦		

图 3-22 通过姓名逆向查找部门和工号 1

1）第一种方式：IF 函数对调两列信息，如图 3-22 所示。

步骤 1 VLOOKUP 函数可以借助 IF 函数实现逆向查找，如通过姓名查找部门，可通过 IF 函数将两列数据对调，即将姓名放在第一列，将部门放在第二列，即：IF({1,0},\$C\$2:\$C\$11,\$A\$2:\$A\$11)。

注意： IF 条件参数为一个数组，数组元素为 1 和 0，即当为 1(TRUE) 时，输出 \$C\$2:\$C\$11，当为 0(FALSE) 时，输出 \$A\$2:\$A\$11，重新组成一个二维数组。

步骤 2 选择 AA3 单元格，在公式编辑栏输入公式：=VLOOKUP(\$Z3,IF({1,0},\$C\$2:\$C\$11,\$A\$2:\$A\$11),2,FALSE)。

注意：通过 IF 函数重新组成二维数组，匹配列位于第二列，因此 VLOOKUP 第三个参数列序数为 2。

步骤 3 输入完毕回车，向下拖动填充公式，返回查找的部门信息。

步骤 4 同样，如通过姓名查找工号，可通过 IF 函数将两列数据对调，即将姓名放在第一列，将工号放在第二列，即：IF({1,0},$C$2:$C$11,$B$2:$B$11)。

步骤 5 选择 AB3 单元格，在公式编辑栏输入公式：=VLOOKUP($Z3,IF({1,0},$C$2:$C$11,$B$2:$B$11),2,FALSE)。

步骤 6 输入完毕回车，向下拖动填充公式，返回查找的工号信息，如图 3-23 所示。

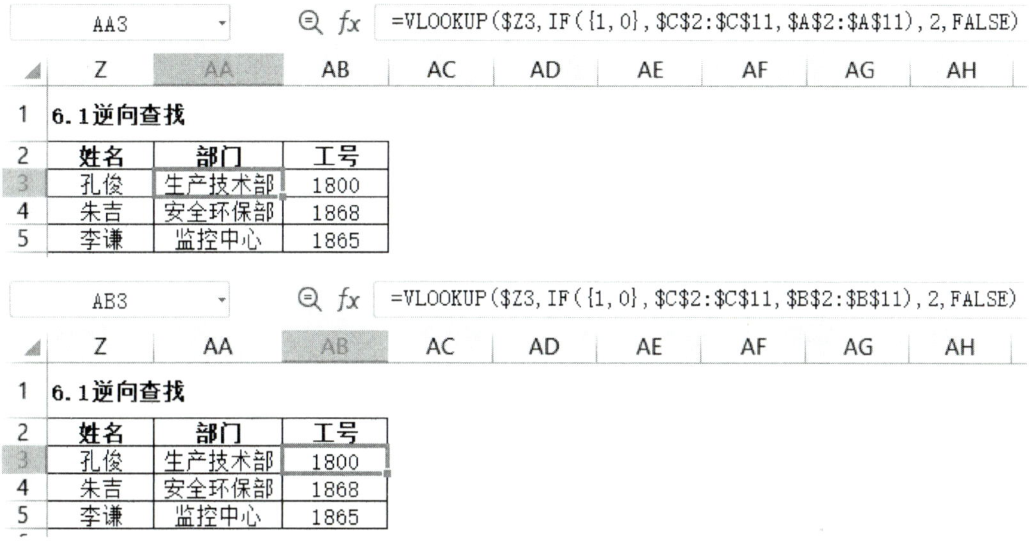

AA3　=VLOOKUP($Z3,IF({1,0},$C$2:$C$11,$A$2:$A$11),2,FALSE)

	Z	AA	AB
1	6.1逆向查找		
2	姓名	部门	工号
3	孔俊	生产技术部	1800
4	朱吉	安全环保部	1868
5	李谦	监控中心	1865

AB3　=VLOOKUP($Z3,IF({1,0},$C$2:$C$11,$B$2:$B$11),2,FALSE)

	Z	AA	AB
1	6.1逆向查找		
2	姓名	部门	工号
3	孔俊	生产技术部	1800
4	朱吉	安全环保部	1868
5	李谦	监控中心	1865

图 3-23 通过姓名逆向查找部门和工号结果 1

2）第二种方式：CHOOSE 函数对调两列信息，如图 3-24 所示。

步骤 1 VLOOKUP 函数可以借助 CHOOSE 函数实现逆向查找，如通过姓名查找部门，可通过 CHOOSE 函数将两列数据对调，即将姓名放在第一列，将部门放在第二列，即：CHOOSE({1,2},$C$2:$C$11,$A$2:$A$11)。

	AD	AE	AF
1	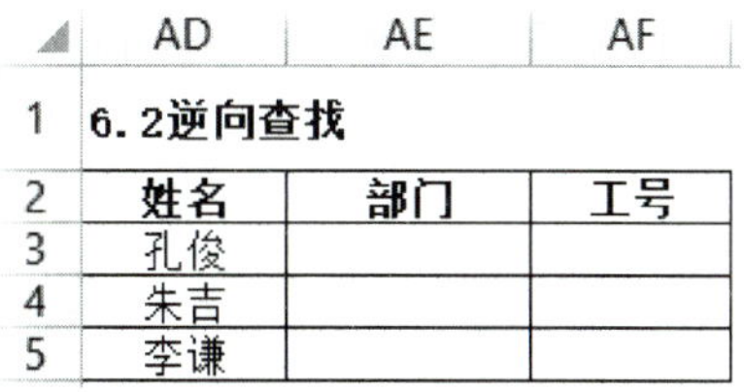 6.2逆向查找		
2	姓名	部门	工号
3	孔俊		
4	朱吉		
5	李谦		

图 3-24 通过姓名逆向查找部门和工号 2

CHOOSE 选择函数介绍：

功能：根据给定的索引值，返回数值参数列表中对应的数值。

语法：=CHOOSE(序号,值 1,[值 2]……)。

如果第一参数为 1，则 CHOOSE 返回值 1；如果第一参数为 2，则 CHOOSE 返回值 2，依次类推。

步骤 2 选择 AE3 单元格，在公式编辑栏输入公式：=VLOOKUP($Z3,CHOOSE({1,2},$C$2:$C$11,$A$2:$A$11),2,FALSE)。

步骤 3 输入完毕回车，向下拖动填充公式，返回查找的部门信息。

步骤 4 同样，如通过姓名查找工号，可通过 CHOOSE 函数将两列数据对调，即将姓名放在第一列，将工号放在第二列，即：CHOOSE({1,2}，$C$2:$C$11，$B$2:$B$11)。

步骤 5 选择 AF3 单元格，在公式编辑栏输入公式：=VLOOKUP($Z3，CHOOSE({1,2}，$C$2:$C$11，$B$2:$B$11)，2，FALSE)。

步骤 6 输入完毕回车，向下拖动填充公式，返回查找的工号信息，如图 3-25 所示。

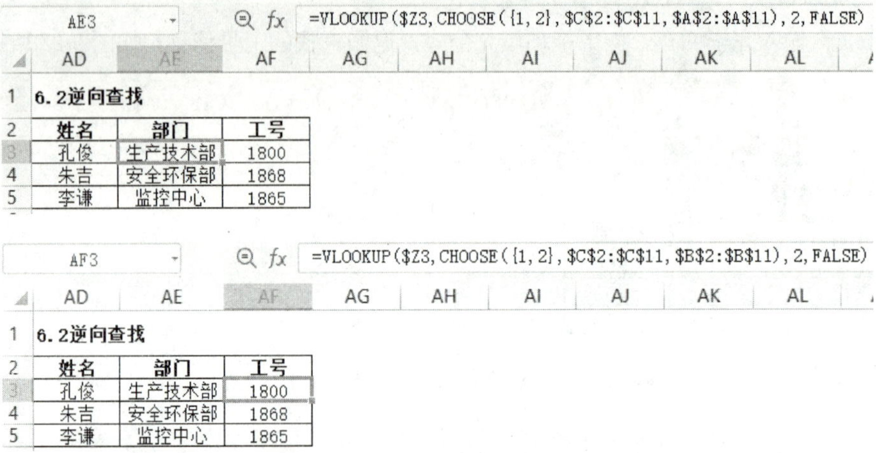
AE3
=VLOOKUP($Z3,CHOOSE({1,2},$C$2:$C$11,$A$2:$A$11),2,FALSE)
AD AE AF AG AH AI AJ AK AL
6.2逆向查找
姓名 部门 工号
孔俊 生产技术部 1800
朱吉 安全环保部 1868
李谦 监控中心 1865
AF3
=VLOOKUP($Z3,CHOOSE({1,2},$C$2:$C$11,$B$2:$B$11),2,FALSE)
AD AE AF AG AH AI AJ AK AL
6.2逆向查找
姓名 部门 工号
孔俊 生产技术部 1800
朱吉 安全环保部 1868
李谦 监控中心 1865

图 3-25 通过姓名逆向查找部门和工号结果 2

(7) 查找指定列。

通过姓名查找指定列（见图 3-26）：年龄、职称、性别、职位信息，查找信息与数据表顺序不一致。

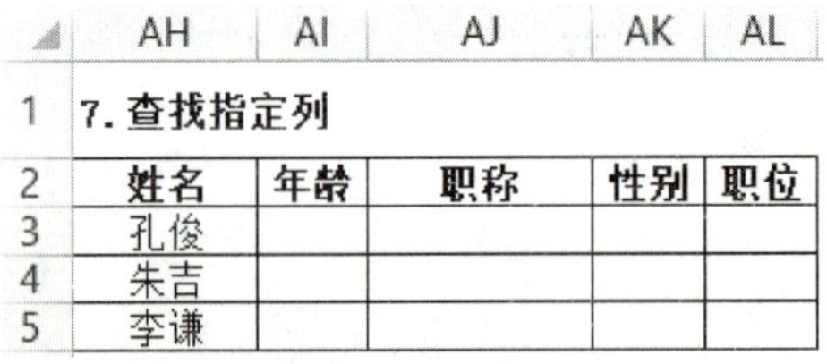
AH AI AJ AK AL
7.查找指定列
姓名 年龄 职称 性别 职位
孔俊
朱吉
李谦

图 3-26 通过姓名查找指定列

解题步骤：

步骤 1 选择 AI3 单元格，在公式编辑栏输入公式：=VLOOKUP(AH3,C1:G11,2,FALSE)。

注意： 由于查找所有信息列，因此查找区域选择从姓名列至职位列，即 C1:G11。

步骤 2 确定公式输入正确后，对公式引用方式进行修改：查找值 AH3 修改为 $AH3，列绝对引用行相对引用，公式向右拖动查找值不变，公式向下拖动查找值改变；引用区域改为绝对引用 $C$1:$G$11。则公式修改为：=VLOOKUP($AH3，$C$1:$G$11，2，FALSE)。

步骤 3 我们观察到查找的一系列值和数据表顺序不一致，如实现公式向右拖动时，查找列序数也随之变化，则此处可以嵌套 MATCH 函数，使其进行自动匹配。

MATCH 查找匹配函数用法：

功能： 按照指定匹配方式返回数组或区域中的元素的位置。

语法： =MATCH(查找值,查找区域,[匹配类型])。

注意： 匹配类型为 0 时，为精确匹配；为 1 时，为近似匹配，查找小于等于“查找值”的最大值，要求“查找区域”必须按升序排列；为−1 时，为近似匹配，查找大于等于“查找值”的最小值，要求“查找区域”必须按降序排列。

此处我们使用精确匹配，即 MATCH(AI2,C1:G1,0)。

步骤 4 确定公式输入正确后，对公式引用方式进行修改：查找值 AI2 修改为 AI＄2，列相对引用行绝对引用，公式向右拖动查找值改变，公式向下拖动查找值不变；引用区域改为绝对引用，＄C＄1:＄G＄1。则公式修改为：MATCH(AI＄2,＄C＄1:＄G＄1,0)。

步骤 5 最终公式为：=VLOOKUP(＄AH3,＄C＄1:＄G＄11,MATCH(AI＄2,＄C＄1:＄G＄1,0),FALSE)。

步骤 6 输入完毕后回车，并向右向下拖动填充公式，最终返回所有查找信息，如图 3-27 所示。

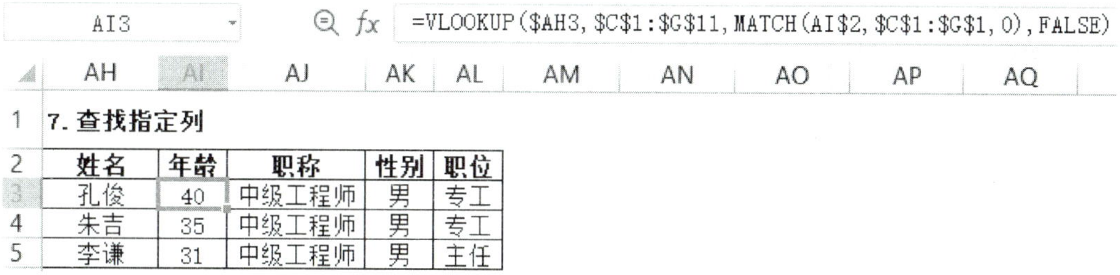

AI3　fx　=VLOOKUP($AH3,$C$1:$G$11,MATCH(AI$2,$C$1:$G$1,0),FALSE)

	AH	AI	AJ	AK	AL
1	7. 查找指定列				
2	姓名	年龄	职称	性别	职位
3	孔俊	40	中级工程师	男	专工
4	朱吉	35	中级工程师	男	专工
5	李谦	31	中级工程师	男	主任

图 3-27　通过姓名查找指定列结果

(8) ※模糊查询。

VLOOKUP 模糊查询用法类似 LOOKUP 非精确查找函数，详见“3.4 LOOKUP 非精确查找函数，3.4.2 (4) VLOOKUP 模糊查询用法”章节。

3.3 HLOOKUP 横向查找函数

3.3.1 HLOOKUP 函数介绍

HLOOKUP 函数是横向查找函数，对应 VLOOKUP 函数，函数名称中的“H”表示 Horizontal，即“水平的”。

功能：在表格或数组的**首行**查找指定的值，并返回表格或数组**当前列中指定行处**的数值。

语法：=HLOOKUP(查找值,数据表,行序数,[匹配条件])。

注意：

①查找值：必需。在表格第一行中所查询的值，查找值可以为数字、文本、逻辑值或包含数值的名称或引用。

②数据表：必需。为需要在其中查找数据的数据表，可以为单元格区域引用或区域名称引用。数据表首行可以为文本、数值或逻辑值。

如果匹配条件为 TRUE，即近似匹配，则数据表首行数据必须按升序排列，数值按从小到大、文本字符按字母从 A 到 Z 或按拼音从 A 到 Z，否则函数不能返回正确结果。**如果匹配条件为 FALSE，即精确匹配，则数据表首行不必进行排序。**建议初学者使用精确匹配方式 FALSE。

③行序数：返回匹配值所在行的相对行序数。行序数为 1 时，返回数据表第一行数值，行序数为 2 时，返回数据表第二行数值，以此类推。

注意：如果行序数小于 1，函数返回参数值错误＃VALUE!，如果行序数大于数据表最大行数，函数返回引用区域错误＃REF!。

④匹配条件：为逻辑值。如果为 True 或省略，则要求首行按升序排列，返回近似匹配值，也就是说如果找不到精确匹配值，则返回小于查找值的最大值；如果为 FALSE，则返回精确匹配值；如果找不到，则返回无适配错误＃N/A。

小贴士：

可以用下面的方法实现数值从左到右的升序排列：选定全部数值，在“开始”菜单中单击排序中“自定义排序”，再单击“选项”，选择“按行排序”选项，单击“确定”。主要关键字选择排序行，排序依据选择数值，次序选择升序，最后单击确定。

3.3.2 HLOOKUP 函数基本应用

某新能源公司 2022 年上半年各场站利用小时（见图 3-28），按场站名称查找其总利用小时数。

	A	B	C	D	E	F	G	H	I	J	K	L	M	N
1	2022年	石家庄	承德	呼和浩特	天津	保定	赤峰	秦皇岛	廊坊	大同	张家口		场站名称	总利用小时
2	1月	247	253	176	193	267	260	125	185	91	170		天津	
3	2月	277	273	217	249	312	293	145	193	105	183			
4	3月	246	173	206	183	225	304	184	211	150	294			
5	4月	242	195	213	210	242	289	169	198	99	263			
6	5月	219	172	188	168	216	265	169	193	122	267			
7	6月	139	80	102	77	107	160	112	137	103	205			
8	**总计**	**1370**	**1147**	**1103**	**1080**	**1369**	**1571**	**902**	**1116**	**669**	**1383**			

图 3-28 查找某场站上半年总利用小时

解题步骤：

步骤 1 选择 N2 单元格，在公式编辑栏输入公式：＝HLOOKUP(M2,B1:K8,8,FALSE)。

注意：第一个参数选择要查找的值；第二个参数选择数据表，首行必须为查找值所在行，并包含匹配值行；第三个参数为匹配值为该数据表第几行，总利用小时为数据表第 8 行；第四个参数为 FALSE，即精确匹配。

步骤 2 输入完毕回车，最终返回结果（见图 3-29）：天津风电场总利用小时为 1080 小时。

N2 | fx | =HLOOKUP(M2,B1:K8,8,FALSE)

	A	B	C	D	E	F	G	H	I	J	K	L	M	N
1	2022年	石家庄	承德	呼和浩特	天津	保定	赤峰	秦皇岛	廊坊	大同	张家口		场站名称	总利用小时
2	1月	247	253	176	193	267	260	125	185	91	170		天津	1080
3	2月	277	273	217	249	312	293	145	193	105	183			
4	3月	246	173	206	183	225	304	184	211	150	294			
5	4月	242	195	213	210	242	289	169	198	99	263			
6	5月	219	172	188	168	216	265	169	193	122	267			
7	6月	139	80	102	77	107	160	112	137	103	205			
8	**总计**	**1370**	**1147**	**1103**	**1080**	**1369**	**1571**	**902**	**1116**	**669**	**1383**			

图 3-29 查找某场站上半年总利用小时结果

注意：HLOOKUP 其他用法与 VLOOKUP 类似，不同之处在于 HLOOKUP 按行横向查找，VLOOKUP 按列纵向查找。

3.4 LOOKUP 非精确查找函数

3.4.1 LOOKUP 函数介绍

(1) 向量形式。

功能：从第一个“查找向量”里查找值，并返回“返回向量”里相同位置的数值。

语法：=LOOKUP(查找值,查找向量,[返回向量])。

注意：

①查找值：必需。在“查找向量”中所查找的数值，查找值可以为数字、文本、逻辑值或包含数值的名称或引用。

②查找向量：必需。查找向量必须为一行或一列，其数值可以为文本、数字或逻辑值，必须按升序排序（数值大小、字符 A-Z、逻辑值 FALSE、TRUE），否则函数不能返回正确结果；文本不区分大小写。

③返回向量：可选。返回向量必须为一行或一列，其大小必须与查找向量相同，如省略，则返回查找向量中的值。

④如果查找不到“查找值”，则查找“查找向量”中小于或等于“查找值”的最大值；如果“查找值”小于“查找向量”中的最小值，函数返回错误值无适配错误#N/A。

(2) 数组形式。

功能：在数组的第一行或第一列中查找指定数值，然后返回最后一行或最后一列中相同位置处的数值。

语法：=LOOKUP(查找值,数组)。

注意：

①查找值：必需。在数组中所查找的数值，查找值可以为数字、文本、逻辑值或包含数值的名称或引用。

②数组：必需。为包含文本、数字或逻辑值的单元格区域或数组，它的值用于与“查找值”进行比较；数组里首列或首行数值必须按升序排序（数值大小、字符 A-Z、逻辑值 FALSE、TRUE），否则函数不能返回正确结果；文本不区分大小写。

③如果查找不到“查找值”，则查找数组首列或首行中小于或等于“查找值”的最大值；如果“查找值”小于数组首列或首行中的最小值，函数返回错误值无适配错误#N/A。

④函数 LOOKUP 不支持使用通配符，可以使用 FIND 查找函数形式代替。

小贴士：

①函数 LOOKUP 的数组形式与函数 HLOOKUP 和函数 VLOOKUP 非常相似，不同之处在于函数 HLOOKUP 在第一行查找，函数 VLOOKUP 在第一列查找，而函数 LOOKUP 则按照数组的维数查找。

②如果数组所包含的区域宽度大，高度小（即列数多于行数），函数 LOOKUP 在第一行查找，如果数组为正方形，或者所包含的区域高度大，宽度小（即行数多于列数），函数 LOOKUP 在第一列查找。

③函数 HLOOKUP 和函数 VLOOKUP 允许按行或按列索引，而函数 LOOKUP 总是选择行或列的最后一个数值。

3.4.2 LOOKUP 函数基本应用

某公司场站非计划停运时长在集团公司 200 家新能源场站排名如图 3-30 所示，按照月度绩效考核规则：对排名前 10%（含）的场站加 5 分，排名 10%～20%（含）的场站加 3 分，排名 20%～30%（含）的场站加 1 分，排名 30%～70%（含）的场站不加不减，排名 70%～80%（含）的场站扣 1 分，排名 80%～90%（含）的场站扣 2 分，排名 90%以后的场站扣 3 分。请计算各场站本月加减分数。

	A	B	C	D	E	F
1	风电场	非计划停运时长（h/台）	排名	计算加减分		
2				LOOKUP 向量形式用法	LOOKUP 数组形式用法	VLOOKUP 模糊查询用法
3	石家庄	0.33	40			
4	承德	0.01	13			
5	呼和浩特	0.14	29			
6	天津	0.17	34			
7	保定	0.12	25			
8	赤峰	0.00	2			
9	秦皇岛	1.02	77			
10	廊坊	3.56	162			
11	大同	1.20	88			
12	张家口	1.59	100			

图 3-30　场站非计划停运时长及排名

解题步骤：

（1）构建考核规则表。

步骤 1　LOOKUP 函数查找返回小于等于“查找值”的最大值，因此我们构建考核规则表时，需要**将每一类别下限值和考核分值对应，并且按升序排序。**

比如本例：

排名前 10%（含）的场站加 5 分，则其下限值为 1，对应分值为 5 分；

排名 10%～20%（含）的场站加 3 分，其下限值为总场站数 200×10%+1=21，对应分值 3 分；

排名 20%～30%（含）的场站加 1 分，其下限值为总场站数 200×20%+1=41，对应分值1分；

排名30%～70%（含）的场站不加不减，其下限值为总场站数200×30%+1=61，对应分值0分；

排名70%～80%（含）的场站扣1分，其下限值为总场站数200×70%+1=141，对应分值−1分；

排名80%～90%（含）的场站扣2分，其下限值为总场站数200×80%+1=161，对应分值−2分；

排名90%以后的场站扣3分，其下限值为总场站数200×90%+1=181，对应分值−3分。

注意：每一类别不含左边界值，因此下限值需要加1。

步骤2　构建考核规则表如图3-31所示。

	H	I	J
1	考核规则		
2	排名	加减分	备注
3	1	5	1～20名
4	21	3	21～40名
5	41	1	41～60名
6	61	0	61～140名
7	141	-1	141～160名
8	161	-2	161～180名
9	181	-3	181～200名

图3-31　非计划停运时长排名考核规则

（2）LOOKUP向量形式用法。

步骤1　选择D3单元格，在公式编辑栏输入公式：=LOOKUP(C3,$H$3:$H$9,$I$3:$I$9)。

注意：第一个参数查找值为相对引用，第二个参数查找向量、第三个参数返回向量均为绝对引用。

步骤2　输入完毕回车，并向下填充公式，如图3-32所示。

D3　　fx　=LOOKUP(C3,$H$3:$H$9,$I$3:$I$9)

	A	B	C	D	E	F
1	风电场	非计划停运时长（h/台）	排名	计算加减分		
2				LOOKUP向量形式用法	LOOKUP数组形式用法	VLOOKUP模糊查询用法
3	石家庄	0.33	40	3		
4	承德	0.01	13	5		
5	呼和浩特	0.14	29	3		
6	天津	0.17	34	3		
7	保定	0.12	25	3		
8	赤峰	0.00	2	5		
9	秦皇岛	1.02	77	0		
10	廊坊	3.56	162	-2		
11	大同	1.20	88	0		
12	张家口	1.59	100	0		

图3-32　各场站非计划停运时长排名得分方法1

（3）LOOKUP数组形式用法。

步骤1　选择E3单元格，在公式编辑栏输入公式：=LOOKUP(C3,$H$3:$I$9)。

注意：第一个参数查找值为相对引用，第二个参数数组区域为绝对引用。

步骤2　输入完毕回车，并向下填充公式，如图3-33所示。

（4）VLOOKUP模糊查询用法。

E3 =LOOKUP(C3,$H$3:$I$9)

	A	B	C	D	E	F
1	风电场	非计划停运时长（h/台）	排名	计算加减分		
2				LOOKUP向量形式用法	LOOKUP数组形式用法	VLOOKUP模糊查询用法
3	石家庄	0.33	40	3	3	
4	承德	0.01	13	5	5	
5	呼和浩特	0.14	29	3	3	
6	天津	0.17	34	3	3	
7	保定	0.12	25	3	3	
8	赤峰	0.00	2	5	5	
9	秦皇岛	1.02	77	0	0	
10	廊坊	3.56	162	-2	-2	
11	大同	1.20	88	0	0	
12	张家口	1.59	100	0	0	

图 3-33 各场站非计划停运时长排名得分方法 2

步骤 1 选择 F3 单元格，在公式编辑栏输入公式：=VLOOKUP(C3,$H$3:$I$9,2,TRUE)。

注意：第一个参数查找值为相对引用，第二个参数查找区域为绝对引用，列序数为第 2 列，匹配方式选择 TRUE，即近似匹配。

步骤 2 输入完毕回车，并向下填充公式，如图 3-34 所示。

F3 =VLOOKUP(C3,$H$3:$I$9,2,TRUE)

	A	B	C	D	E	F
1	风电场	非计划停运时长（h/台）	排名	计算加减分		
2				LOOKUP向量形式用法	LOOKUP数组形式用法	VLOOKUP模糊查询用法
3	石家庄	0.33	40	3	3	3
4	承德	0.01	13	5	5	5
5	呼和浩特	0.14	29	3	3	3
6	天津	0.17	34	3	3	3
7	保定	0.12	25	3	3	3
8	赤峰	0.00	2	5	5	5
9	秦皇岛	1.02	77	0	0	0
10	廊坊	3.56	162	-2	-2	-2
11	大同	1.20	88	0	0	0
12	张家口	1.59	100	0	0	0

图 3-34 各场站非计划停运时长排名得分方法 3

3.5 XLOOKUP 综合查找函数

3.5.1 XLOOKUP 函数介绍

XLOOKUP 综合查找函数可以看作 VLOOKUP、HLOOKUP、LOOKUP 函数功能综合升级版，由微软公司 2019 年正式推出，是现阶段功能最强大的查找函数，目前仅 Office 365、WPS 2022 版本支持 XLOOKUP 函数。

功能： 从第一个“查找数组”里查找值，并返回“返回数组”里相同位置的数值，默认使用精确匹配方式。

语 法： =XLOOKUP(查找值,查找数组,返回数组,[未找到值],[匹配模式],[搜索模式])。

注意：

①查找值：必需。在“查找数组”中所查找的数值，查找值可以为数字、文本、逻辑值或包含数值的名称或引用。

②查找数组：必需。查找的数组或区域。

③返回数组：必需。返回的数组或区域。

④未找到值：可选。如果查找不到“查找值”，则返回“未找到值”中的文本。函数本身可以屏蔽错误值，不必像 VLOOKUP 函数嵌套 IFERROR 函数来屏蔽错误值了。

⑤匹配模式：可选。指定匹配类型。

0：完全匹配，如果未找到，则默认返回错误值无适配错误#N/A；

−1：完全匹配，如果未找到，则**返回下一个较小的项；**

1：完全匹配，如果未找到，则**返回下一个较大的项；**

2：通配符匹配，查找值使用通配符 *（多个任意字符）和?（单个任意字符）。

⑥搜索模式：可选。指定使用的搜索模式。

1：默认，从第一项开始执行搜索；

−1：从最后一项开始执行反向搜索；

2：执行依赖于“查找数组”**按升序排序的二分搜索**，如果未排序，将返回无效结果；

−2：执行依赖于“查找数组”**按降序排序的二分搜索**，如果未排序，将返回无效结果。

注意：前两种（1 和−1）为无序搜索法，不要求查找数组按升序或降序排列也可查找出准确的结果；**后两种（2 和−2）为二分搜索法，**要求查找数组按升序或降序排列，**可以提高搜索效率；**前面讲的 VLOOKUP、HLOOKUP 的模糊查询、LOOKUP 查询均采用二分搜索法，因此查找数组必须按升序排序，并且仅支持按升序排序。

3.5.2 XLOOKUP 函数基本应用

同 3.2 章节示例：现有某新能源公司人员信息表（见图 3-35），包含部门、工号、姓名、年龄、性别、职称、职位信息，根据需求查找符合要求的信息。

(1) 常规精确查找。

根据工号查找姓名，如图 3-36 所示。

解题步骤：

步骤 1 选择 J3 单元格，在公式编辑栏输入公式：=XLOOKUP(I3,B1:B11,C1:C11)。

注意： 第一个参数选择要查找的值；第二个参数选择查找区域；第三个参数选择返回区域；后三个参数省略不写，默认精确匹配。

	A	B	C	D	E	F	G
1	部门	工号	姓名	年龄	性别	职称	职位
2	生产技术部	1816	陈万文	35	男	高级工程师	主任
3	生产技术部	1800	孔俊	40	男	中级工程师	专工
4	生产技术部	1887	赵道军	36	男	中级工程师	专工
5	安全环保部	1805	褚国庆	38	男	高级工程师	主任
6	安全环保部	1868	朱吉	35	男	中级工程师	专工
7	技术管理与培训中心	1858	杨云涛	36	男	高级工程师	主任
8	技术管理与培训中心	1841	云宏	31	男	中级工程师	专工
9	监控中心	1865	李谦	31	男	中级工程师	主任
10	监控中心	1832	周建国	38	男	中级工程师	值班员
11	监控中心	1883	张静	28	女	中级工程师	值班员

图 3-35　某公司人员信息表

	A	B	C	D	E	F	G	H	I	J
1	部门	工号	姓名	年龄	性别	职称	职位		1. 常规精确查找	
2	生产技术部	1816	陈万文	35	男	高级工程师	主任		工号	姓名
3	生产技术部	1800	孔俊	40	男	中级工程师	专工		1816	
4	生产技术部	1887	赵道军	36	男	中级工程师	专工			
5	安全环保部	1805	褚国庆	38	男	高级工程师	主任			
6	安全环保部	1868	朱吉	35	男	中级工程师	专工			
7	技术管理与培训中心	1858	杨云涛	36	男	高级工程师	主任			
8	技术管理与培训中心	1841	云宏	31	男	中级工程师	专工			
9	监控中心	1865	李谦	31	男	中级工程师	主任			
10	监控中心	1832	周建国	38	男	中级工程师	值班员			
11	监控中心	1883	张静	28	女	中级工程师	值班员			

图 3-36　根据工号查找姓名

步骤 2　输入完毕回车，最终返回结果（见图 3-37）：工号 1816 人员姓名为陈万文。

J3　　fx　=XLOOKUP(I3,B1:B11,C1:C11)

	A	B	C	D	E	F	G	H	I	J
1	部门	工号	姓名	年龄	性别	职称	职位		1. 常规精确查找	
2	生产技术部	1816	陈万文	35	男	高级工程师	主任		工号	姓名
3	生产技术部	1800	孔俊	40	男	中级工程师	专工		1816	陈万文
4	生产技术部	1887	赵道军	36	男	中级工程师	专工			
5	安全环保部	1805	褚国庆	38	男	高级工程师	主任			
6	安全环保部	1868	朱吉	35	男	中级工程师	专工			
7	技术管理与培训中心	1858	杨云涛	36	男	高级工程师	主任			
8	技术管理与培训中心	1841	云宏	31	男	中级工程师	专工			
9	监控中心	1865	李谦	31	男	中级工程师	主任			
10	监控中心	1832	周建国	38	男	中级工程师	值班员			
11	监控中心	1883	张静	28	女	中级工程师	值班员			

图 3-37　根据工号查找姓名结果

（2）屏蔽错误值。

查找不存在工号返回指定文本（见图 3-38）：如工号存在，返回姓名；如工号不存在，返回“查无此人”。

解题步骤：

步骤 1　选择 M3 单元格，在公式编辑栏输入公式：

	A	B	C	D	E	F	G	H	L	M
1	部门	工号	姓名	年龄	性别	职称	职位		2. 屏蔽错误值	
2	生产技术部	1816	陈万文	35	男	高级工程师	主任		工号	姓名
3	生产技术部	1800	孔俊	40	男	中级工程师	专工		1817	
4	生产技术部	1887	赵道军	36	男	中级工程师	专工			
5	安全环保部	1805	褚国庆	38	男	高级工程师	主任			
6	安全环保部	1868	朱吉	35	男	中级工程师	专工			
7	技术管理与培训中心	1858	杨云涛	36	男	高级工程师	主任			
8	技术管理与培训中心	1841	云宏	31	男	中级工程师	专工			
9	监控中心	1865	李谦	31	男	中级工程师	主任			
10	监控中心	1832	周建国	38	男	中级工程师	值班员			
11	监控中心	1883	张静	28	女	中级工程师	值班员			

图 3-38 查找不存在工号返回指定文本

=XLOOKUP(L3,B2:B11,C2:C11,"查无此人")。

注意：第四个参数为“未找到值”，此处填写函数未查找到结果时返回的值。

步骤 2 输入完毕回车，最终返回结果（见图 3-39）：工号 1817 人员不存在，返回查无此人。

M3 =XLOOKUP(L3,B2:B11,C2:C11,"查无此人")

	A	B	C	D	E	F	G	H	L	M
1	部门	工号	姓名	年龄	性别	职称	职位		2. 屏蔽错误值	
2	生产技术部	1816	陈万文	35	男	高级工程师	主任		工号	姓名
3	生产技术部	1800	孔俊	40	男	中级工程师	专工		1817	查无此人
4	生产技术部	1887	赵道军	36	男	中级工程师	专工			
5	安全环保部	1805	褚国庆	38	男	高级工程师	主任			
6	安全环保部	1868	朱吉	35	男	中级工程师	专工			
7	技术管理与培训中心	1858	杨云涛	36	男	高级工程师	主任			
8	技术管理与培训中心	1841	云宏	31	男	中级工程师	专工			
9	监控中心	1865	李谦	31	男	中级工程师	主任			
10	监控中心	1832	周建国	38	男	中级工程师	值班员			
11	监控中心	1883	张静	28	女	中级工程师	值班员			

图 3-39 查找不存在工号返回指定文本结果

（3）通配符查找。

使用通配符查找第一个姓周人员职位，如图 3-40 所示。

	A	B	C	D	E	F	G	H	O
1	部门	工号	姓名	年龄	性别	职称	职位		3. 通配符查找：第一个姓周人员职位
2	生产技术部	1816	陈万文	35	男	高级工程师	主任		职位
3	生产技术部	1800	孔俊	40	男	中级工程师	专工		
4	生产技术部	1887	赵道军	36	男	中级工程师	专工		
5	安全环保部	1805	褚国庆	38	男	高级工程师	主任		
6	安全环保部	1868	朱吉	35	男	中级工程师	专工		
7	技术管理与培训中心	1858	杨云涛	36	男	高级工程师	主任		
8	技术管理与培训中心	1841	云宏	31	男	中级工程师	专工		
9	监控中心	1865	李谦	31	男	中级工程师	主任		
10	监控中心	1832	周建国	38	男	中级工程师	值班员		
11	监控中心	1883	张静	28	女	中级工程师	值班员		

图 3-40 使用通配符查找第一个姓周人员职位

解题步骤：

步骤 1 选择 O3 单元格，输入公式：=XLOOKUP("周*",C2:C11,G2:G11,,2)。

注意：公式中忽略第四个参数“未找到值”，但必须输入参数间隔符逗号“,”，才能继续输入第五个参数；**第五个参数为匹配方式 2，即通配符匹配。**

步骤 2 输入完毕回车，最终返回结果（见图 3-41）：第一个姓周的人叫周建国，职位是值班员。

O3 fx =XLOOKUP("周*",C2:C11,G2:G11,,2)

	A	B	C	D	E	F	G	H	O
1	部门	工号	姓名	年龄	性别	职称	职位		3. 通配符查找：第一个姓周人员职位
2	生产技术部	1816	陈万文	35	男	高级工程师	主任		职位
3	生产技术部	1800	孔俊	40	男	中级工程师	专工		值班员
4	生产技术部	1887	赵道军	36	男	中级工程师	专工		
5	安全环保部	1805	褚国庆	38	男	高级工程师	主任		
6	安全环保部	1868	朱吉	35	男	中级工程师	专工		
7	技术管理与培训中心	1858	杨云涛	36	男	高级工程师	主任		
8	技术管理与培训中心	1841	云宏	31	男	中级工程师	专工		
9	监控中心	1865	李谦	31	男	中级工程师	主任		
10	监控中心	1832	周建国	38	男	中级工程师	值班员		
11	监控中心	1883	张静	28	女	中级工程师	值班员		

图 3-41 使用通配符查找第一个姓周人员职位结果

（4）逆向查找。

通过姓名逆向查找部门和工号，如图 3-42 所示。

	Q	R	S
1	4. 逆向查找		
2	姓名	部门	工号
3	孔俊		
4	朱吉		
5	李谦		

图 3-42 通过姓名逆向查找部门和工号

解题步骤：

步骤 1 选择 R3 单元格，在公式编辑栏输入公式：=XLOOKUP(Q3,$C$2:$C$11,$A$2:$A$11)。

步骤 2 输入完毕回车，向下拖动填充公式，返回查找的部门信息。

步骤 3 同样，如通过姓名查找工号，选择 S3 单元格，在公式编辑栏输入公式：=XLOOKUP(Q3,$C$2:$C$11,$B$2:$B$11)。

步骤 4 输入完毕回车，向下拖动填充公式，返回查找的工号信息，如图 3-43 所示。

（5）查找一系列值。

通过姓名按顺序查找年龄、性别、职称、职位一系列值（见图 3-44），**需要注意查找结果列在返回区域表中必须是连续的。**

解题步骤：

步骤 1 选择 V3 单元格，在公式编辑栏输入公式：=XLOOKUP(U3,C2:C11,D2:D11)。

步骤 2 确定公式输入正确后，对公式引用方式进行修改：查找值 U3 修改为 $U3，列绝对引用行相对引用，公式向右拖动查找值不变，公式向下拖动查找值改变；查找区域改为绝对引用 $C$1:$C$11；返回区域改为 D$2:D$11，列相对引用行绝对引用，公式向右拖动返回区域改变，公式向下拖动返回区域不变。则公式修改为：=XLOOKUP($U3,$C$2:$C$11,D$2:D$11)。

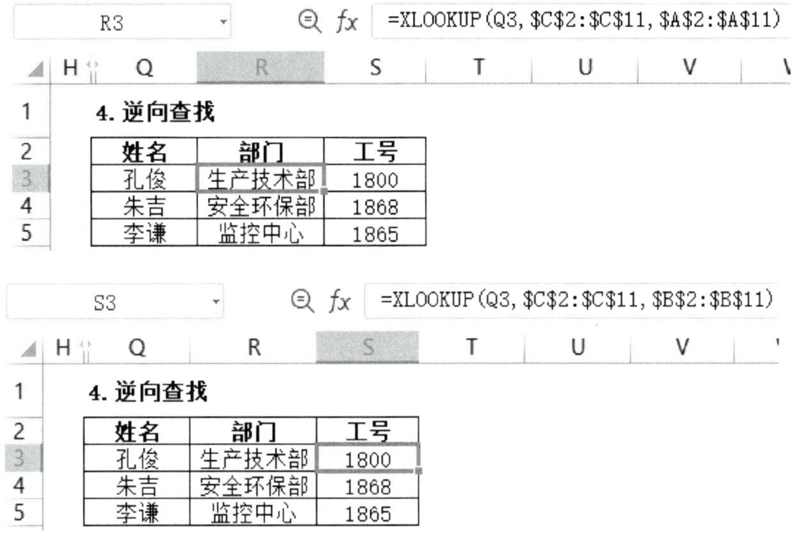

R3 =XLOOKUP(Q3,$C$2:$C$11,$A$2:$A$11)

4. 逆向查找

姓名	部门	工号
孔俊	生产技术部	1800
朱吉	安全环保部	1868
李谦	监控中心	1865

S3 =XLOOKUP(Q3,$C$2:$C$11,$B$2:$B$11)

4. 逆向查找

姓名	部门	工号
孔俊	生产技术部	1800
朱吉	安全环保部	1868
李谦	监控中心	1865

图 3-43 通过姓名逆向查找部门和工号结果

5. 查找一系列值

姓名	年龄	性别	职称	职位
孔俊				
朱吉				
李谦				

图 3-44 通过姓名按顺序查找一系列值

步骤 3 输入完毕后回车，并向右向下拖动填充公式，最终返回所有查找信息，如图 3-45 所示。

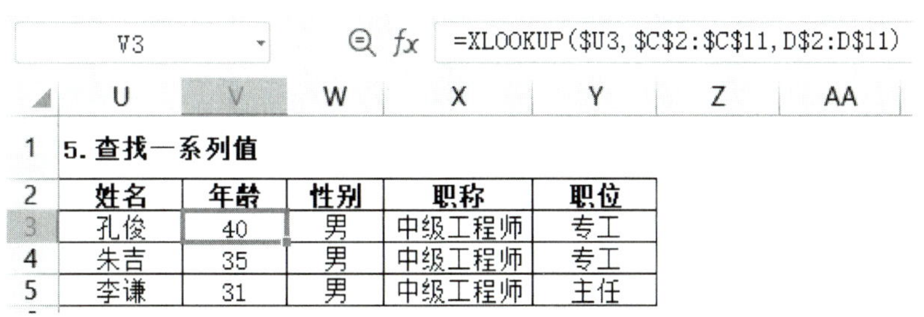

V3 =XLOOKUP($U3,$C$2:$C$11,D$2:D$11)

5. 查找一系列值

姓名	年龄	性别	职称	职位
孔俊	40	男	中级工程师	专工
朱吉	35	男	中级工程师	专工
李谦	31	男	中级工程师	主任

图 3-45 通过姓名按顺序查找一系列值结果

小贴士：

Excel 可选择 V3:Y3 区域，直接输入公式：=XLOOKUP(U3,$C$2:$C$11,$D$2:$G$11)，第二个参数为全部返回区域$D$2:$G$11，可返回一组查询数据，并通过向下填充公式，返回所有查找信息。

WPS 不支持自动扩展区域填充数组，只能通过输入公式后按 CTRL+SHIFT+回车三键进行数组运算，返回第一组查询数据，由于数组公式限制，不能向下填充公式。

（6）横向查找。

同 3.3 章节示例：某新能源公司 2022 年上半年各场站利用小时，按场站名称查找其总利用小时数，如图 3-46 所示。

	A	B	C	D	E	F	G	H	I	J	K	L	M	N
20	2022年	石家庄	承德	呼和浩特	天津	保定	赤峰	秦皇岛	廊坊	大同	张家口		场站名称	总利用小时
21	1月	247	253	176	193	267	260	125	185	91	170		天津	
22	2月	277	273	217	249	312	293	145	193	105	183			
23	3月	246	173	206	183	225	304	184	211	150	294			
24	4月	242	195	213	210	242	289	169	198	99	263			
25	5月	219	172	188	168	216	265	169	193	122	267			
26	6月	139	80	102	77	107	160	112	137	103	205			
27	总计	1370	1147	1103	1080	1369	1571	902	1116	669	1383			

图 3-46　查找某场站上半年总利用小时

解题步骤：

步骤 1　选择 N21 单元格，在公式编辑栏输入公式：=XLOOKUP(M21,B20:K20,B27:K27)。

注意：第一个参数选择要查找的值；第二个参数选择横向查找区域；第三个参数选择横向返回区域；后三个参数省略不写，默认精确匹配。

步骤 2　输入完毕回车，最终返回结果（见图 3-47）：天津风电场总利用小时为 1080 小时。

N21　fx　=XLOOKUP(M21,B20:K20,B27:K27)

	A	B	C	D	E	F	G	H	I	J	K	L	M	N
20	2022年	石家庄	承德	呼和浩特	天津	保定	赤峰	秦皇岛	廊坊	大同	张家口		场站名称	总利用小时
21	1月	247	253	176	193	267	260	125	185	91	170		天津	1080
22	2月	277	273	217	249	312	293	145	193	105	183			
23	3月	246	173	206	183	225	304	184	211	150	294			
24	4月	242	195	213	210	242	289	169	198	99	263			
25	5月	219	172	188	168	216	265	169	193	122	267			
26	6月	139	80	102	77	107	160	112	137	103	205			
27	总计	1370	1147	1103	1080	1369	1571	902	1116	669	1383			

图 3-47　查找某场站上半年总利用小时结果

（7）模糊查找。

同 3.4 章节示例：某公司场站非计划停运时长在集团公司 200 家新能源场站排名如图 3-48 所示，按照月度绩效考核规则：对排名前 10%（含）的场站加 5 分，排名 10%～20%（含）的场站加 3 分，排名 20%～30%（含）的场站加 1 分，排名 30%～70%（含）的场站不加不减，排名 70%～80%（含）的场站扣 1 分，排名 80%～90%（含）的场站扣 2 分，排名 90%以后的场站扣 3 分。请计算各场站本月加减分数。

解题步骤：

步骤 1　选择 D32 单元格，在公式编辑栏输入公式：=XLOOKUP(C32,$F$32:$F$38,$G$32:$G$38,,-1)。

注意：公式中忽略第四个参数“未找到值”，但必须输入参数间隔符逗号“,”，才

	A	B	C	D	E	F	G	H
30	风电场	非计划停运时长	排名	XLOOKUP用法		考核规则		
31						排名	加减分	备注
32	石家庄	0.33	40			1	5	1至20名
33	承德	0.01	13			21	3	21至40名
34	呼和浩特	0.14	29			41	1	41至60名
35	天津	0.17	34			61	0	61至140名
36	保定	0.12	25			141	-1	141至160名
37	赤峰	0.00	2			161	-2	161至180名
38	秦皇岛	1.02	77			181	-3	181至200名
39	廊坊	3.56	162					
40	大同	1.20	88					
41	张家口	1.59	100					

图 3-48 场站非计划停运时长排名和考核规则

能继续输入第五个参数；**第五个参数为－1，即精确匹配或返回下一个较小的项；XLOOKUP 函数支持无序搜索，因此考核规则数组未排序也可返回正确结果。**

步骤 2 输入完毕回车，最终返回正确得分，如图 3-49 所示。

D32 =XLOOKUP(C32,$F$32:$F$38,$G$32:$G$38,,-1)

	A	B	C	D	E	F	G	H	I
30	风电场	非计划停运时长	排名	XLOOKUP用法		考核规则			
31						排名	加减分	备注	
32	石家庄	0.33	40	3		1	5	1至20名	
33	承德	0.01	13	5		21	3	21至40名	
34	呼和浩特	0.14	29	3		41	1	41至60名	
35	天津	0.17	34	3		61	0	61至140名	
36	保定	0.12	25	3		141	-1	141至160名	
37	赤峰	0.00	2	5		161	-2	161至180名	
38	秦皇岛	1.02	77	0		181	-3	181至200名	
39	廊坊	3.56	162	-2					
40	大同	1.20	88	0					
41	张家口	1.59	100	0					

图 3-49 各场站非计划停运时长排名得分

（8）多条件查找。

现有某新能源公司各场站机组信息表（见图 3-50），包含场站名称、风机编号、项目名称、机型、额定功率，由于各场站之间风机编号有重复，因此必须通过场站名称和风机编号合并信息才能确定唯一的机组。请通过场站名称和风机编号，查找其项目名称、机型和额定功率。

解题步骤：

步骤 1 选择 I51 单元格，在公式编辑栏输入公式：=XLOOKUP(G51&H51,A51:A80&B51:B80,C51:C80)。

注意：此处使用文本连接符“&”，将“查找值”和“查找区域”中的风电场和风机编号连接起来。

步骤 2 确定公式输入正确后，对公式引用方式进行修改：查找值、查找区域均改为绝对引用；返回区域保持相对引用，则公式修改为：=XLOOKUP($G$51&$H$51,$A$51:$A$80&$B$51:$B$80,C51:C80)。

	A	B	C	D	E	F	G	H	I	J	K
50	风电场	风机编号	项目名称	机型	额定功率		风电场	风机编号	项目名称	机型	额定功率
51	石家庄	#1-01	石一	UP77-1500	1500		承德	#1-07			
52	石家庄	#1-02	石一	UP77-1500	1500						
53	石家庄	#1-03	石一	UP77-1500	1500						
54	石家庄	#1-04	石一	UP77-1500	1500						
55	石家庄	#1-05	石一	UP77-1500	1500						
56	石家庄	#1-06	石二	UP82-1500	1500						
57	石家庄	#1-07	石二	UP82-1500	1500						
58	石家庄	#1-08	石二	UP82-1500	1500						
59	石家庄	#1-09	石二	UP82-1500	1500						
60	石家庄	#1-10	石二	UP82-1500	1500						
61	承德	#1-01	承一	EN90-2300	2300						
62	承德	#1-02	承一	EN90-2300	2300						
63	承德	#1-03	承一	EN90-2300	2300						
64	承德	#1-04	承一	EN90-2300	2300						
65	承德	#1-05	承一	EN90-2300	2300						
66	承德	#1-06	承二	EN100-2300	2300						
67	承德	#1-07	承二	EN100-2300	2300						
68	承德	#1-08	承二	EN100-2300	2300						
69	承德	#1-09	承二	EN100-2300	2300						
70	承德	#1-10	承二	EN100-2300	2300						
71	张家口	#1-01	张一	SL82-1500	1500						
72	张家口	#1-02	张一	SL82-1500	1500						
73	张家口	#1-03	张一	SL82-1500	1500						
74	张家口	#1-04	张一	SL82-1500	1500						
75	张家口	#1-05	张二	UP105-2000	2000						
76	张家口	#1-06	张二	UP105-2000	2000						
77	张家口	#1-07	张二	UP105-2000	2000						
78	张家口	#1-08	张二	UP105-2000	2000						
79	张家口	#1-09	张二	UP105-2000	2000						
80	张家口	#1-10	张二	UP105-2000	2000						

图 3-50　某公司各场站机组信息表

步骤 3　输入完毕后回车，并向右拖动填充公式，最终返回所有查找信息，如图 3-51 所示。

I51　fx　=XLOOKUP($G$51&$H$51,$A$51:$A$80&$B$51:$B$80,C51:C80)

	A	B	C	D	E	F	G	H	I	J	K
50	风电场	风机编号	项目名称	机型	额定功率		风电场	风机编号	项目名称	机型	额定功率
51	石家庄	#1-01	石一	UP77-1500	1500		承德	#1-07	承二	EN100-2300	2300
52	石家庄	#1-02	石一	UP77-1500	1500						
53	石家庄	#1-03	石一	UP77-1500	1500						
54	石家庄	#1-04	石一	UP77-1500	1500						
55	石家庄	#1-05	石一	UP77-1500	1500						
56	石家庄	#1-06	石二	UP82-1500	1500						
57	石家庄	#1-07	石二	UP82-1500	1500						
58	石家庄	#1-08	石二	UP82-1500	1500						
59	石家庄	#1-09	石二	UP82-1500	1500						
60	石家庄	#1-10	石二	UP82-1500	1500						
61	承德	#1-01	承一	EN90-2300	2300						
62	承德	#1-02	承一	EN90-2300	2300						
63	承德	#1-03	承一	EN90-2300	2300						
64	承德	#1-04	承一	EN90-2300	2300						
65	承德	#1-05	承一	EN90-2300	2300						
66	承德	#1-06	承二	EN100-2300	2300						
67	承德	#1-07	承二	EN100-2300	2300						
68	承德	#1-08	承二	EN100-2300	2300						
69	承德	#1-09	承二	EN100-2300	2300						
70	承德	#1-10	承二	EN100-2300	2300						
71	张家口	#1-01	张一	SL82-1500	1500						
72	张家口	#1-02	张一	SL82-1500	1500						
73	张家口	#1-03	张一	SL82-1500	1500						
74	张家口	#1-04	张一	SL82-1500	1500						
75	张家口	#1-05	张二	UP105-2000	2000						
76	张家口	#1-06	张二	UP105-2000	2000						
77	张家口	#1-07	张二	UP105-2000	2000						
78	张家口	#1-08	张二	UP105-2000	2000						
79	张家口	#1-09	张二	UP105-2000	2000						
80	张家口	#1-10	张二	UP105-2000	2000						

图 3-51　查找场站机组信息结果

3.6 INDEX 引用函数

3.6.1 INDEX 函数介绍

功能：返回数组或区域中的元素值，此元素由行号和列号索引值确定。

语法：=INDEX(数组或区域,行序数,[列序数],[区域序数])。

注意：

①数组或区域：必需。单元格区域或数组常量。

②行序数：必需。指定数组中的某行。

③列序数：可选。指定数组中的某列。

④区域序数：可选。如果第一个参数“数组或区域”为多个单元格区域引用（多个区域用逗号分隔，并用括号括起来作为函数第一个参数），这时设定“区域系数”来确定其中一个区域。

⑤如果数组只有一行或一列，则可以只指定“行序数”，省略“列序数”；如果同时使用“行序数”和“列序数”，则返回交叉处的单元格值；如果将“行序数”或“列序数”设置为零，则分别返回数组整列或整行数组数值，且必须使用“Ctrl+Shift+回车”完成数组运算。

3.6.2 INDEX 函数应用

现有某新能源公司人员信息表（见图 3-52），包含部门、工号、姓名、年龄、性别、职称、职位信息，根据需求查找符合要求的信息。

	A	B	C	D	E	F	G
1	部门	工号	姓名	年龄	性别	职称	职位
2	生产技术部	1816	陈万文	35	男	高级工程师	主任
3	生产技术部	1800	孔俊	40	男	中级工程师	专工
4	生产技术部	1887	赵道军	36	男	中级工程师	专工
5	安全环保部	1805	褚国庆	38	男	高级工程师	主任
6	安全环保部	1868	朱吉	35	男	中级工程师	专工
7	技术管理与培训中心	1858	杨云涛	36	男	高级工程师	主任
8	技术管理与培训中心	1841	云宏	31	男	中级工程师	专工
9	监控中心	1865	李谦	31	男	中级工程师	主任
10	监控中心	1832	周建国	38	男	中级工程师	值班员
11	监控中心	1883	张静	28	女	中级工程师	值班员

图 3-52 某公司人员信息表

（1）按列引用。

查找姓名列第 6 个姓名，如图 3-53 所示。

解题步骤：

步骤 1 在 J2 单元格输入公式：=INDEX(C2:C11,6)。

步骤 2 输入完毕回车，最终返回结果（见图 3-54）：杨云涛。

（2）按行引用。

查找第三行人员工号，如图 3-55 所示。

	A	B	C	D	E	F	G	H	I	J
1	部门	工号	姓名	年龄	性别	职称	职位		1. 按列引用	
2	生产技术部	1816	陈万文	35	男	高级工程师	主任		第6个姓名：	
3	生产技术部	1800	孔俊	40	男	中级工程师	专工			
4	生产技术部	1887	赵道军	36	男	中级工程师	专工			
5	安全环保部	1805	褚国庆	38	男	高级工程师	主任			
6	安全环保部	1868	朱吉	35	男	中级工程师	专工			
7	技术管理与培训中心	1858	杨云涛	36	男	高级工程师	主任			
8	技术管理与培训中心	1841	云宏	31	男	中级工程师	专工			
9	监控中心	1865	李谦	31	男	中级工程师	主任			
10	监控中心	1832	周建国	38	男	中级工程师	值班员			
11	监控中心	1883	张静	28	女	中级工程师	值班员			

图 3-53　查找第 6 个姓名

J2　fx　=INDEX(C2:C11,6)

	A	B	C	D	E	F	G	H	I	J
1	部门	工号	姓名	年龄	性别	职称	职位		1. 按列引用	
2	生产技术部	1816	陈万文	35	男	高级工程师	主任		第6个姓名：	杨云涛
3	生产技术部	1800	孔俊	40	男	中级工程师	专工			
4	生产技术部	1887	赵道军	36	男	中级工程师	专工			
5	安全环保部	1805	褚国庆	38	男	高级工程师	主任			
6	安全环保部	1868	朱吉	35	男	中级工程师	专工			
7	技术管理与培训中心	1858	杨云涛	36	男	高级工程师	主任			
8	技术管理与培训中心	1841	云宏	31	男	中级工程师	专工			
9	监控中心	1865	李谦	31	男	中级工程师	主任			
10	监控中心	1832	周建国	38	男	中级工程师	值班员			
11	监控中心	1883	张静	28	女	中级工程师	值班员			

图 3-54　查找第 6 个姓名结果

	A	B	C	D	E	F	G	H	L	M
1	部门	工号	姓名	年龄	性别	职称	职位		2. 按行引用	
2	生产技术部	1816	陈万文	35	男	高级工程师	主任		第2名人员工号：	
3	生产技术部	1800	孔俊	40	男	中级工程师	专工			
4	生产技术部	1887	赵道军	36	男	中级工程师	专工			
5	安全环保部	1805	褚国庆	38	男	高级工程师	主任			
6	安全环保部	1868	朱吉	35	男	中级工程师	专工			
7	技术管理与培训中心	1858	杨云涛	36	男	高级工程师	主任			
8	技术管理与培训中心	1841	云宏	31	男	中级工程师	专工			
9	监控中心	1865	李谦	31	男	中级工程师	主任			
10	监控中心	1832	周建国	38	男	中级工程师	值班员			
11	监控中心	1883	张静	28	女	中级工程师	值班员			

图 3-55　查找第三行人员工号

解题步骤：

步骤 1　在 M2 单元格输入公式：=INDEX(A3:G3,2)。

步骤 2　输入完毕回车，最终返回结果（见图 3-56）：1800。

（3）交叉引用。

查找第 3 名人员姓名，如图 3-57 所示。

解题步骤：

步骤 1　在 P2 单元格输入公式：=INDEX(A2:G11,3,3)。

注意：选择人员信息表全部信息 A2:G11 区域；查找第三名人员，则行序数为 3；

M2 =INDEX(A3:G3,2)

	A	B	C	D	E	F	G	L	M
1	部门	工号	姓名	年龄	性别	职称	职位	2. 按行引用	
2	生产技术部	1816	陈万文	35	男	高级工程师	主任	第2名人员工号：	1800
3	生产技术部	1800	孔俊	40	男	中级工程师	专工		
4	生产技术部	1887	赵道军	36	男	中级工程师	专工		
5	安全环保部	1805	褚国庆	38	男	高级工程师	主任		
6	安全环保部	1868	朱吉	35	男	中级工程师	专工		
7	技术管理与培训中心	1858	杨云涛	36	男	高级工程师	主任		
8	技术管理与培训中心	1841	云宏	31	男	中级工程师	专工		
9	监控中心	1865	李谦	31	男	中级工程师	主任		
10	监控中心	1832	周建国	38	男	中级工程师	值班员		
11	监控中心	1883	张静	28	女	中级工程师	值班员		

图 3-56 查找第三行人员工号结果

	A	B	C	D	E	F	G	O	P
1	部门	工号	姓名	年龄	性别	职称	职位	3. 交叉引用	
2	生产技术部	1816	陈万文	35	男	高级工程师	主任	第3名人员姓名：	
3	生产技术部	1800	孔俊	40	男	中级工程师	专工		
4	生产技术部	1887	赵道军	36	男	中级工程师	专工		
5	安全环保部	1805	褚国庆	38	男	高级工程师	主任		
6	安全环保部	1868	朱吉	35	男	中级工程师	专工		
7	技术管理与培训中心	1858	杨云涛	36	男	高级工程师	主任		
8	技术管理与培训中心	1841	云宏	31	男	中级工程师	专工		
9	监控中心	1865	李谦	31	男	中级工程师	主任		
10	监控中心	1832	周建国	38	男	中级工程师	值班员		
11	监控中心	1883	张静	28	女	中级工程师	值班员		

图 3-57 查找第 3 名人员姓名

查找姓名，姓名列位于区域第三列，则列序数为 3。

步骤 2 输入完毕回车，最终返回结果（见图 3-58）：赵道军。

P2 =INDEX(A2:G11,3,3)

	A	B	C	D	E	F	G	O	P
1	部门	工号	姓名	年龄	性别	职称	职位	3. 交叉引用	
2	生产技术部	1816	陈万文	35	男	高级工程师	主任	第3名人员姓名：	赵道军
3	生产技术部	1800	孔俊	40	男	中级工程师	专工		
4	生产技术部	1887	赵道军	36	男	中级工程师	专工		
5	安全环保部	1805	褚国庆	38	男	高级工程师	主任		
6	安全环保部	1868	朱吉	35	男	中级工程师	专工		
7	技术管理与培训中心	1858	杨云涛	36	男	高级工程师	主任		
8	技术管理与培训中心	1841	云宏	31	男	中级工程师	专工		
9	监控中心	1865	李谦	31	男	中级工程师	主任		
10	监控中心	1832	周建国	38	男	中级工程师	值班员		
11	监控中心	1883	张静	28	女	中级工程师	值班员		

图 3-58 查找第 3 名人员姓名结果

（4）查找整行信息。

查找第 2 名人员所有信息，如图 3-59 所示。

解题步骤：

步骤 1 选择 R3:X3 单元格区域，输入公式：=INDEX(A2:G11,2,0)。

	R	S	T	U	V	W	X
1	4. 查找整行信息						
2	部门	工号	姓名	年龄	性别	职称	职位
3							

图 3-59　查找第 2 名人员所有信息

注意：选择人员信息表全部信息 A2:G11 区域；查找第二名人员，则行序数为 2；**查找所有列信息，则列序数为 0。**

步骤 2　输入完毕，按数组公式组合键“Ctrl+Shift+Enter”，公式两侧自动加一对大括号，最终返回整行信息，如图 3-60 所示。

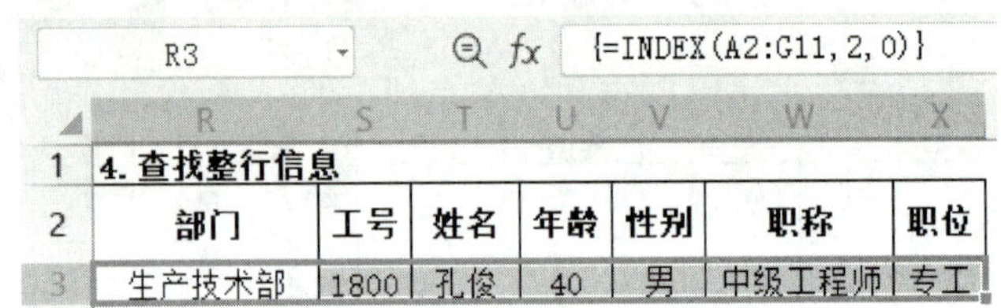

R3　　{=INDEX(A2:G11,2,0)}

	R	S	T	U	V	W	X
1	4. 查找整行信息						
2	部门	工号	姓名	年龄	性别	职称	职位
3	生产技术部	1800	孔俊	40	男	中级工程师	专工

图 3-60　查找第 2 名人员所有信息结果

（5）隔多行取值。

现有 2022 年 1～3 月各发电场站综合指标统计表（见图 3-61），包含平均风速、发电量、上网电量、购电量、主变及其他损耗。请将承德风电场信息整理为二维表格（见图 3-62）。

	A	B	C	D	E	F
18	月份	统计项目	承德	张家口	石家庄	天津
19	2022年1月	平均风速	9.02	9.11	8.37	11.01
20	2022年1月	发电量	1561.78	1408.15	1986.29	1902.84
21	2022年1月	上网电量	1511.91	1356.25	1924.56	1842.68
22	2022年1月	购电量	0.34	0.34	0.34	0.34
23	2022年1月	主变及其他损耗	8.09	6.14	0.00	31.70
24	2022年2月	平均风速	6.87	6.83	5.92	8.26
25	2022年2月	发电量	973.77	973.44	1297.81	972.28
26	2022年2月	上网电量	934.77	935.46	1254.00	936.15
27	2022年2月	购电量	1.01	1.01	1.02	1.01
28	2022年2月	主变及其他损耗	6.76	5.22	0.00	16.02
29	2022年3月	平均风速	7.30	7.60	6.92	8.09
30	2022年3月	发电量	1477.38	1356.35	1793.36	1330.32
31	2022年3月	上网电量	1429.26	1307.94	1739.76	1289.34
32	2022年3月	购电量	0.34	0.34	0.34	0.34
33	2022年3月	主变及其他损耗	5.81	4.94	0.00	22.98

图 3-61　2022 年 1～3 月各发电场站综合指标统计表

	I	J	K	L	M	N
18	承德风电场					
19	月份	平均风速	发电量	上网电量	购电量	主变及其他损耗
20	2022年1月					
21	2022年2月					
22	2022年3月					

图 3-62　承德风电场需要整理的二维表样式

解题步骤：

步骤 1　首先考虑提取平均风速信息，承德风电场各月平均风速分别位于数据区域 C19:C33 的第 1、第 6、第 11 行，由于有 5 个统计项目，因此各项目元素位置是间隔为 5 的等差数列。此处使用 ROW 行函数，构建等差数列：(ROW(A1)－1)＊5＋1。

步骤 2　在 J20 单元格输入公式：＝INDEX($C$19:$C$33,(ROW(A1)－1)＊5＋1)。

注意：第一个参数查找区域为绝对引用；第二个参数使用 ROW 行函数构建的等差数列。

步骤 3　输入完毕回车，向下填充公式，最终正确返回三个月的平均风速值，如图 3-63 所示。

J20　fx　=INDEX($C$19:$C$33,(ROW(A1)-1)*5+1)

	I	J	K	L	M	N
18	承德风电场					
19	月份	平均风速	发电量	上网电量	购电量	主变及其他损耗
20	2022年1月	9.02				
21	2022年2月	6.87				
22	2022年3月	7.30				

图 3-63　返回承德风电场三个月平均风速值结果

步骤 4　如果想要实现一个公式，通过上下拖拽查找到全部信息，可将等差数列尾部“＋1”修改为“COLUMN(A1)”，为防止拖拽后 ROW 函数列号变化和 COLUMN 函数行号变化，可修改为 ROW($A1)、COLUMN(A$1)。

步骤 5　将 J20 单元格公式修改为：＝INDEX($C$19:$C$33,(ROW($A1)－1)＊5＋COLUMN(A$1))。

步骤 6　输入完毕回车，并向右向下拖动填充公式，最终返回所有查找信息，如图 3-64 所示。

J20　fx　=INDEX($C$19:$C$33,(ROW($A1)-1)*5+COLUMN(A$1))

	I	J	K	L	M	N	O
18	承德风电场						
19	月份	平均风速	发电量	上网电量	购电量	主变及其他损耗	
20	2022年1月	9.02	1561.78	1511.91	0.34	8.09	
21	2022年2月	6.87	973.77	934.77	1.01	6.76	
22	2022年3月	7.30	1477.38	1429.26	0.34	5.81	

图 3-64　返回承德风电场三个月全部信息

3.7　MATCH 查找匹配函数

3.7.1　MATCH 函数介绍

MATCH 函数广泛应用于查找引用，其本身功能是查找匹配，不具备引用功能，所以需要和 VLOOKUP、INDEX、OFFSET 等函数搭配使用，能起到事半功倍的效果。Office 365 和新版 WPS 软件新增了 XMATCH 函数，在 MATCH 函数的基础上增加了乱序模糊匹配和按倒序搜索的功能。平常情况下，使用 MATCH 函数即可。

功能：按照指定匹配方式返回数组或区域中的元素的位置。

语法：=MATCH(查找值,查找区域,[匹配类型])。

①查找值：必需。需要查找的值，查找值可以为数字、文本、逻辑值或包含数值的名称或引用。

②查找区域：必需。要查找的单元格区域或数组，**且必须为一行或一列数据。**

③匹配类型：可选，**缺省值为 1**。匹配类型为 0 时，为精确匹配；**为 1 时，为近似匹配，查找小于等于"查找值"的最大值，要求"查找区域"必须按升序排列；为-1 时，为近似匹配，查找大于等于"查找值"的最小值，要求"查找区域"必须按降序排列。**如果函数查找不到值，返回错误值无适配错误#N/A。

	A	B	C	D
1	标准风速		1. 精确查找	
2	3		6	7
3	3.5			
4	4			
5	4.5			
6	5			
7	5.5			
8	6			
9	6.5			
10	7			
11	7.5			
12	8			
13	8.5			
14	9			
15	9.5			
16	10			

图 3-65　查找标准风速列中 6m 风速位置

④MATCH 函数支持使用通配符。

⑤MATCH 函数与 VLOOKUP 函数相似，也支持精确匹配和近似匹配，不过 MATCH 函数的近似匹配多了一种方式，即返回大于等于查找值的最小值。

3.7.2　MATCH 函数基本应用

(1) 常规精确查找。

查找标准风速列中 6m 风速位置，如图 3-65 所示。

解题步骤：

步骤 1　选择 D2 单元格，在公式编辑栏输入公式：=MATCH(C2,A2:A16,0)。

注意：第一个参数选择要查找的值；第二个参数选择查询区域；第三个参数为 0，即精确匹配。

步骤 2　输入完毕回车，最终返回结果（见图 3-66）：7，即 6m 风速为第 7 个元素。

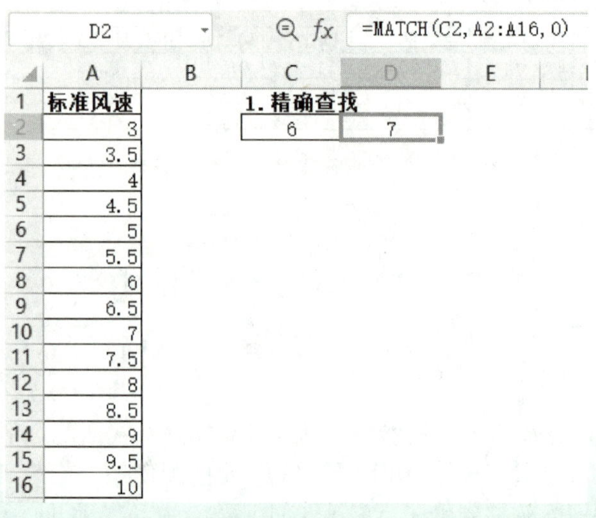

D2　fx　=MATCH(C2,A2:A16,0)

	A	B	C	D	E
1	标准风速		1. 精确查找		
2	3		6	7	
3	3.5				
4	4				
5	4.5				
6	5				
7	5.5				
8	6				
9	6.5				
10	7				
11	7.5				
12	8				
13	8.5				
14	9				
15	9.5				
16	10				

图 3-66　查找标准风速列中 6m 风速位置结果

（2）模糊查询。

在标准风速列中查找 7.8m 风速位置区间，如图 3-67 所示。

解题步骤：

步骤 1 选择 G2 单元格，在公式编辑栏输入公式：=MATCH(F2,A2:A16,1)。

注意：第一个参数选择要查找的值；第二个参数选择查询区域；**第三个参数为 1，即近似匹配，要求查找区域升序排列。**

步骤 2 输入完毕回车，最终返回结果（见图 3-68）：10，7.8m 风速位于第 10 个元素和第 11 个元素之间，即 7.5m 风速和 8m 风速之间。

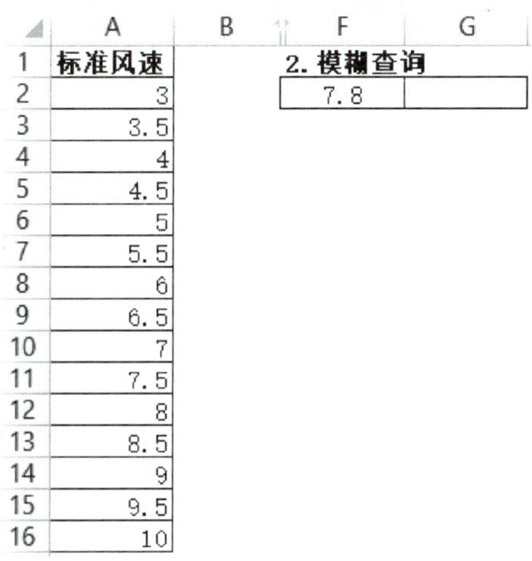

图 3-67 查找标准风速列中 7.8m 风速位置区间

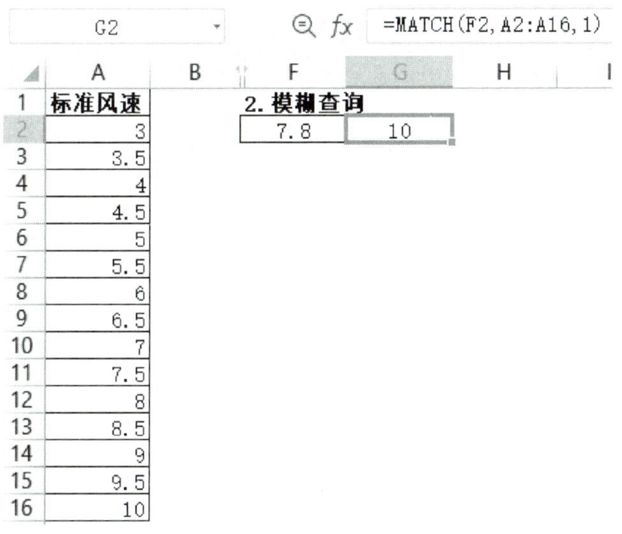

图 3-68 查找标准风速列中 7.8m 风速位置区间结果

3.8 INDEX 和 MATCH 函数组合应用

3.8.1 INDEX 和 MATCH 函数组合应用介绍

INDEX 引用函数和 MATCH 查找匹配函数组合应用堪称数据查询的黄金搭档，这两个函数组合能够完成 VLOOKUP、HLOOKUP、LOOKUP 函数的全部功能，可与 WPS 表格新增的 XLOOKUP 综合查询函数匹敌。

3.8.2 INDEX 和 MATCH 函数组合基本应用

同 3.2 章节示例：现有某新能源公司人员信息表（见图 3-69），包含部门、工号、姓名、年龄、性别、职称、职位信息，根据需求查找符合要求的信息。

	A	B	C	D	E	F	G
1	部门	工号	姓名	年龄	性别	职称	职位
2	生产技术部	1816	陈万文	35	男	高级工程师	主任
3	生产技术部	1800	孔俊	40	男	中级工程师	专工
4	生产技术部	1887	赵道军	36	男	中级工程师	专工
5	安全环保部	1805	褚国庆	38	男	高级工程师	主任
6	安全环保部	1868	朱吉	35	男	中级工程师	专工
7	技术管理与培训中心	1858	杨云涛	36	男	高级工程师	主任
8	技术管理与培训中心	1841	云宏	31	男	中级工程师	专工
9	监控中心	1865	李谦	31	男	中级工程师	主任
10	监控中心	1832	周建国	38	男	中级工程师	值班员
11	监控中心	1883	张静	28	女	中级工程师	值班员

图 3-69 某公司人员信息表

(1) 常规精确查找。

根据工号查找姓名，如图 3-70 所示。

	A	B	C	D	E	F	G	H	I	J
1	部门	工号	姓名	年龄	性别	职称	职位		1. 常规精确查找	
2	生产技术部	1816	陈万文	35	男	高级工程师	主任		工号	姓名
3	生产技术部	1800	孔俊	40	男	中级工程师	专工		1816	
4	生产技术部	1887	赵道军	36	男	中级工程师	专工			
5	安全环保部	1805	褚国庆	38	男	高级工程师	主任			
6	安全环保部	1868	朱吉	35	男	中级工程师	专工			
7	技术管理与培训中心	1858	杨云涛	36	男	高级工程师	主任			
8	技术管理与培训中心	1841	云宏	31	男	中级工程师	专工			
9	监控中心	1865	李谦	31	男	中级工程师	主任			
10	监控中心	1832	周建国	38	男	中级工程师	值班员			
11	监控中心	1883	张静	28	女	中级工程师	值班员			

图 3-70 根据工号查找姓名

解题步骤：

步骤 1 选择 J3 单元格，在公式编辑栏输入公式：=INDEX(C2:C11,MATCH(I3,B2:B11,0))。

注意：INDEX 函数第一个参数“引用区域”选择查找结果所在区域，即姓名列 C2:C11；INDEX 第二个参数“行序数”则使用 MATCH 函数在“查找区域”，即工号列

B2:B11，进行精确查找并返回查找位置；MATCH 函数第三个参数“匹配方式”为 0，即精确匹配。

步骤 2 输入完毕回车，最终返回结果（见图 3-71）：工号 1816 人员姓名为陈万文。

J3 =INDEX(C2:C11,MATCH(I3,B2:B11,0))

	A	B	C	D	E	F	G
1	部门	工号	姓名	年龄	性别	职称	职位
2	生产技术部	1816	陈万文	35	男	高级工程师	主任
3	生产技术部	1800	孔俊	40	男	中级工程师	专工
4	生产技术部	1887	赵道军	36	男	中级工程师	专工
5	安全环保部	1805	褚国庆	38	男	高级工程师	主任
6	安全环保部	1868	朱吉	35	男	中级工程师	专工
7	技术管理与培训中心	1858	杨云涛	36	男	高级工程师	主任
8	技术管理与培训中心	1841	云宏	31	男	中级工程师	专工
9	监控中心	1865	李谦	31	男	中级工程师	主任
10	监控中心	1832	周建国	38	男	中级工程师	值班员
11	监控中心	1883	张静	28	女	中级工程师	值班员

1. 常规精确查找

工号	姓名
1816	陈万文

图 3-71 根据工号查找姓名结果

(2) 屏蔽错误值。

查找不存在工号返回指定文本（见图 3-72）：如工号存在，返回姓名；如工号不存在，返回“查无此人”。

	A	B	C	D	E	F	G
1	部门	工号	姓名	年龄	性别	职称	职位
2	生产技术部	1816	陈万文	35	男	高级工程师	主任
3	生产技术部	1800	孔俊	40	男	中级工程师	专工
4	生产技术部	1887	赵道军	36	男	中级工程师	专工
5	安全环保部	1805	褚国庆	38	男	高级工程师	主任
6	安全环保部	1868	朱吉	35	男	中级工程师	专工
7	技术管理与培训中心	1858	杨云涛	36	男	高级工程师	主任
8	技术管理与培训中心	1841	云宏	31	男	中级工程师	专工
9	监控中心	1865	李谦	31	男	中级工程师	主任
10	监控中心	1832	周建国	38	男	中级工程师	值班员
11	监控中心	1883	张静	28	女	中级工程师	值班员

2. 屏蔽错误值

工号	姓名
1817	

图 3-72 查找不存在工号返回指定文本

解题步骤：

步骤 1 选择 M3 单元格，在公式编辑栏输入公式：=IFERROR(INDEX(C2:C11,MATCH(L3,B2:B11,0)),"查无此人")。

注意：按照 INDEX 和 MATCH 函数组合应用中常规精确查找方式，在外层套用 IFERROR 函数，当判断计算结果为错误值时，返回指定文本“查无此人”。

步骤 2 输入完毕回车，最终返回结果（见图 3-73）：工号 1817 人员不存在，返回查无此人。

(3) 通配符查找。

使用通配符查找第一个姓周人员职位，如图 3-74 所示。

解题步骤：

步骤 1 选择 O3 单元格，输入公式：=INDEX(G2:G11,MATCH("周*",C2:

M3 =IFERROR(INDEX(C2:C11,MATCH(L3,B2:B11,0)),"查无此人")

	A	B	C	D	E	F	G	H	L	M
1	部门	工号	姓名	年龄	性别	职称	职位		2. 屏蔽错误值	
2	生产技术部	1816	陈万文	35	男	高级工程师	主任		工号	姓名
3	生产技术部	1800	孔俊	40	男	中级工程师	专工		1817	查无此人
4	生产技术部	1887	赵道军	36	男	中级工程师	专工			
5	安全环保部	1805	褚国庆	38	男	高级工程师	主任			
6	安全环保部	1868	朱吉	35	男	中级工程师	专工			
7	技术管理与培训中心	1858	杨云涛	36	男	高级工程师	主任			
8	技术管理与培训中心	1841	云宏	31	男	中级工程师	专工			
9	监控中心	1865	李谦	31	男	中级工程师	主任			
10	监控中心	1832	周建国	38	男	中级工程师	值班员			
11	监控中心	1883	张静	28	女	中级工程师	值班员			

图 3-73　查找不存在工号返回指定文本结果

	A	B	C	D	E	F	G	H	O
1	部门	工号	姓名	年龄	性别	职称	职位		3. 通配符查找：第一个姓周人员职位
2	生产技术部	1816	陈万文	35	男	高级工程师	主任		职位
3	生产技术部	1800	孔俊	40	男	中级工程师	专工		
4	生产技术部	1887	赵道军	36	男	中级工程师	专工		
5	安全环保部	1805	褚国庆	38	男	高级工程师	主任		
6	安全环保部	1868	朱吉	35	男	中级工程师	专工		
7	技术管理与培训中心	1858	杨云涛	36	男	高级工程师	主任		
8	技术管理与培训中心	1841	云宏	31	男	中级工程师	专工		
9	监控中心	1865	李谦	31	男	中级工程师	主任		
10	监控中心	1832	周建国	38	男	中级工程师	值班员		
11	监控中心	1883	张静	28	女	中级工程师	值班员		

图 3-74　使用通配符查找第一个姓周人员职位

C11,0))。

注意： 按照 INDEX 和 MATCH 函数组合应用中常规精确查找方式，MATCH 函数查找值为“周 *”，即首字为周姓人员。

步骤 2　输入完毕回车，最终返回结果（见图 3-75）：第一个姓周的人叫周建国，职位是值班员。

O3 =INDEX(G2:G11,MATCH("周*",C2:C11,0))

	A	B	C	D	E	F	G	H	O
1	部门	工号	姓名	年龄	性别	职称	职位		3. 通配符查找：第一个姓周人员职位
2	生产技术部	1816	陈万文	35	男	高级工程师	主任		职位
3	生产技术部	1800	孔俊	40	男	中级工程师	专工		值班员
4	生产技术部	1887	赵道军	36	男	中级工程师	专工		
5	安全环保部	1805	褚国庆	38	男	高级工程师	主任		
6	安全环保部	1868	朱吉	35	男	中级工程师	专工		
7	技术管理与培训中心	1858	杨云涛	36	男	高级工程师	主任		
8	技术管理与培训中心	1841	云宏	31	男	中级工程师	专工		
9	监控中心	1865	李谦	31	男	中级工程师	主任		
10	监控中心	1832	周建国	38	男	中级工程师	值班员		
11	监控中心	1883	张静	28	女	中级工程师	值班员		

图 3-75　使用通配符查找第一个姓周人员职位结果

(4) 逆向查找。

通过姓名逆向查找部门和工号，如图 3-76 所示。

解题步骤：

步骤 1 选择 R3 单元格，在公式编辑栏输入公式：=INDEX(A2:A11,MATCH(Q3,C2:C11,0))。

	Q	R	S
1	4. 逆向查找		
2	姓名	部门	工号
3	孔俊		
4	朱吉		
5	李谦		

图 3-76 通过姓名逆向查找部门和工号

注意：按照 INDEX 和 MATCH 函数组合应用中常规精确查找方式输入公式。确定公式输入正确后，对公式引用方式进行修改：由于要查找的区域部门列和工号列为连续区域，因此 INDEX 函数第一个参数“引用区域”为 A2:A11，即部门列，设置为混合引用 A$2:A$11，列相对引用行绝对引用；MATCH 函数中第一个参数“查找值”Q3，设置为混合引用 $Q3，列绝对引用行相对引用；MATCH 函数中第二个参数“查找区域”为 C2:C11，即部门列，设置为绝对引用 $C$2:$C$11。则最终公式修改为：=INDEX(A$2:A$11,MATCH(,$C$2:$C$11,0))。

步骤 2 输入完毕回车，向下向右拖动填充公式，返回查找的部门信息、工号信息，如图 3-77 所示。

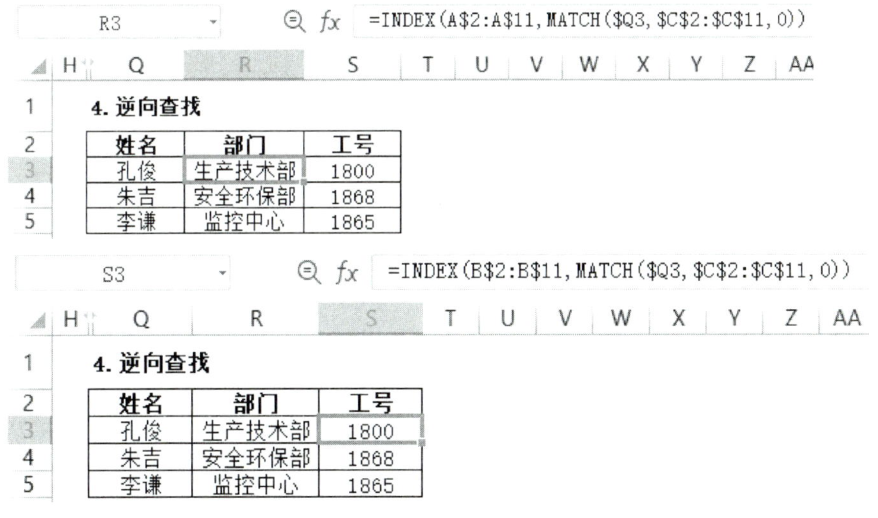

R3 =INDEX(A$2:A$11,MATCH($Q3,$C$2:$C$11,0))

	Q	R	S
1	4. 逆向查找		
2	姓名	部门	工号
3	孔俊	生产技术部	1800
4	朱吉	安全环保部	1868
5	李谦	监控中心	1865

S3 =INDEX(B$2:B$11,MATCH($Q3,$C$2:$C$11,0))

	Q	R	S
1	4. 逆向查找		
2	姓名	部门	工号
3	孔俊	生产技术部	1800
4	朱吉	安全环保部	1868
5	李谦	监控中心	1865

图 3-77 通过姓名逆向查找部门和工号结果

（5）查找一系列值。

通过姓名按顺序查找年龄、性别、职称、职位一系列值（见图 3-78），**需要注意查找结果列在返回区域表中必须是连续的。**

	U	V	W	X	Y
1	5. 查找一系列值				
2	姓名	年龄	性别	职称	职位
3	孔俊				
4	朱吉				
5	李谦				

图 3-78 通过姓名按顺序查找一系列值

解题步骤：

步骤 1 选择 V3 单元格，在公式编辑栏输入公式：=INDEX(D2:D11,MATCH(U3,C2:C11,0))。

步骤 2 按照 INDEX 和 MATCH 函数组合应用中常规精确查找方式输入公式。确定公式输入正确后，对公式引用方式进行修改：INDEX 函数第一个参数“引用区域”D2:D11，即年龄列，设置为混合引用 D$2:D$11，列相对引用行绝对引用；MATCH 函数第一个参数“查找值”U3，设置为混合引用 $U3，列绝对引用行相对引用；MATCH 函数第二个参数“查找区域”C1:C11，即性名列，设置为绝对引用 $C$1:$C$11。则最终公式修改为：=INDEX(D$2:D$11,MATCH($U3,$C$2:$C$11,0))。

步骤 3 输入完毕后回车，并向右向下拖动填充公式，最终返回所有查找信息，如图 3-79 所示。

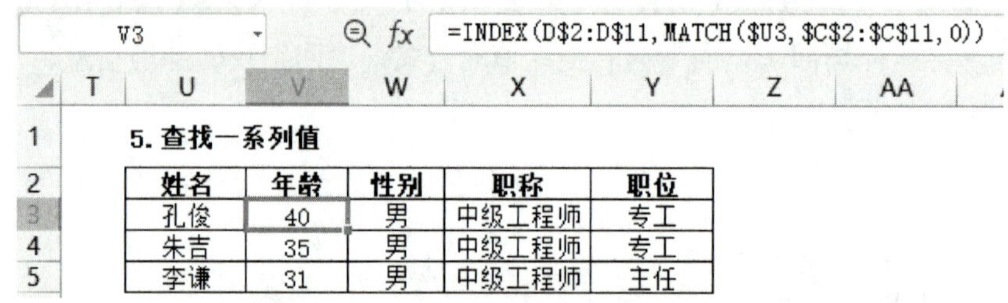

V3 =INDEX(D$2:D$11,MATCH($U3,$C$2:$C$11,0))

5. 查找一系列值

姓名	年龄	性别	职称	职位
孔俊	40	男	中级工程师	专工
朱吉	35	男	中级工程师	专工
李谦	31	男	中级工程师	主任

图 3-79 通过姓名按顺序查找一系列值结果

（6）横向查找。

同 3.3 章节示例：某新能源公司 2022 年上半年各场站利用小时（见图 3-80），按场站名称查找其总利用小时数。

	A	B	C	D	E	F	G	H	I	J	K	L	M	N
20	2022年	石家庄	承德	呼和浩特	天津	保定	赤峰	秦皇岛	廊坊	大同	张家口		场站名称	总利用小时
21	1月	247	253	176	193	267	260	125	185	91	170		天津	
22	2月	277	273	217	249	312	293	145	193	105	183			
23	3月	246	173	206	183	225	304	184	211	150	294			
24	4月	242	195	213	210	242	289	169	198	99	263			
25	5月	219	172	188	168	216	265	169	193	122	267			
26	6月	139	80	102	77	107	160	112	137	103	205			
27	总计	1370	1147	1103	1080	1369	1571	902	1116	669	1383			

图 3-80 查找某场站上半年总利用小时

解题步骤：

步骤 1 选择 N21 单元格，在公式编辑栏输入公式：=INDEX(B27:K27,MATCH(M21,B20:K20,0))。

注意： 按照 INDEX 和 MATCH 函数组合应用中常规精确查找方式，唯一区别是 INDEX 函数引用区域、MATCH 函数查找区域为横向区域。

步骤 2 输入完毕回车，最终返回结果（见图 3-81）：天津风电场总利用小时为 1080 小时。

N21 fx =INDEX(B27:K27,MATCH(M21,B20:K20,0))

	A	B	C	D	E	F	G	H	I	J	K	L	M	N
20	2022年	石家庄	承德	呼和浩特	天津	保定	赤峰	秦皇岛	廊坊	大同	张家口		场站名称	总利用小时
21	1月	247	253	176	193	267	260	125	185	91	170		天津	1080
22	2月	277	273	217	249	312	293	145	193	105	183			
23	3月	246	173	206	183	225	304	184	211	150	294			
24	4月	242	195	213	210	242	289	169	198	99	263			
25	5月	219	172	188	168	216	265	169	193	122	267			
26	6月	139	80	102	77	107	160	112	137	103	205			
27	总计	1370	1147	1103	1080	1369	1571	902	1116	669	1383			

图 3-81 查找某场站上半年总利用小时结果

(7) 模糊查找。

同 3.4 章节示例：某公司场站非计划停运时长在集团公司 200 家新能源场站排名如图 3-82 所示，按照月度绩效考核规则：对排名前 10%（含）的场站加 5 分，排名 10%～20%（含）的场站加 3 分，排名 20%～30%（含）的场站加 1 分，排名 30%～70%（含）的场站不加不减，排名 70%～80%（含）的场站扣 1 分，排名 80%～90%（含）的场站扣 2 分，排名 90%以后的场站扣 3 分。请计算各场站本月加减分数。

	A	B	C	D	E	F	G	H
30	风电场	非计划停运时长	排名	INDEX+MATCH用法		考核规则		
31						排名	加减分	备注
32	石家庄	0.33	40			1	5	1～20名
33	承德	0.01	13			21	3	21～40名
34	呼和浩特	0.14	29			41	1	41～60名
35	天津	0.17	34			61	0	61～140名
36	保定	0.12	25			141	-1	141～160名
37	赤峰	0.00	2			161	-2	161～180名
38	秦皇岛	1.02	77			181	-3	181～200名
39	廊坊	3.56	162					
40	大同	1.20	88					
41	张家口	1.59	100					

图 3-82 场站非计划停运时长排名和考核规则

解题步骤：

步骤 1 选择 D32 单元格，在公式编辑栏输入公式：=INDEX($G$32:$G$38,MATCH(C32,$F$32:$F$38,1))。

注意：INDEX 函数返回区域、MATCH 函数查找区域设置为绝对引用，MATCH 函数第三个参数“匹配类型”为 1，即近似匹配，返回小于等于查找值的最大值，查找区域升序排序。

步骤 2 输入完毕回车，最终返回正确得分，如图 3-83 所示。

(8) 多条件查找。

现有某新能源公司各场站机组信息表（见图 3-84），包含场站名称、风机编号、项目名称、机型、额定功率，由于各场站之间风机编号有重复，因此必须通过场站名称和风机编号合并信息才能确定唯一的机组。请通过场站名称和风机编号，查找其项目名称、机型和额定功率。

D32 =INDEX($G$32:$G$38,MATCH(C32,$F$32:$F$38,1))

	A	B	C	D
30–31	风电场	非计划停运时长	排名	INDEX+MATCH用法
32	石家庄	0.33	40	3
33	承德	0.01	13	5
34	呼和浩特	0.14	29	3
35	天津	0.17	34	3
36	保定	0.12	25	3
37	赤峰	0.00	2	5
38	秦皇岛	1.02	77	0
39	廊坊	3.56	162	-2
40	大同	1.20	88	0
41	张家口	1.59	100	0

考核规则		
排名	加减分	备注
1	5	1～20名
21	3	21～40名
41	1	41～60名
61	0	61～140名
141	-1	141～160名
161	-2	161～180名
181	-3	181～200名

图 3-83 各场站非计划停运时长排名得分

	A	B	C	D	E
50	风电场	风机编号	项目名称	机型	额定功率
51	石家庄	#1-01	石一	UP77-1500	1500
52	石家庄	#1-02	石一	UP77-1500	1500
53	石家庄	#1-03	石一	UP77-1500	1500
54	石家庄	#1-04	石一	UP77-1500	1500
55	石家庄	#1-05	石一	UP77-1500	1500
56	石家庄	#1-06	石二	UP82-1500	1500
57	石家庄	#1-07	石二	UP82-1500	1500
58	石家庄	#1-08	石二	UP82-1500	1500
59	石家庄	#1-09	石二	UP82-1500	1500
60	石家庄	#1-10	石二	UP82-1500	1500
61	承德	#1-01	承一	EN90-2300	2300
62	承德	#1-02	承一	EN90-2300	2300
63	承德	#1-03	承一	EN90-2300	2300
64	承德	#1-04	承一	EN90-2300	2300
65	承德	#1-05	承一	EN90-2300	2300
66	承德	#1-06	承二	EN100-2300	2300
67	承德	#1-07	承二	EN100-2300	2300
68	承德	#1-08	承二	EN100-2300	2300
69	承德	#1-09	承二	EN100-2300	2300
70	承德	#1-10	承二	EN100-2300	2300
71	张家口	#1-01	张一	SL82-1500	1500
72	张家口	#1-02	张一	SL82-1500	1500
73	张家口	#1-03	张一	SL82-1500	1500
74	张家口	#1-04	张一	SL82-1500	1500
75	张家口	#1-05	张二	UP105-2000	2000
76	张家口	#1-06	张二	UP105-2000	2000
77	张家口	#1-07	张二	UP105-2000	2000
78	张家口	#1-08	张二	UP105-2000	2000
79	张家口	#1-09	张二	UP105-2000	2000
80	张家口	#1-10	张二	UP105-2000	2000

G	H	I	J	K
风电场	风机编号	项目名称	机型	额定功率
承德	#1-07			

图 3-84 某公司各场站机组信息表

解题步骤：

步骤 1 选择 I51 单元格，在公式编辑栏输入公式：=INDEX(C51:C80,MATCH(G51&H51,A51:A80&B51:B80,0))。

注意：此处使用文本连接符“&”，将“查找值”和“查找区域”中的风电场和风机编号连接起来。

步骤 2 对公式引用方式进行修改：查找值、查找区域均改为绝对引用；返回区域保持相对引用，则公式修改为：=INDEX(C51:C80,MATCH($G$51&$H$51,$A$51:$A$80&$B$51:$B$80,0))。

步骤 3 输入完毕后，按 CTRL＋SHIFT＋回车三键进行数组运算，并向右拖动填充公式，最终返回所有查找信息，如图 3-85 所示。

I51 {=INDEX(C51:C80,MATCH($G$51&$H$51,$A$51:$A$80&$B$51:$B$80,0))}

	A	B	C	D	E
50	风电场	风机编号	项目名称	机型	额定功率
51	石家庄	#1-01	石一	UP77-1500	1500
52	石家庄	#1-02	石一	UP77-1500	1500
53	石家庄	#1-03	石一	UP77-1500	1500
54	石家庄	#1-04	石一	UP77-1500	1500
55	石家庄	#1-05	石一	UP77-1500	1500
56	石家庄	#1-06	石二	UP82-1500	1500
57	石家庄	#1-07	石二	UP82-1500	1500
58	石家庄	#1-08	石二	UP82-1500	1500
59	石家庄	#1-09	石二	UP82-1500	1500
60	石家庄	#1-10	石二	UP82-1500	1500
61	承德	#1-01	承一	EN90-2300	2300
62	承德	#1-02	承一	EN90-2300	2300
63	承德	#1-03	承一	EN90-2300	2300
64	承德	#1-04	承一	EN90-2300	2300
65	承德	#1-05	承一	EN90-2300	2300
66	承德	#1-06	承二	EN100-2300	2300
67	承德	#1-07	承二	EN100-2300	2300
68	承德	#1-08	承二	EN100-2300	2300
69	承德	#1-09	承二	EN100-2300	2300
70	承德	#1-10	承二	EN100-2300	2300
71	张家口	#1-01	张一	SL82-1500	1500
72	张家口	#1-02	张一	SL82-1500	1500
73	张家口	#1-03	张一	SL82-1500	1500
74	张家口	#1-04	张一	SL82-1500	1500
75	张家口	#1-05	张二	UP105-2000	2000
76	张家口	#1-06	张二	UP105-2000	2000
77	张家口	#1-07	张二	UP105-2000	2000
78	张家口	#1-08	张二	UP105-2000	2000
79	张家口	#1-09	张二	UP105-2000	2000
80	张家口	#1-10	张二	UP105-2000	2000

	G	H	I	J	K
50	风电场	风机编号	项目名称	机型	额定功率
51	承德	#1-07	承二	EN100-2300	2300

图 3-85 查找场站机组信息结果

3.9 OFFSET 偏移函数

3.9.1 OFFSET 函数介绍

OFFSET 偏移函数是 WPS 表格中应用较为广泛的引用类型函数，**OFFSET 与 MATCH 函数组合应用，可以达到 INDEX 和 MATCH 组合应用效果，**另外 OFFSET 函数常用于**动态调整计算区域，比如进行插值运算、透视表自动扩展计算区域等。**

功能：以指定的单元格引用为参照，通过给定的偏移行数列数、重新引用的高度宽度返回一个新的引用区域。

语法：＝OFFSET(参照区域,偏移行数,偏移列数,[引用高度],[引用宽度])。

注意：

①参照区域：必需。对单元格或相连单元格区域引用，**其左上角单元格是偏移量的起始位置。建议选择左上角一个单元格区域。**

②偏移行数：必需。相对于参照区域向下（上）偏移的行数，正数代表向下偏移，负数代表向上偏移。

③偏移列数：必需。相对于参照区域向右（左）偏移的行数，正数代表向右偏移，负数代表向左偏移。

④引用高度：可选。返回新引用区域的行数，正数代表向下多少行，负数代表向上多少行。

⑤引用宽度：可选。返回新引用区域的列数，正数代表向右多少列，负数代表向左多少列。

⑥**如省略引用高度、引用宽度，则新引用区域的行数列数默认与参照区域相同。**

3.9.2 OFFSET 函数基本应用

(1) 以单元格为参照返回一个单元格引用，如图 3-86 所示。

现有 20×6 随机矩阵，求以 A1 单元格为参照，向下偏移 2 行，向右偏移 3 列，重新引用区域取 1 行 1 列。

	A	B	C	D	E	F	G	H
1	55	77	3	86	57	40		1. 以单元格为参照返回一个单元格引用
2	68	65	39	65	59	49		
3	56	38	11	30	46	39		
4	57	98	12	48	39	50		
5	79	22	42	44	67	58		
6	93	92	76	41	14	70		
7	7	45	25	22	10	37		
8	83	29	14	63	53	69		
9	35	27	68	39	18	45		
10	19	10	91	69	91	67		
11	28	12	97	96	47	8		
12	17	54	18	41	40	87		
13	60	38	35	17	49	47		
14	1	31	19	56	91	43		
15	46	61	59	89	27	71		
16	74	77	50	87	47	7		
17	24	72	60	37	63	66		
18	22	78	2	99	32	17		
19	50	23	76	88	92	76		
20	16	96	52	92	16	51		

图 3-86 以单元格为参照返回一个单元格引用

解题步骤：

步骤 1 选择 H2 单元格，在公式编辑栏输入公式：=OFFSET(A1,2,3,1,1)。

注意：由于参考区域和返回区域均为一行一列，因此函数“引用高度”“引用宽度”参数可省略不写就，即=OFFSET(A1，2，3)。

步骤 2 输入完毕回车，最终返回结果（见图 3-87）：30。

(2) 以单元格为参照返回连续单元格区域引用，如图 3-88 所示。

现有 20×6 随机矩阵，求以 A1 单元格为参照，向下偏移 2 行，向右偏移 3 列，重新引用区域取 2 行 2 列。

解题步骤：

H2　=OFFSET(A1, 2, 3, 1, 1)

	A	B	C	D	E	F	G	H
1	**55**	77	3	86	57	40		1.以单元格为参照返回一个单元格引用
2	68	65	39	65	59	49		30
3	56	38	11	30	46	39		
4	57	98	12	48	39	50		
5	79	22	42	44	67	58		

H2　=OFFSET(A1, 2, 3)

	A	B	C	D	E	F	G	H
1	**55**	77	3	86	57	40		1.以单元格为参照返回一个单元格引用
2	68	65	39	65	59	49		30
3	56	38	11	30	46	39		
4	57	98	12	48	39	50		
5	79	22	42	44	67	58		

图 3-87　以单元格为参照返回一个单元格引用结果

	A	B	C	D	E	F	G	J	K
1	**55**	77	3	86	57	40		2.以单元格为参照返回连续单元格区域引用	
2	68	65	39	65	59	49			
3	56	38	11	30	46	39			
4	57	98	12	48	39	50			
5	79	22	42	44	67	58			
6	93	92	76	41	14	70			
7	7	45	25	22	10	37			
8	83	29	14	63	53	69			
9	35	27	68	39	18	45			
10	19	10	91	69	91	67			
11	28	12	97	96	47	8			
12	17	54	18	41	40	87			
13	60	38	35	17	49	47			
14	1	31	19	56	91	43			
15	46	61	59	89	27	71			
16	74	77	50	87	47	7			
17	24	72	60	37	63	66			
18	22	78	2	99	32	17			
19	50	23	76	88	92	76			
20	16	96	52	92	16	51			

图 3-88　以单元格为参照返回连续单元格区域引用

步骤 1　选择 J2:K3 单元格区域，在公式编辑栏输入公式：=OFFSET(A1,2,3,2,2)。

步骤 2　输入完毕回车，按 CTRL+SHIFT+回车三键进行数组运算，最终返回正确结果，如图 3-89 所示。

(3) 以单元格区域为参照返回连续单元格区域引用，如图 3-90 所示。

J2 fx {=OFFSET(A1,2,3,2,2)}

	A	B	C	D	E	F	G	J	K
1	55	77	3	86	57	40		2.以单元格为参照返回连续单元格区域引用	
2	68	65	39	65	59	49		30	46
3	56	38	11	30	46	39		48	39
4	57	98	12	48	39	50			
5	79	22	42	44	67	58			

图 3-89 以单元格为参照返回连续单元格区域引用结果

现有 20×6 随机矩阵，求以 A1:B2 单元格为参照，向下偏移 2 行，向右偏移 3 列，重新引用区域取 2 行 2 列。

	A	B	C	D	E	F	G	M	N
1	55	77	3	86	57	40		3.以单元格区域为参照返回连续单元格区域引用	
2	68	65	39	65	59	49			
3	56	38	11	30	46	39			
4	57	98	12	48	39	50			
5	79	22	42	44	67	58			
6	93	92	76	41	14	70			
7	7	45	25	22	10	37			
8	83	29	14	63	53	69			
9	35	27	68	39	18	45			
10	19	10	91	69	91	67			
11	28	12	97	96	47	8			
12	17	54	18	41	40	87			
13	60	38	35	17	49	47			
14	1	31	19	56	91	43			
15	46	61	59	89	27	71			
16	74	77	50	87	47	7			
17	24	72	60	37	63	66			
18	22	78	2	99	32	17			
19	50	23	76	88	92	76			
20	16	96	52	92	16	51			

图 3-90 以单元格区域为参照返回连续单元格区域引用

解题步骤：

步骤 1 选择 M2:N3 单元格区域，在公式编辑栏输入公式：=OFFSET(A1:B2,2,3,2,2)。

注意：参考区域选择 A1:B2，其左上角 A1 单元格是偏移量的起始位置；由于参考区域和返回区域均为 2 行 2 列，因此函数“引用高度”“引用宽度”参数可省略不写，即=OFFSET(A1:B2,2,3)。

步骤 2 输入完毕回车，按 CTRL+SHIFT+回车三键进行数组运算，最终返回正确结果，如图 3-91 所示。

M2 | {=OFFSET(A1:B2,2,3,2,2)}

	A	B	C	D	E	F	G	M	N
1	55	77	3	86	57	40		3.以单元格区域为参照返回连续单元格区域引用	
2	68	65	39	65	59	49		30	46
3	56	38	11	30	46	39		48	39
4	57	98	12	48	39	50			
5	79	22	42	44	67	58			

M2 | {=OFFSET(A1:B2,2,3)}

	A	B	C	D	E	F	G	M	N
1	55	77	3	86	57	40		3.以单元格区域为参照返回连续单元格区域引用	
2	68	65	39	65	59	49		30	46
3	56	38	11	30	46	39		48	39
4	57	98	12	48	39	50			
5	79	22	42	44	67	58			

图 3-91 以单元格区域为参照返回连续单元格区域引用结果

3.10 INDIRECT 间接引用函数

3.10.1 INDIRECT 函数介绍

INDIRECT 函数为间接引用函数，正常情况下，我们使用函数创建公式，公式中对某一单元格区域进行引用，如果对其进行剪切、删除、插入、移动等操作，则必然会导致公式中引用区域发生变化。如果我们希望不论对引用区域进行何种操作，引用区域都不会发生变化，这个时候请使用 INDIRECT 间接引用函数。

另外，如果我们需要跨较多的 Sheet 表引用，可以借助 INEIRECT 函数实现快速引用计算，不必逐个 Sheet 表创建公式。

功能：返回由文本字符串所指定的引用区域。

语法：=INDIRECT(单元格引用,[引用样式])。

注意：

①单元格引用：必需。由文本字符串组成，如"A6"、"A1:D10"、"Sheet1! A1"、"R1C1"等。**如果不是合法的单元格引用，则函数返回无引用区域错误#REF!。**

②引用样式：可选。为逻辑值，如果为 TRUE 或省略，则被解释为 A1 样式引用；如果为 FALSE，则被解释为 R1C1 样式引用。**建议使用 A1 样式，日常用的样式。**

3.10.2 INDIRECT 函数基本应用

（1）常规引用。

如图 3-92 所示，引用 B5 单元格信息。

解题步骤：

步骤 1 选择 E2 单元格，输入公式：=INDIRECT("B5")。

	A	B	C	D	E
1	维保中心	风电场		1. 常规引用	
2	第一维保中心	石家庄		B5单元格信息：	
3	第一维保中心	承德			
4	第一维保中心	呼和浩特			
5	第二维保中心	天津			
6	第二维保中心	保定			
7	第二维保中心	赤峰			
8	第三维保中心	秦皇岛			
9	第三维保中心	廊坊			
10	第三维保中心	大同			
11	第三维保中心	张家口			

图 3-92　引用 B5 单元格信息

注意： INDIRECT 函数第一个参数“单元格引用”为文本字符串"B5"，第二个参数“引用样式”省略，即 A1 样式。

步骤 2　输入完毕回车，最终返回结果（见图 3-93）：天津。

注意： 如果将表格第 5 行数据删除，下方单元格数据上移，则公式不变，返回结果为保定，如图 3-93 所示。

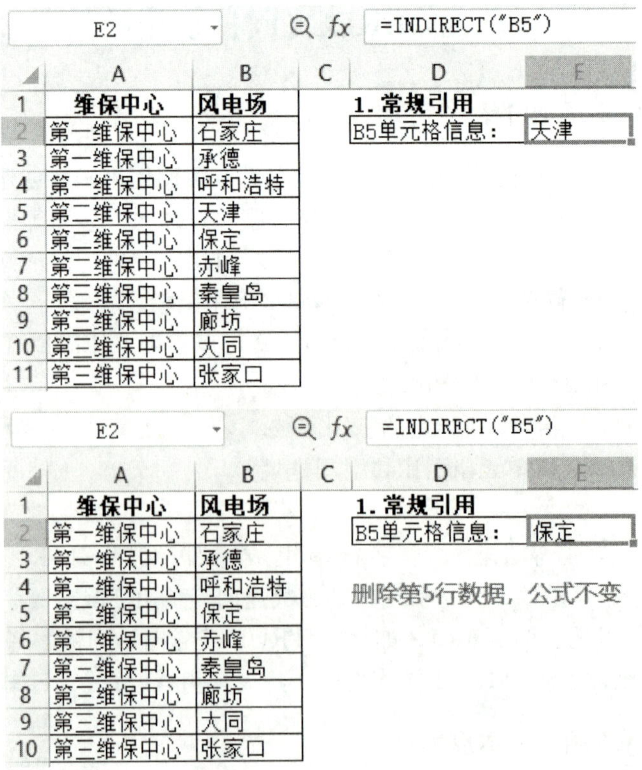

图 3-93　引用 B5 单元格信息结果

（2）简单跨表引用。

求风速发电量表中 D2:D11 区域电量之和，如图 3-94 所示。

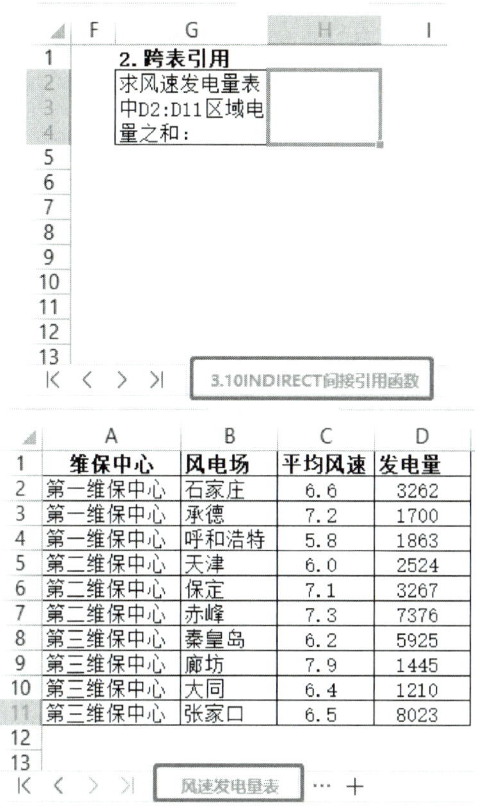

	A	B	C	D
1	维保中心	风电场	平均风速	发电量
2	第一维保中心	石家庄	6.6	3262
3	第一维保中心	承德	7.2	1700
4	第一维保中心	呼和浩特	5.8	1863
5	第二维保中心	天津	6.0	2524
6	第二维保中心	保定	7.1	3267
7	第二维保中心	赤峰	7.3	7376
8	第三维保中心	秦皇岛	6.2	5925
9	第三维保中心	廊坊	7.9	1445
10	第三维保中心	大同	6.4	1210
11	第三维保中心	张家口	6.5	8023

图 3-94　求风速发电量表中 D2:D11 区域电量之和

解题步骤：

步骤 1　选择 H2 单元格，输入公式：=SUM(风速发电量表！D2:D11)。

注意：求和区域通过手动选择即可。

步骤 2　输入完毕回车，在求和函数内嵌套 INDIRECT 函数，修改公式为：=SUM(INDIRECT("风速发电量表！D2:D11"))。

最终返回结果（见图 3-95）：总发电量为 36 594.951 万 kWh。

注意：使用 INDIRECT 函数时，**最快捷简便的办法是：通常先正常创建公式，公式计算正确无误后，对引用区域部分嵌套 INDIRECT 函数。**

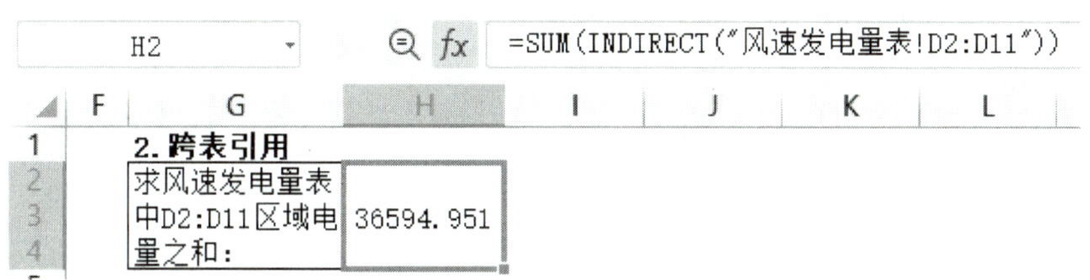

图 3-95　求风速发电量表中 D2:D11 区域电量之和结果

(3) 复杂跨表引用。

现有某新能源发电公司各场站项目某日单机风速电量表（见图 3-96），请在日报汇总表（见图 3-97）提取各场站项目日平均风速、日发电量数值。

	A	B	C	D	E
1	风机	平均风速(m/s)	日发电量(kWh)		
2	#1-01	8.05	19168		
3	#1-02	8.05	19675		
4	#1-03	6.23	9445		
5	#1-04	6.42	13682		
6	#1-05	6.78	15403		
7	#2-06	7.79	19214		
8	#2-07	7.84	18722		
9	#2-08	6.09	13753		
10	#2-09	6.68	15729		
11	#2-10	6.49	13637		
12	#2-11	6.72	15560		
13	#3-12	6.96	12578		
14	#3-13	6.71	11139		
15	#3-14	6.42	12811		
16	#3-15	7.11	13226		
17	#3-16	6.56	14147		
18	#3-17	6.38	9956		
19	#4-18	6.36	9692		
20	#4-19	6.68	10814		
21	#4-20	6.39	9759		
22	#4-21	6.60	10322		
23	#4-22	6.67	10706		
24	总计	6.82	29.91		

呼一 呼二 天津 保一 保二 保三 赤峰

图 3-96　各场站项目日单机风速电量表

	A	B	C	D	E	F	G	H	I	J	K	L	M	N	O
1	场站项目名称	石一	石二	石三	承一	承二	呼一	呼二	天津	保一	保二	保三	赤峰		
2	风机台数(台)	33	33	25	33	33	33	33	100	22	22	25	150		
3	日平均风速（m/s)														
4	日发电量(万kWh)														
5															
6															
7															
8															
9															

日报汇总表 石一 石二 石三 承一 承二 呼一 呼二 天津 保一 保二 保三 赤峰

图 3-97　公司日报汇总表

解题步骤：

步骤 1　首先观察各场站项目日单机风速电量表结构，第一行为表头，最后一行为汇总行，则该项目日平均风速所在位置为：B 列、该项目机组台数＋2 行；该项目日发电量所在位置为：C 列、该项目机组台数+2 行。各场站项目表 Sheet 页名称为：项目名称。

步骤 2 在公司日报汇总表创建表格，包含场站项目名称、风机台数、日平均风速、日发电量信息。其中风场项目名称、风机台数为固定已知参数。

步骤 3 选择 B2 单元格，通过手动选择引用单元格区域，输入公式：=石一！B35。

步骤 4 在公式外嵌套 INDIRECT 函数，将“石一”改为 B1 单元格，35 改为 B2+2，保留字符串"！B"，用字符串连接符“&”将三部分连接起来：B1&"！B"&B2+2。

即：=INDIRECT(B1&"！B"&B2+2)。

步骤 5 正确返回结果后，考虑修改引用方式，对 B1、B2 均修改为列相对引用行绝对引用，即 B$1、B$2，最终公式为：=INDIRECT(B$1&"！B"&B$2+2)。

步骤 6 求该项目日发电量，则向下填充公式，将 B 列修改为 C 列，即=INDIRECT(B$1&"！C"&B$2+2)。

步骤 7 选择 B3:B4 单元格区域，向右填充公式，即可求得所有项目平均风速发电量值，如图 3-98 所示。

B3　fx　=INDIRECT(B$1&"!B"&B$2+2)

	A	B	C	D	E	F	G	H	I	J	K	L	M
1	场站项目名称	石一	石二	石三	承一	承二	呼一	呼二	天津	保一	保二	保三	赤峰
2	风机台数(台)	33	33	25	33	33	33	33	100	22	22	25	150
3	日平均风速（m/s）	5.77	6.68	6.06	6.33	5.85	4.82	5.55	5.11	6.82	5.21	6.42	6.62
4	日发电量(万kWh)	25.57	31.38	25.88	17.38	16.80	20.46	24.76	53.59	29.91	13.83	23.79	197.66

B4　fx　=INDIRECT(B$1&"!C"&(B$2+2))

	A	B	C	D	E	F	G	H	I	J	K	L	M
1	场站项目名称	石一	石二	石三	承一	承二	呼一	呼二	天津	保一	保二	保三	赤峰
2	风机台数(台)	33	33	25	33	33	33	33	100	22	22	25	150
3	日平均风速（m/s）	5.77	6.68	6.06	6.33	5.85	4.82	5.55	5.11	6.82	5.21	6.42	6.62
4	日发电量(万kWh)	25.57	31.38	25.88	17.38	16.80	20.46	24.76	53.59	29.91	13.83	23.79	197.66

图 3-98　公司日报汇总跨表引用计算结果

3.11　FORECAST 线性预测函数

3.11.1　FORECAST 函数介绍

功能： 根据已有的数值计算或预测未来值，即依据已知的 X 值集合和 Y 值集合，构建线性回归方程：Y=aX+b，利用线性回归对新值进行预测。

语法： =FORECAST(预测点 X 值,已知 Y 值集合,已知 X 值集合)。

注意：

①预测点 X 值：必需。需要进行预测的数据点。

②已知 Y 值集合：必需。因变量数组或数据引用区域。

③已知 X 值集合：必需。自变量数组或数据引用区域。

④如果“预测点 X 值”为非数值型，函数返回参数值错误＃VALUE!；如果“已知 Y 值集合”和“已知 X 值集合”为空或含有不同个数的数据点，函数返回无适配错误＃N/A；如果“已知 X 值集合”的方差为零，函数返回除零错误＃DIV/0!。

3.11.2 FORECAST 函数基本应用

现有某单机容量 3MW 机组 2022 年 1 月实测平均风速值（见图 3-99），已知该机组标准功率曲线，标准风速从启动风速 3m/s 至切出风速 25m/s，间隔 0.5m/s 一个点，求该机组每一时间点的理论功率和当月理论发电量（单位：万 kWh）。

	A	B	C	D	E	F	G	H
1	时间	实测风速平均值(m/s)	有功功率平均值(kW)	理论功率值(kW)	当月理论发电量（万kWh）		标准风速(m/s)	标准功率(kW)
2	2022-1-1 0:00	8.76	1339		53.0		3	29
3	2022-1-1 0:10	8.45	1287				3.5	126
4	2022-1-1 0:20	8.40	1494				4	254
5	2022-1-1 0:30	8.13	2271				4.5	409
6	2022-1-1 0:40	6.67	1760				5	590
7	2022-1-1 0:50	7.65	2372				5.5	796
8	2022-1-1 1:00	8.07	2680				6	1039
9	2022-1-1 1:10	9.30	3024				6.5	1329
10	2022-1-1 1:20	9.49	3044				7	1664
11	2022-1-1 1:30	9.53	3043				7.5	2031
12	2022-1-1 1:40	9.61	3043				8	2374
13	2022-1-1 1:50	9.67	3043				8.5	2632
14	2022-1-1 2:00	10.11	3044				9	2820
15	2022-1-1 2:10	10.47	3043				9.5	2922
16	2022-1-1 2:20	10.68	3044				10	2964

图 3-99　求机组月度理论发电量

解题步骤：

（1）基本线性预测应用。

步骤 1　首先应计算每一个时间点理论功率值，通过 FORECAST 函数通过构建线性回归方程 Y＝aX＋b，从而计算出每个点理论功率值。比如：第一个风速 8.76，则应在标准功率曲线表中查找其对应的 X 值集合为 G13:G14，即 8.5 和 9，对应的 Y 值集合为 H13:H14，即 2632 和 2820，则输入公式为：＝FORECAST(B2,H13:H14,G13:G14)。图 3-100 为基本线性预测求理论功率值。

步骤 2　输入完毕回车，最终返回结果：2730.926，该值介于 8.5m 和 9m 风速对应的标准功率值之间。

（2）动态确定引用区间。

步骤 1　通过 OFFSET＋MATCH 函数组合应用，动态确定引用区间。比如第一个风速 8.76，使用 MATCH 函数在标准功率曲线风速列查找小于等于该风速值的最大值，则输入公式：＝MATCH(B2,G2:G46,1)，第三个参数匹配方式选择 1，返回结果为 12，即从 3m 风速至 8.5m 风速共计 12 个数值。

D2 =FORECAST(B2,H13:H14,G13:G14)

	A	B	C	D	E
1	时间	实测风速平均值(m/s)	有功功率平均值(kW)	理论功率值(kW)	当月理论发电量（万kWh）
2	2022-1-1 0:00	8.76	1339	2730.926	
3	2022-1-1 0:10	8.45	1287		

图 3-100 基本线性预测求理论功率值

步骤 2 使用 OFFSET 偏移函数，根据 MATCH 函数近似匹配查找的偏移量，返回 2 行 1 列标准风速值作为“已知 X 值集合”，2 行 1 列标准功率值作为“已知 Y 值集合”。则输入公式为：

已知 Y 值集合：=OFFSET($G$1,MATCH(B3,$G$2:$G$46,1),1,2,1)；

已知 X 值集合：=OFFSET($G$1,MATCH(B3,$G$2:$G$46,1),0,2,1)。

注意： 两次偏移起始位置均为 G1 单元格，则已知 Y 值集合中，OFFSET 第三个参数“偏移列数”为 1；已知 X 值集合中，OFFSET 第三个参数“偏移列数”为 0。另外对引用位置 G1、G2:G46 单元格区域设置为绝对引用。

步骤 3 最终修改公式为：=FORECAST(B2,OFFSET($G$1,MATCH(B2,$G$2:$G$46,1),1,2,1),OFFSET($G$1,MATCH(B2,$G$2:$G$46,1),0,2,1))。图 3-101 为动态确定引用区间求理论功率值。

=FORECAST(B2,OFFSET($G$1,MATCH(B2,$G$2:$G$46,1),1,2,1),OFFSET($G$1,MATCH(B2,$G$2:$G$46,1),0,2,1))

B	C	D	E	F	G	H	I	J	K
实测风速平均值(m/s)	有功功率平均值(kW)	理论功率值(kW)	当月理论发电量（万kWh）		标准风速(m/s)	标准功率(kW)			
8.76	1339	2730.926			3	29			
8.45	1287	2604.798			3.5	126			
8.40	1494	2581.763			4	254			
8.13	2271	2438.81			4.5	409			

图 3-101 动态确定引用区间求理论功率值

(3) 对超出标准风速范围值修正。

①由于标准风速区间为从启动风速 3m/s 至切出风速 25m/s，**因此实际风速超出此区间公式计算会报无适配错误#N/A，可通过 IF 条件判断函数对数据进行修正，**则输入公式：=IF(OR(B2<3,B2>25),0,FORECAST(…))。

即当实际风速小于 3m 或大于 25m 时，理论功率值为 0；当实际风速在 3m 和 25m 之间，通过 FORECAST 线性预测函数进行求值，则最终修正公式为：=IF(OR(B2<3,B2>25),0,FORECAST(B2,OFFSET($G$1,MATCH(B2,$G$2:$G$46,1),1,2,1),OFFSET($G$1,MATCH(B2,$G$2:$G$46,1),0,2,1)))。

②输入完毕回车，向下填充公式，输出所有实际风速对应的理论功率值，如图 3-102 所示。

(4) 求该机组月度理论发电量。

①由于数据为 10min 数据，因此每个理论功率值应乘以间隔时间，标准单位为小

=IF(OR(B2<3,B2>25),0,FORECAST(B2,OFFSET($G$1,MATCH(B2,$G$2:$G$46,1),1,2,1),OFFSET($G$1,MATCH(B2,$G$2:$G$46,1),0,2,1)))

B	C	D	E	F	G	H
实测风速平均值(m/s)	有功功率平均值(kW)	理论功率值(kW)	当月理论发电量（万kWh）		标准风速(m/s)	标准功率(kW)
8.76	1339	2730.926	53.0		3	29
8.45	1287	2604.798			3.5	126
8.40	1494	2581.763			4	254

图 3-102　超出标准风速范围值进行修正

时，即 1/6h，理论发电量单位为万 kWh，则输入公式为：=SUM(D2:D4465)＊1/6/10000。

②输入完毕回车，最终计算结果：该机组月度理论发电量为 53.0 万 kWh，如图 3-103 所示。

=SUM(D2:D4465)*1/6/10000

B	C	D	E
实测风速平均值(m/s)	有功功率平均值(kW)	理论功率值(kW)	当月理论发电量（万kWh）
8.76	1339	2730.926	53.0
8.45	1287	2604.798	

图 3-103　机组理论发电量计算结果

4　文本处理函数应用

4.1　从左、从右、从中间截取文本函数

4.1.1　截取文本函数介绍

（1）字符与字节。

字节（Byte）：是计算机信息技术用于计量存储容量的一种计量单位，通常情况下1字节等于8位。

字符（Character）：计算机中使用的字母、数字、字和符号，比如'A'、'B'、'$'、'&'等。一般在英文状态下一个字母或字符占用1个字节，一个汉字用2个字节表示。

表4-1为各类字符占用字节数。

表4-1　　各类字符占用字节数

对象	例子	占用字节数
英文字母（小写）	a	1
英文字母（大写）	A	1
数字	1	1
中文	汉	2
标点（英文）	,	1
标点（中文）	，	2

因此，WPS表格中将截取文本函数分成两类：

①按字符个数截取文本：LEFT、RIGHT、MID。

②按字节个数截取文本：LEFTB、RIGHTB、MIDB。

（2）LEFT和LEFTB从左截取文本函数。

功能：从文本字符串左侧第一个字符开始截取指定个数的字符。

语法：=LEFT(字符串,[字符个数])。

　　　=LEFTB（字符串，[字节个数]）。

注意：

①字符串：必需。为需要提取字符的文本字符串。

②字符个数：可选。指定需要提取的字符个数，如省略，则默认为1个。

※字节个数：可选。指定需要提取的字节个数，如省略，则默认为1个。

③字符个数或字节个数必须大于等于0，否则返回参数值错误#VALUE!；

LEFT函数中“字符个数”如大于等于文本长度，则返回全部文本；

LEFTB函数中“字节个数”如大于等于文本总字节数，则返回全部文本；

LEFTB函数中如不足以返回一个2字节文本，则返回一个空格。

（3）RIGHT和RIGHTB从右截取文本函数。

功能：从文本字符串右侧第一个字符开始截取指定个数的字符。

语法：=RIGHT(字符串,[字符个数])

=RIGHTB（字符串，[字节个数]）。

注意：

①字符串：必需。为需要提取字符的文本字符串。

②字符个数：可选。指定需要提取的字符个数，如省略，则默认为 1 个。

字节个数：可选。指定需要提取的字节个数，如省略，则默认为 1 个。

③字符个数或字节个数必须大于等于 0，否则返回参数值错误＃VALUE!；

RIGHT 函数中“字符个数”如大于等于文本长度，则返回全部文本；

RIGHTB 函数中“字节个数”如大于等于文本总字节数，则返回全部文本；

RIGHTB 函数中如不足以返回一个 2 字节文本，则返回一个空格。

（4）MID 和 MIDB 从中间位置截取文本函数。

功能：从文本字符串指定位置开始截取指定个数的字符。

语法：=MID(字符串,开始位置,字符个数)。

=MIDB（字符串，开始位置，字节个数）。

注意：

①字符串：必需。为需要提取字符的文本字符串。

②开始位置：必需。文本中需要提取的第一个字符的位置，MID 函数为字符个数，MIDB 函数为字节个数。

③字符个数：必需。指定需要提取的字符个数。

字节个数：必需。指定需要提取的字节个数。

④如果“开始位置”大于文本长度，则返回空值；

如果“开始位置”小于文本长度，且“开始位置”＋“字符个数”超过了文本长度，则只返回直到文本末尾的字符；

如果“开始位置”小于 1，则返回参数值错误＃VALUE!；

如果“字符个数”或“字节个数”为负值，则返回参数值错误＃VALUE!。

4.1.2 截取文本函数基本应用

（1）LEFT 和 LEFTB 从左截取文本函数应用。

如图 4-1 所示，利用 LEFT 和 LEFTB 函数截取数据。

	A	B	C
1	数据	LEFT截取2个字符	LEFTB截取2个字节
2	中华人民共和国		
3	国家能源集团		
4	Excel		
5	[函数应用]		
6	“你好”		

图 4-1 LEFT 和 LEFTB 函数截取数据

解题步骤：

步骤 1 选择 B2 单元格，在公式编辑栏输入公式：=LEFT(A2,2)。

步骤 2 选择 C2 单元格，在公式编辑栏输入公式：=LEFTB(A2,2)。

步骤 3 输入完毕回车，向下填充公式，最终返回正确结果。

注意：可以看出，不论数据里为汉字、英文字母、英文中文标点符号，LEFT 函数截取 2 个字符，因此始终返回 2 个字符：LEFTB 函数截取 2 个字节，因此返回 1 个汉字或中文标点符号、2 个英文字母；**第四个例子较为特殊，只返回 1 个英文左侧方括号+空格，这是由于第二个字符为汉字，是 2 个字节，不足以返回一个汉字。**图 4-2 为 LEFT 和 LEFTB 函数截取数据结果。

B2 =LEFT(A2,2)

	A	B	C
1	数据	LEFT截取2个字符	LEFTB截取2个字节
2	中华人民共和国	中华	中
3	国家能源集团	国家	国
4	Excel	Ex	Ex
5	[函数应用]	[函	[
6	“你好”	“你	“

图 4-2 LEFT 和 LEFTB 函数截取数据结果

（2）RIGHT 和 RIGHTB 从右截取文本函数应用。

如图 4-3 所示，利用 RIGHT 和 RIGHTB 函数截取数据。

	A	B	C
10	数据	RIGHT截取3个字符	RIGHTB截取3个字节
11	中华人民共和国		
12	国家能源集团		
13	Excel		
14	[函数应用]		
15	“你好”		

图 4-3 RIGHT 和 RIGHTB 函数截取数据

解题步骤：

步骤 1 选择 B11 单元格，在公式编辑栏输入公式：=RIGHT(A11,3)。

步骤 2 选择 C11 单元格，在公式编辑栏输入公式：=RIGHTB(A11,3)。

步骤 3 输入完毕回车，向下填充公式，最终返回正确结果。

注意：可以看出，不论数据里为汉字、英文字母、英文中文标点符号，RIGHT 函数截取 3 个字符，因此始终返回 3 个字符：RIGHTB 函数截取 3 个字节，因此从上到下分别返回：1 个空格+1 个汉字、1 个空格+1 个汉字、3 个英文字母、1 个汉字+1 个英文标点符号、1 个空格+1 个中文标点符号。图 4-4 为 RIGHT 和 RIGHTB 函数截取数据结果。

B11 =RIGHT(A11,3)

	A	B	C
10	数据	RIGHT截取3个字符	RIGHTB截取3个字节
11	中华人民共和国	共和国	国
12	国家能源集团	源集团	团
13	Excel	cel	cel
14	[函数应用]	应用]	用]
15	“你好”	你好”	”

图 4-4 RIGHT 和 RIGHTB 函数截取数据结果

(3) MID 和 MIDB 从中间位置截取文本函数应用。

如图 4-5 所示，利用 MID 和 MIDB 函数截取数据。

	A	B	C
20	数据	从第3个字符开始MID截取2个字符	从第2个字节开始MIDB截取3个字节
21	中华人民共和国		
22	国家能源集团		
23	Excel		
24	[函数应用]		
25	“你好”		

图 4-5 MID 和 MIDB 函数截取数据

解题步骤：

步骤 1 选择 B21 单元格，在公式编辑栏输入公式：=MID(A21,3,2)。

步骤 2 选择 C21 单元格，在公式编辑栏输入公式：=MIDB(A21,2,3)。

步骤 3 输入完毕回车，向下填充公式，最终返回正确结果。

注意：可以看出，不论数据里为汉字、英文字母、英文中文标点符号，MID 函数从第 3 个字符开始截取 2 个字符，因此始终返回 2 个字符：

MIDB 函数从第 2 个字节开始截取 3 个字节，从上到下分别返回：1 个空格+1 个汉字、1 个空格+1 个汉字、3 个英文字母、1 个汉字+1 个空格、1 个空格+1 个汉字。图 4-6 为 MID 和 MIDB 函数截取数据结果。

B21 fx =MID(A21,3,2)

	A	B	C
20	数据	从第3个字符开始MID截取2个字符	从第2个字节开始MIDB截取3个字节
21	中华人民共和国	人民	华
22	国家能源集团	能源	家
23	Excel	ce	xce
24	[函数应用]	数应	函
25	“你好”	好”	你

图 4-6 MID 和 MIDB 函数截取数据结果

4.2 FIND 和 SEARCH 查找搜索起始位置函数

4.2.1 FIND 和 SEARCH 函数介绍

(1) 二者相同和不同。

1) 相同点：

①FIND 和 SEARCH 函数功能语法几乎完全相同，都是返回指定的字符或字符串在文本中第一次出现的起始位置。

②二者都有对应的单字节函数 FINDB 和 SEARCHB。

2）不同点：

①FIND 不支持使用通配符，SEARCH 函数支持使用通配符（? 和 *）；

②FIND 区别大小写字符，SEARCH 不区别。

(2) FIND 查找起始位置函数。

功能：返回指定的字符或字符串在文本中第一次出现的起始位置，从左到右查找（区分大小写，且不允许使用通配符）。

语法：=FIND(要查找的字符串,被查找的字符串,[开始位置])。

(3) SEARCH 搜索起始位置函数。

功能：返回指定的字符或字符串在文本中第一次出现的起始位置，从左到右查找（忽略大小写，允许使用通配符）。

语法：=SEARCH(要查找的字符串,被查找的字符串,[开始位置])。

(4) 二者共同注意事项。

①要查找的字符串：必需。

②被查找的字符串：必需。

③开始位置：可选。指定要从其开始搜索的字符位置，如省略，则默认为 1。使用该参数可以跳过指定的字符数。

④如果“要查找的字符串”为空，即″″，则返回“开始位置”指定的位置。

⑤如果“开始位置”小于等于零，则返回参数值错误#VALUE!。

⑥如果“开始位置”大于“被查找的字符串”的长度，则返回参数值错误#VALUE!。

⑦如果未查找到值，则返回参数值错误#VALUE!。

⑧SEARCH 函数支持使用通配符，如果使用 SEARCH 函数“要查找的字符串”中包含通配符问号或星号，则必须在该字符前键入波形符号“~”。

4.2.2 FIND 和 SEARCH 函数基本应用

从文本中查找下列字符串出现的位置，如图 4-7 所示。

	A	B	C	D	E	F
1	序号	要查找的字符串	被查找的字符串	起始位置	FIND用法	SEARCH用法
2	1	电网	变频器检查到电网波动	1		
3	2	变桨	变桨柜变桨电机	3		
4	3	PROFIBUS	Profibus总故障	1		
5	4	*	齿轮箱*发电机	1		

图 4-7 从文本中查找字符串出现的位置

解题步骤：

(1) FIND 函数用法。

①选择 E2 单元格，在公式编辑栏输入公式：=FIND(B2,C2,D2)。

②输入完毕回车，向下填充公式，返回计算结果。

注意： 第一个正常返回“电网”二字出现的起始位置 7；第二个由于从起始位置 3 开始，因此返回第二个“变桨”二字出现的起始位置 4；第三个由于 FIND 函数区分大小写，因此未找到起始位置，返回错误值；第四个查找星号，返回星号出现的起始位置 4。图 4-8 为使用 FIND 函数从文本中查找字符串出现的位置结果。

E2　=FIND(B2,C2,D2)

	A	B	C	D	E	F
1	序号	要查找的字符串	被查找的字符串	起始位置	FIND用法	SEARCH用法
2	1	电网	变频器检查到电网波动	1	7	
3	2	变桨	变桨柜变桨电机	3	4	
4	3	PROFIBUS	Profibus总故障	1	#VALUE!	
5	4	*	齿轮箱*发电机	1	4	

图 4-8　使用 FIND 函数从文本中查找字符串出现的位置结果

（2）SEARCH 函数用法。

①选择 F2 单元格，在公式编辑栏输入公式：=SEARCH(B2,C2,D2)。

②输入完毕回车，向下填充公式，返回计算结果。图 4-9 为使用 SEARCH 函数从文本中查找字符串出现的位置结果。

注意： 前两个返回结果和 FIND 用法一致；第三个由于 SEARCH 函数忽略大小写，因此返回起始位置 1；第四个查找星号，由于 SEARCH 函数支持使用通配符，此处默认星号为通配符，代表任意多个字符，因此返回字符串起始位置 1。如果查找星号字符，可以在该字符前键入波形符号“～”，则修改公式为：=SEARCH(″～＊″,C5,D5)，返回星号出现的起始位置 4。图 4-10 为 SEARCH 函数查找通配符星号字符结果修正。

F2　=SEARCH(B2,C2,D2)

	A	B	C	D	E	F
1	序号	要查找的字符串	被查找的字符串	起始位置	FIND用法	SEARCH用法
2	1	电网	变频器检查到电网波动	1	7	7
3	2	变桨	变桨柜变桨电机	3	4	4
4	3	PROFIBUS	Profibus总故障	1	#VALUE!	1
5	4	*	齿轮箱*发电机	1	4	1

图 4-9　使用 SEARCH 函数从文本中查找字符串出现的位置结果

F5　=SEARCH("~*",C5,D5)

	A	B	C	D	E	F
1	序号	要查找的字符串	被查找的字符串	起始位置	FIND用法	SEARCH用法
2	1	电网	变频器检查到电网波动	1	7	7
3	2	变桨	变桨柜变桨电机	3	4	4
4	3	PROFIBUS	Profibus总故障	1	#VALUE!	1
5	4	*	齿轮箱*发电机	1	4	4

图 4-10　SEARCH 函数查找通配符星号字符结果修正

4.3 综合应用之提取关键信息

4.3.1 提取详细地址关键信息

现有各市人民政府驻地详细地址（见图 4-11），请提取城市名称、市辖区名称、所在道路名称。

	A	B	C	D
2	各市政府驻地详细地址	城市名	市辖区名	道路名
3	天津市河西区友谊路30号			
4	承德市双桥区府前路1号			
5	北京市通州区运河东大街57号			
6	上海市黄浦区人民大道200号			
7	石家庄市长安区中山东路216号			
8	太原市杏花岭区新建路69号			

图 4-11 提取详细地址关键信息

（1）提取城市名称。

解题步骤：

步骤 1 首先观察详细地址内的城市名称均从第一个字符开始到“市”字结束，那关键点是查找“市”字所在地址信息文本中的位置，并从左提取到“市”字长度的字符即可。

步骤 2 查找“市”字位置：在 B3 单元格输入公式：=FIND("市",A3)，返回位置 3。

步骤 3 从左提取相应字符：=LEFT(A3,FIND("市",A3))，则返回计算结果：天津市。

步骤 4 输入完毕回车，向下拖动填充公式，返回所有城市名称，如图 4-12 所示。

B3 fx =LEFT(A3,FIND("市",A3))

	A	B	C	D
2	各市政府驻地详细地址	城市名	市辖区名	道路名
3	天津市河西区友谊路30号	天津市		
4	承德市双桥区府前路1号	承德市		
5	北京市通州区运河东大街57号	北京市		
6	上海市黄浦区人民大道200号	上海市		
7	石家庄市长安区中山东路216号	石家庄市		
8	太原市杏花岭区新建路69号	太原市		

图 4-12 提取城市名称结果

（2）提取市辖区名称。

解题步骤：

步骤 1 首先观察详细地址内的市辖区名称均从“市”字后一个字符开始到“区”字结束，那关键点是查找“市”字和“区”字所在地址信息文本中的位置，并从“市”

字后一个字符开始，提取到“区”字长度的字符。

步骤 2 使用 MID 从中间截取函数，在 C3 单元格输入公式：=MID(A3,4,3)，则返回所属市辖区：河西区。

步骤 3 将 MID 函数第一个参数“开始位置”替换为：FIND("市",A3)+1，即从“市”字后一个字符开始。

步骤 4 将 MID 函数第二个参数“字符个数”替换为：FIND("区",A3)-FIND("市",A3)，即从“市”字后一个字符开始，提取到“区”字长度的字符。

步骤 5 最终公式修改为：=MID(A3,FIND("市",A3)+1,FIND("区",A3)-FIND("市",A3))。

步骤 6 输入完毕回车，向下拖动填充公式，返回所有市辖区名称，如图 4-13 所示。

C3 fx =MID(A3,FIND("市",A3)+1,FIND("区",A3)-FIND("市",A3))

	A	B	C	D
2	各市政府驻地详细地址	城市名	市辖区名	道路名
3	天津市河西区友谊路30号	天津市	河西区	
4	承德市双桥区府前路1号	承德市	双桥区	
5	北京市通州区运河东大街57号	北京市	通州区	
6	上海市黄浦区人民大道200号	上海市	黄浦区	
7	石家庄市长安区中山东路216号	石家庄市	长安区	
8	太原市杏花岭区新建路69号	太原市	杏花岭区	

图 4-13 提取市辖区名称结果

（3）提取道路名称。

解题步骤：

步骤 1 首先观察详细地址内的道路名称有路、街、道三种，则应查找这三个字出任意一个字出现的位置，并从“区”字后一个字符开始，提取到“路街道”其一出现的位置长度的字符即可。

步骤 2 使用 MID 从中间截取函数，在 C3 单元格输入公式：=MID(A3,7,3)，则返回所属街道：友谊路。

步骤 3 将 MID 函数第一个参数“开始位置”替换为：FIND("区",A3)+1，即从“区”字后一个字符开始。

步骤 4 将 MID 函数第二个参数“字符个数”替换为：MIN(FIND({"路","街","道"},A3&"路街道"))-FIND("区",A3)。即从“区”字后一个字符开始，提取到“路街道”其一出现位置长度的字符。

注意： 查找“路街道”三个字，此处使用数组 {"路","街","道"}，使用 FIND 函数分别查找在字符串出现的位置，为避免出现错误值，在“被查找的字符串”连接一个字符串“路街道”，然后通过 MIN 函数求数组的最小值，即为这三字任意一个出现的位置。

步骤 5 最终公式修改为：=MID(A3,FIND("区",A3)+1,MIN(FIND({"路","街","道"},A3&"路街道"))-FIND("区",A3))。

步骤 6 输入完毕回车，向下拖动填充公式，返回所有街道名称，如图 4-14 所示。

=MID(A3,FIND("区",A3)+1,MIN(FIND({"路","街","道"},A3&"路街道"))-FIND("区",A3))

	B	C	D	E	F	G	H	I
址	城市名	市辖区名	道路名					
号	天津市	河西区	友谊路					
号	承德市	双桥区	府前路					
57号	北京市	通州区	运河东大街					
0号	上海市	黄浦区	人民大道					
16号	石家庄市	长安区	中山东路					
9号	太原市	杏花岭区	新建路					

图 4-14 提取街道名称结果

4.3.2 判断是否为电控类故障

风力发电机组电控类故障包括：主控系统、变频器控制系统、变桨控制系统、偏航控制系统、风速仪、风向标。现有场站停机报文信息表，根据故障报文判断是否为电控类故障（见图 4-15）。判断依据：故障报文字段是否包含主控、变频、变桨、偏航、风速仪、风向标，只要包含其中任一字段，则判断为电控类故障。

	A	B	C	D
20	风机名称	停机时间	故障报文	是否为电控类故障
21	#41	2022-05-27 23:13:00.353	齿轮油温过高	
22	#44	2022-06-17 06:16:47.084	变桨轴1急停请求	
23	#41	2022-06-22 21:55:20.929	风向标缺陷	
24	#56	2022-06-25 13:35:23.634	控制柜内过热	
25	#47	2022-07-17 08:38:11.818	变频器反馈信号错误	
26	#48	2022-07-08 22:25:32.857	主控制器与MOOG变桨系统Profi	
27	#49	2022-08-19 01:45:05.117	变频器检查到电网波动	
28	#52	2022-04-10 02:57:36.658	系统正常	
29	#53	2022-05-15 19:28:24.897	风速仪故障	
30	#35	2022-05-16 19:15:44.600	变桨电池类故障	
31	#55	2022-05-29 08:41:14.528	叶轮超速	
32	#21	2022-08-11 05:09:12.609	接口继电器230V电源保险	
33	#15	2022-09-19 06:18:41.218	变桨轴1急停请求	
34	#2	2022-05-17 05:12:00.000	齿轮箱过滤器阻塞故障，要求停	

图 4-15 判断是否为电控类故障

解题步骤：

步骤 1 选择 D21 单元格，在公式编辑栏输入公式：=IF(COUNT(FIND({"变频","变桨","主控","偏航","风速仪","风向标"},C21))>0,"是","否")。

注意：在故障报文字段查找是否包含“主控、变频、变桨、偏航、风速仪、风向标”任一字段，此处使用数组{"变频","变桨","主控","偏航","风速仪","风向标"}，通过 FIND 函数分别查找其在字符串出现的位置，返回一组数组。再通过

COUNT 计数函数求数值个数，如果大于零则表示包含其中某一字段，判断为“是”电控类故障。

步骤 2 输入完毕回车，向下拖动填充公式，返回所有判断结果，如图 4-16 所示。

	A	B	C	D
20	风机名称	停机时间	故障报文	是否为电控类故障
21	#41	2022-05-27 23:13:00.353	齿轮油温过高	否
22	#44	2022-06-17 06:16:47.084	变桨轴1急停请求	是
23	#41	2022-06-22 21:55:20.929	风向标缺陷	是
24	#56	2022-06-25 13:35:23.634	控制柜内过热	否
25	#47	2022-07-17 08:38:11.818	变频器反馈信号错误	是
26	#48	2022-07-08 22:25:32.857	主控制器与MOOG变桨系统Profi	是
27	#49	2022-08-19 01:45:05.117	变频器检查到电网波动	是
28	#52	2022-04-10 02:57:36.658	系统正常	否
29	#53	2022-05-15 19:28:24.897	风速仪故障	是
30	#35	2022-05-16 19:15:44.600	变桨电池类故障	是
31	#55	2022-05-29 08:41:14.528	叶轮超速	否
32	#21	2022-08-11 05:09:12.609	接口继电器230V电源保险	否
33	#15	2022-09-19 06:18:41.218	变桨轴1急停请求	是
34	#2	2022-05-17 05:12:00.000	齿轮箱过滤器阻塞故障，要求停	否

图 4-16 判断是否为电控类故障结果

4.4 REPLACE 和 SUBSTITUTE 替换函数

4.4.1 REPLACE 和 SUBSTITUTE 函数介绍

在 WPS 表格中有两个替换函数，分别为 REPLACE 和 SUBSTITUTE 函数，二者替换方式不一样：

①REPLACE 函数是**针对位置替换**；

②SUBSTITUTE 函数是**针对内容替换**。

（1）REPLACE 替换函数。

功能： 将字符串中的部分**连续的**字符用另一个字符串替换。

语法： =REPLACE(字符串,开始位置,字符个数,新字符串)。

注意：

①字符串：必需。要替换其部分字符的文本。

②开始位置：必需。在“字符串”中开始替换的位置。

③字符个数：必需。在“字符串”中从“开始位置”替换的字符个数。

④新字符串：必需。用于替换“字符串”中字符的文本。

（2）SUBSTITUTE 替换函数。

功能： 将字符串中的部分字符替换成新字符串。

语法： =SUBSTITUTE(字符串,旧字符串,新字符串,[替换序数])。

注意：

①字符串：必需。要替换其部分字符的文本。

②旧字符串：必需。要替换的旧文本。

③新字符串：必需。用于替换旧文本的文本。

④替换序数：可选。为一数值，用来指定以“新字符串”替换第几次出现的“旧字符串”。如果指定了“替换序数”，则只替换满足要求的“旧字符串”，否则将替换全部出现的“旧字符串”。

4.4.2 REPLACE 和 SUBSTITUTE 函数基本应用

（1）REPLACE 函数基本应用。

某新能源工程项目编号形式为 AA-BB-CC-DD（见图 4-17），其中 AA 代表年份，BB 代表某子公司，CC 代表项目类型，DD 代表项目序号。子公司名称缩写：BJ（北京）、CQ（重庆）、SH（上海）、CS(长沙)、TJ(天津)；项目类型：OW 为出质保项目（out of warranty），DD 为尽调项目（due diligence）。请将项目编号中子公司名称均改为 TJ（天津）。

	A	B
1	项目编号	替换子公司名称缩写
2	2022-BJ-DD-020	
3	2022-BJ-OW-021	
4	2022-CQ-DD-022	
5	2022-SH-DD-023	
6	2022-CS-OW-024	

图 4-17 求替换子公司名称缩写后的项目编号

解题步骤：

步骤 1 在 B2 单元格输入公式：=REPLACE(A2,6,2,"TJ")。

即从第六个字符开始，替换两个字符为“TJ”。

步骤 2 输入完毕回车，向下拖动填充公式，返回新的项目编号，如图 4-18 所示。

注意：由于替换的旧字符串不同，此处使用 SUBSTITUTE 函数不适用。如果替换不同开始位置和字符个数，可配合使用 FIND 函数实现替换效果。

B2 fx =REPLACE(A2, 6, 2, "TJ")

	A	B	C	D
1	项目编号	替换子公司名称缩写		
2	2022-BJ-DD-020	2022-TJ-DD-020		
3	2022-BJ-OW-021	2022-TJ-OW-021		
4	2022-CQ-DD-022	2022-TJ-DD-022		
5	2022-SH-DD-023	2022-TJ-DD-023		
6	2022-CS-OW-024	2022-TJ-OW-024		

图 4-18 替换子公司名称缩写后的项目编号结果

（2）SUBSTITUTE 函数基本应用。

某风电场开展相关维护技改工作，每完成一台在具体风机编号单元格记录一台，并以顿号隔开。如图 4-19 所示，求完成每项技改工作的机组台数。

解题步骤：

步骤 1 由于“具体风机编号”中记录机组编号以顿号隔开，可使用

	A	B	C
11	维护技改工作项目	具体风机编号	机组台数
12	一级维护	#44、#43、#47、#41、#54、#39、#48、#56、#40、#59、#58、#52、#53	
13	二级维护	#58、#34、#53、#45、#52、#57、#65、#60、#66、#51、#50	
14	取齿轮箱油样	#35、#36、#38、#39、#41	
15	发电机对中	#35、#56、#50、#53、#34、#49、#36、#42、#58	
16	400V供电系统接地技改	#35、#39、#49、#46、#47、#37、#34、#36、#38、#53、#54、#57	
17	在线振动监测安装	#34、#35、#36、#54、#61、#44、#37、#38、#64、#60、#65、#43、#49、#50、#40	

图 4-19　求完成每项维护技改工作的机组台数

SUBSTITUTE 函数将顿号替换为空，然后使用 LEN 长度函数，分别求替换顿号前后的两个字符串长度之差加 1，即为机组台数。

步骤 2　在 C12 单元格输入公式：=LEN(B12)−LEN(SUBSTITUTE(B12,"、",""))+1。

步骤 3　输入完毕回车，向下拖动填充公式，返回所有维护技改项目工作完成的机组台数，如图 4-20 所示。

C12　fx　=LEN(B12)-LEN(SUBSTITUTE(B12,"、",""))+1

	A	B	C
11	维护技改工作项目	具体风机编号	机组台数
12	一级维护	#44、#43、#47、#41、#54、#39、#48、#56、#40、#59、#58、#52、#53	13
13	二级维护	#58、#34、#53、#45、#52、#57、#65、#60、#66、#51、#50	11
14	取齿轮箱油样	#35、#36、#38、#39、#41	5
15	发电机对中	#35、#56、#50、#53、#34、#49、#36、#42、#58	9
16	400V供电系统接地技改	#35、#39、#49、#46、#47、#37、#34、#36、#38、#53、#54、#57	12
17	在线振动监测安装	#34、#35、#36、#54、#61、#44、#37、#38、#64、#60、#65、#43、#49、#50、#40	15

图 4-20　完成每项维护技改工作的机组台数结果

(3) SUBSTITUTE 函数高级应用。

现有某新能源场站机组更换备件的数据表，备件信息录入格式为“备件名称+生产厂家+型号+数量”。如图 4-21 所示，请分别提取备件各部分信息。

	E	F	G	H	I
1	更换备件	备件名称	生产厂家	型号	数量
2	发电机碳刷+摩根+MG587+21				
3	大功率存储设备+菲尼克斯+QUINT-BAT/24DC/7.2AH+1				
4	加热器+能建+HVL.03103.0-00DE+1				
5	PLC4路RTD模块+倍福+EL3204+1				
6	继电器+芬德+40.52.8.230+5				
7	轴承+SKF+6332+2				
8	变桨减速器+南高齿+FDX102A02-01-00R3+1				
9	继电器+芬德+40.52.8.230+3				
10	集电环+ABB+ZRY 800A+1				
11	变桨蓄电池+松下+REE600+6				
12	ISU模块+ABB+ACS800-104-0580-7+1				

图 4-21 提取备件各部分信息

解题步骤：

步骤 1 由于备件各部分信息均由“＋”加号分隔开，因此需要查找每个加号的位置，可以通过 FIND 和 SUBSTITUTE 函数组合应用实现。简单说，**SUBSTITUTE 函数可以替换文本中第 N 个加号，可考虑将第 N 个加号替换为一个特殊字符，比如“@”，让 FIND 函数查找“@”的位置，即实现查找第 N 个加号位置。**

例如查找第二个加号位置，在 F2 单元格输入公式：=FIND("@",SUBSTITUTE(E2,"+","@",2))。

返回第二个加号位置 9，这样可以通过使用 LEFT、MID、RIGHT 函数分别提取各部分备件信息，因此需要至少输入四个公式才能实现。

步骤 2 考虑通过一种更简便的方式，通过一个公式即可实现。**在备件字符串左右两侧各添加一个加号，即"+"&E2&"+"，这样只通过查找加号位置就可以定位全部信息位置。**

例如查找第一个备件名称信息，在 F2 单元格输入公式：=MID("+"&E2&"+",FIND("@",SUBSTITUTE("+"&E2&"+","+","@",1))+1,FIND("@",SUBSTITUTE("+"&E2&"+","+","@",2))-FIND("@",SUBSTITUTE("+"&E2&"+","+","@",1))-1)。

即将字符串左右两侧添加加号后，从“第一个加号＋1”的位置提取“第二个加号－第一个加号－1”长度的字符。

返回该备件名称：发电机碳刷。

步骤 3 实现向右拖动，查找所有类别信息。首先将 E2 改变引用方式 $E2，即列绝对引用行相对引用，将 SUBSTITUTE 函数第四个参数“替换序数”1 改为

COLUMN(A$1)，2 改为 COLUMN(B$1)，最终公式修改为：=MID("+"&$E2&"+",FIND("@",SUBSTITUTE("+"&$E2&"+","+","@",COLUMN(A$1)))+1,FIND("@",SUBSTITUTE("+"&$E2&"+","+","@",COLUMN(B$1)))-FIND("@",SUBSTITUTE("+"&$E2&"+","+","@",COLUMN(A$1)))-1)。

步骤 4 输入完毕回车，向下向右拖动填充公式，返回所有备件各部分信息，如图 4-22 所示。

F2　fx　=MID("+"&$E2&"+",FIND("@",SUBSTITUTE("+"&$E2&"+","+","@",COLUMN(A$1)))+1,FIND("@",SUBSTITUTE("+"&$E2&"+","+","@",COLUMN(B$1)))-FIND("@",SUBSTITUTE("+"&$E2&"+","+","@",COLUMN(A$1)))-1)

	E				
1	更换备件	备件名称	生产厂家	型号	数量
2	发电机碳刷+摩根+MG587+21	发电机碳刷	摩根	MG587	21
3	大功率存储设备+菲尼克斯+QUINT-BAT/24DC/7.2AH+1	大功率存储设备	菲尼克斯	QUINT-BAT/24DC/7.2AH	1
4	加热器+能建+HVL.03103.0-00DE+1	加热器	能建	HVL.03103.0-00DE	1
5	PLC4路RTD模块+倍福+EL3204+1	PLC4路RTD模块	倍福	EL3204	1
6	继电器+芬德+40.52.8.230+5	继电器	芬德	40.52.8.230	5
7	轴承+SKF+6332+2	轴承	SKF	6332	2
8	变桨减速器+南高齿+FDX102A02-01-00R3+1	变桨减速器	南高齿	FDX102A02-01-00R3	1
9	继电器+芬德+40.52.8.230+3	继电器	芬德	40.52.8.230	3
10	集电环+ABB+ZRY 800A+1	集电环	ABB	ZRY 800A	1
11	变桨蓄电池+松下+REE600+6	变桨蓄电池	松下	REE600	6
12	ISU模块+ABB+ACS800-104-0580-7+1	ISU模块	ABB	ACS800-104-0580-7	1

图 4-22　提取备件各部分信息结果

4.5　TEXT 自定义格式函数

4.5.1　TEXT 函数介绍

TEXT 函数是自定义格式函数，是一个非常神奇的函数，用法非常简单，但是可以将其用得出神入化。

功能：将数值转换为按指定数字格式表示的文本。

语法：=TEXT(值,数值格式)。

注意：

①值：必需。为数值、计算结果为数值的公式或对包含数值的单元格引用。

②数值格式：必需。为“单元格格式”对话框中“数字”选项卡上“分类”框中的文本形式的数字格式，如图 4-23 所示。

③通过“单元格格式”对话框设置单元格的格式，**只会更改单元格文本显示的格式而不会影响其中的数值，使用 TEXT 函数可以将数值转换为带格式的文本。**

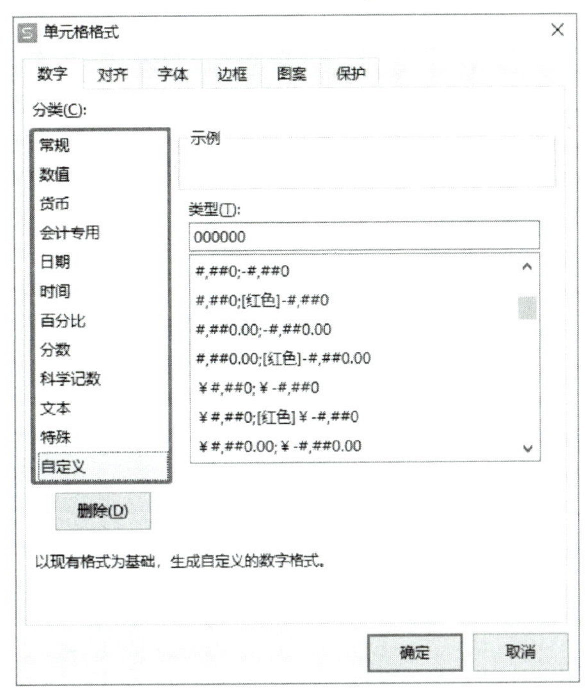

图 4-23 “单元格格式”对话框分类选项卡

4.5.2 自定义格式的位置分隔符

自定义格式的位置分隔符为分号“;”，用以区分正数、负数、零值、文本设置自定义格式位置的，共四种形式：

①三个分号：正数；负数；零值；文本。

②两个分号：正数；负数；零值。

③一个分号：正数和零值；负数。

④无分号：全部信息。

4.5.3 TEXT 函数的典型用法

TEXT 函数“数值格式”和“单元格格式”对话框中自定义格式用法基本相同，只有少数一些仅用于“单元格格式”对话框自定义格式设置中，TEXT 函数典型用法如表 4-2 和表 4-3 所示。

表 4-2　　TEXT 函数典型用法汇总

序号	用法	原始数据	数值格式设置	最终结果	公式	备注
1	年月日	2022-9-20	yyyy 年 mm 月 dd 日	2022 年 09 月 20 日	=TEXT(C$2,"yyyy 年 mm 月 dd 日")	y:表示年,yyyy 四位数年,yy 两位数年。 m:表示月,mm 两位数月,m 一位数月。 d:表示日,dd 两位数日,d 一位数日
			yy 年 m 月 d 日	22 年 9 月 20 日	=TEXT(C$2,"yy 年 m 月 d 日")	
			yyyy/m/d	2022/9/20	=TEXT(C$2,"yyyy/m/d")	
			mm-dd	09-20	=TEXT(C$2,"mm-dd")	
2	星期	2022-9-20	aaaa	星期二	=TEXT(C$6,"aaaa")	中文星期
			aaa	二	=TEXT(C$6,"aaa")	中文星期简写
			dddd	Tuesday	=TEXT(C$6,"dddd")	英文星期
			ddd	Tue	=TEXT(C$6,"ddd")	英文星期简写
3	上下午	2022-9-20 16:45	上午/下午	下午	=TEXT(C$10,"上午/下午")	中文上下午
			AM/PM	PM	=TEXT(C$10,"AM/PM")	英文上下午
4	时分秒	2022-9-24 1:07	hh:mm:ss	01:07:41	=TEXT(C$12,"hh:mm:ss")	时分秒
		1900-1-5 10:00	[h]	130	=TEXT(C$13,"[h]")	显示大于 24 小时的小时数,距离 1900 年 1 月 0 日 0 点的小时数
		10:00	[m]	600	=TEXT(C$14,"[m]")	显示大于 60 的分钟数
		10:00	[s]	36000	=TEXT(C$15,"[s]")	显示大于 60 的秒数

续表

序号	用法	原始数据	数值格式设置	最终结果	公式	备注
5	中文大小写数字	1314	[DBNUM1]	一千三百一十四	=TEXT(C$16,"[DBNUM1]")	中文小写数字
			[DBNUM2]	壹仟叁佰壹拾肆	=TEXT(C$16,"[DBNUM2]")	中文大写数字
		2022-9-20	[DBNUM1]yyyy 年	二〇二二年	=TEXT(C$18,"[DBNUM1]yyyy 年")	中文小写数字年
			[DBNUM1]m 月	九月	=TEXT(C$18,"[DBNUM1]m 月")	中文小写数字月
6	数字占位	7758.52	###,###.###	7,758.52	=TEXT(C$20,"###,###.###")	#数字占位符:只显示有意义的零而不显示无意义的零。一般与逗号","结合使用,实现千位分隔
			00000.0000	07758.5200	=TEXT(C$20,"00000.0000")	0数字占位符:统一数字的位数,不足位数则用0补足
			?????.????	7758.52	=TEXT(C$20,"?????.????")	?数字占位符:统一数字的位数,不足位数则用空格补足
		0.125	?/?	1/8	=TEXT(C$23,"?/?")	表示分数
7	文本占位	风电	@@	风电风电	=TEXT(C$24,"@@")	@文本占位符:单个@为引用原始文本,多个@则可以重复文本
8	条件格式化	95	[>=90]优秀;[>=80]良好;不合格	优秀	=TEXT(C$25,"[>=90]优秀;[>=80]良好;不合格")	根据单元格内容设置格式:条件格式化只限于使用三个条件,其中前两个条件是明确的,第三个是其他情况,条件必须放到方括号中
		2	[=1]男;[=2]女	女	=TEXT(C$26,"[=1]男;[=2]女;")	

表 4-3　“单元格格式”对话框中自定义格式独特用法

序号	用法	原始数据	数值格式设置	最终结果	备注
1	重复后一个字符	风电	@*－	风电－－－－－－－－－－－	*星号:重复星号后面一个字符,直到充满列宽。本例中@为引用原始文本,星号后面减号为指定重复字符,显示减号充满列宽。 注意:WPS 不适用
2	隐藏信息	150428	;;;		隐藏全部文本
		100	;－0;0;@		仅隐藏正值
		－90	0;;0;@		仅隐藏负值
		0	0;－0;;@		仅隐藏零值
		文本	0;－0;0;		仅隐藏文本
3	仿真密码保护	7758521	**	***************	**两个星号为仿真密码保护,单元格充满星号
4	指定颜色显示字符	－75	[绿色]0;[红色]－0;[洋红]0;[蓝色]@	－75	指定的颜色显示字符。有八种颜色可选:红色、黑色、黄色、绿色、白色、蓝色、青色和洋红

4.6 三个文本连接函数

4.6.1 三个文本连接函数介绍

WPS 表格共有三个文本连接函数，分别为 CONCATENATE、CONCAT、TEXTJOIN，其中 CONCAT 和 TEXTJOIN 函数为 WPS 表格 2016 版本更新的函数。

(1) CONCATENATE 单元格文本连接函数。

功能：将多个文本字符串合并成一个文本字符串。

语法：=CONCATENATE(字符串 1,[字符串 2],……)。

注意：

①字符串 1：必需。需要合并的第一个文本项，文本项可以为文本、数值、单元格引用。

②字符串 2：可选。需要合并的其他文本项，最多可以有 255 个合并的文本项。

③可以用文本字符串连接符 &（和号）代替 CONCATENATE 函数实现字符串合并，两者功能基本一致。

④文本字符串连接符 & 与 CONCATENATE 函数的弊端：在连接文本时，参数必须是单元格，而不能是区域，所以，如果连接内容较多时，公式会非常长，写起来非常麻烦。

(2) CONCAT 区域文本连接函数。

功能：将多个区域和/或字符串组合在一起。

语法：=CONCAT(字符串 1,[字符串 2],……)。

注意：

①字符串 1：必需。要合并的文本项，这些文本项可以是文本字符串或字符串数组，如单元格区域。

②字符串 2：可选。要合并的其他文本项，最多可以有 255 个合并的文本项。

③如果结果字符串超过 32767 个字符（单元格最大字符限制），则返回参数值错误 #VALUE!。

(3) TEXTJOIN 指定分隔符的区域文本连接函数。

TEXTJOIN 函数不仅能实现 CONCAT 函数全部功能，而且在忽略空白单元格、指定分隔符方面更胜一筹。

功能：将多个区域和/或字符串组合在一起，包括指定字符串之间的分隔符。

语法：=TEXTJOIN(分隔符,忽略空白单元格,字符串 1,[字符串 2],……)。

注意：

①分隔符：必需。为文本字符串，或者为空，或用双引号引起来的一个或多个字符，或对有效文本字符串的引用。如果提供一个数字，则将被视为文本。

②忽略空白单元格：必需。如果为 TRUE，则忽略空白单元格。

③字符串 1：必需。要合并的文本项，这些文本项可以是文本字符串或字符串数组，如单元格区域。

④字符串 2：可选。要合并的其他文本项，最多可以有 255 个合并的文本项。

⑤如果结果字符串超过 32767 个字符（单元格最大字符限制），则返回参数值错误 #VALUE!。

4.6.2 三个文本连接函数基本应用

现有一列机组编号，将其合并在一起，如图 4-24 所示。

	A	B	C	D	E
1	机组编号	1. CONCATENATE用法	2. 字符串连接符&用法	3. CONCAT用法	4. TEXTJOIN用法（指定分隔符“、”）
2	#1				
3	#2				
4	#3				
5	#4				
6	#5				
7	#6				
8	#7				
9	#8				

图 4-24　合并机组编号

(1) CONCATENATE 函数或字符串连接符 & 基本应用，如图 4-25 和图 4-26 所示。

解题步骤：

步骤 1　选择 B2 单元格，输入公式：=CONCATENATE(A2,A3,A4,A5,A6,A7,A8,A9)。

步骤 2　选择 C2 单元格，输入公式：=A2&A3&A4&A5&A6&A7&A8&A9。

步骤 3　输入完毕回车，得到计算结果。

注意：CONCATENATE 函数和字符串连接符 & 为单元格文本连接函数，只能连接单元格，不能连接区域，因此必须依次选择每个需要合并的单元格。

B2　fx　=CONCATENATE(A2, A3, A4, A5, A6, A7, A8, A9)

	A	B	C
1	机组编号	1. CONCATENATE用法	2. 字符串连接符&用法
2	#1	#1#2#3#4#5#6#7#8	#1#2#3#4#5#6#7#8
3	#2		
4	#3		
5	#4		
6	#5		
7	#6		
8	#7		
9	#8		

图 4-25　CONCATENATE 函数合并机组编号

C2 =A2&A3&A4&A5&A6&A7&A8&A9

	A	B	C
1	机组编号	1. CONCATENATE用法	2. 字符串连接符&用法
2	#1	#1#2#3#4#5#6#7#8	#1#2#3#4#5#6#7#8
3	#2		
4	#3		
5	#4		
6	#5		
7	#6		
8	#7		
9	#8		

图 4-26　字符串连接符 & 合并机组编号

（2）CONCAT 函数基本应用，如图 4-27 所示。

解题步骤：

步骤 1　选择 D2 单元格，输入公式：=CONCAT(A2:A9)。

步骤 2　输入完毕回车，得到计算结果。

注意：CONCAT 函数为区域文本连接函数，可以直接连接区域内所有单元格文本，非常方便。

D2 =CONCAT(A2:A9)

	A	D
1	机组编号	3. CONCAT用法
2	#1	#1#2#3#4#5#6#7#8
3	#2	
4	#3	
5	#4	
6	#5	
7	#6	
8	#7	
9	#8	

图 4-27　CONCAT 函数合并机组编号

（3）TEXTJOIN 函数基本应用，如图 4-28 所示。

解题步骤：

步骤 1　选择 E2 单元格，输入公式：=TEXTJOIN("、",TRUE,A2:A9)。

步骤 2　输入完毕回车，得到计算结果。

注意：TEXTJOIN 函数为区域文本连接函数，可以直接连接区域内所有单元格文本，并且可以指定文本字符串之间分隔符，本例指定分隔符为顿号“、”。

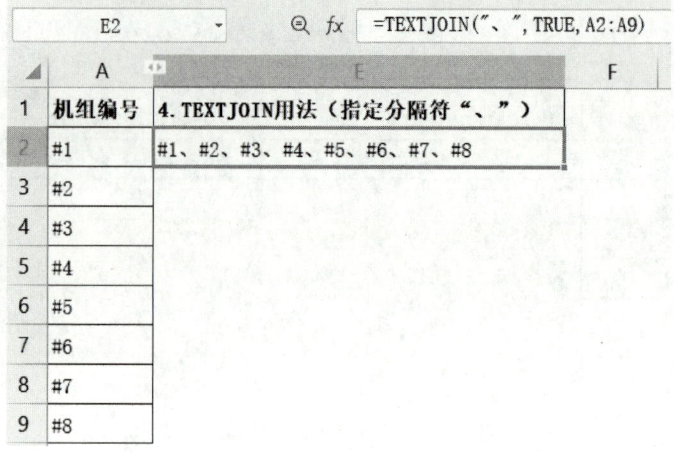

E2　=TEXTJOIN("、",TRUE,A2:A9)

	A	E
1	机组编号	4.TEXTJOIN用法（指定分隔符"、"）
2	#1	#1、#2、#3、#4、#5、#6、#7、#8
3	#2	
4	#3	
5	#4	
6	#5	
7	#6	
8	#7	
9	#8	

图 4-28　TEXTJOIN 函数合并机组编号

4.6.3　CONCATENATE 函数或字符串连接符 & 合并两列查找信息

现有公司风电场机组信息表（见图 4-29），包含风电场、风机编号、项目名称、机型、额定功率五类信息。由于风机编号在各场站中有重复，因此确定公司唯一一台机组必须依据风电场和风机编号两组信息。如图 4-30 所示，请根据给定的风电场和风机编号查找其他三类信息。

	G	H	I	J	K
1	风电场	风机编号	项目名称	机型	额定功率
2	大同	#1-01	大一	UP77-1500	1500
3	大同	#1-02	大一	UP77-1500	1500
4	大同	#1-03	大一	UP77-1500	1500
5	大同	#5-05	大二	UP82-1500	1500
6	大同	#5-06	大二	UP82-1500	1500
7	秦皇岛	#15-1	秦三	UP105-2000	2000
8	秦皇岛	#15-2	秦三	UP105-2000	2000
9	秦皇岛	#15-3	秦三	UP105-2000	2000
10	秦皇岛	#15-4	秦三	UP105-2000	2000
11	保定	#1-01	保一	EN90-2300	2300
12	保定	#1-02	保一	EN90-2300	2300
13	保定	#1-03	保一	EN90-2300	2300
14	保定	#1-04	保一	EN100-2300	2300
15	保定	#1-05	保一	EN100-2300	2300

图 4-29　公司风电场机组信息表

	M	N	O	P	Q	R
1	两种用法	风电场	风机编号	项目名称	机型	额定功率
2	CONCATENATE用法	保定	#1-03			
3	字符串连接符&用法	大同	#5-06			

图 4-30　根据风电场和风机编号查找其他三类信息

（1）CONCATENATE 函数用法。

解题步骤：

步骤 1 选择 P2 单元格，在公式编辑栏输入公式，此处使用 XLOOKUP 函数进行查找匹配：=XLOOKUP(CONCATENATE(N2,O2),CONCATENATE(G2:G15,H2:H15),I2:I15)。

返回查找结果为：保一。

注意：CONCATENATE 函数连接两列信息，两列对应元素连接，合并形成一列数组。

步骤 2 确定公式输入正确后，对公式引用方式进行修改：查找值 N2 和 O2 修改为绝对引用，查找区域 G2:G15 和 H2:H15 修改为绝对引用，返回区域 I2:I15 引用方式不变。则最终公式修改为：=XLOOKUP(CONCATENATE($N$2,$O$2),CONCATENATE($G$2:$G$15,$H$2:$H$15),I2:I15)。

步骤 3 输入完毕回车，并向右拖动填充公式，最终返回项目名称、机型、额定功率。

图 4-31 为根据风电场和风机编号查找其他三类信息方式一。

P2 =XLOOKUP(CONCATENATE($N$2,$O$2),CONCATENATE($G$2:$G$15,$H$2:$H$15),I2:I15)

	M	N	O	P	Q	R
1	两种用法	风电场	风机编号	项目名称	机型	额定功率
2	CONCATENATE用法	保定	#1-03	保一	EN90-2300	2300

图 4-31 根据风电场和风机编号查找其他三类信息方式一

（2）字符串连接符 & 用法。

解题步骤：

步骤 1 选择 P3 单元格，在公式编辑栏输入公式，此处使用 XLOOKUP 函数进行查找匹配：=XLOOKUP(N3&O3,G2:G15&H2:H15,I2:I15)。

返回查找结果为：大二。

注意：字符串连接符 & 连接两列信息，两列对应元素连接，合并形成一列数组，可见 & 用法更加简单方便。

步骤 2 确定公式输入正确后，对公式引用方式进行修改：查找值 N3 和 O3 修改为绝对引用，查找区域 G2:G15 和 H2:H15 修改为绝对引用，返回区域 I2:I15 引用方式不变。则最终公式修改为：=XLOOKUP($N$3&$O$3,$G$2:$G$15&$H$2:$H$15,I2:I15)。

步骤 3 输入完毕回车，并向右拖动填充公式，最终返回项目名称、机型、额定功率。

图 4-32 为根据风电场和风机编号查找其他三类信息方式二。

P3 =XLOOKUP($N$3&$O$3,$G$2:$G$15&$H$2:$H$15,I2:I15)

	M	N	O	P	Q	R
1	两种用法	风电场	风机编号	项目名称	机型	额定功率
2	CONCATENATE用法	保定	#1-03	保一	EN90-2300	2300
3	字符串连接符&用法	大同	#5-06	大二	UP82-1500	1500

图 4-32 根据风电场和风机编号查找其他三类信息方式二

4.6.4 TEXTJOIN 函数对条件筛选区域进行合并

现有某日风电场故障停机信息表，包含风机编号、停机原因、是否恢复，请将目前未恢复机组信息合并。

(1) 合并一列条件筛选区域，如图 4-33 所示。

	T	U	V	W	X
1	风机编号	停机原因	是否恢复		1. 合并未恢复机组编号（顿号隔开）
2	#1-14	发电机后轴承损坏	未恢复		
3	#2-16	叶片横向裂纹严重	未恢复		
4	#9-03	发电机两侧轴承存在损	已恢复		
5	#11-08	变频器故障	未恢复		
6	#5-10	发电机转子接地	未恢复		
7	#1-09	箱变低压侧断路器跳闸	已恢复		
8	#14-106	变桨安全链故障	已恢复		
9	#6-61	风机通讯故障	未恢复		
10	#2-13	风速仪传感器故障	已恢复		

图 4-33 合并未恢复机组编号信息

解题步骤：

步骤 1 选择 X2 单元格，在公式编辑栏输入公式：=TEXTJOIN("、",TRUE,IF(V2:V10="未恢复",T2:T10,""))。

步骤 2 按数组公式组合键“Ctrl+Shift+回车”，进行数组运算，公式两侧自动加一对大括号，返回计算结果。图 4-34 为合并恢复机组编号信息结果。

注意： IF 函数中条件和为真时返回结果均为相同大小的单元格区域，通过数组运算，返回“未恢复”机组编号信息，通过 TEXTJOIN 函数指定分隔符进行合并。

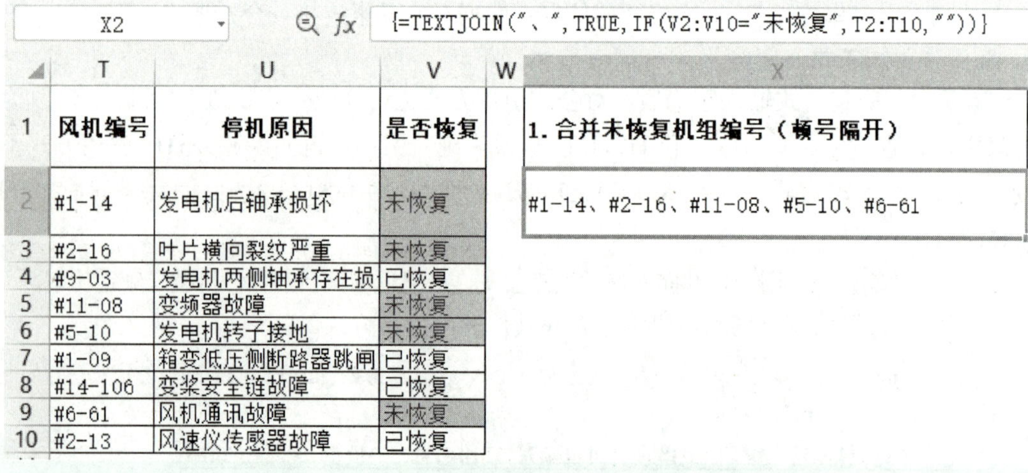

X2 fx {=TEXTJOIN("、",TRUE,IF(V2:V10="未恢复",T2:T10,""))}

	T	U	V	W	X
1	风机编号	停机原因	是否恢复		1. 合并未恢复机组编号（顿号隔开）
2	#1-14	发电机后轴承损坏	未恢复		#1-14、#2-16、#11-08、#5-10、#6-61
3	#2-16	叶片横向裂纹严重	未恢复		
4	#9-03	发电机两侧轴承存在损	已恢复		
5	#11-08	变频器故障	未恢复		
6	#5-10	发电机转子接地	未恢复		
7	#1-09	箱变低压侧断路器跳闸	已恢复		
8	#14-106	变桨安全链故障	已恢复		
9	#6-61	风机通讯故障	未恢复		
10	#2-13	风速仪传感器故障	已恢复		

图 4-34 合并未恢复机组编号信息结果

（2）合并多列条件筛选区域，如图 4-35 所示。

	T	U	V	W	Y
1	风机编号	停机原因	是否恢复		2. 合并未恢复机组编号和停机原因（机组编号和停机原因之间加冒号“：”，每组信息之间顿号分隔）
2	#1-14	发电机后轴承损坏	未恢复		
3	#2-16	叶片横向裂纹严重	未恢复		
4	#9-03	发电机两侧轴承存在损	已恢复		
5	#11-08	变频器故障	未恢复		
6	#5-10	发电机转子接地	未恢复		
7	#1-09	箱变低压侧断路器跳闸	已恢复		
8	#14-106	变桨安全链故障	已恢复		
9	#6-61	风机通讯故障	未恢复		
10	#2-13	风速仪传感器故障	已恢复		

图 4-35　合并未恢复机组编号和停机原因信息

解题步骤：

步骤 1　选择 Y2 单元格，在公式编辑栏输入公式：=TEXTJOIN("、",TRUE,IF(V2:V10="未恢复",T2:T10&"："&U2:U10,""))。

步骤 2　按数组公式组合键“Ctrl+Shift+回车”，进行数组运算，公式两侧自动加一对大括号，返回计算结果。图 4-36 为合并恢复机组编号和停机原因信息结果。

注意：IF 函数中条件和为真时返回结果均为相同大小的单元格区域，通过数组运算，返回“未恢复”机组编号和停机原因信息。其中，返回的两列信息通过字符串连接符“&”与冒号“:”连接在一起，组成一列新的信息，最后通过 TEXTJOIN 函数指定分隔符进行合并。

Y2　fx　{=TEXTJOIN("、",TRUE,IF(V2:V10="未恢复",T2:T10&"："&U2:U10,""))}

	T	U	V	W	Y	Z	AA
1	风机编号	停机原因	是否恢复		2. 合并未恢复机组编号和停机原因（机组编号和停机原因之间加冒号“：”，每组信息之间顿号分隔）		
2	#1-14	发电机后轴承损坏	未恢复		#1-14：发电机后轴承损坏、#2-16：叶片横向裂纹严重、#11-08：变频器故障、#5-10：发电机转子接地、#6-61：风机通讯故障		
3	#2-16	叶片横向裂纹严重	未恢复				
4	#9-03	发电机两侧轴承存在损	已恢复				
5	#11-08	变频器故障	未恢复				
6	#5-10	发电机转子接地	未恢复				
7	#1-09	箱变低压侧断路器跳闸	已恢复				
8	#14-106	变桨安全链故障	已恢复				
9	#6-61	风机通讯故障	未恢复				
10	#2-13	风速仪传感器故障	已恢复				

图 4-36　合并未恢复机组编号和停机原因信息结果

4.7 其他常用的文本函数

4.7.1 CHAR 和 CODE 字符和数字代码转换函数

(1) CHAR 和 CODE 函数介绍。

1) CHAR 字符转换函数。

功能： 返回数字代码所对应的字符。

语法： =CHAR(数值)。

注意：

数值：必需。用于转换的数字代码，介于 1～255 之间，使用的是当前计算机字符集的字符。工作中最常用的是：

①回车符 CHAR(13)： 表示一句话终了，再输入或输出就是下一句了。

②换行符 CHAR(10)： 表示一句话并没有结束，仅仅是从形式上换行，后面的部分放到了下一行，**因此在 WPS 表格中开始选项卡必须设置“自动换行”。**

2) CODE 数字代码转换函数。

功能： 返回文本字符串第一个字符的数字代码。

语法： =CODE(字符串)。

注意：

字符串：必需。为需要得到其第一个字符代码的文本。

(2) CHAR 和 CODE 函数基本应用。

返回下列数字代码对应的字符和字符对应的数字代码，如图 4-37 所示。

	A	B	C
2	字符	转换成数字代码	转换成字符
3	a		
4	A		
5	(		
6	?		
7	>		
8	@		

图 4-37 数字代码和字符转换

解题步骤：

步骤 1 选择 B3 单元格，输入公式：=CODE(A3)。

步骤 2 选择 C3 单元格，输入公式：=CHAR(B3)。

步骤 3 输入完毕回车，向下拖动填充公式，返回所有计算结果，如图 4-38 和图 4-39 所示。

4.7.2 UPPER 和 LOWER 大小写转换函数

(1) UPPER 和 LOWER 函数介绍。

B3　=CODE(A3)

	A	B	C
2	字符	转换成数字代码	转换成字符
3	a	97	a
4	A	65	A
5	(	40	(
6	?	63	?
7	>	62	>
8	@	64	@

图 4-38　转换成数字代码结果

C3　=CHAR(B3)

	A	B	C
2	字符	转换成数字代码	转换成字符
3	a	97	a
4	A	65	A
5	(	40	(
6	?	63	?
7	>	62	>
8	@	64	@

图 4-39　转换成字符结果

1）UPPER 大写转换函数。

功能：将文本字符串转换成字母全部大写形式。

语法：＝UPPER(字符串)。

注意：

字符串：必需。为需要转换成大写形式的文本，可以为文本字符串或单元格引用。

2）LOWER 小写转换函数。

功能：将文本字符串转换成字母全部小写形式。

语法：＝LOWER(字符串)。

注意：

字符串：必需。为需要转换成小写形式的文本，可以为文本字符串或单元格引用。

(2）UPPER 和 LOWER 函数基本应用。

返回下列文本字符串对应的大写和小写形式，如图 4-40 所示。

	E	F	G
2	文本信息	大写形式	小写形式
3	Apple		
4	LongYuan		
5	TsingHua		
6	PLC编程		
7	Profibus通讯		

图 4-40　大小写转换

解题步骤：

步骤 1 选择 F3 单元格，输入公式：＝UPPER(E3)。

步骤 2 选择 G3 单元格，输入公式：＝LOWER(E3)。

步骤 3 输入完毕回车，向下拖动填充公式，返回所有计算结果，如图 4-41 和图 4-42 所示。

F3 　fx =UPPER(E3)

	E	F
2	文本信息	大写形式
3	Apple	APPLE
4	LongYuan	LONGYUAN
5	TsingHua	TSINGHUA
6	PLC编程	PLC编程
7	Profibus通讯	PROFIBUS通讯

图 4-41　转换为大写形式

G3 　fx =LOWER(E3)

	E	G
2	文本信息	小写形式
3	Apple	apple
4	LongYuan	longyuan
5	TsingHua	tsinghua
6	PLC编程	plc编程
7	Profibus通讯	profibus通讯

图 4-42　转换为小写形式

4.7.3 EXACT 字符串比较函数

(1) EXACT 函数介绍。

功能：比较两个字符串是否完全相同（区分大小写），返回逻辑值 TRUE 或 FALSE。

语法：＝EXACT(字符串 1,字符串 2)。

注意：

①字符串 1：必需。待比较的第一个字符串。

②字符串 2：必需。待比较的第二个字符串。

(2) EXACT 函数基本应用。

判断下列文本信息首字母是否为大写字母，如图 4-43 所示。

解题步骤：

步骤 1 首先用 LEFT 提取第一个字符，再用 UPPER 将其转化为大写字母，最后使用 EXACT 函数与其比较。

步骤 2 选择 J3 单元格，输入公式：＝IF(EXACT(LEFT(I3),UPPER(LEFT(I3))),"是","否")。

步骤 3 输入完毕回车，向下拖动填充公式，返回所有计算结果，如图 4-44 所示。

	I	J
2	文本信息	首字母是否大写
3	apple	
4	LongYuan	
5	TsingHua	
6	plc编程	
7	Profibus通讯	

图 4-43 判断首字母是否为大写字母

	I	J
2	文本信息	首字母是否大写
3	apple	否
4	LongYuan	是
5	TsingHua	是
6	plc编程	否
7	Profibus通讯	是

图 4-44 判断首字母是否为大写字母结果

4.7.4 REPT 重复文本函数

（1）REPT 函数介绍。

功能：按照指定的次数重复显示文本，可以通过函数 REPT 来不断地重复显示某一文本字符串，对单元格进行填充。

语法：=REPT(字符串,重复次数)。

注意：

①字符串：必需。需要重复显示的文本。

②重复次数：必需。指定重复显示文本的次数。

③如果“重复次数”为零，则返回空文本。

④如果“重复次数”不是整数，则将被截尾取整。

⑤如果结果字符串超过 32767 个字符（单元格最大字符限制），则返回参数值错误 #VALUE!。

（2）REPT 函数基本应用。

根据班组得分，按照评星级要求对班组评星级，如图 4-45 所示。

	L	M	N	O	P	Q
2	评星级要求			班组	班组得分	星级
3	>=80	★		甲值	96	
4	>=85	★★		乙值	92	
5	>=90	★★★		丙值	93	
6	>=95	★★★★		丁值	88	

图 4-45 按照评星级要求对班组评星级

解题步骤：

步骤 1 使用 IFS 多条件判断函数对班组进行评星级，选择 Q3 单元格，输入公式：=IFS(P3>=95,REPT("★",4),P3>=90,REPT("★",3),P3>=85,REPT ("★",2),P3>=80,REPT("★",1))。

步骤2 输入完毕回车，向下拖动填充公式，返回所有计算结果，如图4-46所示。

fx =IFS(P3>=95,REPT("★",4),P3>=90,REPT("★",3),P3>=85,REPT("★",2),P3>=80,REPT("★",1))

班组	班组得分	星级
甲值	96	★★★★
乙值	92	★★★
丙值	93	★★★
丁值	88	★★

图4-46 按照评星级要求对班组评星级结果

4.7.5 TRIM清除首尾空格函数

（1）TRIM函数介绍。

功能： 清除字符串首尾空格，文本中间空格除外。

语法： =TRIM(字符串)。

注意：

①字符串：必需。需要清除首尾空格的文本。

②如果需要清除文本中所有空格，可以使用SUBSTITUTE替换函数，将文本字符串空格替换为空。

（2）TRIM函数基本应用。

对下列文本信息清除空格（见图4-47），单元格左上角有“小三角”表示“内容前后有空格，可能导致计算出错。”

	S	T	U
2	文本信息	清除首尾空格	清除全部空格
3	你 好 啊		
4	快乐　每一天		
5	天 天 向 上		
6	繁荣 富强 民主		

图4-47 清除文本信息空格

1）清除首尾空格。

解题步骤：

步骤1 选择T3单元格，输入公式：=TRIM(S3)。

步骤2 输入完毕回车，向下拖动填充公式，返回所有计算结果，如图4-48所示。

T3 fx =TRIM(S3)

	S	T
2	文本信息	清除首尾空格
3	你 好 啊	你 好 啊
4	快乐　每一天	快乐 每一天
5	天 天 向 上	天 天 向 上
6	繁荣 富强 民主	繁荣 富强 民主

图4-48 清除首尾空格结果

2）清除全部空格。

解题步骤：

步骤 1 选择 U3 单元格，输入公式：=SUBSTITUTE(S3," ","")。

注意：使用 SUBSTITUTE 替换函数将空格替换为空。

步骤 2 输入完毕回车，向下拖动填充公式，返回所有计算结果，如图 4-49 所示。

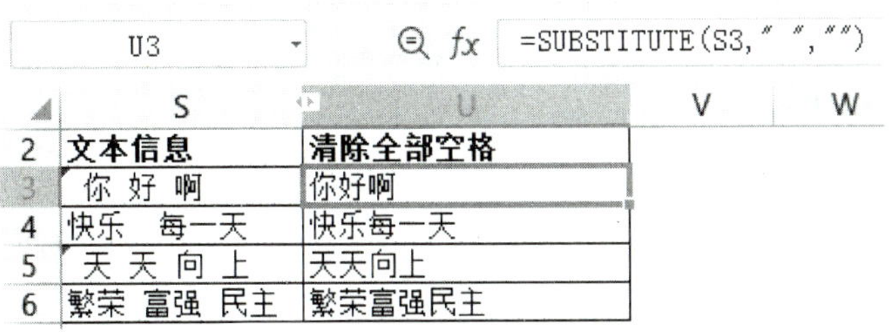

U3 =SUBSTITUTE(S3," ","")

	S	U	V	W
2	文本信息	清除全部空格		
3	你 好 啊	你好啊		
4	快乐 每一天	快乐每一天		
5	天 天 向 上	天天向上		
6	繁荣 富强 民主	繁荣富强民主		

图 4-49 清除全部空格结果

5 日期时间函数应用

5.1 认识 WPS 表格中的日期时间

5.1.1 了解日期时间数据

在 WPS 表格中，可将日期时间数据视为数值的一种特殊表现形式，可以说一个日期时间对应一个数字，但一个数字不一定对应一个日期时间。日期时间的本质就是大于等于 0 的数值，只不过我们将格式设置为日期时间对应的格式，所以才会显示为日期时间。**WPS 表格将一个规范的日期时间保存为序列数，其中整数部分表示日期，1 代表 1 天；小数部分表示时间，1h 等于 1/24，12h 等于小数 0.5，1min 等于 1/24/60＝1/1440，1s 等于 1/24/60/60＝1/86400。**

WPS 表格默认使用 1900 年日期系统，数值 0 对应的日期是 1900 年 1 月 0 日，其序列数的**有效范围是 0～2958465.99999994，代表 1900 年 1 月 0 日 0 时 0 分 0.00 秒至 9999 年 12 月 31 日 23 时 59 分 59.99 秒**，因此有效数值范围外的数值转换为日期格式时会报无法显示错误“＃＃＃＃＃”。

5.1.2 将数值设置为日期时间格式

将下列数值设置为日期和日期时间格式，如图 5-1 所示。

	A	B	C	D
1	数值格式	1	43200.25	45000.35
2	日期格式	1	43200.25	45000.35
3	日期时间格式	1	43200.25	45000.35

图 5-1　将数值设置为日期和日期时间格式

操作步骤：

步骤 1　选择 B2:D2 单元格，右击鼠标，在快捷菜单中选择最后一项：设置单元格格式（或直接按单元格格式设置快捷键：Ctrl＋1），打开单元格格式设置对话框，选择分类中日期，选择一种日期格式“2001-1-7”，点击确定，如图 5-2 所示。

步骤 2　选择 B3:D3 单元格，右击鼠标，在快捷菜单中选择最后一项：设置单元格格式（或直接按单元格格式设置快捷键：Ctrl＋1），打开单元格格式设置对话框，选择分类中日期，选择一种日期时间格式“2001-1-7 0:00”，点击确定，如图 5-3 所示。

图 5-4 为将数值设置为日期和日期时间格式结果。

5.1.3 批量纠正日期格式

（1）三种输入日期的正确格式。

在默认情况下，输入日期的正确格式只有三种：

①以斜杠分割年月日 yyyy/m/d。

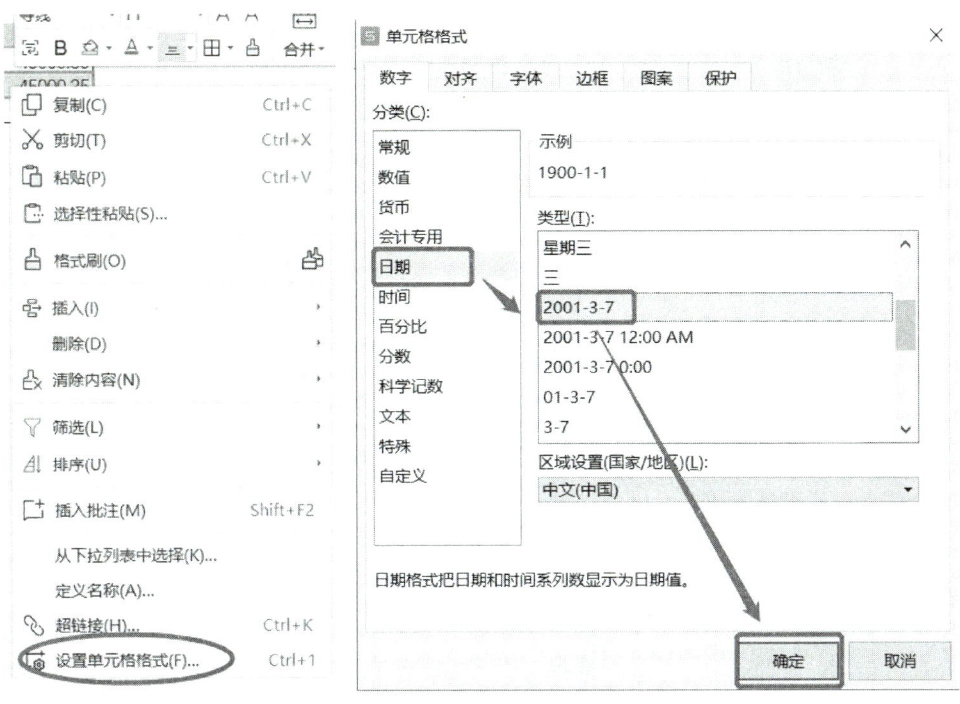

图 5-2　设置单元格格式为日期格式

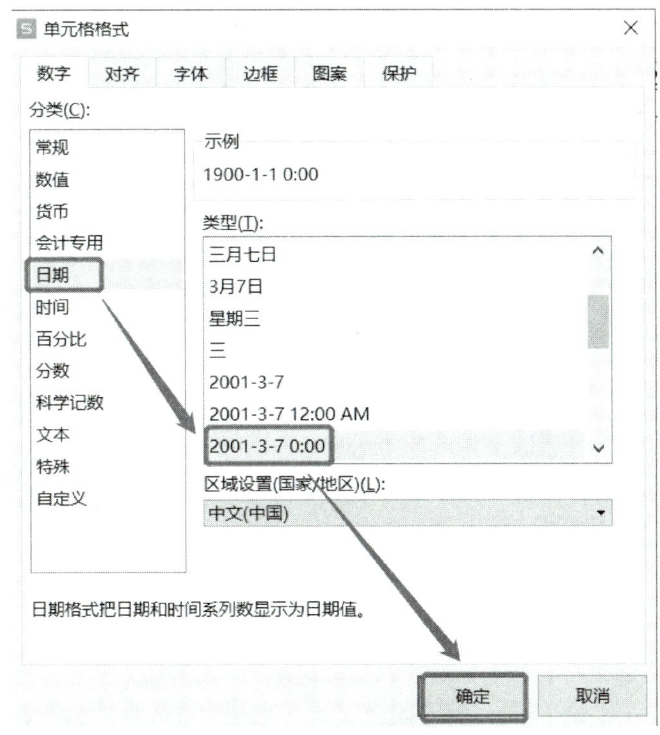

图 5-3　设置单元格格式为日期时间格式

	A	B	C	D
1	**数值格式**	1	43200.25	45000.35
2	**日期格式**	1900-1-1	2018-4-10	2023-3-15
3	**日期时间格式**	1900-1-1 0:00	2018-4-10 6:00	2023-3-15 8:24

图 5-4　将数值设置为日期和日期时间格式结果

②以减号分割年月日 yyyy-m-d。

③直接输入 yyyy 年 m 月 d 日。

其余的录入格式都是错误的，导致无法对其进行计算，只有将其转换为正确的格式才可。

	A
6	**批量纠正日期格式**
7	20220101
8	2022.10.20
9	2022\9\8
10	2020 7 6

图 5-5　批量纠正日期格式

（2）批量纠正日期格式方法。

如何批量纠正日期格式，这里有一种比较简单的方法，就是利用表格“分列”功能，如示例，请利用分列功能对下列日期数据进行批量纠正，如图 5-5 所示。

操作步骤：

选择 A7:A10 单元格区域，然后点击“数据”选项卡，选择“分列”，点击两次下一步，设置列数据类型为日期 YMD，点击确定即可，如图 5-6 所示。批量纠正日期格式结果如图 5-7 所示。

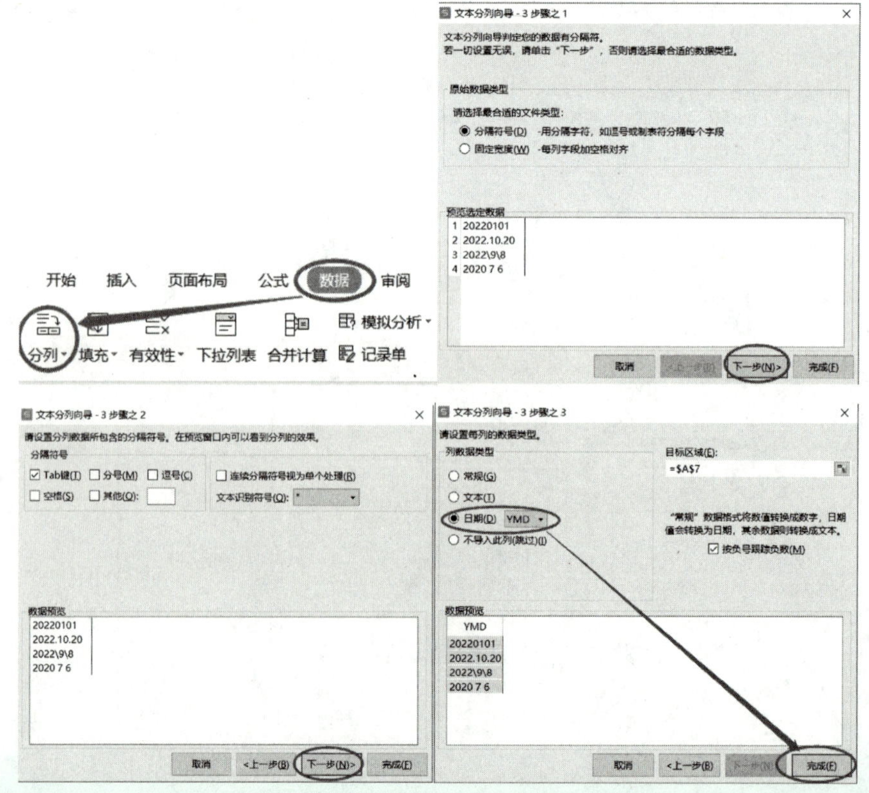

图 5-6　批量纠正日期格式操作步骤

5.1.4　获取系统当前日期和时间

	A
6	批量纠正日期格式
7	2022-1-1
8	2022-10-20
9	2022-9-8
10	2020-7-6

图 5-7　批量纠正日期格式结果

（1）快捷键直接获取系统当前日期和时间。

①获取系统当前日期快捷键：Ctrl＋;(分号)。

②获取系统当前时间快捷键：Ctrl＋Shift＋;(分号)。

（2）动态获取系统当前日期和时间函数。

1）TODAY 动态获取系统当前日期函数，如图 5-8 所示。

功能：返回系统当前日期所对应的序列数。如果在键入函数前，单元格的格式为“常规”，则结果将设为日期格式。

语法：＝TODAY()。

注意：该函数无参数。

2）NOW 动态获取系统当前日期和时间函数，如图 5-9 所示。

功能：返回系统当前日期和时间所对应的序列数。如果在键入函数前，单元格的格式为“常规”，则结果将设为日期格式。

语法：＝NOW()。

注意：该函数无参数。

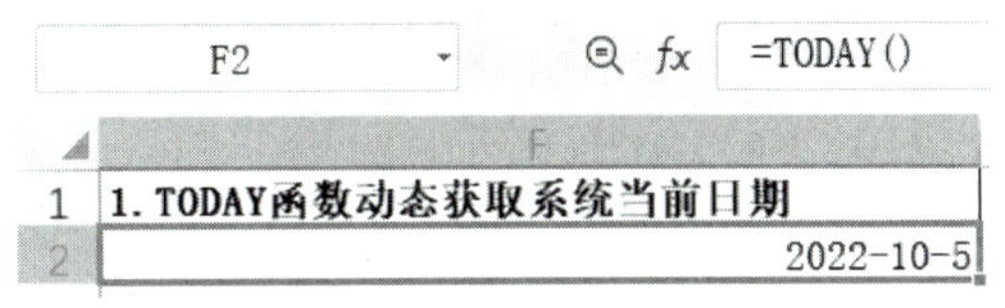

图 5-8　动态获取系统当前日期

F5　=NOW()

	F
4	2. NOW函数动态获取系统当前日期和时间
5	2022-10-5 22:45

图 5-9　动态获取系统当前日期和时间

3）如何自动更新日期和时间。

①按 F9 快捷键。

②选择公式单元格并双击鼠标左键。

③重新打开文件。

5.1.5　将文本日期转换为数值日期

（1）DATEVALUE 文本日期转化为数值日期函数。

功能：返回文本字符串日期对应的数值序列号。

语法：＝DATEVALUE(日期字符串)。

注意：

①日期字符串：必需。为表格日期格式表示的日期的文本。例如"2022-1-30"就是带引号的文本日期。

②“日期字符串”必须表示 1900 年 1 月 1 日到 9999 年 12 月 31 日之间的一个日期。如果“日期字符串”超出范围，则返回参数值错误＃VALUE!；如果“日期字符串”为数值型日期，则返回参数值错误＃VALUE!。

（2）对文本日期进行乘 1、除 1、加 0 运算。

对文本型日期进行乘 1、除 1、加 0 运算，可以将文本日期直接转化为数值日期。

(3) 将文本日期转化为数值日期基本应用，如图 5-10 所示。

将下列文本日期转化为数值日期，其中前三个为文本日期（左对齐），最后一个为数值日期（右对齐）。

	H	I	J	K	L
1	文本日期	DATEVALUE函数	乘1运算	除1运算	加0运算
2	2022-1-1				
3	2022-5-21				
4	2022-4-28				
5	2022-9-10				

图 5-10 将文本日期转化为数值日期

解题步骤：

步骤 1 选择 I2 单元格，输入公式：=DATEVALUE(H2)，返回结果 44562。。

步骤 2 选择 J2 单元格，输入公式：=H2 * 1，返回结果 44562。

步骤 3 选择 K2 单元格，输入公式：=H2/1，返回结果 44562。

步骤 4 选择 L2 单元格，输入公式：=H2+0，返回结果 44562。

步骤 5 选择 I2:L2 单元格区域，向下拖动填充公式，返回全部计算结果。

注意： 最后一个日期本身为数值日期，因此 DATEVALUE 函数运算返回参数值错误#VALUE!，乘除加运算不受影响，正确返回结果，如图 5-11 所示。

I2 fx =DATEVALUE(H2)

	H	I	J	K	L
1	文本日期	DATEVALUE函数	乘1运算	除1运算	加0运算
2	2022-1-1	44562	44562	44562	44562
3	2022-5-21	44702	44702	44702	44702
4	2022-4-28	44679	44679	44679	44679
5	2022-9-10	#VALUE!	44814	44814	44814

J2 fx =H2*1

	H	I	J	K	L
1	文本日期	DATEVALUE函数	乘1运算	除1运算	加0运算
2	2022-1-1	44562	44562	44562	44562
3	2022-5-21	44702	44702	44702	44702
4	2022-4-28	44679	44679	44679	44679
5	2022-9-10	#VALUE!	44814	44814	44814

图 5-11 将文本日期转化为数值日期结果（一）

K2 fx =H2/1

	H	I	J	K	L
1	文本日期	DATEVALUE函数	乘1运算	除1运算	加0运算
2	2022-1-1	44562	44562	44562	44562
3	2022-5-21	44702	44702	44702	44702
4	2022-4-28	44679	44679	44679	44679
5	2022-9-10	#VALUE!	44814	44814	44814

L2 fx =H2+0

	H	I	J	K	L
1	文本日期	DATEVALUE函数	乘1运算	除1运算	加0运算
2	2022-1-1	44562	44562	44562	44562
3	2022-5-21	44702	44702	44702	44702
4	2022-4-28	44679	44679	44679	44679
5	2022-9-10	#VALUE!	44814	44814	44814

图 5-11 将文本日期转化为数值日期结果（二）

5.2 YEAR 年、MONTH 月、DAY 日、DATE 日期函数

5.2.1 YEAR 年、MONTH 月、DAY 日函数

(1) 年、月、日函数介绍。

1) YEAR 年函数。

功能：返回某日期对应的年份，返回值为 1900～9999 之间的整数。

语法：＝YEAR(日期序号)。

2) MONTH 月函数。

功能：返回某日期对应的月份，返回值为 1～12 之间的整数。

语法：＝MONTH(日期序号)。

3) DAY 日函数。

功能：返回某日期对应的天数，返回值为 1～31 之间的整数。

语法：＝DAY(日期序号)。

4) 注意事项。

①日期序号：必需。为一个日期值。

②如果“日期序号”为文本日期，则该参数将被转换成数值型日期，再进行运算；如果“日期序号”无法解析为字符串的有效日期，则返回参数值错误＃VALUE!。

③如果“日期序号”超过有效日期范围，则返回无效数字错误＃NUM!。

(2) 年月日函数基本应用。

求下列日期年、月、日，如图 5-12 所示。

	A	B	C	D
1	日期	年	月	日
2	2008-8-8			
3	2012-9-1			
4	2016-4-28			
5	2022-5-21			

图 5-12　求日期年月日

解题步骤：

步骤 1　选择 B2 单元格，输入公式：=YEAR(A2)。

步骤 2　选择 C2 单元格，输入公式：=MONTH(A2)。

步骤 3　选择 D2 单元格，输入公式：=DAY(A2)。

步骤 4　输入完毕回车，向下拖动填充公式，返回所有日期年月日，如图 5-13 所示。

B2　fx　=YEAR(A2)

	A	B	C	D
1	日期	年	月	日
2	2008-8-8	2008	8	8
3	2012-9-1	2012	9	1
4	2016-4-28	2016	4	28
5	2022-5-21	2022	5	21

图 5-13　求日期年月日结果

5.2.2　DATE 日期函数

功能：返回代表特定日期的序列号。

语法：=DATE(年,月,日)。

注意：

①年：必需。为一到四位数字。

如果“年”位于 0（零）到 1899（包含）之间，则表格会将该值加上 1900，再计算年份，例如：DATE(122,1,2)将返回 2022 年 1 月 2 日(1900+122)；

如果“年”位于 1900 到 9999（包含）之间，则表格将使用该数值作为年份，例如：DATE(2022,1,2)将返回 2022 年 1 月 2 日；

如果“年”小于 0 或大于等于 10000，则表格将返回无效数字错误#NUM!。

②月：必需。代表每年中月份的数字。

如果“月”大于 12，将从指定年份的 1 月开始往上加，例如：DATE(2022,14,2)返回代表 2023 年 2 月 2 日的日期序号；

如果“月”为 0，则为指定年份前一年的 12 月，例如：DATE(2022,0,2) 返回代表 2021 年 12 月 2 日的日期序号；

如果“月”小于 0，将从指定年份的前一年 12 月开始往下减，例如：DATE(2022,-2,2) 返回代表 2021 年 10 月 2 日的日期序号。

③日：必需。代表该月份第几天的数字。

如果“日”大于该月份的最大天数，则将从指定月份的下一月第一天开始往上累加，反之亦然，同“月”参数。例如，DATE（2022，6，35）返回代表 2022 年 7 月 5 日的日期序号。

图 5-14 为 DATE 函数运算规则。

	F	G	H	I
1	年	月	日	返回日期
2	122	1	2	2022-1-2
3	2022	1	2	2022-1-2
4	-100	1	2	#NUM!
5	12000	1	2	#NUM!
6	2022	14	2	2023-2-2
7	2022	0	2	2021-12-2
8	2022	6	35	2022-7-5
9	2022	6	0	2022-5-31
10	2022	6	-2	2022-5-29

图 5-14 DATE 函数运算规则

5.3 EDATE 和 EOMONTH 间隔月数后的日期函数

5.3.1 EDATE 和 EOMONTH 函数介绍

EDATE 和 EOMONTH 函数专门用于计算间隔几个月之前或之后的日期，非常好用。

（1）EDATE 间隔月数后的对应日期。

功能：返回从起始日期开始，指定间隔月数之前或之后的日期。

语法：＝EDATE(开始日期,间隔月数)。

（2）EDMONTH 间隔月数后的月末日期。

功能：返回从起始日期开始，指定间隔月数之前或之后的月份的最后一天。

语法：＝EOMONTH(开始日期,间隔月数)。

（3）二者共同注意事项。

①开始日期：必需。一个日期值。

②间隔月数：必需。间隔月数为正数，则从起始日期往后推算；间隔月数为负数，则从起始日期往前推算。

③如果“开始日期”为文本日期，则将被转换成数值型日期，再进行运算；如果“开始日期”无法解析为字符串的有效日期，则返回参数值错误＃VALUE!。

④如果“开始日期”超过有效日期范围，则返回无效数值错误＃NUM!；如果“开始日期”和“间隔月数”超过有效日期范围，则返回无效数值错误＃NUM!。

⑤如果“间隔月数”不是整数，将截尾取整。

⑥EDATE 函数对于“开始日期”为月末 29 日至 31 日的日期，如果间隔月数后的月份最大天数也没有这几日，则返回最大天数的日期。

如开始日期为 2022 年 1 月 31 日，则 1 个月后的日期应该为 2022 年 2 月 31 日，由于 2022 年 2 月只有 28 天，所以返回 2022 年 2 月 28 日。

如开始日期为 2022 年 1 月 31 日，3 个月后的日期应该为 2022 年 4 月 31 日，由于 4 月只有 30 天，所以返回 2022 年 4 月 30 日。

5.3.2 EDATE 和 EOMONTH 函数基本应用

(1) 求去年同比日期和上月环比日期。

在新能源生产指标日对标分析表中，我们会遇到一个问题就是：必须判断当年是平年或闰年，确定 2 月份是否有 29 日，比如 2020 年 2 月 29 日的对标分析表中，去年同期应该是 2019 年 2 月 29 日，但由于 2019 年是平年，因此不存在 29 日这一天，正确的去年同期应该是 2019 年 2 月 28 日。同样，如果做每天的月度环比，也会出现类似问题，有的月份有 31 日，有的月份没有，每次必须先确定上月是否存在 31 日，再进行计算。

上述做法在实际操作过程中，无疑增加了计算流程，而使用 EDATE 函数很好地解决了这一问题。

求下列日期的去年同比日期和上月环比日期，如图 5-15 所示。

	A	B	C
1	开始日期	去年同比日期	上月环比日期
2	2020-2-29		
3	2022-5-31		
4	2022-3-31		
5	2022-10-31		

图 5-15　求去年同比日期和上月环比日期

解题步骤：

步骤 1　选择 B2 单元格，输入公式：=EDATE(A2,−12)。

步骤 2　选择 C2 单元格，输入公式：=EDATE(A2,−1)。

注意：求去年同比日期，“间隔月数”为−12，即减 12 个月；求上月环比日期，“间隔月数”为−1，即减 1 个月。

步骤 3　输入完毕回车，向下拖动填充公式，返回全部计算结果，如图 5-16 所示。

B2　=EDATE(A2,-12)

	A	B	C	D
1	开始日期	去年同比日期	上月环比日期	
2	2020-2-29	2019-2-28	2020-1-29	
3	2022-5-31	2021-5-31	2022-4-30	
4	2022-3-31	2021-3-31	2022-2-28	
5	2022-10-31	2021-10-31	2022-9-30	

C2　=EDATE(A2,-1)

	A	B	C	D
1	开始日期	去年同比日期	上月环比日期	
2	2020-2-29	2019-2-28	2020-1-29	
3	2022-5-31	2021-5-31	2022-4-30	
4	2022-3-31	2021-3-31	2022-2-28	
5	2022-10-31	2021-10-31	2022-9-30	

图 5-16　求去年同比日期和上月环比日期结果

（2）求员工的退休日期，如图 5-17 所示。

按照规定，男性退休年龄为 60 岁，女性为 55 岁，请根据出生日期，计算下列员工退休日期。

	E	F	G	H
1	员工姓名	性别	出生日期	退休日期
2	朱鹏程	男	1983-12-28	
3	杨非凡	男	1995-7-5	
4	李丽文	女	1988-2-16	
5	杨倩	女	1995-7-26	
6	史文祥	男	1990-10-3	
7	陈玲好	女	1981-5-19	

图 5-17 求员工的退休日期

解题步骤：

步骤 1 选择 H2 单元格，输入公式：=EDATE(G2,IF(F2="男",60,55)*12)。

注意：通过 IF 函数判断性别，返回对应的退休年龄，再对年龄乘 12 月，即为间隔月数。

步骤 2 输入完毕回车，向下拖动填充公式，返回全部计算结果，如图 5-18 所示。

H2 　fx =EDATE(G2,IF(F2="男",60,55)*12)

	E	F	G	H
1	员工姓名	性别	出生日期	退休日期
2	朱鹏程	男	1983-12-28	2043-12-28
3	杨非凡	男	1995-7-5	2055-7-5
4	李丽文	女	1988-2-16	2043-2-16
5	杨倩	女	1995-7-26	2050-7-26
6	史文祥	男	1990-10-3	2050-10-3
7	陈玲好	女	1981-5-19	2036-5-19

图 5-18 求员工的退休日期结果

（3）求上月末日期和月初第一天日期，如图 5-19 所示。

当新能源发电场站有多个项目时，上网电量通过变压器高压侧表底进行分摊关口表电量，每天最准确的上网电量计算方法为：（今日关口表表底－上月末关口表表底）*倍率*主变高压侧分摊系数－昨日上网电量累计值。此种方法对于有多个项目的场站，可以避免上网电量日累计值和月末分摊值出现偏差。

因此，必须给定任意一个日期，返回上月末日期值。另外也经常遇到给定一个日期，求月初第一天日期，均可通过 EOMONTH 函数求得。

求下列日期的上月末日期和月初第一天日期。

	J	K	L
1	开始日期	上月末日期	月初第一天日期
2	2020-5-6		
3	2021-3-15		
4	2022-5-27		
5	2022-6-28		
6	2022-9-3		
7	2022-12-11		

图 5-19 求上月末日期和月初第一天日期

解题步骤:

步骤1 选择K2单元格，输入公式：=EOMONTH(J2,−1)。

步骤2 选择L2单元格，输入公式：=EOMONTH(J2,−1)+1。

注意: 上月末即"间隔月数"为−1，月初第一天则是在上月末最后一天基础上+1。

步骤3 输入完毕回车，向下拖动填充公式，返回全部计算结果，如图5-20所示。

K2 =EOMONTH(J2,-1)

	J	K	L
1	开始日期	上月末日期	月初第一天日期
2	2020-5-6	2020-4-30	2020-5-1
3	2021-3-15	2021-2-28	2021-3-1
4	2022-5-27	2022-4-30	2022-5-1
5	2022-6-28	2022-5-31	2022-6-1
6	2022-9-3	2022-8-31	2022-9-1
7	2022-12-11	2022-11-30	2022-12-1

L2 =EOMONTH(J2,-1)+1

	J	K	L
1	开始日期	上月末日期	月初第一天日期
2	2020-5-6	2020-4-30	2020-5-1
3	2021-3-15	2021-2-28	2021-3-1
4	2022-5-27	2022-4-30	2022-5-1
5	2022-6-28	2022-5-31	2022-6-1
6	2022-9-3	2022-8-31	2022-9-1
7	2022-12-11	2022-11-30	2022-12-1

图5-20 求上月末日期和月初第一天日期结果

(4)求合同签订到期日。

劳动合同的签订方式有两种：签订整3年或签订到3年后到期月份的月末日期，这两种方法都符合法律规定。针对两种方式，计算劳动合同签订到期日（见图5-21）。

	N	O	P
1	签订方式	劳动合同签订日期	合同到期日
2	整3年	2022-9-26	
3	3年后月末日期	2022-9-26	

图5-21 计算劳动合同签订到期日

解题步骤:

步骤1 选择P2单元格，输入公式：=EDATE(O2,3*12)，返回按整3年签订方式到期日。

步骤2 选择P3单元格，输入公式：=EOMONTH(O3,3*12)，返回按3年后月末日期。

图5-22为计算劳动合同签订到期日结果。

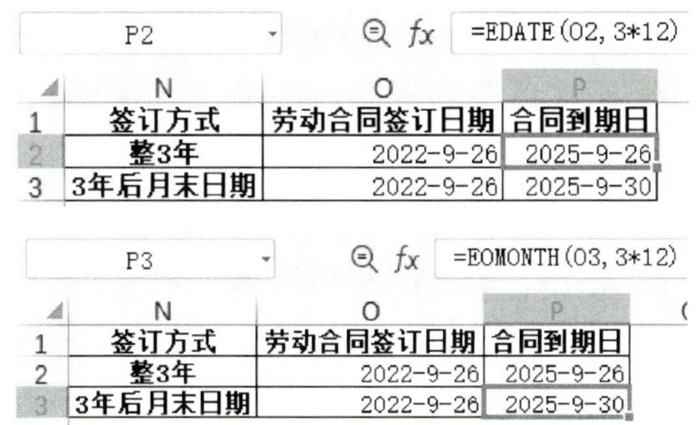

图 5-22 计算劳动合同签订到期日结果

5.4 DAYS 和 DATEDIF 日期间隔函数

5.4.1 DAYS 和 DATEDIFF 函数介绍

(1) DAYS 日期间隔天数。

功能：返回两个日期之间的天数。

语法：=DAYS(终止日期,开始日期)。

注意：

①终止日期：必需。为一个日期值。

②开始日期：必需。为一个日期值。

③如果任何一个日期参数为文本日期，则该参数将被转换成数值型日期，再进行运算；如果日期参数无法解析为字符串的有效日期，则返回参数值错误#VALUE!。

④如果日期参数超过有效日期范围，则返回无效数字错误#NUM!。

⑤如果两个日期为纯日期，两个日期数据相减与使用 DAYS 函数计算结果一致；如果两个日期数据包含日期和时间，则 DAYS 函数计算时会自动截取整数日期值进行计算，而两个日期时间数据直接相减会将时间看作日期中的小数部分进行计算，因此计算结果会有所差别。

(2) DATEDIF 日期间隔天数/月数/年数。

功能：返回两个日期之间的天数、月数或年数。

语法：=DATEDIF(开始日期,终止日期,比较单位)。

注意：

①开始日期：必需。为一个日期值。

②终止日期：必需。为一个日期值。“终止日期”必须晚于“开始日期”，否则返回无法显示错误#####。

③比较单位：必需。为返回信息的类型。

表 5-1 为单位、含义、公式及结果。

表 5-1　　单位、含义、公式及结果

单位	含义	公式	结果
y	两日期差距的整年数，即已满几年	=DATEDIF("2020-11-5","2022-8-9","y")	1
m	两日期差距的整月数，即已满几月	=DATEDIF("2020-11-5","2022-8-9","m")	21
d	两日期差距的天数，即两者相减的数字。注意：和 DAYS 函数返回结果一致	=DATEDIF("2020-11-5","2022-8-9","d")	642
ym	两日期中月数的差，忽略日期中年（日）	=DATEDIF("2020-11-5","2022-8-9","ym")	9
md	两日期中天数的差，忽略日期中的月（年）	=DATEDIF("2020-11-5","2022-8-9","md")	4
yd	两日期中天数的差，忽略日期中的年	=DATEDIF("2020-11-5","2022-8-9","yd")	277

④DATEDIF 函数中第一个参数为“开始日期”，第二个参数为“终止日期”，**两个日期参数位置与 DAYS 函数正好相反。**

⑤如果任何一个日期参数为文本日期，则该参数将被转换成数值型日期，再进行运算；如果日期参数无法解析为字符串的有效日期，则返回参数值错误＃VALUE!。

⑥如果日期参数超过有效日期范围，则返回无效数字错误＃NUM!。

5.4.2　DAYS 和 DATEDIFF 函数基本应用

（1）求机组停机天数，如图 5-23 所示。

求下列机组停机天数。

	F	G	H	I	J
1	风机编号	开始时间	结束时间	DAYS求停机天数	减法求停机天数
2	#2-23	2021-12-31 1:23	2022-1-3 19:00		
3	#5-56	2022-1-18 5:00	2022-1-20 14:00		
4	#2-02	2022-2-23 19:20	2022-2-24 18:00		
5	#5-52	2022-3-25 22:10	2022-3-27 10:55		
6	#6-06	2022-4-29 10:00	2022-5-2 12:20		
7	#9-01	2022-5-30 8:05	2022-5-31 11:55		
8	#9-09	2022-6-30 20:00	2022-7-5 12:00		

图 5-23　求机组停机天数

解题步骤：

步骤 1　选择 I2 单元格，输入公式：=DAYS(H2,G2)。

步骤 2　选择 J2 单元格，输入公式：=H2-G2

步骤 3　输入完毕回车，向下拖动填充公式，返回两种计算方式结果，如图 5-24 所示。

注意：可以看出两个日期时间数据求间隔天数时，使用 DAYS 函数会自动截取日期部分进行计算，计算结果为整型数据；使用两个日期时间数据相减时，时间看作日期数据的小数部分进行计算，计算结果为浮点型数据（带有小数部分）。

如果精确计算相差天数，建议直接对两个日期相减；如果需要计算时长，则需要再乘以 24h。

（2）求员工工龄，如图 5-25 所示。

求下列员工的具体工龄。

I2 fx =DAYS(H2,G2)

	F	G	H	I	J
1	风机编号	开始时间	结束时间	DAYS求停机天数	减法求停机天数
2	#2-23	2021-12-31 1:23	2022-1-3 19:00	3	3.73
3	#5-56	2022-1-18 5:00	2022-1-20 14:00	2	2.38
4	#2-02	2022-2-23 19:20	2022-2-24 18:00	1	0.94
5	#5-52	2022-3-25 22:10	2022-3-27 10:55	2	1.53
6	#6-06	2022-4-29 10:00	2022-5-2 12:20	3	3.10
7	#9-01	2022-5-30 8:05	2022-5-31 11:55	1	1.16
8	#9-09	2022-6-30 20:00	2022-7-5 12:00	5	4.67

图 5-24 求机组停机天数结果

	L	M	N	O	P
1	当前日期	2022-9-28			
2	员工姓名	入职日期	工龄（年数）	工龄（月数）	工龄（天数）
3	李天宇	2011-12-8			
4	王爱芳	2011-4-3			
5	周书明	2001-12-14			
6	陈恬	2010-12-7			

图 5-25 求员工的具体工龄

解题步骤：

步骤 1 选择 N3 单元格，输入公式：=DATEDIF(M3,M1,"y")。

注意：第一个参数“开始日期”M3 修改为混合引用 $M3，行变列不变；第二个参数“结束日期”M1 修改为绝对引用 $M$1；最终公式修改为：=DATEDIF($M3,$M$1,"y")。

返回两个日期间隔年数，即工龄的完整年数。

步骤 2 向右拖动公式，将第三个参数“比较单位”修改为 ym，即计算两个日期的月数差，忽略其中的年份。返回工龄完整年数余下的完整月数。

步骤 3 向右拖动公式，将第三个参数“比较单位”修改为 md，即计算两个日期的天数差，忽略其中的月份。返回工龄完整年数和完整月数后余下的天数。

步骤 4 选择 N3:P3 单元格区域，向下拖动填充公式，返回所有员工的工龄年数月数天数，如图 5-26 所示。

N3 fx =DATEDIF($M3,$M$1,"y")

	L	M	N	O	P
1	当前日期	2022-9-29			
2	员工姓名	入职日期	工龄（年数）	工龄（月数）	工龄（天数）
3	李天宇	2011-12-8	10	9	21
4	王爱芳	2011-4-3	11	5	26
5	周书明	2001-12-14	20	9	15
6	陈恬	2010-12-7	11	9	22

图 5-26 求员工的具体工龄结果（一）

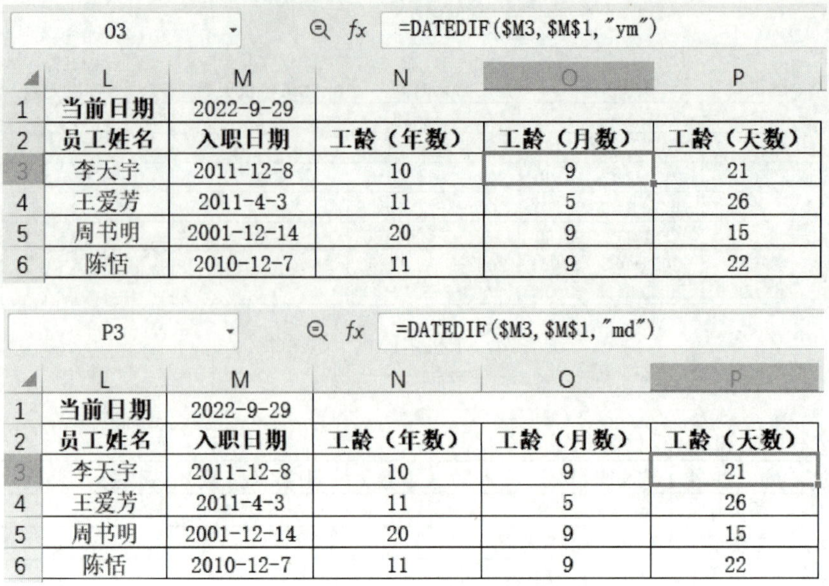

O3　=DATEDIF($M3, $M$1, "ym")

	L	M	N	O	P
1	当前日期	2022-9-29			
2	员工姓名	入职日期	工龄（年数）	工龄（月数）	工龄（天数）
3	李天宇	2011-12-8	10	9	21
4	王爱芳	2011-4-3	11	5	26
5	周书明	2001-12-14	20	9	15
6	陈恬	2010-12-7	11	9	22

P3　=DATEDIF($M3, $M$1, "md")

	L	M	N	O	P
1	当前日期	2022-9-29			
2	员工姓名	入职日期	工龄（年数）	工龄（月数）	工龄（天数）
3	李天宇	2011-12-8	10	9	21
4	王爱芳	2011-4-3	11	5	26
5	周书明	2001-12-14	20	9	15
6	陈恬	2010-12-7	11	9	22

图 5-26　求员工的具体工龄结果（二）

5.5　WEEKDAY 和 WEEKNUM 星期函数

5.5.1　WEEKDAY 和 WEEKNUM 函数介绍

（1）WEEKDAY 星期几函数。

功能： 返回某日期为星期几。默认情况下，其值为 1（星期日）到 7（星期六）之间的整数。

语法： ＝WEEKDAY(日期序号,[返回值类型])。

注意：

①日期序号：必需。为一个日期值。

②返回值类型：可选。

表 5-2 为返回值类型及返回结果。

表 5-2　　返回值类型及返回结果

返回值类型	返回结果
1 或省略	数字 1（星期日）到数字 7（星期六）
2	数字 1（星期一）到数字 7（星期日）
3	数字 0（星期一）到数字 6（星期日）

③如果“日期序号”为文本日期，则该参数将被转换成数值型日期，再进行运算；如果“日期序号”无法解析为字符串的有效日期，则返回参数值错误＃VALUE!。

④如果“日期序号”超过有效日期范围，则返回无效数字错误＃NUM!。

（2）WEEKNUM 一年中第几周函数。

功能：返回一个数字，该数字代表一年中的第几周。

语法：=WEEKNUM(日期序号,[返回值类型])。

注意：

①日期序号：必需。为一个日期值。

②返回值类型：可选。

表 5-3 为返回值类型及表示含义。

表 5-3　返回值类型及表示含义

返回值类型	表示星期开始于星期几
1 或省略	星期从星期日开始
2	星期从星期一开始

③如果“日期序号”为文本日期，则该参数将被转换成数值型日期，再进行运算；如果“日期序号”无法解析为字符串的有效日期，则返回参数值错误#VALUE!。

④如果“日期序号”超过有效日期范围，则返回无效数字错误#NUM!。

5.5.2 WEEKDAY 和 WEEKNUM 函数基本应用

(1) 三种方式显示星期几。

求下列日期为星期几，如图 5-27 所示。

	A	B	C	D
1	日期	WEEKDAY函数	数值格式设置	TEXT函数
2	2017-3-1			
3	2018-5-20			
4	2019-12-14			
5	2020-6-8			
6	2021-10-1			
7	2022-10-6			

图 5-27　求日期为星期几

解题步骤：

步骤 1　选择 B2 单元格，输入公式：=WEEKDAY(A2,2)，输出结果为：3，即星期三。

注意：第二个参数“返回值类型”为 2，即星期从星期一开始计算。

步骤 2　选择 C2 单元格，输入公式：=A2，设置数值格式为自定义格式“aaaa”，输出结果为：星期三。

步骤 3　选择 D2 单元格，输入公式：=TEXT(A2,"aaaa")，输出结果为：星期三。

步骤 4　选择 B2:D2 单元格区域，向下拖动填充公式，返回全部结果。

注意：三种求星期方式不同点：WEEKDAY 函数返回星期几为一个 1～7 的数字，代表星期一到星期日，如图 5-28 所示；数值格式设置方式，虽然显示星期几，但实际单元格存储的仍为数值型日期值，如图 5-29 所示；TEXT 自定义格式设置，不仅显示星期几，而且实际单元格存储的也是星期几的字符串，如图 5-30 所示。

B2 =WEEKDAY(A2, 2)

	A	B	C	D
1	日期	WEEKDAY函数	数值格式设置	TEXT函数
2	2017-3-1	3	星期三	星期三
3	2018-5-20	7	星期日	星期日
4	2019-12-14	6	星期六	星期六
5	2020-6-8	1	星期一	星期一
6	2021-10-1	5	星期五	星期五
7	2022-10-6	4	星期四	星期四

图 5-28 WEEKDAY 函数求日期为星期几

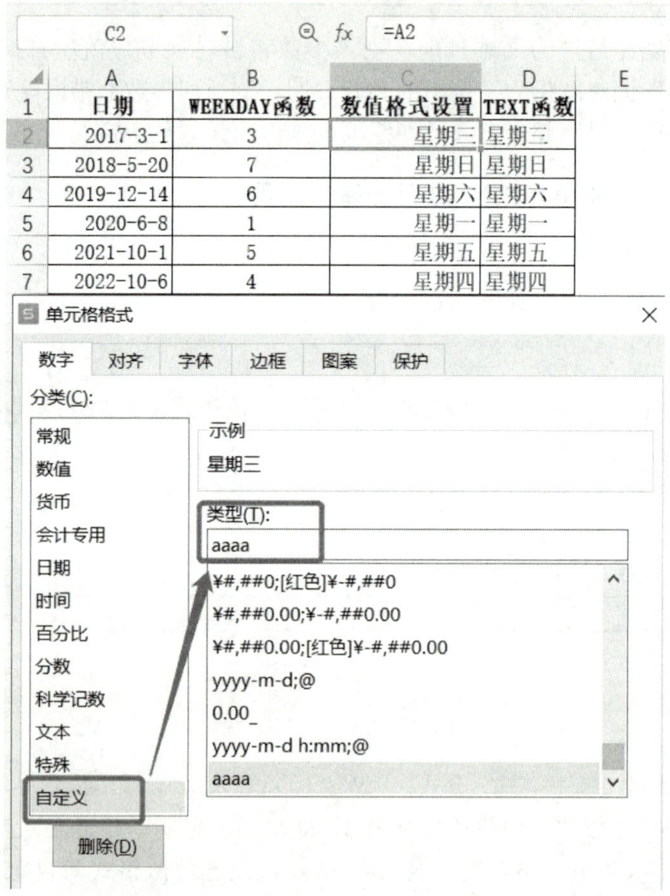

图 5-29 数值格式设置日期为星期几

（2）求一年中第几周，如图 5-31 所示。

求下列日期为一年中第几周。

解题步骤：

步骤 1 选择 G2 单元格，输入公式：＝WEEKNUM(F2)，输出结果为：2，即第二周。

D2 =TEXT(A2,"aaaa")

	A	B	C	D
1	日期	WEEKDAY函数	数值格式设置	TEXT函数
2	2017-3-1	3	星期三	星期三
3	2018-5-20	7	星期日	星期日
4	2019-12-14	6	星期六	星期六
5	2020-6-8	1	星期一	星期一
6	2021-10-1	5	星期五	星期五
7	2022-10-6	4	星期四	星期四

图 5-30 TEXT 函数设置日期为星期几

	F	G	H
1	日期	第几周（从周日算起）	第几周（从周一算起）
2	2022-1-2		
3	2022-5-1		
4	2022-10-10		

图 5-31 求日期为一年中第几周

注意：第二个参数“返回值类型”省略，默认为 1，即星期从星期日开始计算。通过查看日历（见图 5-32），2022 年 1 月 2 日为星期日，由于星期从星期日开始计算，因此这个星期日归为本年第二周。

步骤 2 选择 H2 单元格，输入公式：=WEEKNUM(F2,2)，输出结果为：1，即第一周。

注意：第二个参数“返回值类型”为 2，即星期从星期一开始计算。通过查看日历，2022 年 1 月 2 日为星期日，由于星期从星期一开始计算，因此这个星期日归为本年第一周，从 2022 年 1 月 3 日起为本年第二周。

步骤 3 选择 G2:H2 单元格区域，向下拖动填充公式，返回全部结果，如图 5-33 所示。

2022年1月

一	二	三	四	五	六	日
27 廿四	28 廿五	29 廿六	30 廿七	31 廿八	1	2 三十
3 腊月	4 初二	5 小寒	6 初四	7 初五	8 初六	9 初七
10 初八	11 初九	12 初十	13 十一	14 十二	15 十三	16 十四
17 十五	18 十六	19 十七	20 大寒	21 十九	22 二十	23 廿一
24 廿二	25 廿三	26 廿四	27 廿五	28 廿六	29 廿七	30 廿八

图 5-32 2022 年 1 月日历

G2 =WEEKNUM(F2)

	F	G	H
1	日期	第几周（从周日算起）	第几周（从周一算起）
2	2022-1-2	2	1
3	2022-5-1	19	18
4	2022-10-10	42	42

H2 =WEEKNUM(F2, 2)

	F	G	H
1	日期	第几周（从周日算起）	第几周（从周一算起）
2	2022-1-2	2	1
3	2022-5-1	19	18
4	2022-10-10	42	42

图 5-33 求日期为一年中第几周结果

(3) 判断某一日期上班是否为加班。

根据 2022 年初国务院办公厅发布的全年公休安排（见表 5-4），并结合是否为周末休息，判断某一日期上班是否为加班，如图 5-34 所示。

表 5-4 2022 年全年公休放假安排

节日	放假时间	调休上班日期	放假天数
元旦	1 月 1 日至 1 月 3 日	无调休	3
春节	1 月 31 日至 2 月 6 日	1 月 29 日（周六）、1 月 30 日（周日）上班	7
清明节	4 月 3 日至 4 月 5 日	4 月 2 日（周六）上班	3
劳动节	4 月 30 日至 5 月 4 日	4 月 24 日（周日）、5 月 7 日（周六）上班	5
端午节	6 月 3 日至 6 月 5 日	无调休	3
中秋节	9 月 10 日至 9 月 12 日	无调休	3
国庆节	10 月 1 日至 10 月 7 日	10 月 8 日（周六）、10 月 9 日（周日）上班	7

	R	S	T
1	上班日期	星期	是否为加班
2	2022-1-3	星期一	
3	2022-2-1	星期二	
4	2022-4-5	星期二	
5	2022-4-24	星期日	
6	2022-5-7	星期六	
7	2022-10-8	星期六	
8	2022-9-10	星期六	
9	2022-9-17	星期六	
10	2022-10-15	星期六	

图 5-34 判断某一日期上班是否为加班

解题步骤：

步骤 1　首先梳理全年公休放假安排表如图 5-35 所示。

	O	P
1	放假日期	调休日期
2	2022年1月1日	2022年1月29日
3	2022年1月2日	2022年1月30日
4	2022年1月3日	2022年4月2日
5	2022年1月31日	2022年4月24日
6	2022年2月1日	2022年5月7日
7	2022年2月2日	2022年10月8日
8	2022年2月3日	2022年10月9日
9	2022年2月4日	
10	2022年2月5日	
11	2022年2月6日	
12	2022年4月3日	
13	2022年4月4日	
14	2022年4月5日	
15	2022年4月30日	
16	2022年5月1日	
17	2022年5月2日	
18	2022年5月3日	
19	2022年5月4日	
20	2022年6月3日	
21	2022年6月4日	
22	2022年6月5日	
23	2022年9月10日	
24	2022年9月11日	
25	2022年9月12日	
26	2022年10月1日	
27	2022年10月2日	
28	2022年10月3日	
29	2022年10月4日	
30	2022年10月5日	
31	2022年10月6日	
32	2022年10月7日	

图 5-35　2022 年全年公休安排中放假日期和调休日期

步骤 2　首先判断是否为公休放假日期，如果“是”则不管是周几均为加班；再判断是否为调休日期，如果“是”则不管是周几均为正常上班；再判断是否为周六或周日，即星期数值大于等于 6，如果“是”则为加班；其余情况均为正常上班。

步骤 3　选择 T2 单元格，在公式编辑栏输入公式：=IFS(COUNTIF($O$2:$O$32,R2)>0,"是",COUNTIF($P$2:$P$8,R2)>0,"否",WEEKDAY(R2,2)>=6,"是",1,"否")。

注意：外层使用 IFS 多条件判断函数进行逐条判断，条件和结果一一对应；前两个条件使用 COUNTIF 函数判断公休放假日期列或调休日期列是否包含指定日期；第三个条件使用 WEEKDAY 函数判断指定日期是否为周六日；最后一个条件为 1，即前面条件均不成立，此处成立。对公休放假日期列和调休日期列添加绝对引用。

步骤 4　输入完成后回车，向下拖动填充公式，返回全部结果，可以添加条件格式突出显示“是”。

图 5-36 为判断某一日期上班是否为加班结果。

fx =IFS(COUNTIF($O$2:$O$32,R2)>0,"是",COUNTIF($P$2:$P$8,R2)>0,"否",WEEKDAY(R2,2)>=6,"是",1,"否")

上班日期	星期	是否为加班
2022-1-3	星期一	是
2022-2-1	星期二	是
2022-4-5	星期二	是
2022-4-24	星期日	否
2022-5-7	星期六	否
2022-10-8	星期六	否
2022-9-10	星期六	是
2022-9-17	星期六	是
2022-10-15	星期六	是

图 5-36　判断某一日期上班是否为加班结果

5.6　HOUR 时、MINUTE 分、SECOND 秒、TIME 时间函数

5.6.1　HOUR 时、MINUTE 分、SECOND 秒函数

（1）时分秒函数介绍。

1）HOUR 时函数。

功能：返回某时间对应的小时数，返回值为 0～23 之间的整数。

语法：＝HOUR(时间序号)。

2）MINUTE 分函数。

功能：返回某时间对应的分钟数，返回值为 0～59 之间的整数。

语法：＝MINUTE(时间序号)。

3）SECOND 秒函数。

功能：返回某时间对应的秒数，返回值为 0～59 之间的整数。

语法：＝SECOND(时间序号)。

4）注意事项。

①时间序号：必需。为一个时间值，其中包含要查找的小时、分、秒。时间有多种键入方式：带引号的文本字符串（例如:"6:45 PM"）、十进制数（例如 0.78125 表示 6:45 PM)。

②如果“时间序号”为文本时间，则该参数将被转换成数值型时间，再进行运算；如果“时间序号”无法解析为字符串的有效时间，则返回参数值错误＃VALUE!。

③如果“时间序号”超过有效日期时间范围，则返回无效数字错误＃NUM!。

（2）时分秒函数基本应用。

求下列日期时、分、秒，如图 5-37 所示。

	A	B	C	D
1	时间	时	分	秒
2	2022-1-1 12:23:20			
3	11:21:25			
4	6:45 PM			
5	0.78125			

图 5-37 求时间的时、分、秒

解题步骤：

步骤 1 选择 B2 单元格，输入公式：=HOUR(A2)。

步骤 2 选择 C2 单元格，输入公式：=MINUTE(A2)。

步骤 3 选择 D2 单元格，输入公式：=SECOND(A2)。

步骤 4 输入完毕回车，向下拖动填充公式，返回所有时间的时、分、秒，如图 5-38 所示。

B2 fx =HOUR(A2)

	A	B	C	D
1	时间	时	分	秒
2	2022-1-1 12:23:20	12	23	20
3	11:21:25	11	21	25
4	6:45 PM	18	45	0
5	0.78125	18	45	0

图 5-38 求时间的时分秒结果

5.6.2 TIME 时间函数

功能：返回某一特定时间的小数值。返回的小数值为 0（零）到 0.99999999 之间的数值，代表从 0:00:00(12:00:00 AM) 到 23:59:59(11:59:59 PM) 之间的时间。

语法：=TIME(小时,分,秒)。

注意：

①小时：必需。为 0～32767 之间的数值，代表小时。任何大于 23 的数值将除以 24，其余数将视为小时。例如，TIME(27,0,0)=TIME(3,0,0)=0.125 或 3:00 AM。

②分：必需。为 0～32767 之间的数值，代表分钟。任何大于 59 的数值将被转换为小时和分钟。例如，TIME(0,750,0)=TIME(12,30,0)=0.520833333 或 12:30 PM。

③秒：必需。为 0～32767 之间的数值，代表秒。任何大于 59 的数值将被转换为小时、分钟和秒。例如，TIME(0,0,2000)=TIME(0,33,20)=0.023148148 或 12:33:20 AM。

图 5-39 为 TIME 函数运算规则。

	F	G	H	I
1	小时	分	秒	时间
2	27	0	0	3:00 AM
3	3	0	0	3:00 AM
4	0	750	0	12:30 PM
5	12	30	0	12:30 PM
6	0	0	2000	12:33:20 AM
7	0	33	20	12:33:20 AM

图 5-39 TIME 函数运算规则

5.6.3 常用时间换算关系（见表 5-5）

表 5-5 常用时间换算关系

常规换算	推算换算
1 天＝24h	1 天＝1440min
1h＝60min	1 天＝86 400s
1min＝60s	1h＝3600s

6　常用数学函数应用

6.1　INT 和 TRUNC 取整函数

6.1.1　INT 和 TRUNC 函数介绍

(1) INT 向下取整函数。

功能：将数字向下舍入到最接近的整数。

语法：=INT(数值)。

注意：

①数值：必需。需要进行向下舍入取整的实数。

②如果参数“数值”为非数值型，则返回参数值错误＃VALUE!。

(2) TRUNC 截尾取整函数。

功能：将数字的小数部分截去，返回整数。

语法：=TRUNC(数值,[小数位数])。

注意：

①数值：必需。需要截尾取整的数字。

②小数位数：可选。用于指定取整精度的数字，如果省略，默认 0。

③如果参数“数值”为非数值型，则返回参数值错误＃VALUE!。

(3) 二者不同之处。

①TRUNC 函数可以指定小数部分，INT 函数不能。

②对于负数的处理方式不同，如 INT(－99.5)＝－100，即向下舍入取整；TRUNC(－99.5)＝－99，即截尾取整。

6.1.2　INT 和 TRUNC 函数基本应用

(1) 对数值进行简单取整。

对下列数值按要求进行取整，如图 6-1 所示。

	A	B	C	D
1	数值	INT向下取整	TRUNC截尾取整	TRUNC截尾保留一位小数
2	10.56			
3	7.82			
4	-10.66			
5	-88.75			

图 6-1　对下列数值进行取整

解题步骤：

步骤 1　选择 B2 单元格，输入公式：=INT(A2)，输出结果为：10。

步骤 2 选择 C2 单元格，输入公式：=TRUNC(A2)，输出结果为：10。

步骤 3 选择 D2 单元格，输入公式：=TRUNC(A2,1)，输出结果为：10.5。

步骤 4 选择 B2:D2 单元格区域，向下拖动填充公式，返回全部结果，如图 6-2 所示。

注意： 当数值为正数时，INT 和 TRUNC 取整结果一样；当数值为负数时，INT 和 TRUNC 取整结果不一样。另外，TRUNC 函数可以选择保留几位小数进行截尾。

B2 =INT(A2)

	A	B	C	D
1	数值	INT向下取整	TRUNC截尾取整	TRUNC截尾保留一位小数
2	10.56	10	10	10.5
3	7.82	7	7	7.8
4	-10.66	-11	-10	-10.6
5	-88.75	-89	-88	-88.7

C2 =TRUNC(A2)

	A	B	C	D
1	数值	INT向下取整	TRUNC截尾取整	TRUNC截尾保留一位小数
2	10.56	10	10	10.5
3	7.82	7	7	7.8
4	-10.66	-11	-10	-10.6
5	-88.75	-89	-88	-88.7

D2 =TRUNC(A2, 1)

	A	B	C	D
1	数值	INT向下取整	TRUNC截尾取整	TRUNC截尾保留一位小数
2	10.56	10	10	10.5
3	7.82	7	7	7.8
4	-10.66	-11	-10	-10.6
5	-88.75	-89	-88	-88.7

图 6-2 对下列数值进行取整结果

（2）利用自然数生成循环序列数。

利用下列自然数生成循环 3 次的序列数（见图 6-3），例如 1、2、3 对应 1；4、5、6 对应 2；7、8、9 对应 3，以此类推。循环序列数经常用在智能公式上，结合 ROW 行和 COLUMN 列函数使用。

解题步骤：

步骤 1 由于是每个序列数循环 3 次，因此可以对自然数加 2 除以 3 并取整。

步骤 2 选择 G2 单元格，输入公式：=INT((F2+2)/3)。

步骤 3 输入完毕回车，向下拖动填充公式，则返回所有循环序列数，如图 6-4 所示。

	F	G
1	自然数	循环序列数
2	1	
3	2	
4	3	
5	4	
6	5	
7	6	
8	7	
9	8	
10	9	
11	10	
12	11	
13	12	
14	13	
15	14	
16	15	

图 6-3 生成循环序列数

G2 fx =INT((F2+2)/3)

	F	G	H	I	J
1	自然数	循环序列数			
2	1	1			
3	2	1			
4	3	1			
5	4	2			
6	5	2			
7	6	2			
8	7	3			
9	8	3			
10	9	3			
11	10	4			
12	11	4			
13	12	4			
14	13	5			
15	14	5			
16	15	5			

图 6-4 生成循环序列数结果

6.2 ROUND 系列舍入函数

6.2.1 ROUND 系列函数介绍

在 WPS 表格表格中，通过单元格设置对数值进行保留指定小数位数，仅仅在显示效果上进行保留小数，单元格实际存储的数值仍是多位小数，这样会导致数据统计分析中数值计算出现偏差。比如：发电场站电量数据（单位：万 kWh）通常要求保留 4 位小数，即保留至 1 度电；员工工资奖金（单位：元）通常要求保留 2 位小数，即保留至 1 分钱。

通常解决办法是，通过 ROUND 系列函数对数值进行舍入，达到从根本上改变数值小数位数的目的。ROUND 系列舍入函数有三个，分别是 ROUND 四舍五入函数、ROUNDUP 向上舍入函数、ROUNDDOWN 向下舍入函数。

（1）ROUND 四舍五入函数。

功能：返回某个数字按指定位数进行四舍五入取整后的数字。

语法：＝ROUND(数值,小数位数)。

注意：

①数值：必需。需要进行四舍五入的数字。

②小数位数：必需。指定的小数位数，按此位数对数字进行四舍五入。

③如果“小数位数”大于零，则四舍五入到指定位数；如果“小数位数”等于零，则四舍五入到最接近的整数；如果“小数位数”小于零，则在小数点左侧整数部分进行四舍五入。

④如果参数“数值”为非数值型，则返回参数值错误＃VALUE!。

（2）ROUNDUP 向上舍入函数。

功能： 远离零值，向上（绝对值增长的方向）舍入数字。

语法： =ROUNDUP(数值,小数位数)。

注意：

①数值：必需。需要进行向上舍入的数字。

②小数位数：必需。指定的小数位数，按此位数对数字进行向上舍入。

③如果“小数位数”大于零，则向上舍入到指定位数；如果“小数位数”等于零，则向上舍入到最接近的整数；如果“小数位数”小于零，则在小数点左侧整数部分进行向上舍入。

④如果参数“数值”为非数值型，则返回参数值错误#VALUE!。

（3）ROUNDDOWN 向下舍入函数。

功能： 靠近零值，向下（绝对值减小的方向）舍入数字。

语法： =ROUNDDOWN(数值,小数位数)。

注意：

①数值：必需。需要进行向下舍入的数字。

②小数位数：必需。指定的小数位数，按此位数对数字进行向下舍入。

③如果“小数位数”大于零，则向下舍入到指定位数；如果“小数位数”等于零，则向下舍入到最接近的整数；如果“小数位数”小于零，则在小数点左侧整数部分进行向下舍入。

④如果参数“数值”为非数值型，则返回参数值错误#VALUE!。

⑤ROUNDDOWN 与 TRUNC 函数取数方式完全一致， 唯一区别是 TRUNC 函数第二个参数“小数位数”可以省略不写（默认为 0），ROUNDDOWN 函数则不可以省略。

6.2.2 ROUND 系列函数基本应用

对下列数字按照指定小数位数进行舍入，如图 6-5 所示。

	A	B	C	D	E
1	数字	小数位数	ROUND四舍五入	ROUNDUP向上舍入	ROUNDDOWN向下舍入
2	2.756	0			
3	98.237	1			
4	-56.23	-1			
5	628.35	-2			

图 6-5　对数字按照指定小数位数进行舍入

解题步骤：

步骤 1　选择 C2 单元格，输入公式：=ROUND(A2,B2)，输出结果为 3。

步骤 2　选择 D2 单元格，输入公式：=ROUNDUP(A2,B2)，输出结果为 3。

步骤 3　选择 E2 单元格，输入公式：=ROUNDDOWN(A2,B2)，输出结果为 2。

步骤 4　选择 C2:E2 单元格区域，向下拖动填充公式，返回全部计算结果，如图 6-6 所示。

C2 =ROUND(A2, B2)

	A	B	C	D	E
1	数字	小数位数	ROUND四舍五入	ROUNDUP向上舍入	ROUNDDOWN向下舍入
2	2.756	0	3	3	2
3	98.237	1	98.2	98.3	98.2
4	-56.23	-1	-60	-60	-50
5	628.35	-2	600	700	600

D2 =ROUNDUP(A2, B2)

	A	B	C	D	E
1	数字	小数位数	ROUND四舍五入	ROUNDUP向上舍入	ROUNDDOWN向下舍入
2	2.756	0	3	3	2
3	98.237	1	98.2	98.3	98.2
4	-56.23	-1	-60	-60	-50
5	628.35	-2	600	700	600

E2 =ROUNDDOWN(A2, B2)

	A	B	C	D	E
1	数字	小数位数	ROUND四舍五入	ROUNDUP向上舍入	ROUNDDOWN向下舍入
2	2.756	0	3	3	2
3	98.237	1	98.2	98.3	98.2
4	-56.23	-1	-60	-60	-50
5	628.35	-2	600	700	600

图 6-6 对数字按照指定小数位数进行舍入结果

6.3 CEILING 和 FLOOR 按给定基数舍入函数

6.3.1 CEILING 和 FLOOR 函数介绍

CEILING 英文含义为天花板、上限，FLOOR 英文含义为地板。两个函数均为按给定基数进行舍入函数，CEILING 为向上舍入，FLOOR 为向下舍入。

(1) CEILING 按给定基数向上舍入函数。

功能：将数值向上舍入（沿绝对值增大的方向）为最接近的舍入基数的倍数。

语法：=CEILING(数值,舍入基数)。

注意：

①数值：必需。需要进行向上舍入的数字。

②舍入基数：必需。用于向上舍入的基数，按此基数的倍数对数字进行向上舍入。

③如果第一个参数“数值”为非数值型，则返回参数值错误#VALUE!；如果“数值”和“舍入基数”正负符号不同，则返回无效数字错误#NUM!。

(2) FLOOR 按给定基数向下舍入函数。

功能：将数值向下舍入（沿绝对值减小的方向）为最接近的舍入基数的倍数。

语法：=FLOOR(数值,舍入基数)。

注意：

①数值：必需。需要进行向下舍入的数字。

②舍入基数：必需。用于向下舍入的基数，按此基数的倍数对数字进行向下舍入。

③如果第一个参数“数值”为非数值型，则返回参数值错误＃VALUE!；如果“数值”和“舍入基数”正负符号不同，则返回无效数字错误＃NUM!。

6.3.2 CEILING和FLOOR函数基本应用

对圆周率3.14按照给定基数进行舍入，如图6-7所示。

	A	B	C	D	E	F	G
1	按给定基数舍入	舍入基数					
2		1	2	3	0.1	0.2	0.3
3	CEILING向上舍入						
4	FLOOR向下舍入						

图6-7　按照给定基数进行舍入

解题步骤：

步骤1　选择B3单元格，输入公式：=CEILING(3.14,B2)，输入完毕向右拖动填充公式。输出结果：对3.14指定基数1向上舍入为4；指定基数2向上舍入为4；指定基数3向上舍入为6；指定基数0.1向上舍入为3.2；指定基数0.2向上舍入为3.2；指定基数0.3向上舍入为3.3。

步骤2　选择B4单元格，输入公式：=FLOOR(3.14,B2)，输入完毕向右拖动填充公式。输出结果：对3.14指定基数1向下舍入为3；指定基数2向下舍入为2；指定基数3向下舍入为3；指定基数0.1向下舍入为3.1；指定基数0.2向下舍入为3；指定基数0.3向下舍入为3。

图6-8为按照给定基数进行舍入结果。

B3　fx　=CEILING(3.14,B2)

	A	B	C	D	E	F	G
1	按给定基数舍入	舍入基数					
2		1	2	3	0.1	0.2	0.3
3	CEILING向上舍入	4	4	6	3.2	3.2	3.3
4	FLOOR向下舍入	3	2	3	3.1	3	3

B4　fx　=FLOOR(3.14,B2)

	A	B	C	D	E	F	G
1	按给定基数舍入	舍入基数					
2		1	2	3	0.1	0.2	0.3
3	CEILING向上舍入	4	4	6	3.2	3.2	3.3
4	FLOOR向下舍入	3	2	3	3.1	3	3

图6-8　按照给定基数进行舍入结果

6.4 RAND 和 RANDBETWEEN 生成随机数字函数

6.4.1 RAND 和 RANDBETWEEN 函数介绍

（1）RAND 随机小数函数。

功能：返回大于等于 0 及小于 1 的均匀分布随机数，每次计算工作表时都将返回一个新的数值。

语法：＝RAND()。

注意：

RAND 函数括号内没有参数。

（2）RANDBETWEEN 随机整数函数。

功能：返回大于等于指定的最小值且小于指定最大值之间的一个随机整数，每次计算工作表时都将返回一个新的数值。

语法：＝RANDBETWEEN(最小整数,最大整数)。

注意：

①最小整数：必需。指定返回的最小整数。

②最大整数：必需。指定返回的最大整数。

③如果"最小整数"和"最大整数"可以不是整数，结果返回大于最小值和小于最大值之间的整数。

6.4.2 常用的四种生成随机数字方法（见表 6-1）

表 6-1　　常用的四种生成随机数字方法

常用的四种生成随机数方法	生成 0 至 1 之间的实数	生成 a 到 b 之间的实数	生成 A 到 B 之间的整数	生成 A 到 B 之间的两位小数
计算公式	RAND()	RAND() * (b−a)＋a	RANDBETWEEN(A,B)	RANDBETWEEN (A * 100,B * 100)/100
应用示例	生成 0 至 1 之间的实数	生成 10 到 20 之间的实数	生成 10 到 100 之间的整数	生成 10 到 100 之间的两位小数
应用公式	＝RAND()	＝RAND() * (20−10)＋10	＝RANDBETWEEN(10,100)	＝RANDBETWEEN (10 * 100,100 * 100)/100
输出结果	0.392725144	11.32977657	36	92.36

6.4.3 随机函数计算结果刷新方法

①可以通过 F9 快捷键进行刷新随机数，个别笔记本电脑可以通过 Fn＋F9 快捷键进行刷新随机数。

②双击随机函数公式单元格进入编辑状态，回车确定后可刷新随机数计算结果。

③重新打开文件。

6.5 常用的一些简单数学函数

6.5.1 ABS 绝对值函数

(1) ABS 函数介绍。

功能：返回给定数字的绝对值，即不带符号的数值。

语法：=ABS(数值)。

注意：

①数值：必需。需要计算其绝对值的实数。

②ABS 函数不会改变参数数值大小，只会将负值转换为正值。

(2) 求考核得分上下限值。

现有某新能源发电公司各维保中心年累输变电跳闸次数（见图 6-9），每个维保中心管辖 3～4 个场站。统计各维保中心年累输变电跳闸考核项目得分情况，其基本分值为 10 分，按照同比去年同期每增加 1 条次，减 0.5 分，每降低 1 条次，加 0.5 分，加减分上下限±5 分，求各维保中心得分。

	A	B	C	D	E	F	G
1	维保中心	2022年输变电年累跳闸次数	2021输变电年累跳闸次数	同比增减次数	加减分	基础分	最终得分
2	第一维保中心	15	28	-13			
3	第二维保中心	8	13	-5			
4	第三维保中心	20	18	2			

图 6-9　各维保中心年累输变电跳闸次数

解题步骤：

步骤 1　首先不考虑加减分上下限，根据输变电跳闸同比增减次数计算加减分，则：加减分=－同比增减次数＊0.5，即同比降低加分，同比增加减分。

步骤 2　考虑加减分上下限，可以使用 IFS 函数判断一次高于上限 5 分取值 5 分，再判断一次低于下限－5 分取值－5；此处我们使用另外一种方法，通过取绝对值 ABS 函数进行一次判断即可，即判断：ABS（同比增减次数＊0.5)＞5，则取值：－ABS（同比增减次数)/同比增减次数＊5；其余情况正常求加减分。

步骤 3　选择 E2 单元格，在公式编辑栏输入公式：=IF(ABS(D2＊0.5)＞5,－ABS(D2)/D2＊5,－D2＊0.5)。

步骤 4　输入完毕回车，向下填充公式，计算出所有加减分，最终得分为基础分和加减分之和，如图 6-10 所示。

6.5.2 MOD 求余函数

(1) MOD 函数介绍。

功能：返回两数相除的余数，结果的正负号与除数相同。

E2 =IF(ABS(D2*0.5)>5,-ABS(D2)/D2*5,-D2*0.5)

	A	B	C	D	E	F	G
1	维保中心	2022年输变电年累跳闸次数	2021输变电年累跳闸次数	同比增减次数	加减分	基础分	最终得分
2	第一维保中心	15	28	-13	5	10	15
3	第二维保中心	8	13	-5	2.5	10	12.5
4	第三维保中心	20	18	2	-1	10	9

图 6-10 各维保中心年累输变电跳闸次数考核得分结果

语法：=MOD(数值,除数)。

注意：

①数值：必需。为被除数。

②除数：必需。为除数。

③如果“除数”为零，返回除零错误＃DIV/0!。

④可以借用 INT 取整函数来求余数：MOD(数值,除数)=数值－除数＊INT(数值/除数)。

（2）生成循环数列。

利用 MOD 函数生成 1 2 3，1 2 3，1 2 3，…循环数列，如图 6-11 所示。

解题步骤：

步骤 1 选择 I2 单元格，输入公式：=MOD(ROW(A3),3)+1。

步骤 2 输入完毕回车，向下填充公式，则返回循环数列，如图 6-12 所示。

注意：生成循环数列通用公式：=MOD(ROW(An),n)+1。

想要几个数据循环就把 n 改成几。

	I
1	循环数列
2	
3	
4	
5	
6	
7	
8	
9	
10	
11	
12	
13	
14	
15	
16	

图 6-11 生成循环数列

	I
1	循环数列
2	1
3	2
4	3
5	1
6	2
7	3
8	1
9	2
10	3
11	1
12	2
13	3
14	1
15	2
16	3

图 6-12 生成循环数列结果

6.5.3 MODE 求众数函数

(1) MODE 函数介绍。

功能：返回某一数组区域中出现频率最多的数字。

语法：=MODE(数值 1,数值 2…)。

注意：

①数值 1、数值 2…：为 1 到 30 个需要相乘的数字参数，也可以使用单一数组，即对数组区域的引用，来代替由逗号分隔的参数。参数可以是数字，或者是包含数字的名称、数组或引用。

②直接键入到参数表中的数字、逻辑值（逻辑值 TRUE 为数字 1、FALSE 为数字 0）及数字的文本表达式将被计算。

③如果参数为数组或引用，只有其中的数字将被计算。数组或引用中的空白单元格、逻辑值、文本将被忽略。

④当参数为错误值，则返回错误值。

⑤如果数据集合中不含有重复的数据，则返回无适配错误＃N/A。

⑥Excel 支持使用 MODE. MULT（多个结果）和 MODE. SNGL（单个结果），其中 MODE. MULT 可以返回出现频率最高且相等的多个结果。WPS 表格不支持。

小贴士：

在一组数值中，众数是出现频率最高的数值，中位数是位于中间的值，平均数是求平均后的值，所有这些求中函数都不能单独地完全描绘所有数据。例如：假设数据分布在三个区域中，其中一半分布在一个较小数值区中，另外一半分布在两个较大数值区中。函数 AVERAGE 和函数 MEDIAN 可能会返回位于数据点稀疏处的中间值；而函数 MODE 则会返回位于数据点密集处的较小值。

(2) 求数列众数。

求下列数列众数，返回结果为 4，出现频率最高为 5 次，如图 6-13 所示。

6.5.4 PRODUCT 乘积函数和 POWER 乘幂函数

(1) PRODUCT 函数介绍。

功能：将所有参数相乘并返回乘积值。

语法：=PRODUCT(数值 1,数值 2…)。

注意：

①数值 1、数值 2…：为 1 到 30 个需要相乘的数字参数，也可以使用单一数组，即对数组区域的引用，来代替由逗号分隔的参数。参数可以是数字，或者是包含数字的名称、数组或引用。

②直接键入到参数表中的数字、逻辑值（逻辑值 TRUE 为数字 1、FALSE 为数字 0）及数字的文本表达式将被计算。

③如果参数为数组或引用，只有其中的数字将被计算。数组或引用中的空白单元格、逻辑值、文本将被忽略。

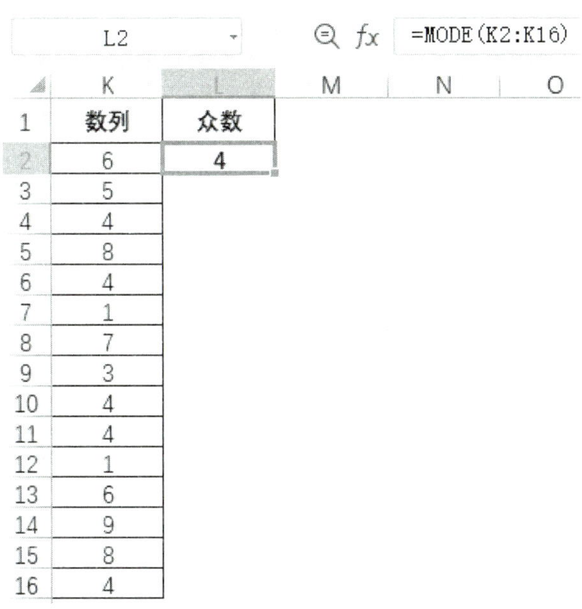

图 6-13 求数列众数结果

④当参数为错误值，则返回错误值。

（2）POWER 乘幂函数。

功能：返回给定数值的乘幂，乘幂又称次方、乘方。

语法：=POWER(数值,幂)。

注意：

①数值：必需。为底数，可以为任意实数。

②幂：必需。为指数，底数按该指数次幂乘方。

③可以用“^”脱字符来表示对底数乘方的幂次，例如 5^2。

④开方也可以用乘幂函数表示，例如：开平方，POWER（数值，0.5）；开立方，POWER（数值，1/3）。

（3）求某机型标准风能利用率。

某风电场某月平均空气密度为 1.06kg/m^3，共安装 100 台 3.0MW 机组，风轮直径 156m，根据风电机组轮毂高度处标准风速、标准功率（见图 6-14），计算该机型每个标准风速下的风能利用率，观察总结风能利用率变化趋势。

解题步骤：

步骤 1 根据风能方程可知，$E=0.5\rho Sv^3$，$S=\pi(D/2)^2$，其中 D 为风轮直径。

步骤 2 选择 P2 单元格，输入公式：=PRODUCT(0.5,1.06,PI(),POWER(156/2,2),POWER(N2,3))/1000。

其中：PI() 代表圆周率 π，POWER(156/2，2) 为风轮半径的平方，POWER(N2，3) 为风速的立方，由于计算结果单位为瓦（W），因此最终结果除以 1000，返回结果单位为千瓦（kW）。

步骤 3 输入完毕回车，向下填充公式，返回每个标准风速下的理论风能。

	N	O	P	Q
1	标准风速（m/s）	标准功率（kW）	理论风能（kW）	风能利用率（%）
2	3	29		
3	3.5	126		
4	4	254		
5	4.5	409		
6	5	590		
7	5.5	796		
8	6	1039		
9	6.5	1329		
10	7	1664		
11	7.5	2031		
12	8	2374		
13	8.5	2632		
14	9	2820		
15	9.5	2922		
16	10	2964		
17	10.5	2990		
18	11	2994		
19	11.5	3000		

图 6-14　某机型标准风速和标准功率

步骤 4　用实际标准功率除以对应的风能，返回每个标准风速下的风能利用率（见图 6-15）。可以看出，风能利用率先逐渐增大再逐渐减小，其中 7m 风速时风能利用率达到最大值，如图 6-16 所示。

```
=PRODUCT(0.5,1.06,PI(),POWER(156/2,2),POWER(N2,3))/1000
```

N	O	P	Q
标准风速（m/s）	标准功率（kW）	理论风能（kW）	风能利用率（%）
3	29	274	10.60
3.5	126	434	29.01
4	254	648	39.18
4.5	409	923	44.31
5	590	1266	46.59
5.5	796	1685	47.23
6	1039	2188	47.48
6.5	1329	2782	47.77
7	1664	3475	47.89
7.5	2031	4274	47.52
8	2374	5187	45.77
8.5	2632	6221	42.31
9	2820	7385	38.19
9.5	2922	8685	33.64
10	2964	10130	29.26

图 6-15　某机型标准风速下的理论风能和风能利用率

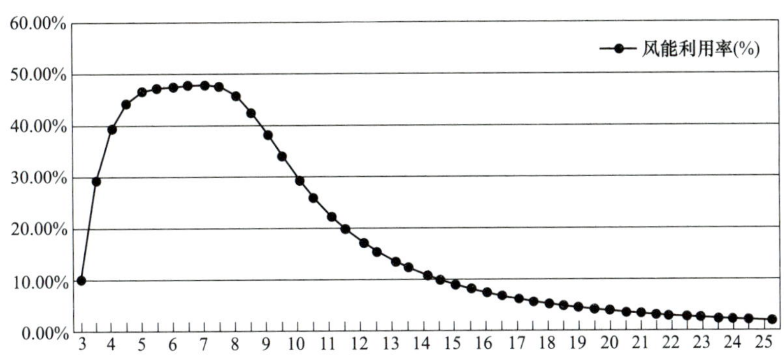

图 6-16 某机型标准风速下风能利用率曲线图

小贴士：

风能是大气运动具有的动能，在单位时间内流过某一截面的风能 E，即风功率的计算公式为

$$E = 0.5\rho S v^3$$

式中 E——风能，W；

ρ——空气密度，kg/m^3；

S——气流通过的截面积，m^2；

v——风速，m/s。

风能的大小分别与空气密度、通过的截面积以及气流速度的立方成正比。

6.6 QUARTILE 四分位差和 AVEDEV 平均差函数

6.6.1 QUARTILE 四分位差函数

(1) 认识四分位差。

四分位差，即四分位距（inter quartile range，IQR），是数据样本中的上四分之一位和下四分之一位的差值，反映了数据中间 50%部分数据的离散程度，其数值越小表明数据越集中，数值越大表明数据越离散。同时，由于中位数位于四分位数之间，故四分位差也反映出中位数对于数据样本的代表程度，数值越小代表程度越高，数值越大代表程度越低。

箱线图又称为盒须图（见图 6-17），是一种用作显示一组数据分布情况的统计图，因形状如箱子而得名，主要用于反映原始数据分布的特征，还可以进行多组数据分布特征的比较。箱线图的绘制方法是：先找出一组数据的上界、下界、中位数和两个四分位数；然后连接两个四分位数画出箱体；再将上界和下界与箱体相连接，中位数在箱体中间。

箱线图可以捕获一组数据的异常值，在数据整理过程中，异常值带来的不良影响是巨大的，我们需要特别重视异常值数据，其异常值定义为：小于 Q1－1.5＊IQR 或大于

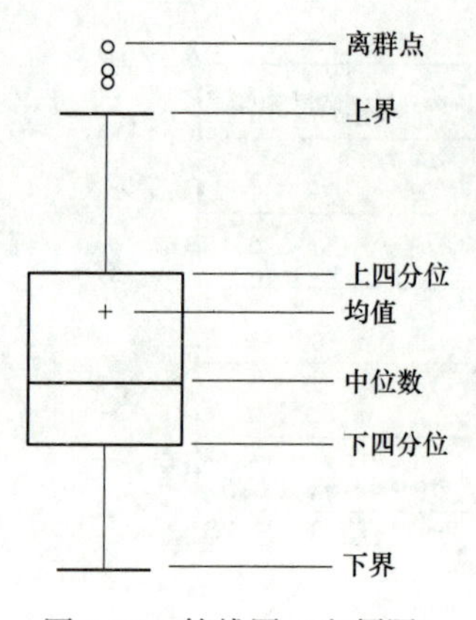

图 6-17　箱线图（盒须图）

Q3+1.5＊IQR，其中 Q1 为下四分之一位数，Q3 为上四分之一位数，IQR 为四分位差。

（2）QUARTILE 函数介绍。

功能：返回数据集的四分位数。

语法：=QUARTILE(数组,四分位数)。

计算四分位差：=QUARTILE(数组,3)-QUARTILE(数组,1)。

注意：

①数组：必需。需要求得四分位数的数组或单元格区域。

②四分位数：必需。决定返回哪一个四分位数，如表 6-2 所示。

表 6-2　“四分位数”参数取值和返回值

“四分位数”参数取值	返回值
0	最小值，与 MIN 函数返回值相同
1	第一个四分位数（第 25 个百分点值）
2	中位数（第 50 个百分点值） 与 MEDIAN 函数返回值相同
3	第三个四分位数（第 75 个百分点值）
4	最大值，与 MAX 函数返回值相同

③如果参数“数组”为空，返回无效数字错误#NUM!；如果参数“四分位数”小于 0 或大于 4，返回无效数字错误#NUM!。

④如果参数“四分位数”不为整数，则截尾取整。

（3）求同场同机型机组日平均风速异常值。

现有某风电场同一机型单机日平均风速值（见图 6-18），使用四分位差判断风速是否存在异常值（见图 6-19）。

解题步骤：

步骤 1　根据四分位差求风速数据组正常值上限，即 Q3+1.5＊IQR，选择 F1 单元格，输入公式：=QUARTILE(B2:B34,3)+1.5＊(QUARTILE(B2:B34,3)-QUARTILE(B2:B34,1))。

返回上限值为：7.18m/s，如图 6-20 所示。

步骤 2　根据四分位差求风速数据组正常值下限，即 Q1-1.5＊IQR，选择 F2 单元格，输入公式：=QUARTILE(B2:B34,1)-1.5＊(QUARTILE(B2:B34,3)-QUARTILE(B2:B34,1))。

返回下限值为：5.18m/s，如图 6-20 所示。

步骤 3　根据正常值上下限判断风速是否异常，选择 C2 单元格，输入公式：=IF(OR(B2>$F$1,B2<$F$2),"异常","")。

即如果风速值大于上限或小于下限，则返回“异常”，否则返回空白。

	A	B	C
1	风机	平均风速（m/s）	风速是否异常
2	#1-01	6.26	
3	#1-02	6.04	
4	#1-03	5.20	
5	#1-04	6.41	
6	#1-05	6.46	
7	#1-06	6.06	
8	#1-07	11.20	
9	#1-08	6.25	
10	#1-09	6.50	
11	#1-10	6.37	
12	#1-11	6.32	
13	#2-12	5.86	
14	#2-13	5.93	
15	#2-14	6.00	
16	#2-15	6.43	
17	#2-16	6.55	
18	#2-17	6.25	
19	#2-18	4.20	
20	#2-19	5.45	
21	#2-20	6.36	
22	#2-21	6.54	
23	#2-22	5.78	
24	#3-23	6.69	
25	#3-24	6.42	
26	#3-25	6.15	
27	#3-26	5.93	
28	#3-27	6.20	
29	#3-28	6.31	
30	#3-29	5.92	
31	#3-30	6.06	
32	#3-31	6.89	
33	#3-32	6.58	
34	#3-33	5.72	

图 6-18　某风电场同一机型单机日平均风速值

步骤 4　输入完毕回车，向下填充公式，返回全部结果，其中 11.2 和 4.2 两个风速值为异常值，超出正常值上下限。图 6-21 为判断某风电场同一机型单机日平均风速值是否为异常值。

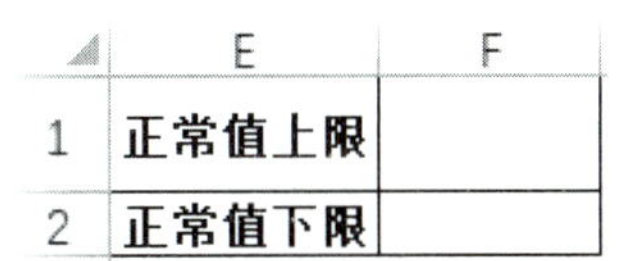

	E	F
1	正常值上限	
2	正常值下限	

图 6-19　求风速数据正常值上下限

6.6.2　AVEDEV 平均差函数

(1) 认识平均差。

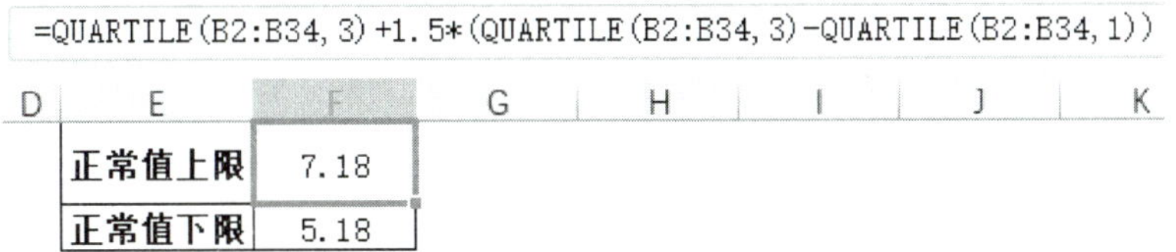

=QUARTILE(B2:B34, 3)+1.5*(QUARTILE(B2:B34, 3)-QUARTILE(B2:B34, 1))

D	E	F	G	H	I	J	K
	正常值上限	7.18					
	正常值下限	5.18					

图 6-20　求风速数据正常值上下限结果

平均差（Average Deviation）是指样本中各测量值与平均数的离差绝对值的算术平均数。平均差越大，表明各测量值与算术平均数的差异程度越大，该算术平均数的代表性就越小；平均差越小，表明各测量值与算术平均数的差异程度越小，该算术平均数的代表性就越大。平均差是反映各测量值与算术平均数之间的平均差异。

平均差的计算公式为

$$AD=\frac{\sum_{i=1}^{n}|x_i-\overline{x}|}{n}$$

式中 AD——平均差；

x_i ——样本中的各观测值；

n ——观测次数；

$\overline{x}$ ——所有观测值的平均数。

C2 =IF(OR(B2>$F$1,B2<$F$2),"异常","")

	A	B	C
1	风机	平均风速(m/s)	风速是否异常
2	#1-01	6.26	
3	#1-02	6.04	
4	#1-03	5.20	
5	#1-04	6.41	
6	#1-05	6.46	
7	#1-06	6.06	
8	#1-07	11.20	异常
9	#1-08	6.25	
10	#1-09	6.50	
11	#1-10	6.37	
12	#1-11	6.32	
13	#2-12	5.86	
14	#2-13	5.93	
15	#2-14	6.00	
16	#2-15	6.43	
17	#2-16	6.55	
18	#2-17	6.25	
19	#2-18	4.20	异常

图 6-21 判断某风电场同一机型单机日平均风速值是否为异常值

（2）AVEDEV 函数介绍。

AVEDEV 函数名称由两部分组成，即 AVE（Average 平均）、Dev（Deviation 偏差），组合起来就是平均差。

功能：返回一组数据与其均值的绝对偏差的平均值，即平均差。

语法：＝AVEDEV(数值 1,数值 2…)。

注意：

①数值 1、数值 2…：为 1～30 个需要求平均差的参数。参数可以是数字，或者是包含数字的名称、数组或引用。

②直接键入到参数表中的数字、逻辑值（逻辑值 TRUE 为数字 1、FALSE 为数字 0）及数字的文本表达式将被计算。

③如果参数为数组或引用，只有其中的数字将被计算。数组或引用中的空白单元格、逻辑值、文本将被忽略。

④当参数为错误值，则返回错误值。

（3）对机组月度发电能力进行分类。

现有某风电场 33 台机组月度发电量数据，用单机发电量与全场平均数做差，并与全场平均差进行对比。如果大于平均差，则发电能力为“优”；如果大于零且小于平均差，则发电能力为“良”；如果大于负的平均差且小于零，则发电能力为“差”；如果小于负的平均差，则发电能力为“非常差”。图 6-22 为求各机组当月发电能力分类。

	H	I	J	K	L
1	风机	日发电量（万kWh）	发电能力分类	平均数	平均差
2	#1-01	19.62			
3	#1-02	7.27			
4	#1-03	17.79			
5	#1-04	16.81			
6	#1-05	20.91			
7	#1-06	18.27			
8	#1-07	16.20			
9	#1-08	22.17			
10	#1-09	18.52			
11	#1-10	18.10			

图 6-22　求各机组当月发电能力分类

解题步骤：

步骤 1　首先计算全场发电量平均数，选择 K2 单元格，输入公式：=AVERAGE(I2:I34)。

返回全场单机发电量平均数为 18.43 万 kWh。

步骤 2　计算全场发电量平均差，选择 L2 单元格，输入公式：=AVEDEV(I2:I34)。

返回全场单机发电量平均差为 2.39 万 kWh。

步骤 3　利用 IFS 函数从大到小依次判断当月机组发电能力，选择 J2 单元格，输入公式：=IFS(I2－$K$2>$L$2,"优",I2－$K$2>0,"良",I2－$K$2>－$L$2,"差",I2－$K$2<－$L$2,"非常差")。

其中 K2 和 L2 单元格设置为绝对引用，公式向下拖拽不变。

步骤 4　输入完毕回车，向下拖动填充公式，返回所有机组当月发电能力分类结果，如图 6-23 所示。

L2　=AVEDEV(I2:I34)

	H	I	J	K	L
1	风机	日发电量（万kWh）	发电能力分类	平均数	平均差
2	#1-01	19.62	良	18.43	2.39
3	#1-02	7.27	非常差		
4	#1-03	17.79	差		
5	#1-04	16.81	差		
6	#1-05	20.91	优		
7	#1-06	18.27	差		
8	#1-07	16.20	差		
9	#1-08	22.17	优		
10	#1-09	18.52	良		
11	#1-10	18.10	差		

图 6-23　求各机组当月发电能力分类结果

6.7 VAR 方差和 STDEV 标准差函数

6.7.1 VAR. P 总体方差和 VAR. S 样本方差函数

（1）认识总体方差和样本方差。

方差（Variance）是衡量随机变量或一组数据离散程度的度量：在概率论中，方差用来度量随机变量和其数学期望（即均值）之间的偏离程度；在统计中，方差（样本方差）是每个样本值与全体样本值的平均数之差的平方值的平均数。在许多实际问题中，研究方差即偏离程度有着重要意义。**方差越大，数据的波动越大；方差越小，数据的波动越小。方差的适用条件：当两组数据的平均数相等或相近时，才利用方差来判断它们的波动情况。**

方差在统计描述和概率分布中各有不同的定义，并有不同的公式，我们主要学习在统计描述中定义。在统计描述中，方差用来计算每一个观测值与总体均数之间的差异。为避免出现离均差总和为零，离均差平方和受样本含量的影响，统计学采用平均离均差平方和来描述变量的变异程度。总体方差计算式为

$$\sigma^2 = \frac{\sum_{i=1}^{N}(x_i - \mu)^2}{N}$$

式中 σ^2 ——总体方差；

x_i ——变量；

μ ——总体均值；

N——总体例数。

实际工作中，当总体均数难以得到时，应用样本统计量代替总体参数，经校正后，样本方差计算式为

$$S^2 = \frac{\sum_{i=1}^{n}(x_i - \overline{x})^2}{n-1}$$

式中 S^2 ——样本方差；

x_i ——变量；

$\overline{x}$ ——样本均值；

n ——样本例数。

（2）VAR. P 和 VAR. S 函数介绍。

WPS 表格中有两种方差函数，即总体方差和样本方差。其函数名称中，VAR（Variance 方差）、P（Population 总体）、S（Sample 样本），分别组合构成总体方差和样本方差。

1）VAR. P 总体方差函数。

VAR. P 函数首次在 Excel 2010 中引入，用以替换 VARP 函数，为保证与低版本软件的兼容性，VARP 函数依旧可用。VAR. P 函数在 Excel 2010 及更高版本中可用，一次最多可以有 255 个参数，而 VARP 仅支持 30 个参数。

功能：计算基于整个样本总体的方差。

语法：＝VAR. P(数值 1,数值 2…)。

注意：

①数值 1、数值 2…：对应于样本总体的 1～255 个参数。参数可以是数字或者是包含数字的名称、数组或引用。

②如果数据只是代表样本总体中的一个样本，请使用函数 VAR. S 计算方差。

③逻辑值（TRUE 和 FALSE）和文本将被忽略。如果不能忽略逻辑值和文本，请使用 VARA 函数。

2）VAR. S 样本方差函数。

VAR. S 函数首次在 Excel 2010 中引入，用以替换 VAR 函数，为保证与低版本软件的兼容性，VAR 函数依旧可用。VAR. S 函数在 Excel 2010 及更高版本中可用，一次最多可以有 255 个参数，而 VAR 仅支持 30 个参数。

功能：计算基于给定样本的方差。

语法：＝VAR(数值 1,数值 2…)。

注意：

①数值 1、数值 2…：对应于总体样本的 1～255 个参数。参数可以是数字或者是包含数字的名称、数组或引用。

②如果数据为样本总体，则应使用函数 VAR. P 来计算方差。

③逻辑值（TRUE 和 FALSE）和文本将被忽略。如果不能忽略逻辑值和文本，请使用 VARA 函数。

（3）求相邻机组月度平均风速和风速稳定性。

现有某新建的风电场两台临近机组（＃33 和＃34 机组）12 月份每日平均风速（见图 6-24），该机组基本不报故障，求两台机组月度平均风速和风速稳定性。

	A	B	C
1	12月份日平均风速		
2	日期	机位#33	机位#34
18	12月16日	8.90	8.95
19	12月17日	7.99	8.39
20	12月18日	10.25	10.28
21	12月19日	9.11	9.03
22	12月20日	8.13	8.28
23	12月21日	6.26	5.99
24	12月22日	5.59	5.69
25	12月23日	5.10	5.23
26	12月24日	9.79	9.25
27	12月25日	4.69	4.59
28	12月26日	7.28	7.37
29	12月27日	6.73	6.47
30	12月28日	5.11	5.17
31	12月29日	8.63	8.37
32	12月30日	8.16	8.67
33	12月31日	5.29	6.16
34	平均值		
35	方差		

图 6-24　某风电场两台临近机组 12 月份日平均风速

解题步骤:

步骤1 首先求月度平均风速，选择B34单元格，输入公式：=AVERAGE(B3:B33)，向右拖动公式，计算出两台邻近机组月度平均风速均为6.85m/s。

步骤2 计算风速稳定性，即计算方差，选择B35单元格，输入公式：=VAR.S(B3:B33)，向右拖动公式，计算出两台临近机组风速方差：#33机组为4.06，#34机组为3.89，则#33机组风速波动性比#34机组大，#34机组风速更稳定。

步骤3 查看两台机组当月发电量，#33机组为102万kWh，#34机组为106万kWh，可见风速相对稳定的机组发电量更大。图6-25为某风电场两台邻近机组风速稳定性结果。

B35 fx =VAR.S(B3:B33)

	A	B	C	D
1	12月份日平均风速			
2	日期	机位#33	机位#34	
18	12月16日	8.90	8.95	
19	12月17日	7.99	8.39	
20	12月18日	10.25	10.28	
21	12月19日	9.11	9.03	
22	12月20日	8.13	8.28	
23	12月21日	6.26	5.99	
24	12月22日	5.59	5.69	
25	12月23日	5.10	5.23	
26	12月24日	9.79	9.25	
27	12月25日	4.69	4.59	
28	12月26日	7.28	7.37	
29	12月27日	6.73	6.47	
30	12月28日	5.11	5.17	
31	12月29日	8.63	8.37	
32	12月30日	8.16	8.67	
33	12月31日	5.29	6.16	
34	平均值	6.85	6.85	
35	方差	4.06	3.89	

图6-25 某风电场两台邻近机组风速稳定性结果

6.7.2 STDEV.P总体标准差和STDEV.S样本标准差函数

(1)认识总体标准差和样本标准差。

标准差(Standard Deviation)，也称均方差，是离均差平方的算术平均数，即方差的算术平方根，用σ表示。标准差能反映一个数据集的离散程度。平均数相同的两组数据，标准差未必相同。

其中，总体标准差计算公式为

$$\sigma=\sqrt{\frac{\sum_{i=1}^{N}(x_i-\mu)^2}{N}}$$

样本标准差计算公式为

$$S=\sqrt{\frac{\sum_{i=1}^{n}(x_i-\overline{x})^2}{n-1}}$$

标准差通过加了一个根号使得和均值的量纲(单位)保持了一致,在描述一个波动范围时标准差比方差更方便。与方差相比,使用标准差来表示数据点的离散程度有三个好处:①表示离散程度的数字与样本数据点的数量级一致,更适合对数据样本形成感性认知。②表示离散程度的数字单位与样本数据的单位一致,更方便做后续的分析运算。③在样本数据大致符合正态分布的情况下,标准差具有方便估算的特性:其中 68.2%的数据点落在平均值前后 1 个标准差的范围内;95.4%的数据点落在平均值前后 2 个标准差的范围内;99.6%的数据点将会落在平均值前后 3 个标准差的范围内。图 6-26 为正态分布中三西格玛准则。

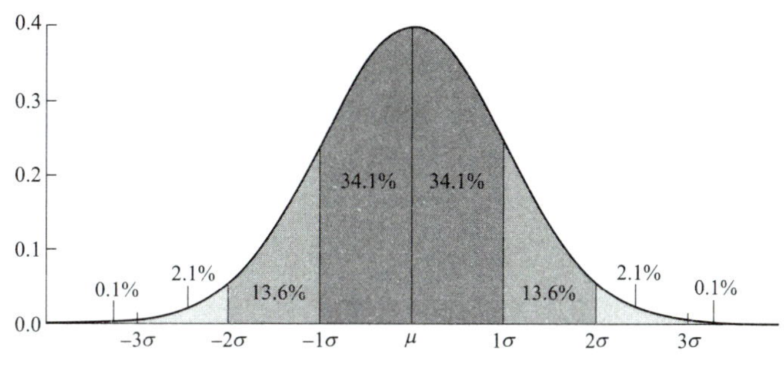

图 6-26 正态分布中三西格玛准则

注意:深蓝区域是距平均值一个标准差之内的数值范围。在正态分布中,此范围所占比率为全部数值的 68.2%。对于正态分布,两个标准差之内(深蓝,蓝)的比率合起来为 95.4%。对于正态分布,正负三个标准差之内(深蓝,蓝,浅蓝)的比率合起来为 99.6%。由于标准差的这个性质,因此得出了三西格玛准则。

(2)STDEV.P 和 STDEV.S 函数介绍。

WPS 表格中有两种标准差函数,即总体标准差和样本标准差。其函数名称中,STDEV(Standard Deviation,标准差)、P(Population,总体)、S(Sample,样本),分别组合构成总体标准差和样本标准差。

1)STDEV.P 总体标准差函数。

STDEV.P 函数首次在 Excel 2010 中引入,用以替换 STDEVP 函数,为保证与低版本软件的兼容性,STDEVP 函数依旧可用。STDEV.P 函数在 Excel 2010 及更高版本中可用,一次最多可以有 255 个参数,而 STDEVP 仅支持 30 个参数。

功能:计算基于整个样本总体的标准差。

语法:=STDEV.P(数值 1,数值 2…)。

注意:

①数值 1、数值 2…:对应于样本总体的 1~255 个参数。参数可以是数字或者是包含数字的名称、数组或引用。

②如果数据只是代表样本总体中的一个样本,请使用函数 STDEV.S 计算标准差。

③逻辑值(TRUE 和 FALSE)和文本将被忽略。如果不能忽略逻辑值和文本,请使用 STDEVPA 函数。

④WPS 不支持使用 STDEV.P 函数,可以使用 STDEVP 函数。

2)STDEV.S 样本标准差函数。

STDEV.S函数首次在Excel 2010中引入，用以替换STDEV函数，为保证与低版本软件的兼容性，STDEV函数依旧可用。STDEV.S函数在Excel 2010及更高版本中可用，一次最多可以有255个参数，而STDEV仅支持30个参数。

功能： 计算基于给定样本的标准差。

语法： =STDEV.S(数值1,数值2…)。

注意：

①数值1、数值2…：对应于总体样本的1～255个参数。参数可以是数字或者是包含数字的名称、数组或引用。

②如果数据为样本总体，则应使用函数STDEV.P来计算方差。

③逻辑值（TRUE和FALSE）和文本将被忽略。如果不能忽略逻辑值和文本，请使用STDEVA函数。

（3）风电场环境湍流强度介绍。

湍流强度（Turbulence Intensity，用I_T表示）是指10min内风速随机变化幅度大小，是10min内瞬时风速的标准差与平均风速的比值，是风电机组运行中承受的正常疲劳载荷，是IEC 61400-1风机安全等级分级的重要参数之一。湍流产生的原因主要有两个，一个是当气流流动时，气流会受到地面粗糙度的摩擦或者阻滞作用，另一个原因是空气密度差异和大气温度差异引起的气流垂直运动。通常情况下，上述两个原因往往同时导致湍流的发生。

根据最新IEC标准，湍流强度分为A、B、C三级（见图6-27），以风速15m/s时计算的湍流强度作为特征值，当$I_T=0.16$时，为A级高湍流强度；当$I_T=0.14$时，为B级中湍流强度；当$I_T=0.12$时，为C级低湍流强度。由于完全采用测风塔数据计算风电场湍流强度，而没有考虑风电机组之间的影响，甚至也不考虑风电机组所处地形条件影响，因此在风电场评估中称之为环境湍流强度。实际分析风资源过程中，我们采用测风塔15m/s的湍流代表值来判断风电场内的湍流强度，以此作为风机选型的依据。

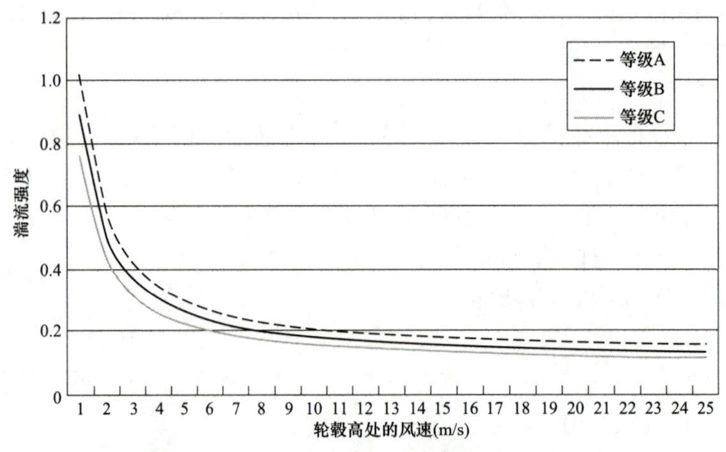

图6-27 A级、B级、C级湍流强度曲线

湍流强度计算公式为

$$I_T=\frac{\sigma}{v}$$

式中 σ——10min 内瞬时风速的标准差；
v——10min 平均风速。

(4) 计算风电场实际环境湍流强度。

现有某风电场测风塔 65m 高度处通过数据记录仪测量 10min 内瞬时风速（见图 6-28），平均风速近 15m/s，该仪器采样速率为 2s 一次，请计算该风电场环境湍流强度。

	F	G	H	I
1	时间	瞬时风速（m/s）	标准差	
2	10:20:00	16.2	平均数	
3	10:20:02	14.94	湍流强度	
4	10:20:04	16.83		
5	10:20:06	18.04		
6	10:20:08	12.52		
7	10:20:10	14.07		
8	10:20:12	11.69		
9	10:20:14	11.81		
10	10:20:16	15.39		
11	10:20:18	18.34		
12	10:20:20	14.4		
13	10:20:22	13.77		
14	10:20:24	17.36		
15	10:20:26	14.68		

图 6-28 风电场实测 10min 内瞬时风速（共 300 个点）

解题步骤：

步骤 1 首先计算 10min 瞬时风速标准差，选择 I1 单元格，输入公式：=STDEV.S(G2:G301)。

返回结果为 2.056，如图 6-29 所示。

步骤 2 计算平均风速，选择 I2 单元格，输入公式：=AVERAGE(G2:G301)。

返回结果为 14.908，如图 6-29 所示。

步骤 3 计算实测湍流强度，选择 I3 单元格，输入公式：=I1/I2

返回结果 0.138，略低于 B 级中湍流强度，如图 6-29 所示。

I1 fx =STDEV.S(G2:G301)

	F	G	H	I
1	时间	瞬时风速（m/s）	标准差	2.056
2	10:20:00	16.2	平均数	14.908
3	10:20:02	14.94	湍流强度	0.138
4	10:20:04	16.83		
5	10:20:06	18.04		
6	10:20:08	12.52		
7	10:20:10	14.07		
8	10:20:12	11.69		
9	10:20:14	11.81		
10	10:20:16	15.39		
11	10:20:18	18.34		
12	10:20:20	14.4		
13	10:20:22	13.77		
14	10:20:24	17.36		
15	10:20:26	14.68		

图 6-29 风电场实测环境湍流强度结果

6.8 COVARIANCE 协方差和 CORREL 相关系数函数

6.8.1 COVARIANCE.P 总体协方差和 COVARIANCE.S 样本协方差函数

(1) 认识总体协方差和样本协方差。

协方差（Covariance）在概率论和统计学中用于衡量两个变量的总体误差，而方差是协方差的一种特殊情况，即当两个变量是相同的情况。协方差表示的是两个变量的总体的误差，这与只表示一个变量误差的方差不同。如果两个变量的变化趋势一致，也就是说如果其中一个大于自身的期望值，另外一个也大于自身的期望值，那么两个变量之间的协方差就是正值。如果两个变量的变化趋势相反，即其中一个大于自身的期望值，另外一个却小于自身的期望值，那么两个变量之间的协方差就是负值。

总体方差计算公式为

$$\mathrm{Cov}(X,Y)=\frac{\sum_{i=1}^{n}(x_i-\overline{x})(y_i-\overline{y})}{n}$$

式中 $\mathrm{Cov}(X,Y)$——总体协方差；

x_i、y_i——两个变量；

$\overline{x}$、$\overline{y}$——两个变量总体均值；

n——总体例数。

实际工作中，当总体均数难以得到时，应用样本统计量代替总体参数，经校正后，样本方差计算公式为

$$\mathrm{Cov}(X,Y)=\frac{\sum_{i=1}^{n}(x_i-\overline{x})(y_i-\overline{y})}{n-1}$$

式中 $\mathrm{Cov}(X,Y)$——样本协方差；

x_i、y_i——两个变量；

$\overline{x}$、$\overline{y}$——两个变量样本均值；

n——样本例数。

简单来说，协方差就是用来描述两个随机变量的相关性，如图 6-30 所示。

当 $\mathrm{Cov}(X,Y)>0$ 时，表明 X 与 Y 正相关；

当 $\mathrm{Cov}(X,Y)<0$ 时，表明 X 与 Y 负相关；

当 $\mathrm{Cov}(X,Y)=0$ 时，表明 X 与 Y 不相关。

协方差的应用：当多个自变量（包括离散变量和连续变量）对一个因变量（连续数据）的影响，自变量中的连续变量被作为协变量加以控制（控制变量）。在农业科学实验中，经常会出现可以控制的质量因子和不可以控制的数量因子同时影响实验结果的情况，这时就需要采用协方差分析的统计处理方法，将质量因子与数量因子（也称协变量）综合起来加以考虑。

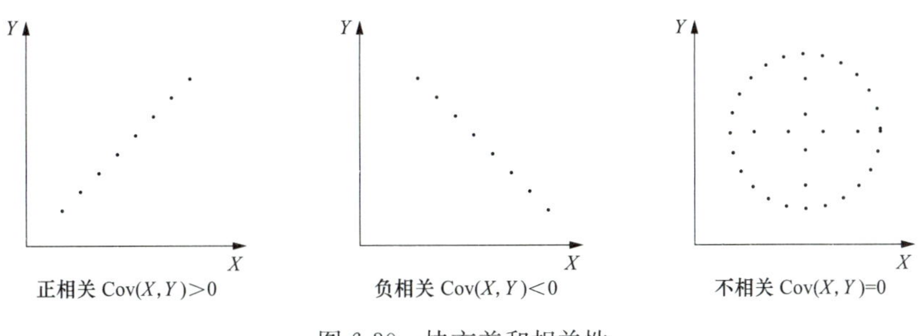

图 6-30 协方差和相关性

比如，要研究 3 种肥料对苹果产量的实际效应，而各棵苹果树头年的“基础产量”不一致，但对试验结果又有一定的影响。要消除这一因素带来的影响，就需将各棵苹果树第一年年产量这一因素作为协变量进行协方差分析，才能得到正确的实验结果。

（2）COVARIANCE. P 和 COVARIANCE. S 函数介绍。

在 Excel 2010 中，将 COVAR 协方差函数拆分为 COVARIANCE. P 总体协方差函数和 COVARIANCE. S 样本协方差函数，为保证与低版本软件的兼容性，COVAR 函数依旧可用，保留其计算总体协方差功能。COVARIANCE. P 和 COVARIANCE. S 函数在 Excel 2010 及更高版本中可用。

1）COVARIANCE. P 总体协方差函数。

功能：返回总体协方差，即两个数据集中每对数据点的偏差乘积的平均数。

语法：＝COVARIANCE. P(第一组数值,第二组数值)。

2）COVARIANCE. S 样本协方差函数。

功能：返回样本协方差，即两个数据集中每对数据点的偏差乘积的平均数。

语法：＝COVARIANCE. S(第一组数值,第二组数值)。

3）注意事项。

①第一组数值：必需。包含数据的第一个单元格区域。参数可以是数字或者是包含数字的名称、数组或引用。

①第二组数值：必需。包含数据的第二个单元格区域。参数可以是数字或者是包含数字的名称、数组或引用。

③如果数组或引用参数包含文本、逻辑值或空白单元格，则这些值将被忽略；但包含零值的单元格将计算在内。

④如果两个数组所含数据点的个数不等，则返回无适配错误＃N/A。

⑤如果其中一个数组为空，则返回除零错误＃DIV/0!。

6.8.2 CORREL 相关系数函数

（1）认识相关系数。

相关系数是最早由统计学家卡尔·皮尔逊设计的统计指标，是研究变量之间线性相关程度的量，一般用字母 r 表示。由于研究对象的不同，相关系数有多种定义方式，较为常用的是皮尔逊相关系数，又叫简单相关系数或线性相关系数。

$$r(X, Y)=\frac{\sum_{i=1}^{n}(x_i-\overline{x})(y_i-\overline{y})}{\sqrt{\sum_{i=1}^{n}(x_i-\overline{x})^2\sum_{i=1}^{n}(y_i-\overline{y})^2}}=\frac{\mathrm{Cov}(X, Y)}{\sqrt{\mathrm{Var}[X]\mathrm{Var}[X]}}$$

式中　Cov(X, Y)——X 与 Y 的协方差；

Var$[X]$——X 的方差；

Var$[Y]$——Y 的方差。

r 值的绝对值介于 0～1 之间。通常来说，r 越接近 1，表示 X 与 Y 两个变量之间的相关程度就越强，反之，r 越接近于 0，X 与 Y 两个量之间的相关程度就越弱。表 6-3 为 $|r|$ 的取值与相关程度。

表 6-3　$|r|$ 的取值与相关程度

$\|r\|$ 的取值范围	$\|r\|$ 的意义
0.00～0.19	极低相关
0.20～0.39	低度相关
0.40～0.69	中度相关
0.70～0.89	高度相关
0.90～1.00	极高相关

（2）CORREL 函数介绍。

功能： 返回两组数值之间的相关系数。

语法： =CORREL(第一组数值,第二组数值)。

注意：

①第一组数值：必需。包含数据的第一个单元格区域。参数可以是数字或者是包含数字的名称、数组或引用。

②第二组数值：必需。包含数据的第二个单元格区域。参数可以是数字或者是包含数字的名称、数组或引用。

③如果数组或引用参数包含文本、逻辑值或空白单元格，则这些值将被忽略；但包含零值的单元格将计算在内。

④如果两个数组所含数据点的个数不等，则返回无适配错误 #N/A。

⑤如果其中一个数组为空，或者其数值的标准差等于零，则返回除零错误 #DIV/0!。

（3）计算测风塔风速和风机机舱风速相关性。

现有某风电场测风塔风速和邻近风机机舱风速数据（见图 6-31），计算两组数据相关性。

解题步骤：

步骤 1　选择 F1 单元格，输入公式：=CORREL(A2:A26,B2:B26)。

步骤 2　输入完毕回车，返回计算结果为 0.9974，说明测风塔风速和风机机舱风速虽然有偏差，但是两组数据具有极高相关性，测风设备数据采集正常。可以继续通过 WPS 表格趋势线线性拟合计算，确定测风塔风速和风机机舱风速线性关系公式。图 6-32 为测风塔风速和风机机舱风速相关性结果。

	A	B	C	D	E	F
1	测风塔风速	风机风速	记录数		相关性：	
2	25.2	23.0	2			
3	24.5	21.0	5			
4	23.6	21.8	2			
5	22.5	20.8	22			
6	21.5	20.5	38			
7	20.6	19.4	40			
8	19.4	18.4	48			
9	18.5	17.8	73			
10	17.5	16.9	99			
11	16.5	16.0	137			
12	15.4	15.0	205			
13	14.5	14.0	223			
14	13.5	13.0	306			
15	12.5	12.0	412			
16	11.5	11.0	528			
17	10.5	10.0	724			
18	9.5	9.1	872			
19	8.5	8.2	935			
20	7.5	7.2	718			
21	6.5	6.2	538			
22	5.5	5.2	418			
23	4.5	4.4	316			
24	3.6	3.6	156			
25	2.6	2.9	72			
26	1.8	2.5	10			

图 6-31　测风塔风速和风机机舱风速表

F1　　fx　=CORREL(A2:A26,B2:B26)

	A	B	C	D	E	F
1	测风塔风速	风机风速	记录数		相关性：	0.9974
2	25.2	23.0	2			
3	24.5	21.0	5			
4	23.6	21.8	2			
5	22.5	20.8	22			
6	21.5	20.5	38			
7	20.6	19.4	40			
8	19.4	18.4	48			
9	18.5	17.8	73			
10	17.5	16.9	99			
11	16.5	16.0	137			
12	15.4	15.0	205			
13	14.5	14.0	223			
14	13.5	13.0	306			
15	12.5	12.0	412			
16	11.5	11.0	528			
17	10.5	10.0	724			
18	9.5	9.1	872			
19	8.5	8.2	935			
20	7.5	7.2	718			
21	6.5	6.2	538			
22	5.5	5.2	418			
23	4.5	4.4	316			
24	3.6	3.6	156			
25	2.6	2.9	72			
26	1.8	2.5	10			

图 6-32　测风塔风速和风机机舱风速相关性结果

6.9 SUM系列平方差和函数

WPS表格中有四个与SUM相关的平方差和函数，即SUMSQ平方和、SUMX2MY2两组数据平方差之和、SUMX2PY2两组数据平方和之和、SUMXMY2两组数据差的平方和，在实际工作中偶尔会用到，详细请继续往下看，可以很好区分这四个函数。

6.9.1 SUMSQ平方和函数介绍

SUMSQ函数名称中，由SUM(Summation总和)、SQ(Square平方）组成平方和函数。

计算公式为

$$\mathrm{SUMSQ}=\sum_{i=1}^{n}x_i^2$$

功能： 返回所有参数的平方和。

语法： =SUMSQ(数值1,数值2…)。

注意：

①数值1、数值2…：为1～30个需要相乘的数字参数，也可以使用单一数组，即对数组区域的引用，来代替由逗号分隔的参数。参数可以是数字，或者是包含数字的名称、数组或引用。

②直接键入到参数表中的数字、逻辑值（逻辑值TRUE为数字1、FALSE为数字0）及数字的文本表达式将被计算。

③如果参数为数组或引用，只有其中的数字将被计算。数组或引用中的空白单元格、逻辑值、文本将被忽略。

④当参数为错误值，则返回错误值。

6.9.2 SUMX2MY2两组数据平方差之和函数介绍

SUMX2MY2函数名称中，由SUM（Summation总和)、X和Y代表两组变量、数字2代表前一个变量的平方、两个变量中间的M(Minus减号)，组成函数“两组数据平方差之和”。

计算公式为

$$\mathrm{SUMX2MY2}=\sum_{i=1}^{n}(x_i^2-y_i^2)$$

功能： 返回两个数组中对应数值的平方差之和。

语法： =SUMX2MY2(第一组数值,第二组数值)。

注意：

①第一组数值：必需。包含数据的第一个单元格区域。参数可以是数字或者是包含数字的名称、数组或引用。

②第二组数值：必需。包含数据的第二个单元格区域。参数可以是数字或者是包含

数字的名称、数组或引用。

③如果数组或引用参数包含文本、逻辑值或空白单元格，则这些值将被忽略；但包含零值的单元格将计算在内。

④如果两个数组所含数据点的个数不等，则返回无适配错误＃N/A。

6.9.3 SUMX2PY2 两组数据平方和之和函数介绍

SUMX2PY2 函数名称中，由 SUM(Summation 总和)、X 和 Y 代表两组变量、数字 2 代表前一个变量的平方、两个变量中间的 P(Plus 加号)，组成函数“两组数据平方和之和”。

计算公式为

$$\text{SUMX2PY2}=\sum_{i=1}^{n}(x_i^2+y_i^2)$$

功能：返回两个数组中对应数值的平方和之和。

语法：＝SUMX2PY2(第一组数值,第二组数值)。

注意：

①第一组数值：必需。包含数据的第一个单元格区域。参数可以是数字或者是包含数字的名称、数组或引用。

②第二组数值：必需。包含数据的第二个单元格区域。参数可以是数字或者是包含数字的名称、数组或引用。

③如果数组或引用参数包含文本、逻辑值或空白单元格，则这些值将被忽略；但包含零值的单元格将计算在内。

④如果两个数组所含数据点的个数不等，则返回无适配错误＃N/A。

6.9.4 SUMXMY2 两组数据差的平方和函数介绍

SUMXMY2 函数名称中，由 SUM（Summation 总和）、X 和 Y 代表两组变量、两个变量中间的 M（Minus 减号）、数字 2 代表前面（X－Y）的平方，组成函数“两组数据差的平方和”。

计算公式为

$$\text{SUMXMY2}=\sum_{i=1}^{n}(x_i-y_i)^2$$

功能：返回两个数组中对应数值之差的平方和。

语法：＝SUMXMY2(第一组数值,第二组数值)。

注意：

①第一组数值：必需。包含数据的第一个单元格区域。参数可以是数字或者是包含数字的名称、数组或引用。

②第二组数值：必需。包含数据的第二个单元格区域。参数可以是数字或者是包含数字的名称、数组或引用。

③如果数组或引用参数包含文本、逻辑值或空白单元格，则这些值将被忽略；但包含零值的单元格将计算在内。

④如果两个数组所含数据点的个数不等，则返回无适配错误#N/A。

6.9.5 计算日前风功率预测准确率

某风电场装机容量49.5MW，现有某天日前预测功率和实际功率值（见图6-33），每隔15min一个数据点，一天共计96个数据点，计算当日风功率预测准确率。

风功率预测准确率为

$$r=\sqrt{\frac{1}{N}\sum_{k=1}^{N}(P_{\mathrm{A}k}-P_{\mathrm{P}k})^2}/Cap$$

式中 r——准确率；

N——数据点个数；

$P_{\mathrm{A}k}$——实际功率；

$P_{\mathrm{P}k}$——预测功率；

Cap——总装机容量。

	A	B	C	D	E	F	G	H
1	考核日期	时间点	日前风功率预测(MW)	日前风功率实际(MW)	绝对偏差		容量(MW)	49.5
2	2022/9/27	00:15	2.36	1.60	32.27%		准确率	
3	2022/9/27	00:30	2.31	0.66	71.40%			
4	2022/9/27	00:45	2.27	-0.37	116.27%			
5	2022/9/27	01:00	2.26	-0.38	116.97%			
6	2022/9/27	01:15	2.28	-0.39	117.14%			
7	2022/9/27	01:30	2.30	-0.36	115.75%			
8	2022/9/27	01:45	2.32	-0.38	116.23%			
9	2022/9/27	02:00	2.37	-0.38	115.89%			
10	2022/9/27	02:15	2.43	-0.35	114.32%			
11	2022/9/27	02:30	2.49	-0.38	115.41%			
12	2022/9/27	02:45	2.55	-0.35	113.65%			
13	2022/9/27	03:00	2.67	-0.39	114.63%			
14	2022/9/27	03:15	2.83	-0.41	114.56%			
15	2022/9/27	03:30	2.99	-0.41	113.78%			
16	2022/9/27	03:45	3.16	-0.43	113.71%			
17	2022/9/27	04:00	3.27	-0.45	113.90%			
18	2022/9/27	04:15	3.34	-0.38	111.49%			
19	2022/9/27	04:30	3.40	-0.37	110.86%			
20	2022/9/27	04:45	3.47	-0.36	110.44%			

图6-33 某风电场某天日前预测功率和实际功率值

解题步骤：

步骤1 选择H2单元格，依据风功率预测准确率计算公式，输入公式：=1-SQRT(SUMXMY2($D2:$D97,$C2:$C97)/96)/$H$1。

步骤2 输入完毕回车，返回计算结果为68.15%，低于界限值80%，因此当日日前风功率预测不达标。

图6-34为某风电场某天日前功率预测准确率计算结果。

注意：电网公司对风电功率预测是如下要求的：上报率应达到100%，日前预测准确率应不小于80%，实时预测准确率应不小于85%。

H2 =1-SQRT(SUMXMY2($D2:$D97,$C2:$C97)/96)/$H$1

	A	B	C	D	E	F	G	H
1	考核日期	时间点	日前风功率预测(MW)	日前风功率实际(MW)	绝对偏差		容量(MW)	49.5
2	2022/9/27	00:15	2.36	1.60	32.27%		准确率	68.15%
3	2022/9/27	00:30	2.31	0.66	71.40%			
4	2022/9/27	00:45	2.27	-0.37	116.27%			
5	2022/9/27	01:00	2.26	-0.38	116.97%			
6	2022/9/27	01:15	2.28	-0.39	117.14%			
7	2022/9/27	01:30	2.30	-0.36	115.75%			
8	2022/9/27	01:45	2.32	-0.38	116.23%			
9	2022/9/27	02:00	2.37	-0.38	115.89%			
10	2022/9/27	02:15	2.43	-0.35	114.32%			
11	2022/9/27	02:30	2.49	-0.38	115.41%			
12	2022/9/27	02:45	2.55	-0.35	113.65%			
13	2022/9/27	03:00	2.67	-0.39	114.63%			
14	2022/9/27	03:15	2.83	-0.41	114.56%			
15	2022/9/27	03:30	2.99	-0.41	113.78%			
16	2022/9/27	03:45	3.16	-0.43	113.71%			
17	2022/9/27	04:00	3.27	-0.45	113.90%			
18	2022/9/27	04:15	3.34	-0.38	111.49%			
19	2022/9/27	04:30	3.40	-0.37	110.86%			
20	2022/9/27	04:45	3.47	-0.36	110.44%			

图 6-34 某风电场某天日前功率预测准确率计算结果

6.10 SUBTOTAL 分类汇总函数

6.10.1 SUBTOTAL 函数介绍

Subtotal 含义为小计、部分求和，在 WPS 表格中用作分类汇总计算。

功能：返回数据清单中的分类汇总。

语法：=SUBTOTAL(函数序号,引用 1,引用 2…)。

注意：

①函数序号：必需。用于指定分类汇总的函数，一共有 11 个函数，每个函数有两个序号，其中 1～11 表示包含手动隐藏值，101～111 表示忽略手动隐藏值，如表 6-4 所示。

表 6-4　SUBTOTAL 函数序号对应函数类别

函数序号（包含手动隐藏值）	函数序号（忽略手动隐藏值）	函数
1	101	AVERAGE 算数平均值
2	102	COUNT 数字单元格个数
3	103	COUNTA 非空单元格个数
4	104	MAX 最大值
5	105	MIN 最小值
6	106	PRODUCT 乘积
7	107	STDEV. S 样本标准差

续表

函数序号（包含手动隐藏值）	函数序号（忽略手动隐藏值）	函数
8	108	STDEV. P 总体标准差
9	109	SUM 求和
10	110	VAR. S 样本方差
11	111	VAR. P 总体方差

②引用 1、引用 2…：为要进行分类汇总计算的 1 到 254 个命名区域或引用。

③如果参数“引用”中嵌套通过 SUBTOTAL 分类汇总计算后的结果，这些值将被忽略，以避免重复计算。

④所有函数序号（1～11 和 101～111）都忽略数据清单筛选时产生的任何隐藏行，即忽略所有“自动隐藏行”。

⑤该函数适用于数据列或垂直区域，不适用于数据行或水平区域。

6.10.2 故障停机频次、时长和损失电量统计

现有某公司各场站故障停机统计表（见图 6-35），请使用 SUBTOTAL 分类汇总函数，在汇总行统计故障停机频次、时长和损失电量。

	A	B	C	D	E	F	G	H	I	J
1	序号	风电场	风机编号	风机类型	开始时间	结束时间	停机时长（天）	损失电量（万kWh	故障部位	停机原因
224	223	廊坊	#1-06	EHN77-1500	2022/10/31 7:00	2022/10/31 8:20	0.06	0.07	主控系统	风速仪传感器故障
225	224	呼和浩特	#2-16	UP82-1500	2022/10/31 7:08	2022/10/31 11:54	0.20	0.26	主控系统	高速轴刹车片磨损故
226	225	秦皇岛	#7-08	SL82-1500	2022/10/31 8:15	2022/10/31 8:45	0.02	0.02	变桨系统	变桨123通信故障
227	226	廊坊	#9-04	UP77-1500	2022/10/31 9:42	2022/11/1 8:50	0.96	0.87	变频器	变频器转子侧电压故
228	227	天津	#3-34	UP77-1500	2022/10/31 13:36	2022/10/31 14:00	0.02	0.02	变桨系统	变桨电池电压故障
229	228	秦皇岛	#14-12	UP82-1500	2022/10/31 17:00	2022/11/1 13:00	0.83	0.51	变频器	变频器故障
230	229	呼和浩特	#4-41	EN82-1500	2022/10/31 18:50	2022/11/1 12:00	0.72	0.83	变桨系统	变桨通讯故障
231	230	大同	#8-03	UP82-1500	2022/10/31 18:09	2022/11/1 11:30	0.72	0.63	液压系统	液压站油位低故障
232	汇总									

图 6-35 某公司各场站机组故障停机统计表

解题步骤：

步骤 1 选择汇总行 G232 单元格，输入公式：=SUBTOTAL(9,G2:G231)。

数字 9 为 SUM 求和函数，即求得总停机时长。

步骤 2 选择汇总行 H232 单元格，输入公式：=SUBTOTAL(9,H2:H231)。

数字 9 为 SUM 求和函数，即求得总损失电量。

步骤 3 选择汇总行 J232 单元格，输入公式：=SUBTOTAL(3,J2:J231)。

数字 3 为 COUNTA 求非空单元格个数函数，即求得总停机频次。

步骤 4 当进行筛选时，通过分类汇总函数可分别求出筛选结果的总停机时长、总损失电量、总停机频次。如故障部位筛选“变桨系统”后计算结果如图 6-36 所示。

6.10.3 设置筛选后的连续序号

如图 6-36 所示，故障部位筛选“变桨系统”后，左侧序号由于为固定序号，因此序

G232 =SUBTOTAL(9, G2:G231)

	A	B	C	D	E	F	G	H	I	J
1	序号	风电场	风机编号	风机类型	开始时间	结束时间	停机时长（天）	损失电量（万kWh）	故障部位	停机原因
197	196	天津	#7-79	UP77-1500	2022/10/28 0:10	2022/10/28 11:00	0.45	0.03	变桨系统	变桨安全链故障
204	203	保定	#6-36	EN100-2300	2022/10/29 5:30	2022/10/29 12:30	0.29	0.08	变桨系统	变桨系统电池充电回
207	206	秦皇岛	#12-03	UP82-1500	2022/10/29 0:40	2022/10/29 18:30	0.74	0.20	变桨系统	变桨通讯故障
211	210	秦皇岛	#19-1	UP105-2000	2022/10/29 9:00	2022/10/29 12:00	0.13	0.13	变桨系统	安全链故障
214	213	天津	#7-78	UP77-1500	2022/10/30 8:00	2022/10/30 18:36	0.44	0.22	变桨系统	变桨安全链故障
223	222	秦皇岛	#15-2	UP105-2000	2022/10/31 6:35	2022/10/31 11:00	0.18	0.32	变桨系统	变桨充电器故障
226	225	秦皇岛	#7-08	SL82-1500	2022/10/31 8:15	2022/10/31 8:45	0.02	0.02	变桨系统	变桨123通信故障
228	227	天津	#3-34	UP77-1500	2022/10/31 13:36	2022/10/31 14:00	0.02	0.02	变桨系统	变桨电池电压故障
230	229	呼和浩特	#4-41	EN82-1500	2022/10/31 18:50	2022/11/1 12:00	0.72	0.83	变桨系统	变桨通讯故障
232	汇总						34.70	32.62		78

图 6-36　各场站机组故障停机统计分析结果（筛选变桨系统）

号显示不连续，请使用 SUBTOTAL 分类汇总函数创建筛选后的连续序号。

解题步骤：

步骤 1　选择序号列 A2 单元格，即第一个序号所在单元格，输入公式：=SUBTOTAL(3,$B$2:B2)。

数字 3 为 COUNTA 求非空单元格个数函数，区域左上角单元格设置绝对引用，右下角单元格设置相对引用，即 $B$2:B2。当公式向下拖动时，左上角固定不变，右下角随着单元格移动，因此会累计计数。

步骤 2　输入完毕回车，双击向下填充公式。

步骤 3　此时故障部位再次筛选“变桨系统”，可以看到左侧序号为连续序号，如图 6-37 所示。

A4 =SUBTOTAL(3, B$2:B4)

	A	B	C	D	E	F	G	H	I	J
1	序号	风电场	风机编号	风机类型	开始时间	结束时间	停机时长（天）	损失电量（万kWh）	故障部位	停机原因
4	1	承德	#1-02	GW70-1500	2022/10/1 8:24	2022/10/1 11:00	0.11	0.05	变桨系统	变桨AC2故障
5	2	呼和浩特	#2-12	UP82-1500	2022/10/1 8:30	2022/10/1 17:00	0.35	0.36	变桨系统	变桨驱动器过流
6	3	天津	#7-76	UP77-1500	2022/10/1 17:00	2022/10/2 11:40	0.78	0.19	变桨系统	变桨24V供电故障
10	4	秦皇岛	#7-12	SL82-1500	2022/10/1 23:25	2022/10/2 12:00	0.52	0.50	变桨系统	变桨2驱动错误
11	5	秦皇岛	#14-10	UP82-1500	2022/10/1 23:46	2022/10/2 11:00	0.47	0.49	变桨系统	变桨安全链故障
12	6	秦皇岛	#20-1	UP105-2000	2022/10/2 4:20	2022/10/2 10:00	0.24	0.33	变桨系统	轴3驱动器温度过高且
23	7	秦皇岛	#12-08	UP82-1500	2022/10/3 11:40	2022/10/3 16:30	0.20	0.42	变桨系统	变桨通讯故障
25	8	秦皇岛	#9-03	UP82-1500	2022/10/4 6:00	2022/10/4 11:00	0.21	0.04	变桨系统	桨叶限位故障
26	9	秦皇岛	#11-04	UP82-1500	2022/10/4 6:31	2022/10/4 12:00	0.23	0.05	变桨系统	桨叶限位故障
28	10	秦皇岛	#10-01	UP82-1500	2022/10/4 10:00	2022/10/4 16:00	0.25	0.05	变桨系统	变桨急停故障

图 6-37　设置筛选后的连续序号结果

7 强大的数组函数应用

7.1 FREQUENCY 频率分布函数

7.1.1 FREQUENCY 函数介绍

功能： 用于计算数值在某个区域内出现的频率分布，然后返回一个垂直数组。

语法： ＝FREQUENCY(一组数值,一组间隔值)。

注意：

①一组数值：必需。要对其频率进行计数的一组数值或对这组数值的引用。

②一组间隔值：必需。一个区间数组或对区间的引用，该区间用于对参数“一组数值”中的数值进行分组。如果“一组间隔值”中不包含任何数值，函数 FREQUENCY 返回值为“一组数值”中的元素个数。

③FREQUENCY 函数将“一组数值”中的数值以“一组间隔值”为间隔进行分组，计算数值在各个区域出现的频率，所以返回的数组中的元素比“一组间隔值”中的元素多一个。

④FREQUENCY 函数统计结果均为“左开右闭”区间。

⑤在 WPS2022 版本中，需要按照数组计算完成操作：Ctrl＋Shift＋回车，在 Excel 2019 及以上版本软件中直接回车即可。

7.1.2 FREQUENCY 函数基本应用

现有某场站全年 10min 平均风速（见图 7-1），共计 46 734 个数据点，求全年风速风频分布。

	A	B	C	D	E	F
1	统计时间	平均风速(m/s)		风速段	解释	频次
2	2020-1-5 1:20	4.41		0	W⩽0	
3	2020-1-5 1:30	4.32		0.5	0<W⩽0.5	
4	2020-1-5 1:40	3.91		1	0.5<W⩽1	
5	2020-1-5 1:50	3.54		1.5	1<W⩽1.5	
6	2020-1-5 2:00	3.71		2	1.5<W⩽2	
7	2020-1-5 2:10	4.39		2.5	2<W⩽2.5	
8	2020-1-5 2:20	3.26		3	2.5<W⩽3	
9	2020-1-5 2:30	3.3		3.5	3<W⩽3.5	
10	2020-1-5 2:40	3.04		4	3.5<W⩽4	
11	2020-1-5 2:50	3.23		4.5	4<W⩽4.5	
12	2020-1-5 3:00	3.3		5	4.5<W⩽5	
13	2020-1-5 3:10	3.41		5.5	5<W⩽5.5	
14	2020-1-5 3:20	3.53		6	5.5<W⩽6	
15	2020-1-5 3:30	3.51		6.5	6<W⩽6.5	
16	2020-1-5 3:40	3.46		7	6.5<W⩽7	
17	2020-1-5 3:50	3.27		7.5	7<W⩽7.5	
18	2020-1-5 4:00	2.84		8	7.5<W⩽8	
19	2020-1-5 4:10	3.12		8.5	8<W⩽8.5	
20	2020-1-5 4:20	3.24		9	8.5<W⩽9	

……

图 7-1 某场站全年 10min 平均风速（一）

	A	B	C	D	E	F
40	2020-1-5 7:40	2.39		19	18.5<W≤19	
41	2020-1-5 7:50	2.88		19.5	19<W≤19.5	
42	2020-1-5 8:00	2.7		20	19.5<W≤20	
43	2020-1-5 8:10	2.64		20.5	20<W≤20.5	
44	2020-1-5 8:20	2.83		21	20.5<W≤21	
45	2020-1-5 8:30	2.44		21.5	21<W≤21.5	
46	2020-1-5 8:40	2.35		22	21.5<W≤22	
47	2020-1-5 8:50	2.67		22.5	22<W≤22.5	
48	2020-1-5 9:00	2.48		23	22.5<W≤23	
49	2020-1-5 9:10	2.64		23.5	23<W≤23.5	
50	2020-1-5 9:20	2.59		24	23.5<W≤24	
51	2020-1-5 9:30	2.42		24.5	24<W≤24.5	
52	2020-1-5 9:40	2.11		25	24.5<W≤25	
53	2020-1-5 9:50	2.42			25<W	

图 7-1　某场站全年 10min 平均风速（二）

解题步骤：

步骤 1　选择 F2:F53 单元格区域，在公式编辑栏中输入公式：=FREQUENCY(B2:B46735, D2:D52)。

步骤 2　按 Ctrl+Shift+回车完成数组计算。

图 7-2 所示为某场站全年风速风频分布结果。图 7-3 所示为某场站全年风速风频分布图。

注意：Excel 2019 及更高版本回车即可。

F2　{=FREQUENCY(B2:B46735,D2:D52)}

	A	B	C	D	E	F
1	统计时间	平均风速(m/s)		风速段	解释	频次
2	2020-1-5 1:20	4.41		0	W≤0	123
3	2020-1-5 1:30	4.32		0.5	0<W≤0.5	138
4	2020-1-5 1:40	3.91		1	0.5<W≤1	343
5	2020-1-5 1:50	3.54		1.5	1<W≤1.5	771
6	2020-1-5 2:00	3.71		2	1.5<W≤2	1408
7	2020-1-5 2:10	4.39		2.5	2<W≤2.5	2454
8	2020-1-5 2:20	3.26		3	2.5<W≤3	2918
9	2020-1-5 2:30	3.3		3.5	3<W≤3.5	2810
10	2020-1-5 2:40	3.04		4	3.5<W≤4	2947
11	2020-1-5 2:50	3.23		4.5	4<W≤4.5	2915
12	2020-1-5 3:00	3.3		5	4.5<W≤5	2869
13	2020-1-5 3:10	3.41		5.5	5<W≤5.5	2861
14	2020-1-5 3:20	3.53		6	5.5<W≤6	2813
15	2020-1-5 3:30	3.51		6.5	6<W≤6.5	2803
16	2020-1-5 3:40	3.46		7	6.5<W≤7	2627
17	2020-1-5 3:50	3.27		7.5	7<W≤7.5	2237
18	2020-1-5 4:00	2.84		8	7.5<W≤8	2015
19	2020-1-5 4:10	3.12		8.5	8<W≤8.5	1683
20	2020-1-5 4:20	3.24		9	8.5<W≤9	1471
21	2020-1-5 4:30	3.16		9.5	9<W≤9.5	1248
22	2020-1-5 4:40	3.11		10	9.5<W≤10	1099
23	2020-1-5 4:50	2.89		10.5	10<W≤10.5	990
24	2020-1-5 5:00	2.84		11	10.5<W≤11	937
25	2020-1-5 5:10	2.39		11.5	11<W≤11.5	915
26	2020-1-5 5:20	2.28		12	11.5<W≤12	721

图 7-2　某场站全年风速风频分布结果

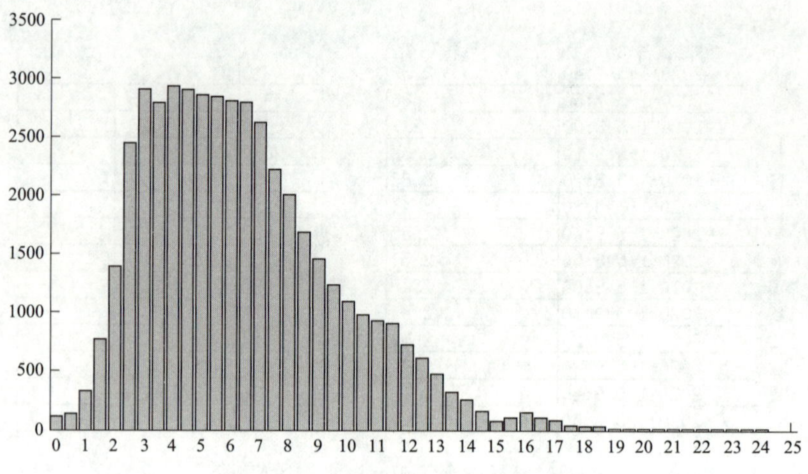

图 7-3　某场站全年风速风频分布图

风速的分布： 目前比较常用的分析风速分布的方法是将风速值离散化，把不同风速值划分到相应的风速段（如 4.75～5.25m/s 之间的风速划分到 5m/s，其他风速依此类推），将风速的间隔定为 0.5m/s，计算一年周期中不同平均风速累计小时数，绘制成概率密度曲线图。

通常用于拟合风速分布的函数很多，有瑞利分布、对数正态分布、威布尔分布等。风速分布一般为偏正态分布，一般用威布尔分布函数来描述风速分布的概率密度函数。

7.2　FILTER 筛选函数

7.2.1　FILTER 函数介绍

FILTER 是一个非常强大的筛选函数，可以根据筛选条件筛选出指定的数据记录，它返回的结果是一个动态数组，Office 365 和新版 WPS 软件均支持这个新出的函数，两个软件的区别是：Office 支持动态溢出，而 WPS 不支持动态溢出，需要配合数组三键“Ctrl＋Shift＋回车”完成运算。可以使用 INDEX 索引函数和行列函数结合，通过拖拽依次返回筛选结果数组内数据，这时候可不必通过三键“Ctrl＋Shift＋回车”进行运算。

功能： 返回基于定义的条件筛选出的一系列数据。

语法：

①单个筛选条件： ＝FILTER(数据区域,筛选条件,[未找到结果返回值])。

②多个筛选条件： ＝FILTER(数据区域,(筛选条件 1)＊(筛选条件 2)＊…,[未找到结果返回值])。

③满足任一条件： ＝FILTER（数据区域,（筛选条件 1）＋（筛选条件 2）＋…,[未找到结果返回值])。

④针对 WPS 无动态溢出功能，避免出现＃N/A 错误： ＝IFERROR(INDEX(FILTER(…),ROW(A1),COLUMN(A1)),″″)。

其中：IFERROR 函数指定出现错误值返回空值，INDEX 索引函数和行列函数结合，通过拖拽依次返回筛选结果数组内数据。

注意：

①数据区域：必需。要进行筛选的数组或区域。

②筛选条件：必需。逻辑值数组，其高度和宽度必须与第一个参数“数据区域”相同。

③未找到结果返回值：可选。筛选结果为空，即没有符合筛选条件的返回值。

④如果数据集可能返回空值，必须使用第三个参数“未找到结果返回值”，否则返回计算错误#CALC!，因为当前WPS表格不支持空数组。

⑤如果参数“筛选条件”出现任何一个值为错误值或无法转换为逻辑值，将返回错误。

⑥使用乘号“*”连接在一起，表示逻辑与关系，必须同时满足多个条件。如果使用加号“+”，表示逻辑或关系，满足任一条件即可。

7.2.2 从故障停机记录筛选全部未恢复机组

现有某公司场站故障停机记录表（见图7-4），请在另外一张表（见图7-5）实现筛选出“未恢复”机组停机记录。

	A	B	C	D	E	F	G	H	I	J	K
1	序号	风电场	风机编号	风机类型	开始时间	结束时间	停机时长(天)	损失电量（万kWh）	故障部位	停机原因	是否恢复
218	217	保定	#4-18	EN90-2300	2022/10/30 17:00	2022/10/30 18:40	0.07	0.13	变频器	变频器水冷MCB故障	已恢复
219	218	保定	#7-40	EN100-2300	2022/10/31 4:10		1.83	0.49	变频器	变频器水冷泵入口压	未恢复
220	219	秦皇岛	#21-3	UP105-2000	2022/10/30 23:38	2022/10/31 10:00	0.43	0.65	安全链	安全链故障	已恢复
221	220	秦皇岛	#13-04	UP82-1500	2022/10/31 1:05	2022/10/31 11:36	0.44	0.42	液压系统	主系统压力低故障	已恢复
222	221	秦皇岛	#5-07	SL82-1500	2022/10/31 1:10	2022/10/31 10:00	0.37	0.41	变频器	电网掉电故障	已恢复
223	222	秦皇岛	#15-2	UP105-2000	2022/10/31 6:35	2022/10/31 11:00	0.18	0.32	变桨系统	变桨充电器故障	已恢复
224	223	廊坊	#1-06	EHN77-1500	2022/10/31 7:00	2022/10/31 8:20	0.06	0.07	主控系统	风速仪传感器故障	已恢复
225	224	呼和浩特	#2-16	UP82-1500	2022/10/31 7:08	2022/10/31 11:54	0.20	0.26	主控系统	高速轴刹车片磨损故	已恢复
226	225	秦皇岛	#7-08	SL82-1500	2022/10/31 8:15	2022/10/31 8:45	0.02	0.02	变桨系统	变桨123通信故障	已恢复
227	226	廊坊	#9-04	UP77-1500	2022/10/31 9:42		1.60	0.87	变频器	变频器转子侧电压故	未恢复
228	227	天津	#3-34	UP77-1500	2022/10/31 13:36		1.43	0.02	变桨系统	变桨电池电压故障	未恢复
229	228	秦皇岛	#14-12	UP82-1500	2022/10/31 17:00		1.29	0.51	变频器	变频器故障	未恢复
230	229	呼和浩特	#4-41	EN82-1500	2022/10/31 18:50		1.22	0.83	变桨系统	变桨通讯故障	未恢复
231	230	大同	#8-03	UP82-1500	2022/10/31 18:09		1.24	0.63	液压系统	液压站油位低故障	未恢复

图7-4 某公司场站故障停机记录表

解题步骤：

步骤1 序号列先空着，选择风电场列B2单元格，输入公式：=FILTER(故障停机数据！$B$2:$K$10000,故障停机数据！$K$2:$K$10000="未恢复")。

返回故障停机未恢复的第一条停机记录，风电场名称为“保定”。

注意：数据区域尽可能大点，本例选择至10000行。数据区域和条件区域均加绝对引用。

步骤2 由于WPS表格数组公式不能自动溢出，可以配合使用INDEX索引函数、ROW行函数、COLUMN列函数实现自动提取。将公式修改为=INDEX（FILTER（故障停机数据！$B$2:$K$10000，故障停机数据！$K$2:$K$10000="未恢复"），ROW（A1），COLUMN（A1））。

同样正确返回“保定”。

	A	B	C	D	E	F	G	H	I	J	K
1	序号	风电场	风机编号	风机类型	开始时间	结束时间	停机时长（天）	损失电量（万kWh）	故障部位	停机原因	是否恢复
2											
3											
4											
5											
6											
7											
8											
9											
10											
11											
12											
13											
14											
15											
16											
17											
18											
19											
20											

图 7-5　未恢复机组停机记录筛选结果空表

步骤 3　将公式向右拖拽至 K 列，向下拖拽至 20 行。发现超出筛选结果范围时，显示“无引用错误＃REF!”。因此，在公式外侧套用 IFERROR 函数，当为错误值时，返回空值。将公式再次修改为：＝IFERROR(INDEX(FILTER(故障停机数据！＄B＄2:＄K＄10000,故障停机数据！＄K＄2:＄K＄10000＝″未恢复″),ROW(A1),COLUMN(A1)),″″)。

步骤 4　再次将公式向右拖拽至 K 列，向下拖拽至 20 行。返回所有未恢复机组故障条目。

步骤 5　A 列序号设置为动态序号，即如 B 列对应行不为空值，则输出当前行号减 1。选择 A2 单元格，输入公式：＝IF(B2<>″″,ROW()－1,″″)。将公式向下拖拽至 20 行即可。

图 7-6 为全部未恢复机组停机记录筛选结果。

B2　fx　=IFERROR(INDEX(FILTER(故障停机数据!$B$2:$K$10000,故障停机数据!$K$2:$K$10000="未恢复"),ROW(A1),COLUMN(A1)),"")

	A	B	C	D	E	F	G	H	I	J	K
1	序号	风电场	风机编号	风机类型	开始时间	结束时间	停机时长（天）	损失电量（万kWh）	故障部位	停机原因	是否恢复
2	1	保定	#9-55	UP96S-2000	44863.30556	0	3.694444444	0.131785718	安全链	变桨安全链故障	未恢复
3	2	天津	#2-16	UP70-1500	44863.5	0	3.5	0.028001271	刹车系统	转子刹车盘严重磨损故障	未恢复
4	3	保定	#7-40	EN100-2300	44865.17361	0	1.826388889	0.486079543	变频器	变频器水冷泵入口压力低	未恢复
5	4	廊坊	#9-04	UP77-1500	44865.40417	0	1.595833333	0.86814147	变频器	变频器转子侧电压故障	未恢复
6	5	天津	#3-34	UP77-1500	44865.56667	0	1.433333333	0.021278257	变桨系统	变桨电池电压故障	未恢复
7	6	秦皇岛	#14-12	UP82-1500	44865.70833	0	1.291666667	0.513616981	变频器	变频器故障	未恢复
8	7	呼和浩特	#4-41	EN82-1500	44865.78472	0	1.215277778	0.833489836	变桨系统	变桨通讯故障	未恢复
9	8	大同	#8-03	UP82-1500	44865.75625	0	1.24375	0.631955551	液压系统	液压站油位低故障	未恢复
10											
11											

图 7-6　全部未恢复机组停机记录筛选结果

7.2.3　从故障停机记录筛选某场站未恢复机组

同上个示例，现有某公司场站故障停机记录表，请在另外一张表实现筛选出保定

“未恢复”机组停机记录。

解题步骤：

步骤 1 选择 B2 单元格，在筛选公式里增加一个筛选条件，即风电场名称列为保定，则将公式修改为：=IFERROR(INDEX(FILTER(故障停机数据！$B$2:$K$10000,(故障停机数据！$K$2:$K$10000="未恢复")*(故障停机数据！$B$2:$B$10000="保定")),ROW(A1),COLUMN(A1)),"")。

注意：两个筛选条件分别用括号括起来，使用乘号“*”连接在一起，表示逻辑与关系，同时满足条件。如果使用加号“+”，表示逻辑或关系，满足任一条件即可。

步骤 2 将公式向右拖拽至 K 列，向下拖拽至 20 行。返回所有保定风电场未恢复机组故障条目，如图 7-7 所示。

B2 =IFERROR(INDEX(FILTER(故障停机数据!$B$2:$K$10000,(故障停机数据!$K$2:$K$10000="未恢复")*(故障停机数据!$B$2:$B$10000="保定")),ROW(A1),COLUMN(A1)),"")

	A	B	C	D	E	F	G	H	I	J	K
1	序号	风电场	风机编号	风机类型	开始时间	结束时间	停机时长（天）	损失电量（万kWh）	故障部位	停机原因	是否恢复
2	1	保定	#9-55	UP96S-2000	44863.30556	0	3.694444444	0.131785718	安全链	变桨安全链故障	未恢复
3	2	保定	#7-40	EN100-2300	44865.17361	0	1.826388889	0.486079543	变频器	变频器水冷泵入口压力	未恢复
4											
5											

图 7-7 保定风电场未恢复机组停机记录筛选结果

7.3 SORT 按行列序数和 SORTBY 按数组或区域排序函数

WPS 表格数据排序可以通过菜单在原表格上完成，通常有单条件或多条件排序。SORT 和 SORTBY 函数则可以在新的区域完成对指定数组的排序，区别是 SORT 按行列序数、SORTBY 按数组或区域进行排序。Office 365 和新版 WPS 软件均支持这对新出的函数，两个软件的区别是：Office 支持动态溢出，而 WPS 不支持动态溢出，需要配合数组三键“Ctrl+Shift+回车”完成运算。可以使用 INDEX 索引函数和行列函数结合，通过拖拽依次返回筛选结果数组内数据，这时候可不必通过三键“Ctrl+Shift+回车”进行运算。

7.3.1 SORT 按行列序数排序函数介绍

功能：对数组或区域的内容进行排序。

语法：

①单条件排序：=SORT(数据区域,[排序行列序数],[排序顺序],[是否按列排序])。

②多条件排序：=SORT(数据区域,{[排序行列序数 1],[排序行列序数 2]…},{[排序顺序 1],[排序顺序 2]…},[是否按列排序])。

③针对 WPS 无动态溢出功能，避免出现 #N/A 错误：=IFERROR(INDEX(SORT(…),ROW(A1),COLUMN(A1)),"")。

其中：IFERROR 函数指定出现错误值返回空值，INDEX 索引函数和行列函数结合，通过拖拽依次返回筛选结果数组内数据。

注意：

①数据区域：必需。要进行排序的数组或区域。

②排序行列序数：可选。一个数字，表示要按其排序的行或列，**如省略则按首行或首列进行排序。**

③排序顺序：可选。一个数字，**1表示升序（默认），－1表示降序。**

④是否按列排序：可选。一个逻辑值，指定所需的排序方向。**FALSE表示按行排序（默认），即纵向排序；TRUE表示按列排序，即横向排序。**

7.3.2　SORTBY按数组或区域排序函数介绍

功能：根据相应范围或数组中的值对范围或数组进行排序。

语法：

①基本用法：＝SORTBY(数据区域,排序数组或区域1,[排序顺序1],[排序数组或区域2],[排序顺序2]…)。

②自定义排序：＝SORTBY(数据区域,MATCH(排序区域1,自定义顺序序列,0),[排序顺序1],…)。

其中，MATCH（排序区域1，自定义顺序序列，0）返回一个数组，即在自定义列表里的位置序数，SORTBY函数再按此位置序数对整个数据区域进行排序，则实现按自定义顺序排序。

③针对WPS无动态溢出功能，避免出现#N/A错误：＝IFERROR(INDEX(SORTBY(…),ROW(A1),COLUMN(A1)),"")。

其中：IFERROR函数指定出现错误值返回空值，INDEX索引函数和行列函数结合，通过拖拽依次返回筛选结果数组内数据。

注意：

①数据区域：必需。要进行排序的数组或区域。

②排序数组或区域1：必需。第一个要对其进行排序的数组或区域。

③排序顺序1：可选。一个数字，1表示升序（默认），－1表示降序。

④排序数组或区域2：必需。第二个要对其进行排序的数组或区域。

⑤排序顺序2：可选。一个数字，1表示升序（默认），－1表示降序。

⑥参数“排序数组或区域”必须为一行或一列，所有“排序数组或区域”参数必须大小相同，否则返回参数值错误#VALUE!。

⑦如果排序顺序参数不为－1或1，则返回参数值错误#VALUE!。如果省略排序顺序参数，则默认为升序。

7.3.3　对未恢复故障停机记录按照开始时间升序排列

现有某公司场站未恢复故障停机记录表（见图7-8），请在另外一张表（见图7-9）实现按照开始时间升序排序。

（1）使用SORT函数单条件排序。

解题步骤：

步骤1　选择B2:K10单元格区域，输入公式：＝SORT(未恢复故障停机数据！B2:

	A	B	C	D	E	F	G	H	I	J	K
1	序号	风电场	风机编号	风机类型	开始时间	结束时间	停机时长（天）	损失电量（万kWh）	故障部位	停机原因	是否恢复
2	1	保定	#9-55	UP96S-2000	2022/10/29 7:20		3.69	0.13	安全链	变桨安全链故障	未恢复
3	2	天津	#2-16	UP70-1500	2022/10/29 12:00		3.50	0.03	刹车系统	转子刹车盘严重磨损故障	未恢复
4	3	保定	#7-40	EN100-2300	2022/10/31 4:10		1.83	0.49	变频器	变频器水冷泵入口压力低	未恢复
5	4	秦皇岛	#14-12	UP82-1500	2022/10/31 17:00		1.29	0.51	变频器	变频器故障	未恢复
6	5	呼和浩特	#4-41	EN82-1500	2022/10/31 18:50		1.22	0.83	变桨系统	变桨通讯故障	未恢复
7	6	大同	#8-03	UP82-1500	2022/10/31 18:09		1.24	0.63	液压系统	液压站油位低故障	未恢复
8	7	廊坊	#9-04	UP77-1500	2022/10/31 9:42		1.60	0.87	变频器	变频器转子侧电压故障	未恢复
9	8	天津	#3-34	UP77-1500	2022/10/31 13:36		1.43	0.02	变桨系统	变桨电池电压故障	未恢复

图 7-8　未恢复故障停机记录表

	A	B	C	D	E	F	G	H	I	J	K
1	1. 单条件排序										
2	序号	风电场	风机编号	风机类型	开始时间	结束时间	停机时长（天）	损失电量（万kWh）	故障部位	停机原因	是否恢复
3	1										
4	2										
5	3										
6	4										
7	5										
8	6										
9	7										
10	8										

图 7-9　单条件排序输出结果表

K9,4,1)。

排序行列序数为 4，即按选择区域的第 4 列“开始时间”；排序顺序为 1，即按升序排列。

步骤 2　输入完毕，按“Ctrl＋Shift＋回车”即可完成运算，如图 7-10 所示。

B3　{=SORT(未恢复故障停机数据!B2:K9,4,1)}

	A	B	C	D	E	F	G	H	I	J	K
1	1. 单条件排序										
2	序号	风电场	风机编号	风机类型	开始时间	结束时间	停机时长（天）	损失电量（万kWh）	故障部位	停机原因	是否恢复
3	1	保定	#9-55	UP96S-2000	2022/10/29 7:20	0	3.694444444	0.131785718	安全链	变桨安全链故障	未恢复
4	2	天津	#2-16	UP70-1500	2022/10/29 12:00	0	3.5	0.028001271	刹车系统	转子刹车盘严重磨损故障	未恢复
5	3	保定	#7-40	EN100-2300	2022/10/31 4:10	0	1.826388889	0.486079543	变频器	变频器水冷泵入口压力低	未恢复
6	4	廊坊	#9-04	UP77-1500	2022/10/31 9:42	0	1.595833333	0.86814147	变频器	变频器转子侧电压故障	未恢复
7	5	天津	#3-34	UP77-1500	2022/10/31 13:36	0	1.433333333	0.021278257	变桨系统	变桨电池电压故障	未恢复
8	6	秦皇岛	#14-12	UP82-1500	2022/10/31 17:00	0	1.291666667	0.513616981	变频器	变频器故障	未恢复
9	7	大同	#8-03	UP82-1500	2022/10/31 18:09	0	1.24375	0.631955551	液压系统	液压站油位低故障	未恢复
10	8	呼和浩特	#4-41	EN82-1500	2022/10/31 18:50	0	1.215277778	0.833489836	变桨系统	变桨通讯故障	未恢复

图 7-10　使用 SORT 函数单条件排序结果

（2）使用 SORTBY 函数单条件排序。

①选择 B2:K10 单元格区域，输入公式：＝SORTBY(未恢复故障停机数据！B2:K9,未恢复故障停机数据！E2:E9,1)。

排序行列区域为 E2:E9，即“开始时间”列；排序顺序为 1，即按升序排列。

②输入完毕，按“Ctrl＋Shift＋回车”即可完成运算，如图 7-11 所示。

B3 {=SORTBY(未恢复故障停机数据!B2:K9,未恢复故障停机数据!E2:E9,1)}

	A	B	C	D	E	F	G	H	I	J	K
1	1. 单条件排序										
2	序号	风电场	风机编号	风机类型	开始时间	结束时间	停机时长（天）	损失电量（万kWh）	故障部位	停机原因	是否恢复
3	1	保定	#9-55	UP96S-2000	2022/10/29 7:20	0	3.694444444	0.131785718	安全链	变桨安全链故障	未恢复
4	2	天津	#2-16	UP70-1500	2022/10/29 12:00	0	3.5	0.028001271	刹车系统	转子刹车盘严重磨损故障	未恢复
5	3	保定	#7-40	EN100-2300	2022/10/31 4:10	0	1.826388889	0.486079543	变频器	变频器水冷泵入口压力低	未恢复
6	4	廊坊	#9-04	UP77-1500	2022/10/31 9:42	0	1.595833333	0.86814147	变频器	变频器转子侧电压故障	未恢复
7	5	天津	#3-34	UP77-1500	2022/10/31 13:36	0	1.433333333	0.021278257	变桨系统	变桨电池电压故障	未恢复
8	6	秦皇岛	#14-12	UP82-1500	2022/10/31 17:00	0	1.291666667	0.513616981	变频器	变频器故障	未恢复
9	7	大同	#8-03	UP82-1500	2022/10/31 18:09	0	1.24375	0.631955551	液压系统	液压站油位低故障	未恢复
10	8	呼和浩特	#4-41	EN82-1500	2022/10/31 18:50	0	1.215277778	0.833489836	变桨系统	变桨通讯故障	未恢复

图 7-11　使用 SORTBY 函数单条件排序结果

7.3.4　对未恢复故障停机记录按照风电场名称和开始时间升序排列

现有某公司场站未恢复故障停机记录表（见图 7-12），请在另外一张表实现按照风电场名称和开始时间升序排序。

	A	B	C	D	E	F	G	H	I	J	K
11											
12	2. 多条件排序										
13	序号	风电场	风机编号	风机类型	开始时间	结束时间	停机时长（天）	损失电量（万kWh）	故障部位	停机原因	是否恢复
14	1										
15	2										
16	3										
17	4										
18	5										
19	6										
20	7										
21	8										

图 7-12　多条件排序输出结果表

（1）使用 SORT 函数多条件排序。

解题步骤：

步骤 1　选择 B14:K21 单元格区域，输入公式：＝SORT(未恢复故障停机数据!B2:K9,{1,4},1)。

排序行列序数为 1 和 4，即首先按选择区域的第 1 列“风电场”、再按第 4 列“开始时间”进行排序；由于均按升序排列，因此指定一个排序顺序 1 即可，如果不同排序方式，则需要用大括号分别开来。

步骤 2　输入完毕，按“Ctrl＋Shift＋回车”即可完成运算，如图 7-13 所示。

（2）使用 SORTBY 函数多条件排序。

解题步骤：

步骤 1　选择 B2:K10 单元格区域，输入公式：＝SORTBY(未恢复故障停机数据!B2:K9,未恢复故障停机数据！B2:B9,1,未恢复故障停机数据！E2:E9,1)。

首先按照排序区域 B2:B9“风电场”列进行升序排列，再按排序区域 E2:E9“开始时间”列进行升序排列。

步骤 2　输入完毕，按“Ctrl＋Shift＋回车”即可完成运算，如图 7-14 所示。

B14 {=SORT(未恢复故障停机数据!$B$2:$K$9,{1,4},1)}

2. 多条件排序

序号	风电场	风机编号	风机类型	开始时间	结束时间	停机时长(天)	损失电量(万kWh)	故障部位	停机原因	是否恢复
1	保定	#9-55	UP96S-2000	2022/10/29 7:20	0	3.694444444	0.131785718	安全链	变桨安全链故障	未恢复
2	保定	#7-40	EN100-2300	2022/10/31 4:10	0	1.826388889	0.486079543	变频器	变频器水冷泵入口压力低	未恢复
3	大同	#8-03	UP82-1500	2022/10/31 18:09	0	1.24375	0.631955551	液压系统	液压站油位低故障	未恢复
4	呼和浩特	#4-41	EN82-1500	2022/10/31 18:50	0	1.215277778	0.833489836	变桨系统	变桨通讯故障	未恢复
5	廊坊	#9-04	UP77-1500	2022/10/31 9:42	0	1.595833333	0.86814147	变频器	变频器转子侧电压故障	未恢复
6	秦皇岛	#14-12	UP82-1500	2022/10/31 17:00	0	1.291666667	0.513616981	变频器	变频器故障	未恢复
7	天津	#2-16	UP70-1500	2022/10/29 12:00	0	3.5	0.028001271	刹车系统	转子刹车盘严重磨损故障	未恢复
8	天津	#3-34	UP77-1500	2022/10/31 13:36	0	1.433333333	0.021278257	变桨系统	变桨电池电压故障	未恢复

图 7-13 使用 SORT 函数多条件排序结果

B14 {=SORTBY(未恢复故障停机数据!B2:K9,未恢复故障停机数据!B2:B9,1,未恢复故障停机数据!E2:E9,1)}

2. 多条件排序

序号	风电场	风机编号	风机类型	开始时间	结束时间	停机时长(天)	损失电量(万kWh)	故障部位	停机原因	是否恢复
1	保定	#9-55	UP96S-2000	2022/10/29 7:20	0	3.694444444	0.131785718	安全链	变桨安全链故障	未恢复
2	保定	#7-40	EN100-2300	2022/10/31 4:10	0	1.826388889	0.486079543	变频器	变频器水冷泵入口压力低	未恢复
3	大同	#8-03	UP82-1500	2022/10/31 18:09	0	1.24375	0.631955551	液压系统	液压站油位低故障	未恢复
4	呼和浩特	#4-41	EN82-1500	2022/10/31 18:50	0	1.215277778	0.833489836	变桨系统	变桨通讯故障	未恢复
5	廊坊	#9-04	UP77-1500	2022/10/31 9:42	0	1.595833333	0.86814147	变频器	变频器转子侧电压故障	未恢复
6	秦皇岛	#14-12	UP82-1500	2022/10/31 17:00	0	1.291666667	0.513616981	变频器	变频器故障	未恢复
7	天津	#2-16	UP70-1500	2022/10/29 12:00	0	3.5	0.028001271	刹车系统	转子刹车盘严重磨损故障	未恢复
8	天津	#3-34	UP77-1500	2022/10/31 13:36	0	1.433333333	0.021278257	变桨系统	变桨电池电压故障	未恢复

图 7-14 使用 SORTBY 函数多条件排序结果

7.3.5 对未恢复故障停机记录按照风电场名称自定义顺序排序

现有某公司场站未恢复故障停机记录表（见图 7-15），请在另外一张表实现按照风电场名称自定义顺序排序，即按照石家庄、承德、呼和浩特、天津、保定、赤峰、秦皇岛、廊坊、大同、张家口自定义顺序排列。

3. 自定义顺序排序

序号	风电场	风机编号	风机类型	开始时间	结束时间	停机时长(天)	损失电量(万kWh)	故障部位	停机原因	是否恢复
1										
2										
3										
4										
5										
6										
7										
8										

风电场自定义顺序
石家庄
承德
呼和浩特
天津
保定
赤峰
秦皇岛
廊坊
大同
张家口

图 7-15 自定义顺序排序输出结果表

解题步骤：

步骤 1 选择 B25:K32 单元格区域，输入公式：=SORTBY(未恢复故障停机数据!B2:K9,MATCH(未恢复故障停机数据! B2:B9,M24:M33,0),1)。

其中，MATCH（未恢复故障停机数据! B2:B9，M24:M33，0）返回一个数组，即在自定义列表里的位置序数{5；4；5；7；3；9；8；4}，SORTBY 函数再按此位置序数对整个数据区域进行排序，则实现按自定义顺序排序。

步骤 2 输入完毕，按“Ctrl＋Shift＋回车”即可完成运算，如图 7-16 所示。

B25 {=SORTBY(未恢复故障停机数据!B2:K9,MATCH(未恢复故障停机数据!B2:B9,M24:M33,0),1)}

3. 自定义顺序排序

序号	风电场	风机编号	风机类型	开始时间	结束时间	停机时长（天）	损失电量（万kWh）	故障部位	停机原因	是否恢复
1	呼和浩特	#4-41	EN82-1500	2022/10/31 18:50	0	1.215277778	0.833489836	变桨系统	变桨通讯故障	未恢复
2	天津	#2-16	UP70-1500	2022/10/29 12:00	0	3.5	0.028001271	刹车系统	转子刹车盘严重磨损故障	未恢复
3	天津	#3-34	UP77-1500	2022/10/31 13:36	0	1.433333333	0.021278257	变桨系统	变桨电池电压故障	未恢复
4	保定	#9-55	UP96S-2000	2022/10/29 7:20	0	3.694444444	0.131785718	安全链	变桨安全链故障	未恢复
5	保定	#7-40	EN100-2300	2022/10/31 4:10	0	1.826388889	0.486079543	变频器	变频器水冷泵入口压力低	未恢复
6	秦皇岛	#14-12	UP82-1500	2022/10/31 17:00	0	1.291666667	0.513616981	变频器	变频器故障	未恢复
7	廊坊	#9-04	UP77-1500	2022/10/31 9:42	0	1.595833333	0.86814147	变频器	变频器转子侧电压故障	未恢复
8	大同	#8-03	UP82-1500	2022/10/31 18:09	0	1.24375	0.631955551	液压系统	液压站油位低故障	未恢复

风电场自定义顺序
石家庄
承德
呼和浩特
天津
保定
赤峰
秦皇岛
廊坊
大同
张家口

图 7-16 使用 SORTBY 函数自定义顺序排序结果

智能表与透视表应用篇

8　智能表应用

8.1　创建和取消智能表

什么是智能表？或许大家有所疑问，我们平常做的表格不就是智能表吗？其实，我们平常做的简单表格应该称之为“区域”，所谓智能表是指“插入”选项卡下面“表格”功能（见图 8-1）。智能表是 Excel 2013 版本才开始有的功能，它其实是工作表中被结构化的一块“区域”，可以独立于工作表中其他行和列中的数据，管理表中行和列的数据。智能表是一种超级表格，它能够实现自动美化表格、自动固定标题、自动扩展表格区域、多角度快速汇总、动态筛选、公式结构化引用等功能。WPS 表格支持的智能表功能略逊色，Office Excel 功能相对强大一些。下面让我们一起感受下智能表的真正魅力。

图 8-1　WPS 表格智能表功能位置

8.1.1　创建智能表

创建智能表方式有两种。

（1）通过选项卡创建，如图 8-2 所示。

解题步骤：

步骤 1　选择数据区域任一单元格。

步骤 2　依次点击“插入”选项卡-“表格”按钮。

步骤 3　弹出“创建表”对话框，根据实际情况选择“表包含标题”和“筛选按钮”复选框，点击确定完成创建表。

（2）通过快捷键创建，如图 8-3 所示。

解题步骤：

步骤 1　选择数据区域任一单元格。

	A	B	C	D	E	F	G	H	I	J
1	序号	风电场	风机编号	风机类型	开始时间	结束时间	停机时长（天）	损失电量（万kWh）	故障部位	停机原因
2	1	秦皇岛	#3-01	SL82-1500	2022/10/1 1:19	2022/10/1 10:00	0.36	0.45	主控系统	主站PLC
3	2	保定	#7-38	EN100-2300	2022/10/1 6:10	2022/10/1 17:20	0.47	0.46	液压系统	发电机水
4	3	承德	#1-02	GW70-1500	2022/10/1 8:24	2022/10/1 11:00	0.11	0.05	变桨系统	变桨AC2
5	4	呼和浩特	#2-12	UP82-1500	2022/10/1 8:30	2022/10/1 17:00	0.35	0.36	变桨系统	变桨驱动
6	5	天津	#7-76	UP77-1500	2022/10/1 17:00	2022/10/2 11:40	0.78	0.19	变桨系统	变桨24V
7	6	秦皇岛	#14-05	UP82-1500	2022/10/1 18:23	2022/10/2 12:00	0.73	0.77	齿轮箱	齿轮箱油
8	7	赤峰	#17-147	UP96IIIA-2000	2022/10/1 14:00	2022/10/2 11:00	0.88	1.24	发电机	发电机V1
9	8	秦皇岛	#2-05	SL82-1500	2022/10/1 23:20	2022/10/2 11:00	0.49	0.46	刹车系统	刹车盘磨
10	9	秦皇岛	#7-12	SL82-1500	2022/10/1 23:25	2022/10/2 12:00	0.52	0.50	变桨系统	变桨2驱
11	10	秦皇岛	#14-10	UP82-1500	2022/10/1 23:46	2022/10/2 11:00	0.47	0.49	变桨系统	变桨安全
12	11	秦皇岛	#20-1	UP105-2000	2022/10/2 4:20	2022/10/2 10:00	0.24	0.33	变桨系统	轴3驱动
13	12	保定	#10-65	UP96S-2000	2022/10/2 6:45	2022/10/2 10:00	0.14	0.06	变频器	变频器看
14	13	秦皇岛	#11-08	UP82-1500	2022/10/2 7:21	2022/10/2 15:40	0.35	0.27	刹车系统	转子刹车
15	14	承德	#6-61	UP77-1500	2022/10/2 8:25	2022/10/2 18:00	0.40	0.05	变频器	变频器故

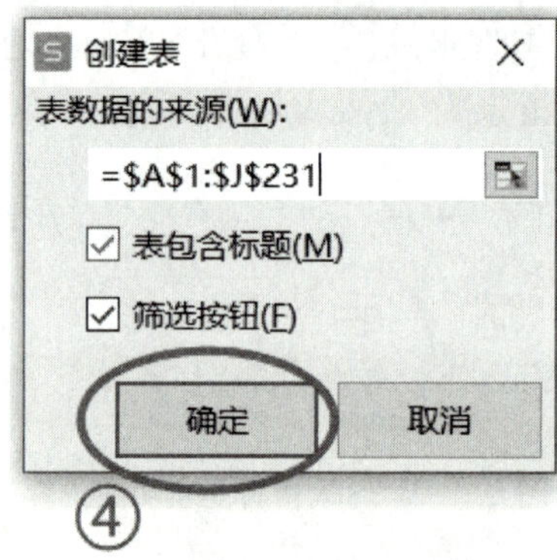

图 8-2 通过选项卡方式创建智能表

步骤 2 使用快捷键：Ctrl+T。

步骤 3 弹出“创建表”对话框，根据实际情况选择“表包含标题”和“筛选按钮”复选框，点击确定完成创建表。

8.1.2 取消智能表设置

取消智能表设置方式有两种。

（1）通过选项卡取消设置，如图 8-4 所示。

解题步骤：

步骤 1 选择智能表中任一单元格。

1	序号	风电场	风机编号	风机类型	开始时间	结束时间	停机时长（天）	损失电量（万kWh）	故障部位	停机原因
2	1	秦皇岛	#3-01	SL82-1500	2022/10/1 1:19	2022/10/1 10:00	0.36	0.45	主控系统	主站PLC
3	2	保定	#7-38	EN100-2300	2022/10/1 6:10	2022/10/1 17:20	0.47	0.46	液压系统	发电机水
4	3	承德	#1-02	GW70-1500	2022/10/1 8:24	2022/10/1 11:00	0.11	0.05	变桨系统	变桨AC2
5	4	呼和浩特	#2-12	UP82-1500	2022/10/1 8:30	2022/10/1 17:00	0.35	0.36	变桨系统	变桨驱动
6	5	天津	#7-76	UP77-1500	2022/10/1 17:00	2022/10/2 11:40	0.78	0.19	变桨系统	变桨24V
7	6	秦皇岛	#14-05	UP82-1500	2022/10/1 18:23	2022/10/2 12:00	0.73	0.77	齿轮箱	齿轮箱油
8	7	赤峰	#17-147	UP96IIIA-2000	2022/10/1 14:00	2022/10/2 11:00	0.88	1.24	发电机	发电机V1
9	8	秦皇岛	#2-05	SL82-1500	2022/10/1 23:20	2022/10/2 11:00	0.49	0.46	刹车系统	刹车盘磨
10	9	秦皇岛	#7-12	SL82-1500	2022/10/1 23:25	2022/10/2 12:00	0.52	0.50	变桨系统	变桨2驱
11	10	秦皇岛	#14-10	UP82-1500	2022/10/1 23:46	2022/10/2 11:00	0.47	0.49	变桨系统	变桨安全
12	11	秦皇岛	#20-1	UP105-2000	2022/10/2 4:[illegible]	2022/10/2 10:00	0.24	0.33	变桨系统	轴3驱动
13	12	保定	#10-65	UP96S-2000	2022/10/2 6:45	2022/10/2 10:00	0.14	0.06	变频器	变频器看
14	13	秦皇岛	#11-08	UP82-1500	2022/10/2 7:21	2022/10/2 15:40	0.35	0.27	刹车系统	转子刹车
15	14	承德	#6-61	UP77-1500	2022/10/2 8:25	2022/10/2 18:00	0.40	0.05	变频器	变频器故
16	15	秦皇岛	#5-02	SL82-1500	2022/10/2 15:04	2022/10/3 9:00	0.75	0.80	变频器	预充电时
17	16	石家庄	#5-70	UP96-2000	2022/10/2 15:35	2022/10/3 11:15	0.82	0.88	液压系统	偏航半泄

①
②快捷键：Ctrl+T

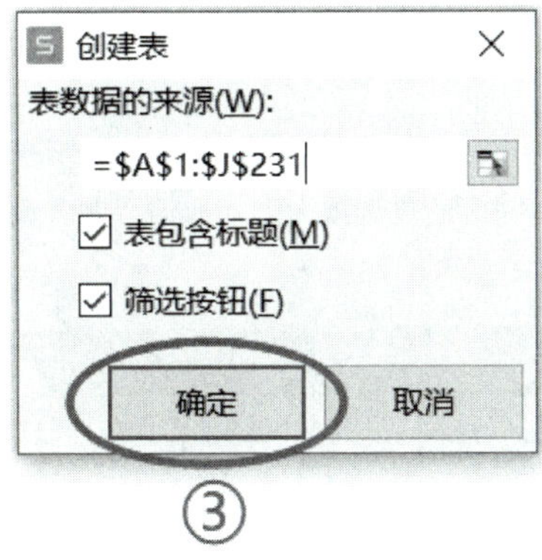

图 8-3　通过快捷键方式创建智能表

步骤 2　依次点击“表格工具”选项卡-“转换为区域”按钮。

注意： WPS 表格为“表设计”选项卡-“转换为区域”按钮。

步骤 3　弹出提示对话框“是否将表转换为普通区域?”，点击“确定”即可完成取消智能表设置。

（2）通过右键快捷菜单取消设置，如图 8-5 所示。

解题步骤：

步骤 1　选择智能表中任一单元格。

步骤 2　点击鼠标右键，弹出快捷菜单，依次选择“表格”-“转换为区域”按钮。

步骤 3　弹出提示对话框“是否将表转换为普通区域?”，点击“确定”即可完成取消智能表设置。

	A	B	C	D	E	F	G	H	I	J
1	序号	风电场	风机编号	风机类型	开始时间	结束时间	停机时长（天）	损失电量（万kWh）	故障部位	停机原因
2	1	秦皇岛	#3-01	SL82-1500	2022/10/1 1:19	2022/10/1 10:00	0.36	0.45	主控系统	主站PLC
3	2	保定	#7-38	EN100-2300	2022/10/1 6:10	2022/10/1 17:20	0.47	0.46	液压系统	发电机水
4	3	承德	#1-02	GW70-1500	2022/10/1 8:24	2022/10/1 11:00	0.11	0.05	变桨系统	变桨AC2
5	4	呼和浩特	#2-12	UP82-1500	2022/10/1 8:30	2022/10/1 17:00	0.35	0.36	变桨系统	变桨驱动
6	5	天津	#7-76	UP77-1500	2022/10/1 17:00	2022/10/2 11:40	0.78	0.19	变桨系统	变桨24V
7	6	秦皇岛	#14-05	UP82-1500	2022/10/1 18:23	2022/10/2 12:00	0.73	0.77	齿轮箱	齿轮箱油
8	7	赤峰	#17-147	UP96IIIA-2000	2022/10/1 14:00	2022/10/2 11:00	0.88	1.24	发电机	发电机V1
9	8	秦皇岛	#2-05	SL82-1500	2022/10/1 23:20	2022/10/2 11:00	0.49	0.46	刹车系统	刹车盘磨

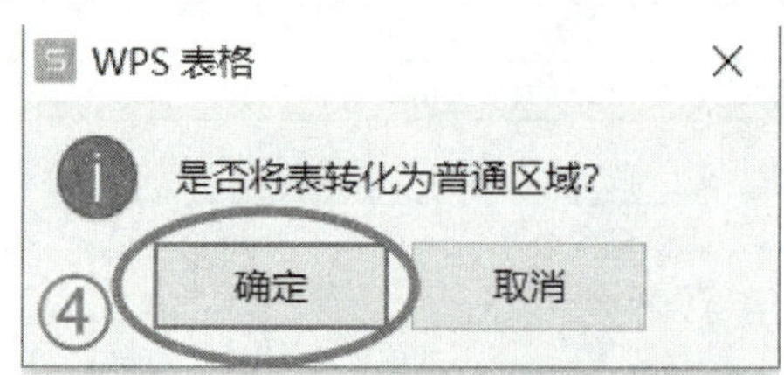

图 8-4　通过选项卡方式取消智能表设置

	A	B	C	D	E	F	G	H	I	J
1	序号	风电场	风机编号	风机类型	开始时间	结束时间	停机时长（天）	损失电量（万kWh）	故障部位	停机原因
2	1	秦皇岛	#3-01	SL82-1500	2022/10/1 1:19	2022/10/1 10:00	0.36	0.45	主控系统	主站PLC
3	2	保定	#7-38	EN100-2300	2022/10/1 6:10	2022/10/1 17:20	0.47	0.46	液压系统	发电机水
4	3	承德	#1-02	GW70-1500			0.11	0.05	变桨系统	变桨AC2
5	4	呼和浩特	#2-12				0.35	0.36	变桨系统	变桨驱动
6	5	天津	#7-76	UP77-1500		/2 11:40	0.78	0.19	变桨系统	变桨24V
7	6	秦皇岛	#14-05	UP82-1500		/2 12:00	0.73	0.77	齿轮箱	齿轮箱油
8	7	赤峰	#17-147	UP96IIIA-2		/2 11:00	0.88	1.24	发电机	发电机V1
9	8	秦皇岛	#2-05	SL82-1500		/2 11:00	0.49	0.46	刹车系统	刹车盘磨
10	9	秦皇岛	#7-12	SL82-1500		/2 12:00	0.52	0.50	变桨系统	变桨2驱
11	10	秦皇岛	#14-10	UP82-1500		/2 11:00	0.47	0.49	变桨系统	变桨安全
12	11	秦皇岛	#20-1	UP105-200		/2 10:00	0.24	0.33	变桨系统	轴3驱动
13	12	保定	#10-65	UP96S-200		/2 10:00	0.14	0.06	变频器	变频器看
14	13	秦皇岛	#11-08	UP82-1500		/2 15:40	0.35	0.27	刹车系统	转子刹车
15	14	承德	#6-61	UP77-1500		/2 18:00	0.40	0.05	变频器	变频器故
16	15	秦皇岛	#5-02	SL82-1500				0.80	变频器	预充电时
17	16	石家庄	#5-70	UP96-2000				0.88	液压系统	偏航半泄
18	17	秦皇岛	#11-01	UP82-1500				0.70	安全链	安全链类
19	18	廊坊	#9-04	UP77-1500		0/3 9:00	0.25	0.62	偏航系统	风速仪传
20	19	呼和浩特	#4-44	EN82-1500		/3 13:16	0.14	0.16	主控系统	风速仪结
21	20	呼和浩特	#4-41	EN82-1500		/3 12:30	0.10	0.12	主控系统	风向标结

图 8-5　通过右键快捷菜单方式取消智能表设置（一）

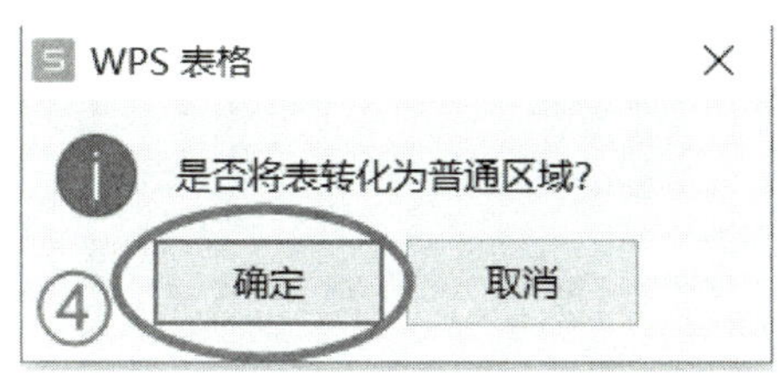

图 8-5　通过右键快捷菜单方式取消智能表设置（二）

8.2　智能表的功能特性

8.2.1　自动美化表格

我们通常做出来的表格都是冷淡风格，朴实无华，想要做一些美化但是又无从下手，而智能表可以让你的表格一秒变得高大上。使用智能表可以自动套用 WPS 表格内置的表格样式，使表格变得天生丽质，并且隔行变色，方便浏览。

另外，可以在“表格工具”选项卡下面选择自己喜欢的表格样式，通过右侧下拉选项选择更多表格样式，共有 61 种内置样式可供选择，其中包括浅色 22 种、中等颜色 28 种、深色 11 种，如图 8-6 和图 8-7 所示。如果对内置样式不满意，还可以自定义设计样式。

	A	B	C	D	E	F	G	H	I	J
1	序号	风电场	风机编号	风机类型	开始时间	结束时间	停机时长（天）	损失电量（万kWh）	故障部位	停机原因
2	1	秦皇岛	#3-01	SL82-1500	2022/10/1 1:19	2022/10/1 10:00	0.36	0.45	主控系统	主站PLC
3	2	保定	#7-38	EN100-2300	2022/10/1 6:10	2022/10/1 17:20	0.47	0.46	液压系统	发电机水
4	3	承德	#1-02	GW70-1500	2022/10/1 8:24	2022/10/1 11:00	0.11	0.05	变桨系统	变桨AC2
5	4	呼和浩特	#2-12	UP82-1500	2022/10/1 8:30	2022/10/1 17:00	0.35	0.36	变桨系统	变桨驱动
6	5	天津	#7-76	UP77-1500	2022/10/1 17:00	2022/10/2 11:40	0.78	0.19	变桨系统	变桨24V
7	6	秦皇岛	#14-05	UP82-1500	2022/10/1 18:23	2022/10/2 12:00	0.73	0.77	齿轮箱	齿轮箱油
8	7	赤峰	#17-147	UP96IIIA-2000	2022/10/1 14:00	2022/10/2 11:00	0.88	1.24	发电机	发电机V1
9	8	秦皇岛	#2-05	SL82-1500	2022/10/1 23:20	2022/10/2 11:00	0.49	0.46	刹车系统	刹车盘磨
10	9	秦皇岛	#7-12	SL82-1500	2022/10/1 23:25	2022/10/2 12:00	0.52	0.50	变桨系统	变桨2驱
11	10	秦皇岛	#14-10	UP82-1500	2022/10/1 23:46	2022/10/2 11:00	0.47	0.49	变桨系统	变桨安全

图 8-6　智能表自动美化表格

8.2.2　自动固定标题

实际工作中我们经常遇到表格比较大，为方便浏览，设置冻结窗格，从而能够固定标题。设置智能表后，可不必设置冻结窗格，当页面向下滚动，表格标题会自动显示到列标位置，浏览更方便直观，如图 8-8 所示。

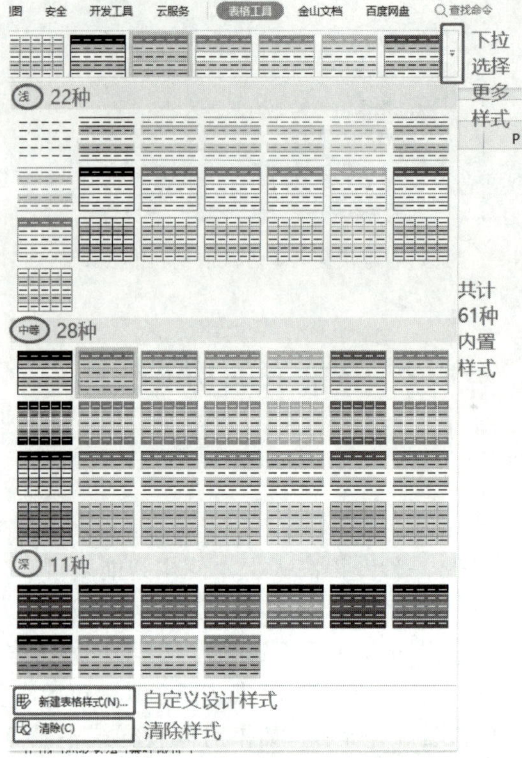

图 8-7 智能表选择表格样式

	序号	风电场	风机编号	风机类型	开始时间	结束时间	停机时长(	损失电量(	故障部位	停机原因
7	6	秦皇岛	#14-05	UP82-1500	2022/10/1 18:23	2022/10/2 12:00	0.73	0.77	齿轮箱	齿轮箱油
8	7	赤峰	#17-147	UP96ⅢA-2000	2022/10/1 14:00	2022/10/2 11:00	0.88	1.24	发电机	发电机V1
9	8	秦皇岛	#2-05	SL82-1500	2022/10/1 23:20	2022/10/2 11:00	0.49	0.46	刹车系统	刹车盘磨
10	9	秦皇岛	#7-12	SL82-1500	2022/10/1 23:25	2022/10/2 12:00	0.52	0.50	变桨系统	变桨2驱
11	10	秦皇岛	#14-10	UP82-1500	2022/10/1 23:46	2022/10/2 11:00	0.47	0.49	变桨系统	变桨安全
12	11	秦皇岛	#20-1	UP105-2000	2022/10/2 4:20	2022/10/2 10:00	0.24	0.33	变桨系统	轴3驱动
13	12	保定	#10-65	UP96S-2000	2022/10/2 6:45	2022/10/2 10:00	0.14	0.06	变频器	变频器看
14	13	秦皇岛	#11-08	UP82-1500	2022/10/2 7:21	2022/10/2 15:40	0.35	0.27	刹车系统	转子刹车
15	14	承德	#6-61	UP77-1500	2022/10/2 8:25	2022/10/2 18:00	0.40	0.05	变频器	变频器故
16	15	秦皇岛	#5-02	SL82-1500	2022/10/2 15:04	2022/10/3 9:00	0.75	0.80	变频器	预充电时

图 8-8 智能表自动固定标题

8.2.3 自动扩展表格区域

在【1.9 条件格式应用】章节中，我们学习了使用条件格式实现自动扩展表格区域。当将普通表格转换为智能表后，在表格最后一行输入数据时，表格区域自动扩展，并自动套用表格样式，如图 8-9 所示。

注意：在表格最后一行输入数据时，表格区域自动扩展，新扩展区域自动套用的 WPS 表格内置的表格样式边框线，而非原表格边框线。**解决办法：可以将智能表先转换**

	序号	风电场	风机编	风机类型	开始时间	结束时间	停机时长	损失电量	故障部	停机原
225	224	呼和浩特	#2-16	UP82-1500	2022/10/31 7:08	2022/10/31 11:54	0.20	0.26	主控系统	高速轴刹
226	225	秦皇岛	#7-08	SL82-1500	2022/10/31 8:15	2022/10/31 8:45	0.02	0.02	变桨系统	变桨123
227	226	廊坊	#9-04	UP77-1500	2022/10/31 9:42	2022/11/1 8:50	0.96	0.87	变频器	变频器转
228	227	天津	#3-34	UP77-1500	2022/10/31 13:36	2022/10/31 14:00	0.02	0.02	变桨系统	变桨电池
229	228	秦皇岛	#14-12	UP82-1500	2022/10/31 17:00	2022/11/1 13:00	0.83	0.51	变频器	变频器故
230	229	呼和浩特	#4-41	EN82-1500	2022/10/31 18:50	2022/11/1 12:00	0.72	0.83	变桨系统	变桨通讯
231	230	大同	#8-03	UP82-1500	2022/10/31 18:09	2022/11/1 11:30	0.72	0.63	液压系统	液压站油
232	231									
233	232									

图 8-9 智能表自动扩展表格区域

为“区域”，并设置单元格无填充颜色，然后重新设置智能表。这时会发现在表格最后一行输入数据时，表格套用的是原表格边框线。

8.2.4 多角度快速汇总

设置智能表后，在“表格工具”选项卡点选“汇总行”，在表格的最后一行会出现一个汇总行，可以进行快速汇总数据，如图 8-10 所示。每个汇总行单元格提供了多种下拉函数，直接下拉选用即可，包括求平均值、计数、数值计数、最大值、最小值、求和、标准偏差、方差等，即使用 SUBTOTAL 分类汇总函数进行计算。

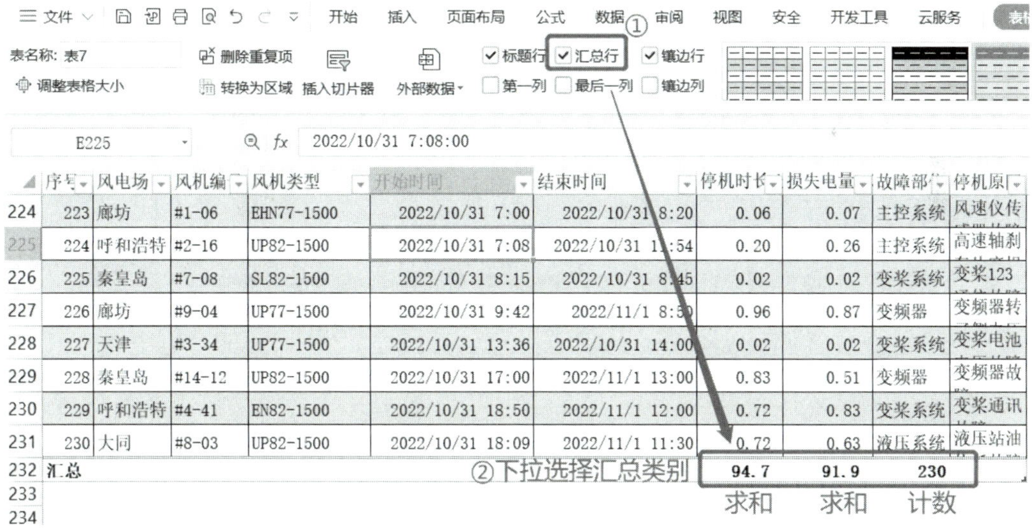

	序号	风电场	风机编	风机类型	开始时间	结束时间	停机时长	损失电量	故障部	停机原
224	223	廊坊	#1-06	EHN77-1500	2022/10/31 7:00	2022/10/31 8:20	0.06	0.07	主控系统	风速仪传
225	224	呼和浩特	#2-16	UP82-1500	2022/10/31 7:08	2022/10/31 11:54	0.20	0.26	主控系统	高速轴刹
226	225	秦皇岛	#7-08	SL82-1500	2022/10/31 8:15	2022/10/31 8:45	0.02	0.02	变桨系统	变桨123
227	226	廊坊	#9-04	UP77-1500	2022/10/31 9:42	2022/11/1 8:50	0.96	0.87	变频器	变频器转
228	227	天津	#3-34	UP77-1500	2022/10/31 13:36	2022/10/31 14:00	0.02	0.02	变桨系统	变桨电池
229	228	秦皇岛	#14-12	UP82-1500	2022/10/31 17:00	2022/11/1 13:00	0.83	0.51	变频器	变频器故
230	229	呼和浩特	#4-41	EN82-1500	2022/10/31 18:50	2022/11/1 12:00	0.72	0.83	变桨系统	变桨通讯
231	230	大同	#8-03	UP82-1500	2022/10/31 18:09	2022/11/1 11:30	0.72	0.63	液压系统	液压站油
232	汇总						94.7	91.9	230	
233										
234										

图 8-10 智能表一键汇总数据

8.2.5 动态筛选

设置智能表时，表格自动添加筛选按钮，如图 8-11 所示。当进行筛选时，比如“故障部位”字段筛选值为：变桨系统，最后一行“汇总行”只显示变桨系统的故障停机时长、损失电量、停机次数，即使用 SUBTOTAL 分类汇总函数功能特性，忽略所有数据筛选产生的“自动隐藏行”。

	序号	风电场	风机编	风机类型	开始时间	结束时间	停机时长	损失电量	故障部	停机原
204	203	保定	#6-36	EN100-2300	2022/10/29 5:30	2022/10/29 12:30	0.29	0.08	变桨系统	变桨系统
207	206	秦皇岛	#12-03	UP82-1500	2022/10/29 0:40	2022/10/29 18:30	0.74	0.20	变桨系统	变桨通讯
211	210	秦皇岛	#19-1	UP105-2000	2022/10/29 9:00	2022/10/29 12:00	0.13	0.13	变桨系统	安全链故
214	213	天津	#7-78	UP77-1500	2022/10/30 8:00	2022/10/30 18:36	0.44	0.22	变桨系统	变桨安全
223	222	秦皇岛	#15-2	UP105-2000	2022/10/31 6:35	2022/10/31 11:00	0.18	0.32	变桨系统	变桨充电
226	225	秦皇岛	#7-08	SL82-1500	2022/10/31 8:15	2022/10/31 8:45	0.02	0.02	变桨系统	变桨123
228	227	天津	#3-34	UP77-1500	2022/10/31 13:36	2022/10/31 14:00	0.02	0.02	变桨系统	变桨电池
230	229	呼和浩特	#4-41	EN82-1500	2022/10/31 18:50	2022/11/1 12:00	0.72	0.83	变桨系统	变桨通讯
232	汇总						34.7	32.6	78	

图 8-11　智能表智能筛选

8.2.6　※公式结构化引用

在 Office Excel 中，当引用智能表中的数据时，公式将自动转换为“结构化引用”，即公式中显示表格名称和列名称。

（1）在智能表外计算总损失电量。

解题步骤：

步骤 1　选择 L2 单元格，输入“＝SUM（”后，选择当前行的损失电量值 H2，回车完成输入，公式自动转换为：＝SUM（表 1［@损失电量（万 kWh)］)，则只计算当前行损失电量值。其中“@”表示当前行，“表 1”为表格名称，“损失电量（万 kWh)”为字段名称。

步骤 2　将公式中“@”删除，则公式变为：＝SUM（表 1［损失电量（万 kWh)］)，输入完毕回车，则计算总损失电量。

图 8-12 为智能表公式使用结构化引用 1。

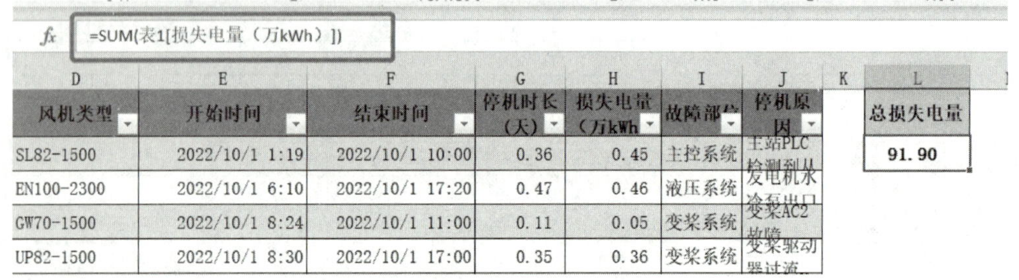

fx =SUM(表1[损失电量（万kWh）])

D	E	F	G	H	I	J	K	L
风机类型	开始时间	结束时间	停机时长（天）	损失电量（万kWh	故障部位	停机原因		总损失电量
SL82-1500	2022/10/1 1:19	2022/10/1 10:00	0.36	0.45	主控系统	主站PLC检测到从		91.90
EN100-2300	2022/10/1 6:10	2022/10/1 17:20	0.47	0.46	液压系统	发电机水冷泵出口		
GW70-1500	2022/10/1 8:24	2022/10/1 11:00	0.11	0.05	变桨系统	变桨AC2故障		
UP82-1500	2022/10/1 8:30	2022/10/1 17:00	0.35	0.36	变桨系统	变桨驱动器过流		

图 8-12　智能表公式使用结构化引用 1

（2）在智能表内计算停机时长。

解题步骤：

步骤 1　根据“停机时长＝结束时间－开始时间”，选择 G2 单元格，输入公式：＝F2－E2。

步骤 2　输入完毕回车，公式将自动转换为结构化引用：＝[@结束时间]－[@开始时间]。其中，“@”表示为当前行，“结束时间”“开始时间”为字段名称。

步骤 3　Excel 自动将公式向下复制至整列，不必向下填充公式。

图 8-13 为智能表公式使用结构化引用 2。

G2 =[@结束时间]-[@开始时间]

	A	B	C	D	E	F	G	H	I	J
1	序号	风电场	风机编号	风机类型	开始时间	结束时间	停机时长（天）	损失电量（万kWh	故障部位	停机原因
2	1	秦皇岛	#3-01	SL82-1500	2022/10/1 1:19	2022/10/1 10:00	0.36	0.45	主控系统	主站PLC检测到从
3	2	保定	#7-38	EN100-2300	2022/10/1 6:10	2022/10/1 17:20	0.47	0.46	液压系统	发电机水冷泵出口
4	3	承德	#1-02	GW70-1500	2022/10/1 8:24	2022/10/1 11:00	0.11	0.05	变桨系统	变桨AC2故障
5	4	呼和浩特	#2-12	UP82-1500	2022/10/1 8:30	2022/10/1 17:00	0.35	0.36	变桨系统	变桨驱动器过流
6	5	天津	#7-76	UP77-1500	2022/10/1 17:00	2022/10/2 11:40	0.78	0.19	变桨系统	变桨24V供电故障
7	6	秦皇岛	#14-05	UP82-1500	2022/10/1 18:23	2022/10/2 12:00	0.73	0.77	齿轮箱	齿轮箱油位低故障
8	7	赤峰	#17-147	UP96ⅢA-2000	2022/10/1 14:00	2022/10/2 11:00	0.88	1.24	发电机	发电机V1绕组温度
9	8	秦皇岛	#2-05	SL82-1500	2022/10/1 23:20	2022/10/2 11:00	0.49	0.46	刹车系统	刹车盘磨损大于2

图 8-13 智能表公式使用结构化引用 2

（3）结构化引用优点。

上述这些表格和列名称的组合称为结构化引用。

①“结构化引用”的公式可以自动应用到新增行，不必向下填充公式。

②当添加或删除智能表中的数据时，“结构化引用”中的名称会进行调整，无需对公式进行变动。

③“结构化引用”使用表格和字段名称代替单元格地址，具备良好的可读性，写出的公式更易于理解。

（4）结构化引用输入技巧。

可以通过选择智能表单元格方式实现“结构化引用”。另外，还可以选择手动输入，Excel 支持辅助输入。可以根据表名称搜索表，然后输入“［”会提示表所有的字段名，选择想要的字段敲回车即可，免去多表输入公式时切换工作表的麻烦。比如，当在单元格输入表格名称“表 1”，并输入左方括号“［”，Excel 会自动弹出表格的全部字段名称，包括“@此行”“＃全部”，以供选择。图 8-14 为结构化引用手法输入方法。

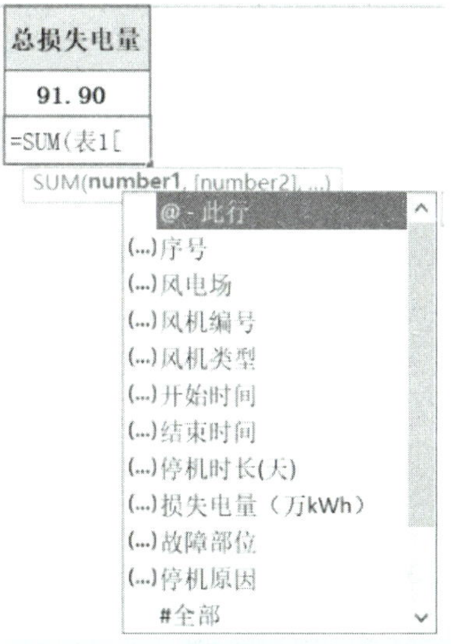

图 8-14 结构化引用手动输入方法

注意： WPS 表格支持“结构化引用”功能，但公式不会自动转换为“结构化引用”，并且使用“结构化引用”后，不会自动应用到新增行。

8.3 智能表的常用操作

8.3.1 修改表名称

当创建智能表后，表格自动命名为“表 n”，其中 n 为整数，例如：表 1。为方便对表格进行管理，可以对表格进行重新命名，如图 8-15 所示。

操作步骤：

步骤 1 选中表格中任意一个单元格，此时可以看到选项卡上面出现了“表格工具”选项卡，在选项卡左上角有一个“表名称”设置项。

步骤 2 比如对示例表格重命名为“故障停机记录”。在文本框输入：故障停机记录，输入完毕回车即可。

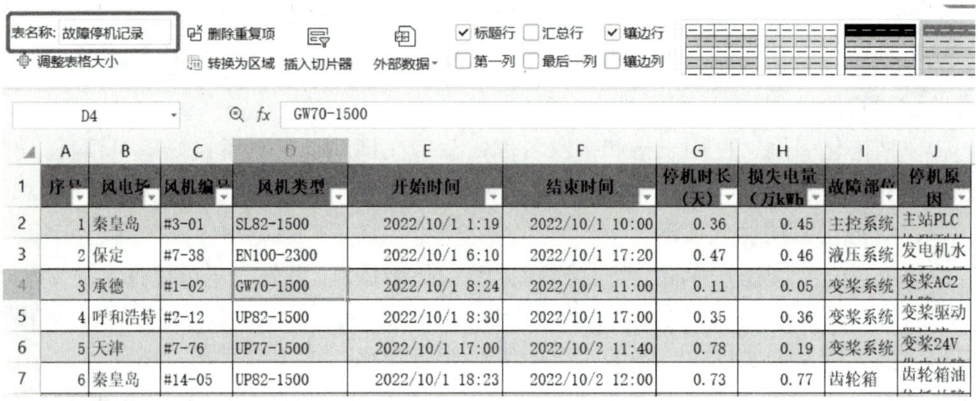

表名称: 故障停机记录　删除重复项　标题行　汇总行　镶边行
调整表格大小　转换为区域　插入切片器　外部数据　第一列　最后一列　镶边列

D4　fx　GW70-1500

	A	B	C	D	E	F	G	H	I	J
1	序号	风电场	风机编号	风机类型	开始时间	结束时间	停机时长（天）	损失电量（万kWh	故障部位	停机原因
2	1	秦皇岛	#3-01	SL82-1500	2022/10/1 1:19	2022/10/1 10:00	0.36	0.45	主控系统	主站PLC
3	2	保定	#7-38	EN100-2300	2022/10/1 6:10	2022/10/1 17:20	0.47	0.46	液压系统	发电机水
4	3	承德	#1-02	GW70-1500	2022/10/1 8:24	2022/10/1 11:00	0.11	0.05	变桨系统	变桨AC2
5	4	呼和浩特	#2-12	UP82-1500	2022/10/1 8:30	2022/10/1 17:00	0.35	0.36	变桨系统	变桨驱动
6	5	天津	#7-76	UP77-1500	2022/10/1 17:00	2022/10/2 11:40	0.78	0.19	变桨系统	变桨24V
7	6	秦皇岛	#14-05	UP82-1500	2022/10/1 18:23	2022/10/2 12:00	0.73	0.77	齿轮箱	齿轮箱油

图 8-15　修改表名称

8.3.2 调整表格区域大小

（1）通过“调整表格大小”命令调整，如图 8-16 所示。

操作步骤：

步骤 1 选中表格中任意一个单元格，此时可以看到选项卡上面出现了“表格工具”选项卡，在选项卡左下角有一个“调整表格大小”命令按钮。

步骤 2 点击“调整表格大小”命令，弹出设置窗口：点击右侧“选择表”按钮，重新选择我们希望智能表包含的整个表格区域，从表格左上角开始拖动选至右下角。也可以在“为表选择新的数据区域”文本框中手动输入需要重新选择的表格区域。

注意： 重新选择的表格区域必须满足：标题必须保留在同一行，并且结果必须与原表重叠；表必须包含标题行以及至少一行数据。

（2）通过“尺寸手柄”调整，如图 8-17 所示。

操作步骤：

当创建智能表后，在表格右下角出现一个小直角形状的尺寸控点，将鼠标指针移动

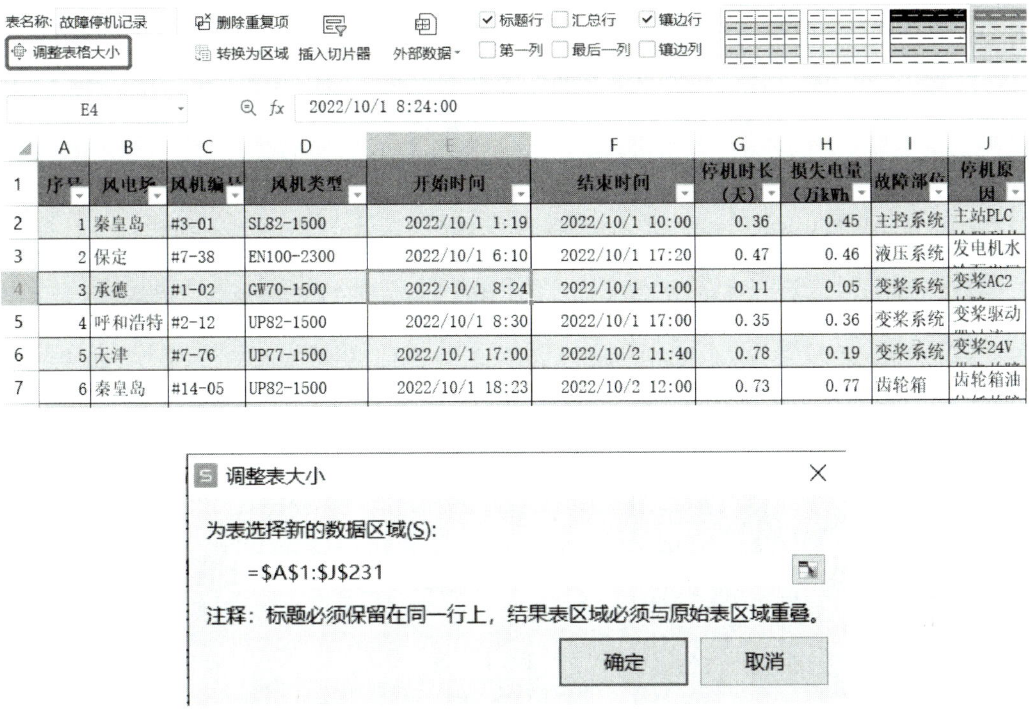

表名称: 故障停机记录 删除重复项 插入切片器 外部数据 标题行 汇总行 镶边行
调整表格大小 转换为区域 第一列 最后一列 镶边列

E4 fx 2022/10/1 8:24:00

	A	B	C	D	E	F	G	H	I	J
1	序号	风电场	风机编号	风机类型	开始时间	结束时间	停机时长（天）	损失电量（万kWh）	故障部位	停机原因
2	1	秦皇岛	#3-01	SL82-1500	2022/10/1 1:19	2022/10/1 10:00	0.36	0.45	主控系统	主站PLC
3	2	保定	#7-38	EN100-2300	2022/10/1 6:10	2022/10/1 17:20	0.47	0.46	液压系统	发电机水
4	3	承德	#1-02	GW70-1500	2022/10/1 8:24	2022/10/1 11:00	0.11	0.05	变桨系统	变桨AC2
5	4	呼和浩特	#2-12	UP82-1500	2022/10/1 8:30	2022/10/1 17:00	0.35	0.36	变桨系统	变桨驱动
6	5	天津	#7-76	UP77-1500	2022/10/1 17:00	2022/10/2 11:40	0.78	0.19	变桨系统	变桨24V
7	6	秦皇岛	#14-05	UP82-1500	2022/10/1 18:23	2022/10/2 12:00	0.73	0.77	齿轮箱	齿轮箱油

调整表大小

为表选择新的数据区域(S):

=$A$1:$J$231

注释：标题必须保留在同一行上，结果表区域必须与原始表区域重叠。

确定 取消

图 8-16　通过“调整表格大小”命令按钮调整表格区域

至表格右下角，当指针变为双向箭头，即“尺寸手柄”，点击鼠标左键，将表格区域拖动至所需大小。

	序号	风电场	风机编号	风机类型	开始时间	结束时间	停机时长	损失电量	故障部位	停机原因	K
226	225	秦皇岛	#7-08	SL82-1500	2022/10/31 8:15	2022/10/31 8:45	0.02	0.02	变桨系统	变桨123	
227	226	廊坊	#9-04	UP77-1500	2022/10/31 9:42	2022/11/1 8:50	0.96	0.87	变频器	变频器转	
228	227	天津	#3-34	UP77-1500	2022/10/31 13:36	2022/10/31 14:00	0.02	0.02	变桨系统	变桨电池	
229	228	秦皇岛	#14-12	UP82-1500	2022/10/31 17:00	2022/11/1 13:00	0.83	0.51	变频器	变频器故	
230	229	呼和浩特	#4-41	EN82-1500	2022/10/31 18:50	2022/11/1 12:00	0.72	0.83	变桨系统	变桨通讯	
231	230	大同	#8-03	UP82-1500	2022/10/31 18:09	2022/11/1 11:30	0.72	0.63	液压系统	液压站油	
232											

图 8-17　通过“尺寸手柄”调整表格区域

8.3.3　删除重复项

当创建智能表后，同一张表格多人录入数据时，可能会发生重复录入情况。比如，故障停机记录表中，经常出现同一条故障信息重复录入，如序号 229 和 231 条故障信息为同一个风电场、风机编号、同一开始时间停机记录，其他字段信息可能有差别。这种情况可以通过智能表“删除重复项”命令按钮进行删除，如图 8-18 所示。

操作步骤：

步骤 1　选中表格中任意一个单元格，此时可以看到选项卡上面出现了“表格工具”选项卡，在选项卡左侧有一个“删除重复项”命令按钮。

步骤 2 点击“删除重复项”命令，弹出设置窗口：选择一个或多个包含重复项的列。本例选择“风电场”“风机编号”“开始时间”三个字段信息即可。

步骤 3 软件提示：找到 1 条重复项，删除后将保留 230 条唯一项，点击窗口“删除重复项”按钮，弹出提示信息框，点击确定后完成删除。

注意： 删除重复项操作，将保留第一条，删除剩余重复条目。

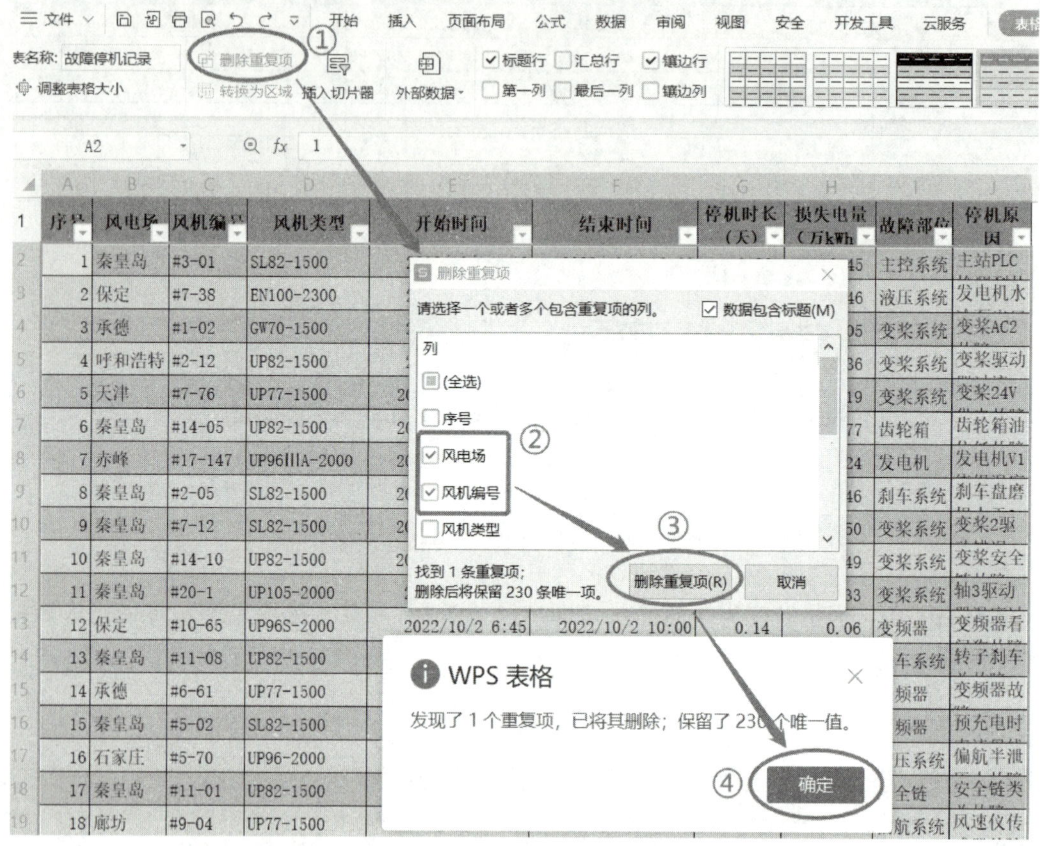

图 8-18 删除重复项

8.3.4 显示隐藏标题行和汇总行

（1）显示隐藏标题行。

默认情况下，智能表具有标题行，每个表列的标题行中都启用了筛选功能，以便我们快速筛选或排序表数据。如图 8-19 所示，“标题行”复选框为选中状态，如果取消“标题行”勾选，则标题行将隐藏不显示出来。

（2）显示隐藏汇总行。

默认情况下，智能表隐藏汇总行。如图 8-20 所示，“汇总行”复选框为未选状态，如果勾选“汇总行”，则将在表格最后一行显示汇总行。

8.3.5 设置镶边行和镶边列

“镶边行”在行中显示交替底纹或条带（见图 8-21），“镶边列”在列中显示交替底表名称: 表1　删除重复项　转换为区域　插入切片器　外部数据　☑标题行　☐汇总行　☑镶边行　☐第一列　☐最后一列　☐镶边列　调整表格大小

E220　fx　2022/10/30 23:38:00

	A	B	C	D	E	F	G	H	I	J
1	序号	风电场	风机编号	风机类型	开始时间	结束时间	停机时长(	损失电量(	故障部位	停机原因
2	1	秦皇岛	#3-01	SL82-1500	2022/10/1 1:19	2022/10/1 10:00	0.36	0.45	主控系统	主站PLC
3	2	保定	#7-38	EN100-2300	2022/10/1 6:10	2022/10/1 17:20	0.47	0.46	液压系统	发电机水
4	3	承德	#1-02	GW70-1500	2022/10/1 8:24	2022/10/1 11:00	0.11	0.05	变桨系统	变桨AC2
5	4	呼和浩特	#2-12	UP82-1500	2022/10/1 8:30	2022/10/1 17:00	0.35	0.36	变桨系统	变桨驱动
6	5	天津	#7-76	UP77-1500	2022/10/1 17:00	2022/10/2 11:40	0.78	0.19	变桨系统	变桨24V
7	6	秦皇岛	#14-05	UP82-1500	2022/10/1 18:23	2022/10/2 12:00	0.73	0.77	齿轮箱	齿轮箱油

图 8-19　显示隐藏标题行

表名称: 故障停机记录　删除重复项　转换为区域　插入切片器　外部数据　☑标题行　☑汇总行　☑镶边行　☐第一列　☐最后一列　☐镶边列　调整表格大小

F229　fx　2022/11/1 13:00:00

	序号	风电场	风机编号	风机类型	开始时间	结束时间	停机时长	损失电量	故障部位	停机原因
226	225	秦皇岛	#7-08	SL82-1500	2022/10/31 8:15	2022/10/31 8:45	0.02	0.02	变桨系统	变桨123
227	226	廊坊	#9-04	UP77-1500	2022/10/31 9:42	2022/11/1 8:50	0.96	0.87	变频器	变频器转
228	227	天津	#3-34	UP77-1500	2022/10/31 13:36	2022/10/31 14:00	0.02	0.02	变桨系统	变桨电池
229	228	秦皇岛	#14-12	UP82-1500	2022/10/31 17:00	2022/11/1 13:00	0.83	0.51	变频器	变频器故
230	229	呼和浩特	#4-41	EN82-1500	2022/10/31 18:50	2022/11/1 12:00	0.72	0.83	变桨系统	变桨通讯
231	230	大同	#8-03	UP82-1500	2022/10/31 18:09	2022/11/1 11:30	0.72	0.63	液压系统	液压站油
232	汇总						94.68958	91.90298	230	

图 8-20　显示隐藏汇总行

纹或条带（见图 8-22），有助于更好地区分数据。默认情况下，“镶边行”复选框为勾选状态，“镶边列”复选框为未选状态。通过勾选两个复选框，可以显示镶边行列，一般建议选择镶边行，并且不要同时选择镶边行列，造成视觉混淆且不美观。

表名称: 故障停机记录　删除重复项　转换为区域　插入切片器　外部数据　☑标题行　☑汇总行　☑镶边行　☐第一列　☐最后一列　☐镶边列　调整表格大小

F230　fx　2022/11/1 12:00:00

	A	B	C	D	E	F	G	H	I	J
1	序号	风电场	风机编号	风机类型	开始时间	结束时间	停机时长（天）	损失电量（万kWh）	故障部位	停机原因
2	1	秦皇岛	#3-01	SL82-1500	2022/10/1 1:19	2022/10/1 10:00	0.36	0.45	主控系统	主站PLC
3	2	保定	#7-38	EN100-2300	2022/10/1 6:10	2022/10/1 17:20	0.47	0.46	液压系统	发电机水
4	3	承德	#1-02	GW70-1500	2022/10/1 8:24	2022/10/1 11:00	0.11	0.05	变桨系统	变桨AC2
5	4	呼和浩特	#2-12	UP82-1500	2022/10/1 8:30	2022/10/1 17:00	0.35	0.36	变桨系统	变桨驱动
6	5	天津	#7-76	UP77-1500	2022/10/1 17:00	2022/10/2 11:40	0.78	0.19	变桨系统	变桨24V
7	6	秦皇岛	#14-05	UP82-1500	2022/10/1 18:23	2022/10/2 12:00	0.73	0.77	齿轮箱	齿轮箱油

图 8-21　设置镶边行

序号	风电场	风机编号	风机类型	开始时间	结束时间	停机时长（天）	损失电量（万kWh	故障部位	停机原因
1	秦皇岛	#3-01	SL82-1500	2022/10/1 1:19	2022/10/1 10:00	0.36	0.45	主控系统	主站PLC
2	保定	#7-38	EN100-2300	2022/10/1 6:10	2022/10/1 17:20	0.47	0.46	液压系统	发电机水
3	承德	#1-02	GW70-1500	2022/10/1 8:24	2022/10/1 11:00	0.11	0.05	变桨系统	变桨AC2
4	呼和浩特	#2-12	UP82-1500	2022/10/1 8:30	2022/10/1 17:00	0.35	0.36	变桨系统	变桨驱动
5	天津	#7-76	UP77-1500	2022/10/1 17:00	2022/10/2 11:40	0.78	0.19	变桨系统	变桨24V
6	秦皇岛	#14-05	UP82-1500	2022/10/1 18:23	2022/10/2 12:00	0.73	0.77	齿轮箱	齿轮箱油

图 8-22　设置镶边列

8.3.6　着重显示第一列和最后一列

某些情况下，表格第一列为重要分类数据，最后一列为合计汇总数据，如果想对第一列和最后一列数据着重显示，可以勾选相应复选框。比如：风能利用率表中，第一列为公司名称，最后一列为总损失小时，需要着重显示，如图 8-23 所示。

单位	计算容量	风能利用率(%)	应发小时数	实发小时数	限电损失(h)	故障损失(h)	计划损失(h)	受累损失(h)	性能损失(h)	其他损失(h)	总损失(h)
新疆	55	97.8	239.2	200.0	33.9	0.2	0.7	4.3	0.0	0.0	**39.2**
甘肃	230	99.5	179.2	170.4	8.0	0.0	0.2	0.6	0.0	0.0	**8.8**
宁夏	150	99.2	137.7	135.3	1.3	0.0	0.2	0.9	0.0	0.0	**2.4**
陕西	125	94.1	188.6	173.5	4.0	0.4	0.7	10.3	0.0	0.0	**15.5**
青海	70	100.0	173.0	140.8	32.2	0.0	0.0	0.1	0.0	0.0	**32.2**
黑龙江	120	97.6	214.6	206.9	2.5	0.9	0.6	4.8	0.1	0.5	**9.4**
吉林	225	95.3	222.7	201.8	10.4	0.7	7.3	5.0	0.1	0.0	**23.4**
辽宁	180	99.2	232.7	230.2	0.6	0.1	0.3	1.5	0.0	0.0	**2.6**
蒙东	125	98.6	211.4	200.6	7.9	0.0	0.5	2.0	0.5	0.0	**10.9**
蒙西	215	98.7	213.2	204.8	5.6	0.2	0.5	2.1	0.0	0.0	**8.4**
河北	185	98.1	197.4	184.1	9.6	0.1	0.2	2.5	0.9	0.0	**13.3**
天津	190	98.3	182.0	178.6	0.3	0.1	0.4	2.4	0.2	0.3	**3.7**
山西	95	98.7	133.1	123.9	7.5	0.0	0.2	11.8	0.1	0.0	**19.7**

图 8-23　着重显示第一列和最后一列

8.4　切片器动态筛选

8.4.1　认识切片器

在我们实际工作中，有时候需要对表格进行多次反复地筛选查看数据，如果只用常规的筛选功能，每次操作都很繁琐，而使用切片器，则非常简单快捷。简单来说，切片器实际上就是一种图形化的筛选工具，浮动于表格之上，通过选取，实现了比字段下拉列表筛选按钮更加方便灵活的筛选功能，不仅操作简单，功能也很强大。需要注意的是，**切片器在普通表格中无法使用，只有在智能表或者数据透视表才有这个功能，而且文件格式不能为“xls”低版本格式，即 Microsoft Excel 97—2003 文件，xls 表格文件中“表格工具”选项卡下“插入切片器”命令按钮灰色不可用，如图 8-24 所示。**

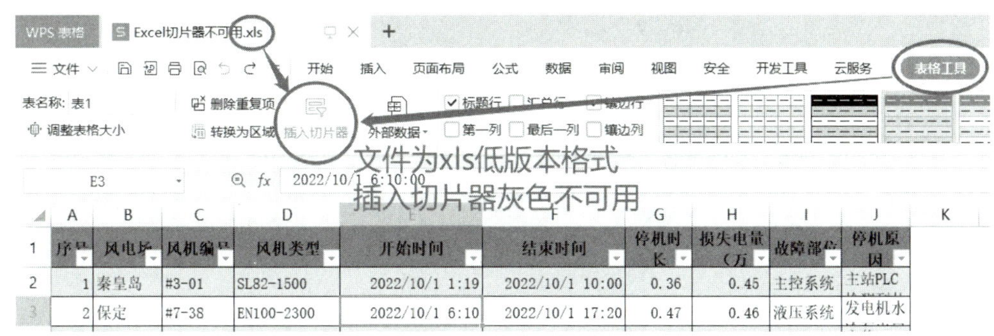

图 8-24　xls 文件中“插入切片器”命令按钮不可用

8.4.2　插入切片器

操作步骤：

步骤 1　选中智能表中任意一个单元格，此时可以看到选项卡上面出现了“表格工具”选项卡，在选项卡左侧有一个“插入切片器”命令按钮。

步骤 2　点击“插入切片器”按钮，选择需要筛选的字段，可以选择一个或多个字段，生成一个或多个切片器，多个切片器可以实现多级联动筛选。

比如：选择字段“风电场”一个字段，点击确定，则生成一个“风电场”切片器（见图 8-25）；同时选择“风电场”“故障部位”两个字段，点击确定，则生成“风电场”“故障部位”两个切片器（见图 8-26）。

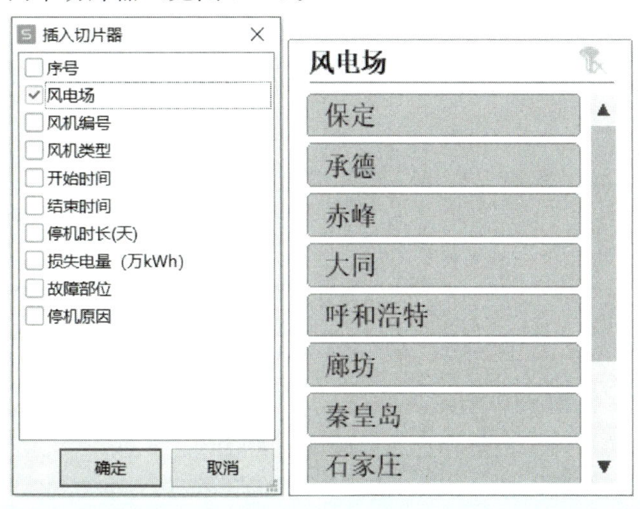

图 8-25　插入一个字段切片器

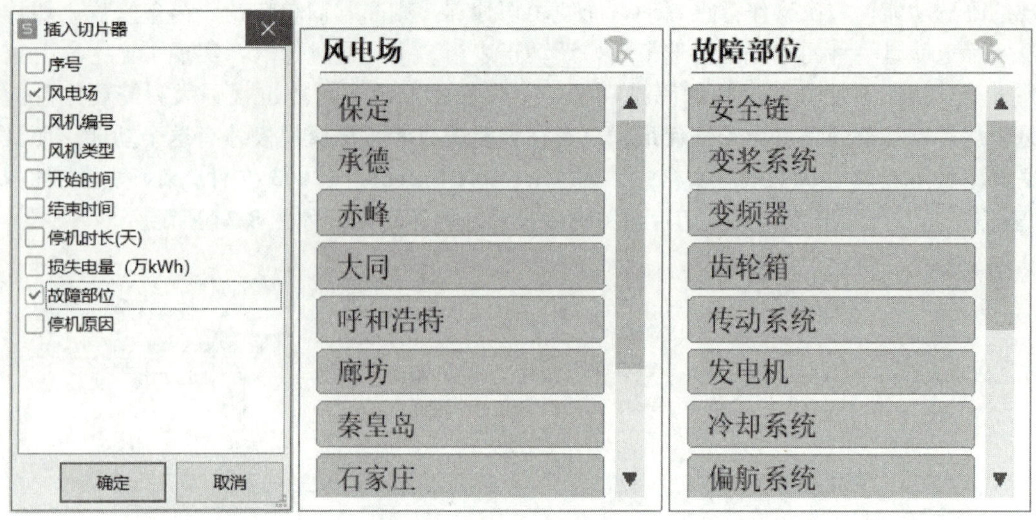

图 8-26　插入多个字段切片器

8.4.3　筛选与清除筛选

（1）筛选一个或多个值。

在切片器中可以筛选一个或多个符合条件的值：单击鼠标左键选择一个值；按住 Ctrl 键，鼠标左键单击多个值，即可选择多个值，如图 8-27 所示。

在 Office Excel 中，可以开启多选状态按钮（见图 8-28），进行多选操作；WPS 不存在多选状态按钮。

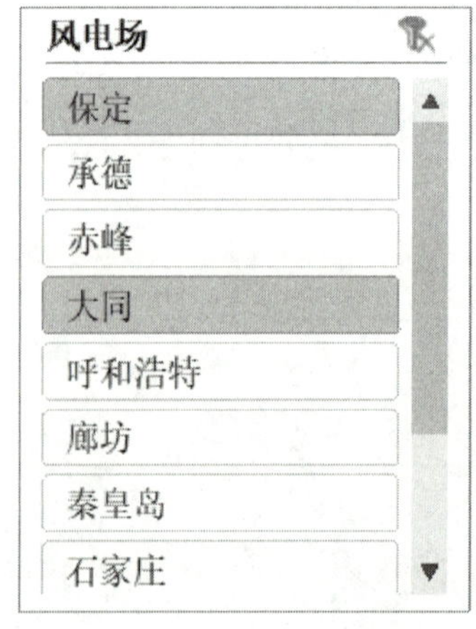

图 8-27　Ctrl＋单击进行多值筛选

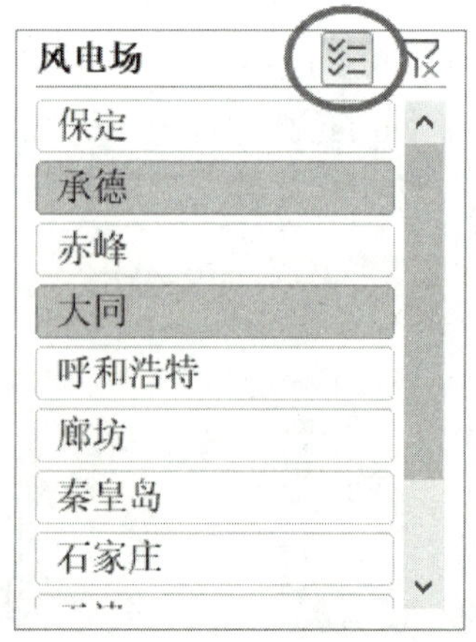

图 8-28　Office Excel 切片器开启多选状态按钮

（2）清除筛选，如图 8-29 所示。

方式一：单击切片器右上角红色叉，即可清除筛选。

方式二：选择切片器，按 Alt＋C 快捷键即可清除筛选。

8.4.4 切片器设置

选择其中一个切片器，在切片器选项卡下，单击左侧“切片器设置”命令按钮，弹出设置窗口，如图 8-30 所示。

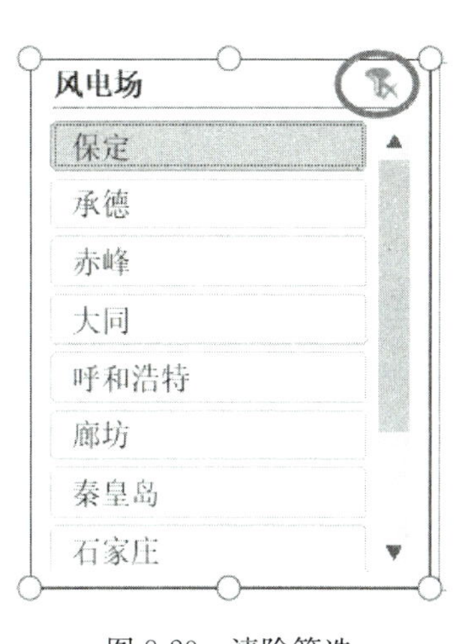

图 8-29 清除筛选

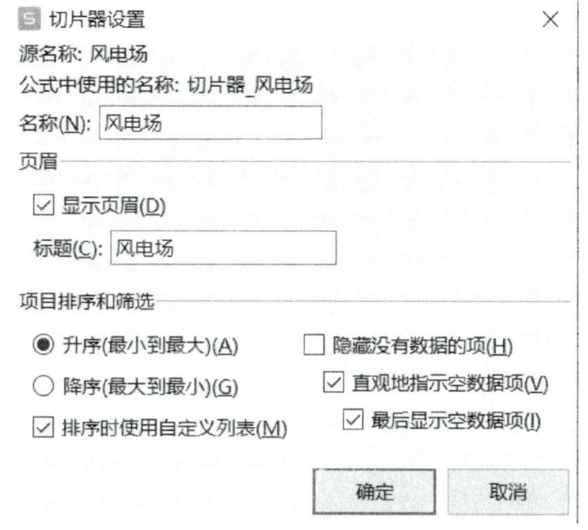

图 8-30 切片器设置界面

(1) 切片器名称设置。

一般默认为该字段名称。

(2) 显示和修改页眉。

页眉标题一般默认为该字段名称，可以通过勾选是否显示页眉。

(3) 切片器内项目排序和筛选。

①升序（最小到最大）：默认为升序排列。

②降序（最大到最小）：如需要按照降序排列，请选择此项。

③选择排序时使用自定义列表：**如需要按照自定义排序，请选择此项。**

④隐藏没有数据的项：默认未选状态。如果为设置勾选状态，当有空数据项，则不显示。比如：智能表插入“风电场”“故障部位”两个切片器，当“风电场”切片器选择承德，“故障部位”只有变桨系统、变频器、齿轮箱、发电机故障条目，因此只显示这四个项目，其余安全链、传动系统等项目不显示，如图 8-31 所示。

⑤直观地指示空数据项：默认勾选状态。比如：智能表插入“风电场”“故障部位”两个切片器，当“风电场”切片器选择承德，“故障部位”只有变桨系统、变频器、齿轮箱、发电机故障条目，因此这四项着重显示，底色为深色，其余安全链、传动系统等依旧显示，但是底色为浅色，便于区分空数据项，如图 8-32 所示。

如果设置为未选状态，则不使用颜色区分空数据项。

⑥最后显示空数据项：默认勾选状态。当有空数据项，则显示在最后，如图 8-33 所示。

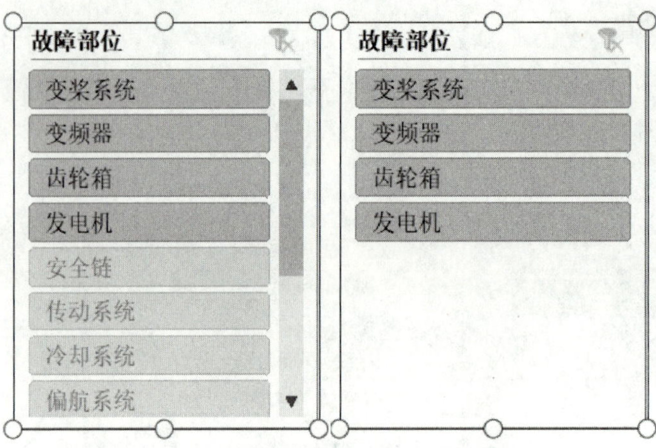

图 8-31　显示和隐藏空数据项效果

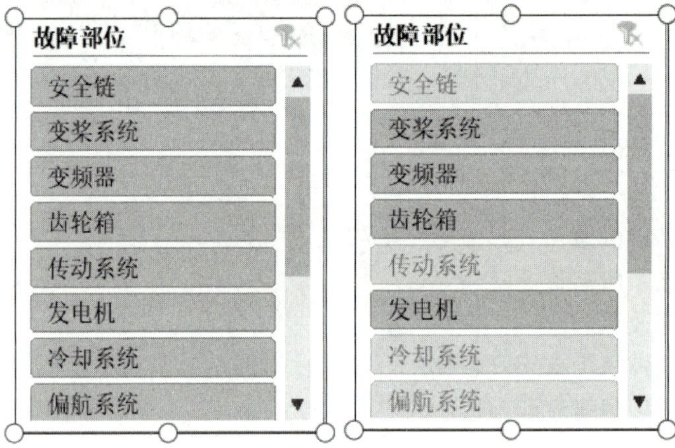

图 8-32　直观地指示空数据项效果

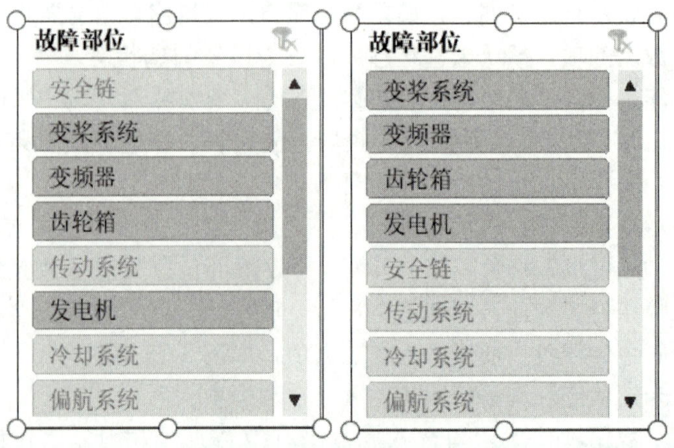

图 8-33　最后显示空数据项效果

8.4.5 设置切片器样式

选择其中一个切片器，在切片器选项卡下，选择自己喜欢的切片器样式，通过右侧下拉选项可以选择更多切片器样式，如果对默认样式不满意，还可以自定义设计样式，如图 8-34 所示。

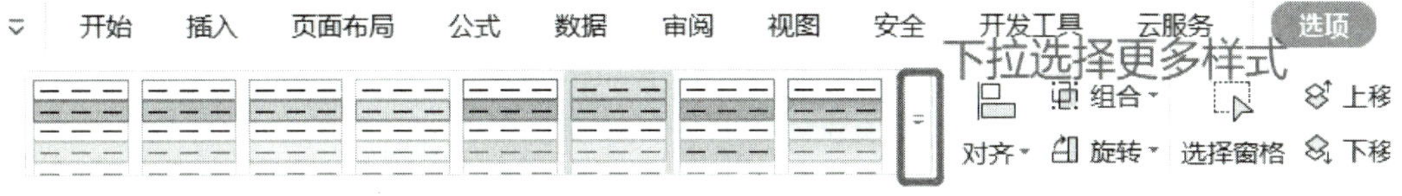

图 8-34　设置切片器样式

8.4.6 更改切片器列数

实际工作中，切片器一列不能完全显示所有项目。选择其中一个切片器，在切片器选项卡下，在列宽设置项通过加减号或直接输入数字更改切片器显示列数，如图 8-35 所示。

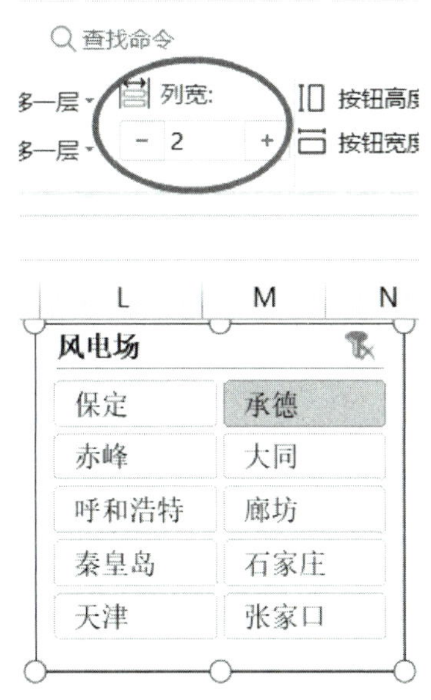

图 8-35　更改切片器显示列数效果

8.4.7 设置切片器高度宽度

如图 8-36 所示，选择其中一个切片器，在切片器选项卡下，可以在切片器高度和宽度设置项，通过加减号或直接输入数字进行设置；可以在按钮高度和宽度设置项，通过加减号或直接输入数字进行设置；可以通过切片器右下角尺寸手柄进行调整大小。

8.4.8 多个切片器对齐、尺寸和组合设置

如图 8-37 所示，选择多个切片器，在切片器选项卡下对齐和组合命令按钮或显示的

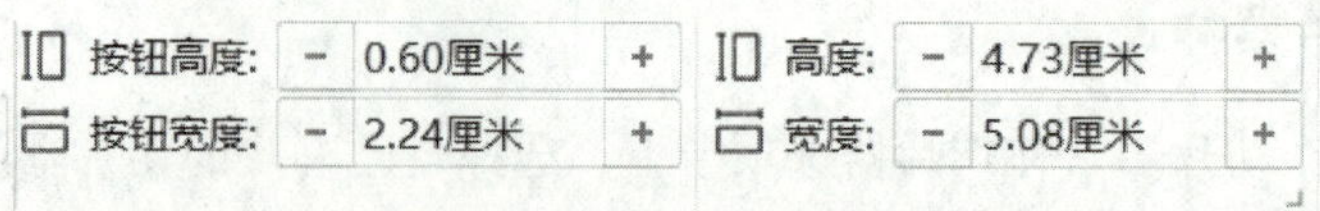

图 8-36 设置切片器高度宽度

悬浮按钮，进行相关设置，包括：左对齐、水平居中、右对齐；顶端对齐、垂直居中、底端对齐、中心对齐；横向分布、纵向分布；等高、等宽、等尺寸。

注意：一般以最后一个选择项作为参照进行设置。

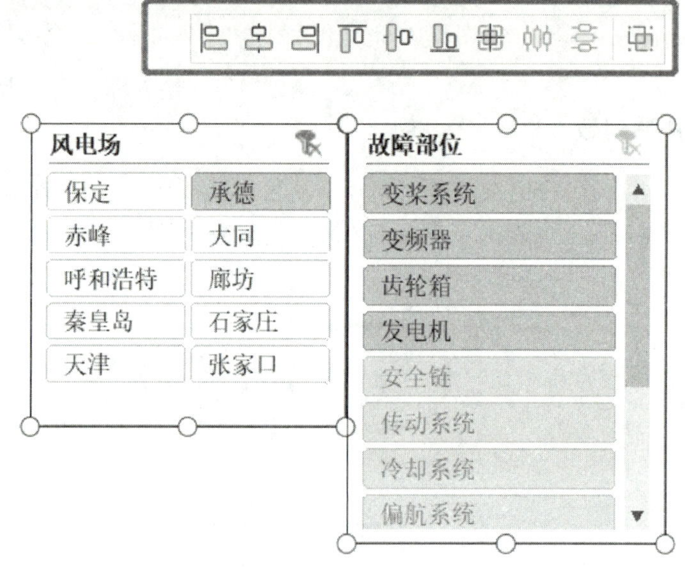

图 8-37 多个切片器对齐、尺寸和组合设置

8.4.9 切片器大小位置属性设置

插入切片器后，选择切片器，右击设置切片器大小和位置属性。

(1) 属性设置。

①大小和位置随单元格而变：默认选项，如果切片器位于筛选行，当进行筛选时切片器大小会发生极大变化；当对表格进行删除、插入、新增行列操作或调整行高列宽，大小和位置均发生变化。

②大小固定，位置随单元格而变：大小不变，但当对表格进行删除、插入、新增行列操作或调整行高列宽，位置发生变化。

③大小和位置均固定：不受其他单元格操作影响，大小和位置均不变，但可以手动调整大小，通过拖动移动切片器位置。

图 8-38 为切片器大小位置属性设置。

(2) 位置和布局。

可以在此设置切片器位置、列数、高度、宽度。

勾选“禁用调整大小和移动”，则切片器大小位置均不变，并且禁止手动调整大小和移动位置，如图 8-39 所示。

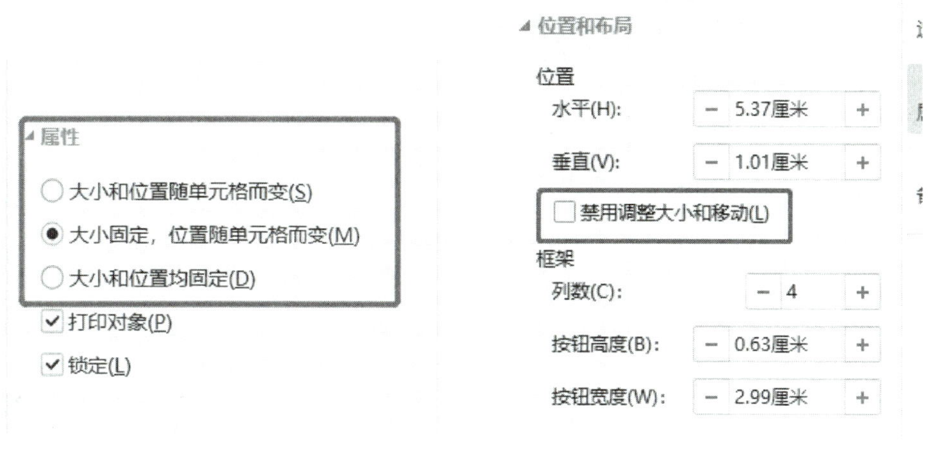

图 8-38　切片器大小位置属性设置　　　　图 8-39　切片器禁用调整大小和移动

8.5　利用智能表做简单数据分析

8.5.1　创建故障分析模型

现有某新能源公司所有场站机组故障停机数据记录表（见图 8-40），请利用智能表功能进行简单数据分析。

	A	B	C	D	E	F	G	H	I	J
1	序号	风电场	风机编号	风机类型	开始时间	结束时间	停机时长（天）	损失电量（万kWh）	故障部位	停机原因
2	1	秦皇岛	#3-01	SL82-1500	2022/10/1 1:19	2022/10/1 10:00	0.36	0.45	主控系统	主站PLC
3	2	保定	#7-38	EN100-2300	2022/10/1 6:10	2022/10/1 17:20	0.47	0.46	液压系统	发电机水
4	3	承德	#1-02	GW70-1500	2022/10/1 8:24	2022/10/1 11:00	0.11	0.05	变桨系统	变桨AC2
5	4	呼和浩特	#2-12	UP82-1500	2022/10/1 8:30	2022/10/1 17:00	0.35	0.36	变桨系统	变桨驱动
6	5	天津	#7-76	UP77-1500	2022/10/1 17:00	2022/10/2 11:40	0.78	0.19	变桨系统	变桨24V
7	6	秦皇岛	#14-05	UP82-1500	2022/10/1 18:23	2022/10/2 12:00	0.73	0.77	齿轮箱	齿轮箱油
8	7	赤峰	#17-147	UP96IIIA-2000	2022/10/1 14:00	2022/10/2 11:00	0.88	1.24	发电机	发电机V1
9	8	秦皇岛	#2-05	SL82-1500	2022/10/1 23:20	2022/10/2 11:00	0.49	0.46	刹车系统	刹车盘磨

图 8-40　机组故障停机表

操作步骤：

步骤 1　将故障停机表转换为“智能表”，选择表格样式为内置橙色样式。

步骤 2　勾选“表格工具”选项卡下“汇总行”，表格在最后一行显示汇总行。

步骤 3　在汇总行中，选择汇总类别。其中，停机时长、损失电量字段选择求和，设置保留两位小数，停机原因选择计数。

步骤 4　在智能表第一行插入一行，设置行高为 150 磅，在视图选项卡设置不显示网格线。

步骤 5 插入风电场、风机类型、故障部位三个切片器，依次并排放置第一行；将切片器风电场、故障部位设置显示列宽为 2，风机类型设置显示列宽为 3；参照切片器故障部位，对齐三个切片器位置，并设置等高大小；使用切片器宽度微调按钮调整每个切片器宽度刚好完整显示项目信息。

步骤 6 依次设置三个切片器样式为：淡绿色、淡黄色、淡红色，并将其组合在一起，设置大小位置属性：勾选“禁用调整大小和移动”。

步骤 7 依次选择菜单项目“文件”＞“工具”＞“选项”，进入选项设置窗口，添加自定义序列：石家庄、承德、呼和浩特、天津、保定、赤峰、秦皇岛、廊坊、大同、张家口，点击添加按钮。重新打开文件，可发现风电场切片器项目顺序按照自定义顺序排列。并对切片器进行设置，取消“最后显示空数据项”，保证另外两个切片器筛选时，风电场顺序不变。

步骤 8 选择 B3 单元格，在视图选项卡设置冻结窗格，选择第一个命令“冻结至第 2 行 A 列”，冻结窗格方便浏览数据。

图 8-41 为添加自定义序列，图 8-42 为故障分析模型结果。

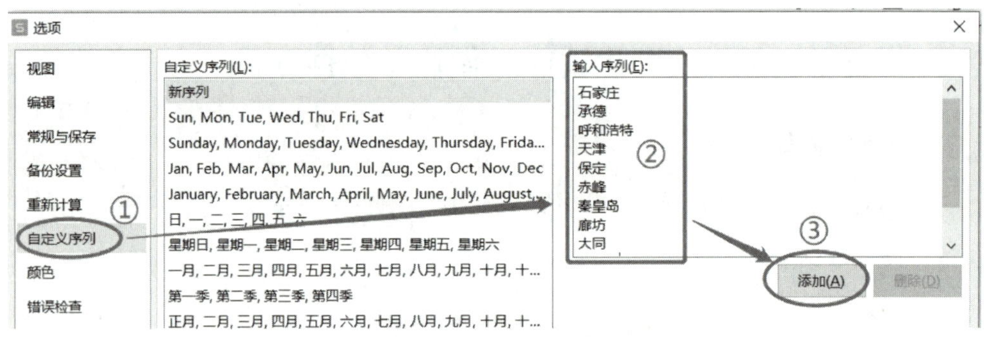

图 8-41 添加自定义序列

风电场：石家庄、承德、呼和浩特、天津、保定、赤峰、秦皇岛、廊坊、大同、张家口

风机类型：EHN77-1500、EN100-2300、EN156-3000、EN82-1500、EN90-2300、GE77-1500、GW70-1500、GW77-1500、HD1000D、SL82-1500、UP105-2000、UP115S-2000、UP70-1500、UP77-1500、UP82-1500、UP96-2000、UP96IIIA-2000、UP96S-2000

故障部位：安全链、变桨系统、变频器、齿轮箱、传动系统、发电机、冷却系统、偏航系统、刹车系统、叶轮系统、液压系统、主控系统

	序号	风电场	风机编号	风机类型	开始时间	结束时间	停机时长（天）	损失电量（万kWh）	故障部位	停机原因
227	225	秦皇岛	#7-08	SL82-1500	2022/10/31 8:15	2022/10/31 8:45	0.02	0.02	变桨系统	变桨123
228	226	廊坊	#9-04	UP77-1500	2022/10/31 9:42	2022/11/1 8:50	0.96	0.87	变频器	变频器转
229	227	天津	#3-34	UP77-1500	2022/10/31 13:36	2022/10/31 14:00	0.02	0.02	变桨系统	变桨电池
230	228	秦皇岛	#14-12	UP82-1500	2022/10/31 17:00	2022/11/1 13:00	0.83	0.51	变频器	变频器故
231	229	呼和浩特	#4-41	EN82-1500	2022/10/31 18:50	2022/11/1 12:00	0.72	0.83	变桨系统	变桨通讯
232	230	大同	#8-03	UP82-1500	2022/10/31 18:09	2022/11/1 11:30	0.72	0.63	液压系统	液压站油
233	汇总						94.69	91.90		230

图 8-42 故障分析模型结果

8.5.2 进行简单数据分析

将页面拉至底端汇总行，通过点击切片器，进行快速动态筛选，计算汇总数据。例如：

（1）风电场切片器选择石家庄，汇总行显示计算结果：总停机时长为 5.52 天，总损失电量为 7.05 万 kWh，总故障频次为 9 次，如图 8-43 所示。

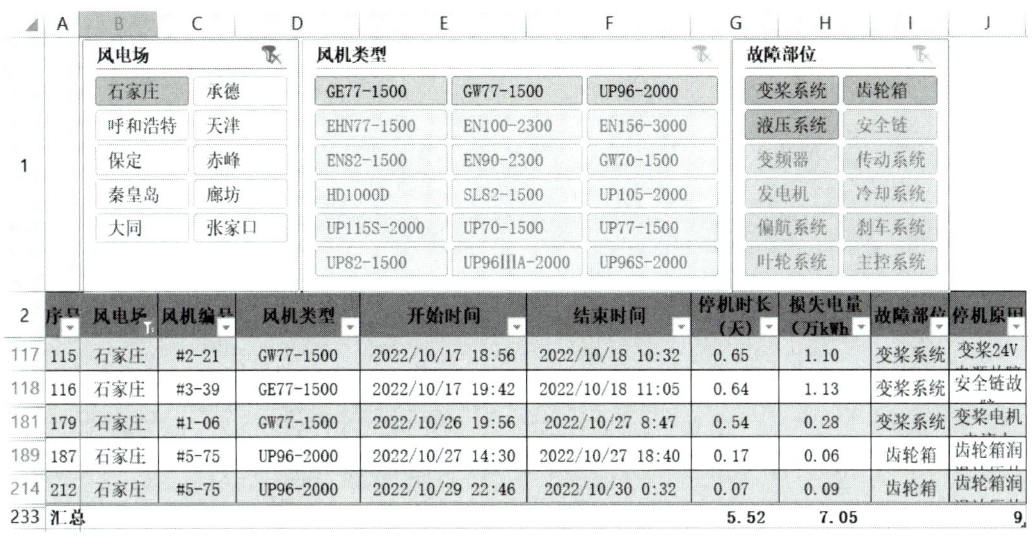

	序号	风电场	风机编号	风机类型	开始时间	结束时间	停机时长（天）	损失电量（万kWh）	故障部位	停机原因
117	115	石家庄	#2-21	GW77-1500	2022/10/17 18:56	2022/10/18 10:32	0.65	1.10	变桨系统	变桨24V
118	116	石家庄	#3-39	GE77-1500	2022/10/17 19:42	2022/10/18 11:05	0.64	1.13	变桨系统	安全链故
181	179	石家庄	#1-06	GW77-1500	2022/10/26 19:56	2022/10/27 8:47	0.54	0.28	变桨系统	变桨电机
189	187	石家庄	#5-75	UP96-2000	2022/10/27 14:30	2022/10/27 18:40	0.17	0.06	齿轮箱	齿轮箱润
214	212	石家庄	#5-75	UP96-2000	2022/10/29 22:46	2022/10/30 0:32	0.07	0.09	齿轮箱	齿轮箱润
233	汇总						5.52	7.05		9

图 8-43　简单数据分析 1

（2）风电场切片器选择石家庄，风机类型切片器选择 GW77-1500，汇总行显示计算结果：总停机时长为 2.89 天，总损失电量为 3.09 万 kWh，总故障频次为 4 次，如图 8-44 所示。

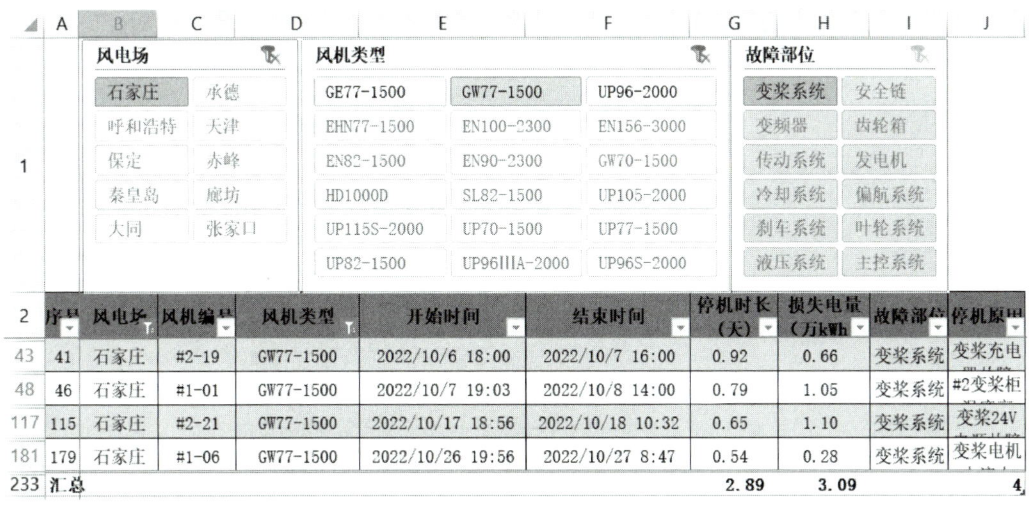

	序号	风电场	风机编号	风机类型	开始时间	结束时间	停机时长（天）	损失电量（万kWh）	故障部位	停机原因
43	41	石家庄	#2-19	GW77-1500	2022/10/6 18:00	2022/10/7 16:00	0.92	0.66	变桨系统	变桨充电
48	46	石家庄	#1-01	GW77-1500	2022/10/7 19:03	2022/10/8 14:00	0.79	1.05	变桨系统	#2变桨柜
117	115	石家庄	#2-21	GW77-1500	2022/10/17 18:56	2022/10/18 10:32	0.65	1.10	变桨系统	变桨24V
181	179	石家庄	#1-06	GW77-1500	2022/10/26 19:56	2022/10/27 8:47	0.54	0.28	变桨系统	变桨电机
233	汇总						2.89	3.09		4

图 8-44　简单数据分析 2

（3）风机类型切片器选择 UP77-1500，故障部位切片器选择变桨系统，风电场切片器显示：承德、天津、廊坊、大同四个场站有相应故障条目，在汇总行显示计算结果：总停机时长为 7.96 天，总损失电量为 6.33 万 kWh，总故障频次为 15 次，如图 8-45 所示。

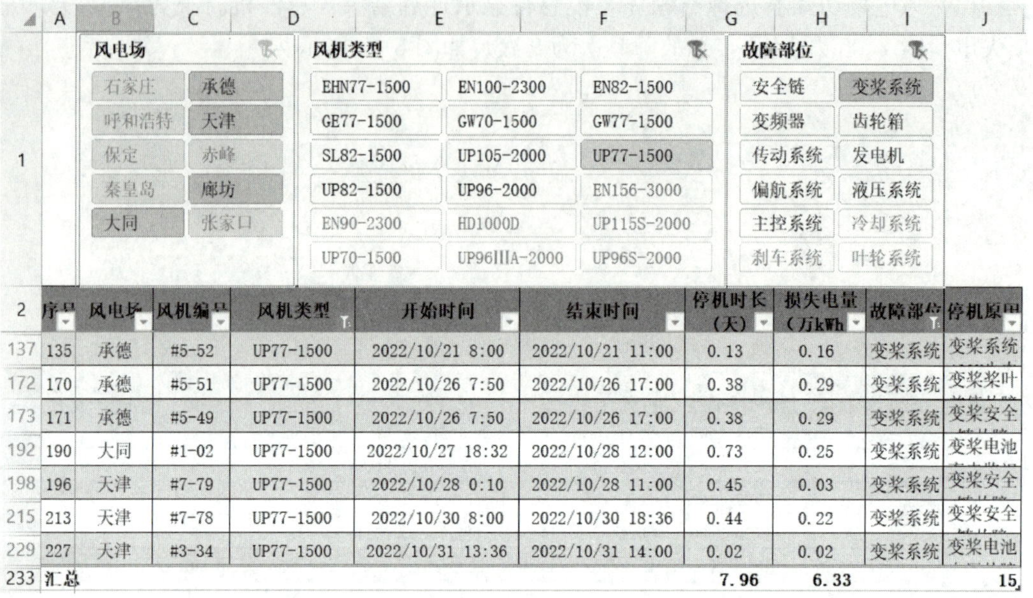

	序号	风电场	风机编号	风机类型	开始时间	结束时间	停机时长（天）	损失电量（万kWh）	故障部位	停机原因
137	135	承德	#5-52	UP77-1500	2022/10/21 8:00	2022/10/21 11:00	0.13	0.16	变桨系统	变桨系统
172	170	承德	#5-51	UP77-1500	2022/10/26 7:50	2022/10/26 17:00	0.38	0.29	变桨系统	变桨桨叶
173	171	承德	#5-49	UP77-1500	2022/10/26 7:50	2022/10/26 17:00	0.38	0.29	变桨系统	变桨安全
192	190	大同	#1-02	UP77-1500	2022/10/27 18:32	2022/10/28 12:00	0.73	0.25	变桨系统	变桨电池
198	196	天津	#7-79	UP77-1500	2022/10/28 0:10	2022/10/28 11:00	0.45	0.03	变桨系统	变桨安全
215	213	天津	#7-78	UP77-1500	2022/10/30 8:00	2022/10/30 18:36	0.44	0.22	变桨系统	变桨安全
229	227	天津	#3-34	UP77-1500	2022/10/31 13:36	2022/10/31 14:00	0.02	0.02	变桨系统	变桨电池
233	汇总						7.96	6.33		15

图 8-45　简单数据分析 3

9 透视表应用

9.1 认识数据透视表

9.1.1 初始数据透视表

数据透视表可以说是 WPS 表格中进行快速统计分析数据的利器，很多人可能听说过或者轻度应用过，但是没有完全掌握数据透视表功能。本章我们一起去探索使用，发掘数据透视表隐藏的秘密。

首先，简单认识一下数据透视表，其英文全称为 Pivot Table，它是一种交互性强、操作便捷、计算快速高效的表。我们可以通过简单的拖拽，迅速完成复杂的统计计算，所进行的计算与数据字段在数据透视表中的排列有关。之所以称之为数据透视表，不仅是其具备了强大的分类汇总数据，多维度灵活变换报表布局的特点，还因为数据透视表支持报表内数据的进一步向下钻取，将我们关心的数据继续拆分以便于快速找到底层对应的明细数据，实现透视效果，找到隐藏在数据背后的秘密！

如图 9-1 所示，对故障停机记录表进行数据透视，快速计算出各风电场故障停机频次。

风电场	故障停机频次
保定	24
承德	18
赤峰	6
大同	25
呼和浩特	22
廊坊	12
秦皇岛	78
石家庄	9
天津	32
张家口	4
总计	**230**

图 9-1 简单数据透视表

9.1.2 数据透视表的功能用途

(1) 提高报表的生成效率。数据透视表能够快速汇总、分析、浏览和显示数据，对原始数据进行多维度展现。数据透视表能够将筛选、排序和分类汇总等操作依次完成，并生成汇总表格，是 WPS 表格强大数据处理能力的具体体现。

(2) 生成多种格式报表。数据透视表可按照不同维度整理成多种格式报表，还可以根据工作需求随时变换行列布局，增加新的统计维度。

(3) 实时更新数据报表。当原始数据经常需要更新，而统计报表也需要频繁地同步更新，通过设置动态数据源，可以实现实时更新数据报表。

(4) 快速统计同比环比。可以通过数据透视表快速统计同比、环比增长数量或同比、环比增长率。

(5) 数据重新排列和分组。创建一个数据透视表以后，可以任意地重新排列数据信息，还可以根据需求将数据重新分组。

(6) 实现人机交互。数据透视表提供了切片器、日程表（WPS 表格没有日程表）等交互工具，可以实现数据透视表报告的人机交互功能，其最大的特点就是它的交互性。

9.1.3 数据透视表的字段列表和区域

要学会数据透视表，必须了解数据透视表的基本结构，主要由字段列表和四大区域组成。

(1) 字段列表。

数据源中每列为一个字段，代表一类数据，字段名默认为标题，均显示在字段列表中，如图 9-2 所示。

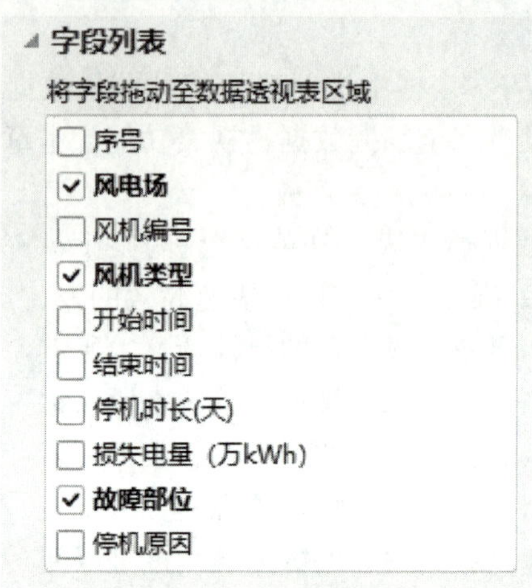

图 9-2 数据透视表字段列表

(2) 四大区域。

数据透视表四大区域（见图 9-3）：筛选区域、行区域、列区域、值区域。字段所处的区域决定了报表的布局，想要怎样的布局，就把相关的字段拖入对应的区域即可。

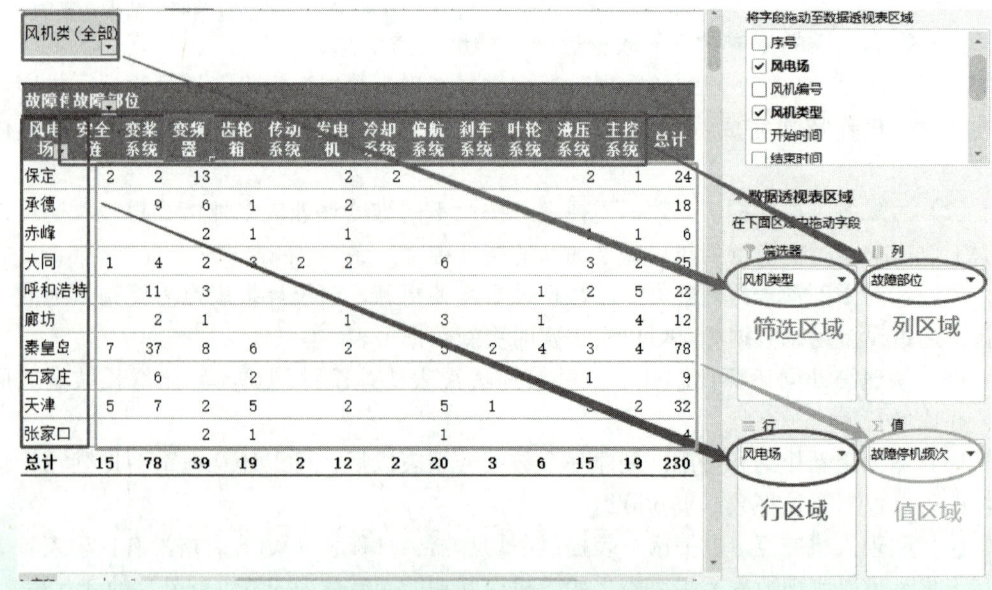

图 9-3 数据透视表的四大区域

9.2 规范透视表的数据源

数据透视表的功能虽然无比强大，但前提是数据源必须规范，否则会给后期创建和使用数据透视表带来层层阻碍，甚至无法使用数据透视表。本章帮助大家了解规范数据源的 11 点要求，以及如何处理不规范的数据源。

9.2.1 对数据源的要求和处理方法

（1）不能包含多层表头，如图 9-4 所示。

在实际工作中，我们往往会设计较为复杂的多层表头结构，但是作为透视表数据源是不能的。因为多层表头经常对横向单元格进行合并信息，使透视表无法识别表头字段名称。

	A	B	C	D	E	F	G	H	I	J
1	序号	机组信息			故障停机信息					
2		风电场	风机编号	风机类型	开始时间	结束时间	停机时长（天）	损失电量（万kWh）	故障部位	停机原因
3	1	秦皇岛	#14-10	UP82-1500	2022-10-1 23:46	2022-10-2 11:00	0.47	0.49	变桨系统	变桨安全链故障
4	2	秦皇岛	#20-1	UP105-2000	2022-10-2 4:20	2022-10-2 10:00	0.24	0.33	变桨系统	轴3驱动器温度过高且堵转超
5	3	保定	#10-65	UP96S-2000	2022-10-2 6:45	2022-10-2 10:00	0.14	0.06	变频器	变频器看门狗故障
6	4	秦皇岛	#11-08	UP82-1500	2022-10-2 7:21	2022-10-2 15:40	0.35	0.27	刹车系统	转子刹车总故障

图 9-4 错误示例之多层表头

处理方法：将多层表头修改为单层表头，如图 9-5 所示。

	A	B	C	D	E	F	G	H	I	J
1	序号	风电场	风机编号	风机类型	开始时间	结束时间	停机时长（天）	损失电量（万kWh）	故障部位	停机原因
2	1	秦皇岛	#14-10	UP82-1500	2022-10-1 23:46	2022-10-2 11:00	0.47	0.49	变桨系统	变桨安全链故障
3	2	秦皇岛	#20-1	UP105-2000	2022-10-2 4:20	2022-10-2 10:00	0.24	0.33	变桨系统	轴3驱动器温度过高且堵转超
4	3	保定	#10-65	UP96S-2000	2022-10-2 6:45	2022-10-2 10:00	0.14	0.06	变频器	变频器看门狗故障
5	4	秦皇岛	#11-08	UP82-1500	2022-10-2 7:21	2022-10-2 15:40	0.35	0.27	刹车系统	转子刹车总故障

图 9-5 修改为单层表头效果

（2）不能穿插多行标题。

另外可能存在一种情况，许多人为了让报表在查看过程中能随时能看到标题行，并且打印时可以每页附带标题行，因此在数据行之间穿插多个标题行，如图 9-6 所示。这种多行标题在透视表中是不能的，会造成每列数据类型不统一。比如停机时长、损失电量，这一列数据既有数值型数据，又有文本型数据，透视表无法将不同类型数据进行汇总。

处理方法：筛选标题行某一字段，仅保留第一个标题行，删除其他标题行，如图 9-7 所示。如果想随时查看到顶端标题行，设置冻结窗格即可。如果打印表格需要附带标题行，可以在页面布局选项卡下设置打印标题。

	A	B	C	D	E	F	G	H	I	J
1	序号	风电场	风机编号	风机类型	开始时间	结束时间	停机时长（天）	损失电量（万kWh）	故障部位	停机原因
2	1	秦皇岛	#14-10	UP82-1500	2022-10-1 23:46	2022-10-2 11:00	0.47	0.49	变桨系统	变桨安全链故障
3	2	秦皇岛	#20-1	UP105-2000	2022-10-2 4:20	2022-10-2 10:00	0.24	0.33	变桨系统	轴3驱动器温度过高且堵转超
4	3	保定	#10-65	UP96S-2000	2022-10-2 6:45	2022-10-2 10:00	0.14	0.06	变频器	变频器看门狗故障
5	4	秦皇岛	#11-08	UP82-1500	2022-10-2 7:21	2022-10-2 15:40	0.35	0.27	刹车系统	转子刹车总故障
6	序号	风电场	风机编号	风机类型	开始时间	结束时间	停机时长（天）	损失电量（万kWh）	故障部位	停机原因
7	5	承德	#6-61	UP77-1500	2022-10-2 8:25	2022-10-2 18:00	0.40	0.05	变频器	变频器故障
8	6	秦皇岛	#5-02	SL82-1500	2022-10-2 15:04	2022-10-3 9:00	0.75	0.80	变频器	预充电时直流母线电压与电
9	7	石家庄	#5-70	UP96-2000	2022-10-2 15:35	2022-10-3 11:15	0.82	0.88	液压系统	偏航半泄压力故障
10	8	秦皇岛	#11-01	UP82-1500	2022-10-3 2:00	2022-10-3 10:00	0.33	0.70	安全链	安全链类总故障
11	9	廊坊	#9-04	UP77-1500	2022-10-3 3:00	2022-10-3 9:00	0.25	0.62	偏航系统	风速仪传感器故障
12	10	呼和浩特	#4-44	EN82-1500	2022-10-3 10:00	2022-10-3 13:16	0.14	0.16	主控系统	风速仪结冰

图 9-6　数据区域出现多行标题

	A	B	C	D	E	F	G	H	I	J
1	序号	风电场	风机编号	风机类型	开始时间	结束时间	停机时长（天）	损失电量（万kWh）	故障部位	停机原因
6	序号	风电场	风机编号	风机类型	开始时间	结束时间	停机时长（天）	损失电量（万kWh）	故障部位	停机原因
13										
14										

删除多余标题行

图 9-7　删除多余标题行

（3）字段名称不能重复或为空。

如图 9-8 所示，故障部位字段重复，且停机原因字段名为空。重复字段名导致弄不清楚各自代表什么，而空的字段名不会显示在字段列表，即不能使用。

	A	B	C	D	E	F	G	H	I	J	K
1	序号	风电场	风机编号	风机类型	开始时间	结束时间	停机时长（天）	损失电量（万kWh）	故障部位	故障部位	
2	1	秦皇岛	#14-10	UP82-1500	2022-10-1 23:46	2022-10-2 11:00	0.47	0.49	变桨系统	变桨系统	变桨安全链故障
3	2	秦皇岛	#20-1	UP105-2000	2022-10-2 4:20	2022-10-2 10:00	0.24	0.33	变桨系统	变桨系统	轴3驱动器温度过高且堵转超
4	3	保定	#10-65	UP96S-2000	2022-10-2 6:45	2022-10-2 10:00	0.14	0.06	变频器	变频器	变频器看门狗故障
5	4	秦皇岛	#11-08	UP82-1500	2022-10-2 7:21	2022-10-2 15:40	0.35	0.27	刹车系统	刹车系统	转子刹车总故障
6	5	承德	#6-61	UP77-1500	2022-10-2 8:25	2022-10-2 18:00	0.40	0.05	变频器	变频器	变频器故障
7	6	秦皇岛	#5-02	SL82-1500	2022-10-2 15:04	2022-10-3 9:00	0.75	0.80	变频器	变频器	预充电时直流母线电压与电
8	7	石家庄	#5-70	UP96-2000	2022-10-2 15:35	2022-10-3 11:15	0.82	0.88	液压系统	液压系统	偏航半泄压力故障
9	8	秦皇岛	#11-01	UP82-1500	2022-10-3 2:00	2022-10-3 10:00	0.33	0.70	安全链	安全链	安全链类总故障
10	9	廊坊	#9-04	UP77-1500	2022-10-3 3:00	2022-10-3 9:00	0.25	0.62	偏航系统	偏航系统	风速仪传感器故障
11	10	呼和浩特	#4-44	EN82-1500	2022-10-3 10:00	2022-10-3 13:16	0.14	0.16	主控系统	主控系统	风速仪结冰

图 9-8　错误示例之字段名称重复或为空

处理方法：将重复字段重命名，明确各自表示的不同含义，给空字段名命名。

（4）数值列不能出现错误值。

数值列中不能出现错误值，会导致求和出错，如图 9-9 所示。

处理方法：将错误值批量替换为空或 0。

	A	B	C	D	E	F	G	H	I	J
1	序号	风电场	风机编号	风机类型	开始时间	结束时间	停机时长（天）	损失电量（万kWh）	故障部位	停机原因
2	1	秦皇岛	#14-10	UP82-1500	2022-10-1 23:46	2022-10-2 11:00	0.47	0.49	变桨系统	变桨安全链故障
3	2	秦皇岛	#20-1	UP105-2000	2022-10-2 4:20	2022-10-2 10:00	0.24	0.33	变桨系统	轴3驱动器温度过高且堵转超
4	3	保定	#10-65	UP96S-2000	2022-10-2 6:45	2022-10-2 10:00	0.14	0.06	变频器	变频器看门狗故障
5	4	秦皇岛	#11-08	UP82-1500	2022-10-2 7:21	2022-10-2 15:40	0.35	0.27	刹车系统	转子刹车总故障
6	5	承德	#6-61	UP77-1500	2022-10-2 8:25	2022-10-2 18:00	0.40	0.05	变频器	变频器故障
7	6	秦皇岛	#5-02	SL82-1500	2022-10-2 15:04	2022-10-3 9:00	0.75	#DIV/0!	变频器	预充电时直流母线电压与电
8	7	石家庄	#5-70	UP96-2000	2022-10-2 15:35	2022-10-3 11:15	0.82	0.88	液压系统	偏航半泄压力故障
9	8	秦皇岛	#11-01	UP82-1500	2022-10-3 2:00	2022-10-3 10:00	0.33	0.70	安全链	安全链类总故障
10	9	廊坊	#9-04	UP77-1500	2022-10-3 3:00	2022-10-3 9:00	0.25	0.62	偏航系统	风速仪传感器故障
11	10	呼和浩特	#4-44	EN82-1500	2022-10-3 10:00	2022-10-3 13:16	0.14	0.16	主控系统	风速仪结冰

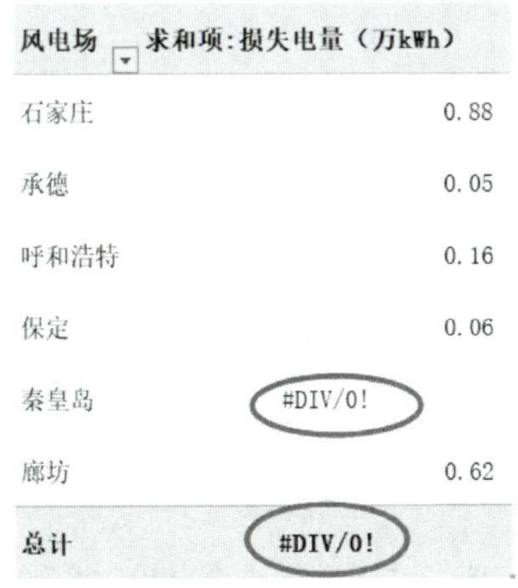

风电场	求和项：损失电量（万kWh）
石家庄	0.88
承德	0.05
呼和浩特	0.16
保定	0.06
秦皇岛	#DIV/0!
廊坊	0.62
总计	#DIV/0!

图 9-9　错误示例之错误值

（5）数值列不能为文本型数字。

如图 9-10 所示，停机时长数据为文本型数字，在使用透视表汇总计算时，只能计数不能求和，求和则为零。

处理方法：将文本型数据转换为数值型数据。选择需要转换的数值区域，点击左上角三角形，在下拉选项中选择“转换为数字”，即可完成批量转换，如图 9-11 所示。

（6）数据行不能出现合并单元格。

每一行数据必须要保证其独立性，不能出现数据行合并单元格情况。虽然在视觉上，数据进行了行合并，同属于一个分类，但在数据层面只有合并单元格第一行有对应

	A	B	C	D	E	F	G	H	I	J
1	序号	风电场	风机编号	风机类型	开始时间	结束时间	停机时长（天）	损失电量（万kWh）	故障部位	停机原因
2	1	秦皇岛	#14-10	UP82-1500	2022-10-1 23:46	2022-10-2 11:00	0.47	0.49	变桨系统	变桨安全链故障
3	2	秦皇岛	#20-1	UP105-2000	2022-10-2 4:20	2022-10-2 10:00	0.24	0.33	变桨系统	轴3驱动器温度过高且堵转超
4	3	保定	#10-65	UP96S-2000	2022-10-2 6:45	2022-10-2 10:00	0.14	0.06	变频器	变频器看门狗故障
5	4	秦皇岛	#11-08	UP82-1500	2022-10-2 7:21	2022-10-2 15:40	0.35	0.27	刹车系统	转子刹车总故障
6	5	承德	#6-61	UP77-1500	2022-10-2 8:25	2022-10-2 18:00	0.4	0.05	变频器	变频器故障
7	6	秦皇岛	#5-02	SL82-1500	2022-10-2 15:04	2022-10-3 9:00	0.75	0.80	变频器	预充电时直流母线电压与电
8	7	石家庄	#5-70	UP96-2000	2022-10-2 15:35	2022-10-3 11:15	0.82	0.88	液压系统	偏航半泄压力故障
9	8	秦皇岛	#11-01	UP82-1500	2022-10-3 2:00	2022-10-3 10:00	0.33	0.70	安全链	安全链类总故障
10	9	廊坊	#9-04	UP77-1500	2022-10-3 3:00	2022-10-3 9:00	0.25	0.62	偏航系统	风速仪传感器故障
11	10	呼和浩特	#4-44	EN82-1500	2022-10-3 10:00	2022-10-3 13:16	0.14	0.16	主控系统	风速仪结冰

风电场	求和项：停机时长（天）
石家庄	0
承德	0
呼和浩特	0
保定	0
秦皇岛	0
廊坊	0
总计	**0**

图 9-10　错误示例之数值文本化

分类数据，其余合并行均为空值，这样进行透视分析时会导致得不到正确结果。如图 9-12 所示，对风电场进行合并数据，在进行透视分析时，计数结果为 3，与实际不符。

处理方法：选择需要拆分的单元格区域，在开始选项卡下，点击“合并居中”下拉箭头，选择“拆分并填充内容”即可，如图 9-13 所示。

(7) 数据区域不能出现空白行。

数据区域不能出现空白行，空白行会隔开数据区域，认为是多张表格，导致进行透视表操作时数据不全。如果通过手动全选数据区域，数据虽然完整，但是在分类上会出现“空白”类别，并且不会进行累计计算。图 9-14 为数据区域出现空白行。

处理方法：选择全部数据区域，筛选内容选择空白，批量进行删除，如图 9-15 所示。

	A	B	C	D	E	F	G	H	I	J
1	序号	风电场	风机编号	风机类型	开始时间	结束时间	停机时长（天）	损失电量（万kWh）	故障部位	停机原因
2	1	秦皇岛	#14-10	UP82-1500	2022-10-1 23:46	2022-10-2 1[illegible]	[illegible]	[illegible]9	变桨系统	变桨安全链故障
3	2	秦皇岛	#20-1	UP105-2000	2022-10-2 4:20	2022-10-2 1[illegible]	[illegible]	[illegible]3	变桨系统	轴3驱动器温度过高且堵转超
4	3	保定	#10-65	UP96S-2000	2022-10-2 6:45	2022-10-2 1[illegible]	[illegible]	[illegible]6	变频器	变频器看门狗故障
5	4	秦皇岛	#11-08	UP82-1500	2022-10-2 7:21	2022-10-2 1[illegible]	[illegible]	[illegible]7	刹车系统	转子刹车总故障
6	5	承德	#6-61	UP77-1500	2022-10-2 8:25	2022-10-2 18:00	0.4	0.05	变频器	变频器故障
7	6	秦皇岛	#5-02	SL82-1500	2022-10-2 15:04	2022-10-3 9:00	0.75	0.80	变频器	预充电时直流母线电压与电
8	7	石家庄	#5-70	UP96-2000	2022-10-2 15:35	2022-10-3 11:15	0.82	0.88	液压系统	偏航半泄压力故障
9	8	秦皇岛	#11-01	UP82-1500	2022-10-3 2:00	2022-10-3 10:00	0.33	0.70	安全链	安全链类总故障
10	9	廊坊	#9-04	UP77-1500	2022-10-3 3:00	2022-10-3 9:00	0.25	0.62	偏航系统	风速仪传感器故障
11	10	呼和浩特	#4-44	EN82-1500	2022-10-3 10:00	2022-10-3 13:16	0.14	0.16	主控系统	风速仪结冰

该数字是文本类型，可能导致计算结果出错！
转换为数字(C)
忽略错误(I)
在编辑栏中编辑(F)
错误检查选项(O)...

图 9-11　文本数据批量转换为数值型数据

	A	B	C	D	E	F	G	H	I	J
1	序号	风电场	风机编号	风机类型	开始时间	结束时间	停机时长（天）	损失电量（万kWh）	故障部位	停机原因
2	1	保定	#10-65	UP96S-2000	2022-10-2 6:45	2022-10-2 10:00	0.14	0.06	变频器	变频器看门狗故障
3	2		#6-61	UP77-1500	2022-10-2 8:25	2022-10-2 18:00	0.40	0.05	变频器	变频器故障
4	3		#4-44	EN82-1500	2022-10-3 10:00	2022-10-3 13:16	0.14	0.16	主控系统	风速仪结冰
5	4		#9-04	UP77-1500	2022-10-3 3:00	2022-10-3 9:00	0.25	0.62	偏航系统	风速仪传感器故障
6	5	秦皇岛	#14-10	UP82-1500	2022-10-1 23:46	2022-10-2 11:00	0.47	0.49	变桨系统	变桨安全链故障
7	6		#20-1	UP105-2000	2022-10-2 4:20	2022-10-2 10:00	0.24	0.33	变桨系统	轴3驱动器温度过高且堵转超
8	7		#11-08	UP82-1500	2022-10-2 7:21	2022-10-2 15:40	0.35	0.27	刹车系统	转子刹车总故障
9	8		#5-02	SL82-1500	2022-10-2 15:04	2022-10-3 9:00	0.75	0.80	变频器	预充电时直流母线电压与电
10	9	石家庄	#11-01	UP82-1500	2022-10-3 2:00	2022-10-3 10:00	0.33	0.70	安全链	安全链类总故障
11	10		#5-70	UP96-2000	2022-10-2 15:35	2022-10-3 11:15	0.82	0.88	液压系统	偏航半泄压力故障

风电场	计数项:风电场
石家庄	1
保定	1
秦皇岛	1
(空白)	
总计	**3**

图 9-12　错误示例之数据行合并单元格

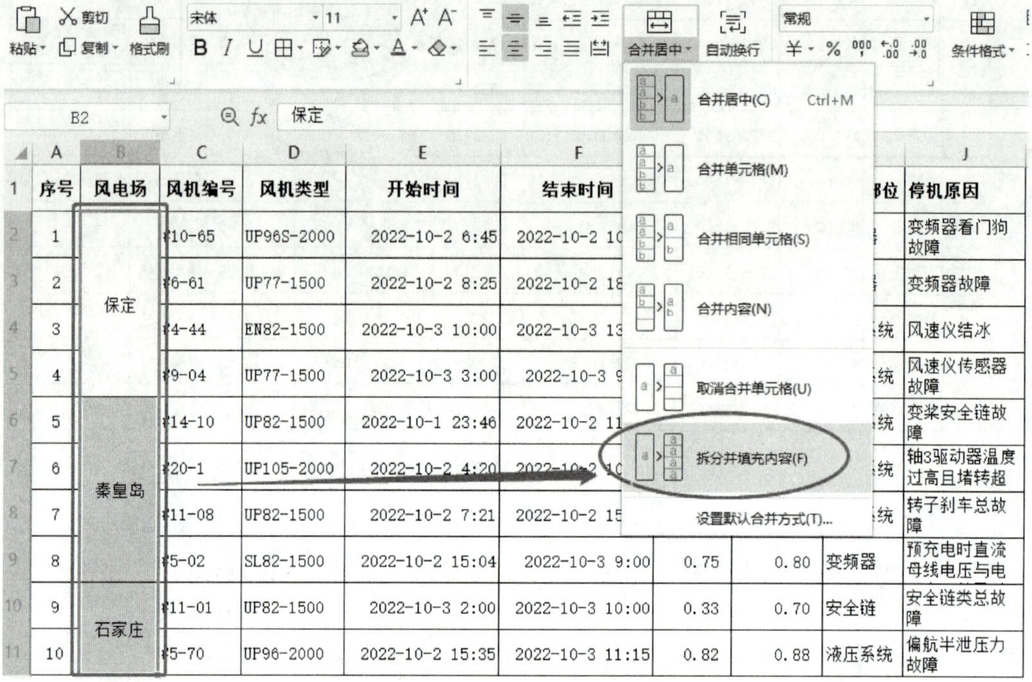

图 9-13　批量拆分合并单元格并填充内容

	A	B	C	D	E	F	G	H	I	J
1	序号	风电场	风机编号	风机类型	开始时间	结束时间	停机时长（天）	损失电量（万kWh）	故障部位	停机原因
2	1	秦皇岛	#14-10	UP82-1500	2022-10-1 23:46	2022-10-2 11:00	0.47	0.49	变桨系统	变桨安全链故障
3	2	秦皇岛	#20-1	UP105-2000	2022-10-2 4:20	2022-10-2 10:00	0.24	0.33	变桨系统	轴3驱动器温度过高且堵转超
4	3	保定	#10-65	UP96S-2000	2022-10-2 6:45	2022-10-2 10:00	0.14	0.06	变频器	变频器看门狗故障
5	4	秦皇岛	#11-08	UP82-1500	2022-10-2 7:21	2022-10-2 15:40	0.35	0.27	刹车系统	转子刹车总故障
6										
7	5	承德	#6-61	UP77-1500	2022-10-2 8:25	2022-10-2 18:00	0.40	0.05	变频器	变频器故障
8	6	秦皇岛	#5-02	SL82-1500	2022-10-2 15:04	2022-10-3 9:00	0.75	0.80	变频器	预充电时直流母线电压与电
9	7	石家庄	#5-70	UP96-2000	2022-10-2 15:35	2022-10-3 11:15	0.82	0.88	液压系统	偏航半泄压力故障
10	8	秦皇岛	#11-01	UP82-1500	2022-10-3 2:00	2022-10-3 10:00	0.33	0.70	安全链	安全链类总故障
11	9	廊坊	#9-04	UP77-1500	2022-10-3 3:00	2022-10-3 9:00	0.25	0.62	偏航系统	风速仪传感器故障
12	10	呼和浩特	#4-44	EN82-1500	2022-10-3 10:00	2022-10-3 13:16	0.14	0.16	主控系统	风速仪结冰

图 9-14　数据区域出现空白行

（8）数据区域不能出现分类汇总行。

如图 9-16 所示，数据区域存在分类汇总在透视表中是不能的。数据区域中每一行可称之为一行记录，行之间或者记录之间必须独立，而分类汇总破坏了这一规则，分类汇总行依赖于其他行记录，会导致进行透视表计算时出错。

	A	B	C	D	E	F	G	H	I	J
1	序号	风电场	风机编号	风机类型	开始时间	结束时间	停机时长（天）	损失电量（万kWh）	故障部位	停机原因
					22-10-1 23:46	2022-10-2 11:00	0.47	0.49	变桨系统	变桨安全链故障
					022-10-2 4:20	2022-10-2 10:00	0.24	0.33	变桨系统	轴3驱动器温度过高且堵转超
					022-10-2 6:45	2022-10-2 10:00	0.14	0.06	变频器	变频器看门狗故障
					022-10-2 7:21	2022-10-2 15:40	0.35	0.27	刹车系统	转子刹车总故障
					022-10-2 8:25	2022-10-2 18:00	0.40	0.05	变频器	变频器故障
					22-10-2 15:04	2022-10-3 9:00	0.75	0.80	变频器	预充电时直流母线电压与电
					22-10-2 15:35	2022-10-3 11:15	0.82	0.88	液压系统	偏航半泄压力故障
					022-10-3 2:00	2022-10-3 10:00	0.33	0.70	安全链	安全链类总故障
					022-10-3 3:00	2022-10-3 9:00	0.25	0.62	偏航系统	风速仪传感器故障
					22-10-3 10:00	2022-10-3 13:16	0.14	0.16	主控系统	风速仪结冰

升序 降序 颜色排序
内容筛选 颜色筛选 数字筛选 清空条件
（支持多条件过滤，例如：北京 上海）
名称↑ 计数↓ 导出 选项
(全选|反选)（11）
(空白)（1）
1（1，9.0%） 仅筛选此项
2（1）
3（1）
4（1）
5（1）
6（1）
7（1）
8（1）
9（1）
10（1）
前十项 高于平均值 低于平均值
分析 确定 取消

图 9-15 数据区域批量删除空白行

	A	B	C	D	E	F	G	H	I	J
1	序号	风电场	风机编号	风机类型	开始时间	结束时间	停机时长（天）	损失电量（万kWh）	故障部位	停机原因
2	1	秦皇岛	#14-10	UP82-1500	2022-10-1 23:46	2022-10-2 11:00	0.47	0.49	变桨系统	变桨安全链故障
3	2	秦皇岛	#20-1	UP105-2000	2022-10-2 4:20	2022-10-2 10:00	0.24	0.33	变桨系统	轴3驱动器温度过高且堵转超
4	3	保定	#10-65	UP96S-2000	2022-10-2 6:45	2022-10-2 10:00	0.14	0.06	变频器	变频器看门狗故障
5	4	秦皇岛	#11-08	UP82-1500	2022-10-2 7:21	2022-10-2 15:40	0.35	0.27	刹车系统	转子刹车总故障
6	10月小计						1.19	1.15	4	
7	5	承德	#6-61	UP77-1500	2022-11-2 8:25	2022-11-2 18:00	0.40	0.05	变频器	变频器故障
8	6	秦皇岛	#5-02	SL82-1500	2022-11-2 15:04	2022-11-3 9:00	0.75	0.80	变频器	预充电时直流母线电压与电
9	7	石家庄	#5-70	UP96-2000	2022-11-2 15:35	2022-11-3 11:15	0.82	0.88	液压系统	偏航半泄压力故障
10	8	秦皇岛	#11-01	UP82-1500	2022-11-3 2:00	2022-11-3 11:00	0.38	0.70	安全链	安全链类总故障
11	9	廊坊	#9-04	UP77-1500	2022-11-3 3:00	2022-11-3 9:00	0.25	0.62	偏航系统	风速仪传感器故障
12	10	呼和浩特	#4-44	EN82-1500	2022-11-3 11:00	2022-11-3 13:16	0.09	0.16	主控系统	风速仪结冰
13	11月小计						2.69	3.19	6	
14	汇总						3.87	4.34	10	

图 9-16 数据区域出现分类汇总行

处理方法：选择全部数据区域，筛选第一个字段内容包含小计、汇总，批量进行删除。

(9)数据区域不能出现重复记录。

如果数据区域包含重复记录（见图 9-17）时，会导致进行透视表计算时重复累计。因此需要批量删除重复项后，再进行数据透视。

	A	B	C	D	E	F	G	H	I	J
1	序号	风电场	风机编号	风机类型	开始时间	结束时间	停机时长（天）	损失电量（万kWh）	故障部位	停机原因
2	1	秦皇岛	#14-10	UP82-1500	2022-10-1 23:46	2022-10-2 11:00	0.47	0.49	变桨系统	变桨安全链故障
3	2	秦皇岛	#20-1	UP105-2000	2022-10-2 4:20	2022-10-2 10:00	0.24	0.33	变桨系统	轴3驱动器温度过高且堵转超
4	3	保定	#10-65	UP96S-2000	2022-10-2 6:45	2022-10-2 10:00	0.14	0.06	变频器	变频器看门狗故障
5	4	保定	#10-65	UP96S-2000	2022-10-2 6:45	2022-10-2 10:00	0.14	0.06	变频器	变频器看门狗故障
6	5	秦皇岛	#11-08	UP82-1500	2022-10-2 7:21	2022-10-2 15:40	0.35	0.27	刹车系统	转子刹车总故障
7	6	承德	#6-61	UP77-1500	2022-10-2 8:25	2022-10-2 18:00	0.40	0.05	变频器	变频器故障
8	7	秦皇岛	#5-02	SL82-1500	2022-10-2 15:04	2022-10-3 9:00	0.75	0.80	变频器	预充电时直流母线电压与电
9	8	石家庄	#5-70	UP96-2000	2022-10-2 15:35	2022-10-3 11:15	0.82	0.88	液压系统	偏航半泄压力故障
10	9	秦皇岛	#11-01	UP82-1500	2022-10-3 2:00	2022-10-3 10:00	0.33	0.70	安全链	安全链类总故障
11	10	廊坊	#9-04	UP77-1500	2022-10-3 3:00	2022-10-3 9:00	0.25	0.62	偏航系统	风速仪传感器故障
12	11	呼和浩特	#4-44	EN82-1500	2022-10-3 10:00	2022-10-3 13:16	0.14	0.16	主控系统	风速仪结冰

图 9-17　数据区域出现重复记录

处理方法：在数据选项卡下，选择重复项，点击删除重复项，弹出“删除重复项”窗口。本例中判断故障记录是否重复，选择风电场、风机编号、开始时间三个字段即可，显示找到 1 条重复项，点击删除重复项即可批量删除，如图 9-18 所示。

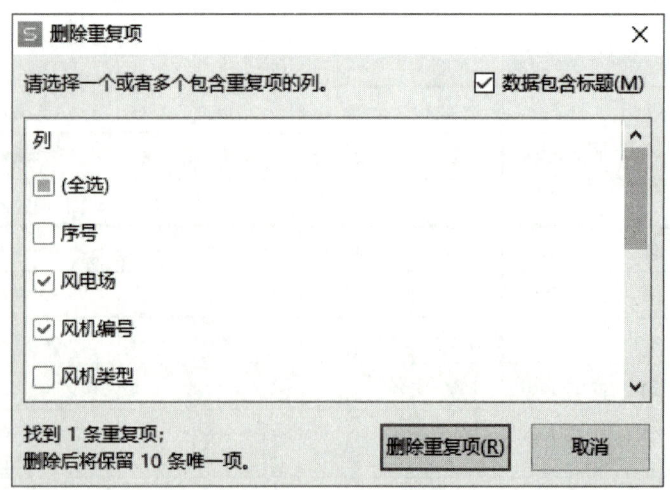

图 9-18　批量删除重复项

(10)不要输入不规范日期和时间。

不规范的日期和时间数据（见图 9-19）会造成很多问题，比如无法进行加减计算、无法正确排序、无法提取正确的年月日信息等。在透视表应用中，如果想利用日期数据进行透视分析，不能自动进行组合分类。见图 9-19，由于日期时间数据不规范，计算停机时长报＃VALUE! 参数值错误，并且在数据透视表中开始时间字段不能按照日期进行自动分组。

	A	B	C	D	E	F	G	H	I	J
1	序号	风电场	风机编号	风机类型	开始时间	结束时间	停机时长（天）	损失电量（万kWh）	故障部位	停机原因
2	1	秦皇岛	#14-10	UP82-1500	2022.10.1 23:46	2022.10.2 11:00	#VALUE!	0.49	变桨系统	变桨安全链故障
3	2	秦皇岛	#20-1	UP105-2000	2022.10.2 4:20	2022.10.2 10:00	#VALUE!	0.33	变桨系统	轴3驱动器温度过高且堵转超限
4	3	保定	#10-65	UP96S-2000	2022.10.2 6:45	2022.10.2 10:00	#VALUE!	0.06	变频器	变频器看门狗故障
5	4	秦皇岛	#11-08	UP82-1500	2022.10.2 7:21	2022.10.2 15:40	#VALUE!	0.27	刹车系统	转子刹车总故障
6	5	承德	#6-61	UP77-1500	2022.10.2 8:25	2022.10.2 18:00	#VALUE!	0.05	变频器	变频器故障
7	6	秦皇岛	#5-02	SL82-1500	2022.10.2 15:04	2022.10.3 9:00	#VALUE!	0.80	变频器	预充电时直流母线电压与电网电压差异过小
8	7	石家庄	#5-70	UP96-2000	2022.10.2 15:35	2022.10.3 11:15	#VALUE!	0.88	液压系统	偏航半泄压力故障
9	8	秦皇岛	#11-01	UP82-1500	2022.10.3 2:00	2022.10.3 10:00	#VALUE!	0.70	安全链	安全链类总故障
10	9	廊坊	#9-04	UP77-1500	2022.10.3 3:00	2022.10.3 9:00	#VALUE!	0.62	偏航系统	风速仪传感器故障
11	10	呼和浩特	#4-44	EN82-1500	2022.10.3 10:00	2022.10.3 13:16	#VALUE!	0.16	主控系统	风速仪结冰

图 9-19　不规范的日期和时间数据

处理方法： 在本例中，可以通过批量查找替换实现，快捷键 Ctrl＋H 调出替换窗口，设置查找内容为“．”，替换内容为“-”，点击全部替换即可，如图 9-20 所示。

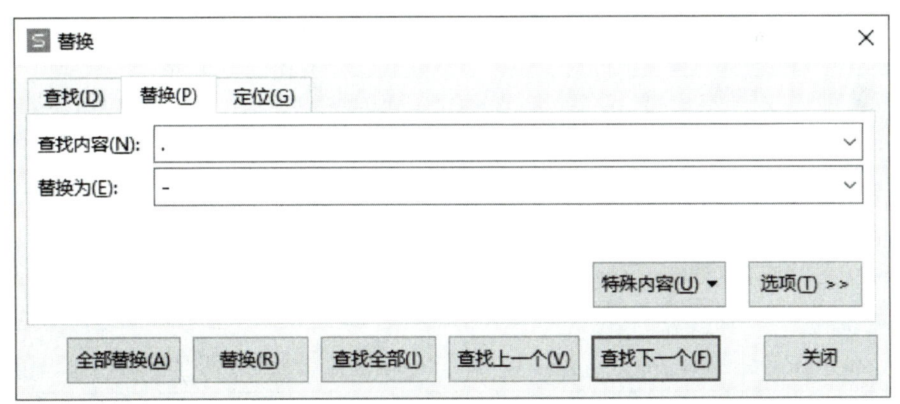

图 9-20　通过查找替换批量修改不规范的日期和时间数据

注意： 一般标准日期格式为：×/×/×、×-×-×、×年×月×日三种。常见的不规范日期格式可以通过“数据”选项卡下分列功能进行批量修改，在设置每列数据类型下选择“日期 YMD”，如图 9-21 所示。

（11）数据不要分散放到多个工作表中。

数据不要分散放到多个工作表中，无法整体做数据透视。如图 9-22 所示，每个风电场一页，应该将数据整合在一页再进行数据透视（见图 9-23）。

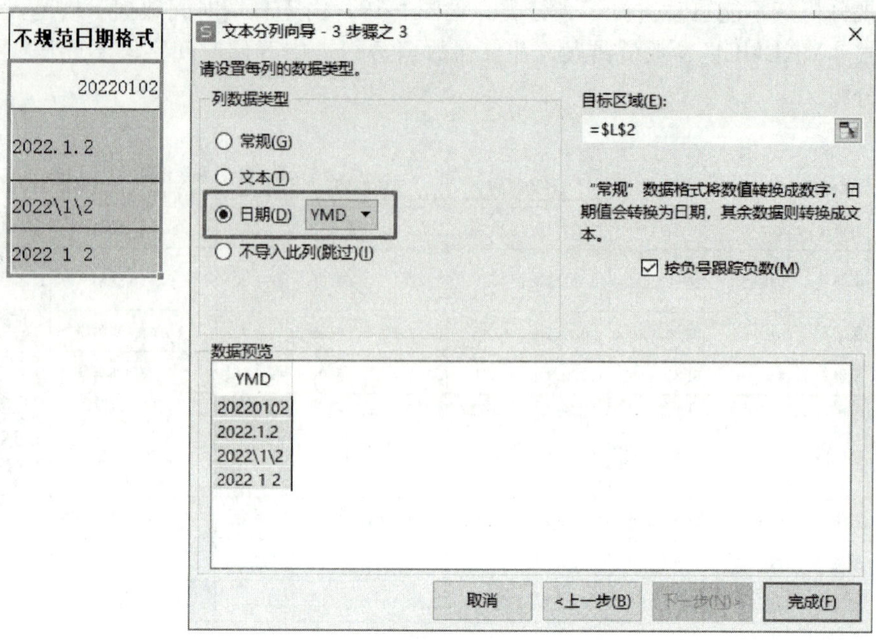

图 9-21　通过分列批量修改不规范的日期数据

	A	B	C	D	E	F	G	H	I	J
1	序号	风电场	风机编号	风机类型	开始时间	结束时间	停机时长（天）	损失电量（万kWh）	故障部位	停机原因
2	1	秦皇岛	#14-10	UP82-1500	2022-10-1 23:46	2022-10-2 11:00	0.47	0.49	变桨系统	变桨安全链故障
3	2	秦皇岛	#20-1	UP105-2000	2022-10-2 4:20	2022-10-2 10:00	0.24	0.33	变桨系统	轴3驱动器温度过高且堵转超
4	3	秦皇岛	#10-65	UP96S-2000	2022-10-2 6:45	2022-10-2 10:00	0.14	0.06	变频器	变频器看门狗故障
5	4	秦皇岛	#11-08	UP82-1500	2022-10-2 7:21	2022-10-2 15:40	0.35	0.27	刹车系统	转子刹车总故障
6										

秦皇岛　保定　石家庄

	A	B	C	D	E	F	G	H	I	J
1	序号	风电场	风机编号	风机类型	开始时间	结束时间	停机时长（天）	损失电量（万kWh）	故障部位	停机原因
2	1	保定	#6-61	UP77-1500	2022-10-2 8:25	2022-10-2 18:00	0.40	0.05	变频器	变频器故障
3	2	保定	#5-02	SL82-1500	2022-10-2 15:04	2022-10-3 9:00	0.75	0.80	变频器	预充电时直流母线电压与电
4	3	保定	#5-70	UP96-2000	2022-10-2 15:35	2022-10-3 11:15	0.82	0.88	液压系统	偏航半泄压力故障
5										
6										
7										

秦皇岛　保定　石家庄

图 9-22　数据分散放到多个工作表（一）

	A	B	C	D	E	F	G	H	I	J
1	序号	风电场	风机编号	风机类型	开始时间	结束时间	停机时长（天）	损失电量（万kWh）	故障部位	停机原因
2	1	石家庄	#11-01	UP82-1500	2022-10-3 2:00	2022-10-3 10:00	0.33	0.70	安全链	安全链类总故障
3	2	石家庄	#9-04	UP77-1500	2022-10-3 3:00	2022-10-3 9:00	0.25	0.62	偏航系统	风速仪传感器故障
4	3	石家庄	#4-44	EN82-1500	2022-10-3 10:00	2022-10-3 13:16	0.14	0.16	主控系统	风速仪结冰
5										
6										
7										
8										
9										

秦皇岛 保定 石家庄

图 9-22 数据分散放到多个工作表（二）

处理方法：在开始选项卡下，选择工作表，点击合并表格，选择合并成一个工作表，弹出设置窗口。勾选需要合并的工作表，“从第几行开始合并”设置为 2，即忽略第一行表头，点击开始合并，将会自动生成一个合并结果工作表，如图 9-23 所示。此功能为 WPS 表格独有，Office Excel 可以通过“新建查询”建立多表并集，也可以使用 VBA 程序进行自动化合并。

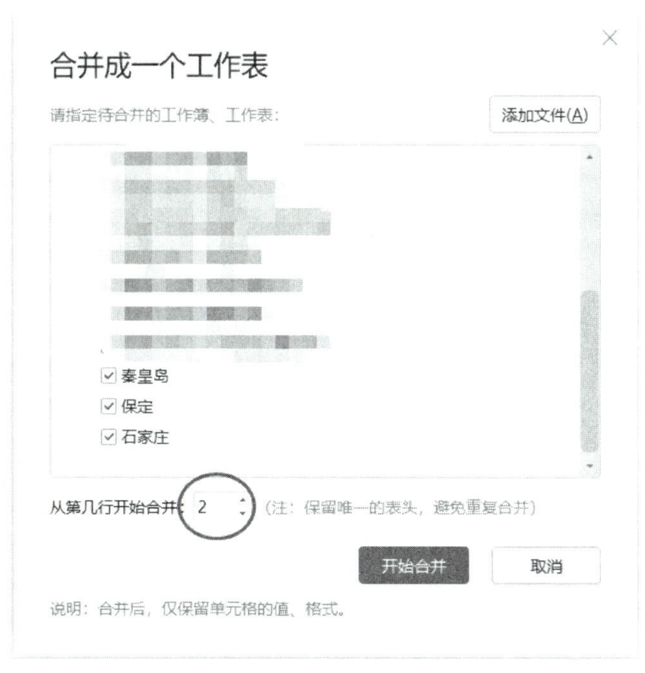

图 9-23 合并成一个工作表

9.3 插入、清除、删除、移动、克隆数据透视表

9.3.1 插入数据透视表

确认数据源数据格式规范后，我们开始插入数据透视表。

解题步骤：

步骤 1 选择数据源表格中任一单元格，点击“插入”选项卡最左侧“数据透视表”，弹出创建数据透视表窗口，如图 9-24 所示。

	A	B	C	D	E	F	G	H	I	J
1	序号	风电场	风机编号	风机类型	开始时间	结束时间	停机时长（天）	损失电量（万kWh）	故障部位	停机原因
2	1	秦皇岛	#3-01	SL82-1500	2022-10-1 1:19	2022-10-1 10:00	0.36	0.45	主控系统	主站PLC
3	2	保定	#7-38	EN100-2300	2022-10-1 6:10	2022-10-1 17:20	0.47	0.46	液压系统	发电机水
4	3	承德	#1-02	GW70-1500	2022-10-1 8:24	2022-10-1 11:00	0.11	0.05	变桨系统	变桨AC2
5	4	呼和浩特	#2-12	UP82-1500	2022-10-1 8:30	2022-10-1 17:00	0.35	0.36	变桨系统	变桨驱动
6	5	天津	#7-76	UP77-1500	2022-10-1 17:00	2022-10-2 11:40	0.78	0.19	变桨系统	变桨24V
7	6	秦皇岛	#14-05	UP82-1500	2022-10-1 18:23	2022-10-2 12:00	0.73	0.77	齿轮箱	齿轮箱油
8	7	赤峰	#17-147	UP96ⅢA-2000	2022-10-1 14:00	2022-10-2 11:00	0.88	1.24	发电机	发电机V1
9	8	秦皇岛	#2-05	SL82-1500	2022-10-1 23:20	2022-10-2 11:00	0.49	0.46	刹车系统	刹车盘磨
10	9	秦皇岛	#7-12	SL82-1500	2022-10-1 23:25	2022-10-2 12:00	0.52	0.50	变桨系统	变桨2驱

图 9-24 插入数据透视表

步骤 2 创建数据透视表窗口：第一个设置项“请选择要分析的数据”，默认选择第一个“请选择单元格区域”，软件自动识别数据区域，比如本例为“数据源！$A$1:$J$231”；第二个设置项“请选择放置数据透视表位置”，默认选择新工作表，确定后自动新建 Sheet 页，数据透视表位置默认为新表 A3 单元格，如图 9-25 所示。如选择

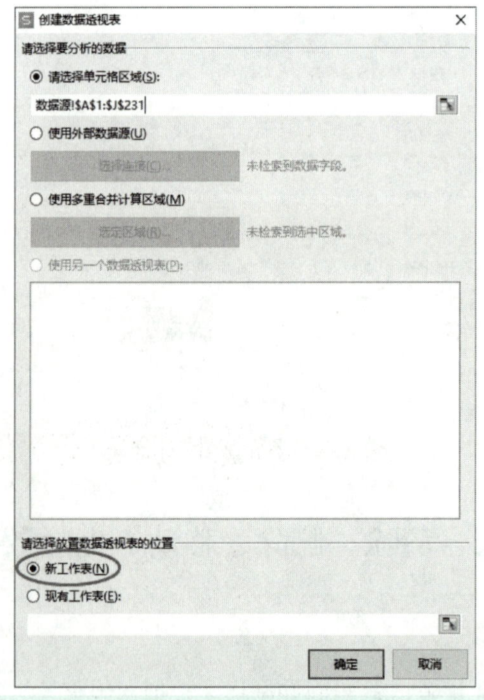

图 9-25 插入数据透视表位置选择新工作表（一）

图 9-25 插入数据透视表位置选择新工作表（二）

“现有工作表”，需要指定单元格位置，点击确定即可插入数据透视表，如图 9-26 所示。

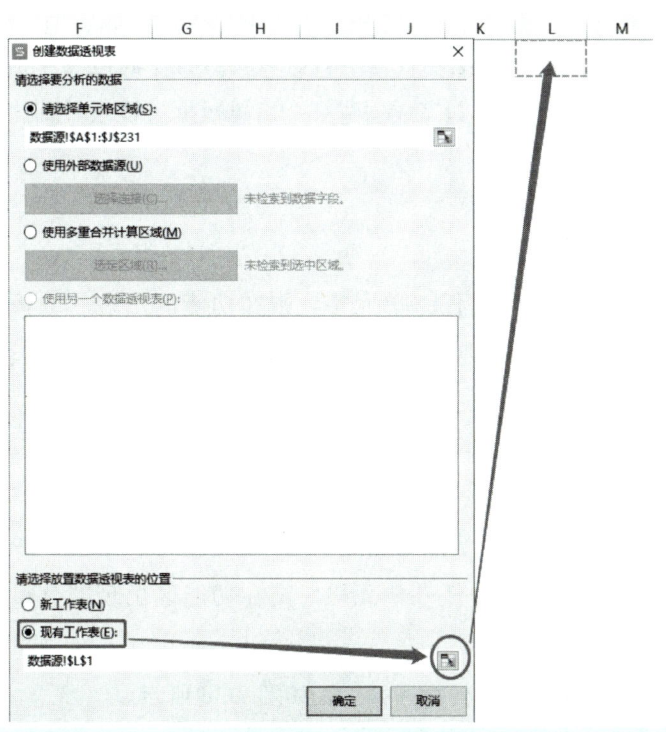

图 9-26 插入数据透视表位置选择现有工作表（一）

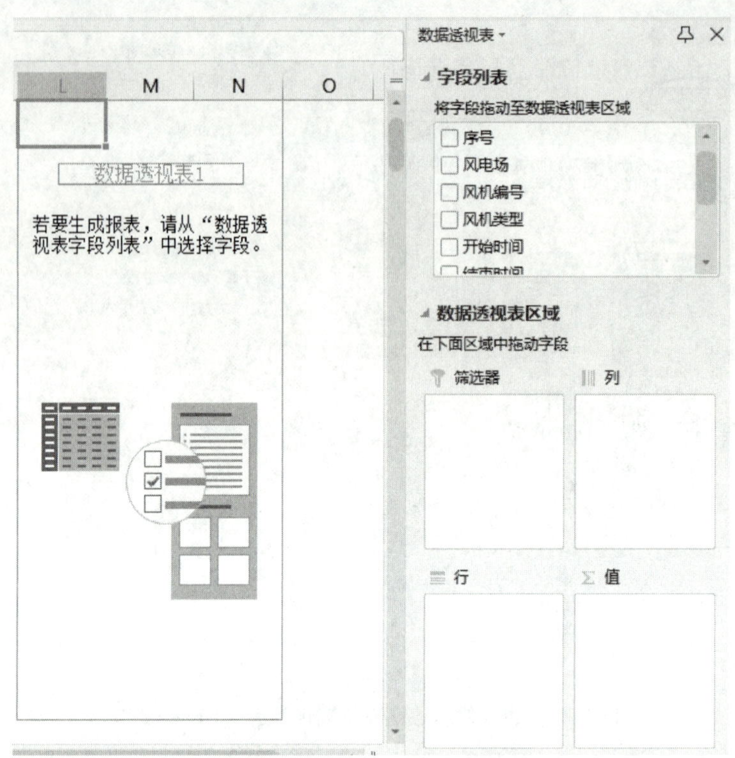

图 9-26 插入数据透视表位置选择现有工作表（二）

步骤 3 将字段列表中“风电场”拖至行区域，再将“风电场”拖至值区域，由于是文本型字段，自动进行计数，则完成创建一个简单数据透视表，即风电场故障停机频次透视表，如图 9-27 所示。

9.3.2 清除数据透视表

操作步骤：选择数据透视表任一单元格，则在功能区出现“分析”选项卡，点击“清除”中“全部清除”命令，则数据透视表恢复初始状态，无任何设置参数，如图 9-28 所示。

9.3.3 删除数据透视表

（1）通过“分析”选项卡“删除数据透视表”命令删除，如图 9-29 所示。

操作步骤：选择数据透视表任一单元格，则在功能区出现“分析”选项卡，点击“删除数据透视表”命令即可。

（2）通过 Delete 删除键删除数据透视表，如图 9-30 所示。

操作步骤：选择数据透视表全部数据区域，按键盘 Delete 删除键即可。

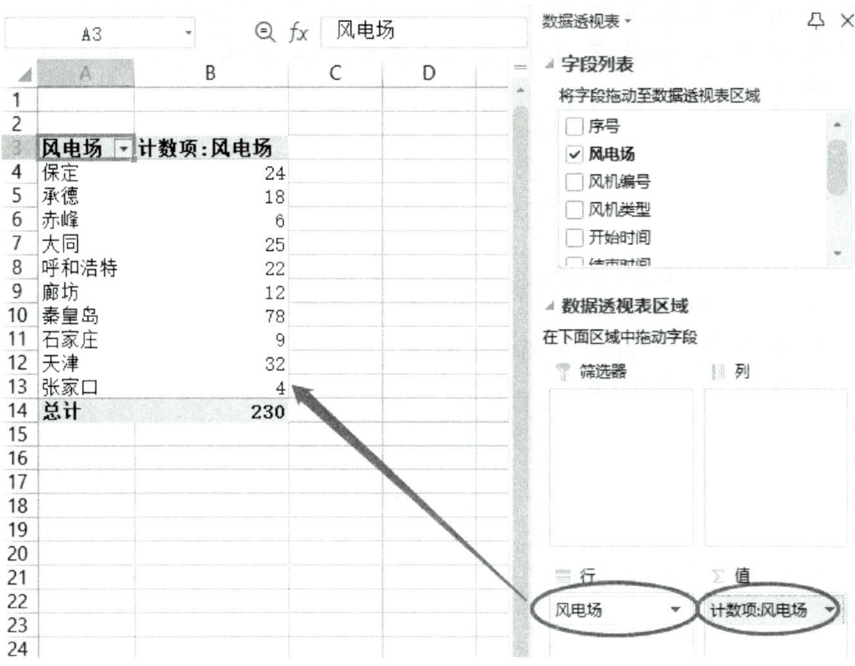

图 9-27　创建“风电场故障停机频次”透视表

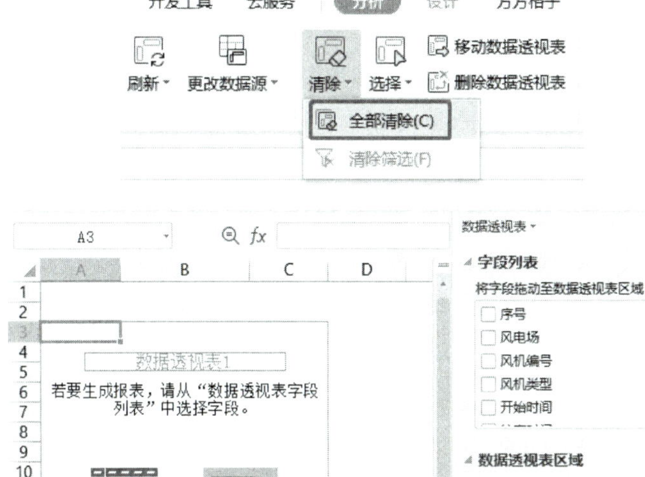

图 9-28　清除数据透视表

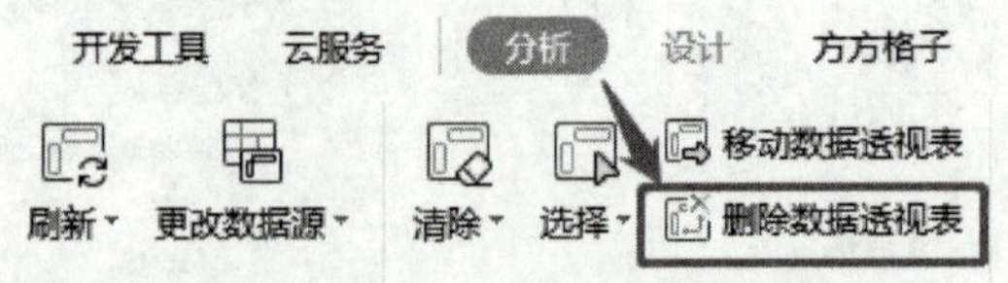

图 9-29　通过"分析"选项卡"删除数据透视表"命令

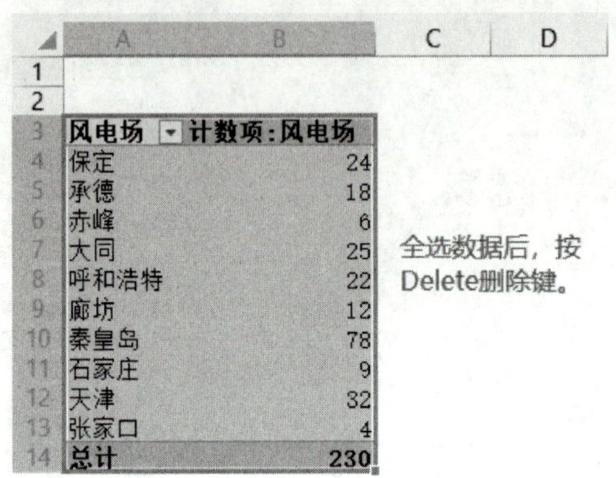

图 9-30　通过 Delete 删除键删除数据透视表

9.3.4　移动数据透视表

(1) 通过"分析"选项卡"移动数据透视表"命令移动，如图 9-31 所示。

操作步骤：选择数据透视表任一单元格，则在功能区出现"分析"选项卡，点击"移动数据透视表"命令，弹出移动数据透视表窗口，选择放置数据透视表的位置：新工作表或现有工作表。

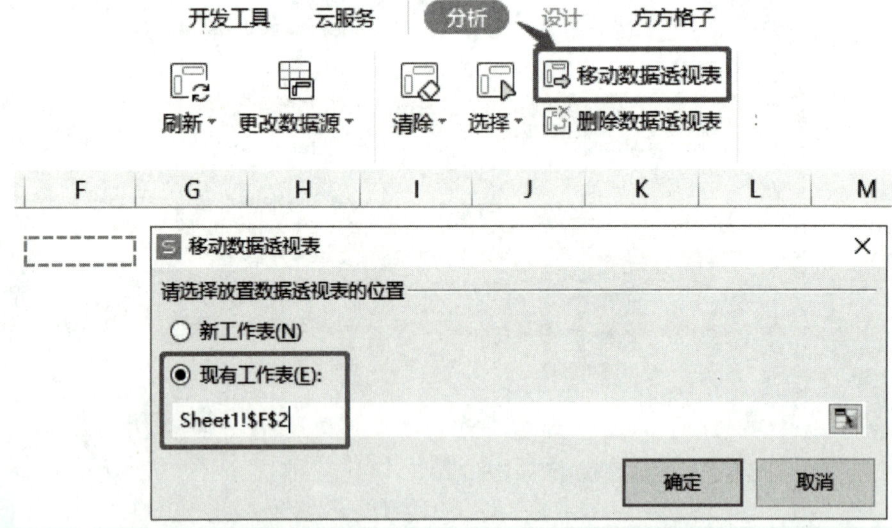

图 9-31　通过"分析"选项卡"移动数据透视表"命令

（2）通过剪切粘贴快捷键移动数据透视表，如图 9-32 所示。

操作步骤：选择数据透视表全部数据区域，按 Ctrl＋X 剪切快捷键，选择放置数据透视表的位置后，按 Ctrl＋V 粘贴快捷键。

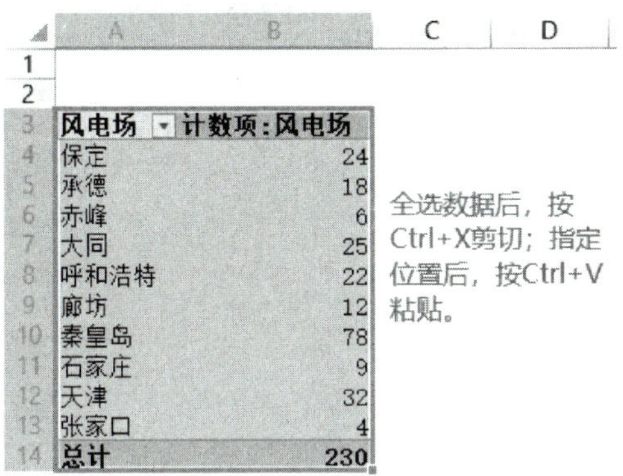

风电场	计数项:风电场
保定	24
承德	18
赤峰	6
大同	25
呼和浩特	22
廊坊	12
秦皇岛	78
石家庄	9
天津	32
张家口	4
总计	230

图 9-32 通过剪切粘贴快捷键移动数据透视表

9.3.5 克隆数据透视表

解题步骤：选择数据透视表全部数据区域，按 Ctrl＋C 复制或右键菜单复制，选择指定放置数据透视表的位置后，按 Ctrl＋V 粘贴或右键菜单粘贴，可以快速得到一个新的数据透视表（见图 9-33），只需要调整一下字段位置，就能得到不同汇总角度的两个数据透视表了。

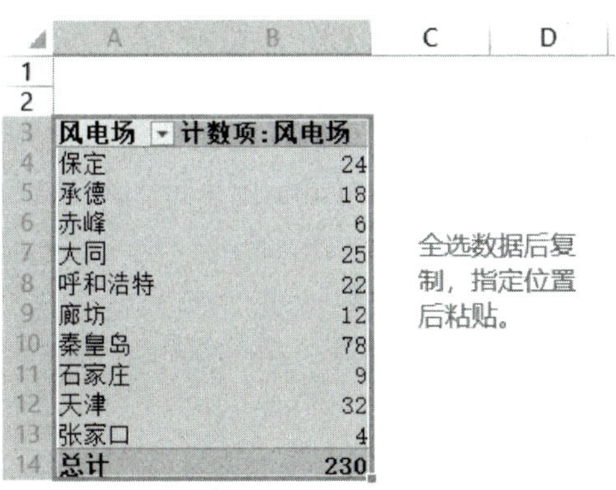

风电场	计数项:风电场
保定	24
承德	18
赤峰	6
大同	25
呼和浩特	22
廊坊	12
秦皇岛	78
石家庄	9
天津	32
张家口	4
总计	230

图 9-33 通过复制粘贴克隆数据透视表

9.4 显示、隐藏、锁定字段列表面板

数据透视表字段列表默认位于界面右侧，但是有时候为了展示数据等原因，经常需要隐藏字段列表面板，等需要操作时再显示出来。

（1）通过右键菜单显示隐藏。

操作步骤：选择数据透视表中任一单元格，右击鼠标，弹出快捷菜单，选择“隐藏字段列表”即可隐藏。再次右击鼠标，弹出快捷菜单，选择“显示字段列表”即可显示出来，如图 9-34 所示。

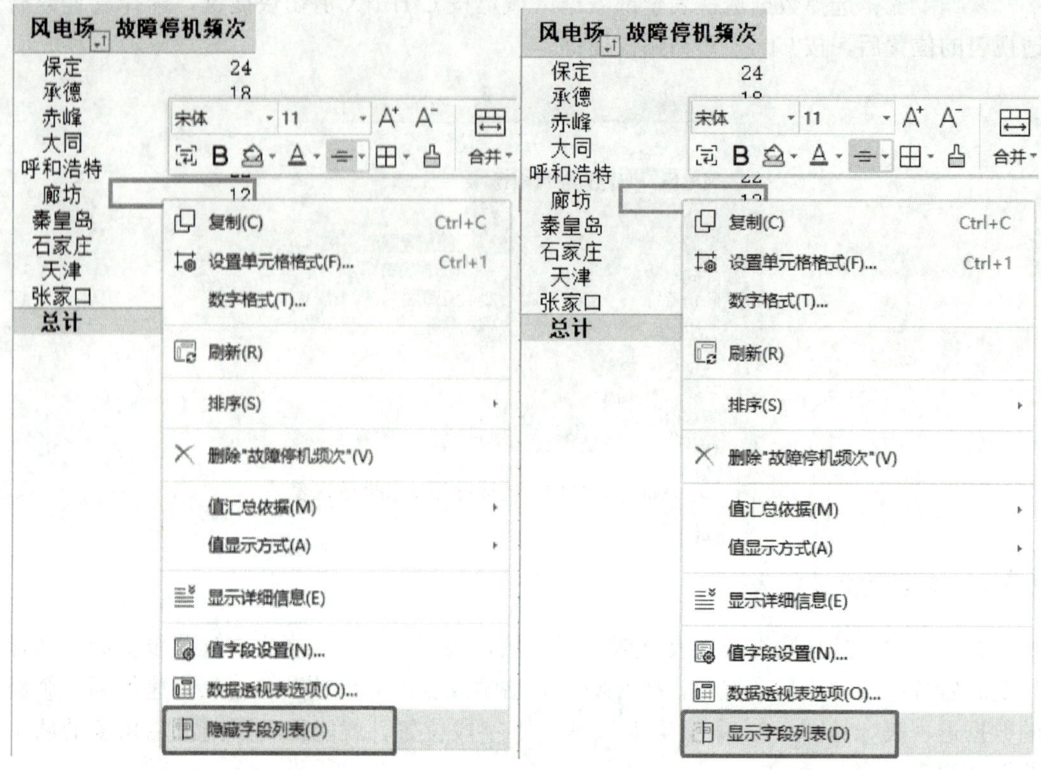

图 9-34　通过右键菜单显示隐藏字段列表面板

(2) 通过"分析"选项卡下"字段列表"命令显示隐藏。

操作步骤： 选择数据透视表任一单元格，则在功能区出现"分析"选项卡，点击"字段列表"命令即可隐藏，再次点击即可显示出来，如图 9-35 所示。

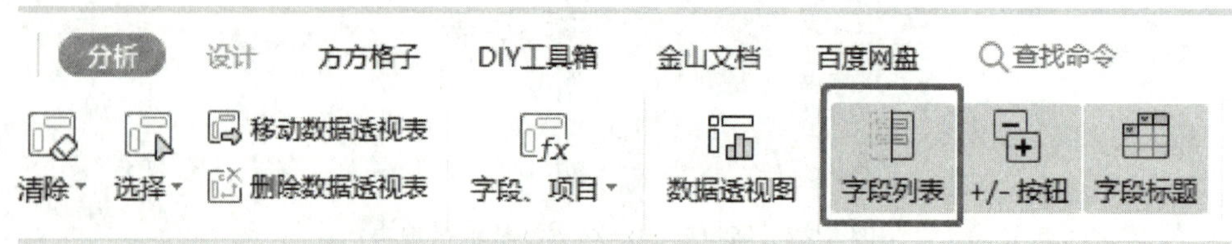

图 9-35　通过"分析"选项卡下"字段列表"命令显示隐藏字段列表面板

(3) 面板锁定设置。

设置显示字段列表后，发现选择数据透视表任一单元格，仅显示右侧"分析""选择""属性""备份"四类面板标题，不显示分析面板窗口，即字段列表窗口。

解题步骤： 选择数据透视表任一单元格，单击右侧"分析"面板标题，显示分析面板窗口，即字段列表窗口，单击"锁定面板"即可，如图 9-36 所示。

图 9-36 面板锁定设置

9.5 添加、删除、重命名字段和调整字段顺序

9.5.1 添加字段

解题步骤： 在右侧数据透视表字段列表，点击勾选字段即可添加到相应区域，一般文本型数据自动添加到行区域，数值型数据自动添加至值区域，也可手动将字段拖动至指定区域。比如：求各风电场故障停机频次，则将字段“风电场”分别拖入行区域、值区域，由于是文本型数据，值区域中字段默认进行计数运算，即计算故障停机频次，如图 9-37 所示。

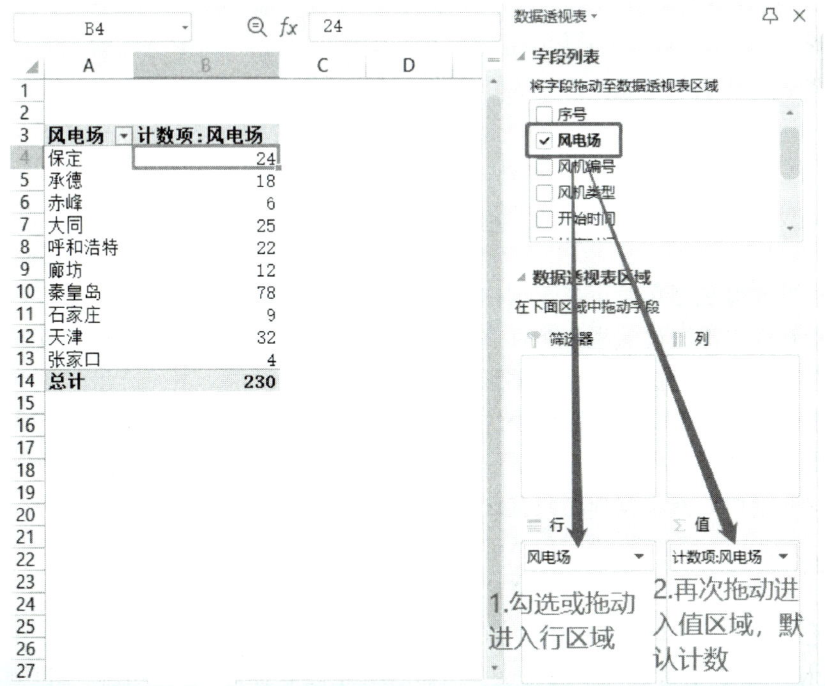

图 9-37 通过勾选或拖动添加字段

9.5.2 删除字段

(1) 通过右键菜单删除字段命令，如图 9-38 所示。

解题步骤：选择数据透视表中需要移除字段列的任一单元格，右击鼠标，弹出快捷菜单，选择“删除‘计数项:风电场’”即可，右键菜单命令随着选择不同计算字段而变。

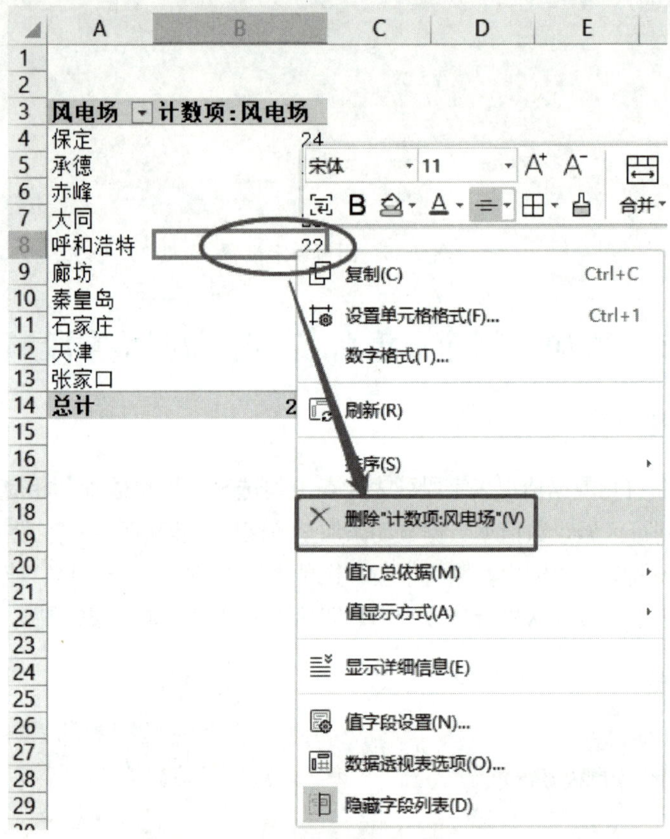

图 9-38 通过右键菜单删除字段命令

(2) 通过设置区域字段下拉选项中删除字段命令，如图 9-39 所示。

解题步骤：选择数据透视表中任一单元格，在右侧数据透视表设置区域中点击字段下拉按钮，选择“删除字段”命令即可。

(3) 手动将字段拖至设置区域外，如图 9-40 所示。

解题步骤：选择数据透视表中任一单元格，在右侧数据透视表设置区域，鼠标左键长按要删除的字段，并将其拖至设置区域外即可。

9.5.3 重命名字段

数据透视表计算字段命名规则为“计算类型:字段名称”，比如上例为“计数项:风电场”，为便于直观了解计算字段含义，可将计算字段名称修改为：故障停机频次。

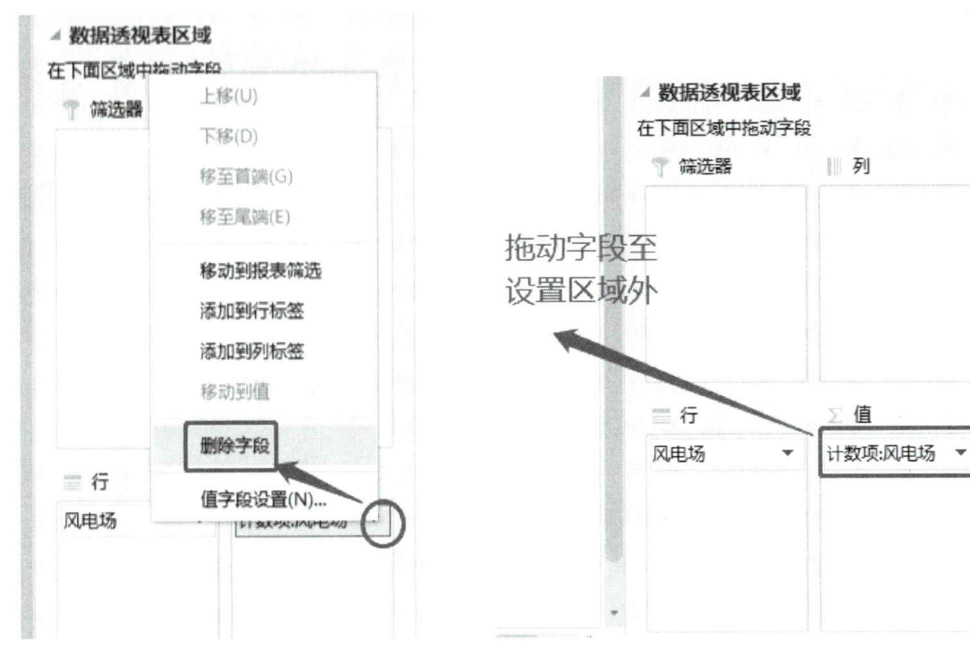

图 9-39 通过字段下拉选项中删除字段命令

图 9-40 手动将字段拖至设置区域外

（1）通过公式编辑栏进行重命名，如图 9-41 所示。

解题步骤：选择计算字段名称单元格 B3，在公式编辑栏修改名称为“故障停机频次”，回车即可完成修改。

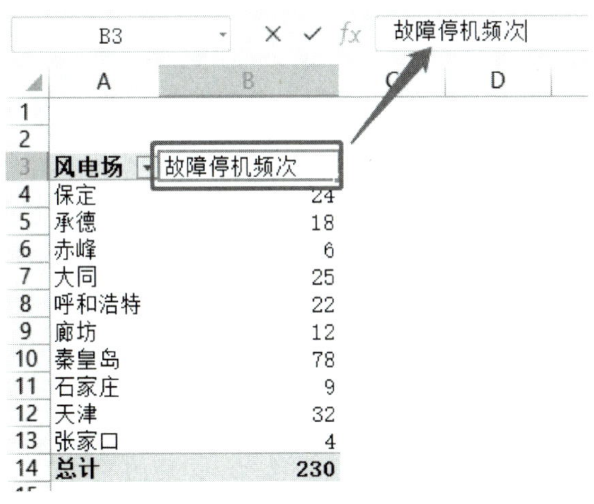

	A	B
1		
2		
3	风电场	故障停机频次
4	保定	24
5	承德	18
6	赤峰	6
7	大同	25
8	呼和浩特	22
9	廊坊	12
10	秦皇岛	78
11	石家庄	9
12	天津	32
13	张家口	4
14	总计	230

图 9-41 通过公式编辑栏重命名字段

（2）通过“值字段设置”窗口进行重命名。

解题步骤：

步骤 1 选择数据透视表中需要重命名字段列的任一单元格，在功能区出现“分析”选项卡，点击“字段设置”命令，弹出“值字段设置”窗口。或者选择数据透视表中需要重命名字段名称单元格，双击弹出“值字段设置”窗口，如图 9-42 所示。

步骤 2 在自定义名称文本框，输入“故障停机频次”，点击确定即可，如图 9-43 所示。

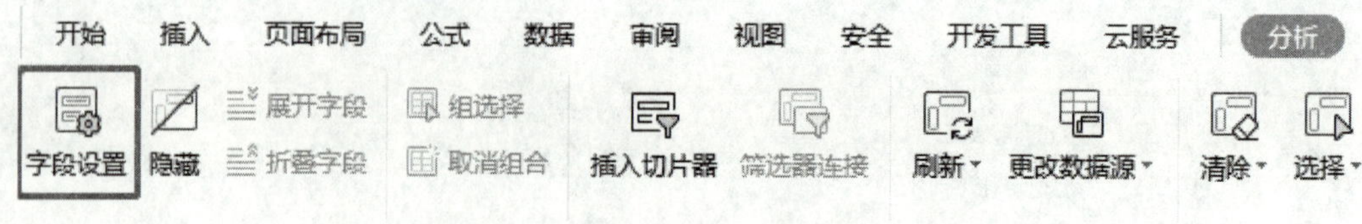

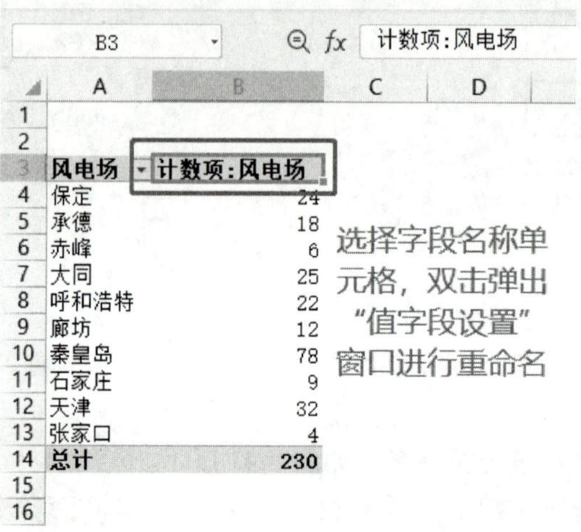

图 9-42 通过“字段设置”命令或双击字段名称打开设置窗口

值字段设置
源名称：风电场
自定义名称(M)：故障停机频次
值汇总方式 值显示方式
值字段汇总方式(S)
选择用于汇总所选字段数据的计算类型
求和
计数
平均值
最大值
最小值
乘积
数字格式(N) 确定 取消

图 9-43 通过“值字段设置”窗口进行重命名

注意：数据透视表每个字段名称必须唯一，修改后计算字段名不能与字段列表中名称相同，否则会出现错误提示。如本例将计算字段名称修改为“风电场”，则提示“数据透视表字段名已存在”，如图 9-44 所示。

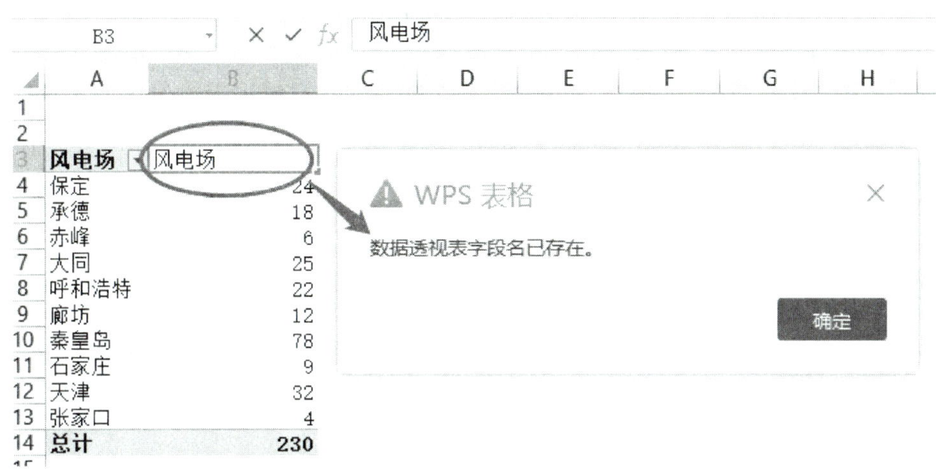

图 9-44　字段名称重复后报错

9.5.4　调整字段顺序

添加的字段默认会按照添加的先后顺序进行排列，但是有时需要调整字段列顺序。比如：如图 9-45 所示添加“风电场”至值区域，将字段名称修改为“故障停机频次”，再次添加“停机时长（天）”至值区域，将字段名称修改为“总停机时长（天）”，设置停机时长保留一位小数，则故障停机频次显示在前，总停机时长显示在后，下面来调整两个计算列顺序，使总停机时长在前，故障停机频次在后。

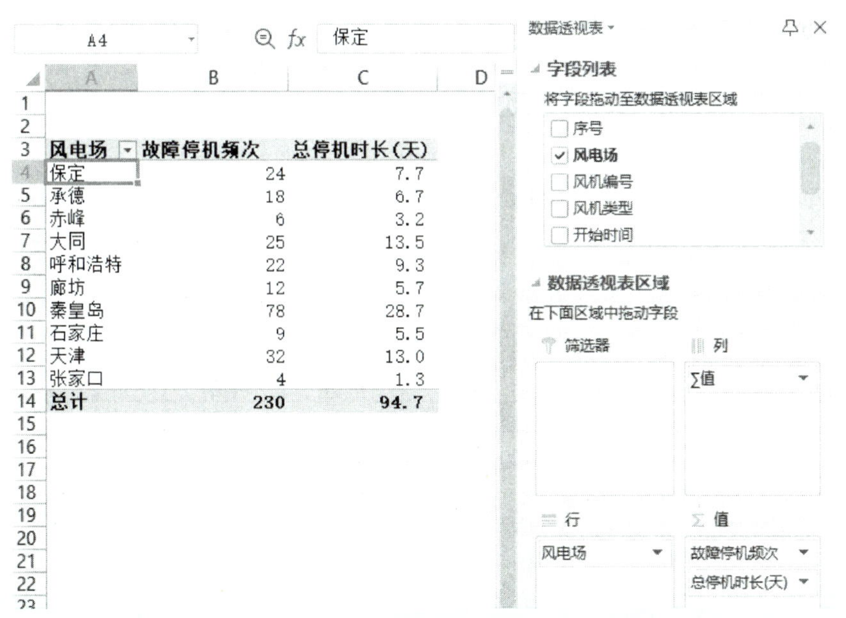

图 9-45　风电场故障停机频次和总停机时长透视表

(1) 通过设置区域字段下拉选项移动字段命令，如图 9-46 所示。

解题步骤： 选择数据透视表中任一单元格，在右侧数据透视表设置区域中点击字段下拉按钮，可以选择“上移”“下移”“移至首端”“移至尾端”，本例选择“故障停机频次”计算字段，选择“下移”或“移至尾端”即可。

(2) 手动将字段上下拖动，如图 9-47 所示。

解题步骤： 选择数据透视表中任一单元格，在右侧数据透视表设置区域，鼠标左键长按要移动的字段，直接上下拖动即可。

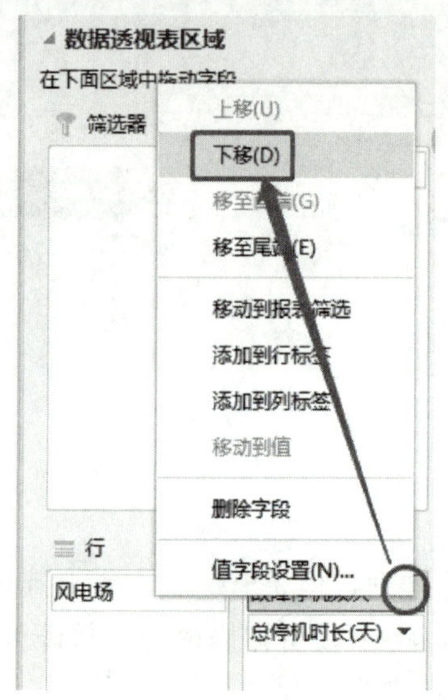

图 9-46 通过设置区域字段下拉选项移动字段命令

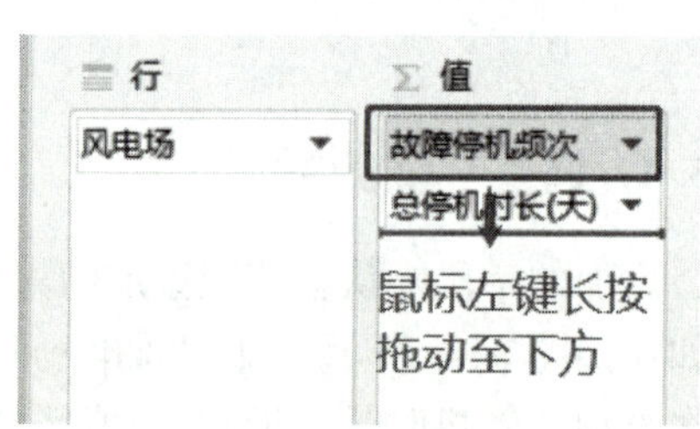

图 9-47 手动将字段上下拖动

9.6 创建一维、二维、多级、多维数据透视表

9.6.1 一维表和二维表的区别和用途

(1) 一维表和二维表的区别。

一维表是指表格的每个字段都是事物的属性，而不是具体形态。比如字段名称是“性别”而不是“男”“女”；字段名称是“部门”，而不是“生技部”“安环部”“党建部”等。每一条记录都是一次性产生的。图 9-48 为一维表之公司员工信息。

	A	B	C	D	E	F
1	序号	姓名	部门	性别	年龄	学历
2	1	刘庆华	生技部	男	36	本科
3	2	孙海棠	安环部	女	32	本科
4	3	苟佳辰	党建部	男	28	本科
5	4	郭宇	生技部	男	30	研究生

图 9-48 一维表之公司员工信息

二维表的字段通常包含属性的具体形态，比如“男性人数”“女性人数”“生技部得分”“安环部得分”“党建部得分”等。图 9-49 为二维表之部门月度考核得分表。

	A	B	C	D
8	月份	生技部	安环部	党建部
9	1月	91	93	92
10	2月	99	93	100
11	3月	97	98	100
12	4月	95	94	99

图 9-49 二维表之部门月度绩效考核得分表

很明显能看出，一维表通过表头字段，可以知道每条记录具体表达的信息。二维表仅通过表头字段可能并不清楚表格记录的是什么信息，比如上表，感觉是一个分数，但是不确定是绩效考核得分、党建知识竞赛部门平均得分、志愿者服务得分等，必须通过表格标题确认。

(2) 一维表和二维表的用途。

一维表是明细记录表，是用来详细记录信息，是数据库存储原始数据的格式。另外，一维表也是纵向统计表，用于纵向汇总分析数据。

二维表是交叉统计表，通过横向和纵向展示数据，用于交叉汇总分析数据。

9.6.2 创建一维数据透视表

使用故障停机数据表，创建一维数据透视表（见图 9-50）：计算各风电场故障停机频次、总停机时长、总损失电量。

解题步骤：

步骤 1 选择故障停机数据表任一单元格，在“插入”选项卡下点击“数据透视表”命令，选择放置数据透视表的位置为新工作表，点击确定后，在新工作表插入数据透视表。

步骤 2 将字段“风电场”拖入行区域，再次将字段“风电场”拖入值区域，默认计数运算；将字段“停机时长（天）”拖入值区域，默认求和运算；将字段“损失电量（万 kWh）”拖入值区域，默认求和运算。

步骤 3 将计算字段名称“计数项：风电场”修改为“故障停机频次”，将“求和项：停机时长（天）”修改为“总停机时长（天）”，将“求和项：损失电量（万 kWh）”修改为“总损失电量（万 kWh）”。

步骤 4 将停机时长和损失电量保留两位小数，手动调整表格列宽。

9.6.3 创建二维数据透视表

使用故障停机数据表，创建二维数据透视表（见图 9-51）：计算各风电场所有故障部位分类的故障停机频次。

解题步骤：

步骤 1 选择故障停机数据表任一单元格，在“插入”选项卡下点击“数据透视表”命令，选择放置数据透视表的位置为新工作表，点击确定后，在新工作表插入数据透

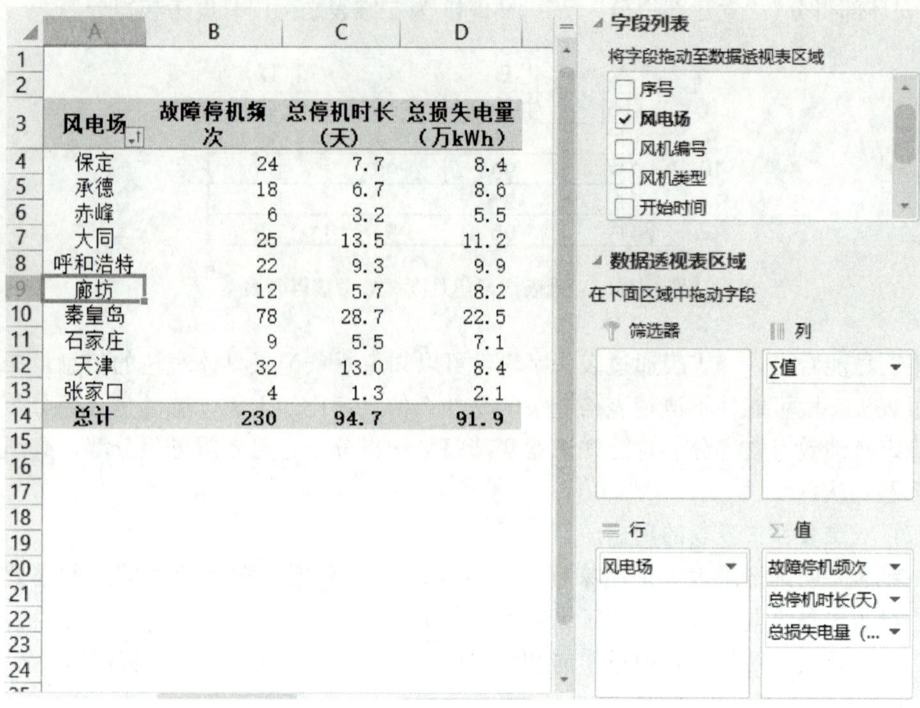

风电场	故障停机频次	总停机时长（天）	总损失电量（万kWh）
保定	24	7.7	8.4
承德	18	6.7	8.6
赤峰	6	3.2	5.5
大同	25	13.5	11.2
呼和浩特	22	9.3	9.9
廊坊	12	5.7	8.2
秦皇岛	78	28.7	22.5
石家庄	9	5.5	7.1
天津	32	13.0	8.4
张家口	4	1.3	2.1
总计	**230**	**94.7**	**91.9**

图 9-50　创建一维数据透视表

视表。

步骤 2　将字段“风电场”拖入行区域，再次将字段“风电场”拖入值区域，默认计数运算；将计算字段名称“计数项：风电场”修改为“故障停机频次”；将字段“故障部位”拖入列区域；手动调整表格列宽。

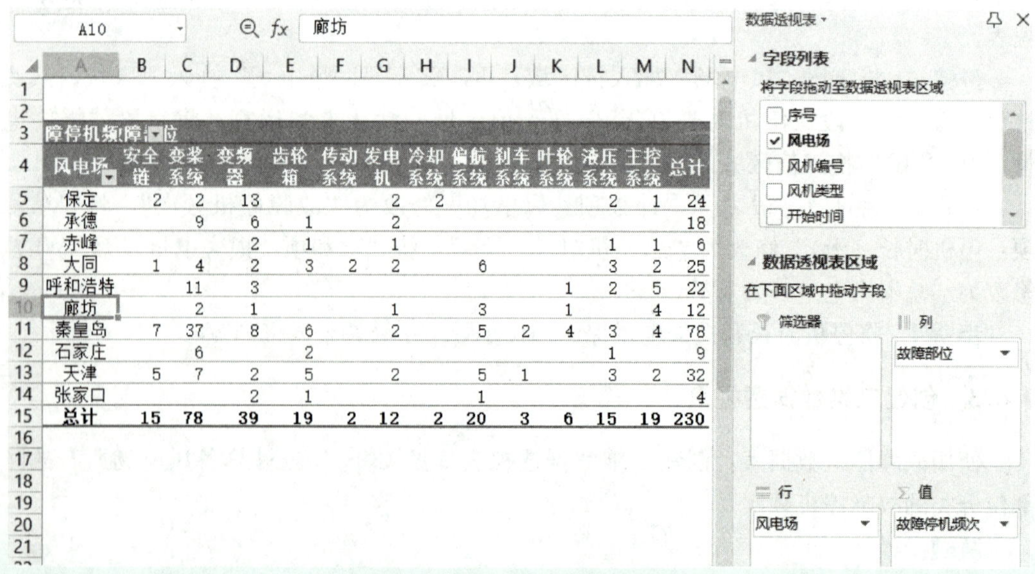

障停机频!障 位													
风电场	安全链	变桨系统	变频器	齿轮箱	传动系统	发电机	冷却系统	偏航系统	刹车系统	叶轮系统	液压系统	主控系统	总计
保定	2	2	13			2	2				2	1	24
承德		9	6	1		2							18
赤峰			2	1		1					1	1	6
大同	1	4	2	3	2	2		6			3	2	25
呼和浩特		11	3							1	2	5	22
廊坊		2	1			1		3		1		4	12
秦皇岛	7	37	8	6		2		5	2	4	3	4	78
石家庄		6		2							1		9
天津	5	7	2	5		2		5	1		3	2	32
张家口			2	1				1					4
总计	**15**	**78**	**39**	**19**	**2**	**12**	**2**	**20**	**3**	**6**	**15**	**19**	**230**

图 9-51　创建二维数据透视表

9.6.4 创建多级数据透视表

多级数据透视表是指在一维数据透视表基础上，在纵向行字段增加子分类。

使用故障停机数据表，创建多级数据透视表（见图 9-52）：计算各风电场风机类型的故障停机频次、总停机时长、总损失电量。

操作步骤：在上述一维数据透视表基础上，将字段“风机类型”拖入行区域，位于字段“风电场”下方，报表布局默认“以大纲形式显示”。

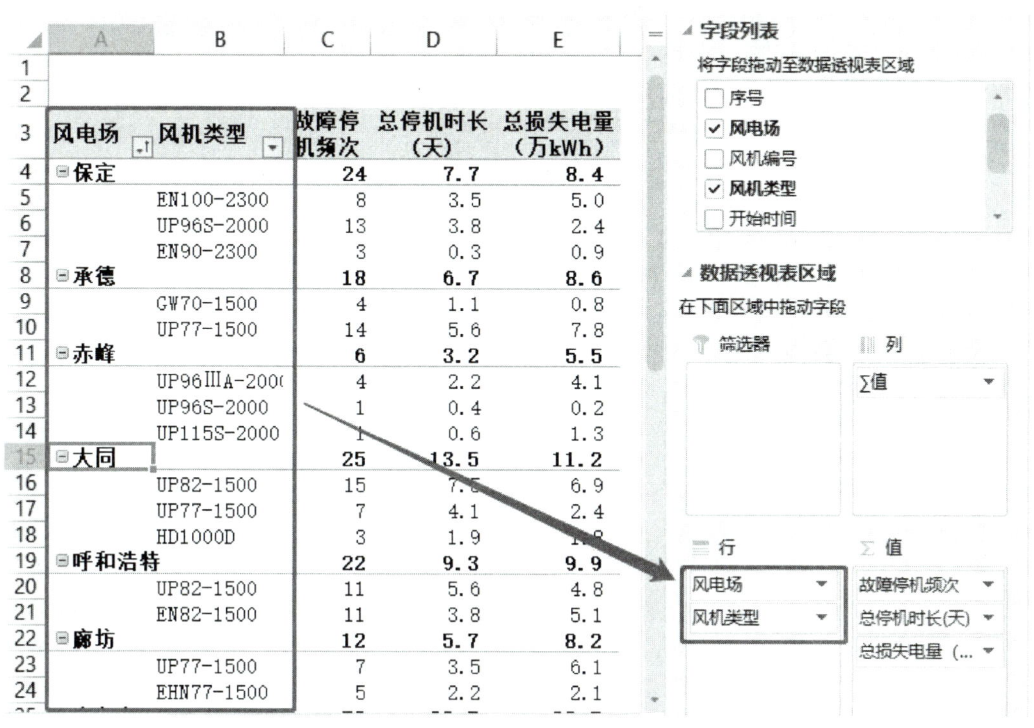

图 9-52 创建多级数据透视表

9.6.5 创建多维数据透视表

多维数据透视表是指在多级数据透视表基础上，在横向列字段增加细化分类。多维数据透视表形式为中国式复杂报表，表头为多层嵌套字段。

使用故障停机数据表，创建多维数据透视表（见图 9-53），计算各风电场风机类型的各故障部位的故障停机频次、总停机时长、总损失电量。

操作步骤：在上述多级数据透视表基础上，将字段“故障部位”拖入列区域，位于字段“∑值”上方，“∑值”表示故障停机频次、总停机时长、总损失电量全部计算字段。

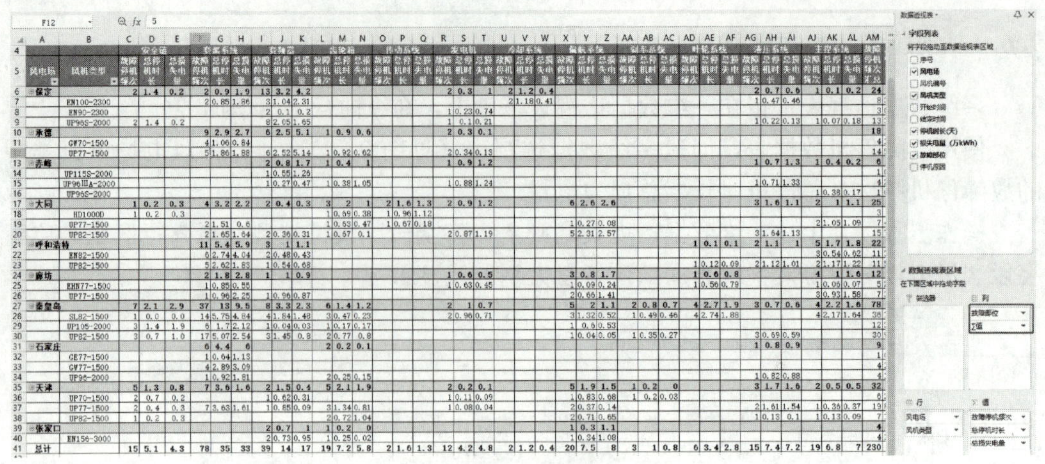

图 9-53　创建多维数据透视表

9.7　三个排序位置和八种排序方式

数据排序是数据分析中必不可少的功能，数据透视表的排序和普通表格排序方式相似，在普通表格中能实现的排序效果，在数据透视表中同样可以实现。

	A	B
3	风电场	故障停机频次
4	保定	24
5	承德	18
6	赤峰	6
7	大同	25
8	呼和浩特	22
9	廊坊	12
10	秦皇岛	78
11	石家庄	9
12	天津	32
13	张家口	4
14	**总计**	**230**

图 9-54　新创建的数据透视表默认排序方式

数据排序主要分为**对类别数据进行排序和对数值数据进行排序。**一般类别数据排序主要按照首字母（从 A 到 Z）升序排列或（从 Z 到 A）降序排列；如果类别数据为汉字，按照第一个汉字首拼字母进行排序，还可以选择按照首个汉字笔画多少进行排序；另外，类别数据还可以自定义顺序进行排序。数值数据排序依据数值大小进行排序。

新创建的数据透视表中**默认以类别字段首字母或第一个汉字首拼字母升序排列，**比如风电场故障停机频次，默认按照风电场名称第一个汉字首拼升序排列，如图 9-54 所示。

9.7.1　三个可以进行排序的位置

（1）利用字段下拉菜单排序命令进行排序（仅类别字段适用）。

示例：在风电场故障停机频次数据透视表上，按照风电场名称降序排列。

解题步骤：单击数据透视表中“风电场”字段的下拉按钮，在下拉菜单中单击“降序”命令，如图 9-55 所示。

（2）利用右键菜单排序命令进行排序。

示例：在风电场故障停机频次数据透视表上，按照故障停机频次降序排列。

解题步骤：选择数据透视表需要排序的字段列任一单元格，本例选择故障停机频次列任一单元格，右键菜单选择“排序”，子菜单单击“降序”命令，如图 9-56 所示。

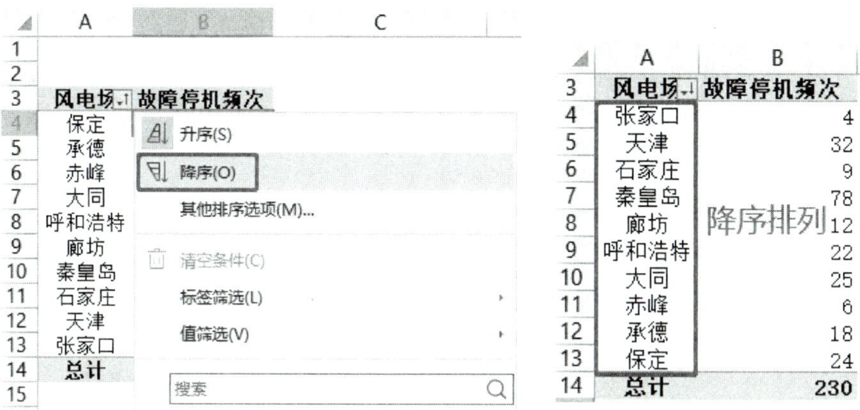

图 9-55 利用字段下拉列表进行排序

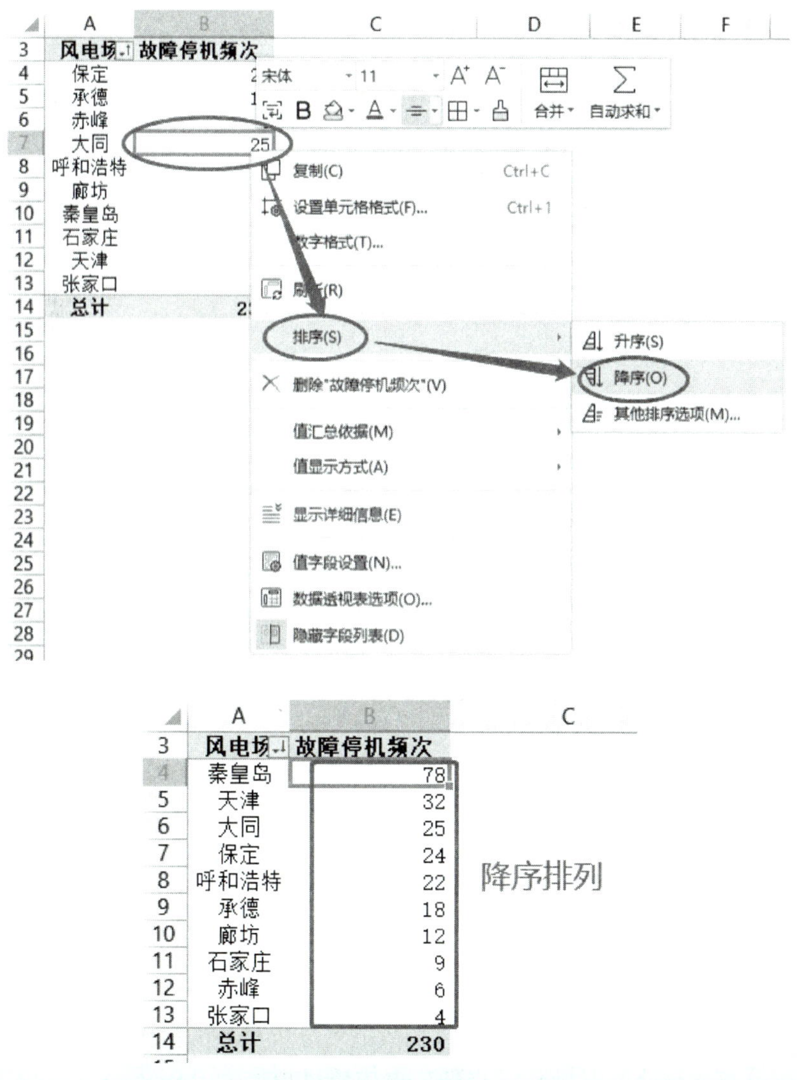

图 9-56 利用右键菜单进行排序

(3) 利用“数据”选项卡下“排序”命令进行排序。

示例： 在风电场故障停机频次数据透视表上，请按照故障停机频次降序排列。

操作步骤： 选择数据透视表需要排序的字段列任一单元格，本例选择故障停机频次列任一单元格，选择“数据”选项卡“排序”命令，在下拉菜单中单击“降序”命令，如图 9-57 所示。

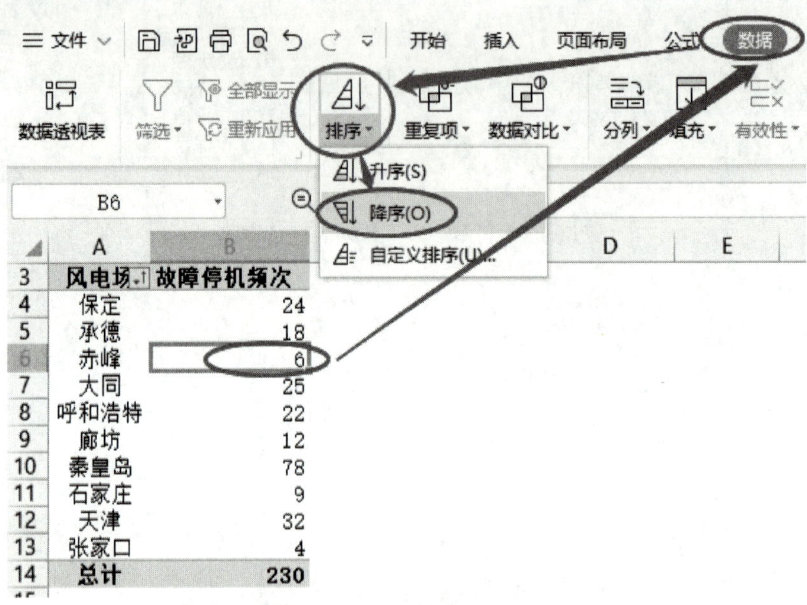

	A	B
3	风电场	故障停机频次
4	保定	24
5	承德	18
6	赤峰	6
7	大同	25
8	呼和浩特	22
9	廊坊	12
10	秦皇岛	78
11	石家庄	9
12	天津	32
13	张家口	4
14	总计	230

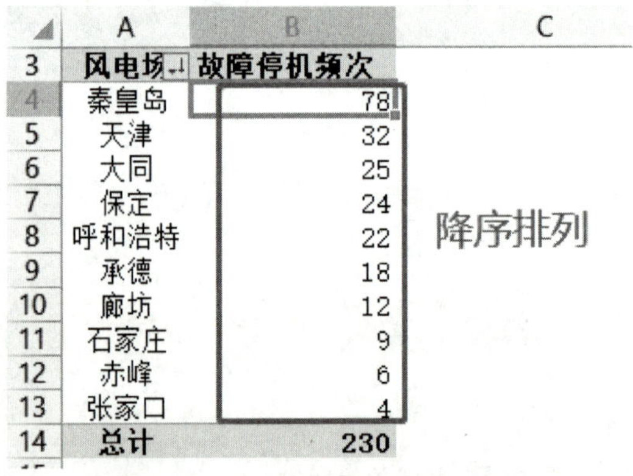

	A	B
3	风电场	故障停机频次
4	秦皇岛	78
5	天津	32
6	大同	25
7	保定	24
8	呼和浩特	22
9	承德	18
10	廊坊	12
11	石家庄	9
12	赤峰	6
13	张家口	4
14	总计	230

图 9-57 利用“数据”选项卡下“排序”命令进行排序

9.7.2 八种排序方式

(1) 常规排序。

常规排序指的是上述正常升序降序排列。

(2) 组内排序。

示例： 创建一个多级数据透视表，比如风电场风机类型的故障停机频次透视表（见图 9-58），默认首先按照风电场升序排列，再按照风机类型升序排列。请按照故障停机频次降序排列。

	A	B	C
3	风电场	风机类型	故障停机频次
4	⊟保定		24
5		EN100-2300	8
6		EN90-2300	3
7		UP96S-2000	13
8	⊟承德		18
9		GW70-1500	4
10		UP77-1500	14
11	⊟赤峰		6
12		UP115S-2000	1
13		UP96ⅢA-2000	4
14		UP96S-2000	1
15	⊟大同		25
16		HD1000D	3
17		UP77-1500	7
18		UP82-1500	15
19	⊟呼和浩特		22
20		EN82-1500	11
21		UP82-1500	11
22	⊟廊坊		12
23		EHN77-1500	5
24		UP77-1500	7
25	⊟秦皇岛		78
26		SL82-1500	36
27		UP105-2000	12
28		UP82-1500	30
29	⊟石家庄		9
30		GE77-1500	1
31		GW77-1500	4
32		UP96-2000	4
33	⊟天津		32
34		UP70-1500	6
35		UP77-1500	19
36		UP82-1500	7
37	⊟张家口		4
38		EN156-3000	4
39	总计		230

图 9-58　多级数据透视表默认排序

解题步骤：

步骤 1　首先按照风电场故障频次降序排列，选择任一风电场故障停机频次汇总数据，右键鼠标弹出快捷菜单，选择“排序”，单击子菜单“降序”命令，如图 9-59 所示。

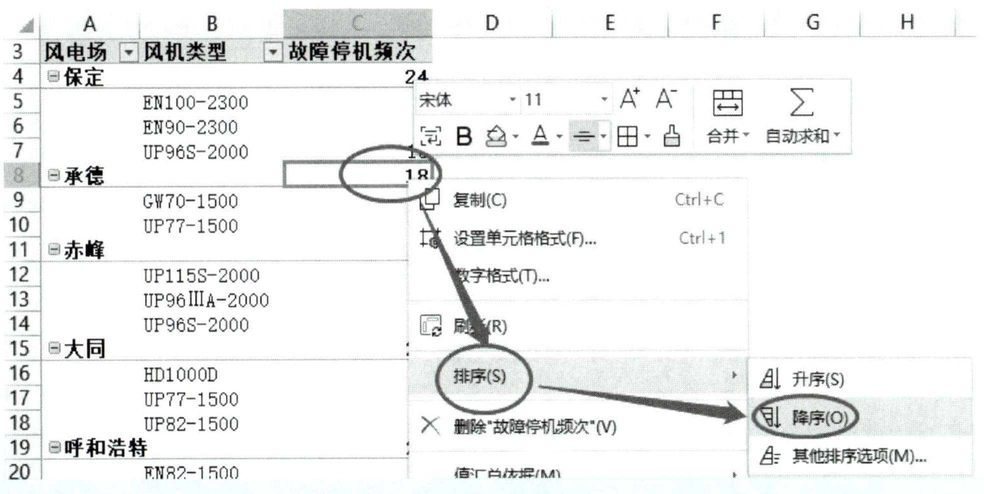

图 9-59　按照一级分类风电场故障停机频次降序排列

步骤 2 再按照风机类型故障频次降序排列，选择任一风电场下任一风机类型故障停机频次数据，右键鼠标弹出快捷菜单，选择“排序”，单击子菜单“降序”命令，如图 9-60 所示。

图 9-61 为多级数据透视表组内排序结果。

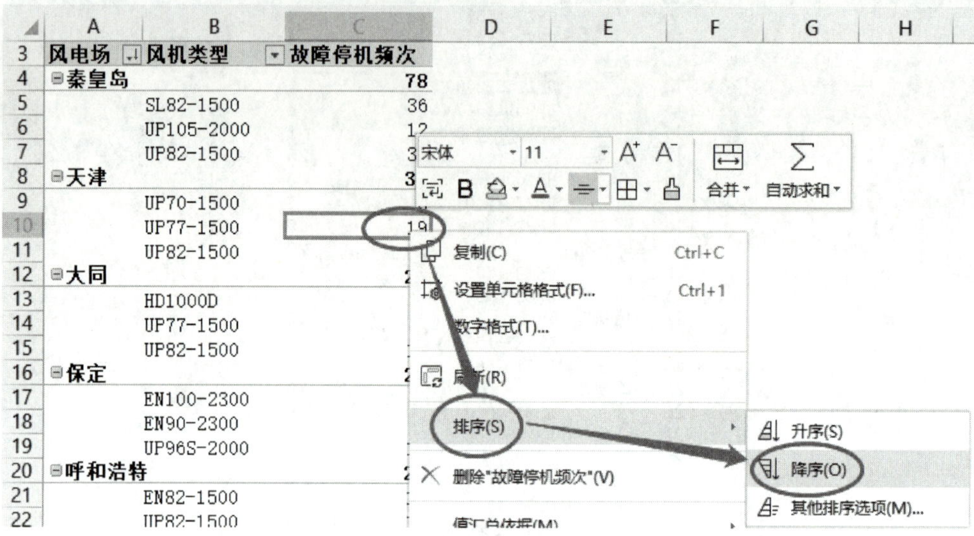

图 9-60　按照二级分类风机类型故障停机频次降序排列

	A	B	C
3	风电场	风机类型	故障停机频次
4	⊟秦皇岛		**78**
5		SL82-1500	36
6		UP82-1500	30
7		UP105-2000	12
8	⊟天津		**32**
9		UP77-1500	19
10		UP82-1500	7
11		UP70-1500	6
12	⊟大同		**25**
13		UP82-1500	15
14		UP77-1500	7
15		HD1000D	3
16	⊟保定		**24**
17		UP96S-2000	13
18		EN100-2300	8
19		EN90-2300	3
20	⊟呼和浩特		**22**
21		UP82-1500	11
22		EN82-1500	11
23	⊟承德		**18**
24		UP77-1500	14
25		GW70-1500	4
26	⊟廊坊		**12**
27		UP77-1500	7
28		EHN77-1500	5
29	⊟石家庄		**9**
30		UP96-2000	4
31		GW77-1500	4
32		GE77-1500	1
33	⊟赤峰		**6**
34		UP96ⅢA-2000	4
35		UP96S-2000	1
36		UP115S-2000	1
37	⊟张家口		**4**
38		EN156-3000	4
39	总计		**230**

图 9-61　多级数据透视表组内排序结果

（3）多关键字排序。

示例：创建一个风电场故障停机频次和总停机时长数据透视表（见图 9-62），先对故障停机频次进行降序排列，再对总停机时长进行降序排列，即如果故障停机频次相同，则按照总停机时长进行排序。为方便观看效果，对数据源进行微调，目前保定、大同、呼和浩特三个场站故障停机频次均为 25 次，三个场总停机时长均不同。

	A	B	C
3	风电场	故障停机频次	总停机时长(天)
4	保定	25	8.5
5	承德	18	6.7
6	赤峰	6	3.2
7	大同	25	13.5
8	呼和浩特	25	11.1
9	廊坊	12	5.7
10	秦皇岛	75	27.0
11	石家庄	9	5.5
12	天津	31	12.2
13	张家口	4	1.3
14	总计	230	94.7

图 9-62 风电场故障停机频次和停机时长透视表

常规表格中多关键字排序：在常规表格中，只要选择表格进行自定义排序（见图 9-63），设置主要关键字和次要关键字就可实现，但是在数据透视表不能这样实现。因为在数据透视表中每次排序都会刷新排序方式，要实现多关键字排序必须取消数据透视表的“每次更新报表时自动排序”功能。

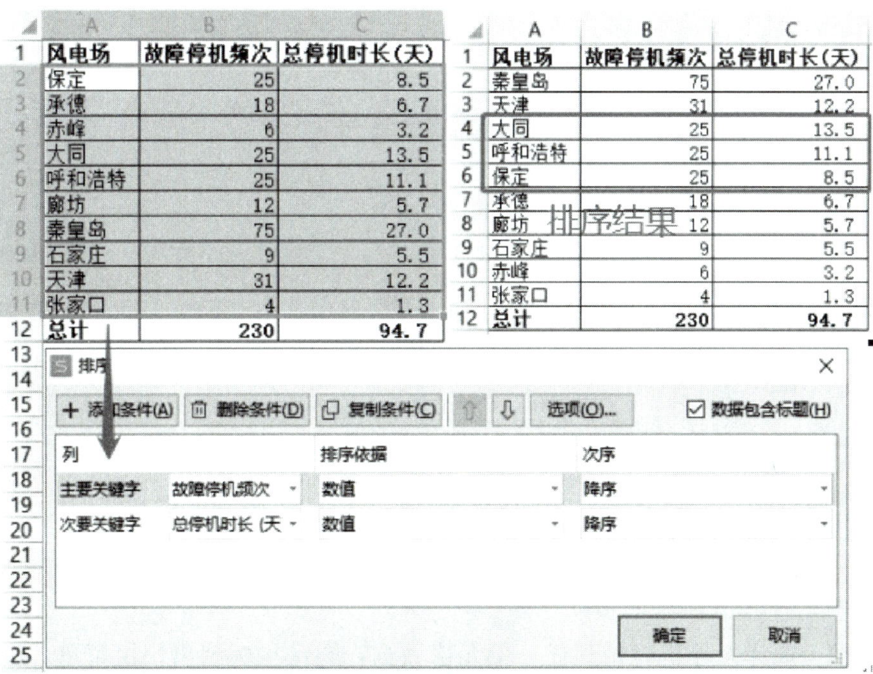

	A	B	C
1	风电场	故障停机频次	总停机时长(天)
2	保定	25	8.5
3	承德	18	6.7
4	赤峰	6	3.2
5	大同	25	13.5
6	呼和浩特	25	11.1
7	廊坊	12	5.7
8	秦皇岛	75	27.0
9	石家庄	9	5.5
10	天津	31	12.2
11	张家口	4	1.3
12	总计	230	94.7

	A	B	C
1	风电场	故障停机频次	总停机时长(天)
2	秦皇岛	75	27.0
3	天津	31	12.2
4	大同	25	13.5
5	呼和浩特	25	11.1
6	保定	25	8.5
7	承德	18	6.7
8	廊坊	12	5.7
9	石家庄	9	5.5
10	赤峰	6	3.2
11	张家口	4	1.3
12	总计	230	94.7

图 9-63 常规表格多关键字自定义排序

解题步骤：

步骤 1 选择“风电场”字段列任一单元格，右键鼠标弹出快捷菜单，选择“排序”，单击子菜单“其他排序选项”命令，打开排序设置窗口，单击“其他选项”，打开其他排序选项设置窗口，取消勾选“每次更新报表时自动排序”，如图 9-64 所示。

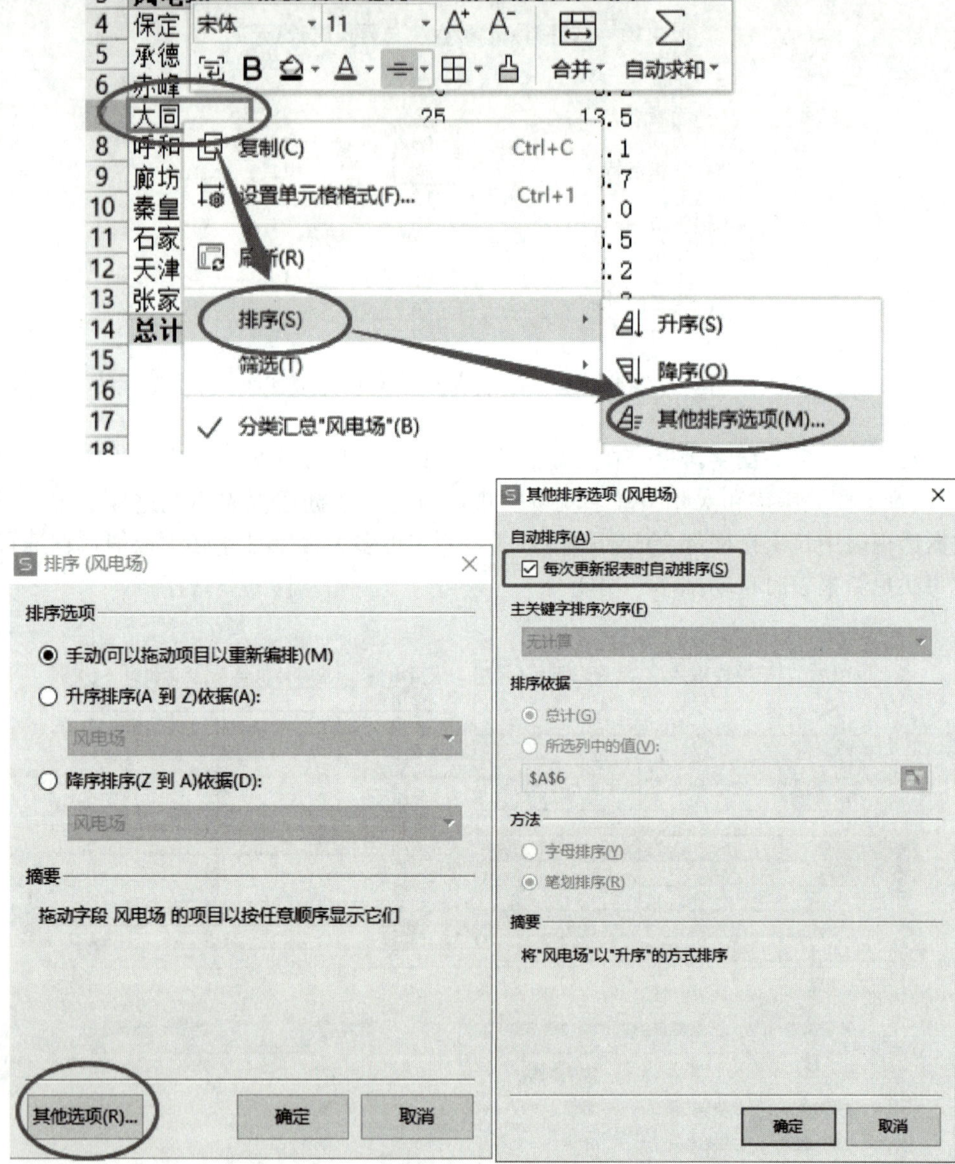

图 9-64 取消“每次更新报表时自动排序”设置

步骤 2 选择总停机时长列任一单元格数据，右键鼠标弹出快捷菜单，选择“排序”，单击子菜单“降序”命令。

步骤 3 选择故障停机频次列任一单元格数据，右键鼠标弹出快捷菜单，选择“排序”，单击子菜单“降序”命令。如发现相同故障停机频次的总停机时长按照升序排列，则再次对故障频次列进行降序排列。图 9-65 为数据透视表多关键字排序结果。

	A	B	C
3	风电场	故障停机频次	总停机时长(天)
4	秦皇岛	75	27.0
5	天津	31	12.2
6	大同	25	13.5
7	呼和浩特	25	11.1
8	保定	25	8.5
9	承德	18	6.7
10	廊坊	12	5.7
11	石家庄	9	5.5
12	赤峰	6	3.2
13	张家口	4	1.3
14	总计	230	94.7

图 9-65　数据透视表多关键字排序结果

注意：

①数据透视表多关键字排序，先排次要关键字，再排主要关键字。

②由于取消了透视表“更新报表时自动排序”功能，如果数据源有新增或修改，透视表刷新后需要重新进行上述排序操作。

(4) 手动拖动排序。

示例：比如风电场故障停机频次数据透视表，默认是按照风电场名称第一个汉字首拼字母升序排列，则如何将承德排在保定前面？由于仅一个简单的微调，可以通过手动拖动进行排序。

第一种方式

解题步骤：选择数据透视表“风电场”字段列“承德”所在单元格，鼠标指针移动至单元格下边框线，鼠标指针变为十字方向，按住鼠标左键，向上拖动至“保定”前面即可，如图 9-66 所示。

	A	B
2		
3	风电场	故障停机频次
4	保定	25
5	承德	18
6	赤峰	6
7	大同	25
8	呼和浩特	22
9	廊坊	12
10	秦皇岛	78
11	石家庄	9
12	天津	31
13	张家口	4
14	总计	230

图 9-66　选择类别数据单元格手动拖动排序

第二种方式

解题步骤： 鼠标移动至“承德”所在单元格左侧边线，鼠标指针变为向右箭头，单击即可选择整行数据；鼠标指针移动区域下边框线，鼠标指针变为十字方向，按住鼠标左键，向上拖动至“保定”前面即可，如图 9-67 所示。

	A	B
2		
3	风电场	故障停机频次
4	保定	25
5	承德	18
6	赤峰	6
7	大同	25
8	呼和浩特	22
9	廊坊	12
10	秦皇岛	78
11	石家庄	9
12	天津	31
13	张家口	4
14	总计	230

图 9-67　选择整行数据手动拖动排序

（5）手动输入排序。

示例： 同样是上述问题，如何将承德排在保定前面？也可以选择手动输入排序。

操作步骤： 选择“保定”所在单元格，直接输入“承德”二字回车即可。则第一个为承德，第二个自动变为保定，即互换位置，如图 9-68 所示。

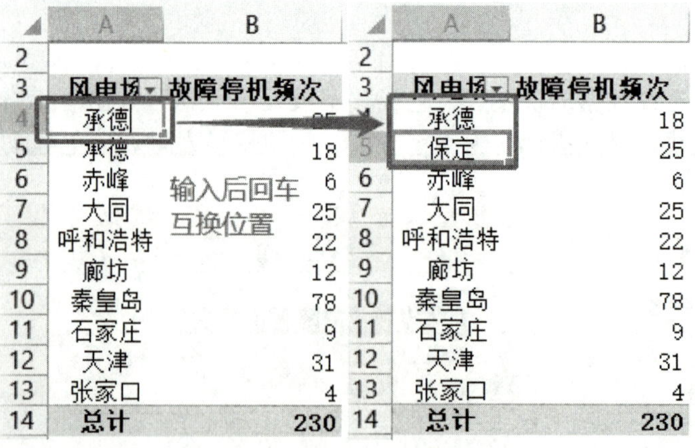

	A	B
2		
3	风电场	故障停机频次
4	承德	25
5	承德	18
6	赤峰	6
7	大同	25
8	呼和浩特	22
9	廊坊	12
10	秦皇岛	78
11	石家庄	9
12	天津	31
13	张家口	4
14	总计	230

	A	B
2		
3	风电场	故障停机频次
4	承德	18
5	保定	25
6	赤峰	6
7	大同	25
8	呼和浩特	22
9	廊坊	12
10	秦皇岛	78
11	石家庄	9
12	天津	31
13	张家口	4
14	总计	230

图 9-68　手动输入排序

（6）自定义序列排序。

示例： 比如风电场故障停机频次数据透视表，默认是按照风电场名称第一个汉字首拼字母升序排列，如果按照“石家庄、承德、呼和浩特、天津、保定、赤峰、秦皇岛、廊坊、大同、张家口”顺序排列，该如何设置？

解题步骤：

步骤 1　依次选择菜单项目“文件”→“工具”→“选项”，进入选项设置窗口，添加自定义序列（见图 9-69）：石家庄、承德、呼和浩特、天津、保定、赤峰、秦皇岛、廊坊、大同、张家口，点击添加按钮。

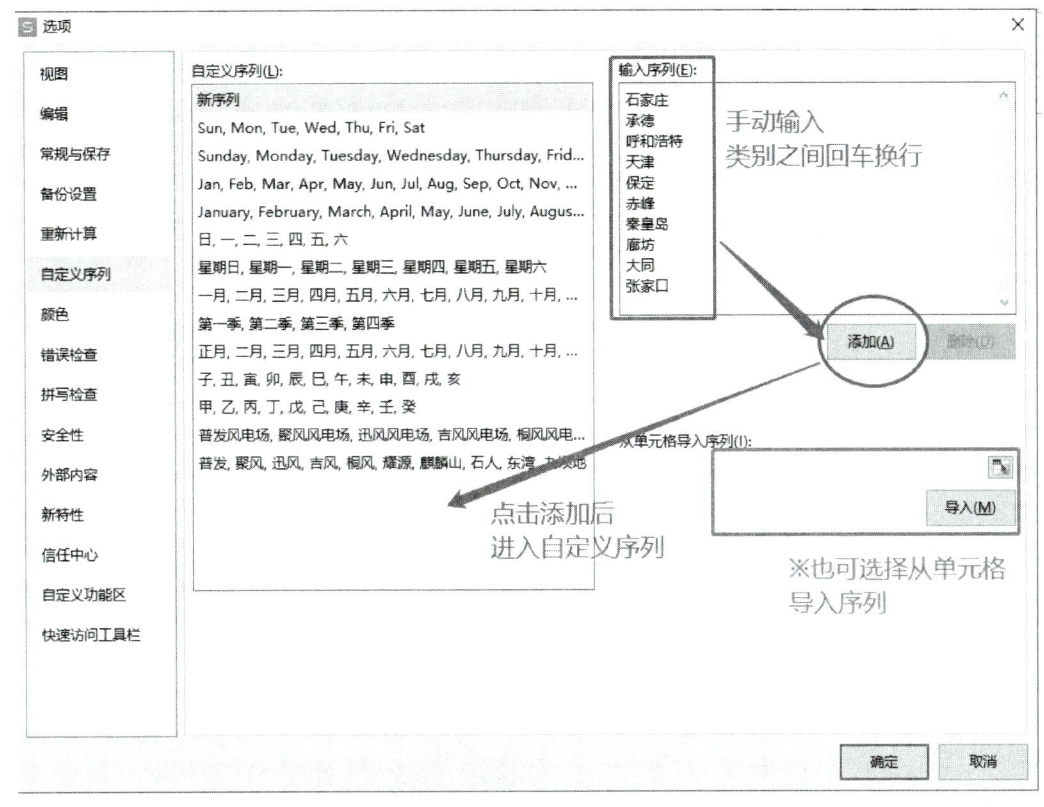

图 9-69　导入自定义序列

步骤 2　单击数据透视表中“风电场”字段的下拉按钮，在下拉菜单中单击“升序”命令，即可按照自定义序列排序，如图 9-70 所示。

	A	B
3	**风电场**	**故障停机频次**
4	石家庄	9
5	承德	18
6	呼和浩特	22
7	天津	31
8	保定	25
9	赤峰	6
10	秦皇岛	78
11	廊坊	12
12	大同	25
13	张家口	4
14	**总计**	**230**

图 9-70　按照风电场自定义序列排序结果

注意：如果不想按自定义序列排序并且又想保留自定义序列，选择数据透视表任一单元格，右键弹出快捷菜单，选择“数据透视表选项”命令，弹出数据透视表选项窗口，在“汇总和筛选”选项卡下，取消勾选“排序时使用自定义列表”即可，如图 9-71 所示。

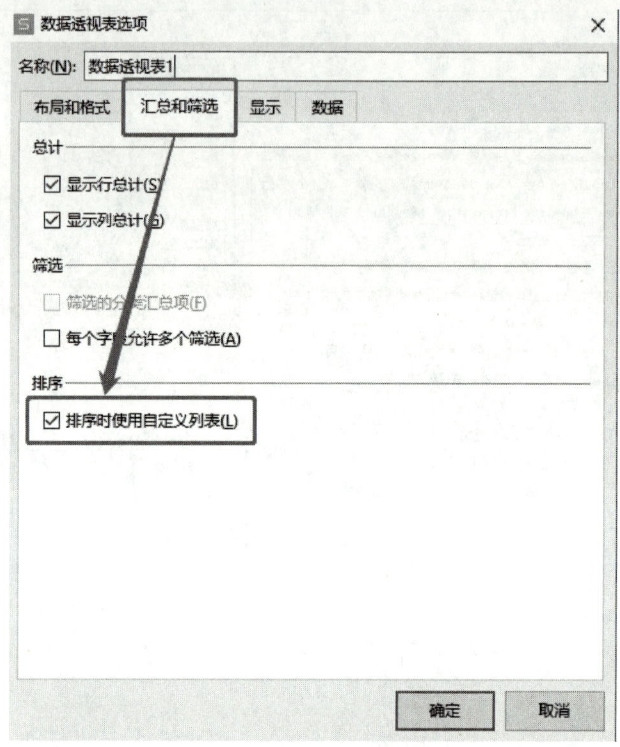

图 9-71　取消勾选“排序时使用自定义列表”

(7) 按汉字笔划排序。

按照中国人的使用习惯，时常需要按照笔划进行排列，一般是对姓名进行笔划排序。这种排序规则是：首先按类别数据首个汉字笔划多少排列，相同笔划则按起笔顺序排列，笔划数和笔形相同的字，则继续按字形结构排序，先左右再上下最后整体字。如果首个汉字相同，则依次再看类别数据中其他字。

示例：对风电场故障停机频次透视表，按照风电场笔划进行升序排序。

解题步骤：选择风电场列任一单元格，右键鼠标弹出快捷菜单，选择“排序”，单击子菜单“其他排序选项”命令，打开排序设置窗口，单击“其他选项”，打开其他排序选项设置窗口，取消勾选“每次更新报表时自动排序”，“方法”选项中勾选“笔划排序”，单击确定即可，如图 9-72 所示。

(8) 横向排序。

示例：创建一个风电场各故障部位停机频次二维数据透视表（见图 9-73），默认风电场按照首个汉字首拼字母升序排列（从上到下），故障部位按照首个汉字首拼字母升序排列（从左到右）。

第一种情况：对故障部位名称进行降序排列。

解题步骤：选择任一故障部位单元格，右键鼠标弹出快捷菜单，选择“排序”，单击子菜单“降序”命令即可，也可以添加自定义序列实现自定义排序，如图 9-74 所示。

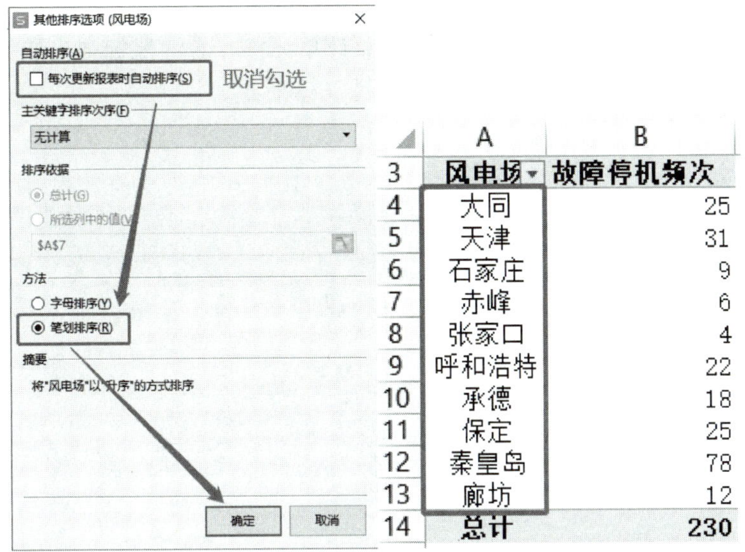

图 9-72 按照笔划升序排列

	A	B	C	D	E	F	G	H	I	J	K	L	M	N
3	障停机频 障 位													
4	风电场	安全链	变桨系统	变频器	齿轮箱	传动系统	发电机	冷却系统	偏航系统	刹车系统	叶轮系统	液压系统	主控系统	总计
5	保定	2	3	13			2	2				2	1	25
6	承德		9	6	1		2							18
7	赤峰			2	1		1					1	1	6
8	大同	1	4	2	3	2	2		6			3	2	25
9	呼和浩特		11	3							1	2	5	22
10	廊坊		2	1			1		3		1		4	12
11	秦皇岛	7	37	8	6		2		5	2	4	3	4	78
12	石家庄		6		2							1		9
13	天津	5	6	2	5		2		5	1		3	2	31
14	张家口			2	1				1					4
15	**总计**	**15**	**78**	**39**	**19**	**2**	**12**	**2**	**20**	**3**	**6**	**15**	**19**	**230**

图 9-73 风电场各故障部位停机频次二维数据透视表

	A	B	C	D	E	F	G	H	I	J	K	L	M	N
3	障停机频 障 位													
4	风电场	主控系统	液压系统	叶轮系统	刹车系统	偏航系统	冷却系统	发电机	传动系统	齿轮箱	变频器	变桨系统	安全链	总计
5	保定	1	2				2	2			13	3	2	25
6	承德							2		1	6	9		18
7	赤峰	1	1					1		1	2			6
8	大同	2	3			6		2	2	3	2	4	1	25
9	呼和浩特	5	2	1							3	11		22
10	廊坊	4		1		3		1			1	2		12
11	秦皇岛	4	3	4	2	5		2		6	8	37	7	78
12	石家庄		1							2		6		9
13	天津	2	3		1	5		2		5	2	6	5	31
14	张家口					1				1	2			4
15	**总计**	**19**	**15**	**6**	**3**	**20**	**2**	**12**	**2**	**19**	**39**	**78**	**15**	**230**

图 9-74 故障部位名称降序排列

第二种情况：对各故障部位停机频次总计进行降序排列。

解题步骤：选择任一故障部位停机频次总计单元格，右键鼠标弹出快捷菜单，选择“排序”，单击子菜单“降序”命令即可，如图 9-75 所示。

	A	B	C	D	E	F	G	H	I	J	K	L	M	N
3	障停机频障位													
4	风电场	变桨系统	变频器	偏航系统	齿轮箱	主控系统	安全链	液压系统	发电机	叶轮系统	刹车系统	传动系统	冷却系统	总计
5	保定	3	13			1	2	2	2				2	25
6	承德	9	6		1				2					18
7	赤峰		2		1	1		1	1					6
8	大同	4	2	6	3	2	1	3	2			2		25
9	呼和浩特	11	3			5		2		1				22
10	廊坊	2	1	3		4			1	1				12
11	秦皇岛	37	8	5	6	4	7	3	2	4	2			78
12	石家庄	6			2			1						9
13	天津	6	2	5	5	2	5	3	2		1			31
14	张家口		2	1	1									4
15	总计	78	39	20	19	19	15	15	12	6	3	2	2	230
16														

图 9-75　各故障部位停机频次总计降序排列

第三种情况：对某一场站的各故障部位停机频次进行降序排列。

解题步骤：比如“承德”风电场，选择承德风电场任一故障部位停机频次单元格，右键鼠标弹出快捷菜单，选择“排序”，单击子菜单“其他排序选项”命令，弹出按值排序设置窗口，排序选项勾选“降序”，排序方向勾选“从左到右”，单击确定即可，如图 9-76 所示。

图 9-77 为对承德风电场的各故障部位停机频次横向降序排序结果。

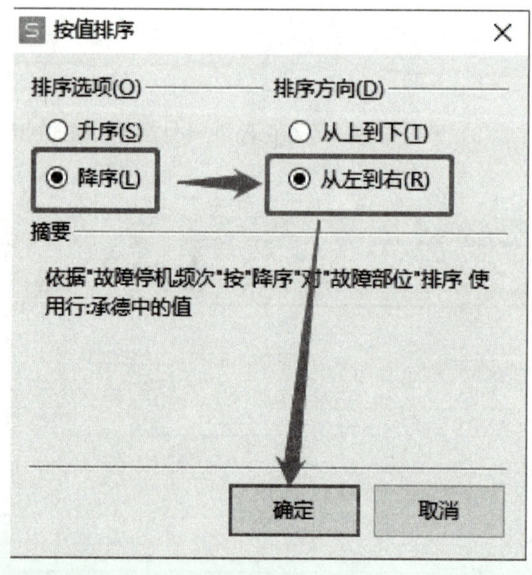

图 9-76　横向排序设置窗口

风电场	变桨系统	变频器	发电机	齿轮箱	安全链	传动系统	冷却系统	偏航系统	刹车系统	叶轮系统	液压系统	主控系统	总计
保定	3	13	2		2		2				2	1	25
承德	9	6	2	1									18
赤峰		2	1	1							1	1	6
大同	4	2	2	3	1	2		6			3	2	25
呼和浩特	11	3								1	2	5	22
廊坊	2	1	1					3		1		4	12
秦皇岛	37	8	2	6	7			5	2	4	3	4	78
石家庄	6			2							1		9
天津	6	2	2	5	5			5	1		3	2	31
张家口		2		1				1					4
总计	**78**	**39**	**12**	**19**	**15**	**2**	**2**	**20**	**3**	**6**	**15**	**19**	**230**

图 9-77 对承德风电场的各故障部位停机频次横向降序排列结果

9.8 两个筛选位置和六种筛选方式

WPS 表格软件中内置了丰富的筛选条件，我们可以在数据透视表中方便、高效地使用这些筛选功能。主要分为字段下拉列表筛选、模糊筛选、标签筛选、值筛选、自动筛选、日期筛选六种方式。可以在字段下拉菜单或右键菜单筛选命令进行筛选。

9.8.1 两个筛选位置

（1）利用字段下拉菜单筛选命令进行筛选。

示例：在风电场故障停机频次数据透视表上筛选石家庄、承德、呼和浩特三个场站，如图 9-78 所示。

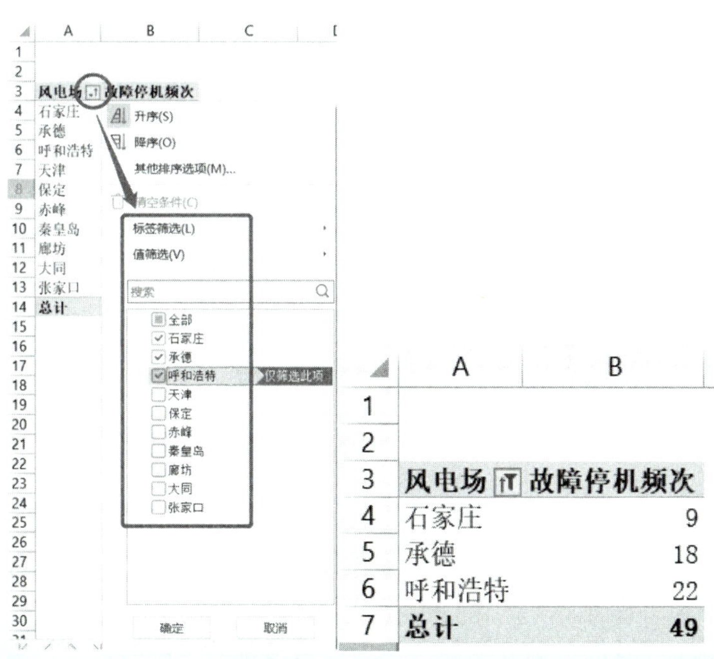

图 9-78 利用字段下拉菜单筛选命令进行筛选

解题步骤： 单击数据透视表上“风电场”字段下拉按钮，弹出下拉菜单，可以实现下拉列表筛选、模糊筛选、标签筛选、值筛选、日期筛选。本例在下拉列表中勾选石家庄、承德、呼和浩特三个场站，单击确定即可。

（2）利用右键菜单筛选命令进行筛选。

示例： 在风电场故障停机频次数据透视表上筛选石家庄、承德、呼和浩特三个场站。

操作步骤： 选择数据透视表上“风电场”列石家庄、承德、呼和浩特三个场站所在单元格区域，右键菜单选择“筛选”，子菜单单击“仅保留所选项目”即可，如图 9-79 所示。

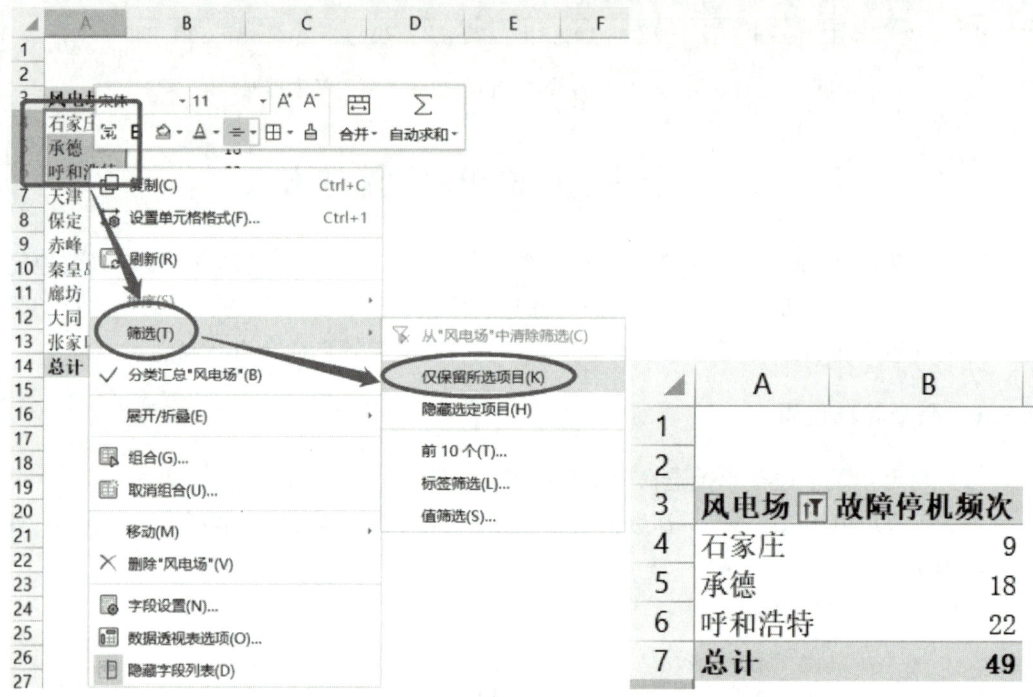

图 9-79 利用右键菜单筛选命令进行筛选

9.8.2 六种筛选方式

（1）字段下拉列表筛选，如图 9-80 所示。

数据透视表行字段和列字段均带有下拉列表，单击下拉按钮，弹出的下拉菜单最下方即为下拉列表复选框，主要有两种操作方式进行筛选：

1）快速单项筛选和清除筛选。

在下拉列表中鼠标移动至某一类别，单击右侧“仅筛选此项”完成单选；鼠标移动至“全部”，单击右侧“清除筛选”取消筛选。

2）多项筛选。

通过依次勾选复选框，选择需要显示的项目，也可以通过勾选“全部”进行全选或取消全选，操作简单快捷。

示例： 在风电场风机类型故障停机频次数据透视表中，筛选风机类型为“UP77-1500”机组故障停机频次信息。

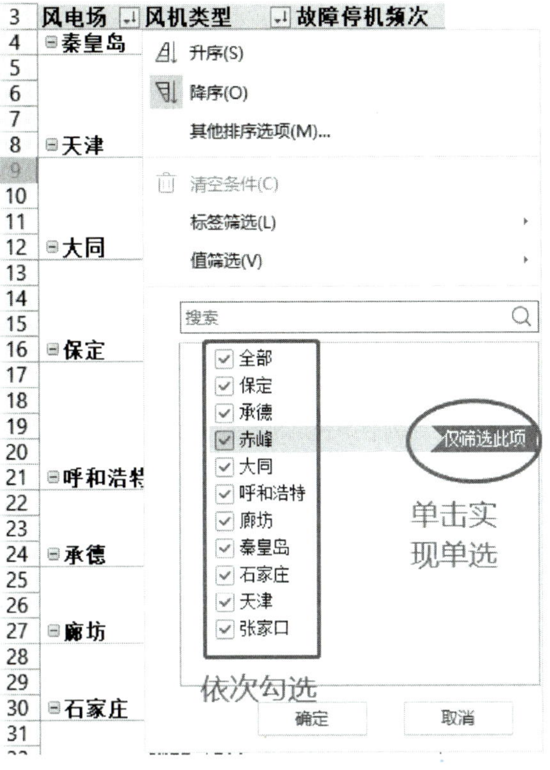

图 9-80 利用字段下拉列表进行筛选

解题步骤：单击“风机类型”字段的下拉按钮，弹出下拉菜单，鼠标移至下拉列表“UP77-1500”项目，单击右侧“仅筛选此项”即可，如图 9-81 所示。

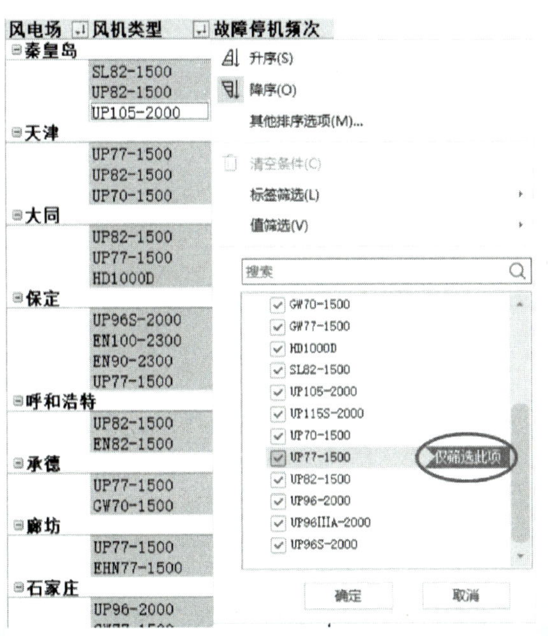

图 9-81 在字段下拉列表筛选风机类型为 UP77-1500 信息结果（一）

	A	B	C
3	风电场	风机类型	故障停机频次
4	⊟天津		18
5		UP77-1500	18
6	⊟承德		14
7		UP77-1500	14
8	⊟廊坊		7
9		UP77-1500	7
10	⊟大同		7
11		UP77-1500	7
12	⊟保定		1
13		UP77-1500	1
14	总计		47

图 9-81　在字段下拉列表筛选风机类型为 UP77-1500 信息结果（二）

（2）搜索框模糊筛选。

1）一个关键字筛选。

示例：在风电场风机类型故障停机频次数据透视表中，筛选风机类型为联合动力机组故障停机频次信息，即包含“UP”两个字母。

解题步骤：单击“风机类型”字段的下拉按钮，弹出下拉菜单，在搜索文本框输入“UP”，单击确定即可，如图 9-82 所示。

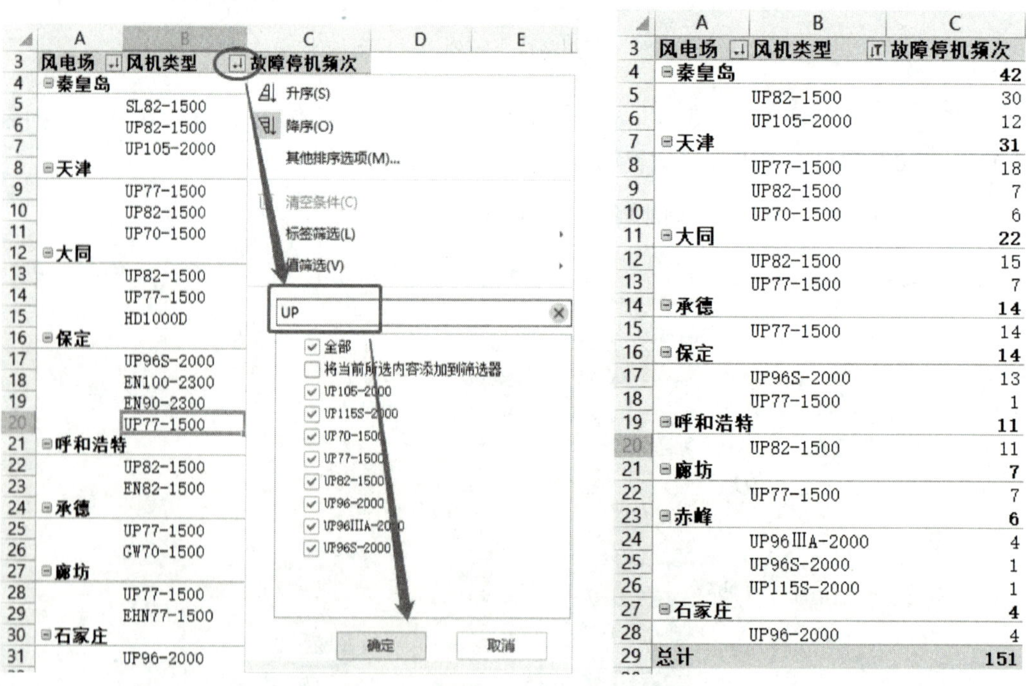

	A	B
3	风电场	风机类型
4	⊟秦皇岛	
5		SL82-1500
6		UP82-1500
7		UP105-2000
8	⊟天津	
9		UP77-1500
10		UP82-1500
11		UP70-1500
12	⊟大同	
13		UP82-1500
14		UP77-1500
15		HD1000D
16	⊟保定	
17		UP96S-2000
18		EN100-2300
19		EN90-2300
20		UP77-1500
21	⊟呼和浩特	
22		UP82-1500
23		EN82-1500
24	⊟承德	
25		UP77-1500
26		GW70-1500
27	⊟廊坊	
28		UP77-1500
29		EHN77-1500
30	⊟石家庄	
31		UP96-2000

	A	B	C
3	风电场	风机类型	故障停机频次
4	⊟秦皇岛		42
5		UP82-1500	30
6		UP105-2000	12
7	⊟天津		31
8		UP77-1500	18
9		UP82-1500	7
10		UP70-1500	6
11	⊟大同		22
12		UP82-1500	15
13		UP77-1500	7
14	⊟承德		14
15		UP77-1500	14
16	⊟保定		14
17		UP96S-2000	13
18		UP77-1500	1
19	⊟呼和浩特		11
20		UP82-1500	11
21	⊟廊坊		7
22		UP77-1500	7
23	⊟赤峰		6
24		UP96ⅢA-2000	4
25		UP96S-2000	1
26		UP115S-2000	1
27	⊟石家庄		4
28		UP96-2000	4
29	总计		151

图 9-82　通过搜索文本框筛选一个关键字

2）多个关键字筛选。

示例：在风电场风机类型故障停机频次数据透视表中，筛选风机类型为联合动力、远景机组故障停机频次信息，即包含“UP”或“EN”字母。

解题步骤：单击“风机类型”字段的下拉按钮，弹出下拉菜单，在搜索文本框输入“UP”，单击确定。再次单击“风机类型”字段的下拉按钮，弹出下拉菜单，在搜索文本框输入“EN”，勾选“将当前所选内容添加到筛选器”，单击确定即可，如图 9-83 所示。

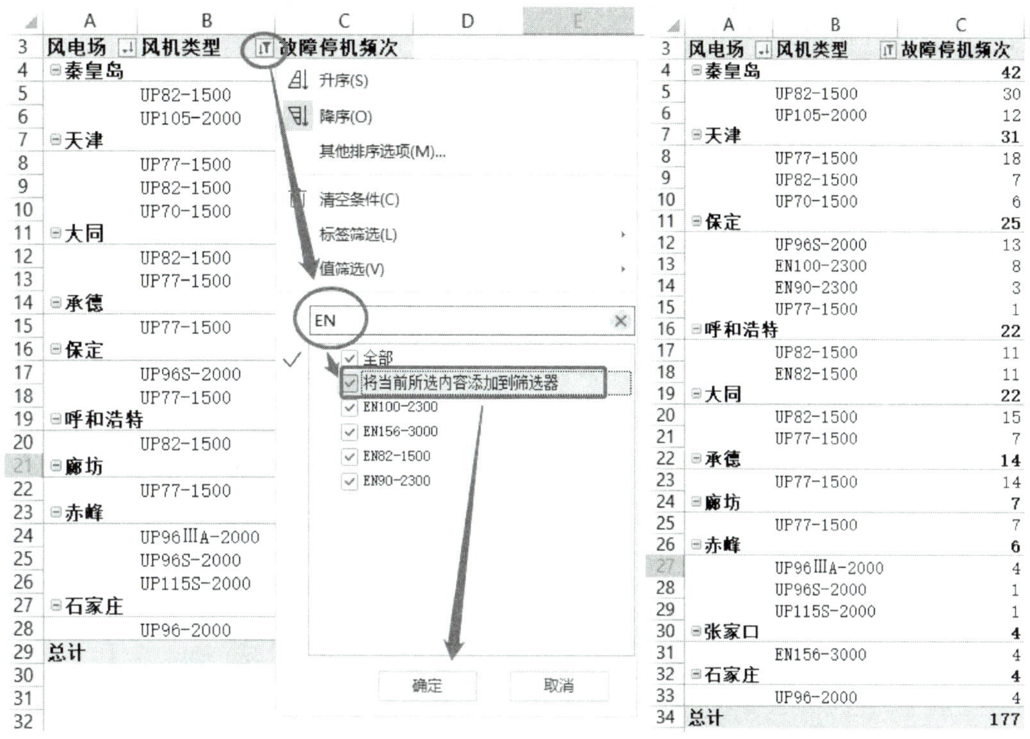

图 9-83 通过搜索文本框筛选多个关键字

(3) 标签筛选。

字段下拉菜单中标签筛选功能包含：等于、不等于；开头是、开头不是、结尾是、结尾不是；包含、不包含；大于、大于或等于、小于、小于或等于；介于、不介于共计 5 类 14 种筛选功能，如图 9-84 所示。

示例：在风电场风机类型故障停机频次数据透视表中，筛选风机类型为联合动力机组故障停机频次信息，即包含“UP”两个字母。

解题步骤：单击“风机类型”字段的下拉按钮，弹出下拉菜单，单击标签筛选，在子菜单选择“开头是”或“包含”，输入“UP”，单击确定即可，如图 9-85 所示。

(4) 值筛选。

字段下拉菜单中值筛选功能包含：等于、不等于；大于、大于或等于、小于、小于或等于；介于、不介于；前 10 项共计 4 类 9 种筛选功能（见图 9-86）。但是值筛选需要选择依据哪一个值字段，比如图 9-87 中有“故障停机频次”“总停机时长（天）”两个值字段。

示例：在风机类型的故障停机频次和总停机时长数据透视表中，筛选故障停机频次排名最大的前 5 项，故障停机频次最大的前 50%的项目，故障停机频次累计之和超过

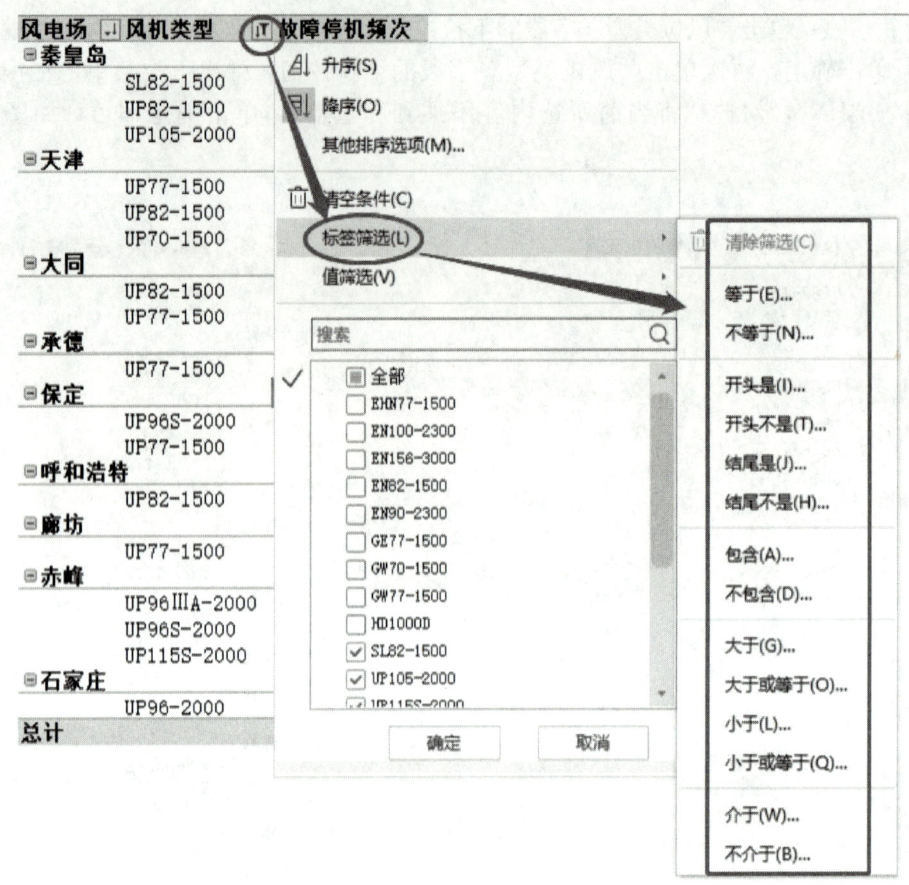

图 9-84　14 种标签筛选功能

100 次的最大前几个项目。

解题步骤：

步骤 1　单击“风机类型”字段的下拉按钮，弹出下拉菜单，单击值筛选，在子菜单选择“前 10 项”，弹出设置窗口。

步骤 2　显示选项卡下方有四个设置项：

最大/最小：表示筛选方向，从最大或最小方向筛选。

数字：表示前几。

项/百分比/和：表示度量，比如“前 10 项”表示排在最前面 10 项；“前 10%”表示其数值占总计的前 10%，最大方向可能 1 项就够 10%，最小方向可能超过 10 项也不够 10%；“累计之和前 10”表示数值累计大小超过 10，最大方向可能 1 项就大于 10，最小方向可能超过 10 项累计之和也小于 10。

依据：选择依据哪一个值字段进行筛选。

步骤 3　筛选故障停机频次最大的前 5 项：则选择“最大”、输入 5、选择“项”、依据选择“故障停机频次”，如图 9-87 所示。

步骤 4　筛选故障停机频次最大的前 50%的项目：则选择“最大”、输入 50、选择“百分比”、依据选择“故障停机频次”。

	A	B	C
3	风电场	风机类型	故障停机频次
4	⊟秦皇岛		**42**
5		UP82-1500	30
6		UP105-2000	12
7	⊟天津		**31**
8		UP77-1500	18
9		UP82-1500	7
10		UP70-1500	6
11	⊟大同		**22**
12		UP82-1500	15
13		UP77-1500	7
14	⊟承德		**14**
15		UP77-1500	14
16	⊟保定		**14**
17		UP96S-2000	13
18		UP77-1500	1
19	⊟呼和浩特		**11**
20		UP82-1500	11
21	⊟廊坊		**7**
22		UP77-1500	7
23	⊟赤峰		**6**
24		UP96ⅢA-2000	4
25		UP96S-2000	1
26		UP115S-2000	1
27	⊟石家庄		**4**
28		UP96-2000	4
29	总计		**151**

图 9-85 通过标签筛选联合动力 UP 机组信息

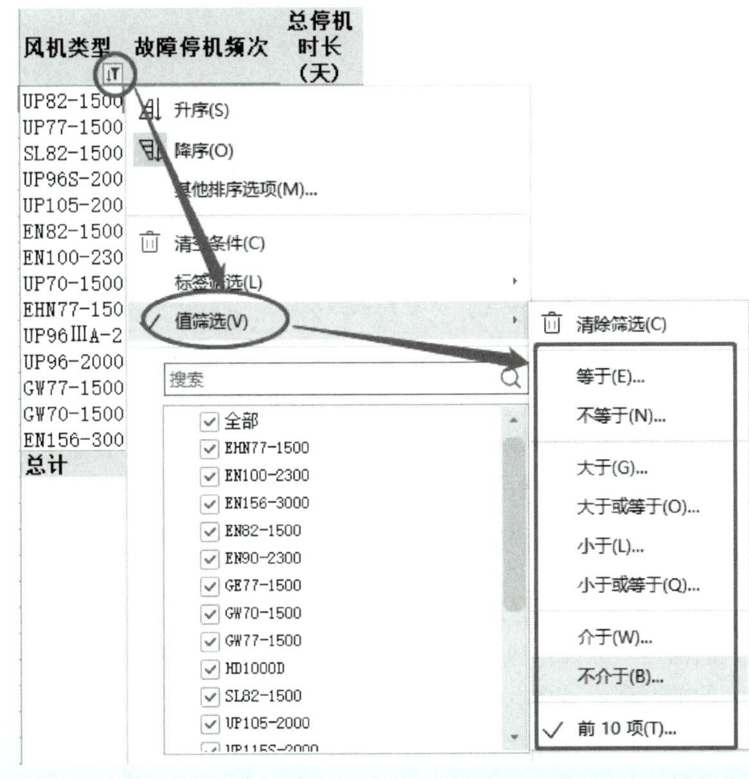

图 9-86 9 种值筛选功能

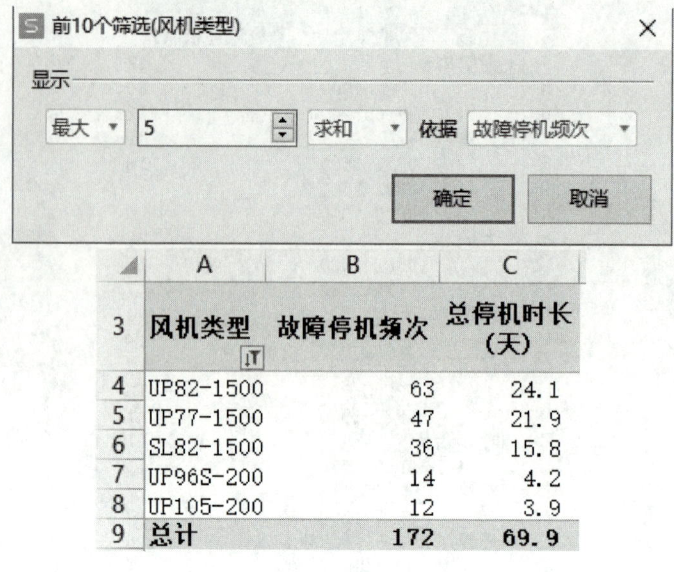

	A	B	C
3	风机类型	故障停机频次	总停机时长（天）
4	UP82-1500	63	24.1
5	UP77-1500	47	21.9
6	SL82-1500	36	15.8
7	UP96S-200	14	4.2
8	UP105-200	12	3.9
9	总计	172	69.9

图 9-87　筛选故障停机频次最大的前 5 项结果

注意：总故障停机频次为 230 次，前两项相加为 110 次，占比 47.8%，不足 50%；前三项相加为 146 次，占比 63.5%，超过 50%。因此筛选出故障频次最大的前三项，如图 9-88 所示。

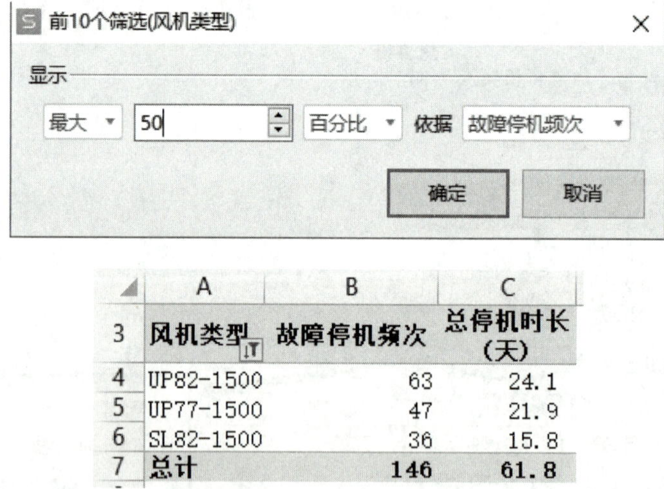

	A	B	C
3	风机类型	故障停机频次	总停机时长（天）
4	UP82-1500	63	24.1
5	UP77-1500	47	21.9
6	SL82-1500	36	15.8
7	总计	146	61.8

图 9-88　筛选故障停机频次最大的前 50%的项目结果

步骤 5　筛选故障停机频次累计之和超过 100 次的最大前几个项目：则选择“最大”、输入 100、选择“和”、依据选择“故障停机频次”。

注意：最大的前两项故障停机频次相加为 110 次，累计之和超过 100 次，因此筛选出故障频次最大的前两项，如图 9-89 所示。

（5）自动筛选。

对值进行筛选要从类别字段下拉菜单选择，还有一种方法，借助于软件自动筛选功

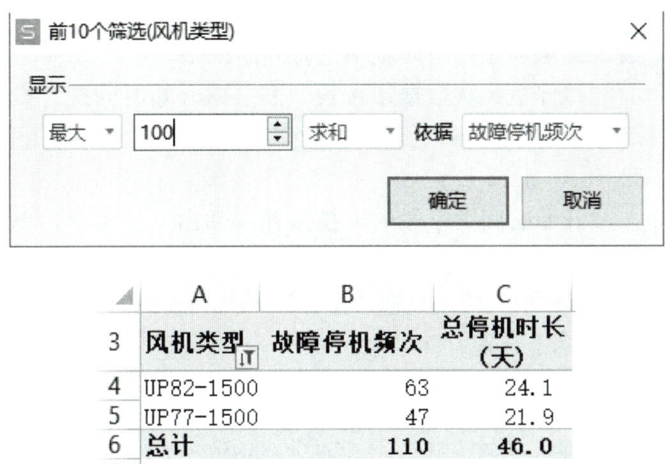

	A	B	C
3	风机类型	故障停机频次	总停机时长（天）
4	UP82-1500	63	24.1
5	UP77-1500	47	21.9
6	总计	110	46.0

图 9-89　筛选故障停机频次累计之和超过 100 次的最大前几个项目结果

能。正常情况下选择值字段名称单元格，比如故障停机频次所在单元格，“开始”选项卡下的“筛选”按钮灰色不可选。这里有一个小技巧，选择同一行最后一个值字段右侧单元格，这时就可以单击“筛选”按钮，在值字段名上出现下拉筛选按钮，如图 9-90 所示。

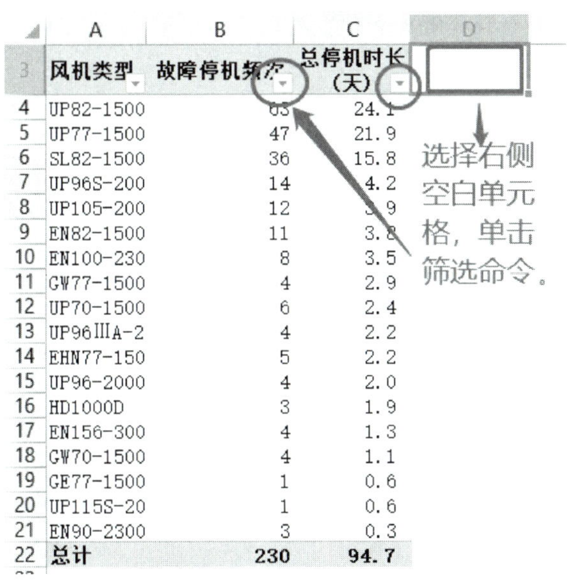

	A	B	C	D
3	风机类型	故障停机频次	总停机时长（天）	
4	UP82-1500	63	24.1	
5	UP77-1500	47	21.9	
6	SL82-1500	36	15.8	
7	UP96S-200	14	4.2	
8	UP105-200	12	3.9	
9	EN82-1500	11	3.8	
10	EN100-230	8	3.5	
11	GW77-1500	4	2.9	
12	UP70-1500	6	2.4	
13	UP96ⅢA-2	4	2.2	
14	EHN77-150	5	2.2	
15	UP96-2000	4	2.0	
16	HD1000D	3	1.9	
17	EN156-300	4	1.3	
18	GW70-1500	4	1.1	
19	GE77-1500	1	0.6	
20	UP115S-20	1	0.6	
21	EN90-2300	3	0.3	
22	总计	230	94.7	

图 9-90　数据透视表巧妙借用自动筛选功能

（6）日期筛选。

当行字段为日期型数据时，标签筛选位置变为日期筛选。字段下拉菜单中日期筛选功能包含：等于；之前、之后、介于；明天、今天、昨天；下周、本周、上周；下月、本月、上月；下季度、本季度、上季度；明年、今年、去年；本年度截止到现在；期间所有日期（第 1 季度～第 4 季度、一月～十二月）；自定义筛选（等于、不等于、在以下日期之前、在以下日期之前或与之相同、在以下日期之后、在以下日期之后或与之相同、介于、不介于）共计 10 类 40 种筛选功能。

注意： 日期筛选中，比如今天、上周、今年等均以当前系统时间为判断依据，当数据透视表刷新时，会根据当前系统时间重新进行判断调整。

示例： 创建每日故障停机频次数据透视表，需要对开始时间按“日”自动组合（下节讲数据组合），筛选 2022 年 10 月上旬机组故障停机频次信息，即开始日期介于 2022 年 10 月 1 日至 2022 年 10 月 15 日。

解题步骤： 单击“开始时间”字段的下拉按钮，弹出下拉菜单，单击日期筛选，在子菜单选择“介于”，弹出日期筛选设置窗口，选择开始日期为“2022 年 10 月 1 日”，结束日期为“2022 年 10 月 15 日”，勾选“全天”，即包含 15 日这一天，单击确定即可。图 9-91 为筛选日期介于两个日期之间结果。

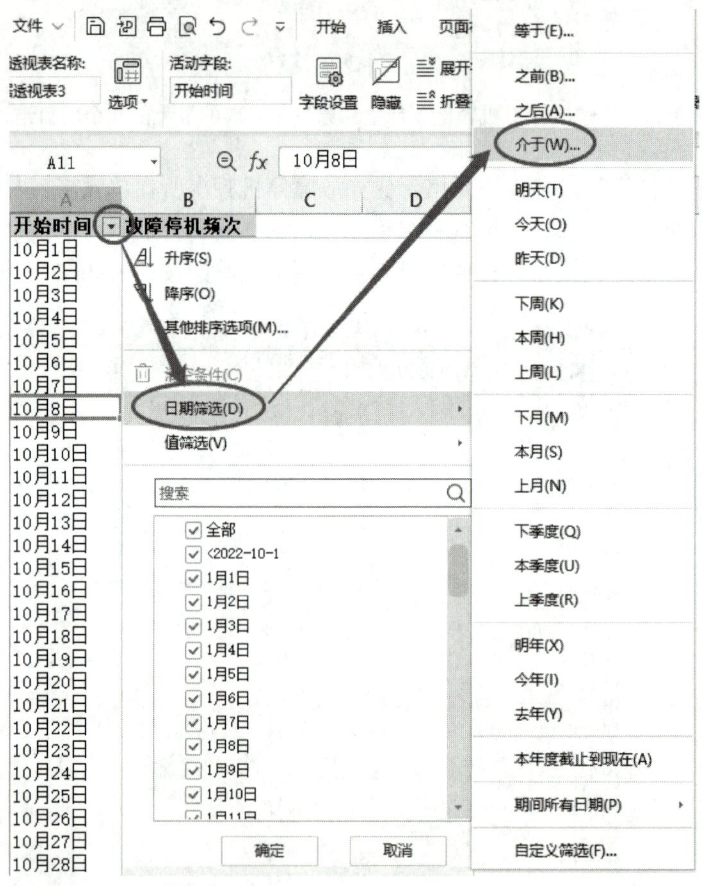

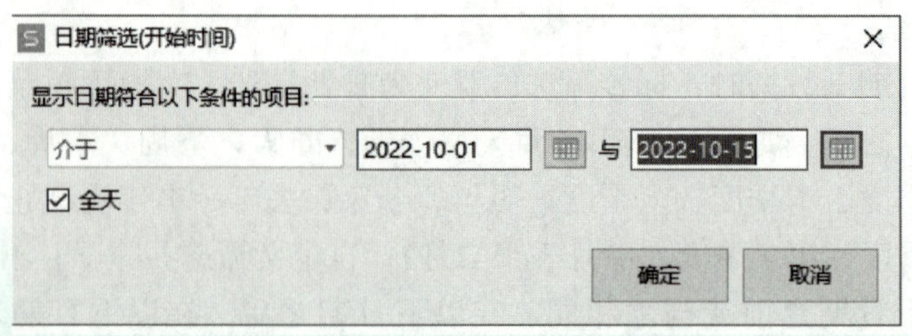

图 9-91　筛选日期介于两个日期之间结果（一）

	A	B
3	开始时间	故障停机频次
4	10月1日	10
5	10月2日	6
6	10月3日	7
7	10月4日	8
8	10月5日	6
9	10月6日	4
10	10月7日	7
11	10月8日	5
12	10月9日	13
13	10月10日	7
14	10月11日	4
15	10月12日	6
16	10月13日	4
17	10月14日	11
18	10月15日	7
19	总计	105

图 9-91 筛选日期介于两个日期之间结果（二）

9.8.3 清除筛选

单击筛选字段的下拉按钮，弹出下拉菜单，单击“清空条件”命令即可，如图 9-92 所示。

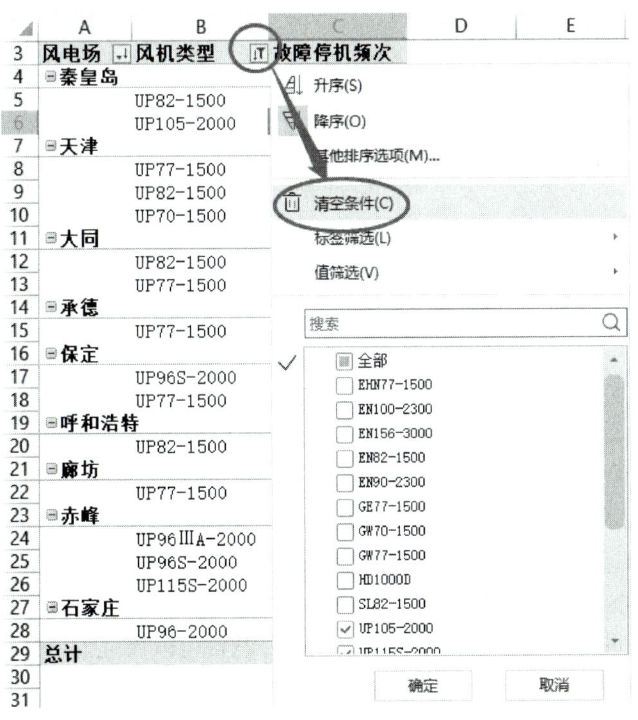

图 9-92 清除筛选方式

9.9 值字段汇总方式

数据透视表提供了 11 种值汇总方式：求和、计数、平均值、最大值、最小值、乘积、数值计数、标准偏差、总体标准偏差、方差、总体方差。其中文本字段拖入值区域默认计数运算，数值字段拖入值区域默认求和运算。当然，我们可以根据需求，手动修改值汇总方式。

9.9.1 四个修改值汇总方式的位置

（1）利用右键菜单“值汇总依据”进行修改，如图 9-93 所示。

操作步骤：选择数据透视表值字段列任一单元格，右键菜单选择“值汇总依据”，从子菜单选择“求和、计数、平均值、最大值、最小值、乘积、其他选项”，其中单击“其他选项”弹出“值字段设置”窗口。

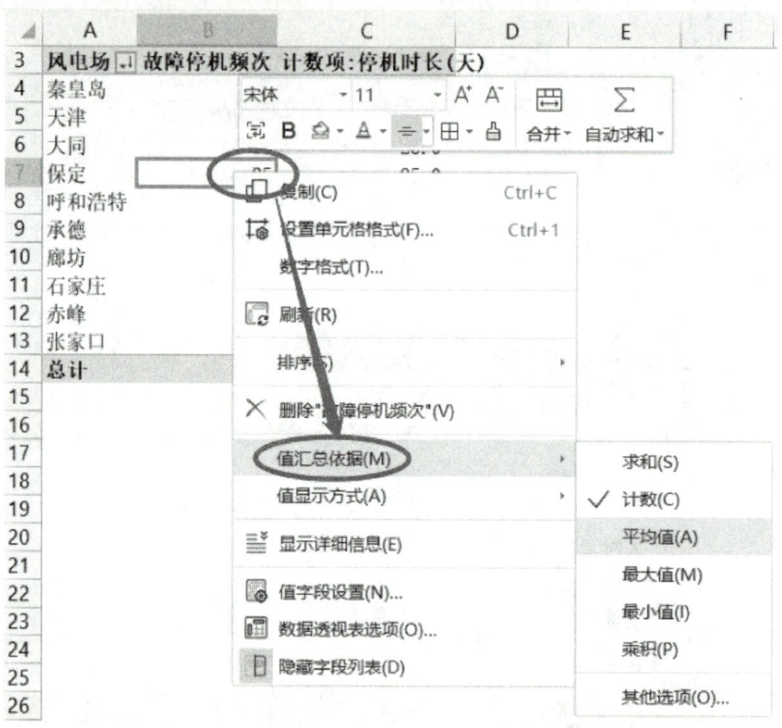

图 9-93 利用右键菜单“值汇总依据”进行修改

（2）利用右键菜单“值字段设置”进行修改，如图 9-94 所示。

操作步骤：选择数据透视表值字段列任一单元格，右键菜单选择“值字段设置”，弹出“值字段设置”窗口，在值汇总方式选项卡下，选择用于汇总所选字段数据的计算类型。同时，可以在窗口进行“数字格式”设置，在此处设置可以保证该值字段数字格式统一。

（3）利用值区域字段下拉菜单“值字段设置”进行修改，如图 9-95 所示。

操作步骤：选择数据透视表值字段列任一单元格，单击值区域字段下拉菜单“值字段设置”命令，同样可以弹出“值字段设置”窗口，后续操作同上。

（4）利用“分析”选项卡下“字段设置”进行修改，如图 9-96 所示。

操作步骤：选择数据透视表值字段列任一单元格，单击“分析”选项卡下“字段设置”，同样可以弹出“值字段设置”窗口，后续操作同上。

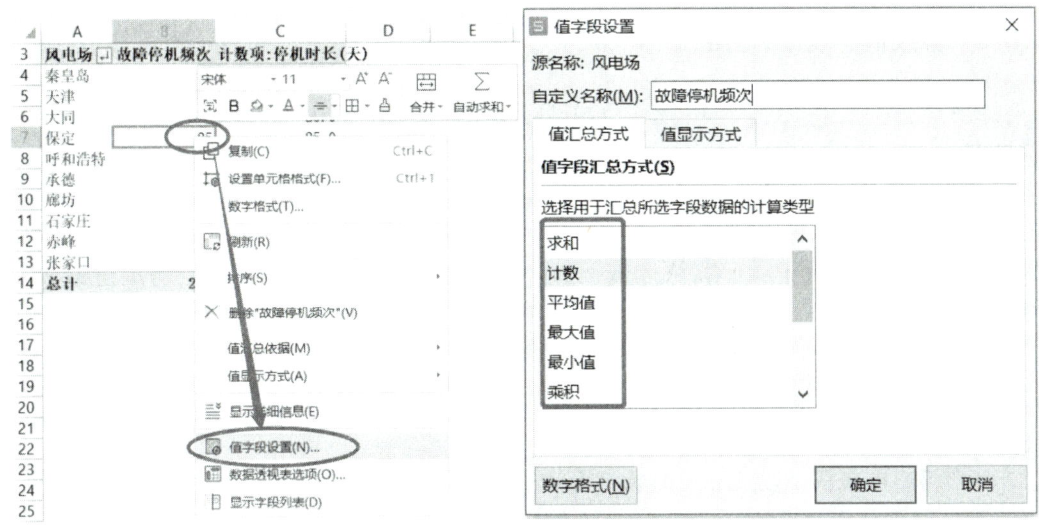

图 9-94 利用右键菜单“值字段设置”进行修改

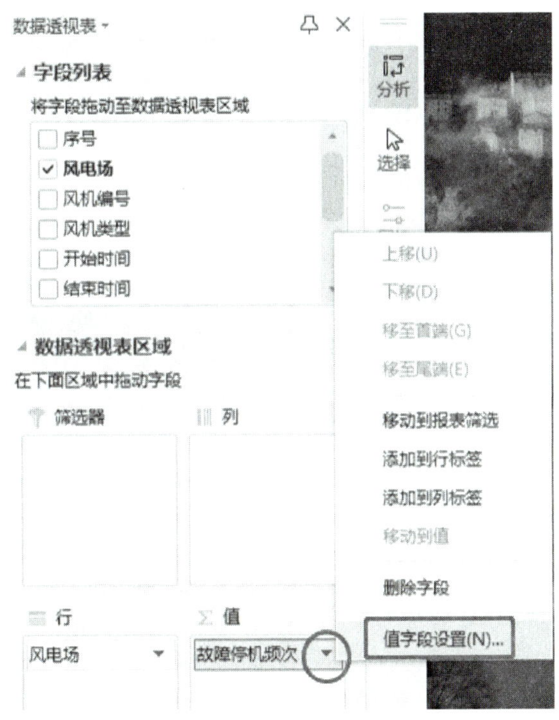

图 9-95 利用值区域字段下拉菜单“值字段设置”进行修改

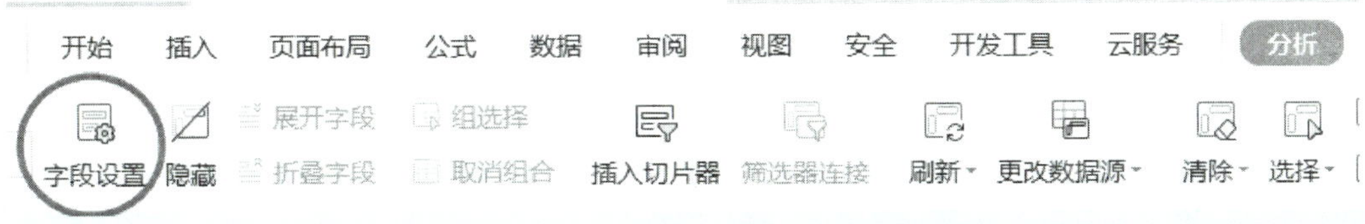

图 9-96 利用“分析”选项卡下“字段设置”进行修改

9.9.2 修改值字段汇总方式

示例： 创建风电场故障停机频次、总停机时长、平均停机时长、最大停机时长数据透视表。

操作步骤：

步骤 1 插入数据透视表，将字段“风电场”拖至行区域，再将“风电场”拖至值区域，由于是文本型字段，默认计数运算，将字段名称“计数项：风电场”重命名为“故障停机频次”。

步骤 2 将字段“停机时长（天）”拖至值区域，由于是数值字段，默认求和运算，将字段名称“求和项：停机时长（天）”重命名为“总停机时长（天）”，设置数字格式保留两位小数。

步骤 3 再次将字段“停机时长（天）”拖至值区域，修改值汇总方式为“平均值”，将字段名称“平均值项：停机时长（天）”重命名为“平均停机时长（天）”，设置数字格式保留两位小数。

步骤 4 再次将字段“停机时长（天）”拖至值区域，修改值汇总方式为“最大值”，将字段名称“平均值项：停机时长（天）”重命名为“最大停机时长（天）”，设置数字格式保留两位小数。

步骤 5 最终计算所有场站故障停机频次 230 次，总停机时长 94.69 天，平均停机时长 0.41 天，最大停机时长 0.97 天，同一个字段“停机时长（天）”通过三种值汇总方式，计算出三种有价值有意义的汇总结果，如图 9-97 所示。

	A	B	C	D	E
3	风电场	故障停机频次	总停机时长（天）	平均停机时长（天）	最大停机时长（天）
4	秦皇岛	78	28.75	0.37	0.92
5	天津	31	12.24	0.39	0.92
6	大同	25	13.51	0.54	0.96
7	保定	25	8.46	0.34	0.95
8	呼和浩特	22	9.33	0.42	0.97
9	承德	18	6.70	0.37	0.92
10	廊坊	12	5.70	0.48	0.96
11	石家庄	9	5.52	0.61	0.92
12	赤峰	6	3.16	0.53	0.88
13	张家口	4	1.32	0.33	0.66
14	**总计**	**230**	**94.69**	**0.41**	**0.97**

图 9-97 求三种停机时长（值汇总方式）结果

注意： 可以看出，同一字段可以多次添加到值区域，并分别选择不同的汇总方式。

9.10 值字段显示方式

数据透视表提供了 15 种值显示方式：无计算、总计的百分比、列汇总的百分比、行汇总的百分比、百分比、父行汇总的百分比、父列汇总的百分比、父级汇总的百分比、差异、差异百分比、按某一字段汇总、按某一字段汇总的百分比、升序排列、降序排列、指数。一般默认为“无计算”，当然，我们可以根据需求，手动修改值显示方式。

9.10.1 四个修改值显示方式的位置

（1）利用右键菜单“值显示方式”进行修改，如图 9-98 所示。

解题步骤：选择数据透视表值字段列任一单元格，右键菜单选择“值显示方式”，从子菜单选择“无计算”→“总计的百分比”→“其他选项”，其中单击“其他选项”弹出“值字段设置”窗口。

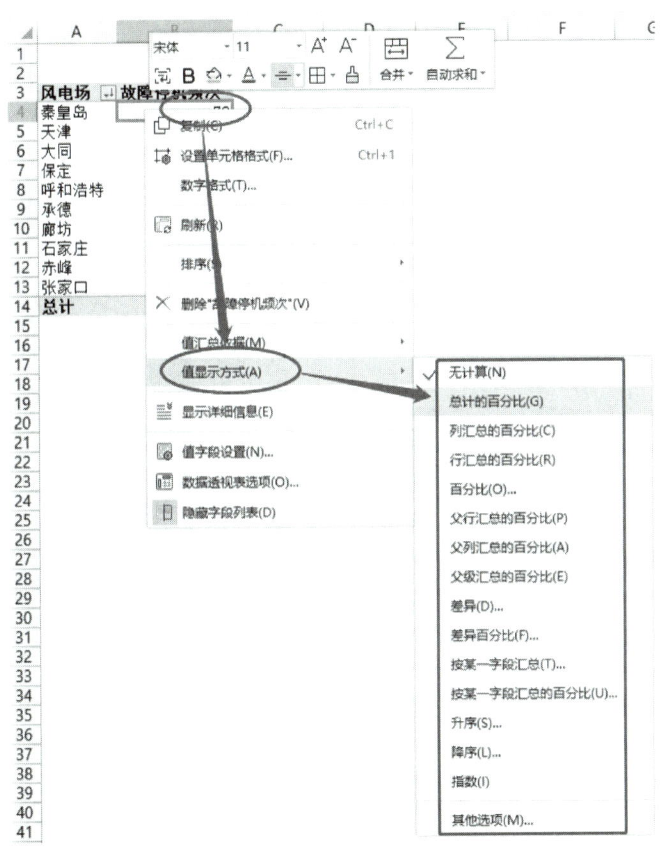

图 9-98 利用右键菜单“值显示方式”进行修改

（2）利用右键菜单“值字段设置”进行修改，如图 9-99 所示。

解题步骤：选择数据透视表值字段列任一单元格，右键菜单选择“值字段设置”，弹出“值字段设置”窗口，在值显示方式选项卡下，选择值显示方式，特殊值显示方式需要配合设置基本字段和基本项。同时，可以在窗口进行“数字格式”设置，在此处设置可以保证该值字段数字格式统一。

（3）利用值区域字段下拉菜单“值字段设置”进行修改，如图 9-100 所示。

解题步骤：选择数据透视表值字段列任一单元格，单击值区域字段下拉菜单“值字段设置”命令，同样可以弹出“值字段设置”窗口，后续操作同上。

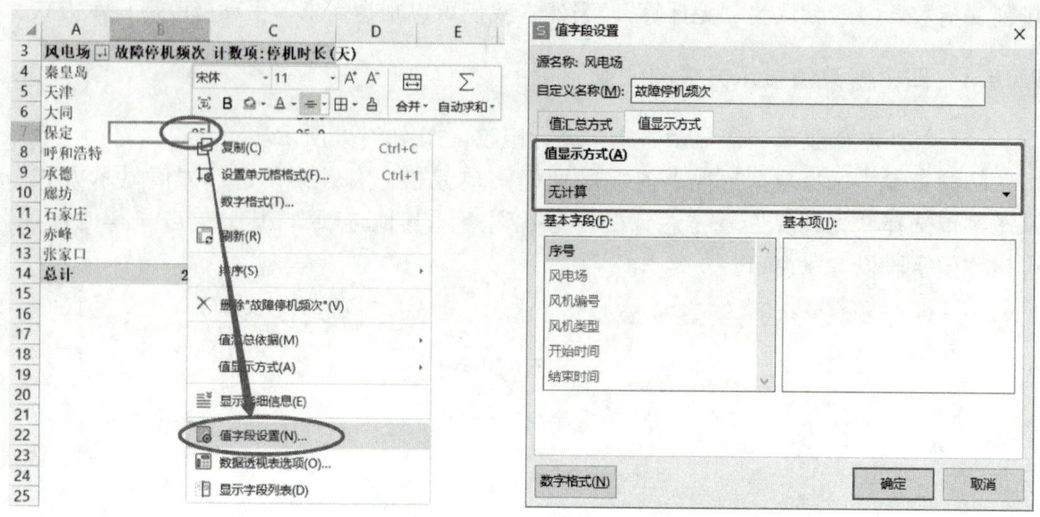

图 9-99　利用右键菜单“值字段设置”进行修改

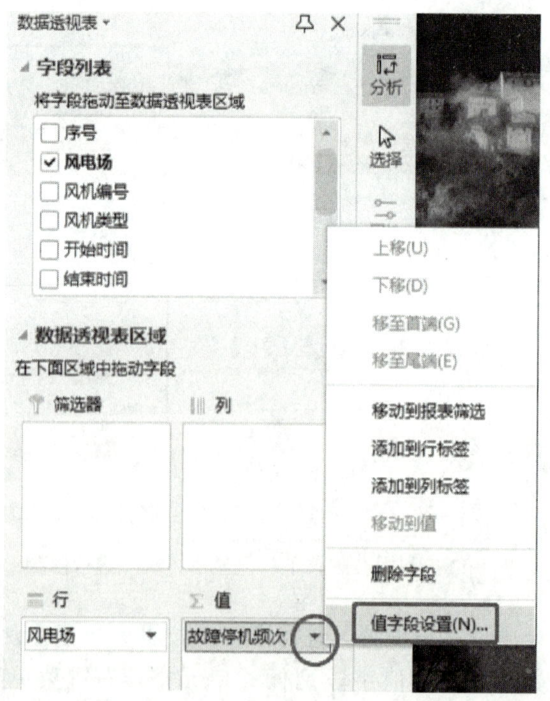

图 9-100　利用值区域字段下拉菜单“值字段设置”进行修改

（4）利用“分析”选项卡下“字段设置”进行修改，如图 9-101 所示。

解题步骤： 选择数据透视表值字段列任一单元格，单击“分析”选项卡下“字段设置”，同样可以弹出“值字段设置”窗口，后续操作同上。

图 9-101 利用“分析”选项卡下“字段设置”进行修改

9.10.2 值显示方式的计算公式和说明

值显示方式的计算公式和说明如表 9-1 所示。

表 9-1 值显示方式的计算公式和说明

序号	值显示方式	计算公式	说明
1	无计算	无计算	默认值显示方式
2	总计的百分比	(每个数据项/该列和行总体汇总)×100%	每个数据项占总体汇总的百分比
3	列汇总的百分比	(每个数据项/该列所有项汇总)×100%	每个数据项占列汇总的百分比
4	行汇总的百分比	(每个数据项/该行所有项汇总)×100%	每个数据项占行汇总的百分比
5	百分比	(每个数据项/指定的基本字段项)×100%	指定标杆值，占标杆值的百分比
6	父行汇总的百分比	(每个数据项/该列父级项汇总)×100%	每个数据项占父行汇总的百分比，即占在列方向上一级汇总的百分比，对所有数据计算有效
7	父列汇总的百分比	(每个数据项/该行父级项汇总)×100%	每个数据项占父列汇总的百分比，即占在行方向上一级汇总的百分比，对所有数据计算有效
8	父级汇总的百分比	(每个数据项/指定的该列或行父级项汇总)×100%	每个数据项占指定的上级汇总的百分比，对该数据项所在级和指定上级之间所有级的数据计算有效
9	差异	每个数据项－指定的基本字段项	指定标杆值，并与标杆值做差，标杆值不仅可以指定具体某个字段项，而且可以指定表格中上一个或下一个项目
10	差异百分比	(每个数据项－指定的基本字段项)/指定的基本字段项×100%	指定标杆值，并与标杆值的差值占标杆值的百分比，同样标杆值不仅可以指定具体某个字段项，而且可以指定表格中上一个或下一个项目，可以实现计算同比增长率、环比增长率
11	按某一字段汇总	基本字段项的累计汇总	按照指定的字段所在方向进行累计
12	按某一字段汇总的百分比	基本字段项的累计汇总百分比	按照指定的字段所在方向进行累计，并求占所在方向汇总的百分比
13	升序排列	按升序排列的序号	每个数据项按照指定的字段所在方向进行升序排列，返回排序序号

续表

序号	值显示方式	计算公式	说明
14	降序排列	按降序排列的序号	每个数据项按照指定的字段所在方向进行降序排列，返回排序序号
15	指数	(单元格的值×总体汇总之和)/(行汇总×列汇总) 通过推导可得： =行汇总百分比×列汇总百分比/总计的百分比	指数的数值只有在同一行或者同一列中对比才有意义，不同行不同列的指数值对比没有意义

9.10.3 常用的值显示方式

(1) 简单的“总计的百分比”。

示例： 创建风电场故障停机频次透视表，增加一列故障停机频次占比。

解题步骤： 选择风电场故障停机频次透视表任一单元格，在字段列表中，将字段“风电场”再次拖入值区域，修改字段名称“计数项：风电场”为“故障停机频次占比”，右键菜单选择“值显示方式”为“总计的百分比”，如图 9-102 所示。

	A	B	C
3	风电场	故障停机频次	故障停机占比
4	秦皇岛	78	33.91%
5	天津	31	13.48%
6	大同	25	10.87%
7	保定	25	10.87%
8	呼和浩特	22	9.57%
9	承德	18	7.83%
10	廊坊	12	5.22%
11	石家庄	9	3.91%
12	赤峰	6	2.61%
13	张家口	4	1.74%
14	总计	230	100.00%

图 9-102 风电场故障停机频次及占比

可以看出，**总计的百分比：** 把公司整体看作 100%，求各风电场占公司整体的百分比。由于是一维数据透视表，因此也可以设置显示方式为“列汇总的百分比”，即列向整体为 100%，求各子项所占百分比，效果一样。

(2) 总计、列汇总、行汇总百分比的区别。

通过二维数据透视表，可以非常直观地看出总计、列汇总、行汇总的百分比的区别。

示例： 创建风电场各故障部位停机频次占比的二维透视表，分别按总计、列汇总、行汇总的百分比展示，对比区别。

解题步骤：

步骤 1 创建风电场各故障部位停机频次的二维透视表。

步骤 2 克隆数据透视表，修改值显示方式为“总计的百分比”，保留一位小数，可以看出整体为 100%，显示的是每个数据项占整体的百分比。

步骤 3 克隆数据透视表，修改值显示方式为“列汇总的百分比”，保留一位小数，可以看出列汇总项为 100%，显示的是每个数据项占列汇总的百分比。

步骤 4 克隆数据透视表，修改值显示方式为“行汇总的百分比”，保留一位小数，可以看出行汇总项为 100%，显示的是每个数据项占行汇总的百分比。

图 9-103 为总计、列汇总、行汇总百分比的区别。

	A	B	C	D	E	F	G	H	I	J	K	L	M	N
1														
2								1. 故障停机频次统计						
3	故障停机纟	故障部												
4	风电场	主控系统	液压系统	变桨系统	齿轮箱	发电机	刹车系统	变频器	安全链	偏航系统	叶轮系统	传动系统	冷却系统	总计
5	秦皇岛	4	3	37	6	2	2	8	7	5	4			78
6	天津	2	3	6	5	2	1	2	5	5				31
7	大同	2	3	4	3	2		2	1	6		2		25
8	保定	1	2	3		2		13	2				2	25
9	呼和浩特	5	2	11				3			1			22
10	承德			9	1	2		6						18
11	廊坊	4		2		1		1		3	1			12
12	石家庄		1	6	2									9
13	赤峰	1	1		1	1		2						6
14	张家口				1			2		1				4
15	总计	19	15	78	19	12	3	39	15	20	6	2	2	230
16								2. 总计的百分比						
17	故障停机纟	故障部												
18	风电场	主控系统	液压系统	变桨系统	齿轮箱	发电机	刹车系统	变频器	安全链	偏航系统	叶轮系统	传动系统	冷却系统	总计
19	秦皇岛	1.7%	1.3%	16.1%	2.6%	0.9%	0.9%	3.5%	3.0%	2.2%	1.7%	0.0%	0.0%	33.9%
20	天津	0.9%	1.3%	2.6%	2.2%	0.9%	0.4%	0.9%	2.2%	2.2%	0.0%	0.0%	0.0%	13.5%
21	大同	0.9%	1.3%	1.7%	1.3%	0.9%	0.0%	0.9%	0.4%	2.6%	0.0%	0.9%	0.0%	10.9%
22	保定	0.4%	0.9%	1.3%	0.0%	0.9%	0.0%	5.7%	0.9%	0.0%	0.0%	0.0%	0.9%	10.9%
23	呼和浩特	2.2%	0.9%	4.8%	0.0%	0.0%	0.0%	1.3%	0.0%	0.0%	0.4%	0.0%	0.0%	9.6%
24	承德	0.0%	0.0%	3.9%	0.4%	0.9%	0.0%	2.6%	0.0%	0.0%	0.0%	0.0%	0.0%	7.8%
25	廊坊	1.7%	0.0%	0.9%	0.0%	0.4%	0.0%	0.4%	0.0%	1.3%	0.4%	0.0%	0.0%	5.2%
26	石家庄	0.0%	0.4%	2.6%	0.9%	0.0%	0.0%	0.0%	0.0%	0.0%	0.0%	0.0%	0.0%	3.9%
27	赤峰	0.4%	0.4%	0.0%	0.4%	0.4%	0.0%	0.9%	0.0%	0.0%	0.0%	0.0%	0.0%	2.6%
28	张家口	0.0%	0.0%	0.0%	0.4%	0.0%	0.0%	0.9%	0.0%	0.4%	0.0%	0.0%	0.0%	1.7%
29	总计	8.3%	6.5%	33.9%	8.3%	5.2%	1.3%	17.0%	6.5%	8.7%	2.6%	0.9%	0.9%	100.0%
30								3. 列汇总的百分比						
31	故障停机纟	故障部												
32	风电场	主控系统	液压系统	变桨系统	齿轮箱	发电机	刹车系统	变频器	安全链	偏航系统	叶轮系统	传动系统	冷却系统	总计
33	秦皇岛	21.1%	20.0%	47.4%	31.6%	16.7%	66.7%	20.5%	46.7%	25.0%	66.7%	0.0%	0.0%	33.9%
34	天津	10.5%	20.0%	7.7%	26.3%	16.7%	33.3%	5.1%	33.3%	25.0%	0.0%	0.0%	0.0%	13.5%
35	大同	10.5%	20.0%	5.1%	15.8%	16.7%	0.0%	5.1%	6.7%	30.0%	0.0%	100.0%	0.0%	10.9%
36	保定	5.3%	13.3%	3.8%	0.0%	16.7%	0.0%	33.3%	13.3%	0.0%	0.0%	0.0%	100.0%	10.9%
37	呼和浩特	26.3%	13.3%	14.1%	0.0%	0.0%	0.0%	7.7%	0.0%	0.0%	16.7%	0.0%	0.0%	9.6%
38	承德	0.0%	0.0%	11.5%	5.3%	16.7%	0.0%	15.4%	0.0%	0.0%	0.0%	0.0%	0.0%	7.8%
39	廊坊	21.1%	0.0%	2.6%	0.0%	8.3%	0.0%	2.6%	0.0%	15.0%	16.7%	0.0%	0.0%	5.2%
40	石家庄	0.0%	6.7%	7.7%	10.5%	0.0%	0.0%	0.0%	0.0%	0.0%	0.0%	0.0%	0.0%	3.9%
41	赤峰	5.3%	6.7%	0.0%	5.3%	8.3%	0.0%	5.1%	0.0%	0.0%	0.0%	0.0%	0.0%	2.6%
42	张家口	0.0%	0.0%	0.0%	5.3%	0.0%	0.0%	5.1%	0.0%	5.0%	0.0%	0.0%	0.0%	1.7%
43	总计	100.0%	100.0%	100.0%	100.0%	100.0%	100.0%	100.0%	100.0%	100.0%	100.0%	100.0%	100.0%	100.0%
44								4. 行汇总的百分比						
45	故障停机纟	故障部												
46	风电场	主控系统	液压系统	变桨系统	齿轮箱	发电机	刹车系统	变频器	安全链	偏航系统	叶轮系统	传动系统	冷却系统	总计
47	秦皇岛	5.1%	3.8%	47.4%	7.7%	2.6%	2.6%	10.3%	9.0%	6.4%	5.1%	0.0%	0.0%	100.0%
48	天津	6.5%	9.7%	19.4%	16.1%	6.5%	3.2%	6.5%	16.1%	16.1%	0.0%	0.0%	0.0%	100.0%
49	大同	8.0%	12.0%	16.0%	12.0%	8.0%	0.0%	8.0%	4.0%	24.0%	0.0%	8.0%	0.0%	100.0%
50	保定	4.0%	8.0%	12.0%	0.0%	8.0%	0.0%	52.0%	8.0%	0.0%	0.0%	0.0%	8.0%	100.0%
51	呼和浩特	22.7%	9.1%	50.0%	0.0%	0.0%	0.0%	13.6%	0.0%	0.0%	4.5%	0.0%	0.0%	100.0%
52	承德	0.0%	0.0%	50.0%	5.6%	11.1%	0.0%	33.3%	0.0%	0.0%	0.0%	0.0%	0.0%	100.0%
53	廊坊	33.3%	0.0%	16.7%	0.0%	8.3%	0.0%	8.3%	0.0%	25.0%	8.3%	0.0%	0.0%	100.0%
54	石家庄	0.0%	11.1%	66.7%	22.2%	0.0%	0.0%	0.0%	0.0%	0.0%	0.0%	0.0%	0.0%	100.0%
55	赤峰	16.7%	16.7%	0.0%	16.7%	16.7%	0.0%	33.3%	0.0%	0.0%	0.0%	0.0%	0.0%	100.0%
56	张家口	0.0%	0.0%	0.0%	25.0%	0.0%	0.0%	50.0%	0.0%	25.0%	0.0%	0.0%	0.0%	100.0%
57	总计	8.3%	6.5%	33.9%	8.3%	5.2%	1.3%	17.0%	6.5%	8.7%	2.6%	0.9%	0.9%	100.0%

图 9-103 总计、列汇总、行汇总百分比的区别

(3) 总计、父行汇总百分比的区别。

通过多级数据透视表，可以很明显看出总计和父行汇总的百分比的区别。

示例： 创建风电场风机类型故障停机频次的多级透视表，分别按总计的百分比、父行汇总的百分比展示，对比区别。

解题步骤：

步骤 1 创建风电场风机类型故障停机频次的多级透视表。

步骤 2 增加一列故障停机频次占比 1，修改值显示方式为“总计的百分比”，保留一位小数。可以看出“故障停机频次占比 1”整体总频次为 100%，显示的是每个数据项占整体的百分比。

步骤 3 再增加一列故障停机频次占比 2，修改值显示方式为“父行汇总的百分比”，保留一位小数。可以看出“故障停机频次占比 2”中，对于一级分类“风电场”来说，整体总频次仍然为 100%，显示的是每一个风电场故障停机频次占总频次的百分比；对于二级分类“风机类型”来说，其父行“风电场”的总故障停机频次为 100%，显示的是每一种风机类型故障停机频次占所属风电场总频次的百分比。

图 9-104 为总计、父行汇总百分比的区别。

	A	B	C	D	E
3	风电场	风机类型	故障停机频次	故障停机频次占比1	故障停机频次占比2
4	⊟秦皇岛		78	33.9%	33.9%
5		SL82-1500	36	15.7%	46.2%
6		UP105-2000	12	5.2%	15.4%
7		UP82-1500	30	13.0%	38.5%
8	⊟天津		31	13.5%	13.5%
9		UP70-1500	6	2.6%	19.4%
10		UP77-1500	18	7.8%	58.1%
11		UP82-1500	7	3.0%	22.6%
12	⊟大同		25	10.9%	10.9%
13		HD1000D	3	1.3%	12.0%
14		UP77-1500	7	3.0%	28.0%
15		UP82-1500	15	6.5%	60.0%
16	⊟保定		25	10.9%	10.9%
17		EN100-2300	8	3.5%	32.0%
18		EN90-2300	3	1.3%	12.0%
19		UP77-1500	1	0.4%	4.0%
20		UP96S-2000	13	5.7%	52.0%
21	⊟呼和浩特		22	9.6%	9.6%
22		EN82-1500	11	4.8%	50.0%
23		UP82-1500	11	4.8%	50.0%
24	⊟承德		18	7.8%	7.8%
25		GW70-1500	4	1.7%	22.2%
26		UP77-1500	14	6.1%	77.8%
27	⊟廊坊		12	5.2%	5.2%
28		EHN77-1500	5	2.2%	41.7%
29		UP77-1500	7	3.0%	58.3%
30	⊟石家庄		9	3.9%	3.9%
31		GE77-1500	1	0.4%	11.1%
32		GW77-1500	4	1.7%	44.4%
33		UP96-2000	4	1.7%	44.4%
34	⊟赤峰		6	2.6%	2.6%
35		UP115S-2000	1	0.4%	16.7%
36		UP96ⅢA-2000	4	1.7%	66.7%
37		UP96S-2000	1	0.4%	16.7%
38	⊟张家口		4	1.7%	1.7%
39		EN156-3000	4	1.7%	100.0%
40	总计		230	100.0%	100.0%

图 9-104　总计、父行汇总百分比的区别

(4) 按某一字段汇总和按某一字段汇总的百分比。

示例：创建故障部位停机频次透视表，并按照故障停机频次降序排列。值显示方式分别按照“故障部位”字段汇总、按照“故障部位”字段汇总的百分比展示，对比区别。

解题步骤：

步骤 1 创建故障部位停机频次透视表，按照故障停机频次降序排列。

步骤 2 增加一列故障停机频次，修改值显示方式为“按某一字段汇总”，选择“故障部位”，单击确定，修改字段名称为“故障停机累计频次”。可以看出，第一个数为自身，从第二个数开始依次累加前面数值，最后一个数为总数，如图 9-105 所示。

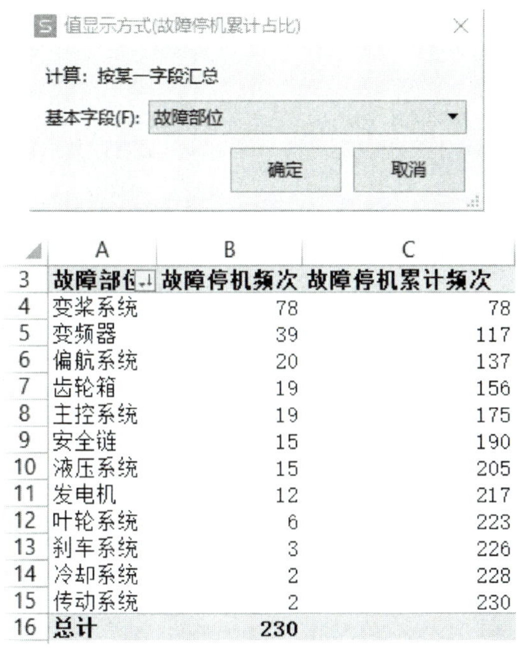

	A	B	C
3	故障部位	故障停机频次	故障停机累计频次
4	变桨系统	78	78
5	变频器	39	117
6	偏航系统	20	137
7	齿轮箱	19	156
8	主控系统	19	175
9	安全链	15	190
10	液压系统	15	205
11	发电机	12	217
12	叶轮系统	6	223
13	刹车系统	3	226
14	冷却系统	2	228
15	传动系统	2	230
16	总计	230	

图 9-105 故障停机累计频次统计

步骤 3 修改值显示方式为“按某一字段汇总的百分比”，选择“故障部位”，单击确定，修改字段名称为“故障停机累计频次占比”，保留一位小数，如图 9-106 所示。可以看出，第一个数占比为自身占总体百分比，从第二个数开始依次累加前面数值除以总体，最后一个数为 100%。由此可以创建一个帕累托图，如图 9-107 所示。

注意：帕累托图是按照发生频率的高低顺序绘制的直方图，表示有多少结果是由已确认的原因所造成。它是将出现的质量问题和质量改进项目，按照重要程序依次排列而得到的一种图表。帕累托图是“二八原则”的图形化体现。而“二八原则”认为，80%的财富掌握在 20%的人手里，即任何一组事物中，最重要的只占其中约 20%。通过帕累托图，我们可以分析寻找影响质量问题的主要因素。

(5) 升序排列和降序排列。

示例：创建故障部位停机频次透视表，并按照故障停机频次降序排列。值显示方式分别按照“故障部位”字段升序排列、降序排列展示，对比区别。

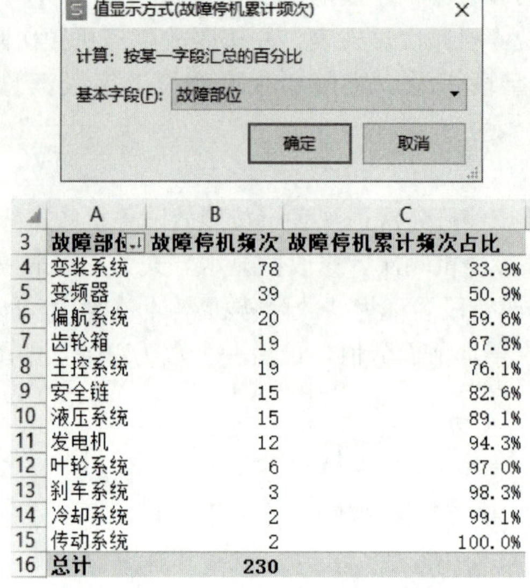

	A	B	C
3	故障部位	故障停机频次	故障停机累计频次占比
4	变桨系统	78	33.9%
5	变频器	39	50.9%
6	偏航系统	20	59.6%
7	齿轮箱	19	67.8%
8	主控系统	19	76.1%
9	安全链	15	82.6%
10	液压系统	15	89.1%
11	发电机	12	94.3%
12	叶轮系统	6	97.0%
13	刹车系统	3	98.3%
14	冷却系统	2	99.1%
15	传动系统	2	100.0%
16	总计	230	

图 9-106　故障停机累计频次占比统计

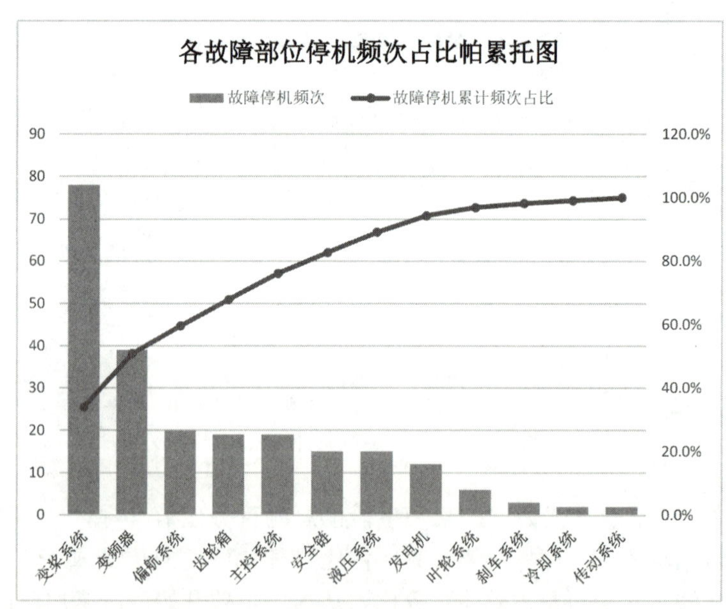

图 9-107　各故障部位停机频次占比帕累托图

解题步骤：

步骤 1　创建故障部位停机频次透视表，按照故障停机频次降序排列。

步骤 2　增加一列故障停机频次，修改值显示方式为“升序排列”，选择“故障部位”，单击确定，修改字段名称为“故障停机频次升序排列序号”。可以看出，显示的是按照故障频次升序排列的序号。

步骤 3　再增加一列故障停机频次，修改值显示方式为“降序排列”，选择“故障部位”，单击确定，修改字段名称为“故障停机频次降序排列序号”。可以看出，显示的是按照故障频次降序排列的序号，如图 9-108 所示。

	A	B	C	D
3	故障部位	故障停机频次	故障停机频次升序排列序号	故障停机频次降序排列序号
4	变桨系统	78	9	1
5	变频器	39	8	2
6	偏航系统	20	7	3
7	主控系统	19	6	4
8	齿轮箱	19	6	4
9	液压系统	15	5	5
10	安全链	15	5	5
11	发电机	12	4	6
12	叶轮系统	6	3	7
13	刹车系统	3	2	8
14	冷却系统	2	1	9
15	传动系统	2	1	9
16	总计	230		

图 9-108　各故障部位停机频次升序和降序排列序号

9.11　筛选器和显示报表筛选页

9.11.1　使用筛选器对数据源进行筛选

前面章节讲了 6 种字段筛选方式，这节介绍使用筛选器进行筛选数据。可能有人会问，字段筛选方式和筛选器使用上有什么不同？简单来说，筛选器是对数据源进行筛选，从根源上剔除数据，相当于一次筛选；字段筛选是对展示出来的字段内容进行筛选，对未展示的字段不能筛选，相当于二次筛选。需要注意的是，同一字段不能同时放在筛选器和行区域（或列区域）。

（1）添加筛选器。

解题步骤：创建风电场故障停机频次、停机时长数据透视表，将字段“故障部位”拖至筛选器区域，则在数据透视表上方出现“故障部位筛选器”，默认选择全部，如图 9-109 所示。

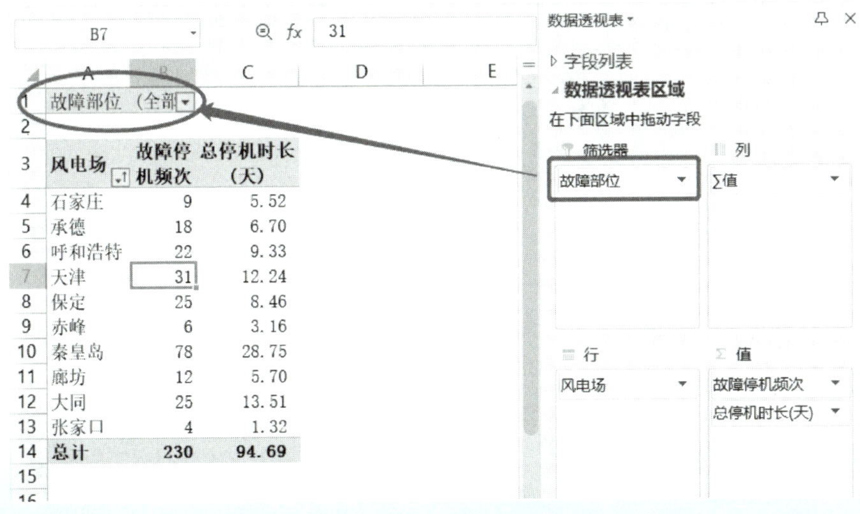

	A	B	C
3	风电场	故障停机频次	总停机时长（天）
4	石家庄	9	5.52
5	承德	18	6.70
6	呼和浩特	22	9.33
7	天津	31	12.24
8	保定	25	8.46
9	赤峰	6	3.16
10	秦皇岛	78	28.75
11	廊坊	12	5.70
12	大同	25	13.51
13	张家口	4	1.32
14	总计	230	94.69

图 9-109　添加筛选器结果

（2）快速单项筛选和清除筛选。

单击“故障部位筛选器”下拉按钮，在下拉列表中鼠标移动至某一类别，单击右侧“仅筛选此项”完成单选（见图 9-110）；鼠标移动至“全部”，单击右侧“清除筛选”取消筛选（见图 9-111）。

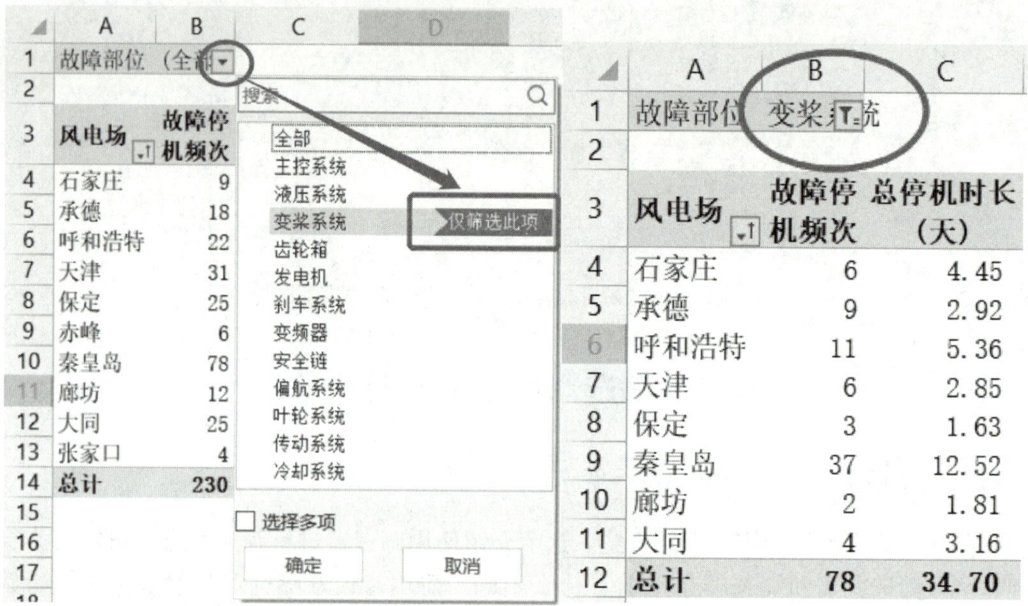

图 9-110 快速单项筛选结果

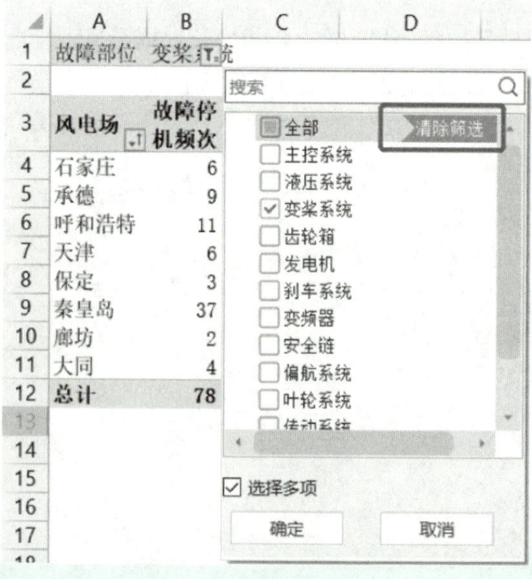

图 9-111 快速清除筛选

（3）多项筛选。

如图 9-112 所示，首先需要勾选“选择多项”，然后通过依次勾选复选框，选择需要显示的项目，也可以通过勾选“全部”进行全选或取消全选。

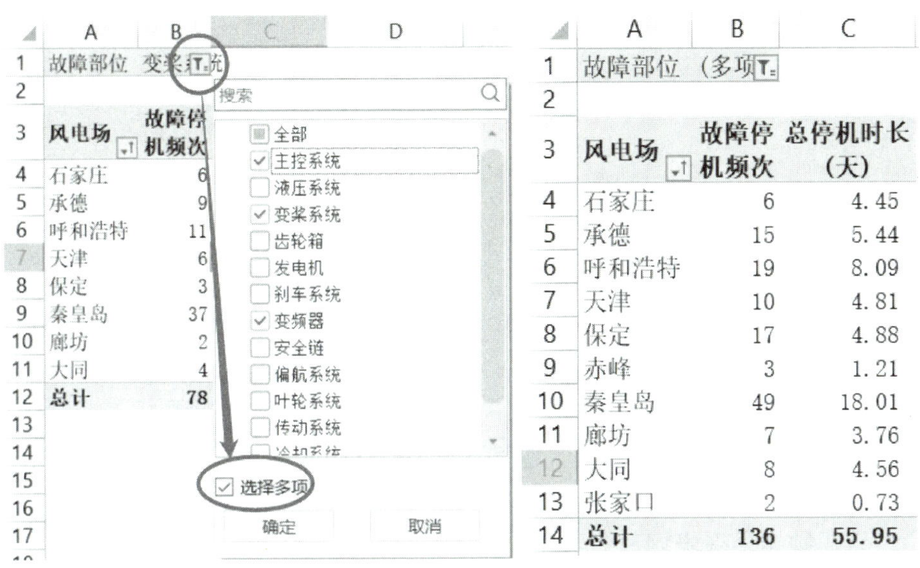

图 9-112　多项筛选

（4）搜索框模糊筛选。

同“9.8 两个筛选位置和六种筛选方式”中搜索框模糊筛选操作完全一致，在此不再重述。

9.11.2　显示报表筛选页

示例：创建风电场所有故障部位的数据透视表，即每一个故障部位创建一个数据透视表。

解题步骤：

步骤 1　创建风电场故障停机频次、停机时长数据透视表，将字段“故障部位”拖至筛选器区域，则在数据透视表上方出现“故障部位筛选器”，默认选择全部。

步骤 2　选择数据透视表任一单元格，在“分析”选项卡，选择“选项”按钮，点击“显示报表筛选页”，可快速生成筛选字段中每项内容的分析报表，即每一个故障部位创建一个数据透视表。

注意：必须先设置筛选字段，否则【显示报表筛选页】按钮灰色不可选，如图 9-113 所示。

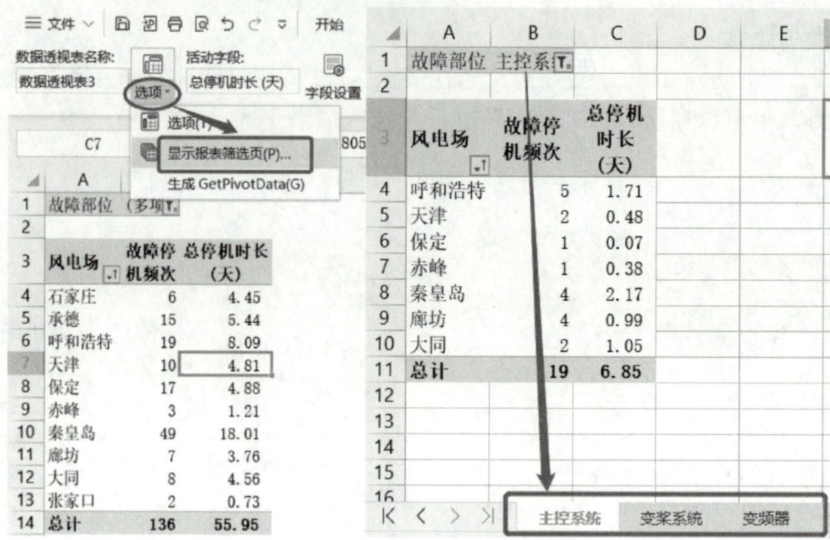

图 9-113　显示报表筛选页

9.12　创建共享切片器

9.12.1　认识数据透视表切片器

在智能表“8.4 切片器动态筛选”中，我们掌握了切片器的使用方法和相关属性设置。与字段筛选、筛选器相比，切片器使用更方便灵活，操作简单。与另外两种筛选方式结合起来使用，可以实现更为精细复杂的展示效果。这里重申一下，**切片器在普通表格中无法使用，只有在智能表或者数据透视表才有这个功能，而且文件格式不能为“xls”低版本格式，即 Microsoft Excel 97-2003 文件，xls 表格文件中“分析”选项卡下“插入切片器”命令按钮灰色不可用，如图 9-114 所示。**

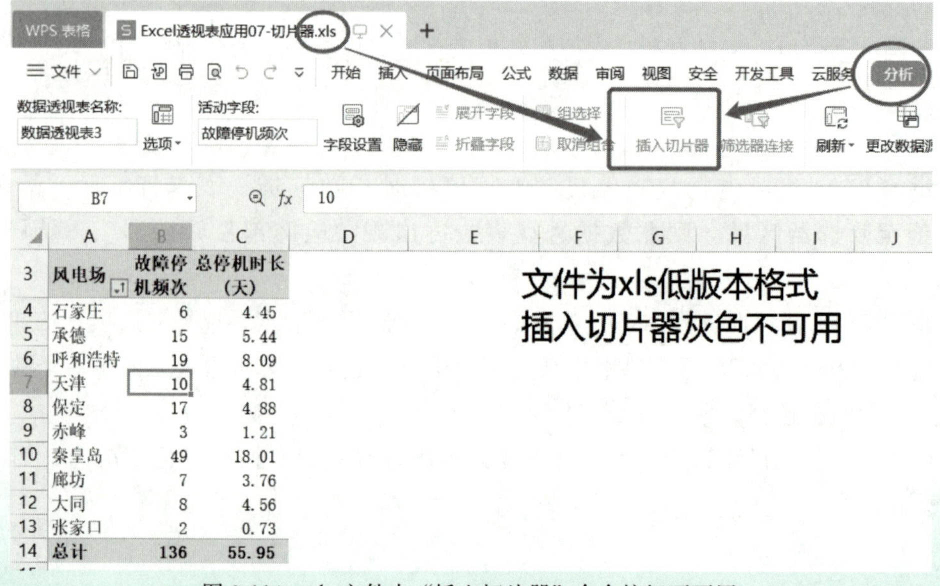

图 9-114　xls 文件中“插入切片器”命令按钮不可用

9.12.2 修改数据透视表名称

当创建数据透视表后自动命名为“数据透视表 n”，其中 n 为整数，例如：数据透视表 1。当建立共享切片器时，这种名称容易混淆，造成选择困难，为方便对透视表进行管理，可以对透视表进行重新命名。

操作步骤：

选中数据透视表中任一单元格，在“分析”选项卡下，选择数据透视表名称文本框，输入新名称，比如“风电场故障分析”，输入完毕回车即可，如图 9-115 所示。

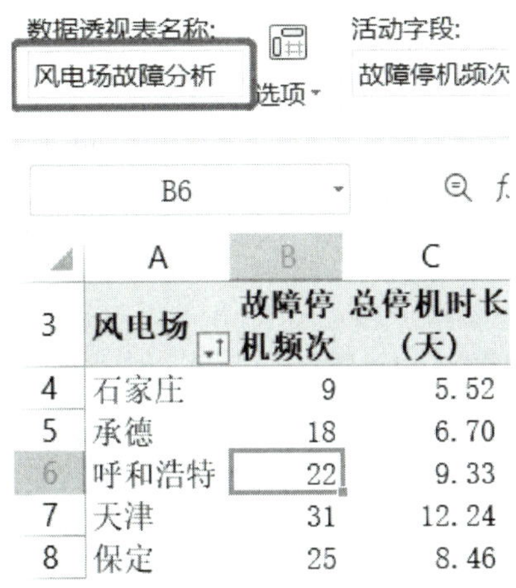

图 9-115 数据透视表重命名

9.12.3 创建共享切片器

示例：创建风电场故障频次和停机时长透视表、风机类型故障频次和停机时长透视表，建立故障部位共享切片器，实现联动筛选。

解题步骤：

步骤 1 创建风电场故障频次和停机时长透视表，按照故障频次降序排列，修改透视表名称为“风电场分析”。

步骤 2 克隆数据透视表至相隔一列位置，将行区域“风电场”字段替换为“风机类型”，即完成创建风机类型故障频次和停机时长透视表，修改透视表名称为“风机类型分析”。

步骤 3 插入“故障部位”切片器，设置列宽为 3 列，调整切片器长宽至合适位置，将切片器放置两张透视表上方。

步骤 4 选择切片器，右键快捷菜单中单击“报表连接”，或者在切片器“选项”选项卡下单击“报表连接”，打开设置窗口。将需要关联的透视表全部勾选，单击确定即可，如图 9-116 所示。

注意：另外也可以选择需要连接的数据透视表，在“分析”选项卡下，单击“筛选器连接”，选择需要连接此数据透视表的共享切片器，如图 9-117 所示。

步骤 5 此时已经完成共享切片器设置，在切片器选择“变桨系统”，可以发现两张数据透视表同时变化，如图 9-118 所示。

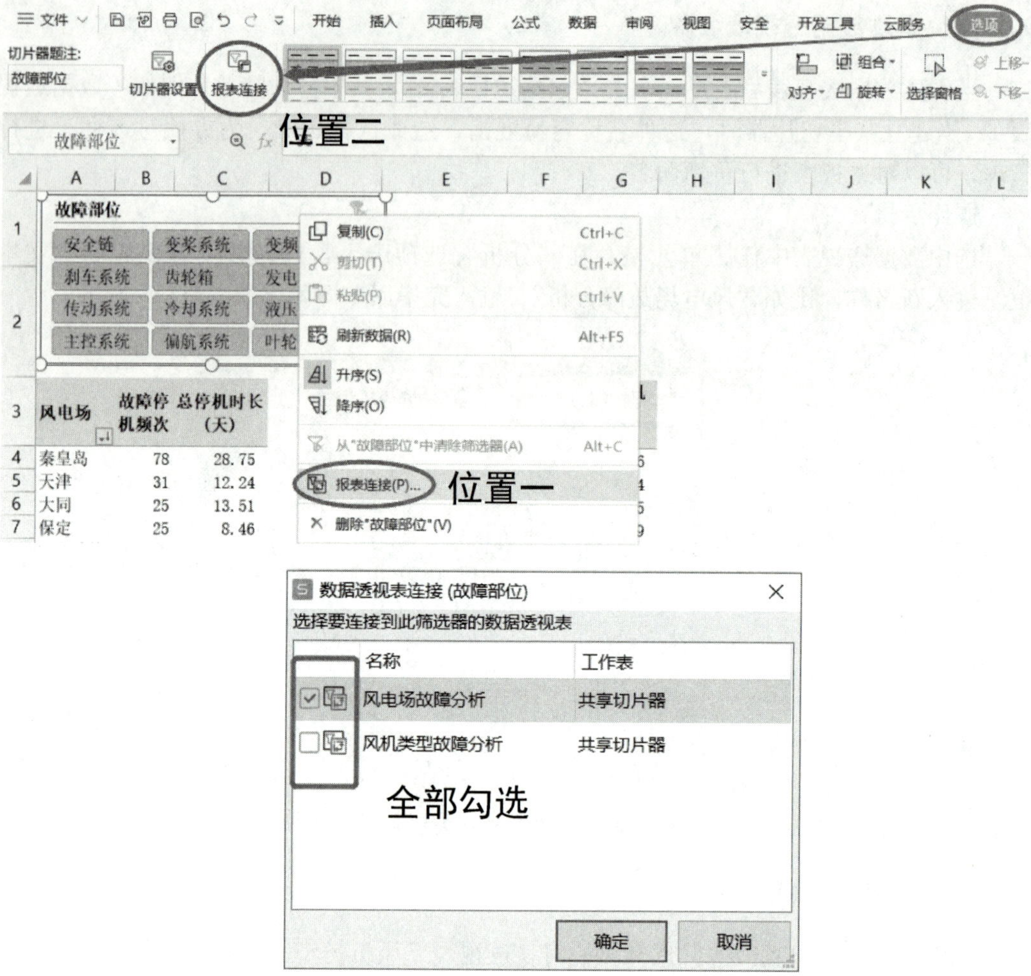

位置二

位置一

全部勾选

图 9-116　设置“数据透视表连接”

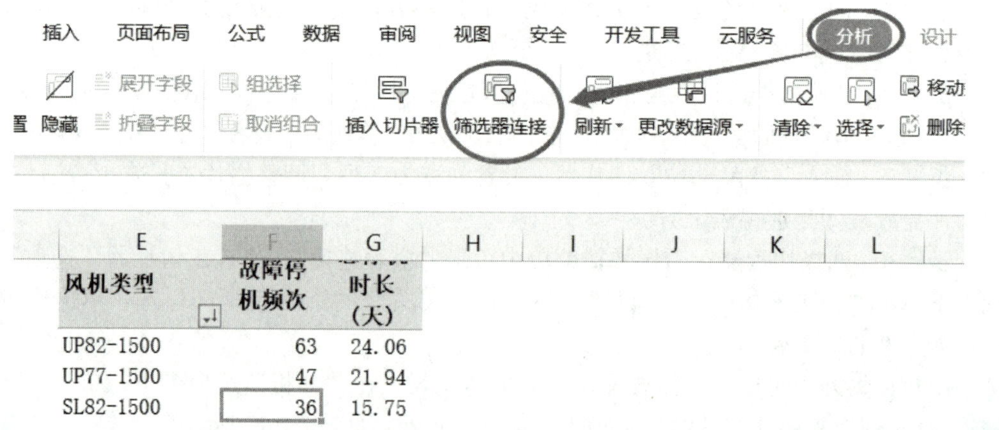

图 9-117　设置“筛选器连接”（一）

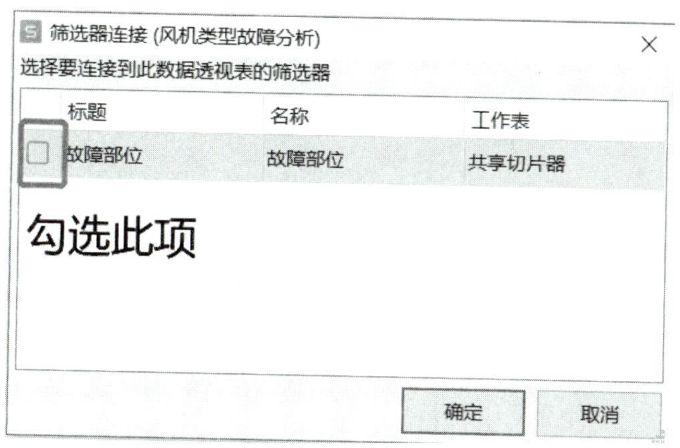

图 9-117 设置“筛选器连接”（二）

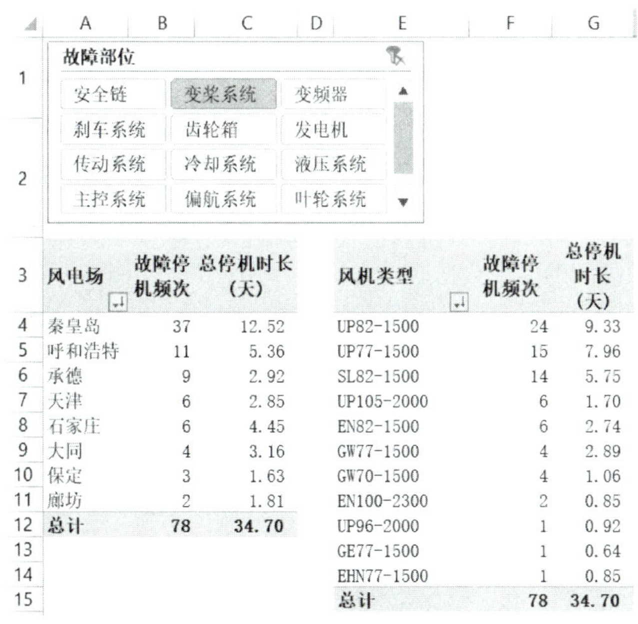

风电场	故障停机频次	总停机时长（天）
秦皇岛	37	12.52
呼和浩特	11	5.36
承德	9	2.92
天津	6	2.85
石家庄	6	4.45
大同	4	3.16
保定	3	1.63
廊坊	2	1.81
总计	**78**	**34.70**

风机类型	故障停机频次	总停机时长（天）
UP82-1500	24	9.33
UP77-1500	15	7.96
SL82-1500	14	5.75
UP105-2000	6	1.70
EN82-1500	6	2.74
GW77-1500	4	2.89
GW70-1500	4	1.06
EN100-2300	2	0.85
UP96-2000	1	0.92
GE77-1500	1	0.64
EHN77-1500	1	0.85
总计	**78**	**34.70**

图 9-118 共享切片器设置效果

9.13 刷 新 数 据

9.13.1 手动刷新数据

当透视表数据源发生修改数据、删除行、增加行等操作时，数据透视表计算结果不会自动刷新，需要人为手动刷新。

（1）利用右键菜单进行刷新数据。

操作步骤：选择数据透视表任一单元格，单击鼠标右键，弹出快捷菜单，选择“刷新”即可，如图 9-119 所示。

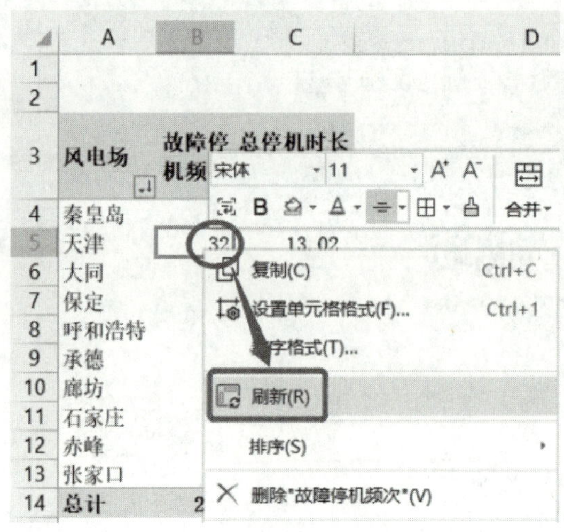

图 9-119 右键菜单进行刷新数据

(2) 利用“分析”选项卡下“刷新”命令进行刷新数据。

解题步骤： 选择数据透视表任一单元格，单击“分析”选项卡下“刷新”命令即可，如图 9-120 所示。

注意： 在“刷新”下拉菜单中包括“刷新数据”和“全部刷新”两个命令。这两个命令的区别是，“刷新数据”和右键菜单“刷新”指的是对本文件中单个数据源刷新数据，且对同一个数据源的多个数据透视表均起作用；“全部刷新”指的是对本文件中多个数据源刷新数据。

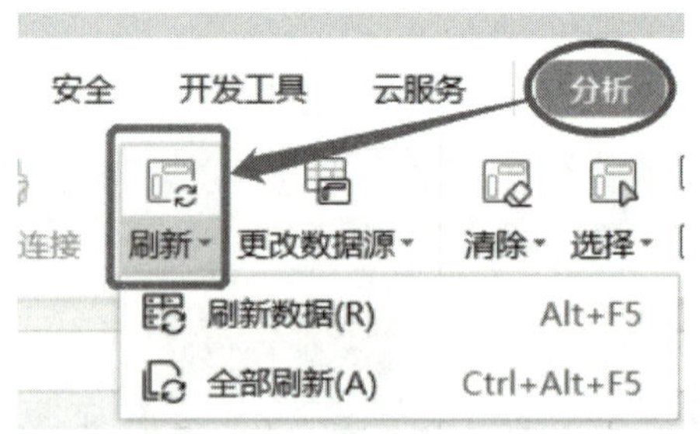

图 9-120 “分析”选项卡下“刷新”命令进行刷新数据

(3) 利用快捷键进行刷新数据。

单个数据源刷新数据快捷键：Alt+F5。

多个数据源刷新数据快捷键：Ctrl+Alt+F5。

9.13.2 打开文件时刷新数据

解题步骤： 选择数据透视表任一单元格，右键菜单选择“数据透视表选项”，弹出“数据透视表选项”设置窗口，在“数据”选项卡下，勾选“打开文件时刷新数据”，单击确定即可，如图 9-121 所示。

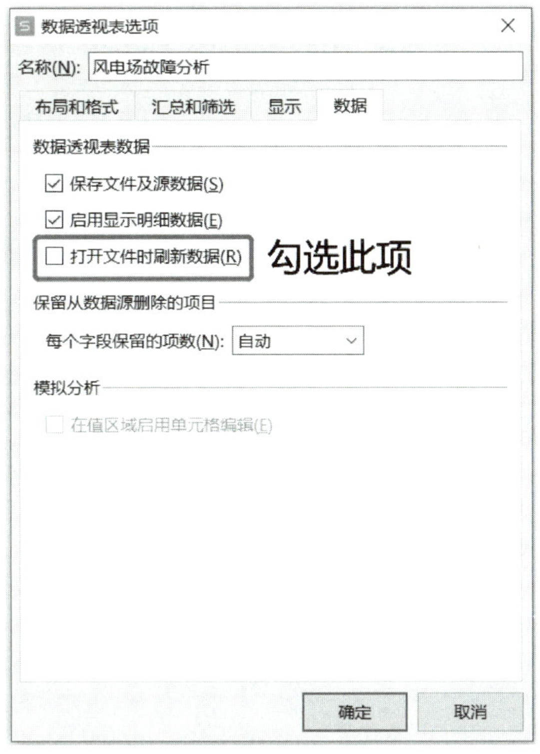

图 9-121　设置打开文件时刷新数据

9.13.3　刷新数据后保持列宽和格式不变

默认情况下，每次刷新数据后，数据透视表的列宽都会自动调整，令人非常懊恼，需要重新调整列宽。其实，我们可以进行设置，使列宽保持不变。

解题步骤： 选中数据透视表任一单元格，右键菜单选择“数据透视表选项”，弹出“数据透视表选项”设置窗口，在“布局和格式”选项卡中，取消勾选“更新时自动调整列宽”复选框，并勾选“更新时保留单元格格式”复选框，单击“确定”即可，如图 9-122 所示。

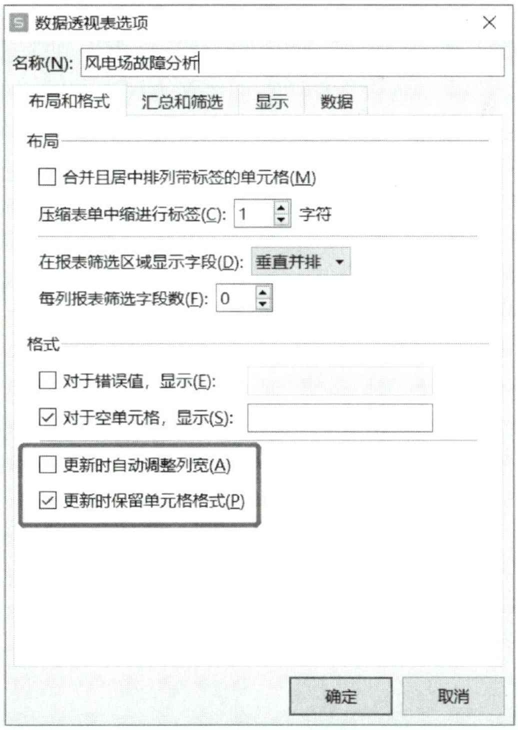

图 9-122　设置刷新数据后保持列宽和格式不变

9.14 创建动态数据源

9.14.1 更改数据源

当数据源区域发生变化时，需要对数据源重新进行选择区域。

示例：故障停机数据源中增加了 10 行数据（见图 9-123），请对数据源进行更改，重新通过数据透视表计算风电场故障停机频次和总停机时长。

	A	B	C	D	E	F	G	H	I	J
1	序号	风电场	风机编号	风机类型	开始时间	结束时间	停机时长	损失电量（万	故障部位	停机原因
230	229	呼和浩特	#4-41	EN82-1500	2022/10/31 18:50	2022/11/1 12:00	0.72	0.83	变桨系统	变桨通信
231	230	大同	#8-03	UP82-1500	2022/10/31 18:09	2022/11/1 11:30	0.72	0.63	液压系统	液压站油
232	231	秦皇岛	#5-07	SL82-1500	2022/10/31 1:10	2022/10/31 10:00	0.37	0.41	变频器	电网掉电
233	232	秦皇岛	#15-2	UP105-2000	2022/10/31 6:35	2022/10/31 11:00	0.18	0.32	变桨系统	变桨充电
234	233	廊坊	#1-06	EHN77-1500	2022/10/31 7:00	2022/10/31 8:20	0.06	0.07	主控系统	风速仪传
235	234	呼和浩特	#2-16	UP82-1500	2022/10/31 7:08	2022/10/31 11:54	0.20	0.26	主控系统	高速轴刹
236	235	秦皇岛	#7-08	SL82-1500	2022/10/31 8:15	2022/10/31 8:45	0.02	0.02	变桨系统	变桨123
237	236	廊坊	#9-04	UP77-1500	2022/10/31 9:42	2022/11/1 8:50	0.96	0.87	变频器	变频器转
238	237	天津	#3-34	UP77-1500	2022/10/31 13:36	2022/10/31 14:00	0.02	0.02	变桨系统	变桨电池
239	238	秦皇岛	#14-12	UP82-1500	2022/10/31 17:00	2022/11/1 13:00	0.83	0.51	变频器	变频器故
240	239	呼和浩特	#4-41	EN82-1500	2022/10/31 18:50	2022/11/1 12:00	0.72	0.83	变桨系统	变桨通信
241	240	大同	#8-03	UP82-1500	2022/10/31 18:09	2022/11/1 11:30	0.72	0.63	液压系统	液压站油

新增数据

图 9-123 故障停机数据源新增 10 行数据

解题步骤：选择风电场故障分析数据透视表任一单元格，在“分析”选项卡下单击“更改数据源”，弹出“更改数据透视表数据源”设置窗口，重新选择数据源或者手动输入数据源区域范围，即将原来的区域“数据源！$A$1:$J$231”修改为“数据源！$A$1:$J$241”，单击确定即可，如图 9-124 所示。图 9-125 为更改数据源后重新计算结果。

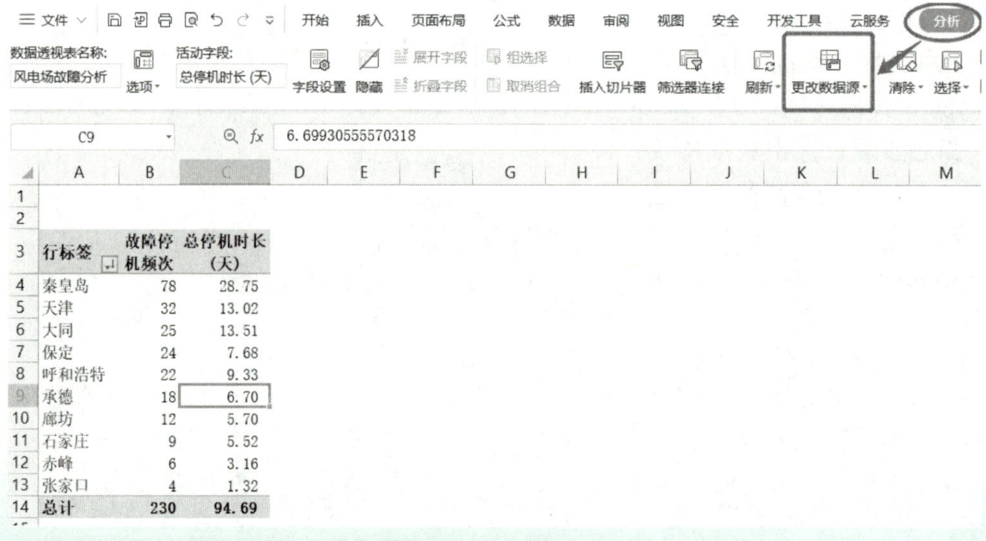

图 9-124 更改数据源区域（一）

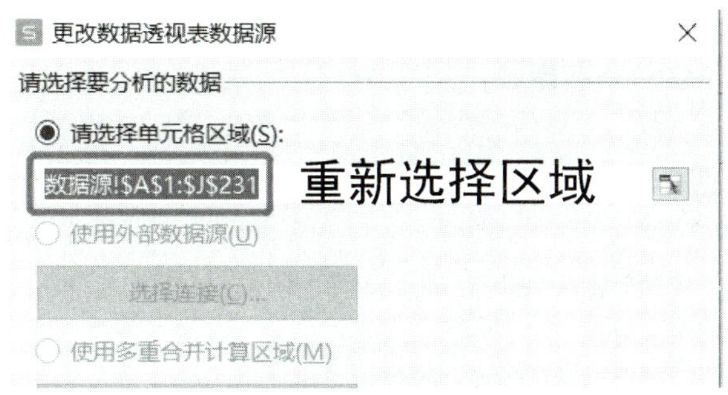

图 9-124 更改数据源区域（二）

	A	B	C
3	**行标签**	**故障停机频次**	**总停机时长（天）**
4	秦皇岛	82	30.15
5	天津	33	13.04
6	大同	26	14.23
7	保定	24	7.68
8	呼和浩特	24	10.24
9	承德	18	6.70
10	廊坊	14	6.72
11	石家庄	9	5.52
12	赤峰	6	3.16
13	张家口	4	1.32
14	**总计**	**240**	**98.77**

图 9-125 更改数据源后重新计算结果

注意：如果同一数据源创建多个数据透视表，并且设置了共享切片器，则在更改数据源时，需要将切片器和数据透视表取消关联，否则将会报错“不能更改连接到筛选控件的数据透视表的数据源，筛选控件同时又连接到其他数据透视表。要更改数据源，请先从该数据透视表或其他数据透视表中断开筛选控件”，如图 9-126 所示。

如果设置了共享切片器，正确操作步骤是：首先将共享切片器和数据透视表断开连接，然后再逐一更改各数据透视表的数据源，更改完成后重新设置共享切片器。这样每次进行重新设置非常繁琐，因此我们需要学习如何创建动态数据源，即数据源区域随着实际内容自动进行扩展。

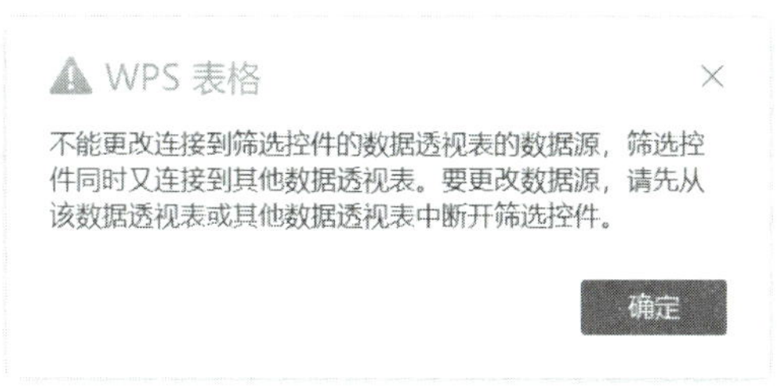

图 9-126 更改包含共享切片器的数据透视表数据源后报错信息

9.14.2 创建动态数据源

创建动态数据源方法有两种，分别为：“智能表”创建动态数据源和自定义名称法创建动态数据源，分别使用两种方法，创建“故障停机记录”动态数据源。

（1）“智能表”创建动态数据源，如图 9-127 所示。

解题步骤：

步骤 1 选择数据源表格中任一单元格，按 Ctrl＋T 快捷键创建智能表，修改表名称为“故障停机记录 1”。

步骤 2 当插入新数据透视表时，默认选择单元格区域为智能表名称“故障停机记录 1”，单击确定即可。

步骤 3 当对现有数据透视表更改为动态数据源时，选择透视表任一单元格，在“分析”选项卡下，单击“更改数据源”，在选择单元格区域中直接输入“故障停机记录 1”，单击确定即可。

注意：将数据源转换为智能表后，在数据源下方增加数据，智能表区域会自动扩展。增加数据之后，选择数据透视表，右键菜单刷新即可重新计算汇总。

表名称：故障停机记录1

D5 fx UP82-1500

	A	B	C	D	E	F	G	H	I	J
1	序号	风电场	风机编号	风机类型	开始时间	结束时间	停机时长	损失电量（万	故障部位	停机原因
2	1	秦皇岛	#3-01	SL82-1500	2022/10/1 1:19	2022/10/1 10:00	0.36	0.45	主控系统	主站PLC
3	2	保定	#7-38	EN100-2300	2022/10/1 6:10	2022/10/1 17:20	0.47	0.46	液压系统	发电机水
4	3	承德	#1-02	GW70-1500	2022/10/1 8:24	2022/10/1 11:00	0.11	0.05	变桨系统	变桨AC2
5	4	呼和浩特	#2-12	UP82-1500	2022/10/1 8:30	2022/10/1 17:00	0.35	0.36	变桨系统	变桨驱动
6	5	天津	#7-76	UP77-1500	2022/10/1 17:00	2022/10/2 11:40	0.78	0.19	变桨系统	变桨24V
7	6	秦皇岛	#14-05	UP82-1500	2022/10/1 18:23	2022/10/2 12:00	0.73	0.77	齿轮箱	齿轮箱油

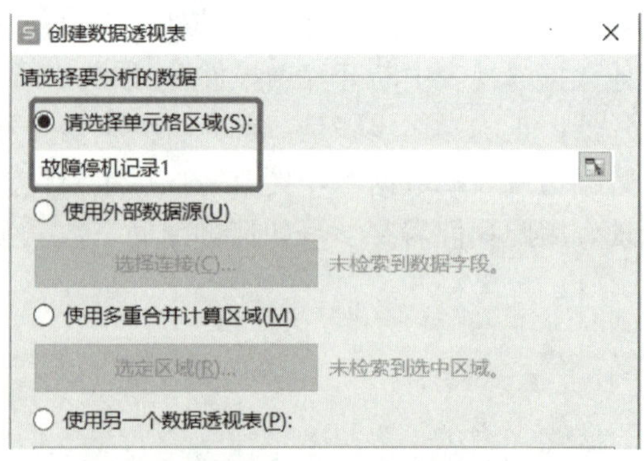

图 9-127 “智能表”创建动态数据源

（2）自定义名称法创建动态数据源，如图 9-128 所示。

解题步骤：

步骤 1 在“公式”选项卡下，单击名称管理器（快捷键：Ctrl＋F3）。弹出“名称管理器”设置窗口，单击“新建”，弹出“新建名称”窗口，输入名称为“故障停机记录 2”。

步骤 2 使用 OFFSET 偏移函数、COUNTA 非空白单元格计数函数，在“引用位置”输入公式：＝OFFSET($A$1,0,0,COUNTA($A:$A),COUNTA($1:$1))，

即可完成创建“故障停机记录 2”名称。

注意：OFFSET 偏移函数第一个参数指定参考位置为＄A＄1 单元格；第二三参数为偏移行数和列数均为零，即不偏移；第四参数为取值区域行高为 A 列非空白单元格个数；第五参数为取值区域列宽为第 1 行非空白单元格个数。

步骤 3 当插入新数据透视表时，在选择单元格区域直接输入名称“故障停机记录 2”，单击确定即可。

步骤 4 当对现有数据透视表更改为动态数据源时，选择透视表任一单元格，在“分析”选项卡下，单击“更改数据源”，在选择单元格区域中直接输入“故障停机记录 2”，单击确定即可。

注意：使用自定义名称法创建动态数据源，数据源表格第一行和第一列行不能有空白单元格，否则引用区域范围不正确，导致统计数据缺失，以致统计结果错误。增加数据之后，选择数据透视表，右键菜单刷新即可重新计算汇总。

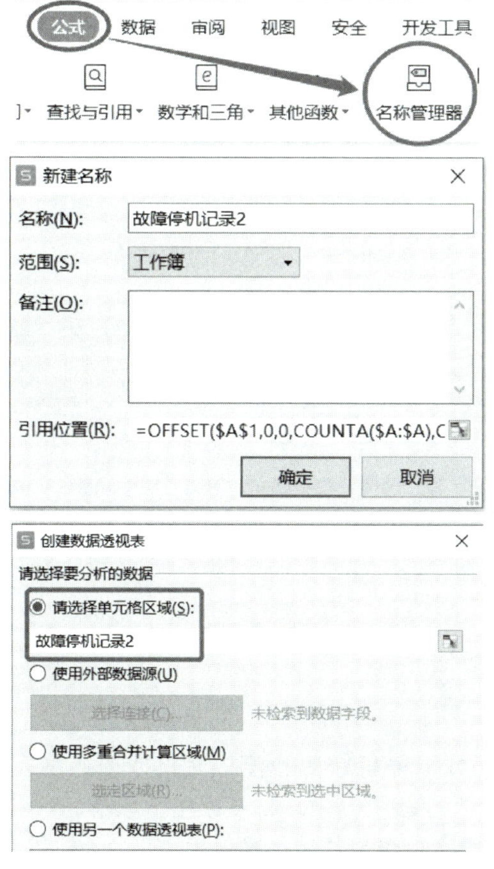

图 9-128 自定义名称法创建动态数据源

9.15 数 组 组 合

根据实际工作需求，我们经常需要对字段项目进行重新组合，然后再进行分类汇总计算。WPS 表格数据透视表支持数据组合功能，主要有三种数据组合方法：文本组合、日期组合、数值组合。

9.15.1 两个位置设置组合和取消组合

(1) 通过右键菜单“组合”(见图 9-129) 和“取消组合”命令。

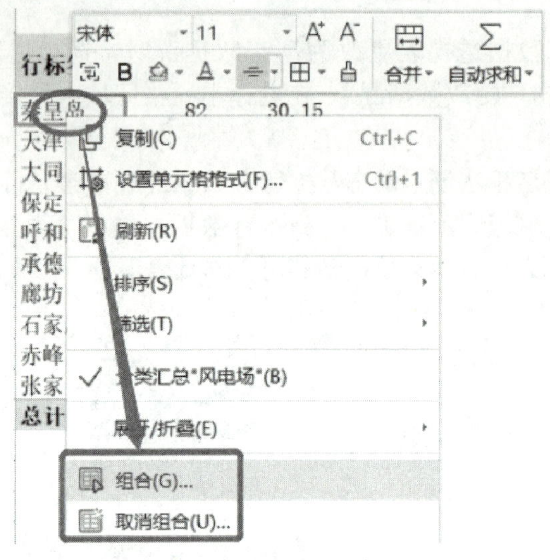

图 9-129 右键菜单“组合”命令

(2) 通过“分析”选项卡下“组选择”(见图 9-130) 和“取消组合”命令。

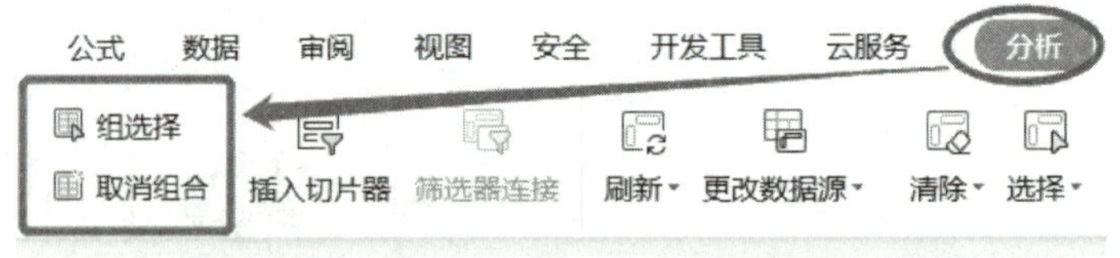

图 9-130 “分析”选项卡下“组选择”命令

9.15.2 三种数据组合方法

(1) 文本组合。

示例： 现有各风电场故障停机频次和停机时长数据透视表，对风电场进行数据组合，建立“所属维保中心”字段。其中，将石家庄、承德、呼和浩特组合为“第一维保中心”，将天津、保定、赤峰组合为“第二维保中心”，将秦皇岛、廊坊、大同、张家口组合为“第三维保中心”。

解题步骤：

步骤 1 选择风电场字段列中石家庄、承德、呼和浩特单元格区域，在右键菜单中单击“组合”，建立一个新的“数据组 1”，选择“数据组 1”单元格，在公式编辑栏修改为“第一维保中心”，如图 9-131 所示。

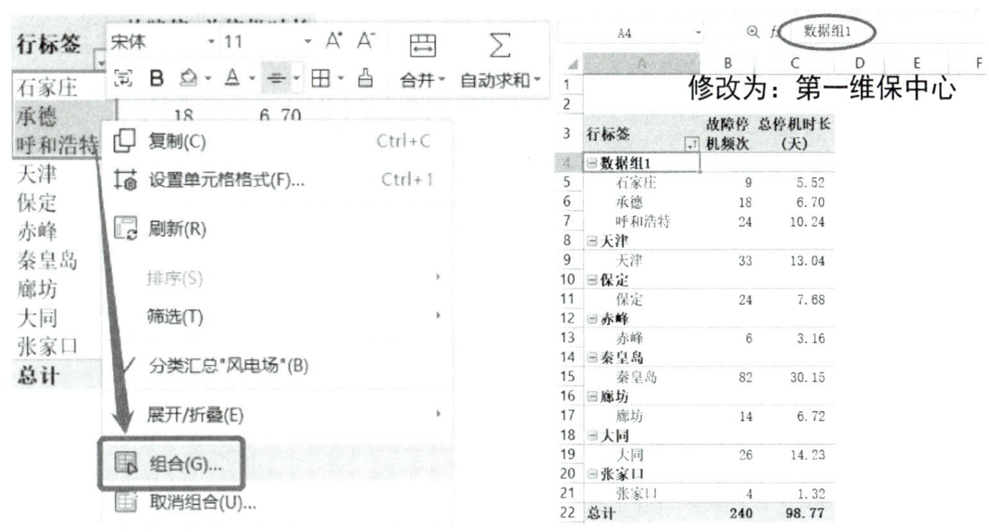

图 9-131 文本组合步骤 1

步骤 2 选择风电场字段列中天津、保定、赤峰单元格区域，在右键菜单中单击“组合”，建立一个新的“数据组 2”，选择“数据组 2”单元格，在公式编辑栏修改为“第二维保中心”，如图 9-132 所示。

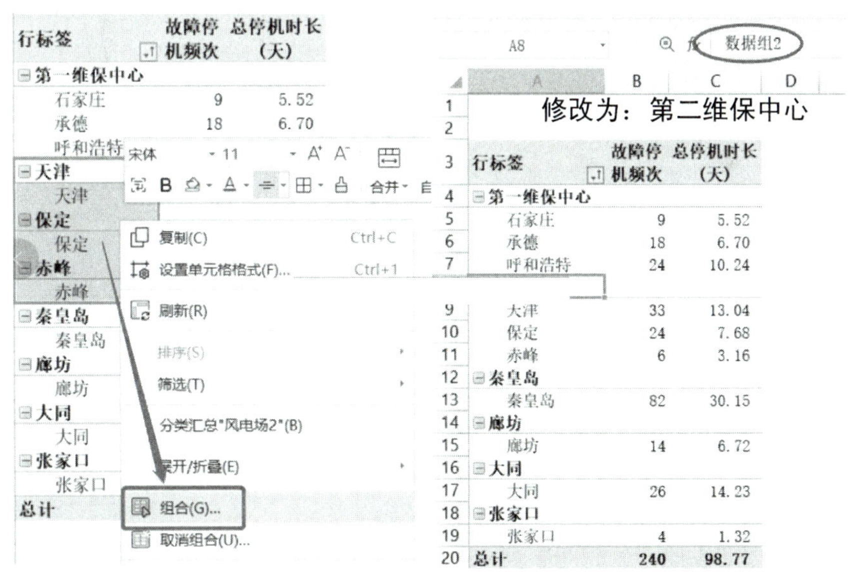

图 9-132 文本组合步骤 2

步骤 3 选择风电场字段列中秦皇岛、廊坊、大同、张家口单元格区域，在右键菜单中单击“组合”，建立一个新的“数据组 3”，选择“数据组 3”单元格，在公式编辑栏修改为“第三维保中心”，如图 9-133 所示。

步骤 4 选择数据透视表任一单元格，在“设计”选项卡，单击“分类汇总”命令下“在组的顶部显示所有分类汇总”，如图 9-134 所示。

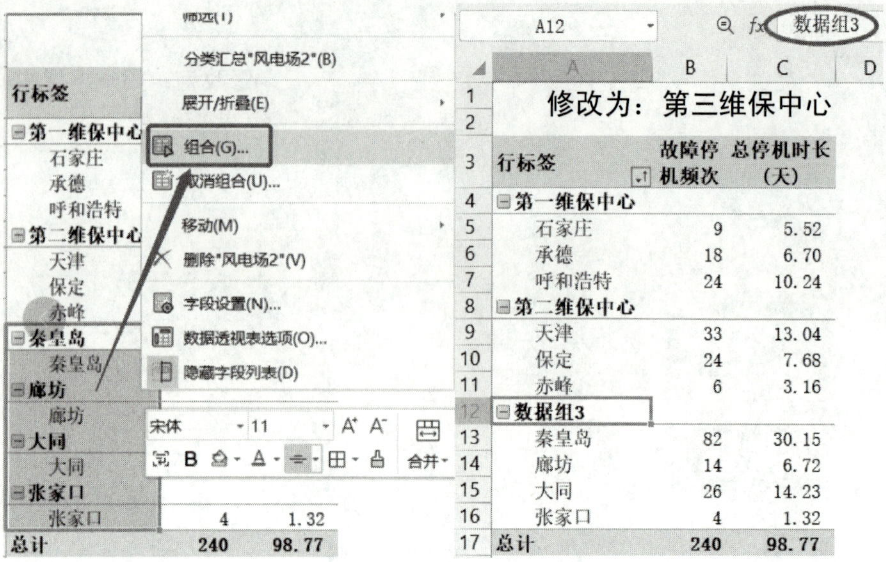

	A	B	C
1	修改为：第三维保中心		
2			
3	行标签	故障停机频次	总停机时长（天）
4	⊟第一维保中心		
5	石家庄	9	5.52
6	承德	18	6.70
7	呼和浩特	24	10.24
8	⊟第二维保中心		
9	天津	33	13.04
10	保定	24	7.68
11	赤峰	6	3.16
12	⊟数据组3		
13	秦皇岛	82	30.15
14	廊坊	14	6.72
15	大同	26	14.23
16	张家口	4	1.32
17	总计	240	98.77

图 9-133　文本组合步骤 3

行标签	故障停机频次	总停机时长（天）
⊟第一维保中心	51	22.46
石家庄	9	5.52
承德	18	6.70
呼和浩特	24	10.24
⊟第二维保中心	63	23.88
天津	33	13.04
保定	24	7.68
赤峰	6	3.16
⊟第三维保中心	126	52.43
秦皇岛	82	30.15
廊坊	14	6.72
大同	26	14.23
张家口	4	1.32
总计	240	98.77

图 9-134　文本组合后创建多级数据透视表

步骤 5　选择字段列表行区域中“风电场 2”，即为维保中心，在下拉菜单中单击“字段设置”，在自定义名称中修改字段名称为“所属维保中心”，修改完毕，字段列表中的名称也发生相应改变，如图 9-135 所示。

（2）日期组合。

示例：创建每日故障停机频次和停机时长数据透视表。

解题步骤：

步骤 1　将字段“开始时间”拖至行区域，将字段“开始时间”拖至值区域，默认计数，将字段名称“计数项：开始时间”修改为“故障停机频次”；将字段“停机时长（天）”拖至值区域，默认求和，将字段名称“求和项：停机时长（天）”修改为“总停机时长（天）”。

步骤 2　选择字段“开始时间”列中任一单元格，在右键菜单中单击“组合”，弹出日期组合设置窗口，相关设置参数如下：

起始于、终止于：默认勾选状态，即自动获取起始和终止日期时间；也可以取消勾选，指定具体日期时间。本例我们选择默认勾选状态。

步长：秒、分、小时、日、月、季度、年。默认选择“月”。如果选择“日”可以指定间隔几天，默认为 1 天；**也可以选择多个，比如选择“月”“日”，则会生成两级分类。**本例我们选择“日”，默认间隔 1 天。

图 9-136 为日期组合结果。

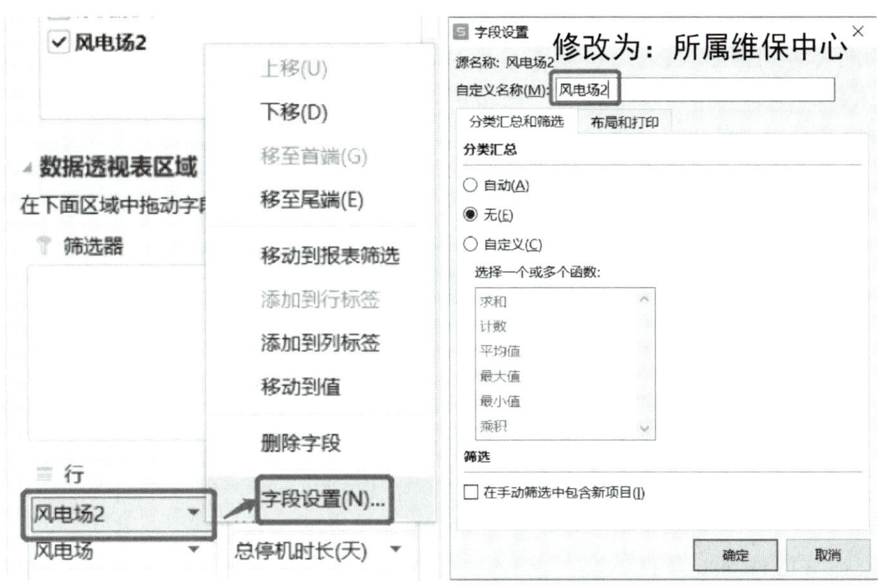

图 9-135 通过文本组合新建字段进行重命名

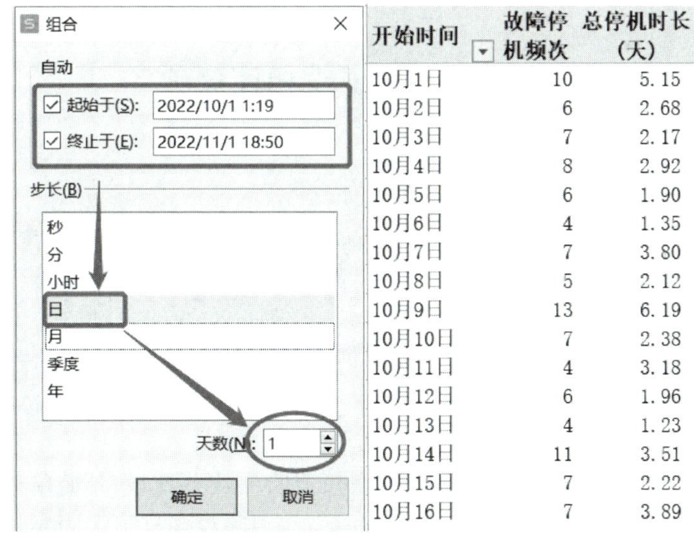

开始时间	故障停机频次	总停机时长(天)
10月1日	10	5.15
10月2日	6	2.68
10月3日	7	2.17
10月4日	8	2.92
10月5日	6	1.90
10月6日	4	1.35
10月7日	7	3.80
10月8日	5	2.12
10月9日	13	6.19
10月10日	7	2.38
10月11日	4	3.18
10月12日	6	1.96
10月13日	4	1.23
10月14日	11	3.51
10月15日	7	2.22
10月16日	7	3.89

图 9-136 日期组合结果

（3）数值组合。

示例：对每次故障停机时长进行划分类别，0～6 小时（0～0.25 天）、6～12 小时（0.25～0.5 天）、12～18 小时（0.5～0.75 天）、18～24 小时（0.75～1 天），然后求各时间段内故障停机频次。

解题步骤：

步骤 1 将字段“停机时长（天）”拖至行区域，将字段“风电场”拖至值区域，默认计数，将字段名称“计数项：风电场”修改为“故障停机频次”。

步骤 2 选择字段名称“停机时长（天）”单元格，修改名称为“停机时长划分类别”，选择字段“停机时长划分类别”列中任一单元格，在右键菜单中单击“组合”，弹出数值组合设置窗口，相关设置参数如下：

起始于、终止于：默认勾选状态，即自动获取起始和终止数值；也可以取消勾选，指定具体数值。本例我们选择取消勾选状态，起始于输入 0，终止于输入 1。

步长：自己指定。本例我们输入 0.25。

图 9-137 为数值结合结果。

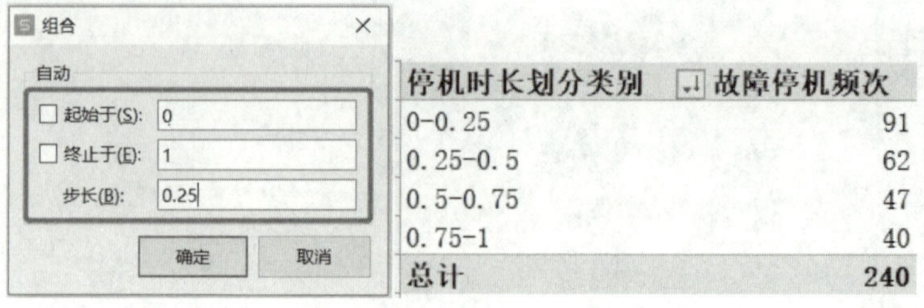

停机时长划分类别	故障停机频次
0-0.25	91
0.25-0.5	62
0.5-0.75	47
0.75-1	40
总计	**240**

图 9-137　数值组合结果

注意：数值自动组合只能通过指定步长进行等间距划分。如果想进行不等间距划分，可以通过文本组合方式进行手动组合数据，但是如果数据源发生变化，必须重新进行手动组合数据，否则会出现某些值未囊括进组合类别中。

9.16　计算字段和计算项

9.16.1　计算字段和计算项的区别

许多人使用数据透视表中计算字段和计算项时经常会“傻傻地分不清楚”，到底应该使用哪个。尤其是“计算项”，大部分人并不清楚其有何作用。二者的主要区别为：

计算字段：是对表格中现有字段进行计算后增加一个新的字段；

计算项：是对字段中现有项目进行计算后增加一个新的项目。

9.16.2　插入计算字段

在数据透视表中插入计算字段不仅可以进行加、减、乘和除等简单运算，还可以使用函数来进行更复杂的计算。但是在计算字段中使用函数会有很多限制，**因为“计算字段”仅引用存储于相同记忆区域的数据，称之为透视表缓存，无法在公式中引用数据透视表以外的任何数据，**只能使用 SUM、COUNT、AVERAGE、IF、AND、NOT、OR、ROUND、TEXT 等函数。**因此，建议插入计算字段时只进行简单运算。**

示例：现有各风电场故障分析数据透视表，其中停机时长单位为天。请增加一个新的字段“停机时长（小时）”，按小时统计停机时长；另外增加一个新的字段在统计期内“平均每小时损失电量（kWh）”，求各风电场平均每小时损失电量。

（1）插入计算字段“停机时长（小时）”。

解题步骤：

步骤 1　选择数据透视表任一单元格，在“分析”选项卡下选择“字段、项目”，在下拉菜单中单击“计算字段”，弹出“插入计算字段”窗口。字段名称命名为“停机时长（小时)”，公式输入：='停机时长(天)' * 24。图 9-138 为插入计算字段“停机时长(小时)”。

注意： 公式中使用的字段可以在下面字段窗口中选择后双击添加，或者选择后通过单击“插入字段”按钮插入。

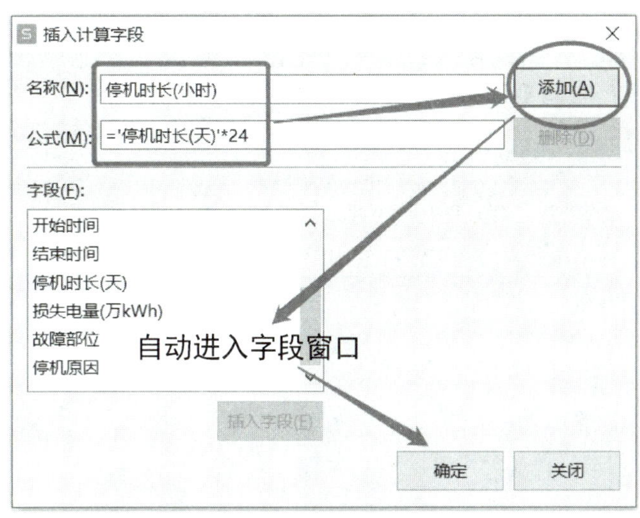

图 9-138　插入计算字段“停机时长（小时）”

步骤 2　输入完毕，单击“添加”，字段“停机时长（小时）”自动进入下面字段窗口中。单击“确定”，字段“停机时长（小时）”在数据透彻表字段列表末尾显示出来，并且自动进入值区域，修改字段名称“求和项：停机时长（小时）”为“总停机时长（小时）”，并设置数字格式为保留整数。图 9-139 为以“小时”为单位统计停机时长。

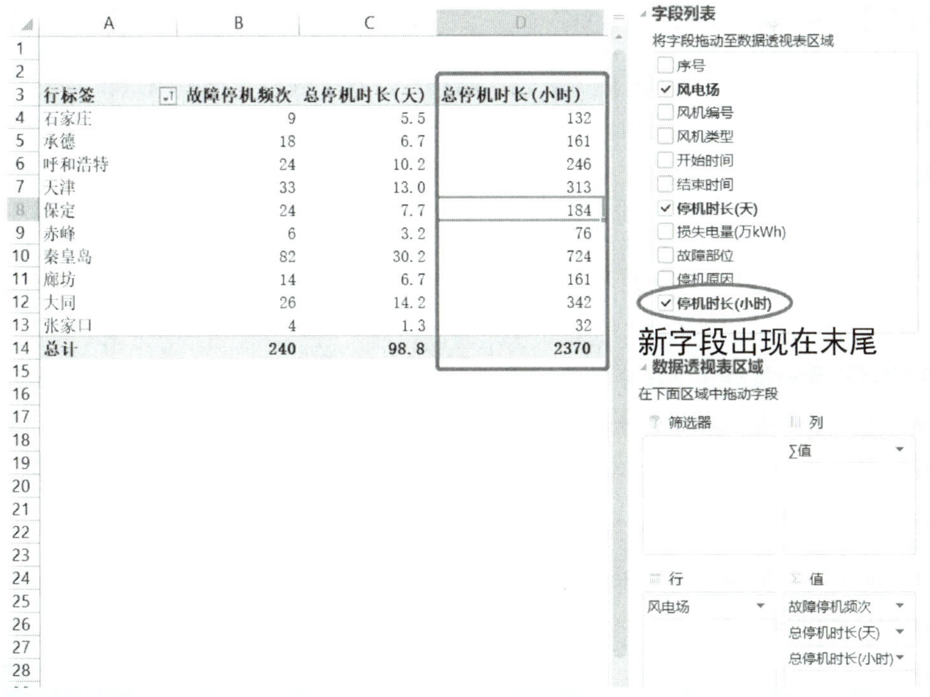

行标签	故障停机频次	总停机时长(天)	总停机时长(小时)
石家庄	9	5.5	132
承德	18	6.7	161
呼和浩特	24	10.2	246
天津	33	13.0	313
保定	24	7.7	184
赤峰	6	3.2	76
秦皇岛	82	30.2	724
廊坊	14	6.7	161
大同	26	14.2	342
张家口	4	1.3	32
总计	240	98.8	2370

图 9-139　以“小时”为单位统计停机时长

(2) 插入计算字段“平均每小时损失电量 (kWh)”。

解题步骤:

步骤 1　选择数据透视表任一单元格，在“分析”选项卡下选择“字段、项目”，在下拉菜单中单击“计算字段”，弹出“插入计算字段”窗口。字段名称命名为“平均每小时损失电量 (kWh)”，公式输入：='损失电量(万 kWh)' * 10000/'停机时长(小时)'。图 9-140 为插入计算字段“平均每小时损失电量(kWh)”。

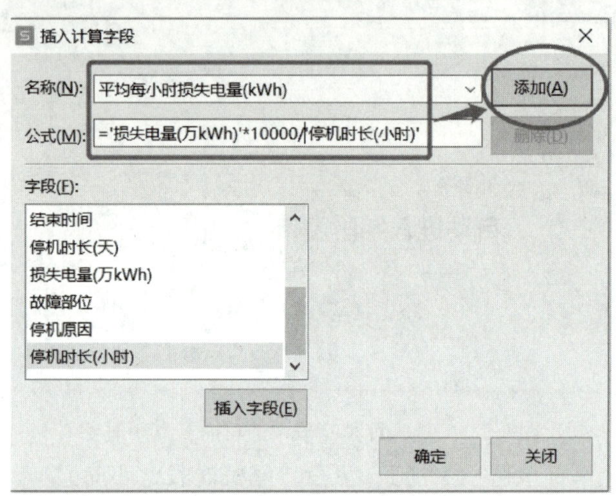

图 9-140　插入计算字段“平均每小时损失电量（kWh)”

步骤 2　输入完毕，单击“添加”，字段“平均每小时损失电量 (kWh)”自动进入下面字段窗口中。单击“确定”，字段“平均每小时损失电量 (kWh)”在数据透视表字段列表末尾显示出来，并且自动进入值区域，修改字段名称“求和项：平均每小时损失电量 (kWh)”为“平均每小时损失电量 (kWh)”，并设置数字格式为保留整数。图 9-141 为统计各场站平均每小时损失电量。

(3) 计算字段运算规则。

计算字段首先对公式中字段数据进行求和，然后再进行其他运算，因此计算字段只能求和，不能进行其他运算，比如最大值、最小值、平均值、计数等。比如计算字段“平均每小时损失电量 (kWh)”，首先计算各场站总损失电量和总停机时长，然后二者相除。而不是对每条故障停机记录中损失电量除以停机时长，然后进行求和。

使用计算字段需要特别注意其运算规则，否则会产生错误结果。比如备件信息记录表中包含备件单价和数量，如果插入计算字段“总金额”，计算公式为：=单价 * 数量，计算结果将会是错误的。因为按照计算字段运算规则，首先计算单价总和和数量总和，然后二者相乘。最好的解决方式是，在数据源中增加一列信息“总金额”。

(4) 修改或删除计算字段。

解题步骤：选择数据透视表任一单元格，在“分析”选项卡下选择“字段、项目”，在下拉菜单中单击“计算字段”，弹出“插入计算字段”窗口。在“名称”下拉菜单选择需要修改或删除的计算字段，如需要修改，修改完单击“修改”按钮即可，如需删除，直接单击“删除”按钮即可。图 9-142 为修改或删除计算字段。

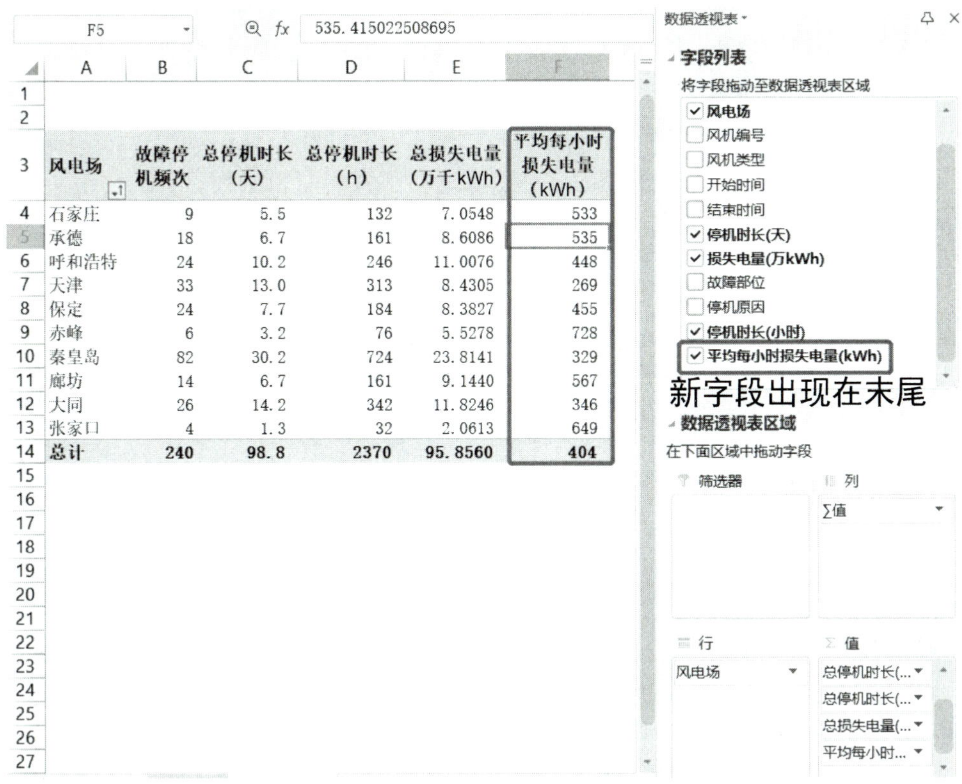

风电场	故障停机频次	总停机时长（天）	总停机时长（h）	总损失电量（万千kWh）	平均每小时损失电量（kWh）
石家庄	9	5.5	132	7.0548	533
承德	18	6.7	161	8.6086	535
呼和浩特	24	10.2	246	11.0076	448
天津	33	13.0	313	8.4305	269
保定	24	7.7	184	8.3827	455
赤峰	6	3.2	76	5.5278	728
秦皇岛	82	30.2	724	23.8141	329
廊坊	14	6.7	161	9.1440	567
大同	26	14.2	342	11.8246	346
张家口	4	1.3	32	2.0613	649
总计	240	98.8	2370	95.8560	404

图 9-141　统计各场站平均每小时损失电量

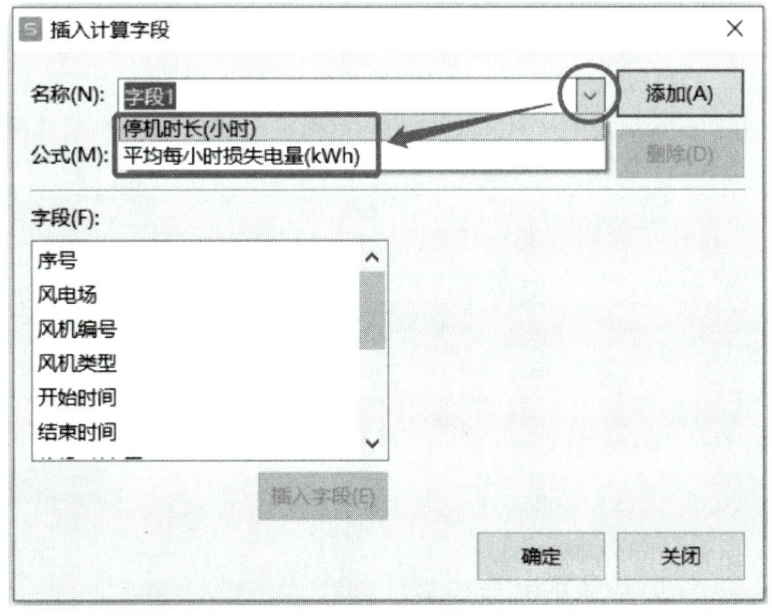

图 9-142　修改或删除计算字段（一）

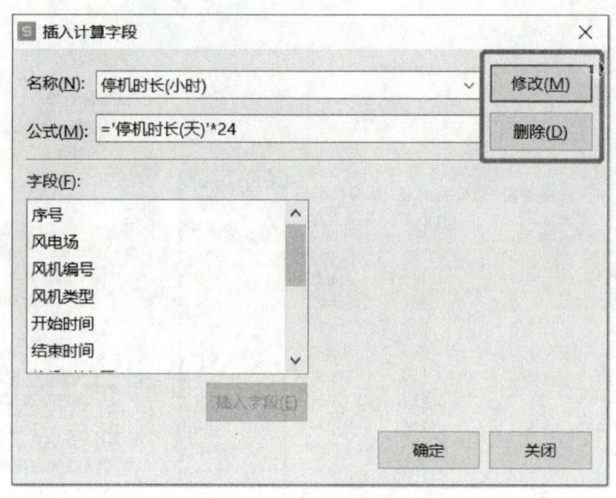

图 9-142　修改或删除计算字段（二）

9.16.3　插入计算项

（1）两个注意事项。

解题步骤：

步骤 1　与“计算字段”不同，“计算项”相当于在数据透视表中添加新行，但“计算项”有一个限制，即在有分组字段的情况下无法添加“计算项”，如图 9-143 所示。

WPS 表格

此数据透视表字段已被组合。不能向组合字段中添加计算项。
若要取消该组合字段，请确保它位于行或列区域中，选定组合字段的某个项，单击"分析"选项卡上的"组合"组中的"取消组合"按钮，然后插入计算项。插入计算项之后，可重新对字段中的项进行组合。

确定

图 9-143　无法添加“计算项”告警之一

处理办法：如果我们从同一数据源重新插入数据透视表，新的数据透视表会**自动共享透视表缓存，因此并不能规避此问题。**我们可以对字段取消分组，或者将数据源单独复制出来，再创建新数据透视表。

步骤 2　在数据透视表中一个字段如果具有计算项，则不能在数据透视表区域中多次使用，否则会报错，如图 9-144 所示。

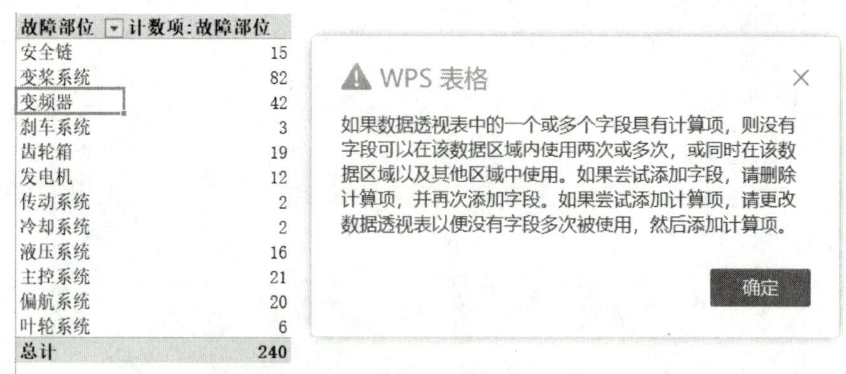

故障部位	计数项:故障部位
安全链	15
变桨系统	82
变频器	42
刹车系统	3
齿轮箱	19
发电机	12
传动系统	2
冷却系统	2
液压系统	16
主控系统	21
偏航系统	20
叶轮系统	6
总计	240

图 9-144　无法添加“计算项”告警之二

处理办法：将“计数项：故障部位”替换为其他字段，比如“计数项：风电场”，同样可以计算故障停机频次。

（2）插入计算项“电控类故障”。

示例：现有故障部位分析数据透视表，请增加一个新的项目“电控类故障”，主要包括变桨系统、变频器、主控系统、偏航系统。

解题步骤：

步骤 1 选择数据透视表分类字段“故障部位”列中任一单元格，在“分析”选项卡下选择“字段、项目”，在下拉菜单中单击“计算项”，弹出“在‘故障部位’中插入计算字段”窗口。字段名称命名为“电控类故障”，公式输入：=sum（变桨系统，变频器，主控系统，偏航系统）。图 9-145 为在“故障部位”字段中插入项目。

注意：公式中使用的字段可以在下面项目窗口中选择后双击添加，或者选择后通过单击“插入项”按钮插入。

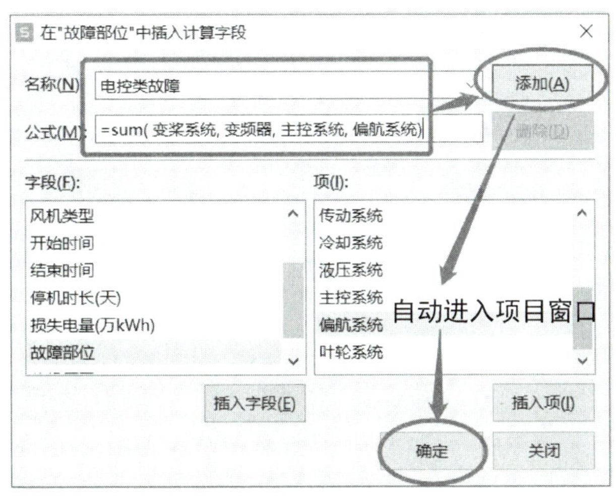

图 9-145 在“故障部位”字段中插入项目“电控类故障”

步骤 2 输入完毕，单击“添加”，计算项“电控类故障”自动进入下面项目窗口中。单击“确定”，字段项目“电控类故障”自动进入透视表区域，设置故障停机频次降序排列，很明显能够看出，电控类故障频次＝变桨系统故障频次＋变频器故障频次＋主控系统故障频次＋偏航系统故障频次，如图 9-146 所示。

	A	B
3	故障部位	故障停机频次
4	电控类故障	165
5	变桨系统	82
6	变频器	42
7	主控系统	21
8	偏航系统	20
9	齿轮箱	19
10	液压系统	16
11	安全链	15
12	发电机	12
13	叶轮系统	6
14	刹车系统	3
15	冷却系统	2
16	传动系统	2
17	总计	405

图 9-146 统计电控类故障停机频次

（3）修改或删除计算项。

解题步骤：选择数据透视表分类字段中任一单元格，在“分析”选项卡下选择“字段、项目”，在下拉菜单中单击“计算项”，弹出“在‘＊＊＊’插入计算字段”窗口。在“名称”下拉菜单选择需要修改或删除的计算项，如需要修改，修改完单击“修改”按钮即可，如需删除，直接单击“删除”按钮即可，如图 9-147 所示。

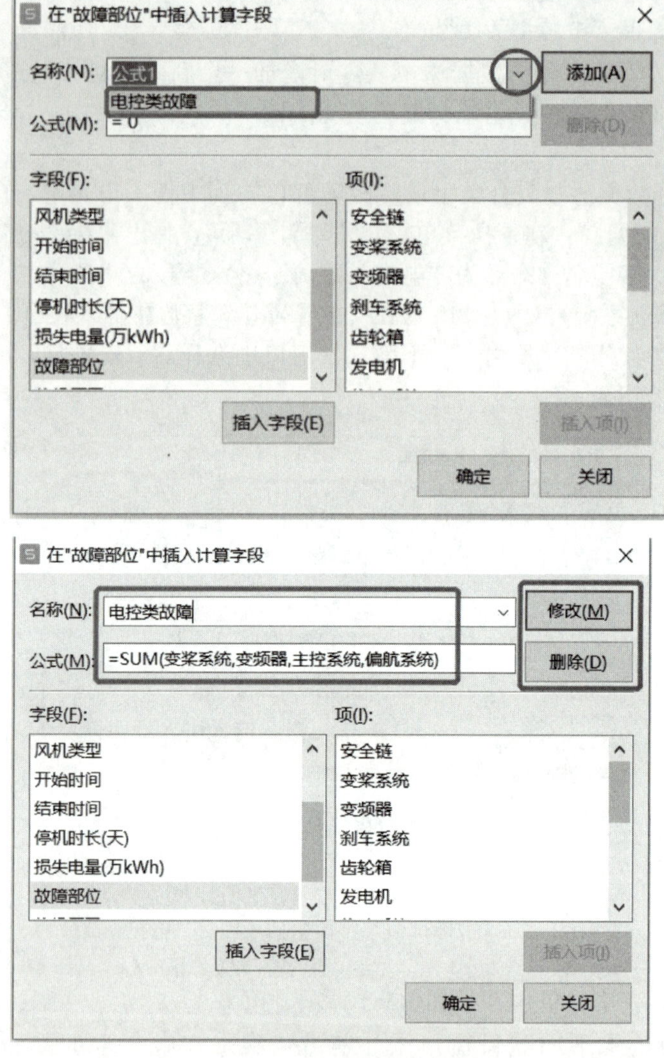

图 9-147　修改或删除计算项

9.17　使用透视表函数获取数据

数据透视表功能非常强大，但是数据透视表属于结构化数据，不能移动或修改，其格式具有很大的局限性，导致我们无法对其进行美化和进一步的操作。下面认识数据透视表函数 GETPIVOTDATA，可以帮助我们完美解决这一问题。

9.17.1　GETPIVOTDATA 获取透视表数据函数

功能：提取存储在数据透视表中的数据。

语法：=GETPIVOTDATA(查询字段,数据透视表区域,字段名 1,字段值 1…)。

注意：

①查询字段：必需。是需要从中提取数据的字段名称。

②数据透视表区域：必需。指定包含要检索数据的数据透视表，默认为数据透视表左上角第一个单元格即代表整个数据透视表。

③字段名 1、字段值 1…：可选。描述要检索的数据的 1 到 126 个字段名称对和项目名称对；这些名称对可按任何顺序排列；除日期和数字外的字段名称和项目名称需要用英文双引号括起来。

④如果项目包含日期，则此值必须以序列号表示或使用 DATE 函数进行填充，以便在其他位置打开此工作表时将保留此值。例如，引用日期 2023 年 1 月 1 日的项目可按 44927 或 DATE（2023，1，1）的形式输入。时间可按小数值的形式输入或使用 TIME 函数输入。

⑤如果第二个参数“数据透视表区域”不是有效的数据透视表范围，则返回无引用区域错误＃REF!。

⑥如果指定的字段名称或项目名称不存在，或者参数包含其中未显示的筛选数据，则返回无引用区域错误＃REF!。

小技巧：

①可通过以下方法快速输入简单的 GetPivotData 公式：选择某一空白单元格中，键入等号“＝”，然后在数据透视表中单击包含要返回数据的单元格即可。

②如果此功能未开启，选择数据透视表中任一单元格，在“分析”选项卡下，单击“选项”下拉按钮，勾选“生成 GetPivotData”，如图 9-148 所示。

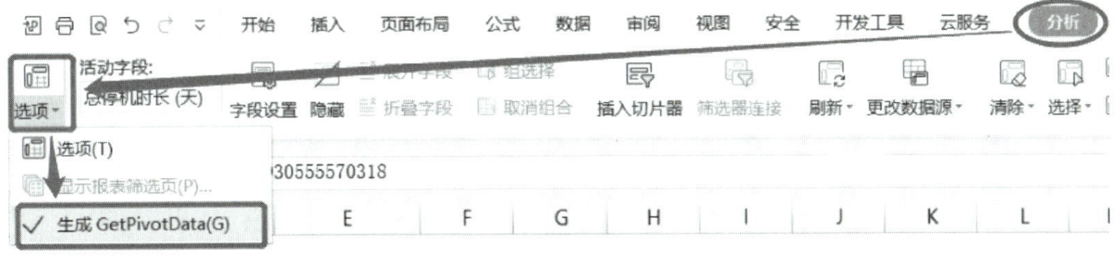

图 9-148 开启“生成 GetPivotData”功能

9.17.2 使用透视表函数获取数据

（1）简单直接获取数据。

示例：创建风电场故障停机频次和停机时长数据透视表（见图 9-149），请使用透视表函数获取公司整体故障停机频次和停机时长、承德风电场故障停机频次和停机时长。

解题步骤：

步骤 1 选择 E4 单元格，键入等号“＝”，选择数据透视表汇总行 B14 单元格即可获取公司整体故障停机频次。

步骤 2 选择 F4 单元格，键入等号“＝”，选择数据透视表汇总行 C14 单元格即可获取公司整体总停机时长。

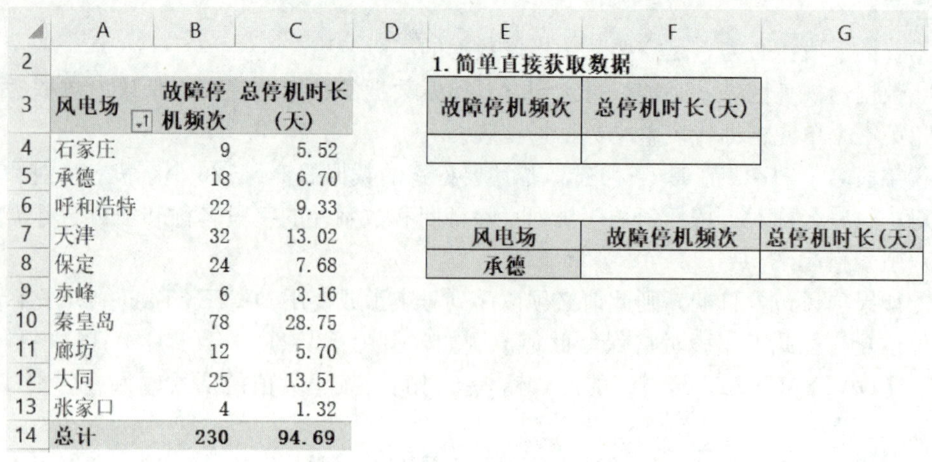

风电场	故障停机频次	总停机时长（天）
石家庄	9	5.52
承德	18	6.70
呼和浩特	22	9.33
天津	32	13.02
保定	24	7.68
赤峰	6	3.16
秦皇岛	78	28.75
廊坊	12	5.70
大同	25	13.51
张家口	4	1.32
总计	230	94.69

1. 简单直接获取数据

故障停机频次	总停机时长（天）

风电场	故障停机频次	总停机时长（天）
承德		

图 9-149　使用透视表函数简单直接获取数据

步骤 3　选择 F8 单元格，键入等号“＝”，选择数据透视表承德风电场所在行 B5 单元格即可获取承德风电场故障停机频次。

步骤 4　选择 G8 单元格，键入等号“＝”，选择数据透视表承德风电场所在行 C5 单元格即可获取承德风电场总停机时长。

图 9-150 为使用透视表函数简单直接获取数据结果。

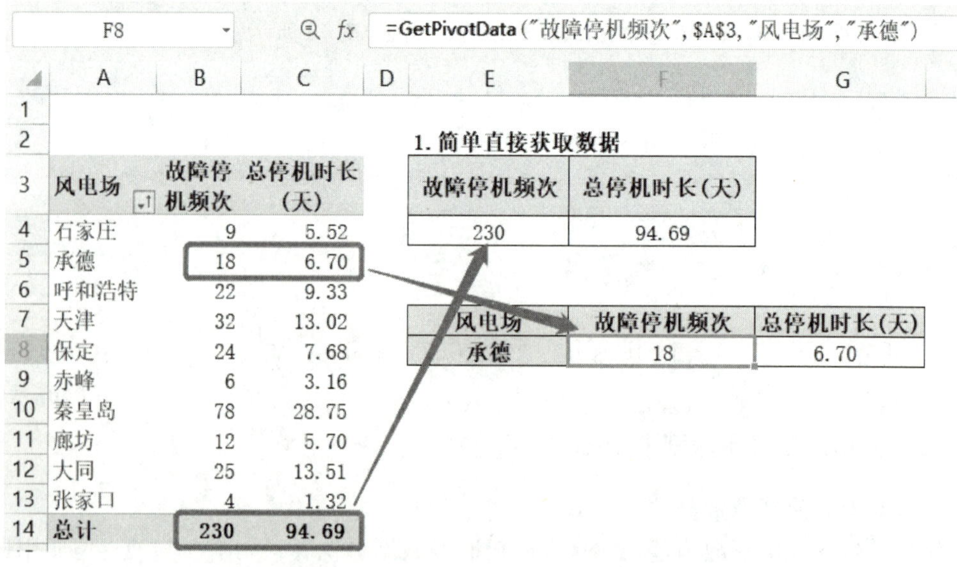

F8　=GetPivotData("故障停机频次",$A$3,"风电场","承德")

风电场	故障停机频次	总停机时长（天）
石家庄	9	5.52
承德	18	6.70
呼和浩特	22	9.33
天津	32	13.02
保定	24	7.68
赤峰	6	3.16
秦皇岛	78	28.75
廊坊	12	5.70
大同	25	13.51
张家口	4	1.32
总计	230	94.69

1. 简单直接获取数据

故障停机频次	总停机时长（天）
230	94.69

风电场	故障停机频次	总停机时长（天）
承德	18	6.70

图 9-150　使用透视表函数简单直接获取数据结果

（2）简单动态获取数据。

将 GetPivotData 函数公式中“字段值”参数替换为单元格引用，通过拖拽实现动态获取数据。

示例： 创建风电场故障停机频次和停机时长数据透视表（见图 9-151），请使用透视表函数动态获取承德、张家口两个风电场故障停机频次和停机时长。

	A	B	C
2			
3	风电场	故障停机频次	总停机时长（天）
4	石家庄	9	5.52
5	承德	18	6.70
6	呼和浩特	22	9.33
7	天津	32	13.02
8	保定	24	7.68
9	赤峰	6	3.16
10	秦皇岛	78	28.75
11	廊坊	12	5.70
12	大同	25	13.51
13	张家口	4	1.32
14	**总计**	**230**	**94.69**

2. 简单动态获取

风电场	故障停机频次	总停机时长（天）
承德		
张家口		

图 9-151　使用透视表函数简单动态获取数据

解题步骤：

步骤 1　选择 J4 单元格，键入等号“=”，选择数据透视表承德风电场所在行 B5 单元格即可获取承德风电场故障停机频次。

步骤 2　选择 K4 单元格，键入等号“=”，选择数据透视表承德风电场所在行 C5 单元格即可获取承德风电场总停机时长。

步骤 3　将两个公式中风电场字段值“承德”替换为 I4 单元格引用。

步骤 4　选择 J4:K4 单元格区域，向下拖动填充公式，即可求得承德、张家口风电场故障停机频次和总停机时长。

图 9-152 为使用透视表函数简单动态获取数据结果。

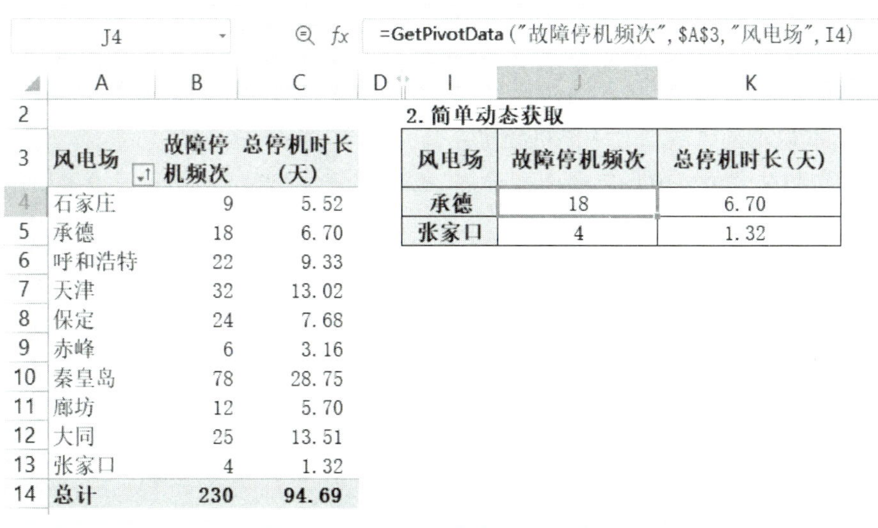

J4　=GetPivotData("故障停机频次",$A$3,"风电场",I4)

	A	B	C
2			
3	风电场	故障停机频次	总停机时长（天）
4	石家庄	9	5.52
5	承德	18	6.70
6	呼和浩特	22	9.33
7	天津	32	13.02
8	保定	24	7.68
9	赤峰	6	3.16
10	秦皇岛	78	28.75
11	廊坊	12	5.70
12	大同	25	13.51
13	张家口	4	1.32
14	**总计**	**230**	**94.69**

2. 简单动态获取

风电场	故障停机频次	总停机时长（天）
承德	18	6.70
张家口	4	1.32

图 9-152　使用透视表函数简单动态获取数据结果

（3）复杂动态获取数据。

将 GetPivotData 函数公式中“查询字段”和“字段值”两个参数替换为单元格引用。如果“查询字段”直接替换为单元格引用，则返回无引用区域错误＃REF!，因此必须嵌套 T 函数（返回引用的文本）才能使用，然后通过拖拽实现动态获取数据。

注意：T 函数作用是检测给定的值是否为文本，如果是文本返回文本本身，否则返回空字符。在此处起到返回单元格引用中文字的作用。

示例同上：创建风电场故障停机频次和停机时长数据透视表（见图 9-153），请使用透视表函数动态获取承德、张家口两个风电场故障停机频次和停机时长。

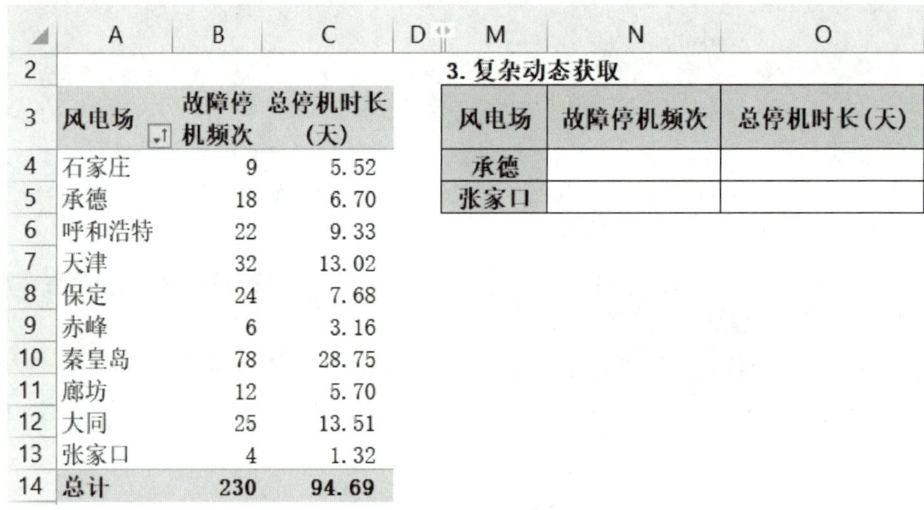

	A	B	C
2			
3	风电场	故障停机频次	总停机时长(天)
4	石家庄	9	5.52
5	承德	18	6.70
6	呼和浩特	22	9.33
7	天津	32	13.02
8	保定	24	7.68
9	赤峰	6	3.16
10	秦皇岛	78	28.75
11	廊坊	12	5.70
12	大同	25	13.51
13	张家口	4	1.32
14	总计	230	94.69

3. 复杂动态获取

风电场	故障停机频次	总停机时长(天)
承德		
张家口		

图 9-153　使用透视表函数复杂动态获取数据

解题步骤：

步骤 1　选择 N4 单元格，键入等号“＝”，选择数据透视表承德风电场所在行 B5 单元格即可获取承德风电场故障停机频次。

步骤 2　将公式中风电场字段值“承德”替换为＄M4 单元格引用，设置引用方式为列绝对行相对。

步骤 3　将公式中“查询字段”参数“故障停机频次”替换为 T(N＄3)，设置引用方式为列相对行绝对。

步骤 4　选择 N4 单元格，向右向下拖动填充公式，即可求得承德、张家口风电场故障停机频次和总停机时长。

图 9-154 为使用透视表函数复杂动态获取数据结果。

N4 fx =GetPivotData(T(N$3),$A$3,"风电场",$M4)

	A	B	C
2			
3	风电场	故障停机频次	总停机时长（天）
4	石家庄	9	5.52
5	承德	18	6.70
6	呼和浩特	22	9.33
7	天津	32	13.02
8	保定	24	7.68
9	赤峰	6	3.16
10	秦皇岛	78	28.75
11	廊坊	12	5.70
12	大同	25	13.51
13	张家口	4	1.32
14	总计	230	94.69

3. 复杂动态获取

风电场	故障停机频次	总停机时长（天）
承德	18	6.70
张家口	4	1.32

图 9-154 使用透视表函数复杂动态获取数据结果

9.18 布 局 和 样 式

9.18.1 默认布局样式

图 9-155 是 WPS 表格的数据透视表默认的布局和样式，第一眼看去，感觉中规中矩，样式比较清亮。如果仅创建一张数据透视表，使用默认样式也是可以的，但如果创建多张数据透视表，就会审美疲劳，感觉千篇一律，这时候我们就需要对其进行自定义设计，便于更好地区分，使数据模型整体显得大方美观。

	A	B	C
3	风电场	故障停机频次	总停机时长（天）
4	⊟石家庄	9	5.52
5	UP96-2000	4	1.98
6	GW77-1500	4	2.89
7	GE77-1500	1	0.64
8	⊟承德	18	6.70
9	UP77-1500	14	5.64
10	GW70-1500	4	1.06
11	⊞呼和浩特	22	9.33
12	⊞天津	32	13.02
13	⊞保定	24	7.68
14	⊞赤峰	6	3.16
15	⊞秦皇岛	78	28.75
16	⊞廊坊	12	5.70
17	⊞大同	25	13.51
18	⊞张家口	4	1.32
19	总计	230	94.69

图 9-155 WPS 表格数据透视表默认布局和样式

那如何进行数据透视表的布局和样式设置呢？选择数据透视表中任一单元格，在数据透视表“设计”选项卡下的功能命令可以进行自定义设置，其中左侧部分为“布局设置”，右侧部分为“样式设置”，如图 9-156 所示。

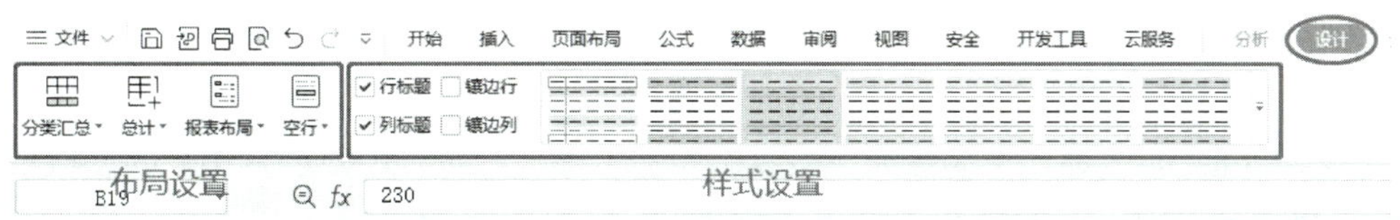

图 9-156 “设计”选项卡布局设置和样式设置

9.18.2 布局设置项目

布局设置项目主要分为四大类：分类汇总、总计、报表布局、空行。

（1）分类汇总设置。

分类汇总设置是针对**多级数据透视表**进行设置的。共有三个设置项：不显示分类汇总、在组的底部显示所有分类汇总、**在组的顶部显示所有分类汇总（默认）。**

注意：如果报表布局设置为“以表格形式显示”，则“在组的顶部显示所有分类汇总”不起作用。

解题步骤：为方便进行展示，创建风电场风机类型的故障停机频次和停机时长的多级数据透视表，并对风电场进行字段筛选，仅保留“石家庄”“承德”“呼和浩特”三个场站，依次进行各项分类汇总设置操作，如图 9-157 所示。

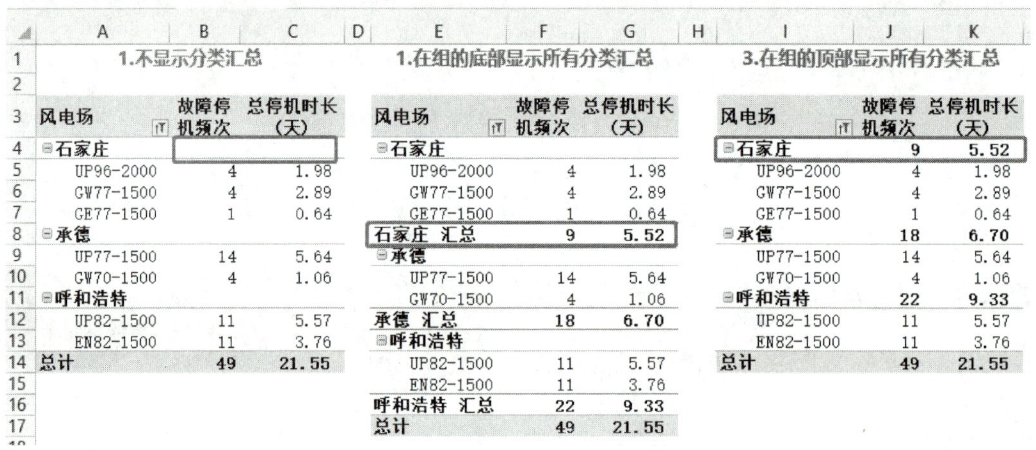

	A	B	C	D	E	F	G	H	I	J	K
1	1.不显示分类汇总				1.在组的底部显示所有分类汇总				3.在组的顶部显示所有分类汇总		
2											
3	风电场	故障停机频次	总停机时长（天）		风电场	故障停机频次	总停机时长（天）		风电场	故障停机频次	总停机时长（天）
4	⊟石家庄				⊟石家庄				⊟石家庄	9	5.52
5	UP96-2000	4	1.98		UP96-2000	4	1.98		UP96-2000	4	1.98
6	GW77-1500	4	2.89		GW77-1500	4	2.89		GW77-1500	4	2.89
7	GE77-1500	1	0.64		GE77-1500	1	0.64		GE77-1500	1	0.64
8	⊟承德				石家庄 汇总	9	5.52		⊟承德	18	6.70
9	UP77-1500	14	5.64		⊟承德				UP77-1500	14	5.64
10	GW70-1500	4	1.06		UP77-1500	14	5.64		GW70-1500	4	1.06
11	⊟呼和浩特				GW70-1500	4	1.06		⊟呼和浩特	22	9.33
12	UP82-1500	11	5.57		承德 汇总	18	6.70		UP82-1500	11	5.57
13	EN82-1500	11	3.76		⊟呼和浩特				EN82-1500	11	3.76
14	总计	49	21.55		UP82-1500	11	5.57		总计	49	21.55
15					EN82-1500	11	3.76				
16					呼和浩特 汇总	22	9.33				
17					总计	49	21.55				

图 9-157　三种分类汇总设置显示效果

（2）总计设置。

总计设置共有四个设置项：**对行和列启用（默认）、**对行和列禁用、仅对行启用、仅对列启用。

解题步骤：为方便进行展示，创建风电场各故障部位故障停机频次的二维数据透视表，依次进行各项总计设置操作，如图 9-158 所示。

注意：“对行启用”是指对所有横向数据进行汇总，在右侧显示一列汇总列；“对列启用”是指对所有纵向数据进行汇总，在最后一行显示汇总行。

（3）报表布局设置。

报表布局共有两类六个设置项，其中显示方式有**以压缩形式显示（默认）、**以大纲形式显示、以表格形式显示；标签设置有重复所有标签项目、**不重复所有标签项目（默认）。**

注意：

①“以压缩形式显示”多级分类数据占一列，“以大纲形式显示”和“以表格形式显示”多级分类数据占多列。

②两类设置可以重叠设置。其中设置“以压缩形式显示”，不能进行重复标签设置，

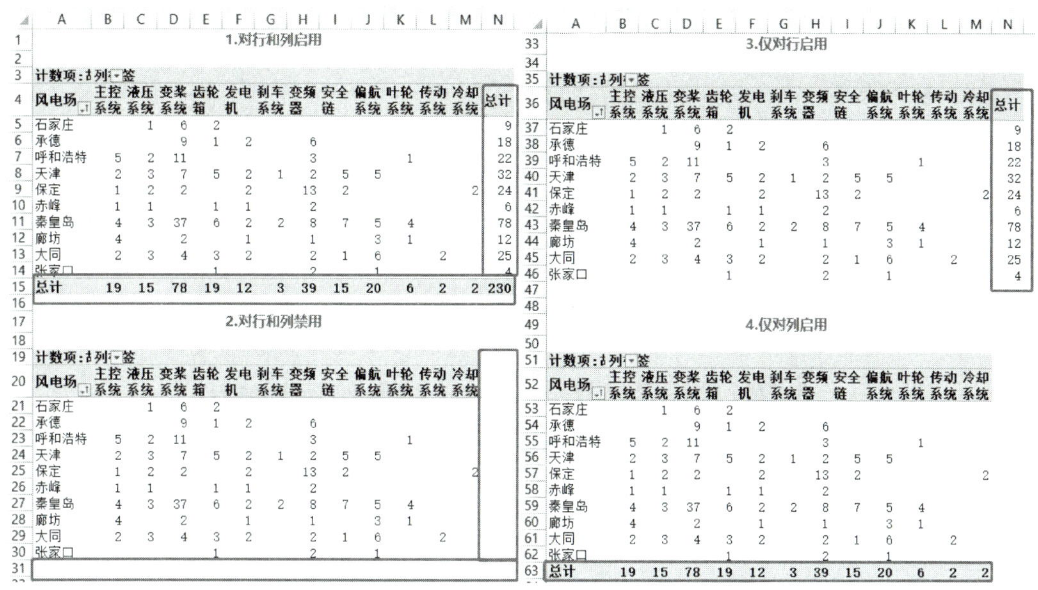

1.对行和列启用

计数项:故 列标签													
风电场	主控系统	液压系统	变桨系统	齿轮箱	发电机	刹车系统	变频器	安全链	偏航系统	叶轮系统	传动系统	冷却系统	总计
石家庄		1	6	2									9
承德			9	1	2		6						18
呼和浩特	5	2	11				3			1			22
天津	2	3	7	5	2	1	2	5	5				32
保定	1	2	2		2		13	2				2	24
赤峰	1	1		1	1		2						6
秦皇岛	4	3	37	6	2	2	8	7	5	4			78
廊坊	4		2		1		1		3	1			12
大同	2	3	4	3	2		2	1	6		2		25
张家口				1			2		1				4
总计	19	15	78	19	12	3	39	15	20	6	2	2	230

2.对行和列禁用

计数项:故 列标签												
风电场	主控系统	液压系统	变桨系统	齿轮箱	发电机	刹车系统	变频器	安全链	偏航系统	叶轮系统	传动系统	冷却系统
石家庄		1	6	2								
承德			9	1	2		6					
呼和浩特	5	2	11				3			1		
天津	2	3	7	5	2	1	2	5	5			
保定	1	2	2		2		13	2				2
赤峰	1	1		1	1		2					
秦皇岛	4	3	37	6	2	2	8	7	5	4		
廊坊	4		2		1		1		3	1		
大同	2	3	4	3	2		2	1	6		2	
张家口				1			2		1			

3.仅对行启用

计数项:故 列标签													
风电场	主控系统	液压系统	变桨系统	齿轮箱	发电机	刹车系统	变频器	安全链	偏航系统	叶轮系统	传动系统	冷却系统	总计
石家庄		1	6	2									9
承德			9	1	2		6						18
呼和浩特	5	2	11				3			1			22
天津	2	3	7	5	2	1	2	5	5				32
保定	1	2	2		2		13	2				2	24
赤峰	1	1		1	1		2						6
秦皇岛	4	3	37	6	2	2	8	7	5	4			78
廊坊	4		2		1		1		3	1			12
大同	2	3	4	3	2		2	1	6		2		25
张家口				1			2		1				4

4.仅对列启用

计数项:故 列标签												
风电场	主控系统	液压系统	变桨系统	齿轮箱	发电机	刹车系统	变频器	安全链	偏航系统	叶轮系统	传动系统	冷却系统
石家庄		1	6	2								
承德			9	1	2		6					
呼和浩特	5	2	11				3			1		
天津	2	3	7	5	2	1	2	5	5			
保定	1	2	2		2		13	2				2
赤峰	1	1		1	1		2					
秦皇岛	4	3	37	6	2	2	8	7	5	4		
廊坊	4		2		1		1		3	1		
大同	2	3	4	3	2		2	1	6		2	
张家口				1			2		1			
总计	19	15	78	19	12	3	39	15	20	6	2	2

图 9-158 四种总计设置显示效果

另外两种显示形式可以设置是否重复所有标签项目。

解题步骤：为方便进行展示，创建风电场风机类型的故障停机频次和停机时长的多级数据透视表，并对风电场进行字段筛选，仅保留“石家庄”“承德”“呼和浩特”三个场站，依次进行各项报表布局设置操作，如图 9-159 所示。

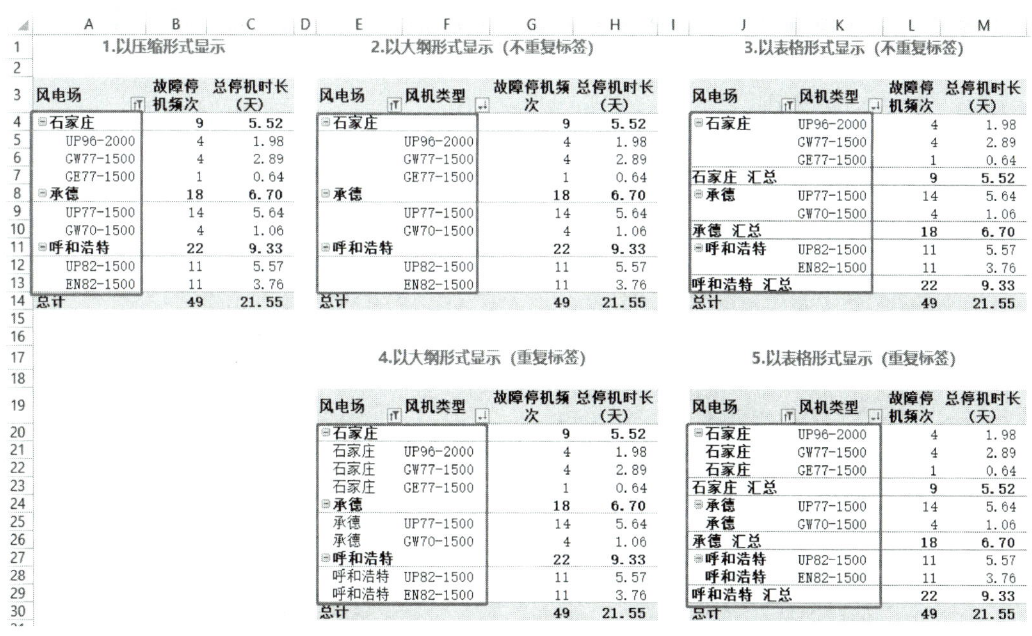

1.以压缩形式显示

风电场	故障停机频次	总停机时长（天）
⊟石家庄	9	5.52
UP96-2000	4	1.98
GW77-1500	4	2.89
GE77-1500	1	0.64
⊟承德	18	6.70
UP77-1500	14	5.64
GW70-1500	4	1.06
⊟呼和浩特	22	9.33
UP82-1500	11	5.57
EN82-1500	11	3.76
总计	49	21.55

2.以大纲形式显示（不重复标签）

风电场	风机类型	故障停机频次	总停机时长（天）
⊟石家庄		9	5.52
	UP96-2000	4	1.98
	GW77-1500	4	2.89
	GE77-1500	1	0.64
⊟承德		18	6.70
	UP77-1500	14	5.64
	GW70-1500	4	1.06
⊟呼和浩特		22	9.33
	UP82-1500	11	5.57
	EN82-1500	11	3.76
总计		49	21.55

3.以表格形式显示（不重复标签）

风电场	风机类型	故障停机频次	总停机时长（天）
⊟石家庄	UP96-2000	4	1.98
	GW77-1500	4	2.89
	GE77-1500	1	0.64
石家庄 汇总		9	5.52
⊟承德	UP77-1500	14	5.64
	GW70-1500	4	1.06
承德 汇总		18	6.70
⊟呼和浩特	UP82-1500	11	5.57
	EN82-1500	11	3.76
呼和浩特 汇总		22	9.33
总计		49	21.55

4.以大纲形式显示（重复标签）

风电场	风机类型	故障停机频次	总停机时长（天）
⊟石家庄		9	5.52
石家庄	UP96-2000	4	1.98
石家庄	GW77-1500	4	2.89
石家庄	GE77-1500	1	0.64
⊟承德		18	6.70
承德	UP77-1500	14	5.64
承德	GW70-1500	4	1.06
⊟呼和浩特		22	9.33
呼和浩特	UP82-1500	11	5.57
呼和浩特	EN82-1500	11	3.76
总计		49	21.55

5.以表格形式显示（重复标签）

风电场	风机类型	故障停机频次	总停机时长（天）
⊟石家庄	UP96-2000	4	1.98
石家庄	GW77-1500	4	2.89
石家庄	GE77-1500	1	0.64
石家庄 汇总		9	5.52
⊟承德	UP77-1500	14	5.64
承德	GW70-1500	4	1.06
承德 汇总		18	6.70
⊟呼和浩特	UP82-1500	11	5.57
呼和浩特	EN82-1500	11	3.76
呼和浩特 汇总		22	9.33
总计		49	21.55

图 9-159 六种报表布局设置显示效果

注意：对于中间过渡表，建议设置“以表格形式显示”“重复所有标签项目”。采用这种方式设置，可以快速整理中间过渡报表，避免使用 VLOOKUP 等查询函数来链接各种所需数据。

(4) 空行设置。

空行设置共有两个设置项：在每个项目后插入空行、删除每个项目后的空行。**默认没有空行。**

解题步骤： 为方便进行展示，创建风电场风机类型的故障停机频次和停机时长的多级数据透视表，并对风电场进行字段筛选，仅保留"石家庄""承德""呼和浩特"三个场站，依次进行各项空行设置操作，如图 9-160 所示。

	A	B	C	D	E	F	G
1	1.在每个项目后插入空行				2.删除每个项目后的空行		
2							
3	风电场	故障停机频次	总停机时长（天）		风电场	故障停机频次	总停机时长（天）
4	⊟石家庄	9	5.52		⊟石家庄	9	5.52
5	UP96-2000	4	1.98		UP96-2000	4	1.98
6	GW77-1500	4	2.89		GW77-1500	4	2.89
7	GE77-1500	1	0.64		GE77-1500	1	0.64
8					⊟承德	18	6.70
9	⊟承德	18	6.70		UP77-1500	14	5.64
10	UP77-1500	14	5.64		GW70-1500	4	1.06
11	GW70-1500	4	1.06		⊟呼和浩特	22	9.33
12					UP82-1500	11	5.57
13	⊟呼和浩特	22	9.33		EN82-1500	11	3.76
14	UP82-1500	11	5.57		总计	49	21.55
15	EN82-1500	11	3.76				
16							
17	总计	49	21.55				

图 9-160 两种空行设置显示效果

9.18.3 样式设置项目

(1) 行列标题。

行列标题默认为勾选状态，可以着重显示行列标题，并自动套用表格样式，如图 9-161 所示。

	A	B	C	D	E	F	G
1	1.勾选行列标题				2.取消勾选行列标题		
2							
3	风电场	故障停机频次	总停机时长（天）		风电场	故障停机频次	总停机时长（天）
4	⊟石家庄	9	5.52		⊟石家庄	9	5.52
5	UP96-2000	4	1.98		UP96-2000	4	1.98
6	GW77-1500	4	2.89		GW77-1500	4	2.89
7	GE77-1500	1	0.64		GE77-1500	1	0.64
8	⊟承德	18	6.70		⊟承德	18	6.70
9	UP77-1500	14	5.64		UP77-1500	14	5.64
10	GW70-1500	4	1.06		GW70-1500	4	1.06
11	⊟呼和浩特	22	9.33		⊟呼和浩特	22	9.33
12	UP82-1500	11	5.57		UP82-1500	11	5.57
13	EN82-1500	11	3.76		EN82-1500	11	3.76
14	总计	49	21.55		总计	49	21.55

图 9-161 勾选和取消行列标题显示效果

（2）镶边行列。

镶边行列默认为取消勾选状态。“镶边行”在行中显示交替底纹或条带，“镶边列”在列中显示交替底纹或条带，有助于更好地区分数据。一般建议选择镶边行，并且不要同时选择镶边行列，造成视觉混淆且不美观。图 9-162 为勾选和取消镶边行列显示效果。

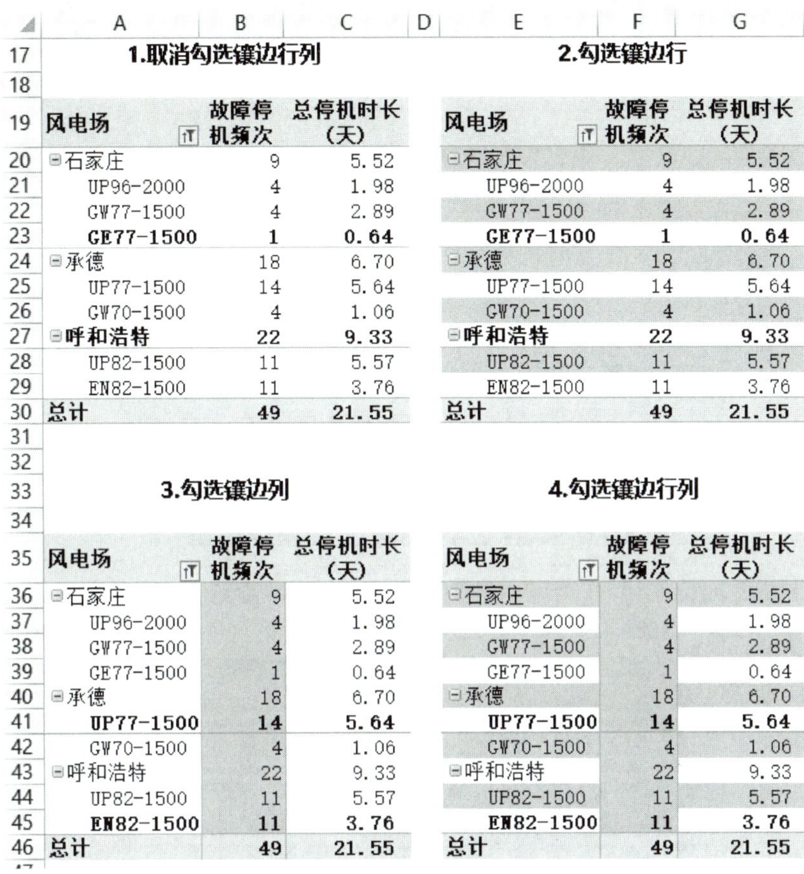

1.取消勾选镶边行列

风电场	故障停机频次	总停机时长（天）
⊟石家庄	9	5.52
UP96-2000	4	1.98
GW77-1500	4	2.89
GE77-1500	**1**	**0.64**
⊟承德	18	6.70
UP77-1500	14	5.64
GW70-1500	4	1.06
⊟呼和浩特	**22**	**9.33**
UP82-1500	11	5.57
EN82-1500	11	3.76
总计	**49**	**21.55**

2.勾选镶边行

风电场	故障停机频次	总停机时长（天）
⊟石家庄	9	5.52
UP96-2000	4	1.98
GW77-1500	4	2.89
GE77-1500	**1**	**0.64**
⊟承德	18	6.70
UP77-1500	14	5.64
GW70-1500	4	1.06
⊟呼和浩特	**22**	**9.33**
UP82-1500	11	5.57
EN82-1500	11	3.76
总计	**49**	**21.55**

3.勾选镶边列

风电场	故障停机频次	总停机时长（天）
⊟石家庄	9	5.52
UP96-2000	4	1.98
GW77-1500	4	2.89
GE77-1500	1	0.64
⊟承德	18	6.70
UP77-1500	**14**	**5.64**
GW70-1500	4	1.06
⊟呼和浩特	22	9.33
UP82-1500	11	5.57
EN82-1500	**11**	**3.76**
总计	**49**	**21.55**

4.勾选镶边行列

风电场	故障停机频次	总停机时长（天）
⊟石家庄	9	5.52
UP96-2000	4	1.98
GW77-1500	4	2.89
GE77-1500	1	0.64
⊟承德	18	6.70
UP77-1500	**14**	**5.64**
GW70-1500	4	1.06
⊟呼和浩特	22	9.33
UP82-1500	11	5.57
EN82-1500	**11**	**3.76**
总计	**49**	**21.55**

图 9-162 勾选和取消镶边行列显示效果

（3）自动套用表格样式。

在“设计”选项卡下面选择自己喜欢的表格样式，通过右侧下拉选项选择更多表格样式，共有 85 种内置样式可供选择，其中包括浅色 29 种、中等颜色 28 种、深色 28 种。如果对内置样式不满意，还可以自定义设计样式，如图 9-163 所示。

9.18.4 其他布局和样式设置选项

（1）合并且居中排列带标签的单元格。

解题步骤：

步骤 1 为方便进行展示，创建风电场风机类型的故障停机频次和停机时长的多级数据透视表，并对风电场进行字段筛选，仅保留“石家庄”“承德”“呼和浩特”三个场站。

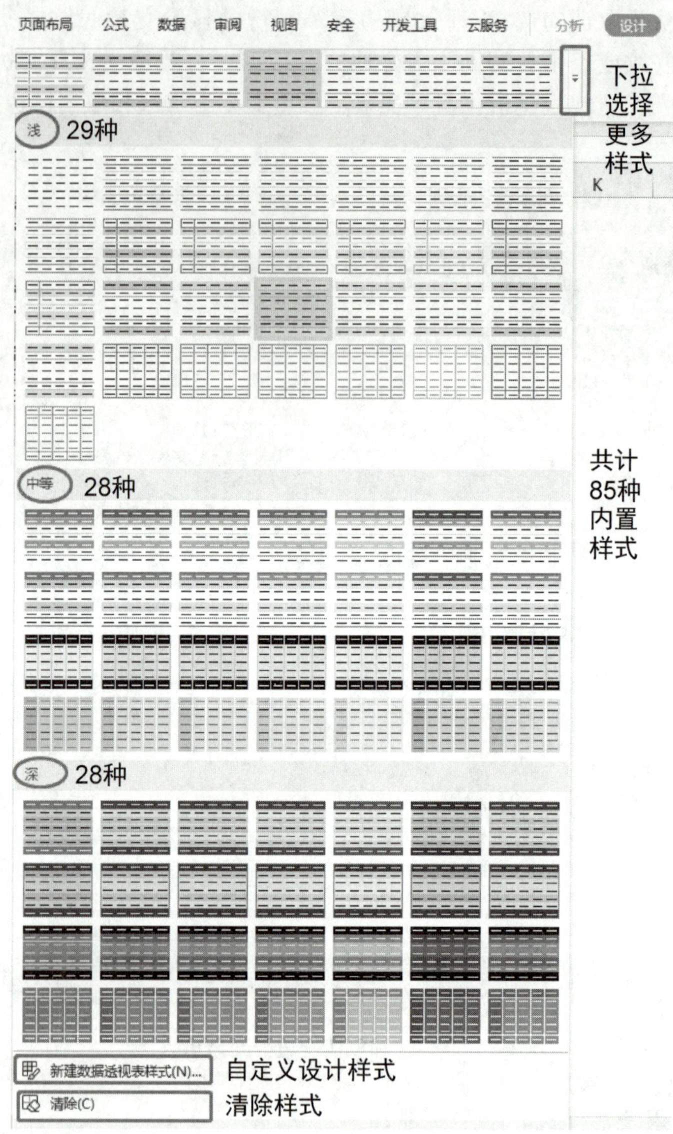

图 9-163　自动套用表格样式

步骤 2　设置数据透视表布局和样式：以表格形式显示、不显示分类汇总。

步骤 3　选择数据透视表任一单元格，右键菜单选择“数据透视表选项”，打开数据透视表选项设置窗口。在“布局和格式”选项卡中勾选“合并且居中排列带标签的单元格”，单击确定即可，如图 9-164 所示。图 9-165 为未勾选和勾选“合并且居中排列带标签的单元格”显示效果。

（2）压缩表单中缩进行标签字符数。

解题步骤：

步骤 1　为方便进行展示，创建风电场风机类型的故障停机频次和停机时长的多级数据透视表，并对风电场进行字段筛选，仅保留“石家庄”“承德”“呼和浩特”三个场站。

数据透视表选项

名称(N): 风电场故障分析

布局和格式 汇总和筛选 显示 数据

布局

☐ 合并且居中排列带标签的单元格(M)

压缩表单中缩进行标签(C): 1 字符

在报表筛选区域显示字段(D): 垂直并排

每列报表筛选字段数(F): 0

格式

☐ 对于错误值，显示(E):

☑ 对于空单元格，显示(S):

☐ 更新时自动调整列宽(A)

☑ 更新时保留单元格格式(P)

确定 取消

图 9-164 数据透视表选项设置“合并且居中排列带标签的单元格”

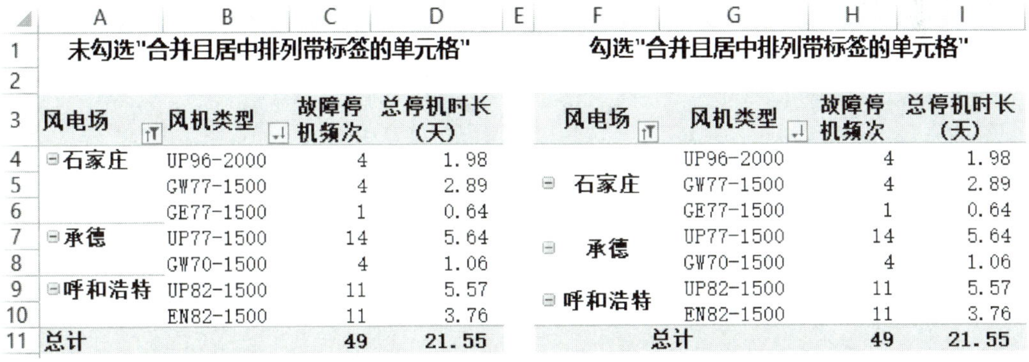

未勾选"合并且居中排列带标签的单元格"

风电场	风机类型	故障停机频次	总停机时长(天)
⊟石家庄	UP96-2000	4	1.98
	GW77-1500	4	2.89
	GE77-1500	1	0.64
⊟承德	UP77-1500	14	5.64
	GW70-1500	4	1.06
⊟呼和浩特	UP82-1500	11	5.57
	EN82-1500	11	3.76
总计		49	21.55

勾选"合并且居中排列带标签的单元格"

风电场	风机类型	故障停机频次	总停机时长(天)
⊟ 石家庄	UP96-2000	4	1.98
	GW77-1500	4	2.89
	GE77-1500	1	0.64
⊟ 承德	UP77-1500	14	5.64
	GW70-1500	4	1.06
⊟ 呼和浩特	UP82-1500	11	5.57
	EN82-1500	11	3.76
总计		49	21.55

图 9-165 未勾选和勾选“合并且居中排列带标签的单元格”显示效果

步骤 2 设置数据透视表布局和样式为默认样式：以压缩形式显示、在组的顶部显示所有分类汇总。

步骤 3 选择数据透视表任一单元格，右键菜单选择“数据透视表选项”，打开数据透视表选项设置窗口，如图 9-166 所示。在“布局和格式”选项卡中修改“压缩表单中缩进行标签”字符个数为 2，单击确定即可，如图 9-167 所示。

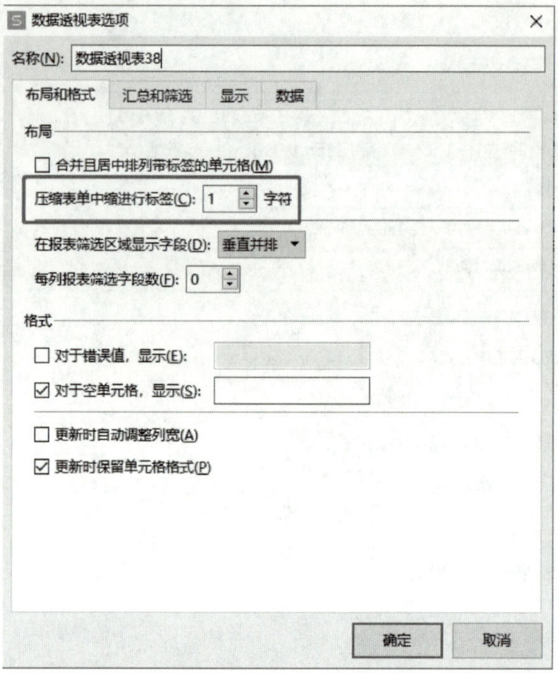

数据透视表选项

名称(N): 数据透视表38

布局和格式　汇总和筛选　显示　数据

布局

☐ 合并且居中排列带标签的单元格(M)

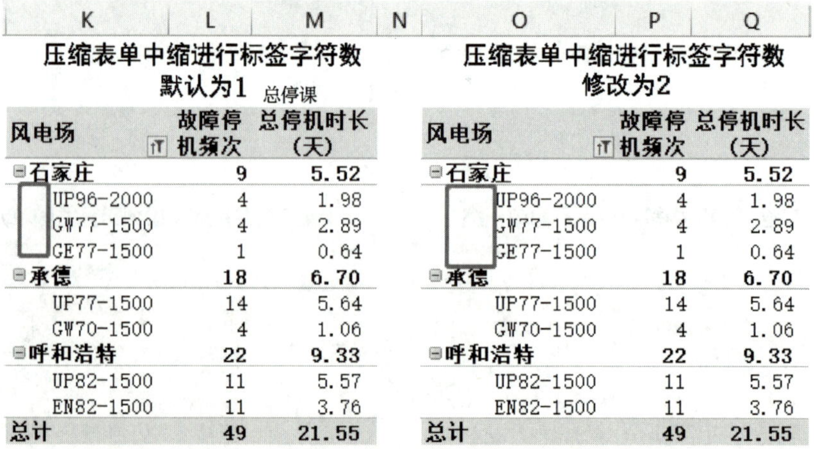

压缩表单中缩进行标签(C): 1 字符

在报表筛选区域显示字段(D): 垂直并排

每列报表筛选字段数(F): 0

格式

☐ 对于错误值，显示(E):

☑ 对于空单元格，显示(S):

☐ 更新时自动调整列宽(A)

☑ 更新时保留单元格格式(P)

确定　取消

图 9-166　数据透视表选项设置“压缩表单中缩进行标签字符数”

K	L	M	N	O	P	Q
压缩表单中缩进行标签字符数默认为1		总停课		压缩表单中缩进行标签字符数修改为2		
风电场	故障停机频次	总停机时长（天）		风电场	故障停机频次	总停机时长（天）
⊟石家庄	9	5.52		⊟石家庄	9	5.52
UP96-2000	4	1.98		UP96-2000	4	1.98
GW77-1500	4	2.89		GW77-1500	4	2.89
GE77-1500	1	0.64		GE77-1500	1	0.64
⊟承德	18	6.70		⊟承德	18	6.70
UP77-1500	14	5.64		UP77-1500	14	5.64
GW70-1500	4	1.06		GW70-1500	4	1.06
⊟呼和浩特	22	9.33		⊟呼和浩特	22	9.33
UP82-1500	11	5.57		UP82-1500	11	5.57
EN82-1500	11	3.76		EN82-1500	11	3.76
总计	49	21.55		总计	49	21.55

图 9-167　设置“压缩表单中缩进行标签字符数”为 2 显示效果

（3）设置对于空单元格显示 0。

解题步骤：

步骤 1　创建风电场各故障部位停机频次的二维数据透视表，可以看出各场站中个别故障部位停机频次为空，即未发生故障停机。

步骤 2　选择数据透视表任一单元格，右键菜单选择“数据透视表选项”，打开数据透视表选项设置窗口。在“布局和格式”选项卡中设置“对于空单元格，显示”，文本框输入 0（见图 9-168），单击确定即可。图 9-169 为设置“对于空单元格显示 0”显示效果。

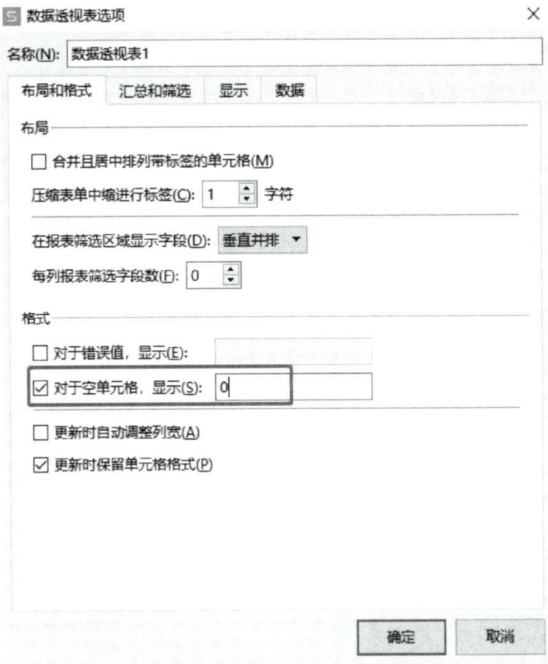

数据透视表选项

名称(N): 数据透视表1

布局和格式 | 汇总和筛选 | 显示 | 数据

布局

☐ 合并且居中排列带标签的单元格(M)

压缩表单中缩进行标签(C): 1 字符

在报表筛选区域显示字段(D): 垂直并排

每列报表筛选字段数(F): 0

格式

☐ 对于错误值，显示(E):

☑ 对于空单元格，显示(S): 0

☐ 更新时自动调整列宽(A)

☑ 更新时保留单元格格式(P)

确定 取消

图 9-168 数据透视表选项设置“对于空单元格，显示”项目

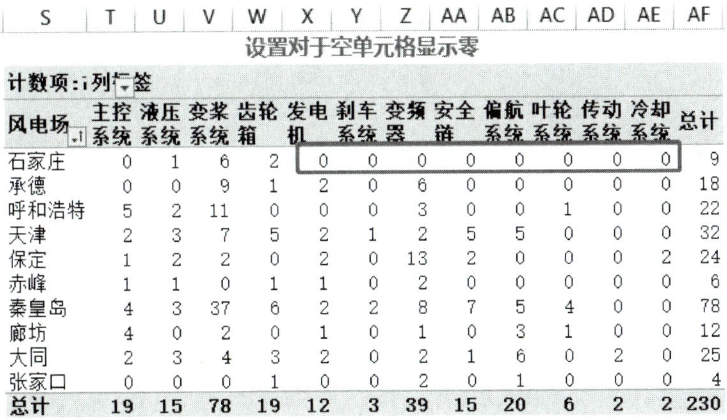

设置对于空单元格显示零

计数项:i 列标签													
风电场	主控系统	液压系统	变桨系统	齿轮箱	发电机	刹车系统	变频器	安全链	偏航系统	叶轮系统	传动系统	冷却系统	总计
石家庄	0	1	6	2	0	0	0	0	0	0	0	0	9
承德	0	0	9	1	2	0	6	0	0	0	0	0	18
呼和浩特	5	2	11	0	0	0	3	0	0	1	0	0	22
天津	2	3	7	5	2	1	2	5	5	0	0	0	32
保定	1	2	2	0	2	0	13	2	0	0	0	2	24
赤峰	1	1	0	1	1	0	2	0	0	0	0	0	6
秦皇岛	4	3	37	6	2	2	8	7	5	4	0	0	78
廊坊	4	0	2	0	1	0	1	0	3	1	0	0	12
大同	2	3	4	3	2	0	2	1	6	0	2	0	25
张家口	0	0	0	1	0	0	2	0	1	0	0	0	4
总计	**19**	**15**	**78**	**19**	**12**	**3**	**39**	**15**	**20**	**6**	**2**	**2**	**230**

图 9-169 设置“对于空单元格显示 0”显示效果

9.19 展开/折叠各级详细信息和显示/删除值字段详细信息

9.19.1 展开/折叠各级详细信息

在多级数据透视表中，可以展开或折叠到任何级别的数据详细信息，甚至可以一次操作展开或折叠所有级别的详细信息。为方便进行展示，创建风电场风机类型的故障停机频次和停机时长的多级数据透视表，并对风电场进行字段筛选，仅保留“石家庄”“承德”“呼和浩特”三个场站，主要有以下三种展开折叠字段级别方式。

（1）单击当前项的“展开/折叠”按钮，如图 9-170 所示。

	A	B	C	D
1	1.当前项展开效果			
2				
3	风电场	风机类型	故障停机频次	总停机时长（天）
4	⊟石家庄	单击折叠	9	5.52
5		GE77-1500	1	0.64
6		GW77-1500	4	2.89
7		UP96-2000	4	1.98
8	⊟承德		18	6.70
9		GW70-1500	4	1.06
10		UP77-1500	14	5.64
11	⊟呼和浩特		22	9.33
12		EN82-1500	11	3.76
13		UP82-1500	11	5.57
14	总计		49	21.55

F	G	H	I
2.当前项折叠效果			
风电场	风机类型	故障停机频次	总停机时长（天）
⊞石家庄	单击展开	9	5.52
⊟承德		18	6.70
	GW70-1500	4	1.06
	UP77-1500	14	5.64
⊟呼和浩特		22	9.33
	EN82-1500	11	3.76
	UP82-1500	11	5.57
总计		49	21.55

图 9-170 单击当前项的“展开/折叠”按钮

（2）双击当前项名称。

选择当前项名称所在单元格，双击即可展开或折叠当前项的详细信息。

（3）单击右键菜单“展开/折叠”命令。

解题步骤：选择当前项名称所在单元格，右键菜单中单击“展开/折叠”，在二级菜单中可以选择：展开、折叠、展开整个字段、折叠整个字段。图 9-171 为右键菜单“展开/折叠”四个命令。

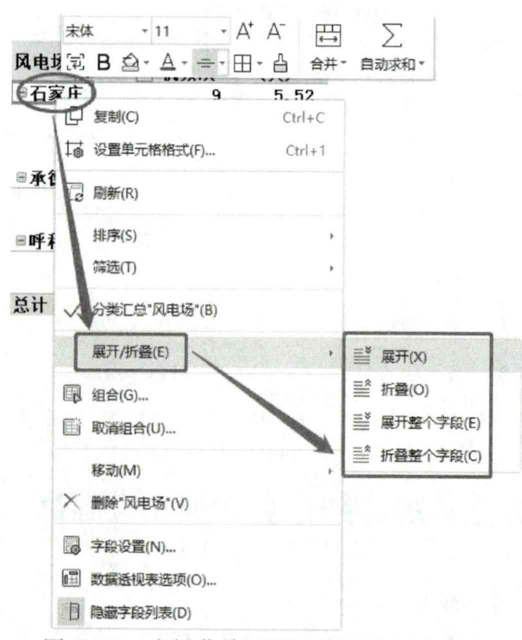

图 9-171 右键菜单“展开/折叠”四个命令

步骤 1 查看当前项的详细信息，单击“展开”。

步骤 2 隐藏当前项的详细信息，单击“折叠”。

步骤 3 查看字段所有项的详细信息，单击“展开整个字段”。

步骤 4 隐藏字段所有项的详细信息，单击“折叠整个字段”。

图 9-172 为展开/折叠整个字段效果。

1.展开整个字段效果

风电场	风机类型	故障停机频次	总停机时长（天）
⊟石家庄		9	5.52
	GE77-1500	1	0.64
	GW77-1500	4	2.89
	UP96-2000	4	1.98
⊟承德		18	6.70
	GW70-1500	4	1.06
	UP77-1500	14	5.64
⊟呼和浩特		22	9.33
	EN82-1500	11	3.76
	UP82-1500	11	5.57
总计		49	21.55

2.折叠整个字段效果

风电场	风机类型	故障停机频次	总停机时长（天）
⊞石家庄		9	5.52
⊞承德		18	6.70
⊞呼和浩特		22	9.33
总计		49	21.55

图 9-172 展开/折叠整个字段效果

9.19.2 显示或隐藏展开和折叠按钮

默认情况下会显示展开和折叠按钮，如果需要将其隐藏，比如打印报表时，不希望显示展开折叠按钮。或者隐藏了之后，需要将其显示出来。可以通过以下两种方式显示隐藏。

（1）单击“分析”选项卡下“+/-按钮”，如图 9-173 所示。

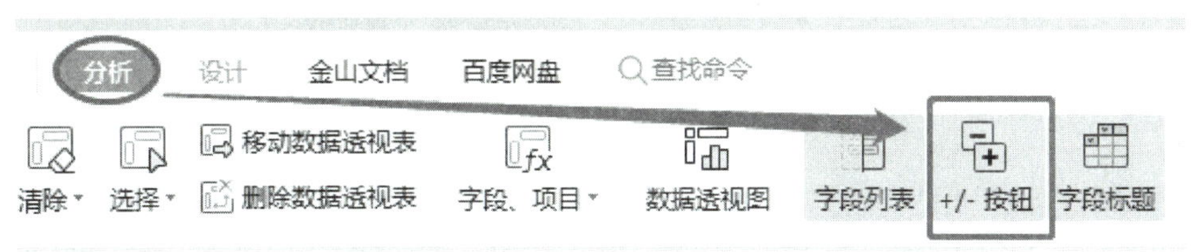

图 9-173 “分析”选项卡下“+/-按钮”

（2）数据透视表选项设置显示隐藏展开和折叠按钮。

解题步骤：选择数据透视表任一单元格，右键菜单选择“数据透视表选项”，弹出“数据透视表选项”设置窗口，在“显示”选项卡下，取消勾选“显示展开/折叠按钮”，即可隐藏，如图 9-174 所示。如需再次显示，勾选此项即可。

9.19.3 显示/删除值字段详细信息

可以通过两种方式显示值字段详细信息，数据放置在新工作表上。

（1）双击值字段中的统计数字，如图 9-175 所示。

（2）单击右键菜单“显示详细信息”命令，如图 9-176 所示。

（3）删除值字段详细信息。

解题步骤：选择值字段详细信息所在的新工作表标签，右键单击“删除工作表”即可。

图 9-174　设置显示隐藏展开和折叠按钮

	A	B	C	D
3	风电场	风机类型	故障停机频次	总停机时长（天）
4	⊟石家庄		9	5.52
5		GE77-1500	1	0.64
6		GW77-1500	4	2.89
7		UP96-2000	4	1.98
8	⊟承德		18	6.70
9		GW70-1500	4	1.06
10		UP77-1500	14	5.64
11	⊟呼和浩特		22	9.33
12		EN82-1500	11	3.76
13		UP82-1500	11	5.57
14	总计		49	21.55

双击数字

	A	B	C	D	E	F	G	H	I	J
1	序号	风电场	风机编号	风机类型	开始时间	结束时间	停机时长(天	损失电量（	故障部件	停机原因
2	16	石家庄	#5-70	UP96-2000	2022/10/2 15:35	2022/10/3 11:15	0.819444444	0.876509606	液压系统	偏航半泄压
3	41	石家庄	#2-19	GW77-1500	2022/10/6 18:00	2022/10/7 16:00	0.916666667	0.655784638	变桨系统	变桨充电器
4	46	石家庄	#1-01	GW77-1500	2022/10/7 19:03	2022/10/8 14:00	0.789583333	1.054177218	变桨系统	#2变桨柜混
5	54	石家庄	#6-83	UP96-2000	2022/10/8 20:00	2022/10/9 18:00	0.916666667	1.808412408	变桨系统	变桨teach
6	115	石家庄	#2-21	GW77-1500	2022/10/17 18:56	2022/10/18 10:32	0.65	1.101498022	变桨系统	变桨24V电
7	116	石家庄	#3-39	GE77-1500	2022/10/17 19:42	2022/10/18 11:05	0.640972222	1.130770301	变桨系统	安全链故障
8	179	石家庄	#1-06	GW77-1500	2022/10/26 19:56	2022/10/27 8:47	0.535416667	0.28204878	变桨系统	变桨电机电
9	187	石家庄	#5-75	UP96-2000	2022/10/27 14:30	2022/10/27 18:40	0.173611111	0.060556576	齿轮箱	齿轮箱润滑
10	212	石家庄	#5-75	UP96-2000	2022/10/29 22:46	2022/10/30 0:32	0.073611111	0.085035262	齿轮箱	齿轮箱润滑

在新工作表上显示详细信息数据

1.展开折叠当前项　2.展开折叠所有项　Sheet1　数据源

图 9-175　双击值字段中的统计数字显示详细信息

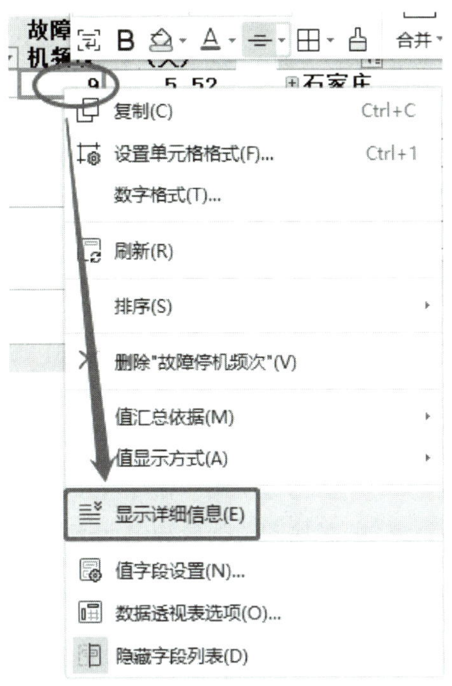

图 9-176 右键菜单“显示详细信息”命令

9.19.4 启用或禁用显示值字段详细信息

解题步骤：选择数据透视表任一单元格，右键菜单选择“数据透视表选项”，弹出“数据透视表选项”设置窗口，在“数据”选项卡下，取消勾选“启用显示明细数据”，即可禁用显示值字段详细信息，如图 9-177 所示。如需再次启用，勾选此项即可。

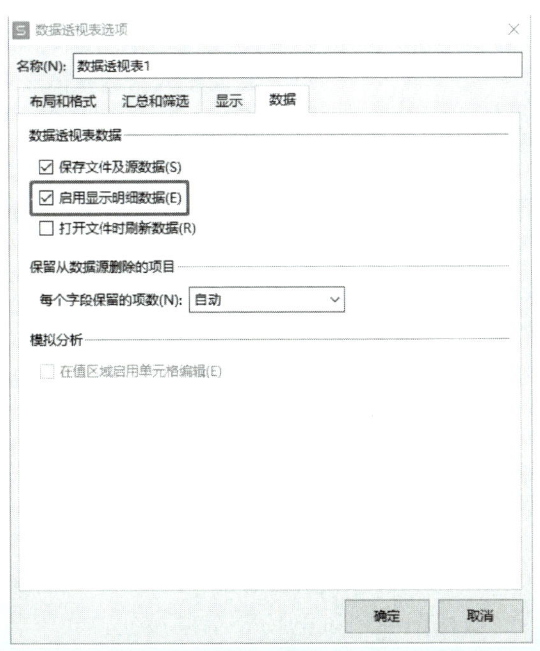

图 9-177 设置启用或禁用显示值字段详细信息

9.20 数据透视图

在数据分析过程中，图表能够非常直观形象地展示数据，进行对比分析或显示趋势变化。数据透视图是在数据透视表基础上进行的可视化展示，能够快速查看数据的变化情况。数据透视表具有很强的交互性，同样通过数据透视表创建的数据透视图也具有很强的交互功能。

9.20.1 创建数据透视图

创建数据透视图的方法有两种，分别是通过“插入”选项卡下“数据透视图”命令直接创建和通过“分析”选项卡下“数据透视图”命令间接创建。

（1）通过“插入”选项卡下“数据透视图”命令直接创建。

示例：创建风电场故障停机频次数据透视表和数据透视图。

解题步骤：

步骤1 选择故障停机记录表中任一单元格，在“插入”选项卡下，单击“数据透视图”，在弹出对话框窗口设置数据源区域和放置位置，选择默认设置，单击确定，即可创建一张空白的数据透视表和数据透视图，如图9-178所示。

步骤2 将字段列表中“风电场”拖至行区域，再将“风电场”拖至值区域，修改字段名称“计数项：风电场”为“故障停机频次”，即可完成创建风电场故障停机频次数据透视表和数据透视图，如图9-179所示。

（2）通过“分析”选项卡下“数据透视图”命令间接创建。

示例：在风电场故障停机频次数据透视表基础上创建数据透视图。

解题步骤：首先已经完成创建风电场故障停机频次数据透视表，选择数据透视表任一单元格，在“分析”选项卡下，单击“数据透视图”，弹出“插入图表”设置窗口，选择默认的“柱形图”，单击“插入”即可完成创建数据透视图，如图9-180所示。

9.20.2 数据透视图字段筛选

示例：在风电场故障停机频次数据透视图上筛选“石家庄”“承德”“呼和浩特”三个场站。

解题步骤：单击数据透视图上“风电场”字段按钮，弹出下拉菜单，可以实现与数据透视表完全相同的筛选功能，即下拉列表筛选、模糊筛选、标签筛选、值筛选、日期筛选。本例在下拉列表中勾选石家庄、承德、呼和浩特三个场站，单击确定即可，如图9-181所示。

9.20.3 数据透视图字段排序（仅能对类别字段排序）

（1）通过字段下拉菜单排序命令。

示例：在风电场故障停机频次数据透视图上，按照风电场名称降序排列。

解题步骤：单击数据透视图中“风电场”字段按钮，在下拉菜单中单击“降序”命令。

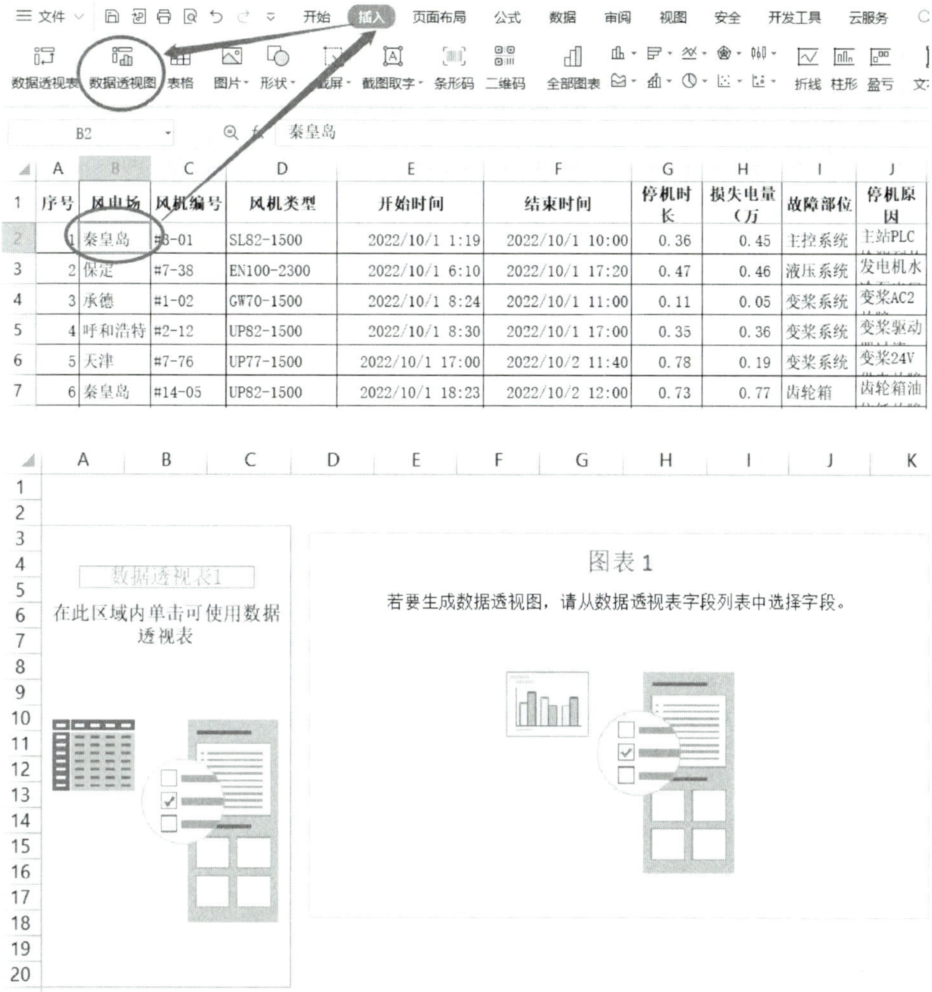

	A	B	C	D	E	F	G	H	I	J
1	序号	风电场	风机编号	风机类型	开始时间	结束时间	停机时长	损失电量（万	故障部位	停机原因
2	1	秦皇岛	#3-01	SL82-1500	2022/10/1 1:19	2022/10/1 10:00	0.36	0.45	主控系统	主站PLC
3	2	保定	#7-38	EN100-2300	2022/10/1 6:10	2022/10/1 17:20	0.47	0.46	液压系统	发电机水
4	3	承德	#1-02	GW70-1500	2022/10/1 8:24	2022/10/1 11:00	0.11	0.05	变桨系统	变桨AC2
5	4	呼和浩特	#2-12	UP82-1500	2022/10/1 8:30	2022/10/1 17:00	0.35	0.36	变桨系统	变桨驱动
6	5	天津	#7-76	UP77-1500	2022/10/1 17:00	2022/10/2 11:40	0.78	0.19	变桨系统	变桨24V
7	6	秦皇岛	#14-05	UP82-1500	2022/10/1 18:23	2022/10/2 12:00	0.73	0.77	齿轮箱	齿轮箱油

图 9-178　直接创建空白的数据透视图

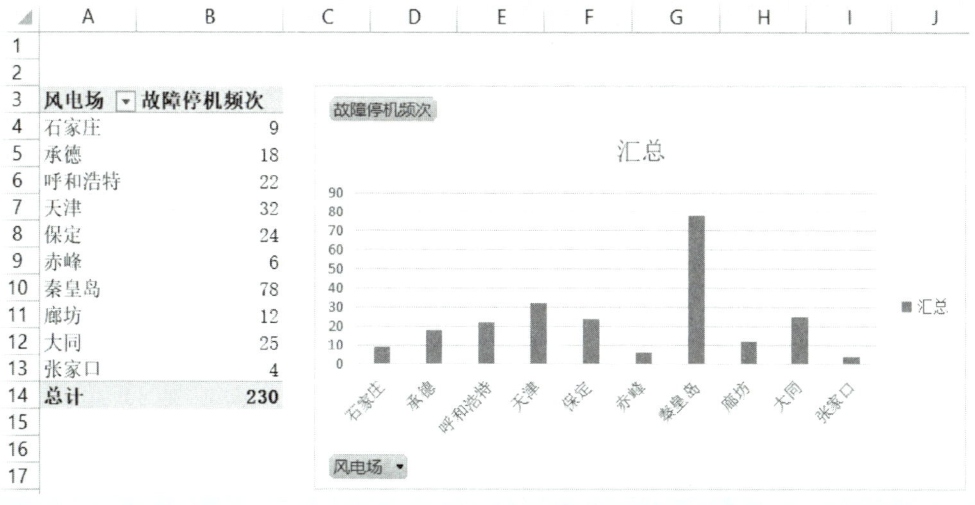

风电场	故障停机频次
石家庄	9
承德	18
呼和浩特	22
天津	32
保定	24
赤峰	6
秦皇岛	78
廊坊	12
大同	25
张家口	4
总计	**230**

图 9-179　直接创建数据透视表和数据透视图

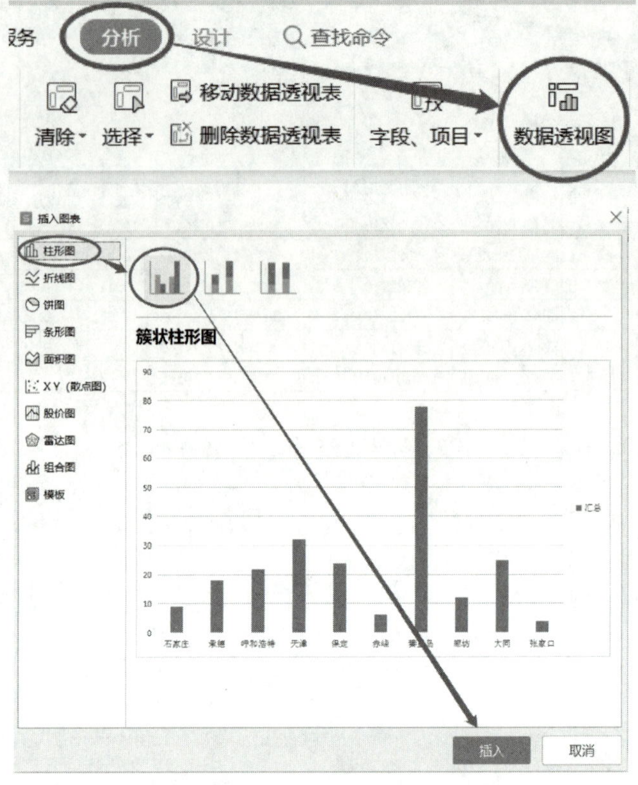

图 9-180　间接创建数据透视图

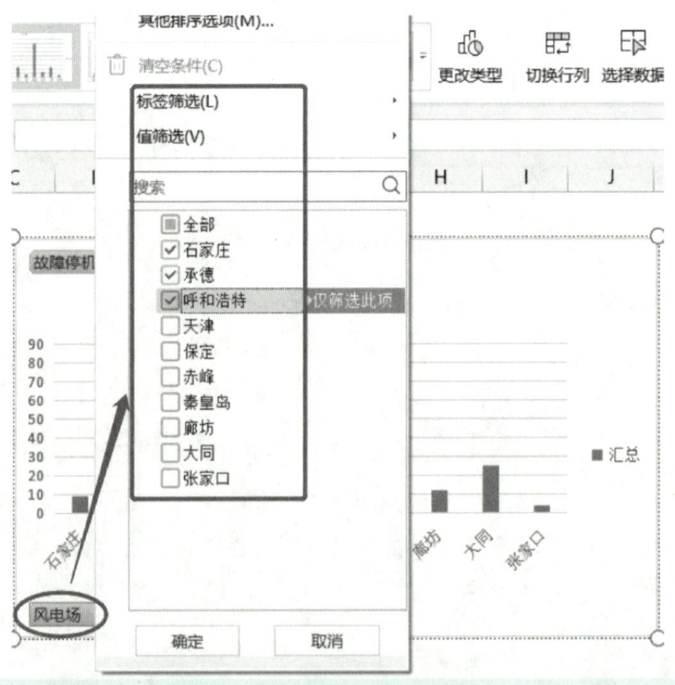

图 9-181　数据透视图字段筛选（一）

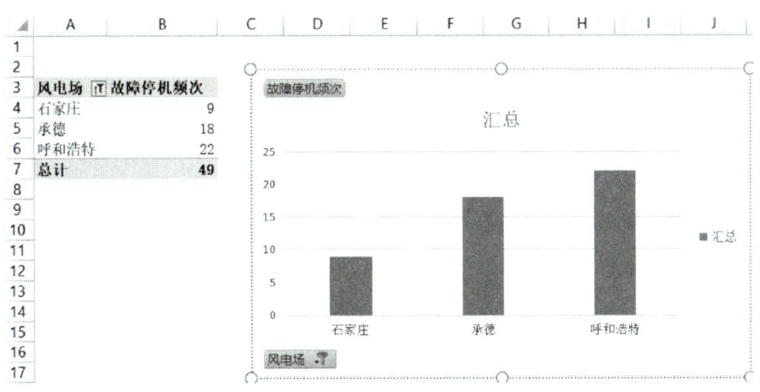

图 9-181 数据透视图字段筛选（二）

本例中，由于设置了风电场自定义序列，因此按照此序列进行降序排列，如图 9-182 所示。

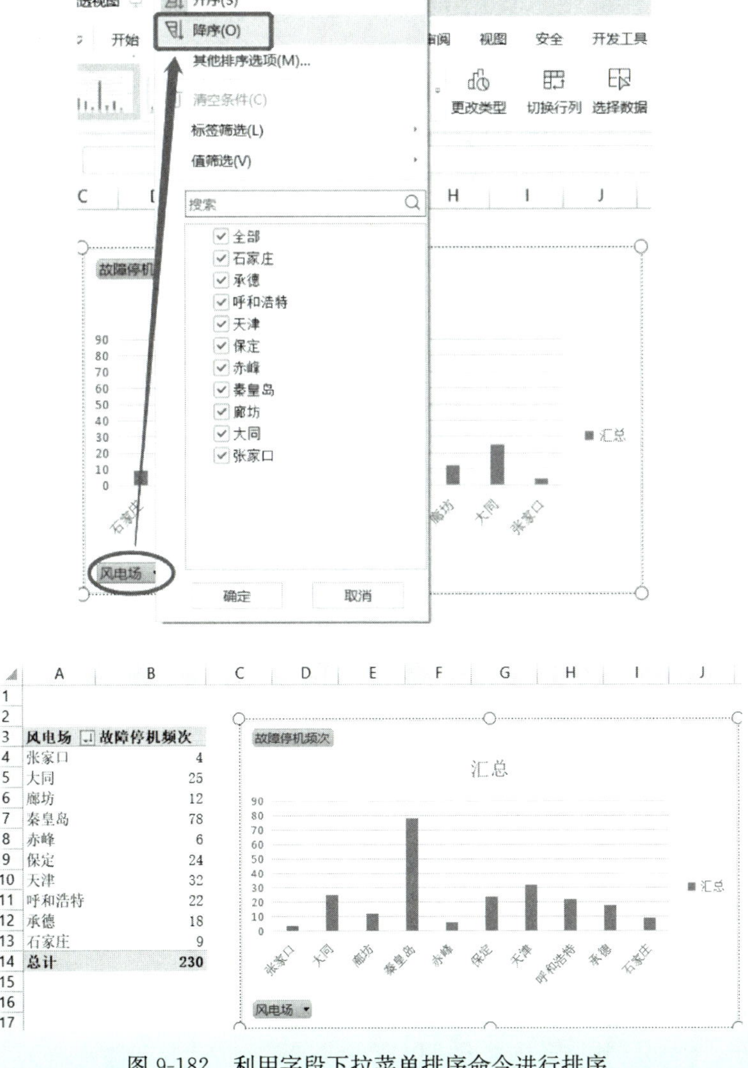

图 9-182 利用字段下拉菜单排序命令进行排序

(2) 通过右键菜单排序命令。

示例：在风电场故障停机频次数据透视图上，按照风电场名称降序排列。

解题步骤：选择数据透视图上任一柱形图，右键菜单选择“排序”，子菜单单击“降序”命令，如图 9-183 所示。

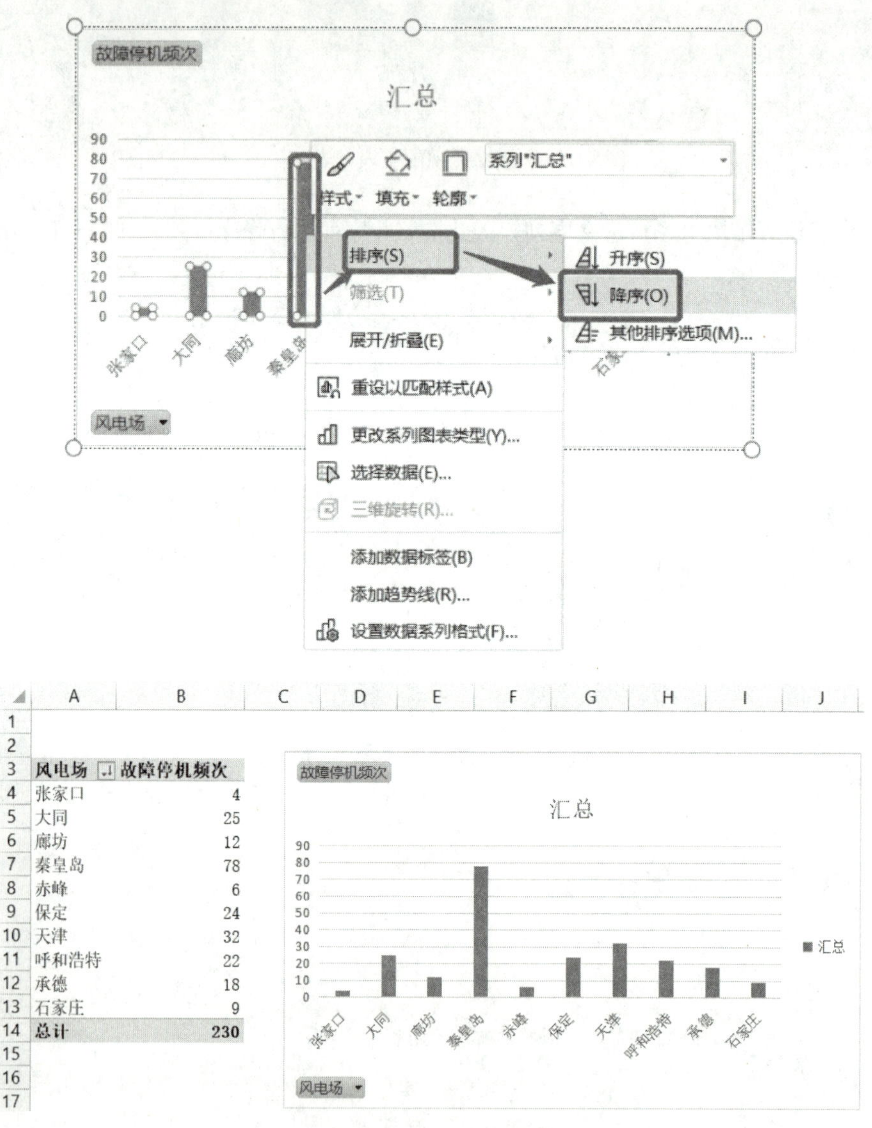

风电场	故障停机频次
张家口	4
大同	25
廊坊	12
秦皇岛	78
赤峰	6
保定	24
天津	32
呼和浩特	22
承德	18
石家庄	9
总计	230

图 9-183　利用右键菜单排序命令进行排序

9.20.4　显示隐藏数据透视图字段按钮

数据透视图默认情况下会显示字段按钮，如果考虑到设计效果，需要将其隐藏，或者隐藏了之后，需要将其显示出来。可以通过以下两种方式显示隐藏。

(1) 通过“分析”选项卡下“字段按钮”命令。

示例：隐藏风电场故障停机频次数据透视图上的全部字段按钮。

解题步骤：选择风电场故障停机频次数据透视图，选择“分析”选项卡，单击“字段按钮”命令即可全部隐藏（见图 9-184），再次单击则全部显示。

注意：单击“字段按钮”命令下拉按钮，可以设置显示隐藏报表筛选字段按钮、图例字段按钮、坐标轴字段按钮、值字段按钮和全部隐藏。

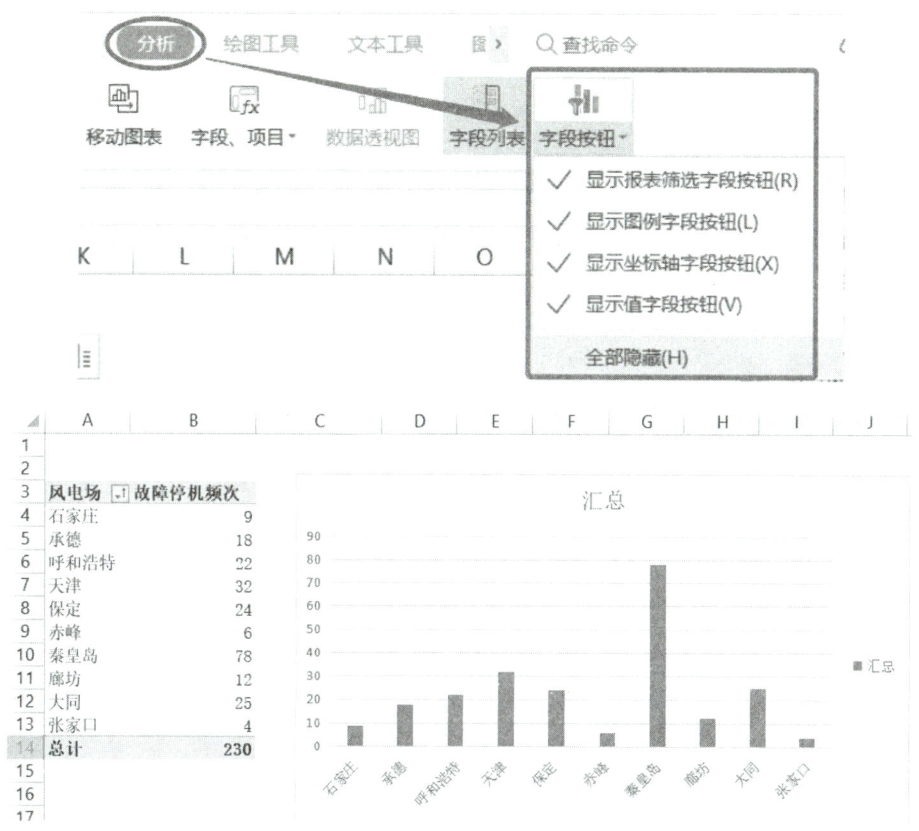

图 9-184 通过“分析”选项卡下“字段按钮”隐藏数据透视图上的全部字段按钮

(2) 通过右键菜单隐藏字段按钮命令。

示例：隐藏风电场故障停机频次数据透视图上的全部字段按钮。

解题步骤：选择风电场故障停机频次数据透视图，选择“风电场”字段按钮，在右键菜单中单击“隐藏图表上所有字段按钮”命令即可全部隐藏（见图 9-185）。

注意：比如选择的“风电场”字段按钮属于坐标轴字段按钮，在右键菜单中单击“隐藏图表上的坐标轴字段按钮”命令，可以只隐藏坐标轴字段按钮。其他数据透视图上的字段按钮单独隐藏操作方式相同。

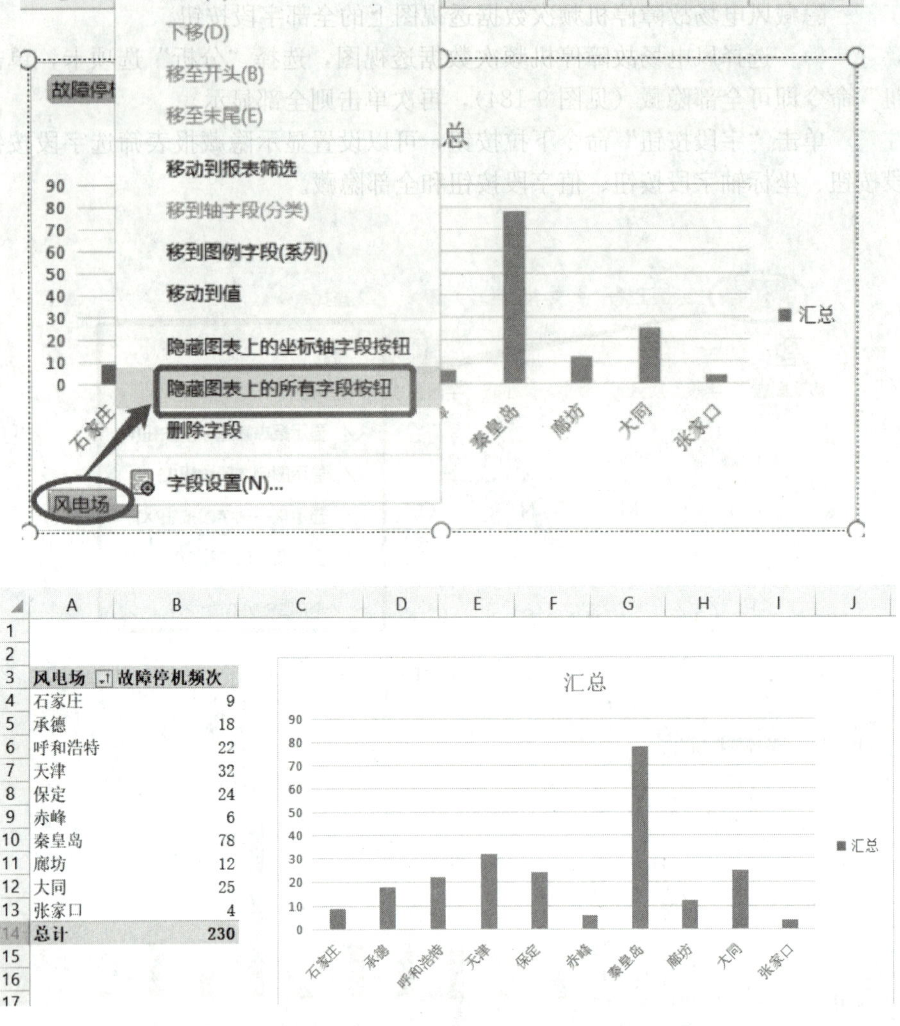

图 9-185　通过右键菜单隐藏数据透视图上的全部字段按钮

9.21　利用数据透视表进行数据分析之一

9.21.1　创建故障分析模型实例

(1) 创建故障分析模型实例。

现有某新能源公司所有场站机组故障停机数据记录表，请利用数据透视表进行数据透视分析。

解题步骤：

步骤 1　利用公式设置动态数据源。

步骤 2　创建风电场故障频次、故障频次占比、总停机时长（天）、停机时长占比、总损失电量（万 kWh）、损失电量占比的数据透视表。

步骤 3　创建风机编号的故障频次、故障频次占比、总停机时长（天）、停机时长占比、总损失电量（万 kWh）、损失电量占比的数据透视表。

步骤 4 创建故障部位的故障频次、故障频次占比、总停机时长（天）、停机时长占比、总损失电量（万 kWh）、损失电量占比的数据透视表。

步骤 5 创建风机类型的故障频次、故障频次占比、总停机时长（天）、停机时长占比、总损失电量（万 kWh）、损失电量占比的数据透视表。

步骤 6 插入风电场、故障部位、风机类型三个切片器，同时控制四张透视表。

（2）具体操作步骤。

解题步骤：

步骤 1 创建动态数据源：选择故障停机记录表任一单元格，在“公式”选项卡点击“名称管理器”，或者使用快捷键 Ctrl＋F3，打开名称管理器设置窗口，点击“新建名称”，输入名称为：故障停机记录，在引用位置输入公式：＝OFFSET($A$1,0,0,COUNTA($A:$A),COUNTA($1:$1))。

输入完毕点击确定，关闭名称管理器。

图 9-186 为使用名称管理器创建动态数据源。

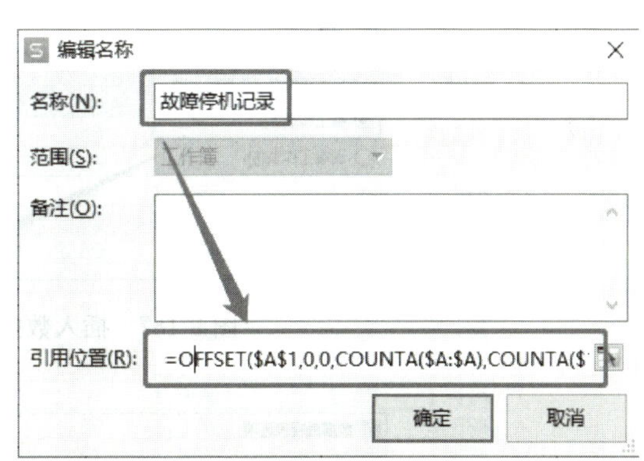

图 9-186 使用名称管理器创建动态数据源

步骤 2 插入数据透视表，选择数据区域任一单元格，在“插入”选项卡，点击“数据透视表”，弹出创建数据透视表窗口，在“请选择单元格区域”文本框修改数据区域为刚建好的名称“故障停机记录”，选择放置数据透视表的位置为新工作表，点击确定，完成创建，如图 9-187 所示。

步骤 3 将字段列表中，“风电场”拖至行区域，“风电场”拖至值区域两次，“停机时长（天）”拖至值区域两次，“损失电量（万 kWh）”拖至值区域两次。

步骤 4 将透视表中“计数项：风电场”重命名字段为“故障频次”，“计数项：风电场 2”重命名字段为“故障频次占比”；“求和项：停机时长（天）”重命名字段为“总停机时长（天）”，“求和项：停机时长（天）2”重命名字段为“停机时长占比”；“求和项：损失电量（万 kWh）”重命名字段为“总损失电量（万 kWh）”，“求和项：损失电量（万 kWh）2”重命名字段为“损失电量占比”，设置按照“故障频次”降序排列。

步骤 5 依次将故障频次占比、停机时长占比、损失电量占比的值显示方式更改为总计的百分比，修改数字格式保留两位小数。

步骤 6 调整透视表每列宽度，右键菜单选择“数据透视表选项”，在“布局和格式”选项卡下，取消勾选“更新时自动调整列宽”，保证数据透视表在操作时列宽固定不变，如图 9-188 所示。

步骤 7 选择透视表任一单元格，在“设计”选项卡，选择表格样式为蓝色中等深浅样式，勾选镶边行，修改数据透视表名为“风电场分析”，如图 9-189 所示。

步骤 10 复制该数据透视表至右侧“故障部位透视表”下方隔一行位置，将行区域“风电场”字段更换为“风机类型”，选择表格样式为黄色中等深浅样式，修改数据透视表名为“风机类型分析”，如图 9-192 所示。

风机类型	故障频次	故障频次占比	总停机时长（天）	停机时长占比	总损失电量（万kWh）	损失电量占比
UP82-1500	63	27.39%	24.06	25.41%	19.97	21.73%
UP77-1500	47	20.43%	21.94	23.18%	21.16	23.03%
SL82-1500	36	15.65%	15.75	16.64%	11.77	12.81%
UP96S-2000	14	6.09%	4.19	4.43%	2.58	2.81%
UP105-2000	12	5.22%	3.91	4.13%	4.78	5.20%
EN82-1500	11	4.78%	3.76	3.97%	5.09	5.54%
EN100-2300	8	3.48%	3.53	3.73%	5.03	5.47%
UP70-1500	6	2.61%	2.43	2.57%	1.32	1.44%
EHN77-1500	5	2.17%	2.18	2.31%	2.10	2.28%
GW77-1500	4	1.74%	2.89	3.05%	3.09	3.37%

图 9-192 创建风机类型故障分析数据透视表结果

步骤 11 将格前两行行高设置行高为 76 磅，在视图选项卡设置不显示网格线。

步骤 12 插入风电场、风机类型、故障部位三个切片器，依次并排放置第一行；将切片器风电场、故障部位设置显示列宽为 2，风机类型设置显示列宽为 3；参照切片器故障部位，对齐三个切片器位置，并设置等高大小；使用切片器宽度微调按钮调整每个切片器宽度刚好完整显示项目信息。

步骤 13 依次设置三个切片器样式为：淡绿色、淡黄色、淡红色，分别设置大小位置属性为“大小位置均固定”，如图 9-193 所示。

风电场
石家庄 承德
呼和浩特 天津
保定 赤峰
秦皇岛 廊坊
大同 张家口

风机类型
EHN77-1500 EN100-2300 EN156-3000
EN82-1500 EN90-2300 GE77-1500
GW70-1500 GW77-1500 HD1000D
SL82-1500 UP105-2000 UP115S-2000
UP70-1500 UP77-1500 UP82-1500
UP96-2000 UP96ⅢA-2000 UP96S-2000

故障部位
安全链 变桨系统
变频器 刹车系统
齿轮箱 发电机
传动系统 冷却系统
液压系统 主控系统
偏航系统 叶轮系统

图 9-193 设置三个切片器

步骤 14 依次选择菜单项目“文件”→“工具”→“选项”，进入选项设置窗口，添加自定义序列：石家庄、承德、呼和浩特、天津、保定、赤峰、秦皇岛、廊坊、大同、张家口，点击添加按钮。重新打开文件，可发现风电场切片器项目顺序按照自定义顺序排列。并对切片器进行设置，取消“最后显示空数据项”，保证另外两个切片器筛选时，风电场顺序不变，如图 9-194 所示。

步骤 15 分别设置三个切片器报表连接，勾选四个数据透视表，实现切片器共享联动，如图 9-195 所示。

步骤 16 选择 A3 单元格，在视图选项卡设置冻结窗格，选择第一个命令“冻结至第 2 行”，冻结窗格方便浏览数据，如图 9-196 所示。

9.21.2 故障分析模型进一步优化

由于单纯的风机编号不具备唯一性，因此在风机编号故障分析数据透视表中，可能

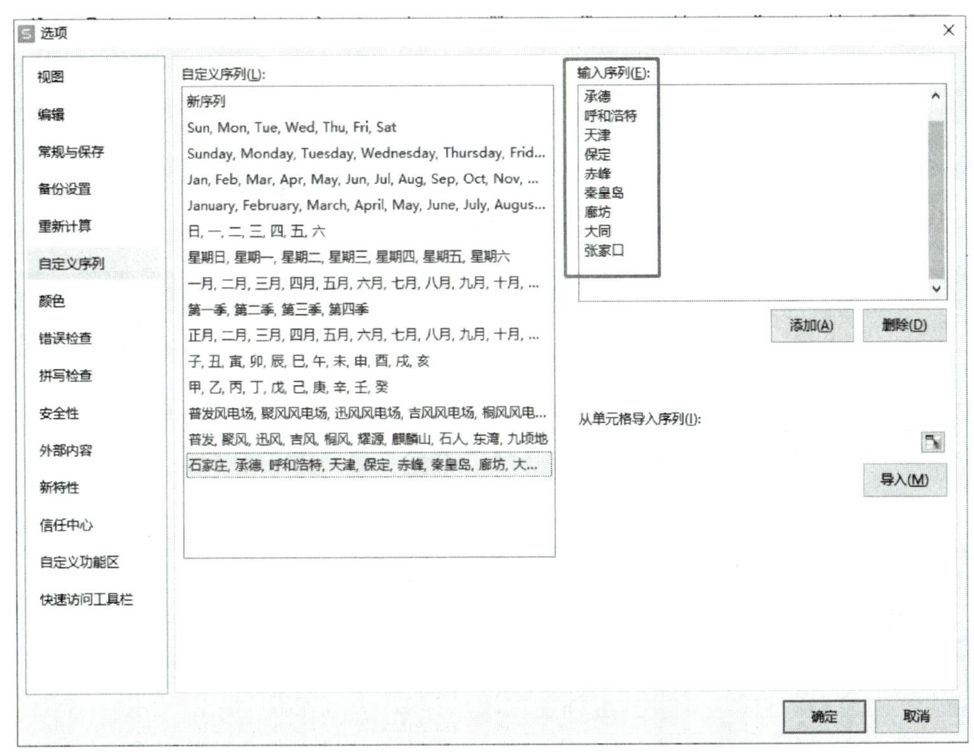

图 9-194 添加自定义序列

会存在不同场站的相同风机编号重叠计算。

解题步骤：

步骤 1 在故障停机记录表中插入一列信息，即“风电场风机编号”，选择 D2 单元格，输入公式：=B2&C2，即可将风电场和风机编号名称连接起来，这样的风机编号具备唯一性，如图 9-197 所示。

步骤 2 选择“风机编号故障分析数据透视表”任一单元格，将行字段“风机编号”替换为“风电场风机编号”即可，如图 9-198 所示。

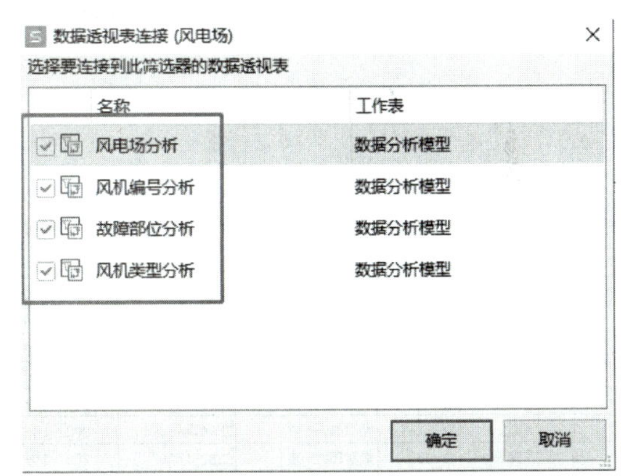

图 9-195 分别设置三个切片器报表连接

9.21.3 进行数据透视分析

（1）风电场切片器选择石家庄，查看石家庄风电场以及所属风机编号、故障部位、风机类型的故障频次、故障频次占比、总停机时长、停机时长占比、总损失电量、损失电量占比，如图 9-199 所示。

（2）风电场切片器选择石家庄，风机类型切片器选择 GW77-1500，查看石家庄风电

风电场：石家庄、承德、呼和浩特、天津、保定、赤峰、秦皇岛、廊坊、大同、张家口

风机类型：EHN77-1500、EN100-2300、EN156-3000、EN82-1500、EN90-2300、GE77-1500、GW70-1500、GW77-1500、HD1000D、SL82-1500、UP105-2000、UP115S-2000、UP70-1500、UP77-1500、UP82-1500、UP96-2000、UP96ⅢA-2000、UP96S-2000

故障部位：安全链、变桨系统、变频器、齿轮箱、传动系统、发电机、冷却系统、偏航系统、刹车系统、叶轮系统、液压系统、主控系统

风电场	故障频次	故障频次占比	总停机时长（天）	停机时长占比	总损失电量（万kWh）	损失电量占比
秦皇岛	78	33.91%	28.75	30.36%	22.54	24.53%
天津	32	13.91%	13.02	13.75%	8.41	9.15%
大同	25	10.87%	13.51	14.27%	11.19	12.18%
保定	24	10.43%	7.68	8.11%	8.38	9.12%
呼和浩特	22	9.57%	9.33	9.85%	9.92	10.79%
承德	18	7.83%	6.70	7.08%	8.61	9.37%
廊坊	12	5.22%	5.70	6.02%	8.21	8.93%
石家庄	9	3.91%	5.52	5.83%	7.05	7.68%
赤峰	6	2.61%	3.16	3.34%	5.53	6.01%
张家口	4	1.74%	1.32	1.40%	2.06	2.24%
总计	**230**	**100%**	**94.69**	**100%**	**91.90**	**100%**

故障部位	故障频次	故障频次占比	总停机时长（天）	停机时长占比	总损失电量（万kWh）	损失电量占比
变桨系统	78	33.91%	34.70	36.65%	32.62	35.50%
变频器	39	16.96%	14.40	15.21%	16.98	18.48%
偏航系统	20	8.70%	7.54	7.97%	7.96	8.66%
齿轮箱	19	8.26%	7.25	7.66%	5.84	6.35%
主控系统	19	8.26%	6.85	7.23%	7.03	7.65%
安全链	15	6.52%	5.09	5.37%	4.30	4.67%
液压系统	15	6.52%	7.39	7.81%	7.16	7.79%
发电机	12	5.22%	4.21	4.44%	4.80	5.22%
叶轮系统	6	2.61%	3.42	3.61%	2.75	3.00%
刹车系统	3	1.30%	1.03	1.09%	0.76	0.82%
冷却系统	2	0.87%	1.18	1.25%	0.41	0.44%
传动系统	2	0.87%	1.63	1.72%	1.30	1.41%
总计	**230**	**100%**	**94.69**	**100%**	**91.90**	**100%**

风机编号	故障频次	故障频次占比	总停机时长（天）	停机时长占比	总损失电量（万kWh）	损失电量占比
#19-1	5	2.17%	1.66	1.75%	2.06	2.24%
#1-02	5	2.17%	2.69	2.84%	1.07	1.17%
#2-16	4	1.74%	1.68	1.78%	1.27	1.38%
#5-52	4	1.74%	1.92	2.02%	2.95	3.21%
#8-03	4	1.74%	2.89	3.05%	3.22	3.50%
#1-06	4	1.74%	1.32	1.40%	0.74	0.81%
#12-08	4	1.74%	0.91	0.96%	0.78	0.84%
#4-41	4	1.74%	1.74	1.84%	2.41	2.62%
#10-65	4	1.74%	1.49	1.57%	0.70	0.76%
#1-03	3	1.30%	1.87	1.98%	1.33	1.44%
#7-08	3	1.30%	1.30	1.37%	0.81	0.88%
#7-05	3	1.30%	1.51	1.59%	0.95	1.03%
#9-55	3	1.30%	1.43	1.51%	0.45	0.49%

风机类型	故障频次	故障频次占比	总停机时长（天）	停机时长占比	总损失电量（万kWh）	损失电量占比
UP82-1500	63	27.39%	24.06	25.41%	19.97	21.73%
UP77-1500	47	20.43%	21.94	23.18%	21.16	23.03%
SL82-1500	36	15.65%	15.75	16.64%	11.77	12.81%
UP96S-2000	14	6.09%	4.19	4.43%	2.58	2.81%
UP105-2000	12	5.22%	3.91	4.13%	4.78	5.20%
EN82-1500	11	4.78%	3.76	3.97%	5.09	5.54%
EN100-2300	8	3.48%	3.53	3.73%	5.03	5.47%
UP70-1500	6	2.61%	2.43	2.57%	1.32	1.44%
EHN77-1500	5	2.17%	2.18	2.31%	2.10	2.28%
GW77-1500	4	1.74%	2.89	3.05%	3.09	3.37%
EN156-3000	4	1.74%	1.32	1.40%	2.06	2.24%
UP96-2000	4	1.74%	1.98	2.09%	2.83	3.08%
UP96ⅢA-2000	4	1.74%	2.23	2.35%	4.09	4.45%

图 9-196　创建机组故障分析模型结果

D2　=B2&C2

序号	风电场	风机编号	风电场风机编号	风机类型	开始时间	结束时间	停机时长（天）	损失电量（万kWh）	故障部位	停机原因
1	秦皇岛	#3-01	秦皇岛#3-01	SL82-1500	2022-10-1 1:19	2022-10-1 10:00	0.36	0.45	主控系统	主站PLC检测到
2	保定	#7-38	保定#7-38	EN100-2300	2022-10-1 6:10	2022-10-1 17:20	0.47	0.46	液压系统	发电机水冷泵
3	承德	#1-02	承德#1-02	GW70-1500	2022-10-1 8:24	2022-10-1 11:00	0.11	0.05	变桨系统	变桨AC2故障
4	呼和浩特	#2-12	呼和浩特#2-12	UP82-1500	2022-10-1 8:30	2022-10-1 17:00	0.35	0.36	变桨系统	变桨驱动器过
5	天津	#7-76	天津#7-76	UP77-1500	2022-10-1 17:00	2022-10-2 11:40	0.78	0.19	变桨系统	变桨24V供电故
6	秦皇岛	#14-05	秦皇岛#14-05	UP82-1500	2022-10-1 18:23	2022-10-2 12:00	0.73	0.77	齿轮箱	齿轮箱油位低
7	赤峰	#17-147	赤峰#17-147	UP96ⅢA-2000	2022-10-1 14:00	2022-10-2 11:00	0.88	1.24	发电机	发电机V1绕组
8	秦皇岛	#2-05	秦皇岛#2-05	SL82-1500	2022-10-1 23:20	2022-10-2 11:00	0.49	0.46	刹车系统	刹车盘磨损大
9	秦皇岛	#7-12	秦皇岛#7-12	SL82-1500	2022-10-1 23:25	2022-10-2 12:00	0.52	0.50	变桨系统	变桨2驱动错误

图 9-197　插入“风电场风机编号”计算列

场 GW77-1500 机型以及所属风机编号、故障部位的故障频次、故障频次占比、总停机时长、停机时长占比、总损失电量、损失电量占比，如图 9-200 所示。

（3）风机类型切片器选择 UP77-1500，故障部位切片器选择变桨系统，风电场切片器显示：承德、天津、廊坊、大同四个场站有相应故障条目，查看 UP77-1500 机型变桨系统以及所属风机编号、风电场的故障频次、故障频次占比、总停机时长、停机时长占比、总损失电量、损失电量占比，如图 9-201 所示。

风电场风机编号	故障频次	故障频次占比	总停机时长（天）	停机时长占比	总损失电量（万kWh）	损失电量占比
秦皇岛#19-1	5	2.17%	1.66	1.75%	2.06	2.24%
秦皇岛#12-08	4	1.74%	0.91	0.96%	0.78	0.84%
呼和浩特#4-41	4	1.74%	1.74	1.84%	2.41	2.62%
保定#10-65	4	1.74%	1.49	1.57%	0.70	0.76%
秦皇岛#7-08	3	1.30%	1.30	1.37%	0.81	0.88%
秦皇岛#5-06	3	1.30%	1.32	1.39%	1.03	1.12%
秦皇岛#13-06	3	1.30%	0.70	0.74%	0.34	0.37%
廊坊#9-04	3	1.30%	1.44	1.52%	1.76	1.91%
大同#8-03	3	1.30%	1.93	2.04%	0.97	1.05%
承德#5-52	3	1.30%	1.63	1.72%	2.80	3.05%
保定#9-55	3	1.30%	1.43	1.51%	0.45	0.49%
天津#8-83	2	0.87%	0.71	0.75%	0.65	0.71%
天津#7-76	2	0.87%	1.69	1.79%	0.82	0.89%

图 9-198 修改后的风机编号故障分析数据透视表

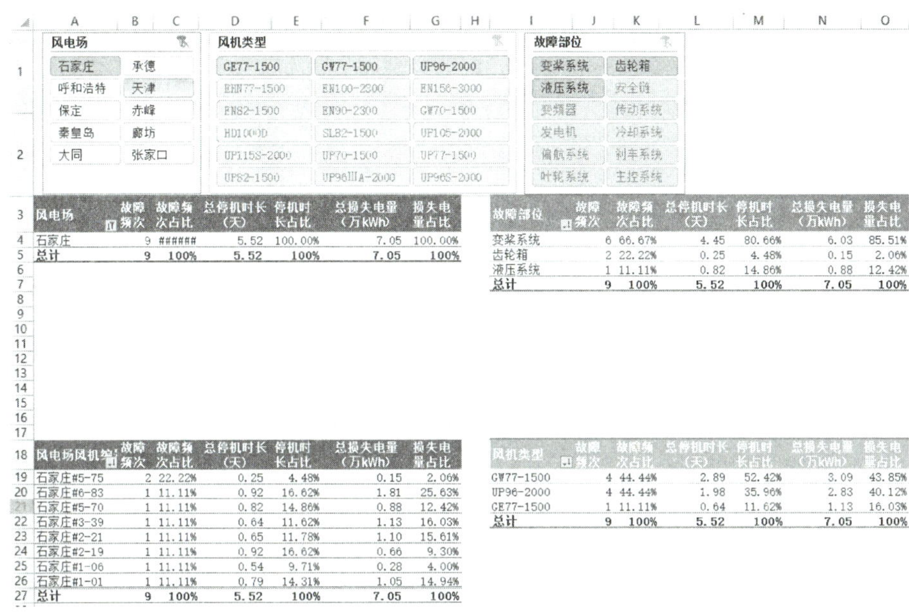

风电场	故障频次	故障频次占比	总停机时长（天）	停机时长占比	总损失电量（万kWh）	损失电量占比
石家庄	9	######	5.52	100.00%	7.05	100.00%
总计	9	100%	5.52	100%	7.05	100%

故障部位	故障频次	故障频次占比	总停机时长（天）	停机时长占比	总损失电量（万kWh）	损失电量占比
变桨系统	6	66.67%	4.45	80.66%	6.03	85.51%
齿轮箱	2	22.22%	0.25	4.48%	0.15	2.06%
液压系统	1	11.11%	0.82	14.86%	0.88	12.42%
总计	9	100%	5.52	100%	7.05	100%

风电场风机编号	故障频次	故障频次占比	总停机时长（天）	停机时长占比	总损失电量（万kWh）	损失电量占比
石家庄#5-75	2	22.22%	0.25	4.48%	0.15	2.06%
石家庄#6-83	1	11.11%	0.92	16.62%	1.81	25.63%
石家庄#5-70	1	11.11%	0.82	14.86%	0.88	12.42%
石家庄#3-39	1	11.11%	0.64	11.62%	1.13	16.03%
石家庄#2-21	1	11.11%	0.65	11.78%	1.10	15.61%
石家庄#2-19	1	11.11%	0.92	16.62%	0.66	9.30%
石家庄#1-06	1	11.11%	0.54	9.71%	0.28	4.00%
石家庄#1-01	1	11.11%	0.79	14.31%	1.05	14.94%
总计	9	100%	5.52	100%	7.05	100%

风机类型	故障频次	故障频次占比	总停机时长（天）	停机时长占比	总损失电量（万kWh）	损失电量占比
GW77-1500	4	44.44%	2.89	52.42%	3.09	43.85%
UP96-2000	4	44.44%	1.98	35.96%	2.83	40.12%
GE77-1500	1	11.11%	0.64	11.62%	1.13	16.03%
总计	9	100%	5.52	100%	7.05	100%

图 9-199 数据透视分析结果 1

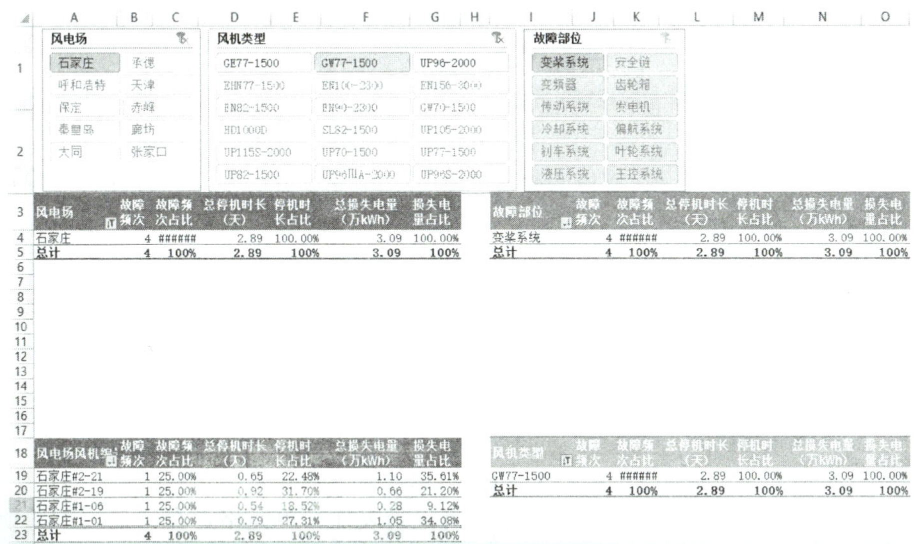

风电场	故障频次	故障频次占比	总停机时长（天）	停机时长占比	总损失电量（万kWh）	损失电量占比
石家庄	4	######	2.89	100.00%	3.09	100.00%
总计	4	100%	2.89	100%	3.09	100%

故障部位	故障频次	故障频次占比	总停机时长（天）	停机时长占比	总损失电量（万kWh）	损失电量占比
变桨系统	4	######	2.89	100.00%	3.09	100.00%
总计	4	100%	2.89	100%	3.09	100%

风电场风机编号	故障频次	故障频次占比	总停机时长（天）	停机时长占比	总损失电量（万kWh）	损失电量占比
石家庄#2-21	1	25.00%	0.65	22.48%	1.10	35.61%
石家庄#2-19	1	25.00%	0.92	31.70%	0.66	21.20%
石家庄#1-06	1	25.00%	0.54	18.52%	0.28	9.12%
石家庄#1-01	1	25.00%	0.79	27.31%	1.05	34.08%
总计	4	100%	2.89	100%	3.09	100%

风机类型	故障频次	故障频次占比	总停机时长（天）	停机时长占比	总损失电量（万kWh）	损失电量占比
GW77-1500	4	######	2.89	100.00%	3.09	100.00%
总计	4	100%	2.89	100%	3.09	100%

图 9-200 数据透视分析结果 2

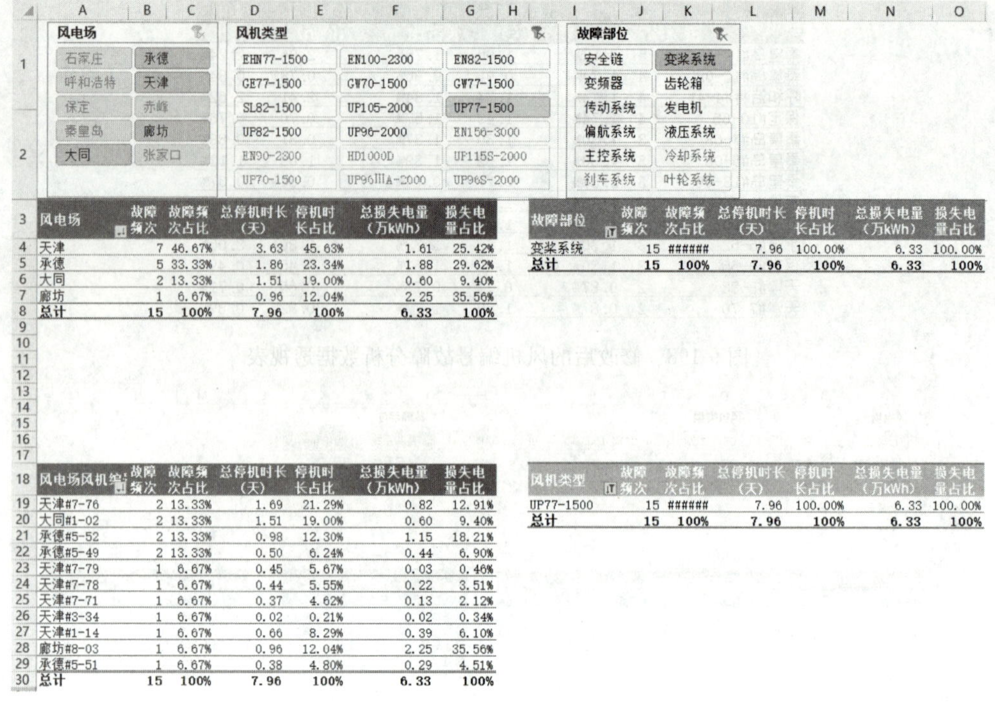

风电场	故障频次	故障频次占比	总停机时长（天）	停机时长占比	总损失电量（万kWh）	损失电量占比
天津	7	46.67%	3.63	45.63%	1.61	25.42%
承德	5	33.33%	1.86	23.34%	1.88	29.62%
大同	2	13.33%	1.51	19.00%	0.60	9.40%
廊坊	1	6.67%	0.96	12.04%	2.25	35.56%
总计	15	100%	7.96	100%	6.33	100%

故障部位	故障频次	故障频次占比	总停机时长（天）	停机时长占比	总损失电量（万kWh）	损失电量占比
变桨系统	15	######	7.96	100.00%	6.33	100.00%
总计	15	100%	7.96	100%	6.33	100%

风电场风机编号	故障频次	故障频次占比	总停机时长（天）	停机时长占比	总损失电量（万kWh）	损失电量占比
天津#7-76	2	13.33%	1.69	21.29%	0.82	12.91%
大同#1-02	2	13.33%	1.51	19.00%	0.60	9.40%
承德#5-52	2	13.33%	0.98	12.30%	1.15	18.21%
承德#5-49	2	13.33%	0.50	6.24%	0.44	6.90%
天津#7-79	1	6.67%	0.45	5.67%	0.03	0.46%
天津#7-78	1	6.67%	0.44	5.55%	0.22	3.51%
天津#7-71	1	6.67%	0.37	4.62%	0.13	2.12%
天津#3-34	1	6.67%	0.02	0.21%	0.02	0.34%
天津#1-14	1	6.67%	0.66	8.29%	0.39	6.10%
廊坊#8-03	1	6.67%	0.96	12.04%	2.25	35.56%
承德#5-51	1	6.67%	0.38	4.80%	0.29	4.51%
总计	15	100%	7.96	100%	6.33	100%

风机类型	故障频次	故障频次占比	总停机时长（天）	停机时长占比	总损失电量（万kWh）	损失电量占比
UP77-1500	15	######	7.96	100.00%	6.33	100.00%
总计	15	100%	7.96	100%	6.33	100%

图 9-201 数据透视分析结果 3

9.22 利用数据透视表进行数据分析之二

9.22.1 创建停机时长和故障频次 TOP5 统计模型

（1）创建停机时长和故障频次 TOP5 统计模型实例。

现有某新能源公司所有场站机组故障停机数据记录表，请利用数据透视表进行数据透视分析。

解题步骤：

步骤 1 利用公式设置动态数据源。

步骤 2 创建风电场风机编号的总停机时长和故障停机频次的多级数据透视表，筛选总停机时长 TOP5 机组，设置以表格形式显示、不显示分类汇总、合并且居中排列风电场名称列。

步骤 3 创建风电场风机编号的总停机时长和故障停机频次的多级数据透视表，筛选故障停机频次 TOP5 机组，设置以表格形式显示、不显示分类汇总、合并且居中排列风电场名称列。

步骤 4 标记停机时长 TOP5 机组和故障停机频次 TOP5 机组重复机组编号。

（2）具体操作步骤。

解题步骤：

步骤 1 创建动态数据源：选择故障停机记录表任一单元格，在“公式”选项卡点击“名称管理器”，或者使用快捷键 Ctrl+F3，打开名称管理器设置窗口，点击“新建名称”，输入名称为：故障停机记录，在引用位置输入公式：=OFFSET($A$1,0,0,COUNTA($A:$A),COUNTA($1:$1))。

输入完毕点击确定，关闭名称管理器。

图 9-202 为使用名称管理器创建动态数据源。

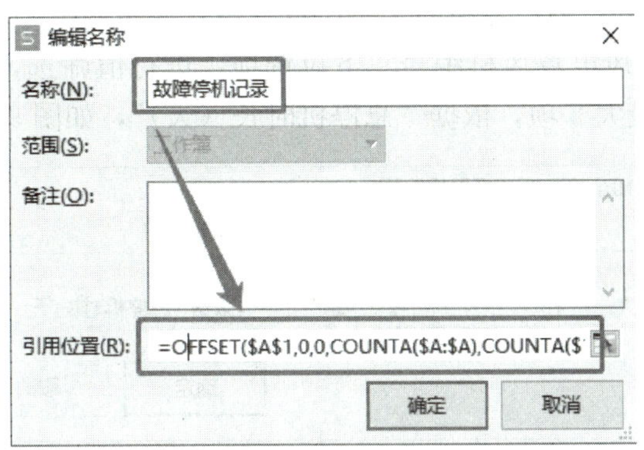

图 9-202 使用名称管理器创建动态数据源

步骤 2 插入数据透视表，选择数据区域任一单元格，在“插入”选项卡，点击“数据透视表”，弹出创建数据透视表窗口，在“请选择单元格区域”文本框修改数据区域为刚建好的名称“故障停机记录”，选择放置数据透视表的位置为新工作表，点击确定，完成创建，如图 9-203 所示。

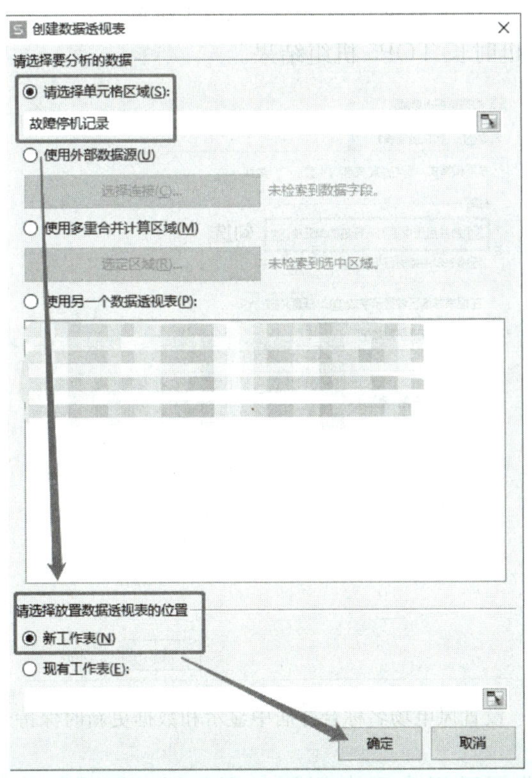

图 9-203 插入数据透视表

步骤 3 将字段列表中，“风电场”拖至行区域，“风电场风机编号”拖至行区域，“停机时长（天）”拖至值区域，“风电场风机编号”拖至值区域。

步骤 4 将透视表中“求和项：停机时长（天）”重命名字段为“总停机时长（天）”，“计数项：风电场风机编号”重命名字段为“故障停机频次”，设置按照“总停机时长（天）”降序排列，修改停机时长字段数字格式保留两位小数。

步骤 5 在字段“风电场风机编号”下拉选项，进行值筛选，选择“前 10 项”，打开设置窗口，设置为最大 5 项，依据“总停机时长（天）”，如图 9-204 所示。

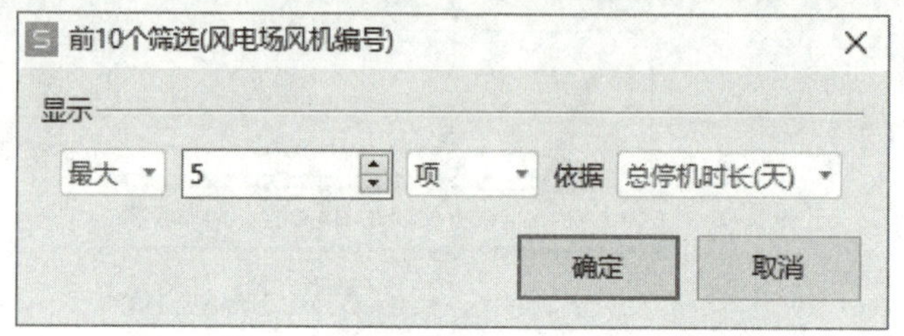

图 9-204　设置值筛选总停机时长最大前 5 项

步骤 6 在“设计”选项卡，报表布局选择“以表格形式显示”，分类汇总选择“不显示分类汇总”，选择表格样式为蓝色中等深浅样式，勾选镶边行。

步骤 7 右键菜单选择“数据透视表选项”，在“布局和格式”选项卡下，勾选“合并且居中排列带标签的单元格”，使透视表中风电场名称合并居中显示，并取消勾选“更新时自动调整列宽”，保证数据透视表在操作时列宽固定不变，如图 9-205 所示。图 9-206 为创建各场站停机时长 TOP5 机组结果。

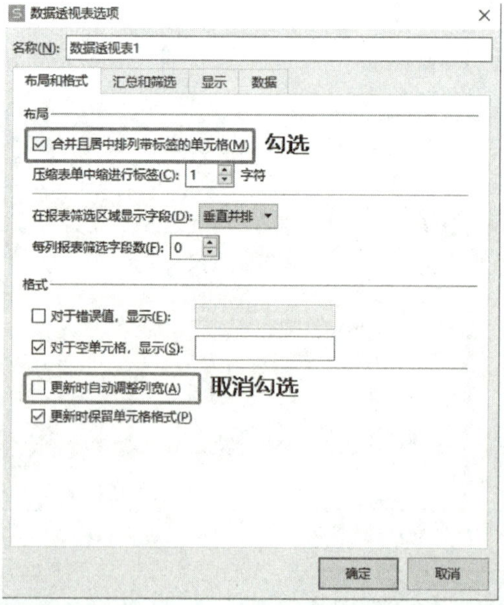

图 9-205　设置风电场名称合并居中显示和数据更新时保持列宽不变

步骤 8 复制该数据透视表至右侧隔一列位置，调整故障停机频次和总停机时

各场站停机时长TOP5机组

风电场	风电场风机编号	总停机时长(天)	故障停机频次
⊟ 石家庄	石家庄#6-83	0.92	1
	石家庄#2-19	0.92	1
	石家庄#5-70	0.82	1
	石家庄#1-01	0.79	1
	石家庄#2-21	0.65	1
⊟ 承德	承德#5-52	1.63	3
	承德#4-35	0.92	1
	承德#3-23	0.79	1
	承德#5-50	0.73	1
	承德#5-46	0.56	1
⊟ 呼和浩特	呼和浩特#4-41	1.74	4
	呼和浩特#2-18	1.74	2
	呼和浩特#1-03	1.12	2
	呼和浩特#4-37	0.76	1
	呼和浩特#2-16	0.66	2

图 9-206 创建各场站停机时长 TOP5 机组结果

长（天）左右位置，选择表格样式为绿色中等深浅样式，在字段“风电场风机编号”下拉选项，进行值筛选，选择“前 10 项”，打开设置窗口，设置为最大 5 项，依据“故障停机频次”，如图 9-207 所示。图 9-208 为创建各场站故障停机频次 TOP5 机组结果。

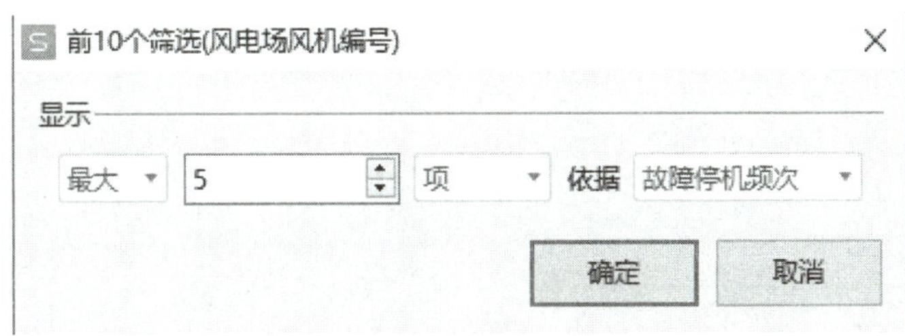

图 9-207 设置值筛选故障停机频次最大前 5 项

各场站停机频次TOP5机组

风电场	风电场风机编号	故障停机频次	总停机时长(天)
⊟ 石家庄	石家庄#5-75	2	0.25
	石家庄#1-06	1	0.54
	石家庄#3-39	1	0.64
	石家庄#2-21	1	0.65
	石家庄#6-83	1	0.92
	石家庄#1-01	1	0.79
	石家庄#2-19	1	0.92
	石家庄#5-70	1	0.82
⊟ 承德	承德#5-52	3	1.63
	承德#5-51	2	0.47
	承德#6-59	2	0.34
	承德#5-49	2	0.50
	承德#4-35	1	0.92
	承德#5-50	1	0.73
	承德#5-46	1	0.56
	承德#5-48	1	0.10
	承德#2-13	1	0.12
	承德#3-29	1	0.04
	承德#3-23	1	0.79
	承德#6-61	1	0.40
	承德#1-02	1	0.11
	呼和浩特#4-41	4	1.74

图 9-208 创建各场站故障停机频次 TOP5 机组结果

(3) 标记两项 TOP5 重复机组编号。

在“数据”选项卡下单击“数据对比”下拉选项，选择“标记重复数据”，选择“两区域”，设置区域 1 和区域 2 数据范围为两个数据透视表中风电场风机编号列，标记颜色选择淡红色，单击“确认标记”即可，如图 9-209 所示。图 9-210 为创建停机时长和故障频次 TOP5 统计模型。

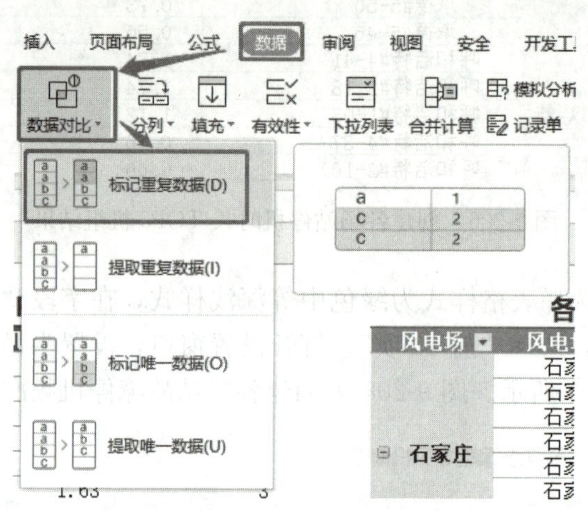

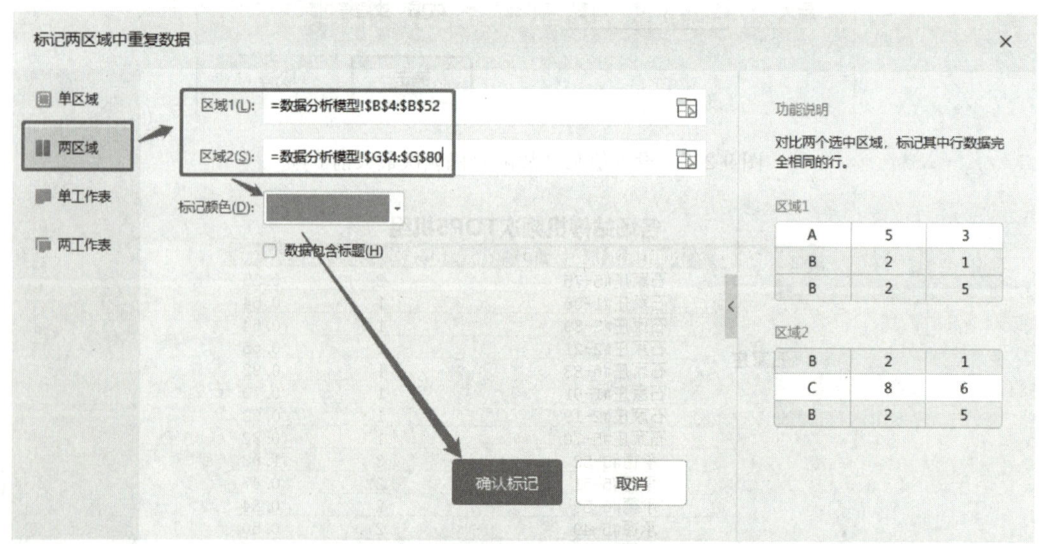

图 9-209 两区域标记重复数据

各场站停机时长TOP5机组

风电场	风电场风机编号	总停机时长(天)	故障停机频次
石家庄	石家庄#6-83	0.92	1
	石家庄#2-19	0.92	1
	石家庄#5-70	0.82	1
	石家庄#1-01	0.79	1
	石家庄#2-21	0.65	1
承德	承德#5-52	1.63	3
	承德#4-35	0.92	1
	承德#3-23	0.79	1
	承德#5-50	0.73	1
	承德#5-46	0.56	1
呼和浩特	呼和浩特#4-41	1.74	4
	呼和浩特#2-18	1.74	2
	呼和浩特#1-03	1.12	2
	呼和浩特#4-37	0.76	1
	呼和浩特#2-16	0.66	2
天津	天津#7-76	1.69	2
	天津#5-54	1.61	2
	天津#2-16	1.03	2
	天津#6-66	0.85	1
	天津#1-14	0.83	2
保定	保定#10-65	1.49	4
	保定#9-55	1.43	3
	保定#7-38	1.25	2
	保定#2-08	0.56	1
	保定#1-04	0.45	1
赤峰	赤峰#1-2	1.08	2
	赤峰#17-147	0.88	1
	赤峰#17-141	0.55	1
	赤峰#1-3	0.38	1
	赤峰#3-14	0.27	1
秦皇岛	秦皇岛#8-10	1.72	2
	秦皇岛#19-1	1.66	5
	秦皇岛#7-12	1.37	2
	秦皇岛#7-05	1.36	2
	秦皇岛#5-06	1.32	3

各场站停机频次TOP5机组

风电场	风电场风机编号	故障停机频次	总停机时长(天)
石家庄	石家庄#5-75	2	0.25
	石家庄#1-06	1	0.54
	石家庄#3-39	1	0.64
	石家庄#2-21	1	0.65
	石家庄#6-83	1	0.92
	石家庄#1-01	1	0.79
	石家庄#2-19	1	0.92
	石家庄#5-70	1	0.82
承德	承德#5-52	3	1.63
	承德#5-51	2	0.47
	承德#6-59	2	0.34
	承德#5-49	2	0.50
	承德#4-35	1	0.92
	承德#5-50	1	0.73
	承德#5-46	1	0.56
	承德#5-48	1	0.10
	承德#2-13	1	0.12
	承德#3-29	1	0.04
	承德#3-23	1	0.79
	承德#6-61	1	0.40
	承德#1-02	1	0.11
呼和浩特	呼和浩特#4-41	4	1.74
	呼和浩特#1-03	2	1.12
	呼和浩特#2-18	2	1.74
	呼和浩特#2-16	2	0.66
	呼和浩特#3-31	1	0.12
	呼和浩特#6-64	1	0.19
	呼和浩特#6-59	1	0.20
	呼和浩特#5-51	1	0.15
	呼和浩特#1-05	1	0.54
	呼和浩特#4-37	1	0.76
	呼和浩特#5-52	1	0.29
	呼和浩特#3-24	1	0.52
	呼和浩特#3-33	1	0.52
	呼和浩特#5-49	1	0.30

图 9-210 创建停机时长和故障频次 TOP5 统计模型

图表应用篇

10 高阶图表制作

10.1 WPS表格的基本图表

图表是数值的可视化表示，图示化的数据使人一目了然，快速获知数据所表达的内容，并使数据更具说服力。特别当我们遇到海量数据的时候，图表可以根据不同数据系列之间的关系，为我们找到数据的发展趋势以及挖掘数据背后的真相。WPS表格基本可以实现一维和二维图表的绘制，今天先总体介绍WPS表格的基本图表类型和图表选择的基本原则。

比较常用的图表类型包括柱形图、条形图、折线图、面积图、饼图、圆环图、散点图、气泡图、雷达图，WPS表格中的股价图很少使用，所以重点介绍常用图表。

10.1.1 常用图表介绍

（1）柱形图和条形图。

柱形图是使用柱形高度表示数值变量的图表，主要用于数值大小比较和时间序列数据的推移。X轴为文本格式变量，Y轴为数值格式变量。柱形图系列还包括可以反映累加效果的堆积柱形图，反映比例的百分比堆积柱形图。图10-1为簇状/堆积/百分比堆积柱形图。

条形图其实是柱形图的旋转图表，主要用于数值大小与比例的比较。对于第一个变量的文本名称较长时，通常会采用条形图。但是时序数据一般不会采用条形图。图10-2为簇状/堆积/百分比堆积条形图。

图10-1 簇状/堆积/百分比堆积柱形图　　图10-2 簇状/堆积/百分比堆积条形图

（2）折线图和面积图。

折线图是将值标注成点，并通过直线将这些点按照某种顺序连接起来形成的图，主要表达时序数据的推移变化，可以清晰展现数据的增减趋势、增减速率、增减规律、峰值等特征。图10-3为常规/堆积/百分比堆积折线图以及带数据标记的常规/堆积/百分比堆积折线图。

面积图是将折线图中折线下方部分填充颜色的图表，主要用于表示时序数据的大小与推移变化。面积图系列还包括可以反映累加效果的堆积面积图，反映比例的百分比堆积面积图，反映多数据系列的三维面积图等。图10-4为常规/堆积/百分比堆积面积图。

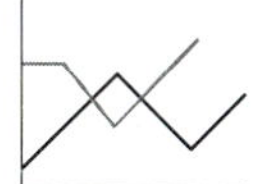 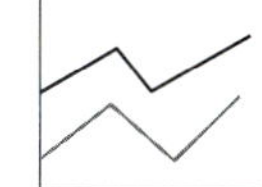 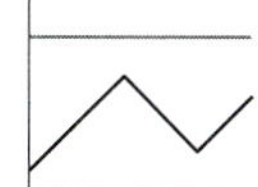 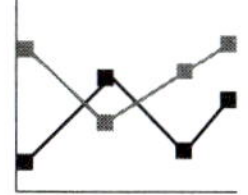 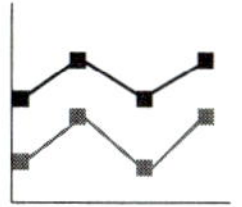 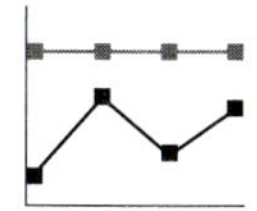

图 10-3 常规/堆积/百分比堆积折线图以及带数据标记的常规/堆积/百分比堆积折线图

注意：堆积折线图的作用是用于显示每一数据所占大小随时间或有序类别而变化的趋势，展示的是部分与整体的关系。堆积面积图又被称为堆积区域图，它强调数量随时间而变化的趋势，用于引起人们对总值趋势的注意。与堆积折线图不同，堆积面积图可以更好地显示有很多类别或数值近似的数据。

  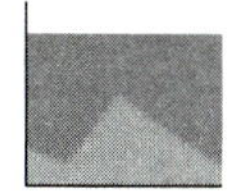

图 10-4 常规/堆积/百分比堆积面积图

（3）饼图和圆环图。

饼图是一种用于表示各个项目所占总体比例的基础性图表，主要用于展示数据系列的组成结构，强调数据中的某个重要元素。饼图系列包括二维和三维饼图、复合饼图、复合条饼图、圆环图，如图 10-5 所示。饼图只适用于一组数据系列，**圆环图可以适用于多组数据系列的比重关系绘制。**

图 10-5 二维饼图、三维饼图、复合饼图、复合条饼图、圆环图

注意：数据维度过多，饼图应该避免使用，因为肉眼对面积大小不敏感。数量必须控制在 10 个以内。

（4）散点图和气泡图。

散点图也被称为“相关图”，是一种将两个变量分布在横轴和纵轴上，在它们的交叉位置绘制出点的图表，主要用于表示：两个变量的相关关系。散点图的 X 和 Y 轴都为与两个变量数值大小分别对应的数值轴。通过曲线或折线两种类型将散点数据连接起来，可以表示 X 轴变量随 Y 轴变量数值的变化趋势。图 10-6 为常规、常平滑线和数据标记、带平滑线以及带直线和数据标记、带直线的散点图。

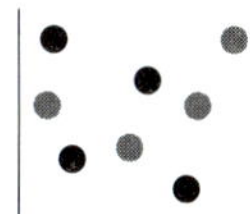 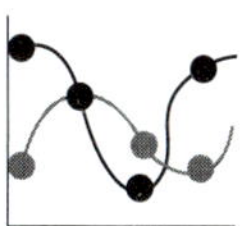 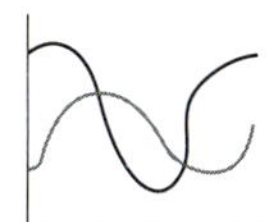 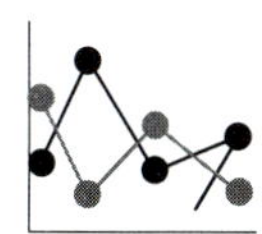 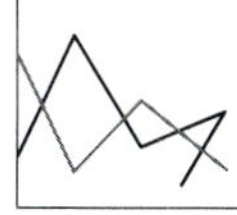

图 10-6 常规、带平滑线和数据标记、带平滑线以及带直线和数据标记、带直线的散点图

气泡图是散点图的变换类型，是一种通过改变各个数据标记大小，来表现第三个变量数值变化的图表。图 10-7 为二维和三维气泡图。

注意：气泡图与散点图类似，不同之处在于，散点图对两组数值进行比较，而气泡图对三组数值进行比较，第三组数值确定气泡数据点的大小。

（5）雷达图。

雷达图又称为蛛网图、极坐标图、星图等，是一种以二维形式展示多维数据的图形。

对于同时存在多个维度（或者说是指标）的数据分析场景，都可以使用雷达图，在体育运动中球员能力值就经常用雷达图表示。图 10-8 为常规、带数据标记和填充雷达图。

图 10-7　二维和三维气泡图　　　　图 10-8　常规、带数据标记和填充雷达图

注意： 雷达图适用于多维数据（四维以上），且每个维度必须可以排序，但是它有一个局限，就是数据点最多 6 个，否则无法辨别，因此适用场合有限。

10.1.2　图表组成元素

大多数图表包含相同的基本元素：图表区、绘图区、图表标题、坐标轴、数据系列、数据标签、图例、网格线，另外还有轴标题、误差线、趋势线、数据表，如图 10-9 所示。

图 10-9　图表组成元素

10.1.3　图表使用的最高境界

首先纠正一种误解，有人觉得，基本图表太简单、太原始、不高端、不大气，因此追求更复杂的图表。但是，越简单的图表，越容易理解，而快速易懂地理解数据，不正是“数据可视化”的最重要目的和最高追求吗？所以，请不要小看这些基本图表。因为大众最熟悉它们，所以只要是适用的场合，就应该考虑优先使用基本图表。

利用 WPS 表格图表分析功能，可以把纷繁复杂的数据整理、精练，变抽象的数据和数据关系为清晰、直观、形象的图形。图表做得好，可以让人眼前一亮。最终让所有人一眼看懂我们出具的分析报告，这是数据分析的最高境界。

10.2 柱形对比图

柱形对比图实例

现有某新能源公司2021年和2022年月度发电量数据（见表10-1），请绘制柱形图，进行对比展示。

表10-1 某公司2021年和2022年月度发电量表 （万kWh）

月份	2021年度	2022年度
1	38 404	33 864
2	35 618	38 608
3	27 137	40 363
4	29 132	38 749
5	35 598	36 595
6	26 311	23 270
7	14 417	19 104
8	9324	21 683
9	21 755	27 859
10	29 010	32 717
11	45 767	34 486
12	53 320	52 052
合计	**365 793**	**399 351**

解题步骤：

步骤1 在表格右侧增加一列数据“同比增减”，计算2022年和2021年发电量差值。如图10-10所示，设置单元格格式为：特殊、正负号。图10-11为增加辅助数列“同比增减”。

步骤2 选择月份、2021年和2022年发电量三列数据（不包含合计行），在“插入”选项卡下选择“二维柱形图”下的“簇状柱形图”，即可插入柱形图，如图10-12所示。

步骤3 新插入的柱形图感觉平平无奇、不够美观。首先设置柱形图颜色，如果不知道如何配色，可以使用网页搜索“色卡”（见图10-13），然后使用WPS表格自带的取色器自动识别颜色。

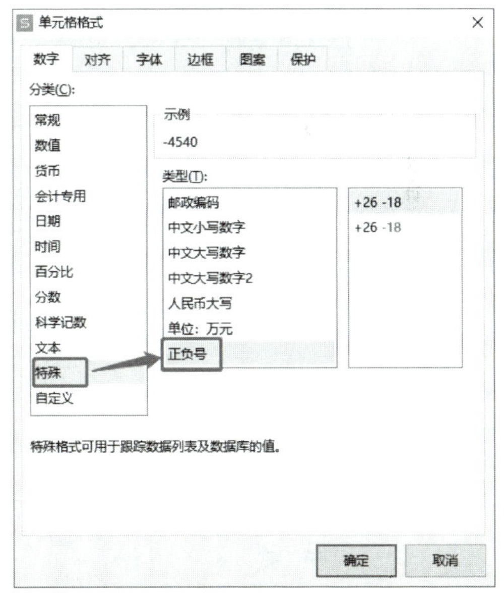

图10-10 设置单元格数字格式显示正负号

步骤4 选择2021年度任一蓝色柱形，即可选中2021年整个数据系列柱形图。右键菜单单击“设置数据系列格式”，在右侧窗口“系列选项”选择“填充与线条”，在下方第二个“颜色”下拉选项单击“取色器”，在色卡上找到草绿色，单击即可识别并填充颜色。操作，设置2022年度柱形为洋红色。图10-14为使用取色器和色卡设置柱形图颜色。

2021和2022年度发电量（万kWh）			
月份	2021年度	2022年度	同比增减
1月	38404	33864	-4540
2月	35618	38608	+2990
3月	27137	40363	+13226
4月	29132	38749	+9617
5月	35598	36595	+997
6月	26311	23270	-3041
7月	14417	19104	+4687
8月	9324	21683	+12359
9月	21755	27859	+6104
10月	29010	32717	+3707
11月	45767	34486	-11281
12月	53320	52052	-1268
合计	**365793**	**399351**	**+33559**

图 10-11　增加辅助数据列“同比增减”

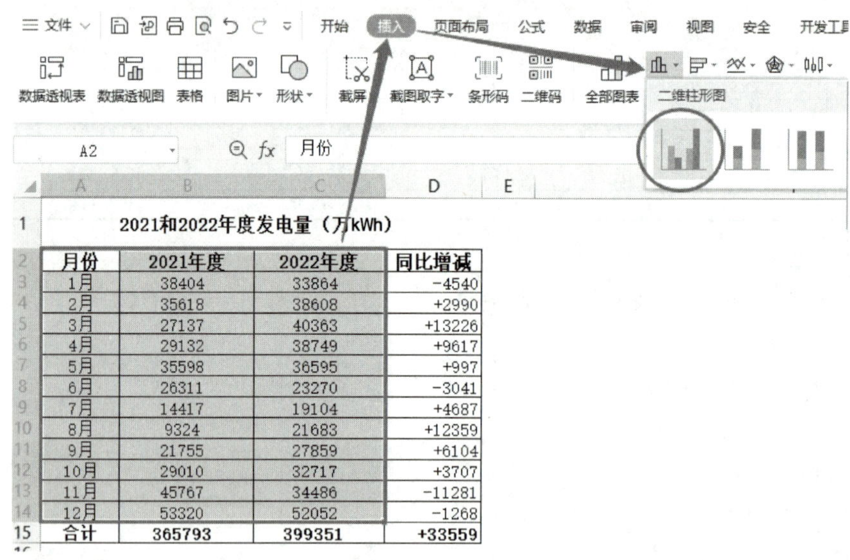

2021和2022年度发电量（万kWh）			
月份	2021年度	2022年度	同比增减
1月	38404	33864	-4540
2月	35618	38608	+2990
3月	27137	40363	+13226
4月	29132	38749	+9617
5月	35598	36595	+997
6月	26311	23270	-3041
7月	14417	19104	+4687
8月	9324	21683	+12359
9月	21755	27859	+6104
10月	29010	32717	+3707
11月	45767	34486	-11281
12月	53320	52052	-1268
合计	365793	399351	+33559

图 10-12　插入柱形图

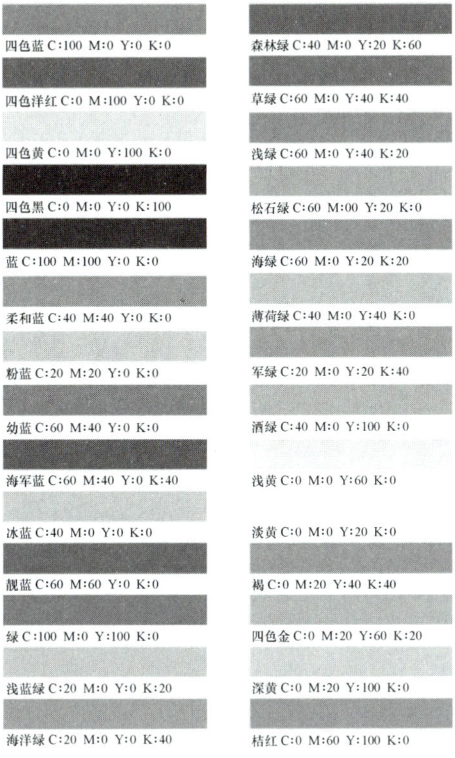

图 10-13　网页随意搜索到的一张色卡

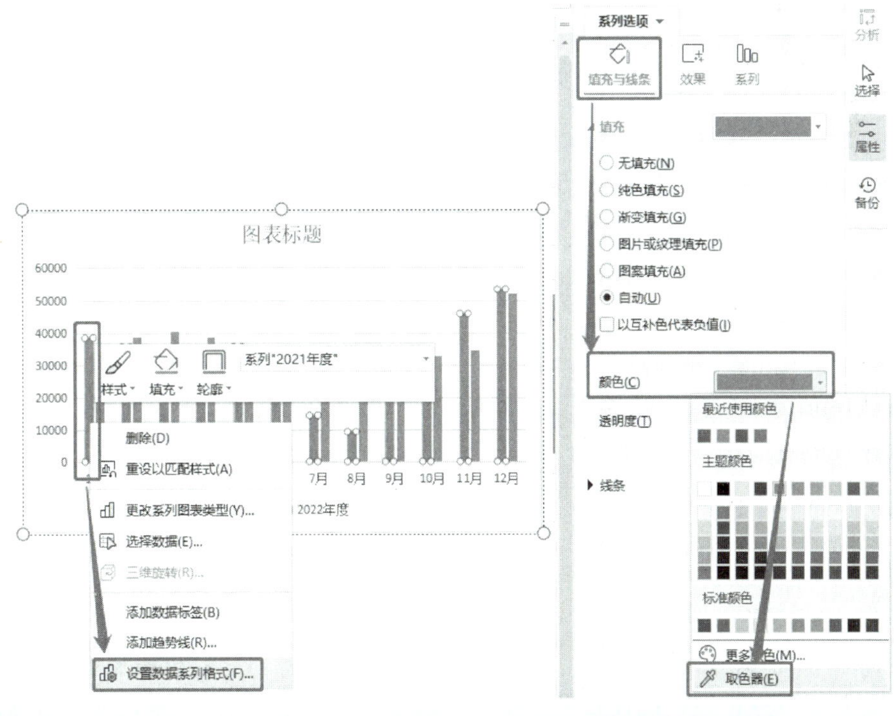

图 10-14　使用取色器和色卡设置柱形图颜色（一）

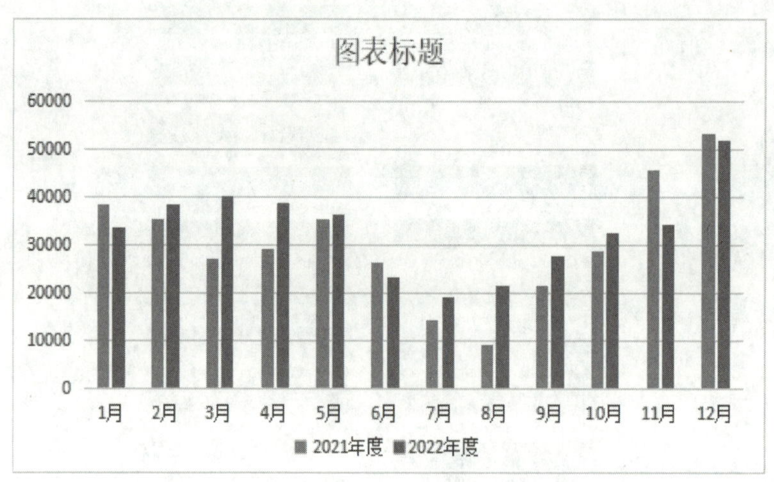

图 10-14 使用取色器和色卡设置柱形图颜色（二）

步骤 5 适当调整图表宽度，选择任一柱形图，在“系列选项”设置窗口选择“系列”选项卡，设置“系列重叠”为－15%，“分类间距”为 70%，如图 10-15 所示。

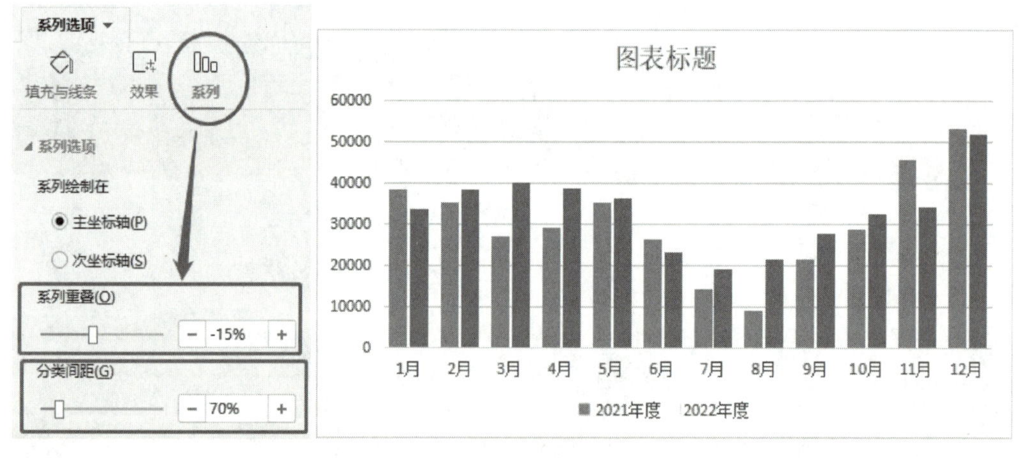

图 10-15 设置系列重叠和分类间距

注意：“系列重叠”取值范围［－100%，100%］，如果值为－100%时，两个系列间距等于柱宽；如果值为 0%时，两个系列紧挨排在一起；如果值为 100%时，两个系列完全重叠。**“系列重叠”主要控制不同系列间距，当只有一个系列时，“系列重叠”不起作用。**

“分类间距”取值范围［0%，500%］，分类间距的值越大，数据标记簇之间的间距就越大，相应的柱形或条形就越细。

步骤 6 选择 2022 年任一柱形，添加图表元素，选择“数据标签”下“更多选项”，在右侧“标签选项”设置窗口下“标签”选项卡，勾选标签包括“单元格中的值”，并选择数据范围为辅助数据列“同比增减”数据，取消勾选“值”，标签位置选择“数据标签外”。选择数据标签，设置数字字体为 Aril、9 号、加粗。通过单击两次数据标签，逐个手动选择，设置正值为绿色，负值为红色。图 10-16 为添加数据标签。

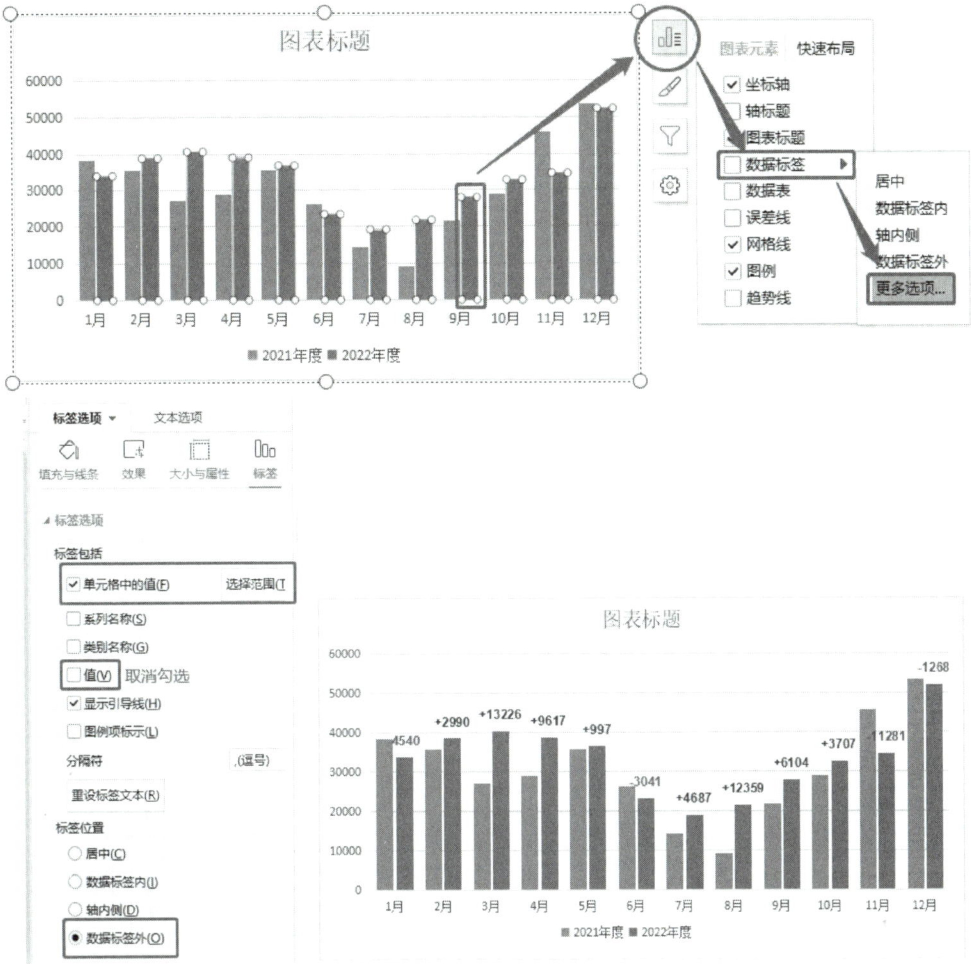

图 10-16 添加数据标签

步骤 7 设置横纵坐标轴字体加粗。设置图表标题为“公司 2021 年和 2022 年月度发电量对比图”，选择标题内容设置字体为方正姚体、16 号、加粗、深绿色，如图 10-17 所示。

图 10-17 公司 2021 年和 2022 年月度发电量对比图

10.3　柱形和折线组合图

柱形和折线组合图实例

现有某风电场某月单机发电量和平均风速（见表 10-2），请绘制柱形和折线组合图，查找发电性能差机组。

表 10-2　　某风电场某月单机发电量和平均风速

风机编号	发电量（万 kWh）	平均风速（m/s）
#1-01	30.48	6.96
#1-02	10.38	6.44
#1-03	76.49	9.93
#1-04	77.62	8.25
#1-05	40.11	6.36
#2-06	99.01	11.61
#2-07	110.24	11.76
#2-08	82.51	8.60
#2-09	85.27	7.99
#2-10	79.85	9.13
#2-11	85.43	8.76
#3-12	84.84	9.32
#3-13	82.25	9.33
#3-14	87.68	9.32
#3-15	103.57	10.36
#3-16	85.40	9.04
#3-17	95.23	9.65
#4-18	99.42	9.78
#4-19	110.44	10.86
#4-20	102.30	9.42
#4-21	103.54	9.87
#4-22	106.73	10.34

解题步骤：

步骤 1　选择数据区域，按照发电量大小降序排列，如图 10-18 所示。

步骤 2　选择全部数据区域，在“插入”选项卡下选择“组合图”下的“簇状柱形图-次坐标轴上的折线图”，即可插入组合图，如图 10-19 所示。

	A	B	C
1	风机编号	发电量（万kWh	平均风速（m/s
2	#4-19	110.44	10.86
3	#2-07	110.24	11.76
4	#4-22	106.73	10.34
5	#3-15	103.57	10.36
6	#4-21	103.54	9.87
7	#4-20	102.30	9.42
8	#4-18	99.42	9.78
9	#2-06	99.01	11.61
10	#3-17	95.23	9.65
11	#3-14	87.68	9.32
12	#2-11	85.43	8.76
13	#3-16	85.40	9.04
14	#2-09	85.27	7.99
15	#3-12	84.84	9.32
16	#2-08	82.51	8.60
17	#3-13	82.25	9.33
18	#2-10	79.85	9.13
19	#1-04	77.62	8.25
20	#1-03	76.49	9.93
21	#1-05	40.11	6.36
22	#1-01	30.48	6.96
23	#1-02	10.38	6.44

图 10-18　按照发电量数据降序排列

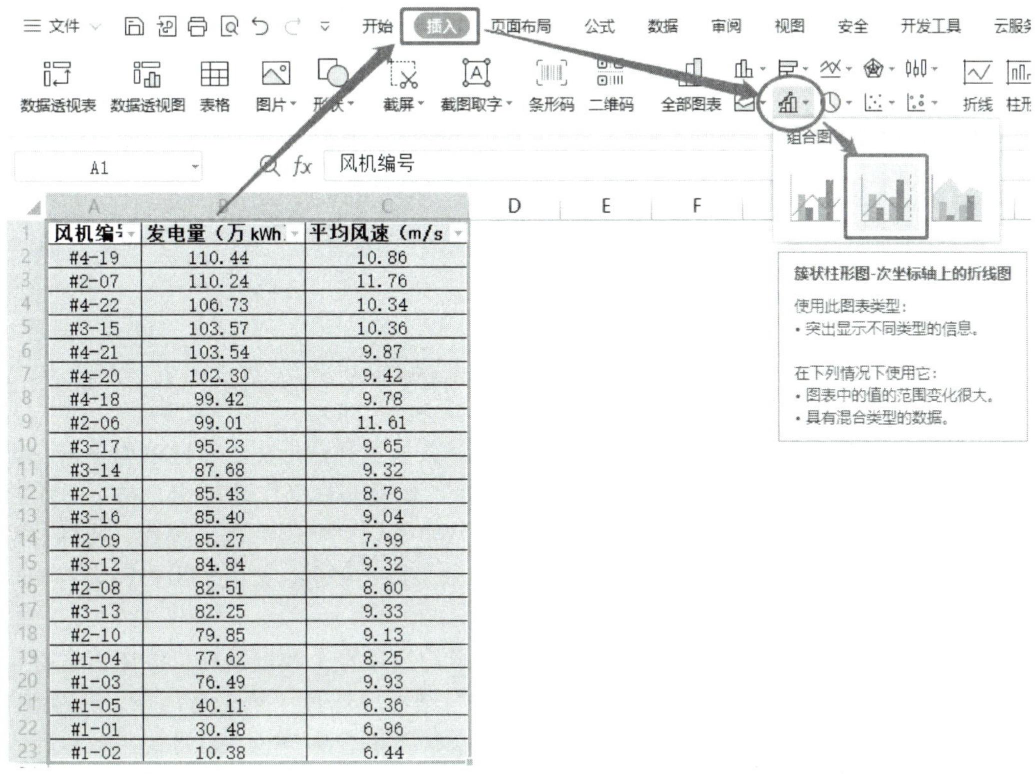

图 10-19　插入簇状柱形和折线组合图（一）

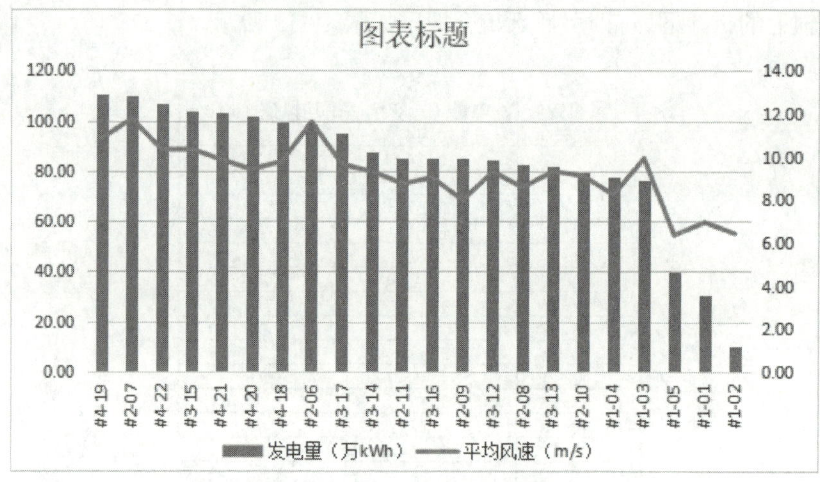

图 10-19　插入簇状柱形和折线组合图（二）

注意：如发现发电量和平均风速图形设置相反，即发电量为折线图、平均风速为柱形图，可以调整表格数据位置，即发电量列在前、平均风速列在后。或者右键菜单选择“更改图标类型”，将发电量设置为簇状柱形图，平均风速设置为折线图，并勾选次坐标轴，如图 10-20 所示。

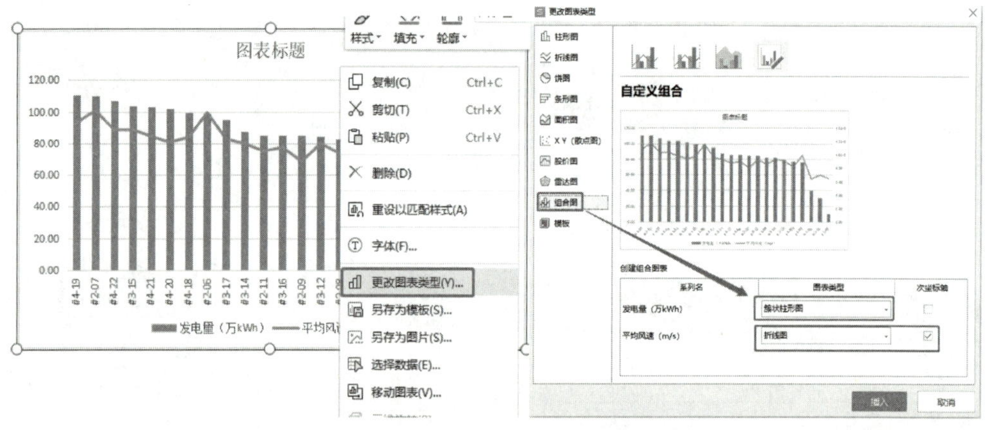

图 10-20　更改图表类型

步骤 3　选择任一柱形，即可选择发电量整个数据系列柱形图。右键菜单单击“设置数据系列格式”，在右侧窗口“系列选项”选择“填充与线条”选项卡，在下方第二个“颜色”下拉选项设置颜色为绿色，也可使用取色器识别所需的色卡颜色；选择“系列”选项卡，设置“分类间距”为 80%；选择“效果”选项卡，设置“阴影”为右下斜偏移。图 10-21 为对发电量柱形进行相关设置。

步骤 4　选择折线上任一数据点，即可选择平均风速整个数据系列折线图。右键菜单单击“设置数据系列格式”，在右侧窗口“系列选项”选择“填充与线条”选项卡，在“线条”子选项卡下方第二个“颜色”下拉选项设置颜色为橙色，也可使用取色器识别所需的色卡颜色，宽度为 1.5 磅；选择“标记”子选项卡，设置“数据标记选项”为“内置”，类型为“圆形”，大小为 5，设置颜色为橙色，线条为“无线条”。图 10-22 为对平均风速折线图进行相关设置。

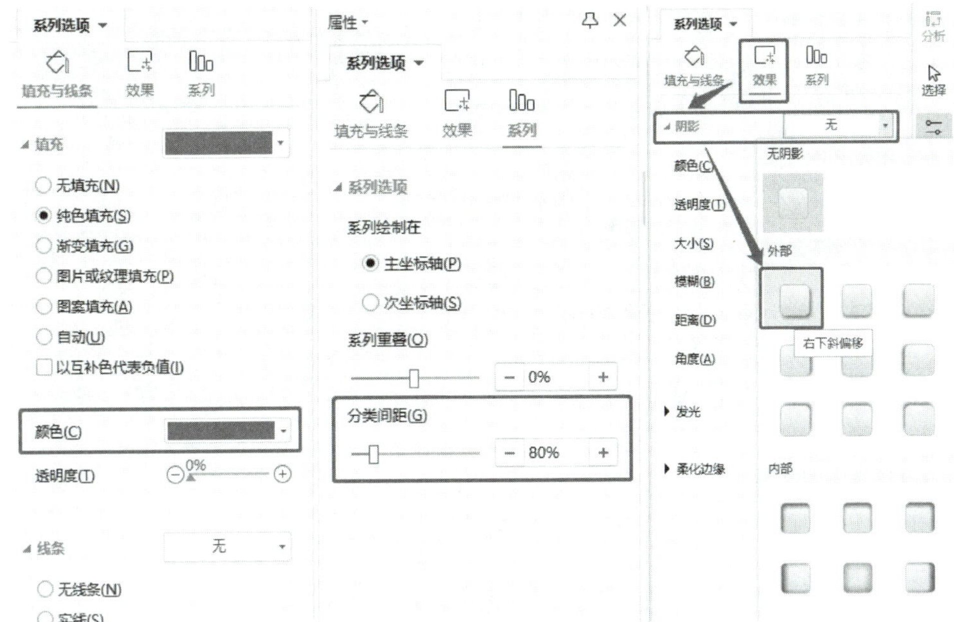

图 10-21 对发电量柱形进行相关设置

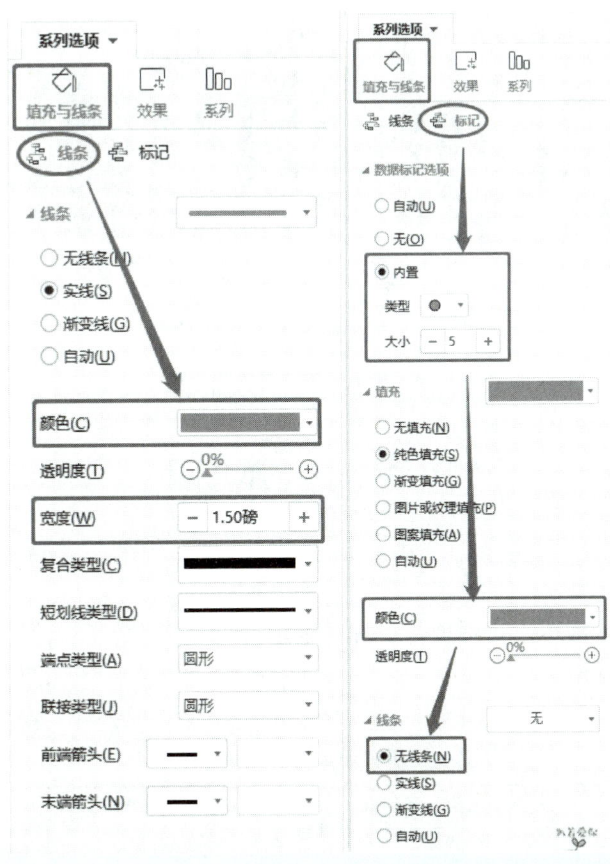

图 10-22 对平均风速折线图进行相关设置

步骤 5 选择横坐标轴，右键菜单单击“设置坐标轴格式”，在右侧窗口“文本选项”选择“文本框”选项卡，设置自定义角度为－45°，如图 10-23 所示。文字倾斜后，风机编号更容易识别。

步骤 6 设置横纵坐标轴字体加粗。设置图表标题为“月度单机平均风速和发电量”，选择标题内容设置字体为方正姚体、16 号、加粗、深绿色。图 10-24 为月度单机平均风速和发电量组合图结果。

注意：可以看出凡是折线图峰值部位对应的机组发电性能均存在异常，即平均风速相比前一台机组高，发电量却低，比如＃2-07、＃2-06、＃3-12、＃1-03 机组。

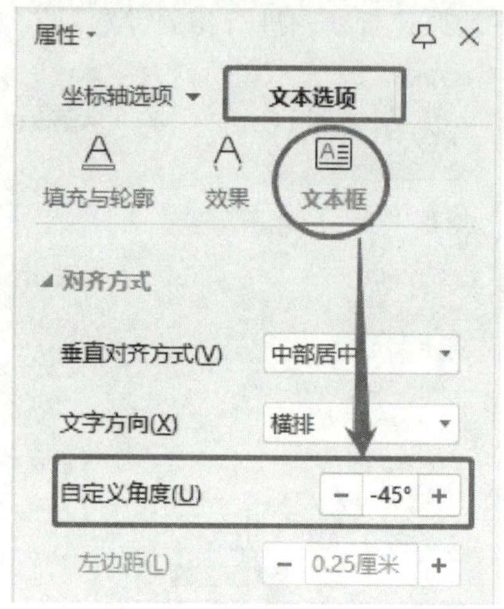

图 10-23 设置横坐标轴文字角度

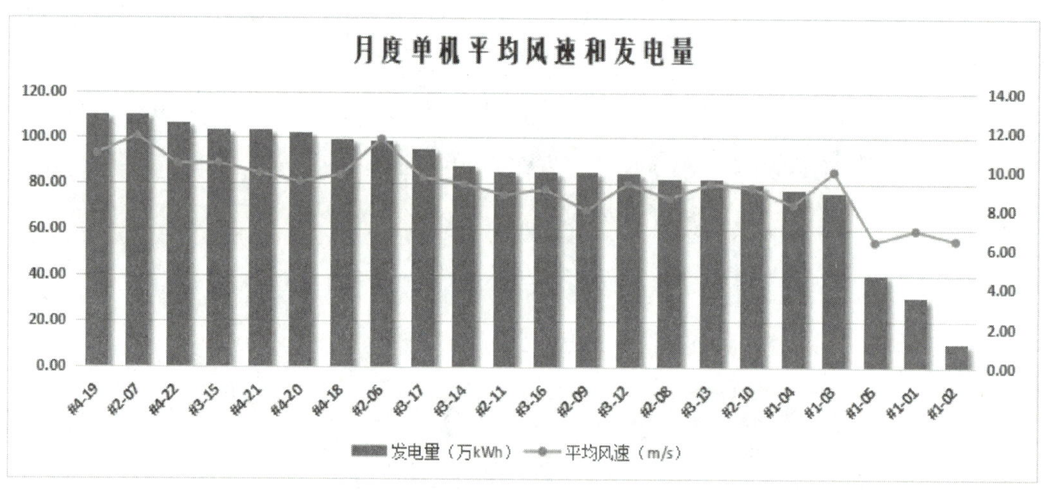

图 10-24 月度单机平均风速和发电量组合图结果

10.4 子 弹 图

子弹图实例

子弹图主要用于展示出实际值与目标计划值之间的差距。现有某公司所有场站某月计划发电量、实际发电量、电量完成率（见图 10-3），请绘制子弹图，突出显示完成率情况。

表 10-3 某公司所有场站某月电量完成率

风电场	月计划电量（万 kWh）	实发电量（万 kWh）	电量完成率（%）
石家庄	2679	2479	93
承德	1506	1208	80

续表

风电场	月计划电量（万 kWh）	实发电量（万 kWh）	电量完成率（%）
呼和浩特	1399	1183	85
天津	2067	1536	74
保定	2692	2168	81
秦皇岛	3926	3968	101
廊坊	954	1113	117
大同	1087	1181	109

解题步骤：

步骤 1 如表 10-3 所示，首先计算电量完成率，完成率＝实发电量/月计划电量，设置格式为百分比，保留 0 位小数。

步骤 2 选择风电场、月计划电量、实发电量三列数据，在“插入”选项卡下选择“组合图”下的“簇状柱形图—次坐标轴上的折线图”，即可插入组合图，如图 10-25 所示。

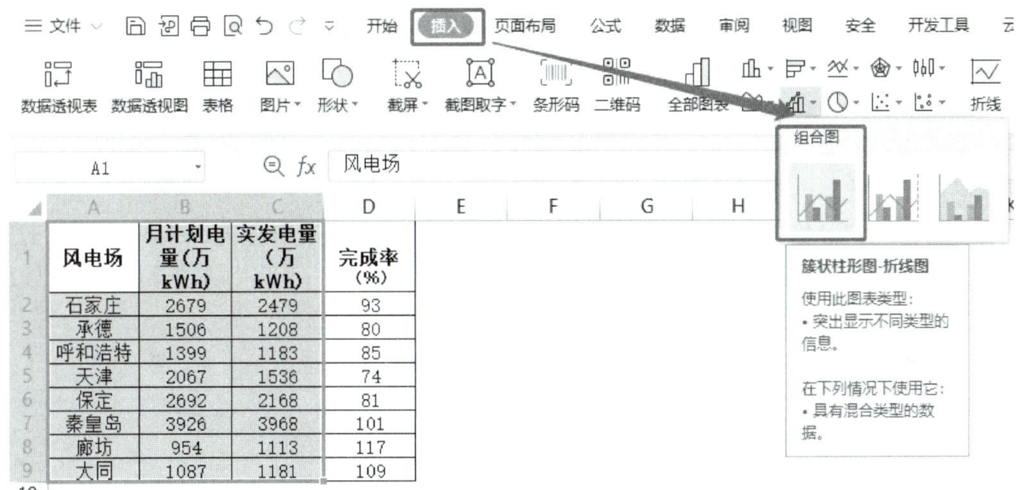

风电场	月计划电量(万kWh)	实发电量（万kWh)	完成率(%)
石家庄	2679	2479	93
承德	1506	1208	80
呼和浩特	1399	1183	85
天津	2067	1536	74
保定	2692	2168	81
秦皇岛	3926	3968	101
廊坊	954	1113	117
大同	1087	1181	109

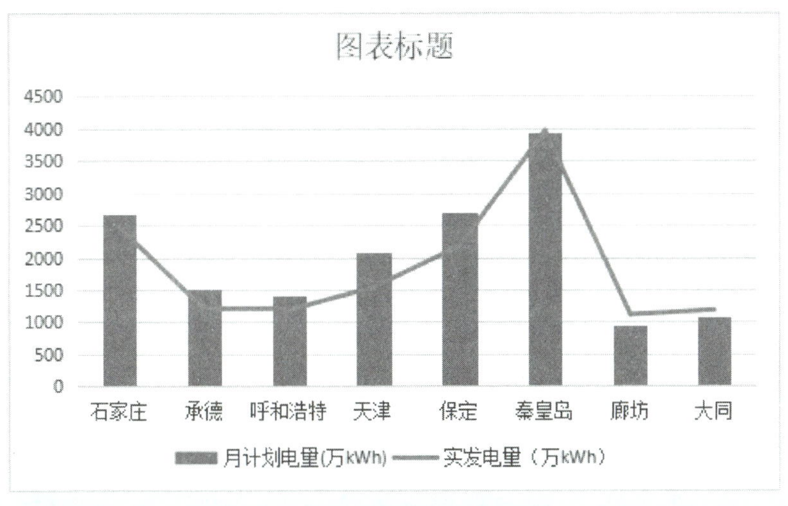

图 10-25 插入簇状柱形和折线组合图

步骤 3 右键菜单选择“更改图标类型”，将实发电量设置为簇状柱形图，月计划电量设为簇状柱形图，并勾选次坐标轴，如图 10-26 所示。

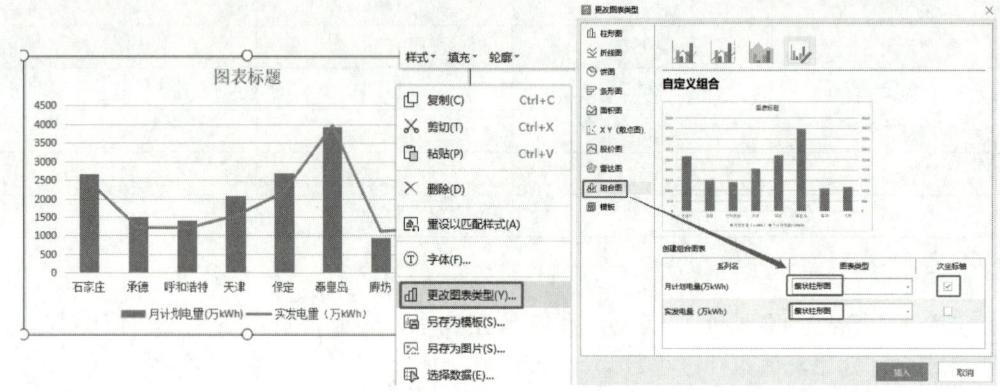

图 10-26 更改图表类型

注意： 将图形设置为**簇状柱形组合图并分别设置主坐标轴和次坐标轴，** 实发电量和计划电量两个柱形图直接重叠在一起，再通过设置分类间距可以分别调整两个柱形宽度，从而形成子弹图。

步骤 4 选择任一实发电量柱形图，即可选择实发电量整个数据系列柱形图。右键菜单单击“设置数据系列格式”，在右侧窗口“系列选项”选择“填充与线条”选项卡，在下方第二个“颜色”下拉选项设置颜色为深蓝色，也可使用取色器识别所需的色卡颜色；选择“系列”选项卡，设置“分类间距”为 300%。图 10-27 为对实际发电量柱形图进行相关设置。

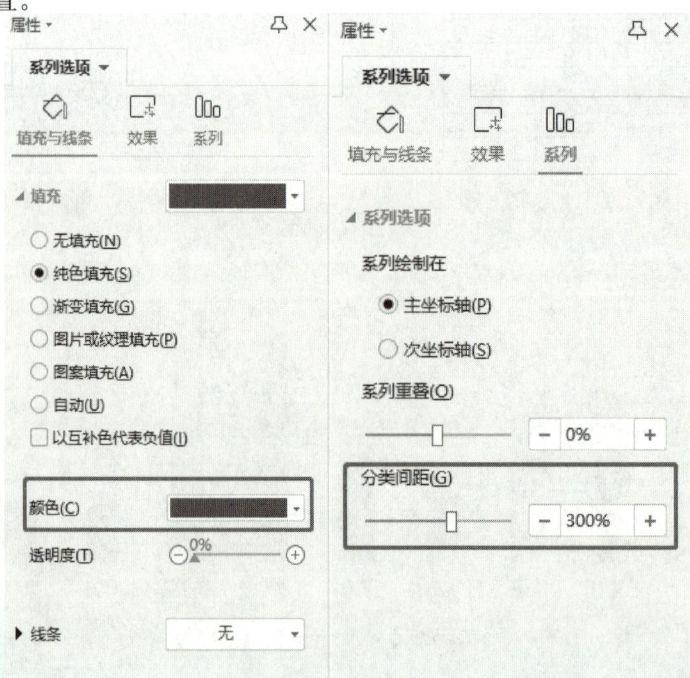

图 10-27 对实际发电量柱形图进行相关设置

步骤 5 选择任一计划电量柱形图，即可选择计划电量整个数据系列柱形图。右键菜单单击“设置数据系列格式”，在右侧窗口“系列选项”选择“填充与线条”选项卡，设置“无填充”、线条设置为实线、红色、宽度为 1 磅；选择“系列”选项卡，设置“分类间距”为 140%。图 10-28 为对计划电量柱形图进行相关设置。

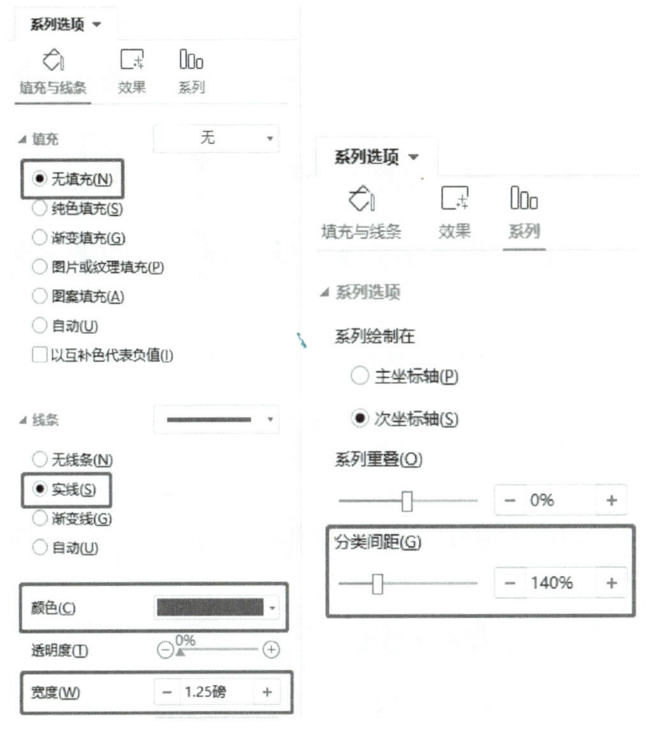

图 10-28 对计划电量柱形图进行相关设置

步骤 6 选择任一计划电量柱形，添加图表元素，选择“数据标签”下“更多选项”，在右侧“标签选项”设置窗口下“标签”选项卡，勾选标签包括“单元格中的值”，并选择电量完成率数据，取消勾选“值”，标签位置选择“数据标签外”。选择数据标签，设置数字字体为 Aril、9 号、加粗。图 10-29 为添加数据标签。

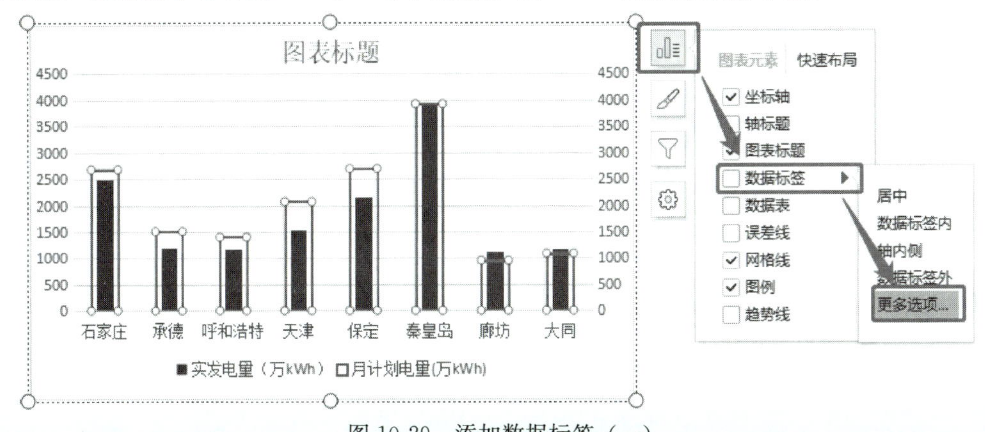

图 10-29 添加数据标签（一）

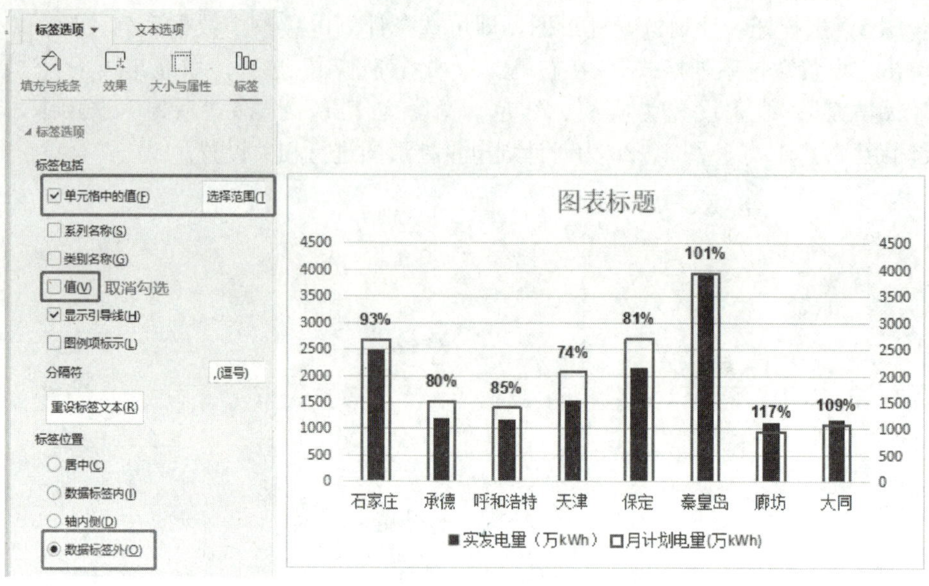

图 10-29　添加数据标签（二）

步骤 7　设置横纵坐标轴字体加粗，删除次要坐标轴。设置图表标题为“各场站月度计划电量完成情况”，选择标题内容设置字体为方正姚体、16 号、加粗、深蓝色。图 10-30 为各场站计划电量完成情况子弹图。

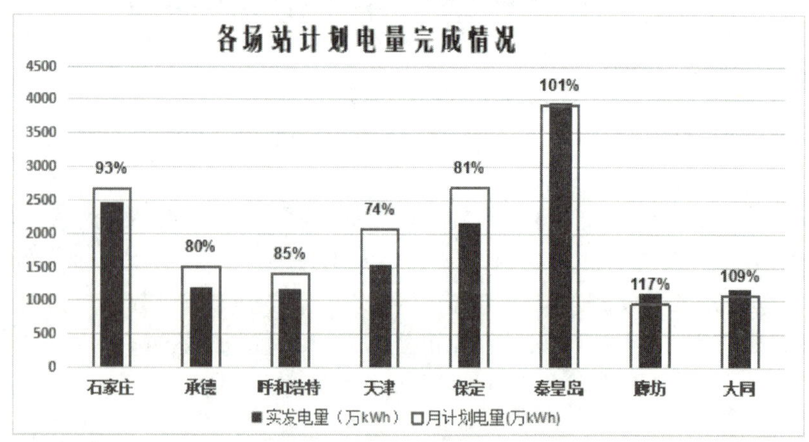

图 10-30　各场站计划电量完成情况子弹图

注意：可以明显看出当中间深蓝色柱形即弹头未超出弹壳上限，则没有完成当月计划电量，并且根据弹头与弹壳上限距离，直观感受出实际完成值与目标计划值差距。

10.5　折线图和面积图组合

折线图和面积图组合实例

单一的折线图画布留白太多，显得比较空，可以考虑折线图和面积图混搭组合，使画面整体比较饱满美观。

现有某公司各月实际发电量（见表 10-4），请绘制发电量走势图。

表 10-4　　某公司各月实际发电量

月份	发电量（万 kWh）	月份	发电量（万 kWh）
1	38 404	7	14 417
2	35 618	8	9324
3	27 137	9	21 755
4	29 132	10	29 010
5	35 598	11	45 767
6	26 311	12	53 320
合计	365 793		

解题步骤：

步骤 1　选择月份、发电量数据（不包含合计行），在“插入”选项卡下选择“折线图”下的“带数据标记的折线图”，即可插入一个折线图，如图 10-31 所示。

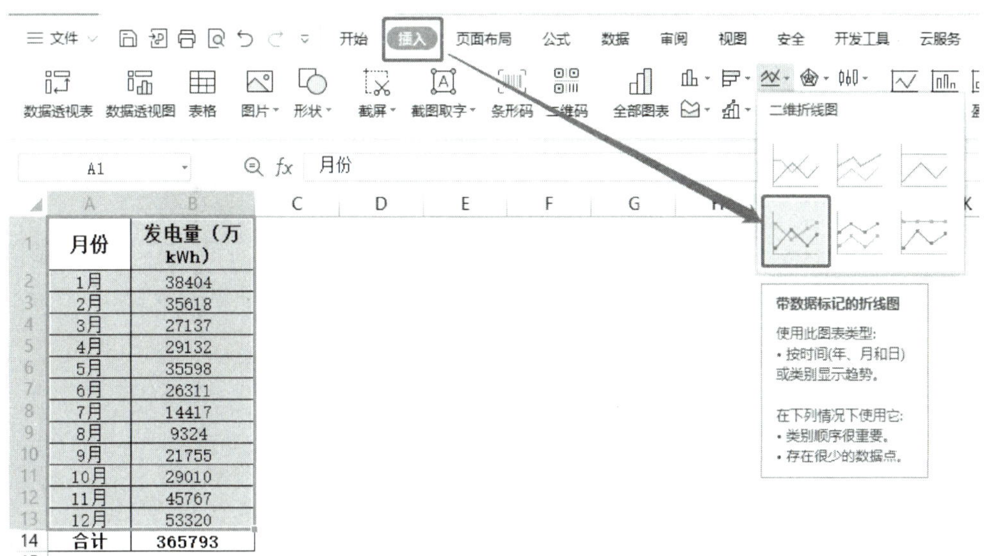

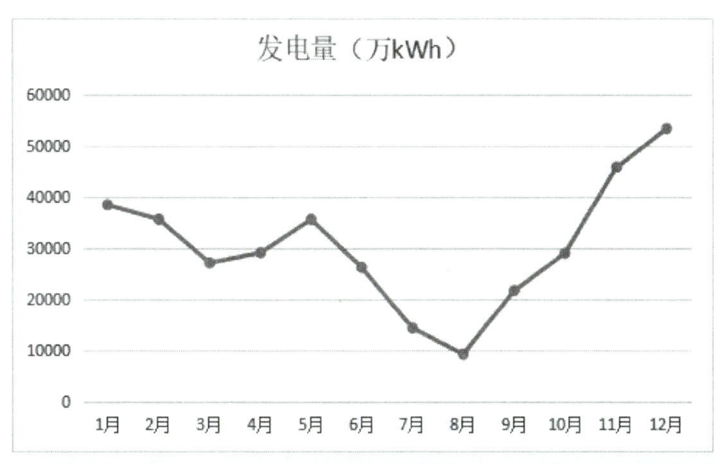

图 10-31　插入折线图

步骤2 选择折线图，右键菜单单击“选择数据”，在“编辑数据源”窗口单击“添加”数据按钮，在“编辑数据系列”窗口中，输入系列名称为“发电量2”，系列值重新选择发电量数据区域（不含标题和合计数据），单击确定，如图10-32所示。

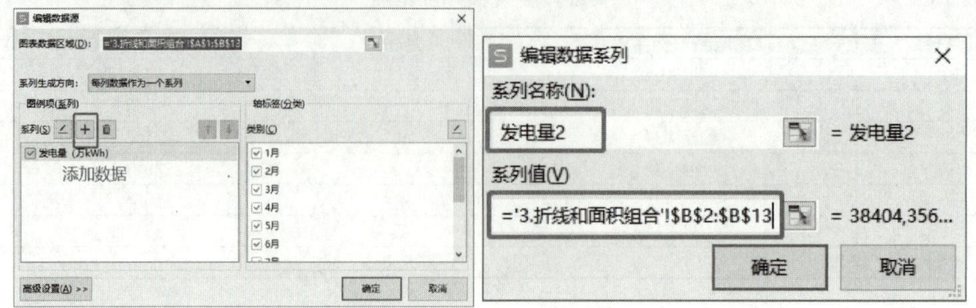

图10-32 添加数据

步骤3 右键菜单选择“更改图标类型”，选择“组合图”，将第一个发电量设置为“带数据标记的折线图”（见图10-33），将第二个发电量设置为“面积图”，单击“插入”。

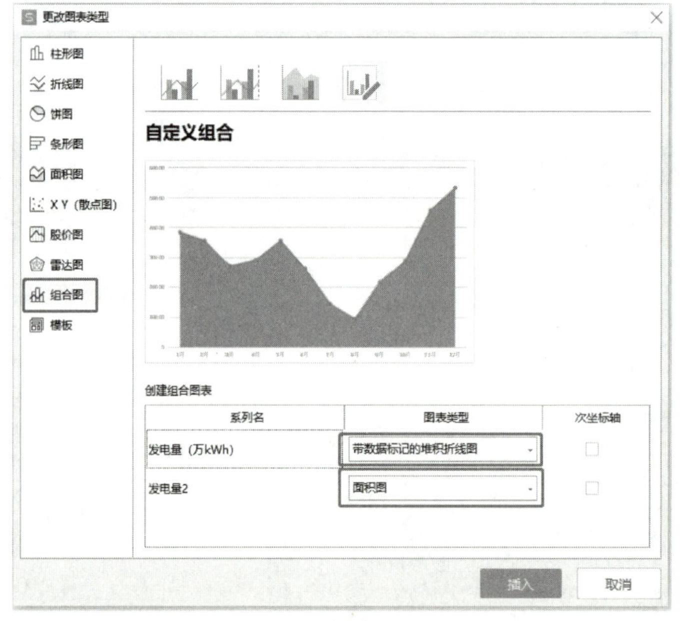

图10-33 更改图表类型

步骤4 选择折线图，右键菜单单击“设置数据系列格式”，在右侧窗口“系列选项”选择“填充与线条”选项卡，在下方第二个“颜色”下拉选项设置颜色为深蓝色，也可使用取色器识别所需的色卡颜色；在“标记”选项卡下设置折线标记为内置、圆形、大小为6、深蓝色、线条设置为无线条。图10-34为设置折线和标记。

步骤5 选择面积图，右键菜单单击“设置数据系列格式”，在右侧窗口“系列选项”选择“填充与线条”选项卡，在下方第二个“颜色”下拉选项设置颜色为亮蓝色、透明度设置为45%。选择图表，设置图表底色为浅灰色。图10-35为设置面积图和图表底色。

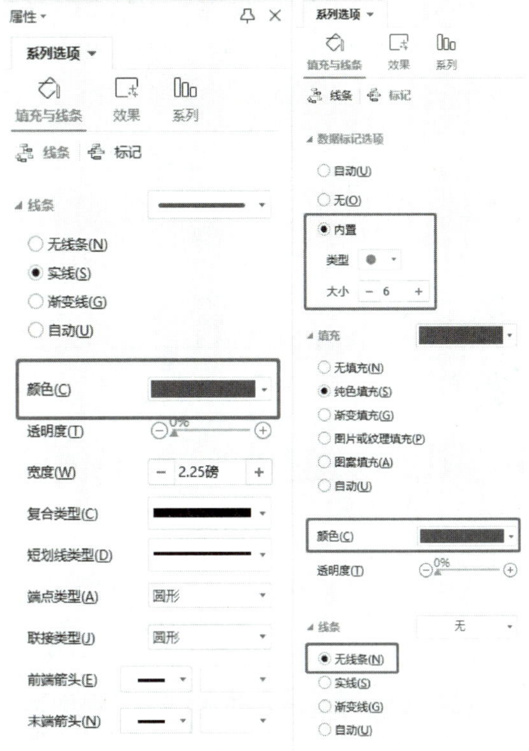

图 10-34 设置折线和标记

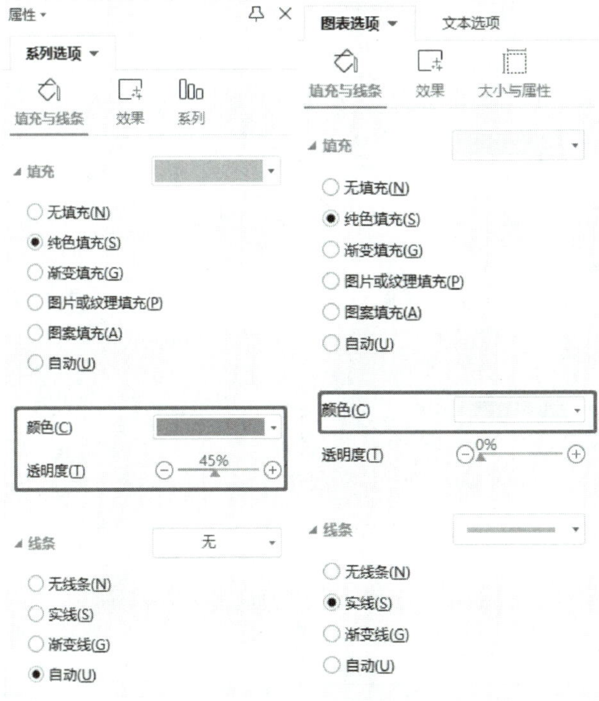

图 10-35 设置面积图和图表底色

步骤 6 选择折线图，添加图表元素，选择“数据标签”位置为“上方”（见图 10-36），选择数据标签，设置数字字体为 Aril、9 号、加粗、深灰色。

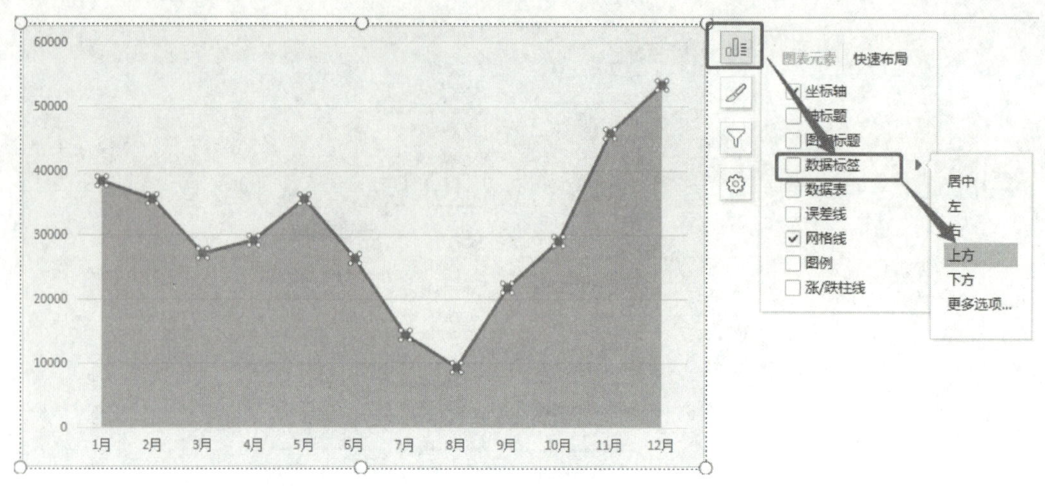

图 10-36 添加数据标签

步骤 7 删除垂直坐标轴、网格线，设置横坐标轴字体加粗。添加图表元素“图表标题”，设置图表标题为“公司 2022 年月度发电量走势图”，选择标题内容设置字体为方正姚体、16 号、加粗、深蓝色，手动拖动调整标题居中。图 10-37 为公司 2022 年月度发电量走势图。

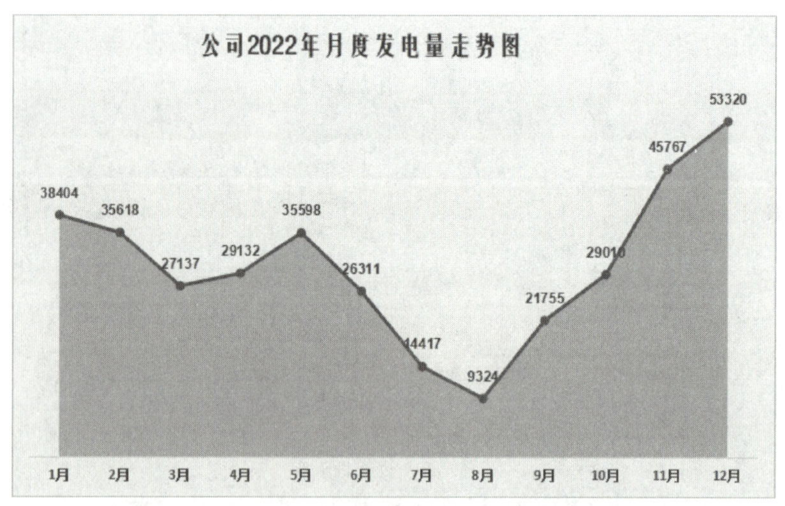

图 10-37 公司 2022 年月度发电量走势图

10.6 常 规 饼 图

常规饼图实例

现有某公司风电机组各故障部位停机频次表（见表 10-5），请绘制风电机组故障频次饼图。

表 10-5　　风电机组各故障部位停机频次表

故障部位	故障频次	故障部位	故障频次
变桨系统	85	安全链	15
变频器	45	发电机	11
主控系统	21	叶轮系统	6
偏航系统	20	刹车系统	2
液压系统	19	冷却系统	2
齿轮箱	18	传动系统	2

解题步骤：

步骤 1　查看数据表，其中叶轮系统、刹车系统、冷却系统、传动系统数值太小，占比太小，在饼图中所占用的扇区极小，不方便查看，可以将此四项数据合并为其他，如表 10-6 所示。

表 10-6　　合并占比小故障停机部位为其他

故障部位	故障频次	故障部位	故障频次
变桨系统	85	齿轮箱	18
变频器	45	安全链	15
主控系统	21	发电机	11
偏航系统	20	其他	12
液压系统	19		

步骤 2　选择全部数据（包括标题行），在“插入”选项卡下选择“二维饼图”下的“饼图”，即可插入一个常规饼图（见图 10-38），设置图例位置靠右，调整画布宽度高度，使饼图占满整个画布。

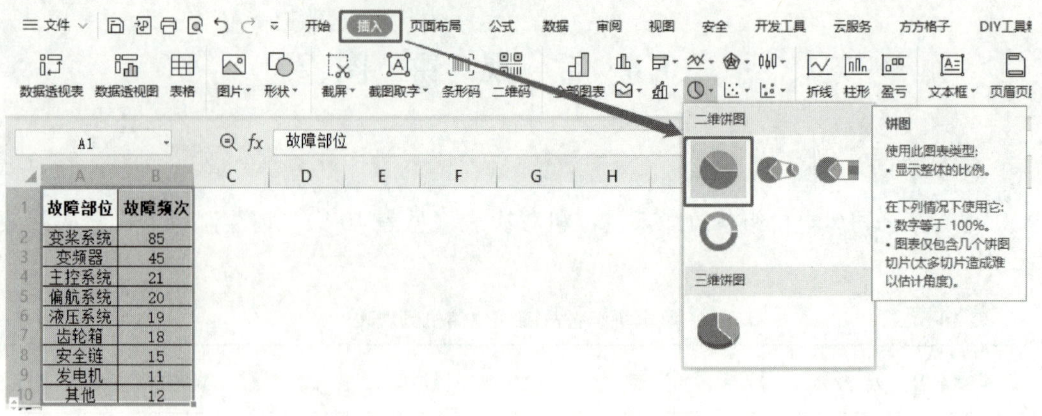

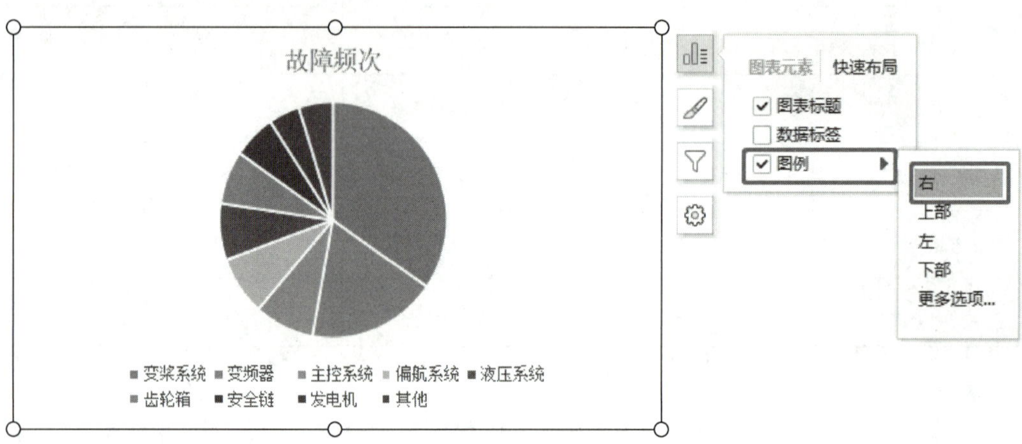

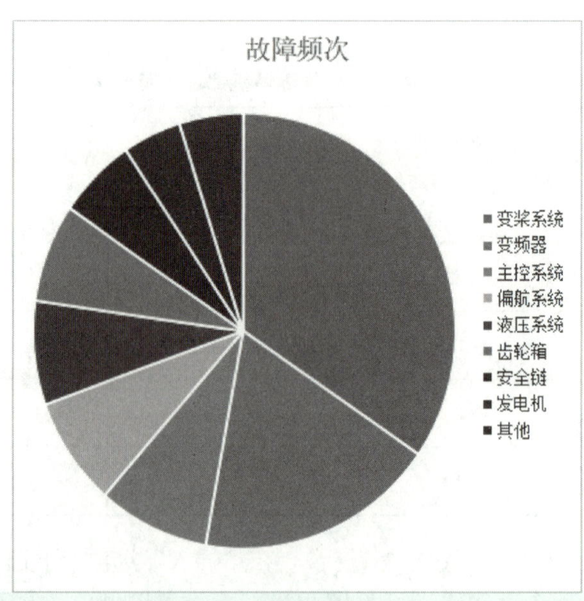

图 10-38　插入常规饼图

步骤 3 选择图表，添加图表元素，添加数据标签，选择更多选项，如图 10-39 所示。标签包括选择：类别名称、值、百分比；分隔符选择分行符；标签位置选择数据标签内；数字格式设置为百分比、1 位小数；标签字体选择等线、9 号、加粗、白色。

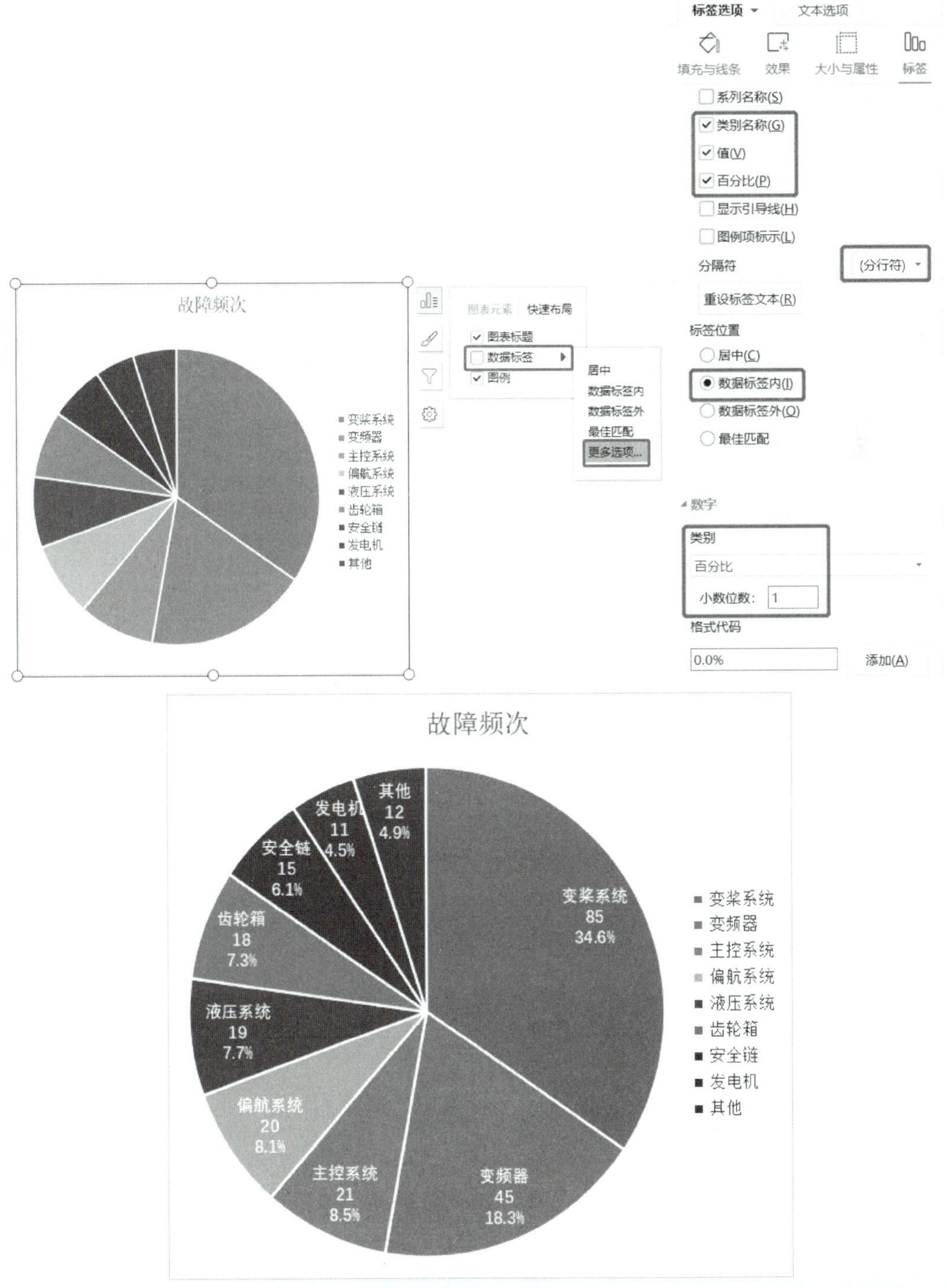

图 10-39 添加数据标签

步骤 4 选择“页面布局”选项卡，设置颜色为“市镇”（默认为 Office），如图 10-40 所示。需要注意的是此处颜色修改的是文件整体颜色主题，如想设置其他颜色，可以参照配色卡，利用取色器，逐个设置颜色。

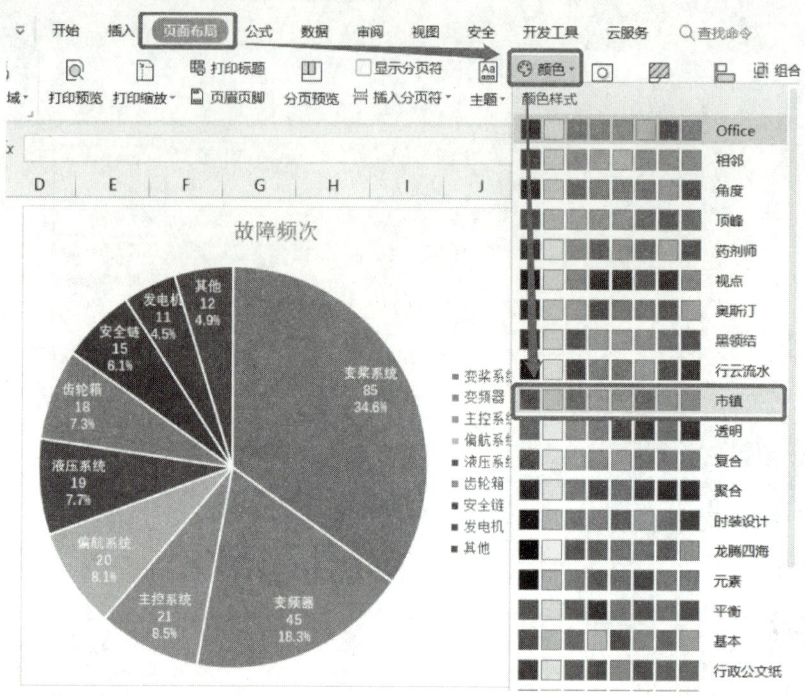

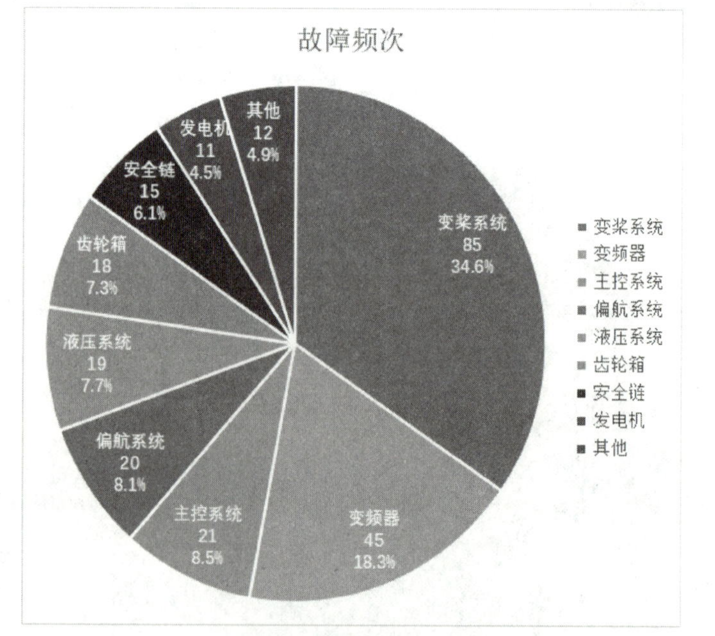

图 10-40 设置扇区颜色

步骤 5 选择扇区线条，右键菜单单击“设置数据系列格式”，在右侧窗口“系列选项”选择“填充与线条”选项卡，修改线条为实线、白色、宽度 1 磅，如图 10-41 所示。

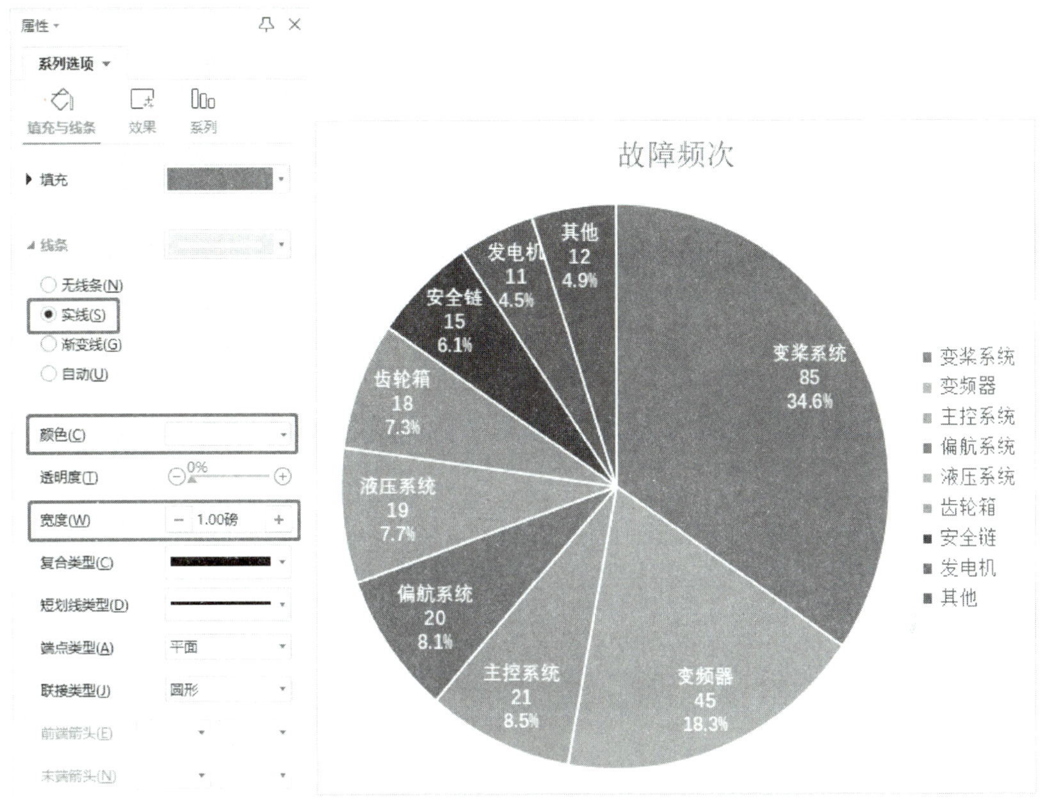

图 10-41 设置扇区线条

步骤 6 选择饼图，右键菜单单击“设置数据系列格式”，在右侧窗口“系列选项”选择“效果”选项卡，设置阴影为“向下偏移”，使饼图更有立体感，如图 10-42 所示。

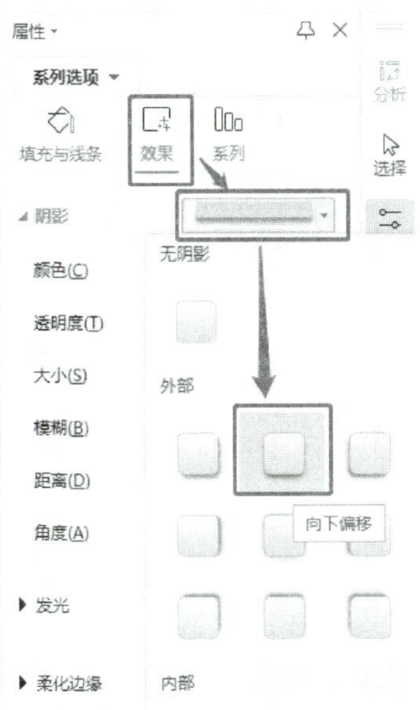

图 10-42 设置饼图阴影

步骤 7 设置标题为“风电机组故障频次分布图”，选择标题内容设置字体为方正姚体、16 号、加粗、亮天蓝色。图 10-43 为风电机组故障停机频次分布图。

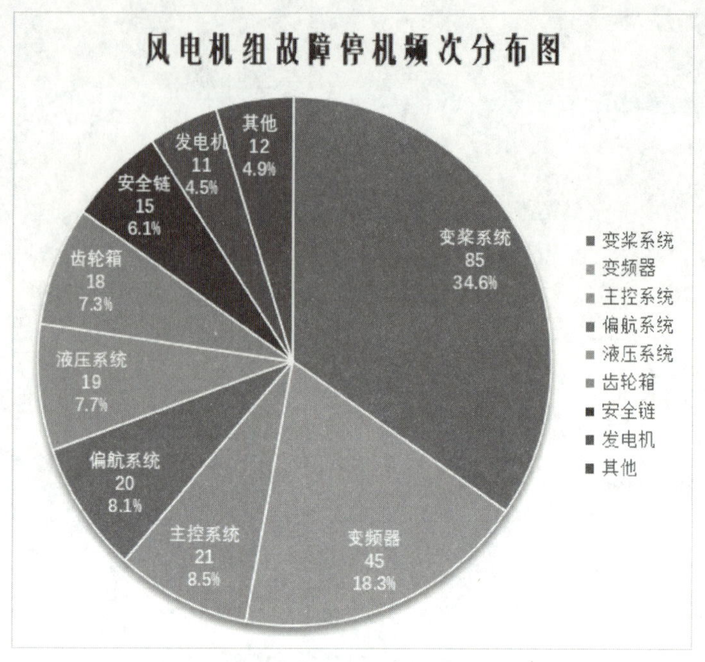

图 10-43 风电机组故障停机频次分布图

10.7 复合条饼图

复合条饼图实例

现有某公司风电机组各故障部位停机频次（见表 10-7），请绘制风电机组故障频次条饼图，将其中占比较小的叶轮系统、刹车系统、冷却系统、传动系统归为其他，并按堆积条形图显示。

表 10-7 风电机组各故障部位停机频次表

故障部位	故障频次	故障部位	故障频次
变桨系统	85	安全链	15
变频器	45	发电机	11
主控系统	21	叶轮系统	6
偏航系统	20	刹车系统	2
液压系统	19	冷却系统	2
齿轮箱	18	传动系统	2

解题步骤：

步骤 1 选择全部数据（包括标题行），在“插入”选项卡下选择“二维饼图”下的

“复合条饼图”，即可插入一个复合条饼图，设置图例位置靠右，调整画布宽度高度，使饼图占满整个画布，如图 10-44 所示。

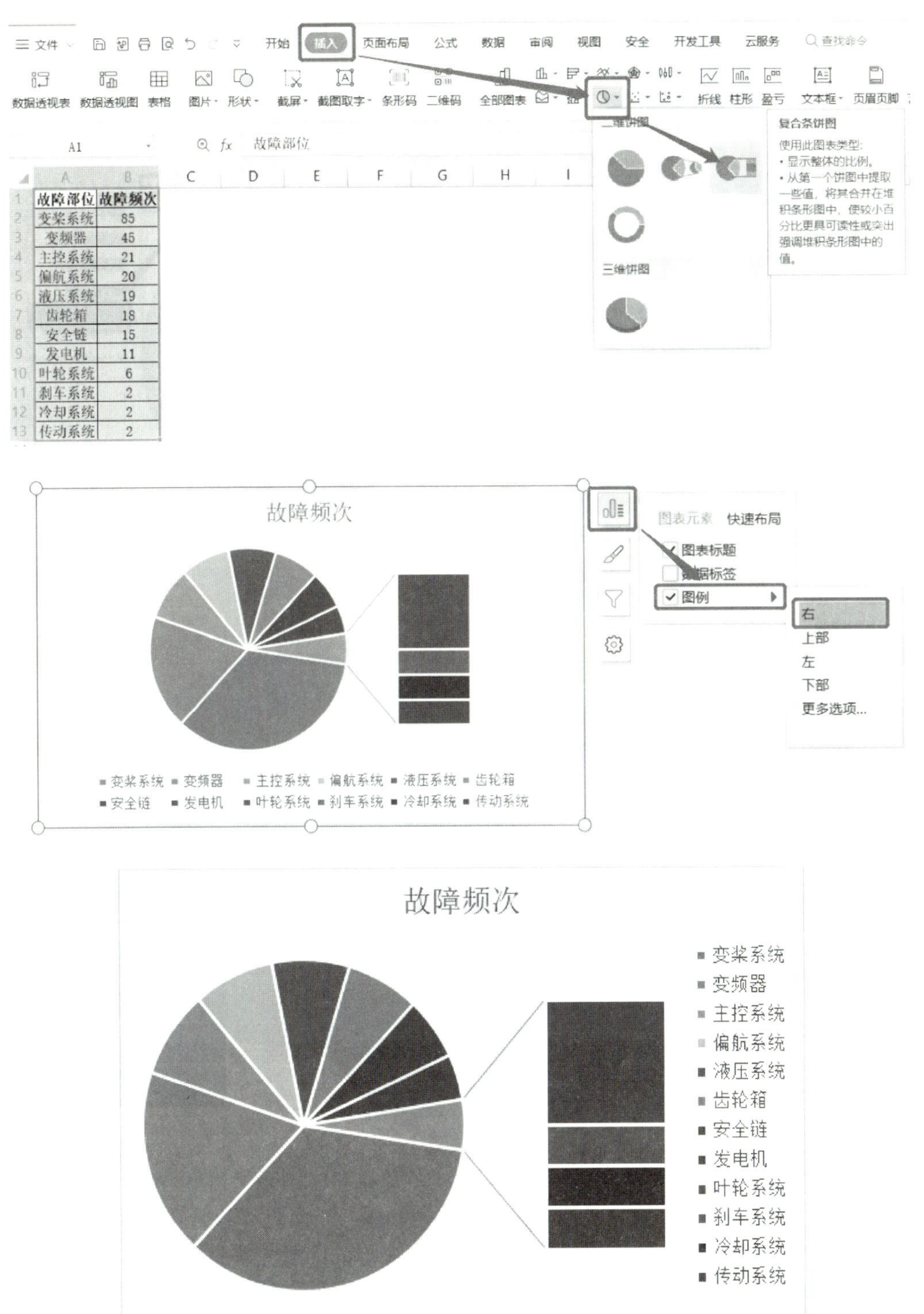

图 10-44　插入复合条饼图

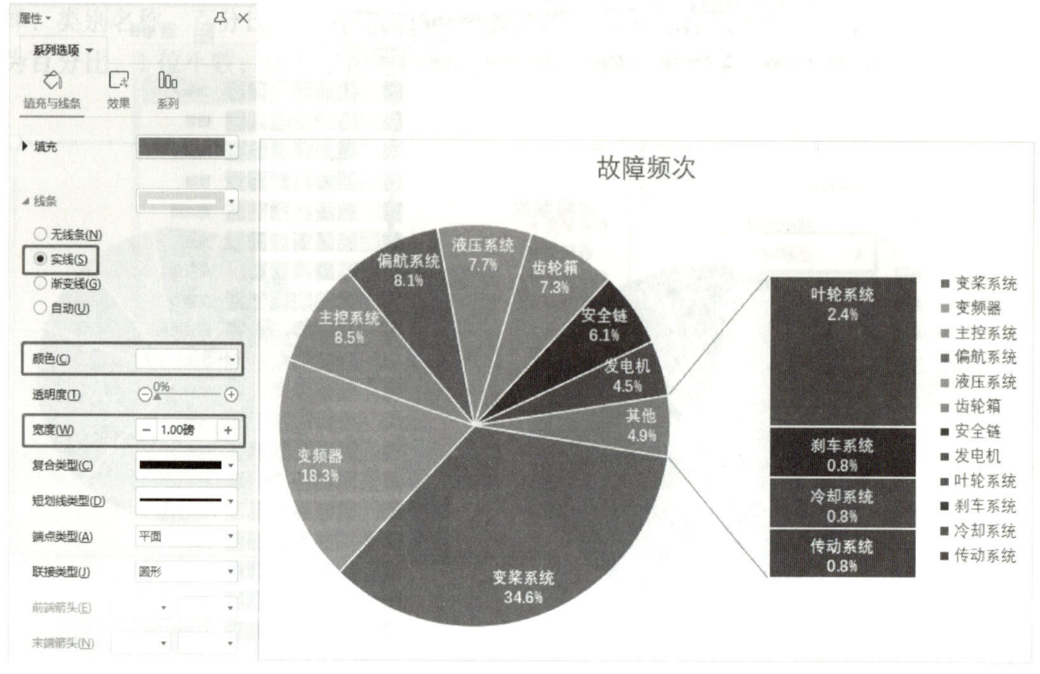

图 10-47　设置扇区线条

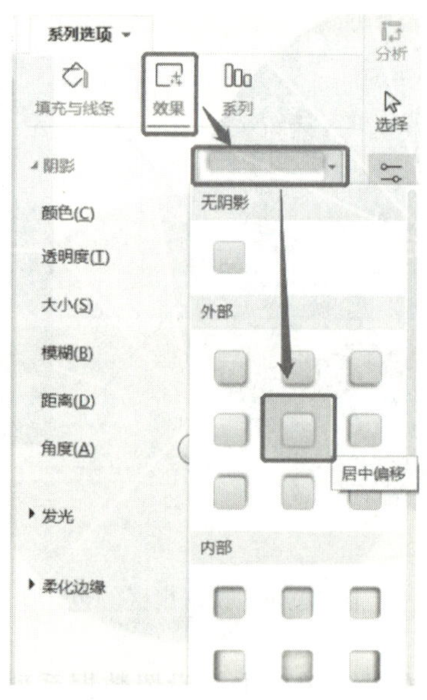

图 10-48　设置饼图阴影

注意：如果想将“发电机”放入其他，则可以选择发电机扇区（需要单击两次），右键菜单单击“设置数据系列格式”，在右侧窗口“系列选项”选择“系列”选项卡，选择点属于：第二绘图区。图 10-50 为调整数据点所在绘图区位置。

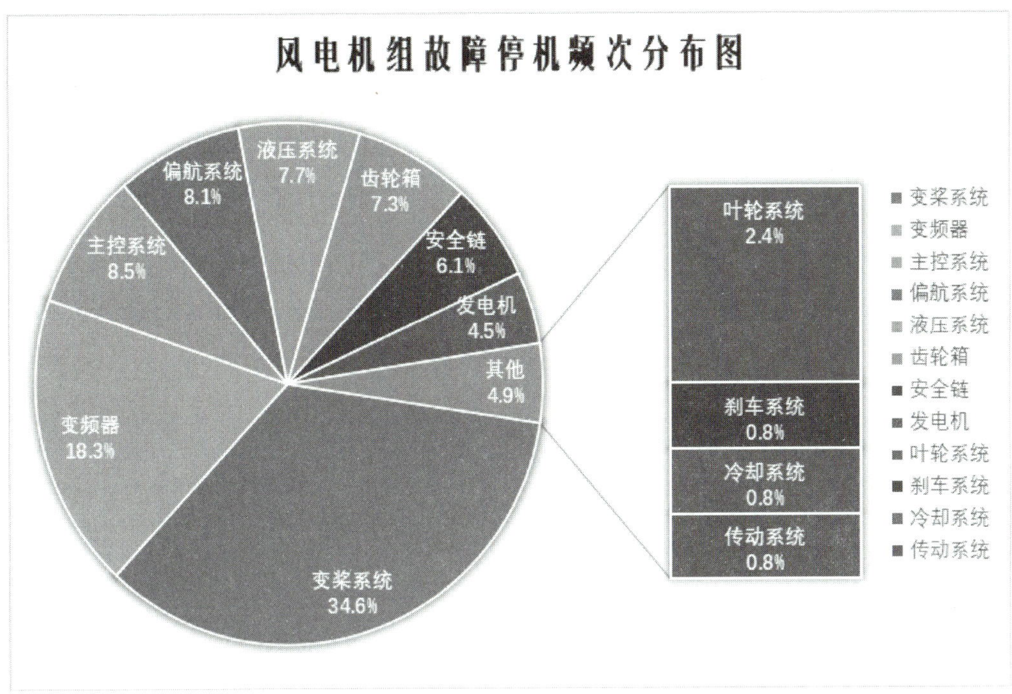

图 10-49 风电机组故障停机频次分布图

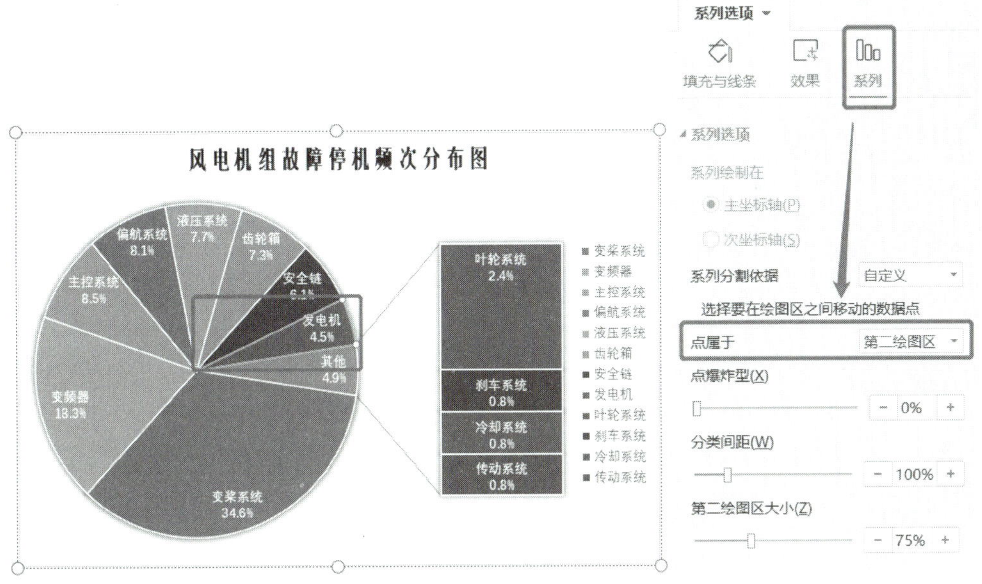

图 10-50 调整数据点所在绘图区位置

10.8 对称条形图

对称条形图实例

对称条形图也称为旋风图，可以同时对比两组数据的差异，让数据更直观，更有说服力。现有某公司风电机组各故障部位停机频次和停机时长（见表 10-8），请绘制风电机组故障频次和时长对称条形图。

表 10-8　风电机组各故障部位停机频次和停机时长

故障部位	故障频次	停机时长（天）
变桨系统	85	37
变频器	45	20
主控系统	21	7
偏航系统	20	8
液压系统	19	10
齿轮箱	18	7
安全链	15	5
发电机	11	3
叶轮系统	6	3
刹车系统	2	1
冷却系统	2	1
传动系统	2	2
总计	**246**	**103**

解题步骤：

步骤 1　在故障频次和停机时长两列数据之间插入一列“故障频次调整”，将故障停机频次数据全部修改为负值，如表 10-9 所示。

表 10-9　故障频次数据调整

故障部位	故障频次	故障频次调整	停机时长（天）
变桨系统	85	−85	37
变频器	45	−45	20
主控系统	21	−21	7
偏航系统	20	−20	8
液压系统	19	−19	10
齿轮箱	18	−18	7
安全链	15	−15	5
发电机	11	−11	3
叶轮系统	6	−6	3
刹车系统	2	−2	1
冷却系统	2	−2	1
传动系统	2	−2	2
总计	**246**	**−246**	**103**

步骤 2　选择故障部位、故障频次调整、停机时长（天）三列数据（不含总计行），在“插入”选项卡下选择“二维条形图”下的“簇状条形图”，调整画布大小至合适，

如图 10-51 所示。

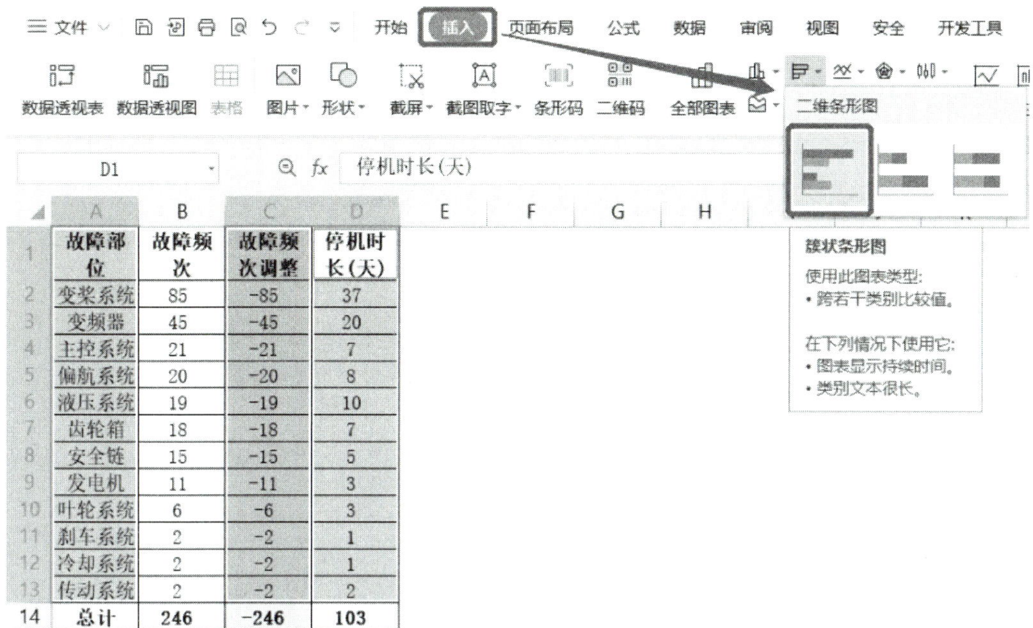

	A	B	C	D
1	故障部位	故障频次	故障频次调整	停机时长(天)
2	变桨系统	85	-85	37
3	变频器	45	-45	20
4	主控系统	21	-21	7
5	偏航系统	20	-20	8
6	液压系统	19	-19	10
7	齿轮箱	18	-18	7
8	安全链	15	-15	5
9	发电机	11	-11	3
10	叶轮系统	6	-6	3
11	刹车系统	2	-2	1
12	冷却系统	2	-2	1
13	传动系统	2	-2	2
14	总计	246	-246	103

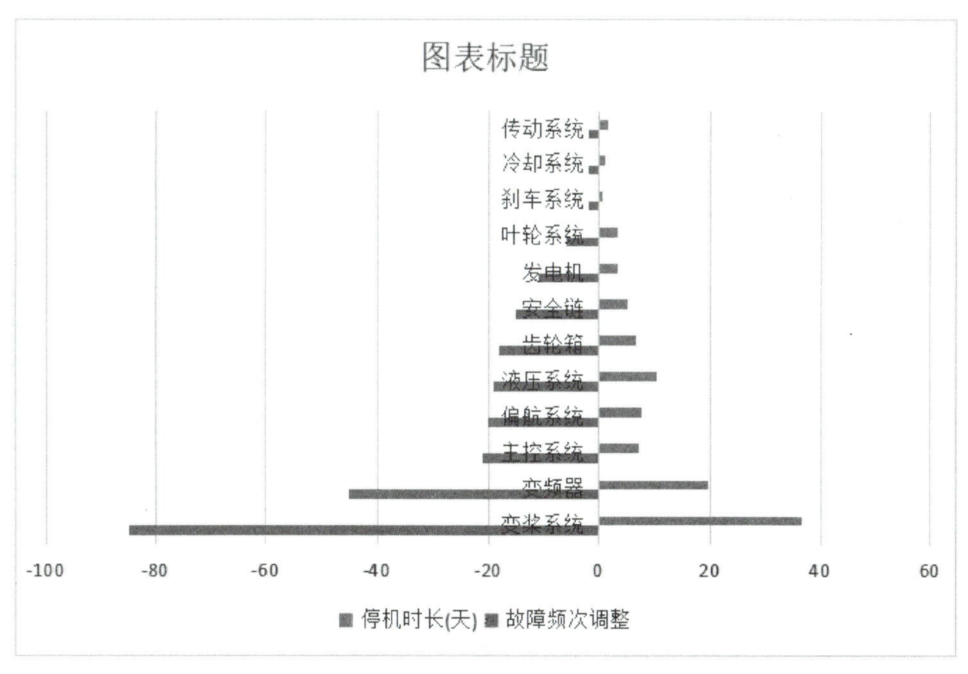

图 10-51　插入簇状条形图

步骤 3　选择横坐标轴，右键菜单单击“设置坐标轴格式”，在右侧窗口“坐标轴选项”选择“坐标轴”选项卡，修改横坐标轴边界最小值为－100，最大值为 80，选择纵坐标轴，设置纵坐标轴标签位置为低。分别设置横纵坐标轴字体为宋体、9 号、加粗。图 10-52 为设置横纵标轴。

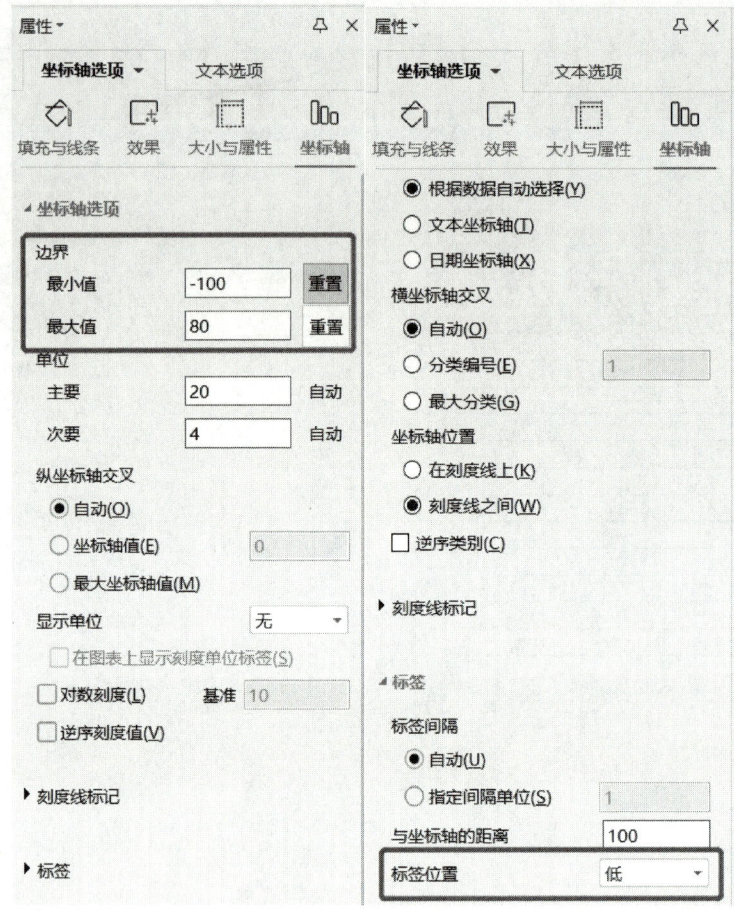

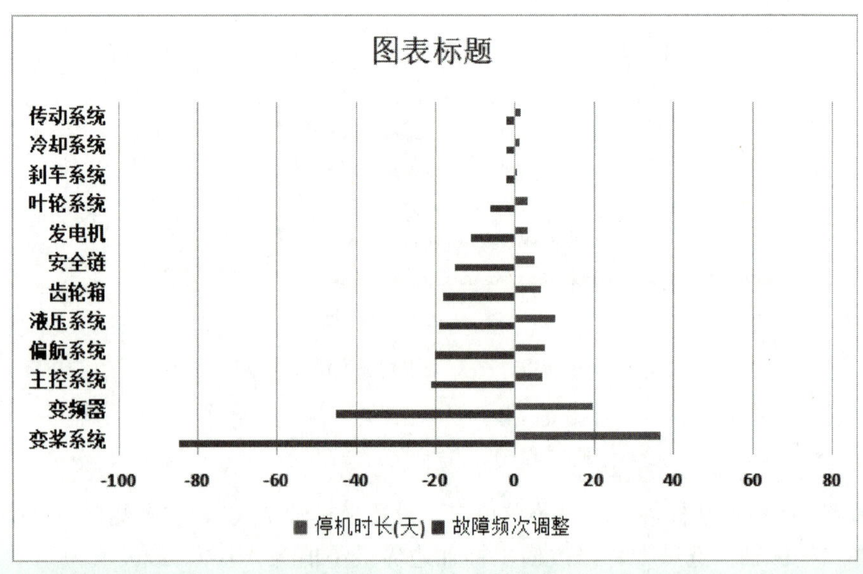

图 10-52　设置横纵坐标轴

步骤 4 设置左侧条形颜色为浅红色，右侧条形为浅蓝色。选择任一条形，设置系列重叠为 100%，即完全重叠，设置分类间距为 50%（分类间距越小，条形越宽，上下条形离得越近），如图 10-53 所示。

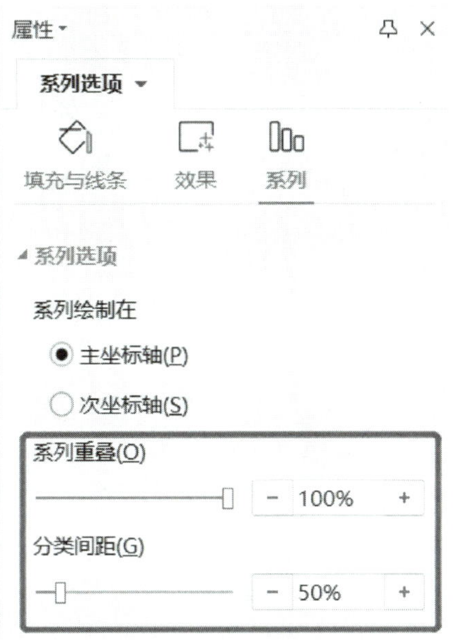

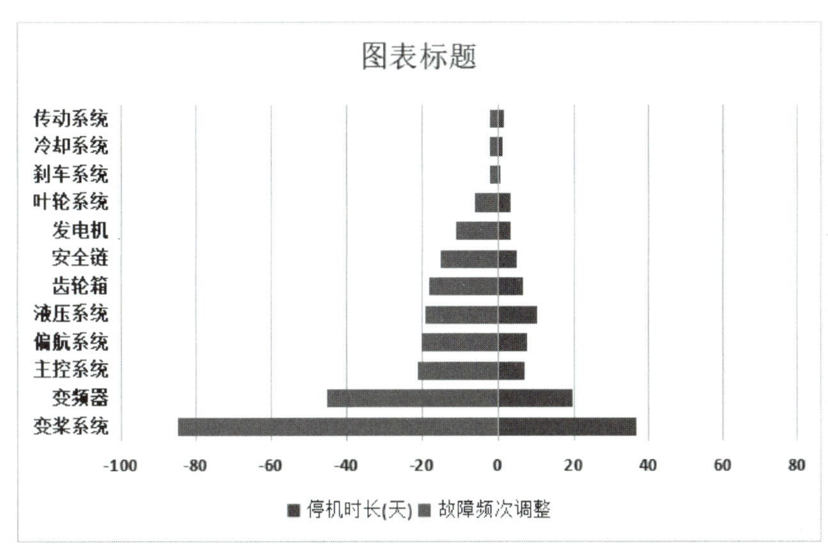

图 10-53 设置系列重叠和分类间距

步骤 5 选择图表，添加数据标签，选择更多选项，标签位置为数据标签外，设置数据标签字体为 Agency FB、10 号、加粗，分别设置故障频次数据标签颜色为深红色，停机时长数据标签颜色为深蓝色。设置横坐标轴、故障频次数据标签数值格式为自定义 0；0；0，即负数不显示负号。图 10-54 为设置标签和横轴刻度负值显示为正值。

步骤 6 选择图例，右键菜单单击“设置图例格式”，在右侧窗口“图例选项”选择“图例”选项卡，设置图例位置为靠上。如果两个图例左右位置错误，则通过右键菜单

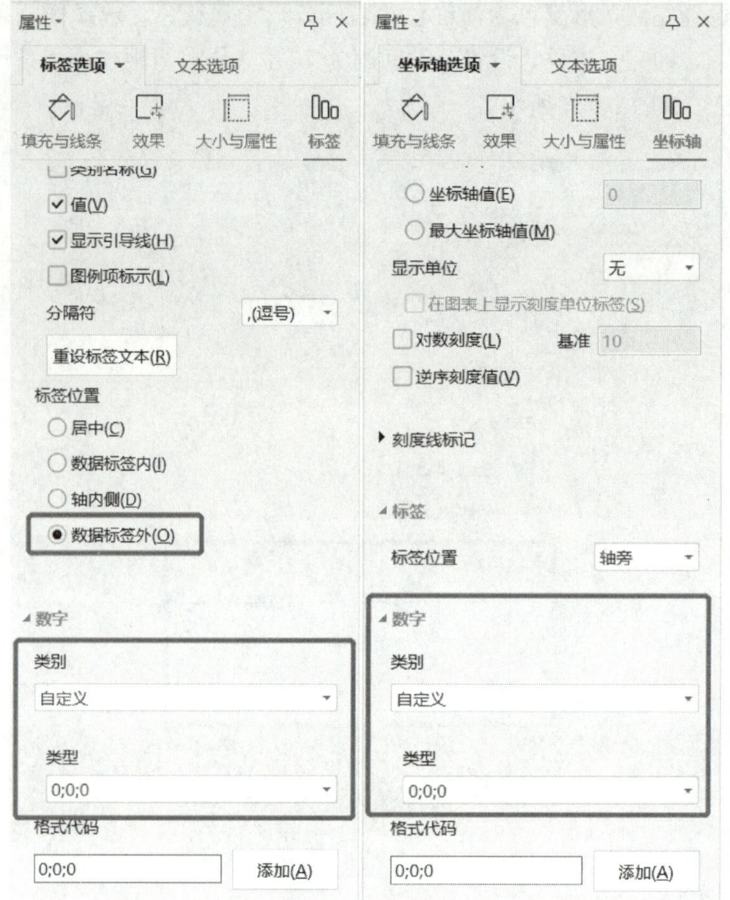

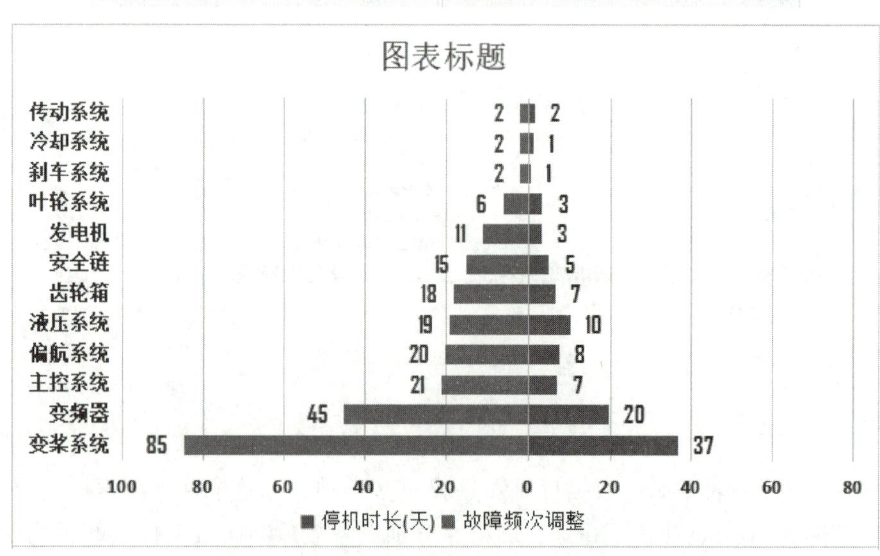

图 10-54 设置数据标签和横轴刻度负值显示为正值

单击“选择数据”，调整两个数据源上下位置即可。手动修改“故障频次调整”系列名称为故障频次，如图 10-55 所示。

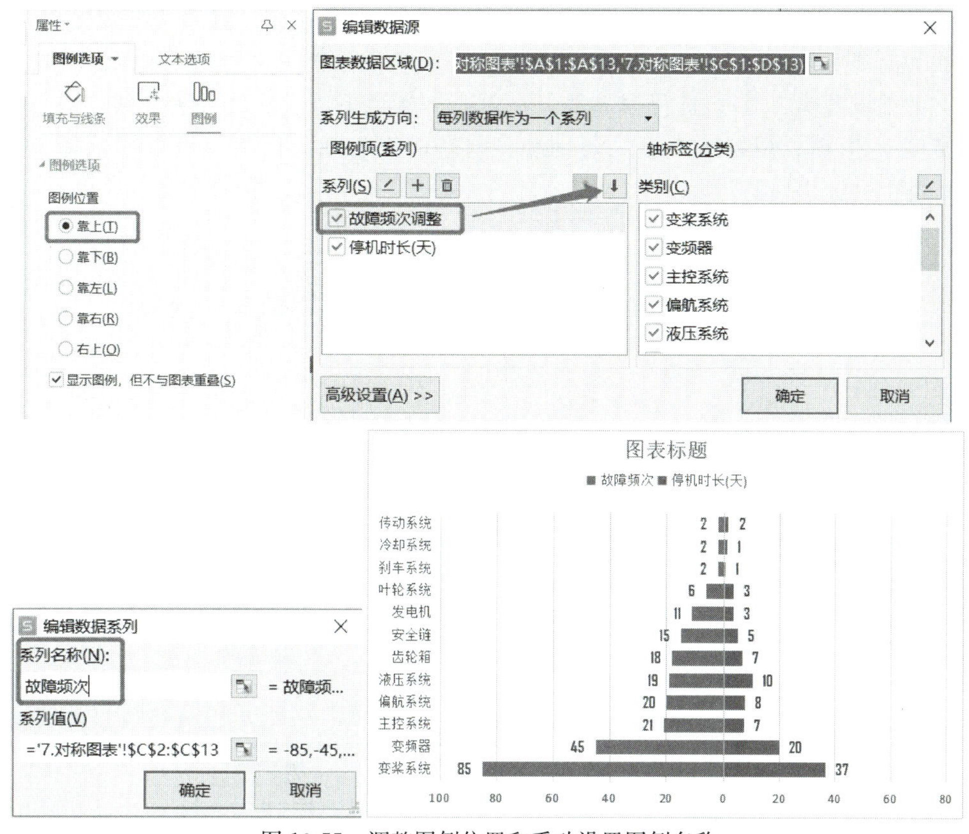

图 10-55　调整图例位置和手动设置图例名称

步骤 7　删除网格线，设置绘图区底色为浅灰色，设置标题为“各部位故障频次与停机时长对比图”，选择标题内容设置字体为方正姚体、16 号、加粗、深钢蓝色，如图 10-56 所示。

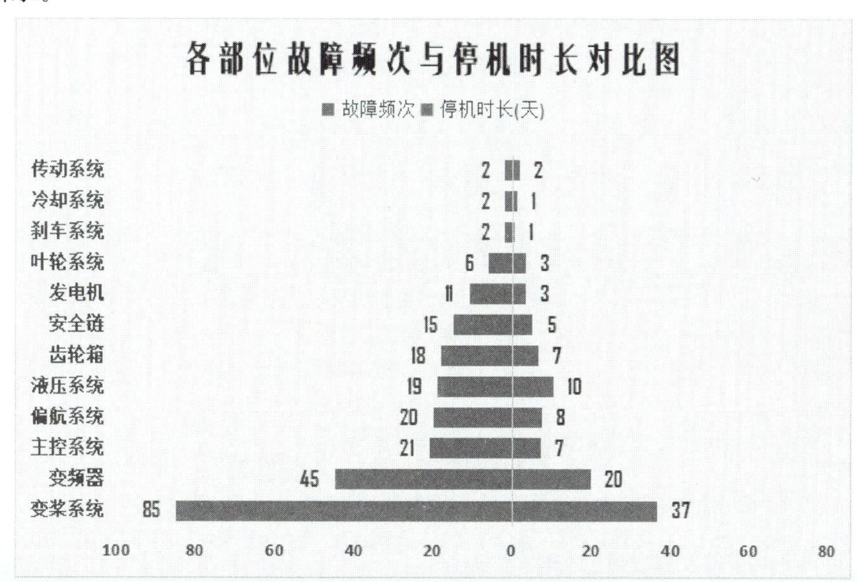

图 10-56　各部位故障频次与停机时长对比图

注意：借助误差线提高规格。添加图表元素，选择误差线，添加故障频次误差线，误差线方向为负偏差，末端样式为无线端，误差量为固定值（设置大于最大故障频次值即可，此处设置为 100）；选择误差线，在填充与颜色下，设置线条为实线、浅培安紫色、宽度 0.75 磅、短划线类型为短划线、前端箭头为圆头箭头（可继续选择圆头大小），如图 10-57 所示。

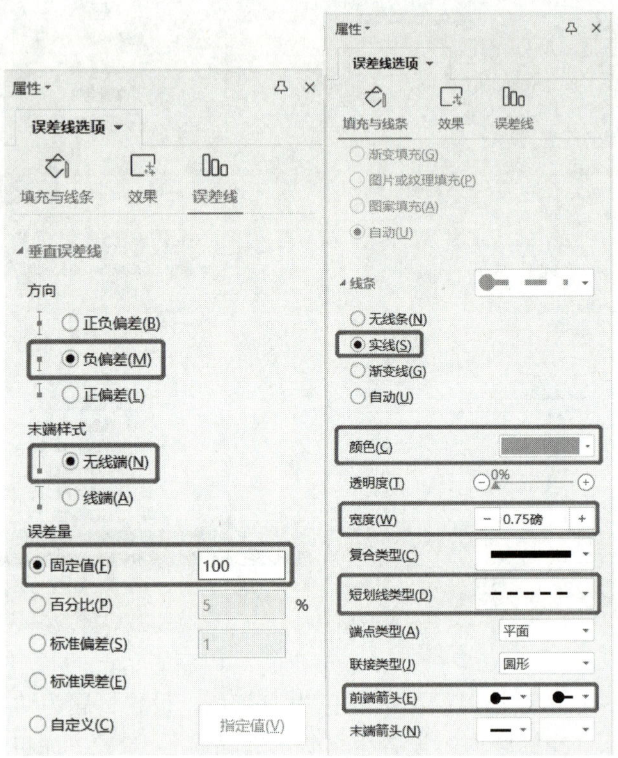

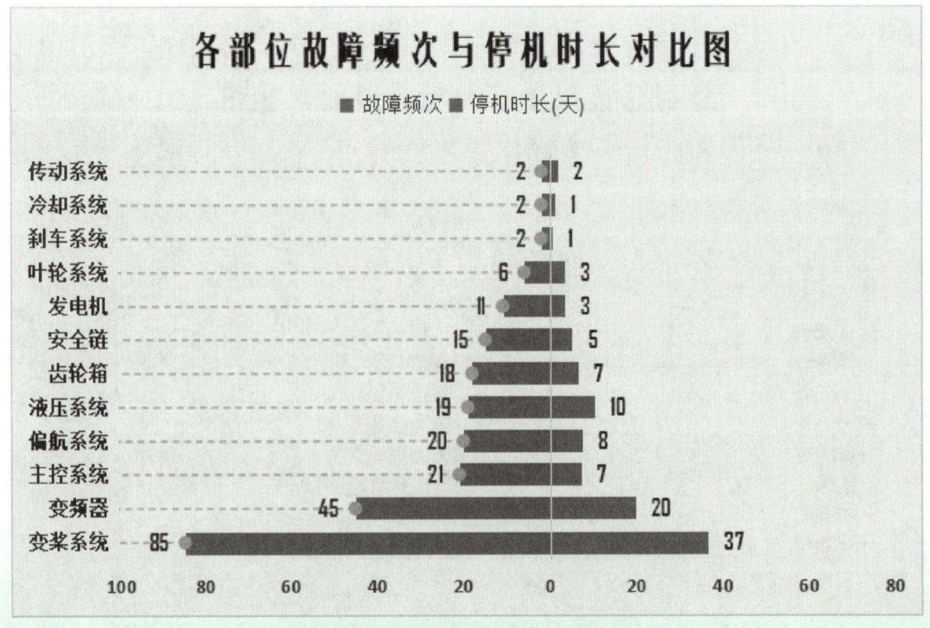

图 10-57　借助误差线提高规格

10.9 瀑 布 图

瀑布图实例

瀑布图因形似瀑布流水而被称为瀑布图，瀑布图具有自上而下的流畅效果，也可以称为阶梯图或桥图。现有某公司风电机组各故障部位损失电量（见表 10-10），请绘制损失电量分解瀑布图。

表 10-10　　风电机组各故障部位损失电量表

故障部位	损失电量	故障部位	损失电量
变桨系统	35.1	安全链	4.3
变频器	20.8	发电机	3.6
液压系统	9.7	叶轮系统	2.8
偏航系统	8.0	传动系统	1.3
主控系统	7.4	冷却系统	0.4
齿轮箱	5.1	刹车系统	0.3
总计	98.5		

解题步骤：

步骤 1　首先将表格数据按损失电量降序排列，在故障部位和损失电量两列数据之间插入一列“辅助计算列”，第一个单元格数值为 0，第二个单元格输入公式：=SUM(C$2:C2)，向下拖动填充单元格，即依次累加前面的损失电量数据，总计单元格数值为 0，如表 10-11 所示。

表 10-11　　辅助列计算累计损失电量

故障部位	辅助计算列	损失电量
变桨系统	0	35.1
变频器	35.1	20.8
液压系统	55.8	9.7
偏航系统	65.5	8.0
主控系统	73.5	7.4
齿轮箱	80.8	5.1
安全链	85.9	4.3
发电机	90.2	3.6
叶轮系统	93.8	2.8
传动系统	96.5	1.3
冷却系统	97.8	0.4
刹车系统	98.2	0.3
总计	0	98.5

步骤 2 选择故障部位、辅助计算列、损失电量三列数据（包含总计行），在“插入”选项卡下选择“二维柱形图”下的“堆积柱形图”，调整画布大小至合适，如图 10-58 所示。选择横坐标轴，右键菜单单击“设置坐标轴格式”，在“坐标轴选项”卡下勾选“逆序类别”，在“文本选项”卡下“文本框”下设置文字方向为竖排。

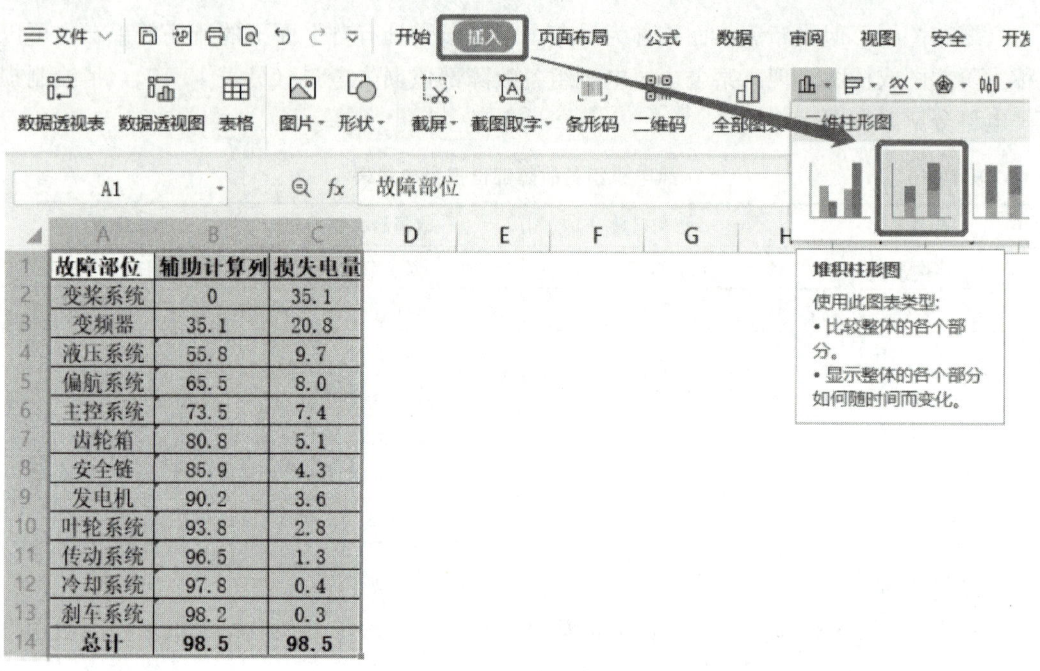

故障部位	辅助计算列	损失电量
变桨系统	0	35.1
变频器	35.1	20.8
液压系统	55.8	9.7
偏航系统	65.5	8.0
主控系统	73.5	7.4
齿轮箱	80.8	5.1
安全链	85.9	4.3
发电机	90.2	3.6
叶轮系统	93.8	2.8
传动系统	96.5	1.3
冷却系统	97.8	0.4
刹车系统	98.2	0.3
总计	**98.5**	**98.5**

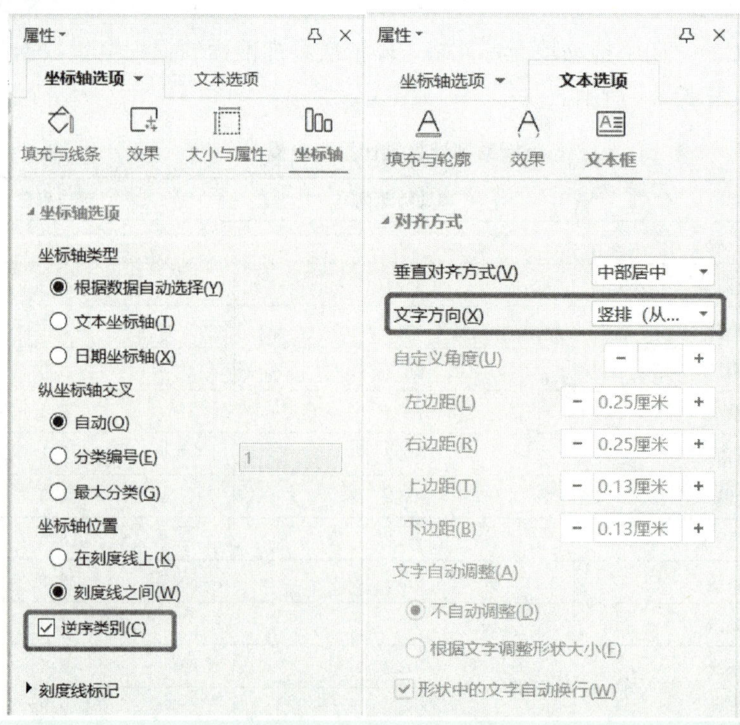

图 10-58 插入堆积柱形图（一）

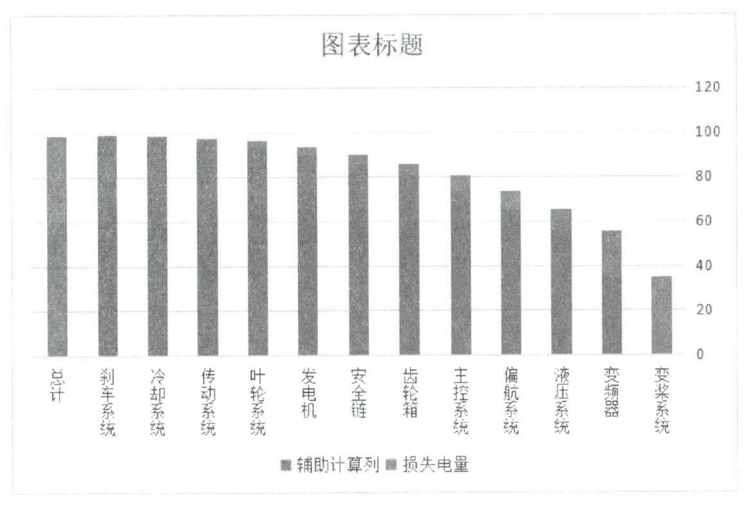

图 10-58 插入堆积柱形图（二）

步骤 3 选择任一辅助计算数据系列柱形，右键菜单单击“设置数据系列格式”，在右侧窗口“系列选项”下“填充与线条”，设置无填充；在“系列”选项卡下设置分类间距为 30%。选择任一损失电量数据系列柱形，设置填充颜色为蓝色，单击两次最左侧总计柱形，即选中该柱形，设置填充颜色为深蓝色。图 10-59 为设置辅助系列柱形无填充和分类间距。

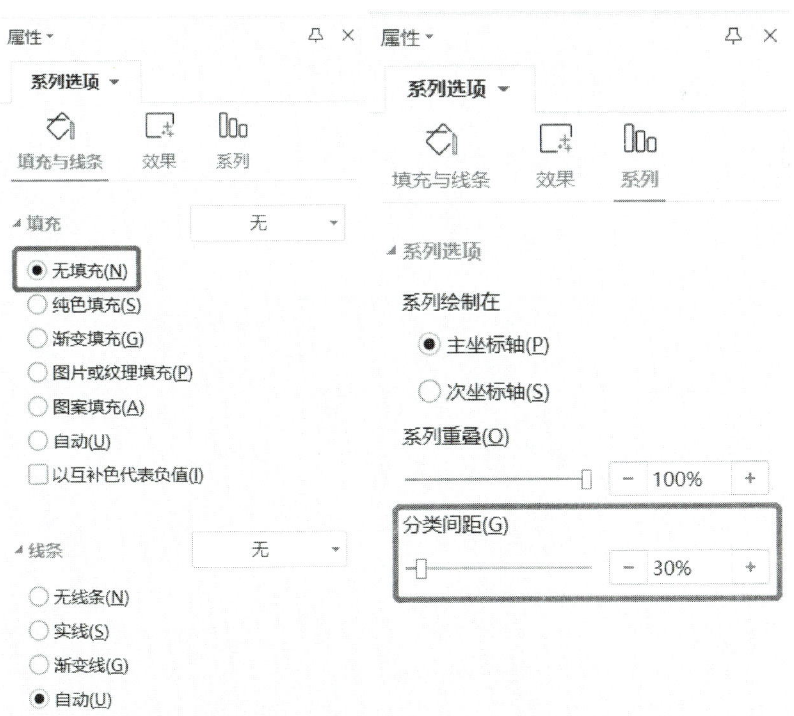

图 10-59 设置辅助系列柱形无填充和分类间距（一）

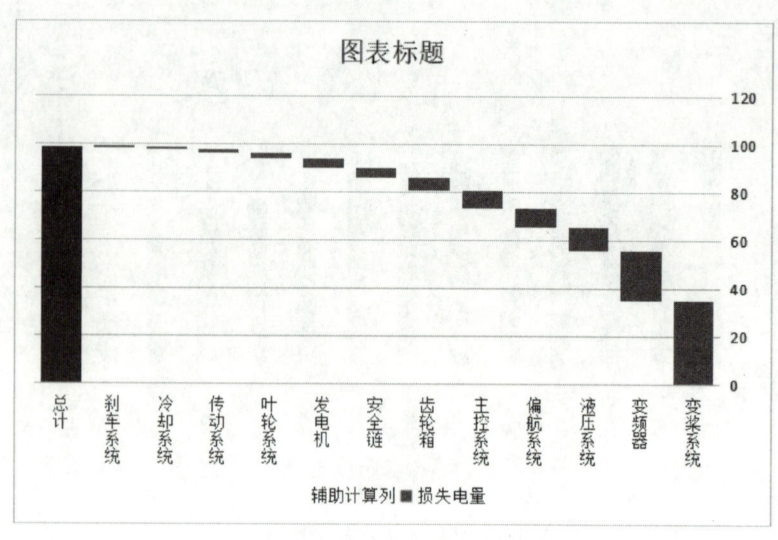

图 10-59 设置辅助系列柱形无填充和分类间距（二）

步骤 4 选择纵坐标轴，右键菜单单击“设置坐标轴格式”，在右侧窗口“坐标轴选项”下“坐标轴”，设置纵坐标轴边界最小值为 0，最大值为 100，如图 10-60 所示。删除图例、垂直坐标轴。

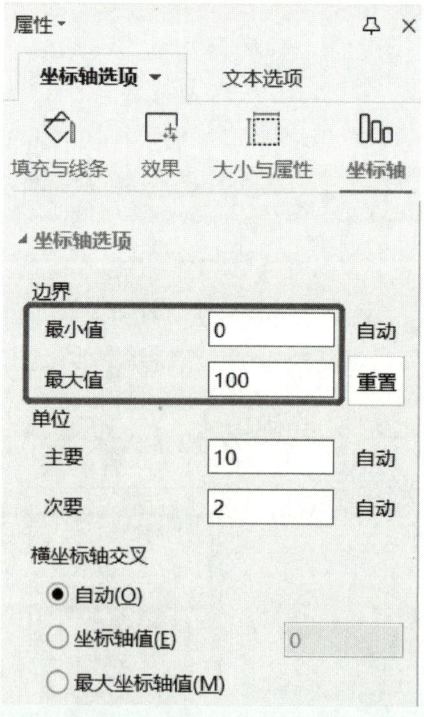

图 10-60 设置纵坐标轴边界范围

步骤 5　选择图表，添加数据标签，标签位置为居中，设置数据标签字体为 Agency FB、10 号、加粗，如图 10-61 所示。

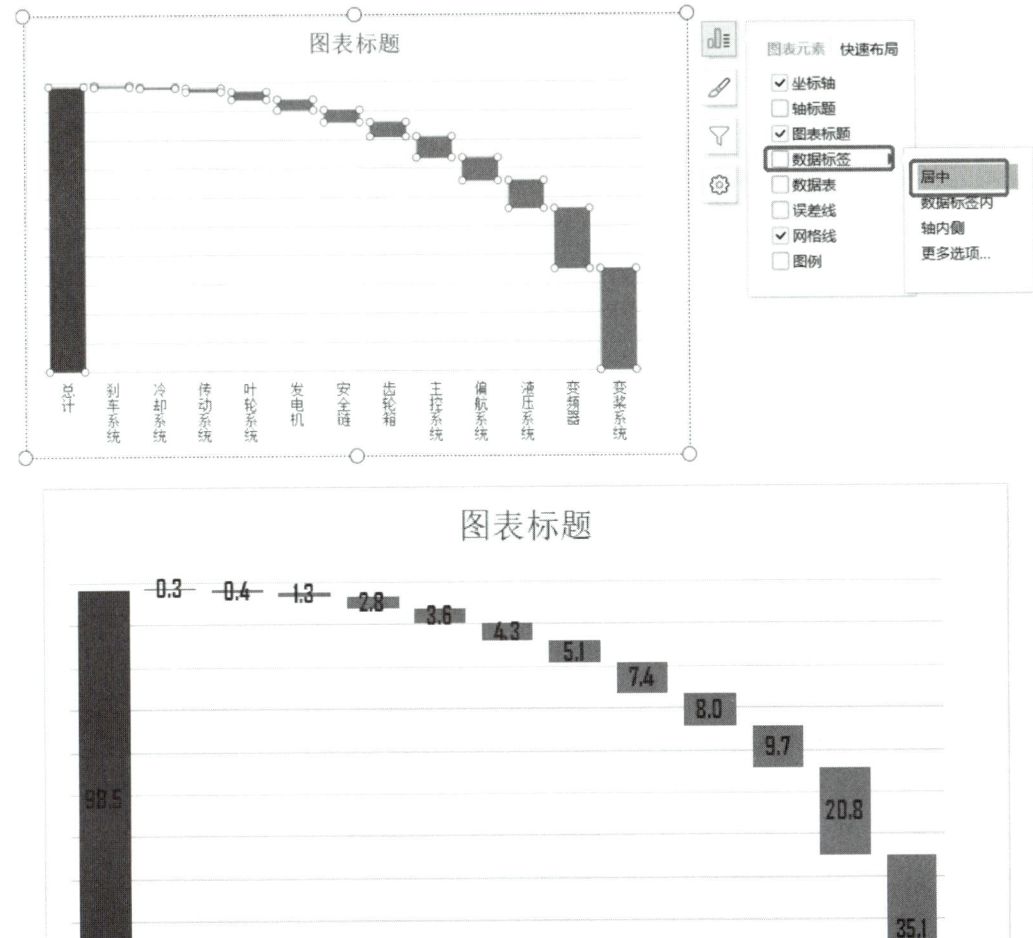

图 10-61　添加数据标签

步骤 6　选择网格线，右键菜单单击“设置网格线格式”，在右侧窗口“主要网格线选项”下“填充与线条”，设置线条透明度为 65%，如图 10-62 所示。

步骤 7　选择横坐标轴字体加粗，设置标题为“故障损失电量分解瀑布图”，选择标题内容设置字体为方正姚体、16 号、加粗、深钢蓝色，如图 10-63 所示。

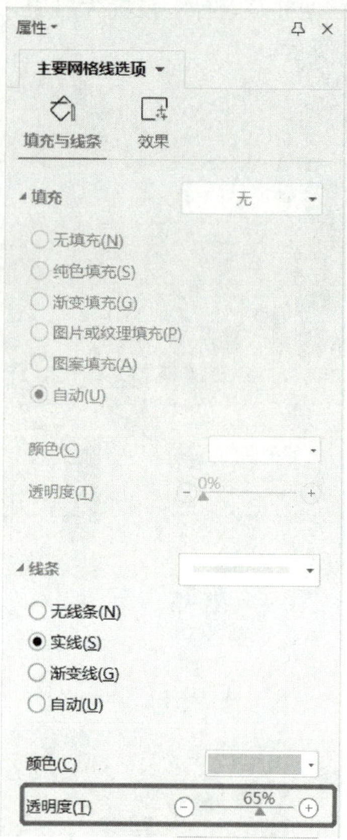

图 10-62　设置网格线透明度

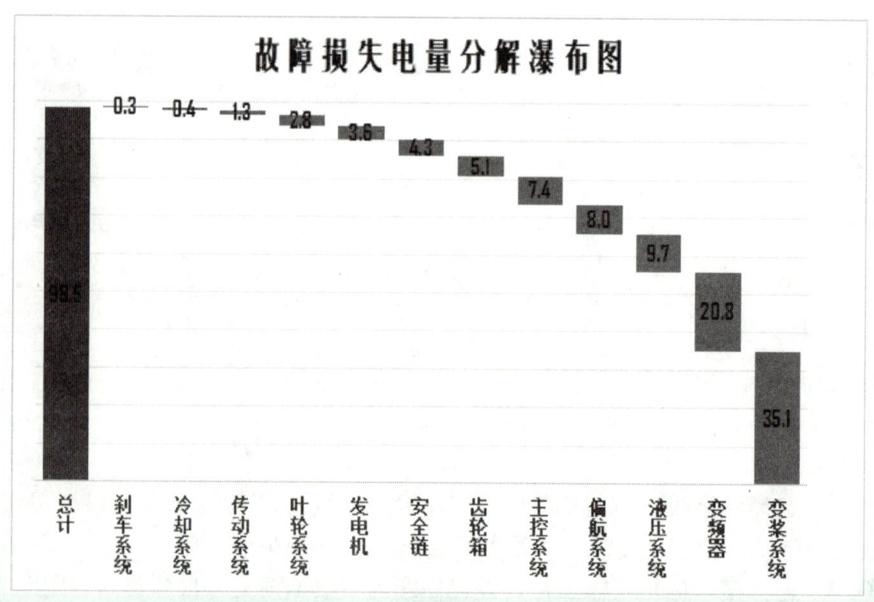

图 10-63　故障损失电量分解瀑布图

10.10 散点图和气泡图

散点图和气泡图实例

散点图是用来表示两个变量之间关系的图，又称相关图。现有风电场测风塔和邻近机组 0～25m 风速对应数据表和记录数（见表 10-12），请绘制测风塔风速和风机风速线性关系散点图，并计算关联公式。

表 10-12　　测风塔和邻近机组 0～25m 风速对应数据表

测风塔风速（m/s）	风机风速（m/s）	记录数
25.2	23.0	2
24.5	21.0	5
23.6	21.8	2
22.5	20.8	22
21.5	20.5	38
20.6	19.4	40
19.4	18.4	48
18.5	17.8	73
17.5	16.9	99
16.5	16.0	137
15.4	15.0	205
14.5	14.0	223
13.5	13.0	306
12.5	12.0	412
11.5	11.0	528
10.5	10.0	724
9.5	9.1	872
8.5	8.2	935
7.5	7.2	718
6.5	6.2	538
5.5	5.2	418
4.5	4.4	316
3.6	3.6	156
2.6	2.9	72
1.8	2.5	10

解题步骤：

步骤 1　选择测风塔风速、风机风速两列数据，在“插入”选项卡下选择“散点图”，调整画布大小至合适。添加轴标题，设置横坐标轴标题为“测风塔风速（m/s）”，设置纵坐标轴标题为“风机风速（m/s）”，设置坐标轴标题字体加粗。选择纵坐标轴标题，右键菜单单击“设置坐标轴标题格式”，在右侧窗口“文本选项”卡下选择“文本框”选项卡，设置文字方向为竖排，如图 10-64 所示。

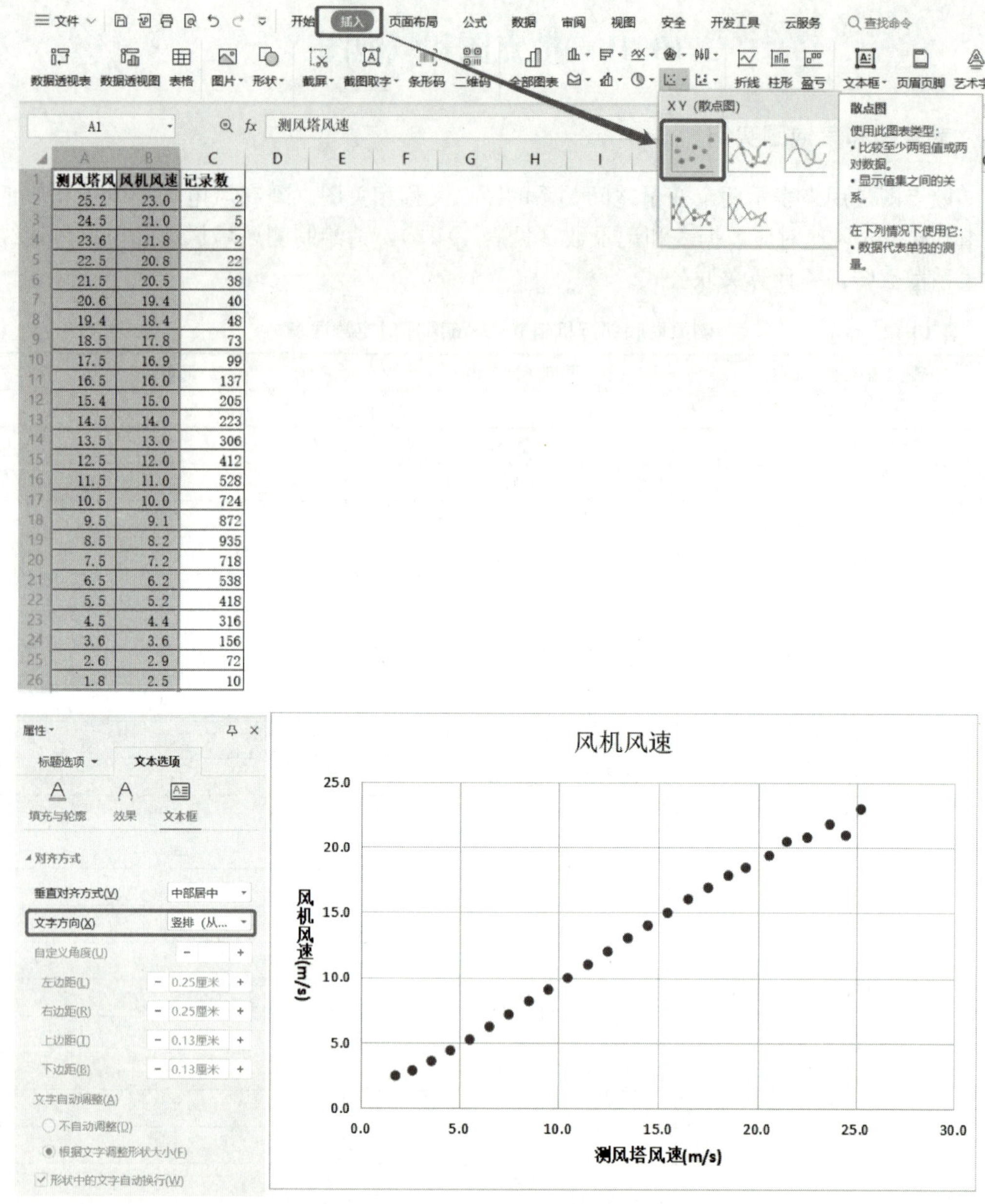

测风塔风	风机风速	记录数
25.2	23.0	2
24.5	21.0	5
23.6	21.8	2
22.5	20.8	22
21.5	20.5	38
20.6	19.4	40
19.4	18.4	48
18.5	17.8	73
17.5	16.9	99
16.5	16.0	137
15.4	15.0	205
14.5	14.0	223
13.5	13.0	306
12.5	12.0	412
11.5	11.0	528
10.5	10.0	724
9.5	9.1	872
8.5	8.2	935
7.5	7.2	718
6.5	6.2	538
5.5	5.2	418
4.5	4.4	316
3.6	3.6	156
2.6	2.9	72
1.8	2.5	10

图 10-64　插入散点图

步骤 2　添加图表元素趋势线，选择趋势线，右键菜单单击“设置趋势线格式”，在右侧“趋势线选项”窗口选择“趋势线”选项卡，设置为线性、勾选显示公式、显示 R 平方值。选择趋势线公式，右键菜单单击“设置趋势线标签格式”，在右侧窗口“标签选项”下“填充与线条”，设置填充颜色为淡橙色；设置线条为实线、0.75 磅、蓝色；字体大小为 10 号；调整趋势线公式标签至合适位置，如图 10-65 所示。

注意：R^2 为判定系数，又叫决定系数，是指在线性回归中，回归可解释离差平方和与总离差平方和之比值，其数值等于相关系数 R 的平方。一般认为，R^2 大于 0.75，表

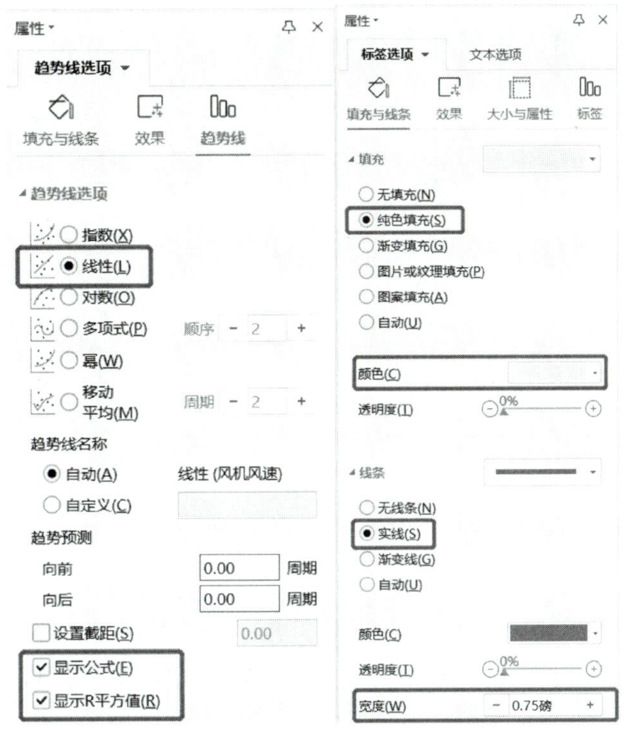

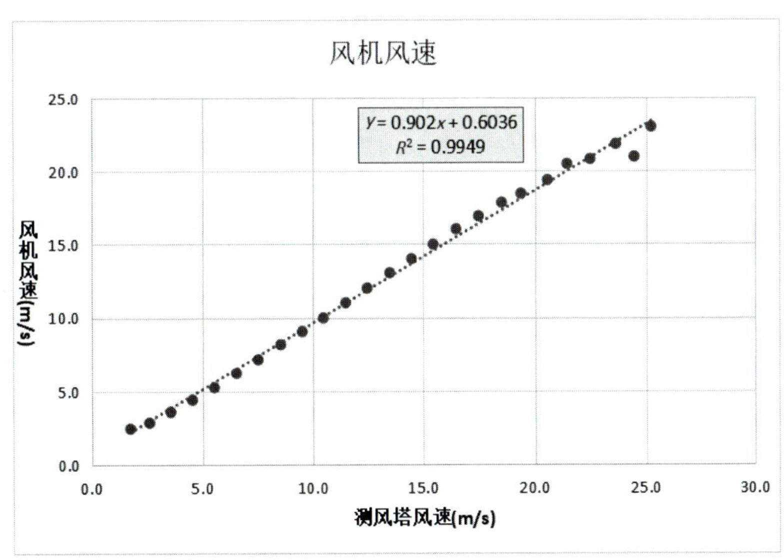

图 10-65 添加趋势线并显示公式

示模型拟合度很好，可解释程度较高；R^2 小于 0.5，表示模型拟合有问题，不宜采用进行回归分析。

步骤 3 设置标题为“测风塔风速与风机风速线性关系散点图”，选择标题内容设置字体为方正姚体、16 号、加粗、深钢蓝色，如图 10-66 所示。

步骤 4 选择图表，右键菜单更改图表类型为“气泡图”，选择任一气泡，即全选数

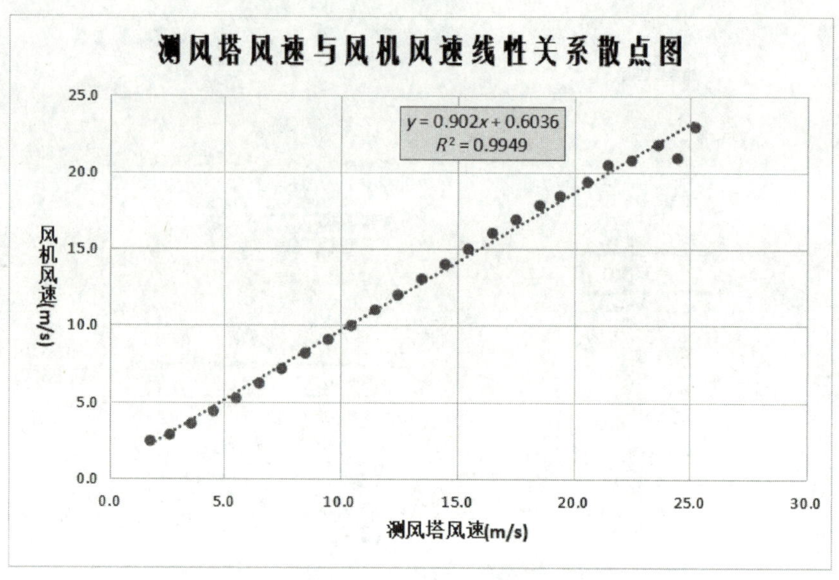

图 10-66　测风塔风速与风机风速线性关系散点图

据系列，右键菜单单击“选择数据”，再弹出“编辑数据源”窗口，单击编辑数据源，系列气泡大小选择“记录数”列，单击确定，如图 10-67 所示。

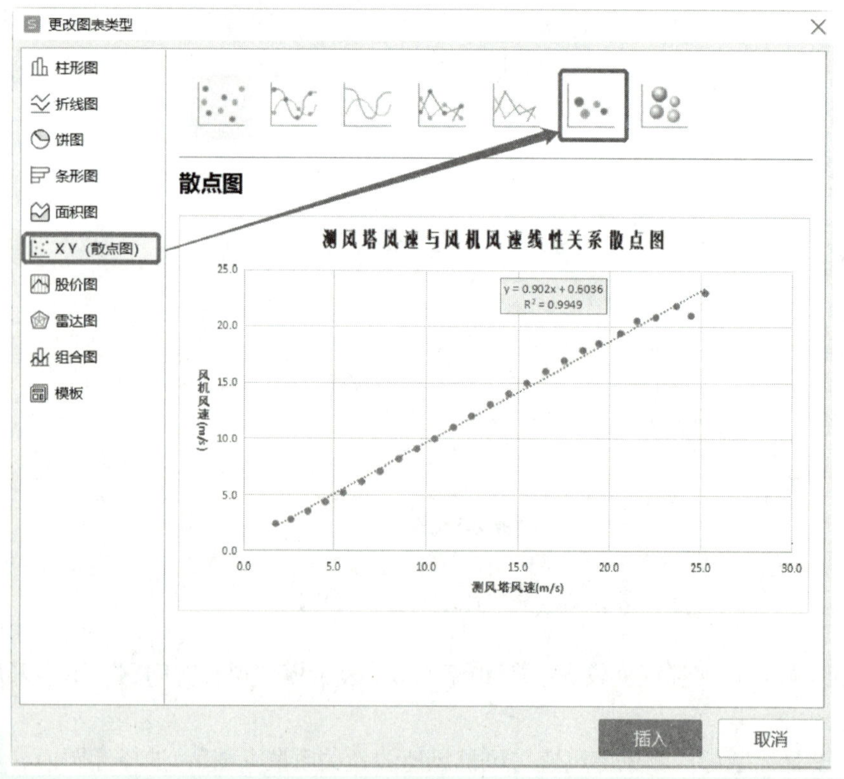

图 10-67　修改图表类型为气泡图（一）

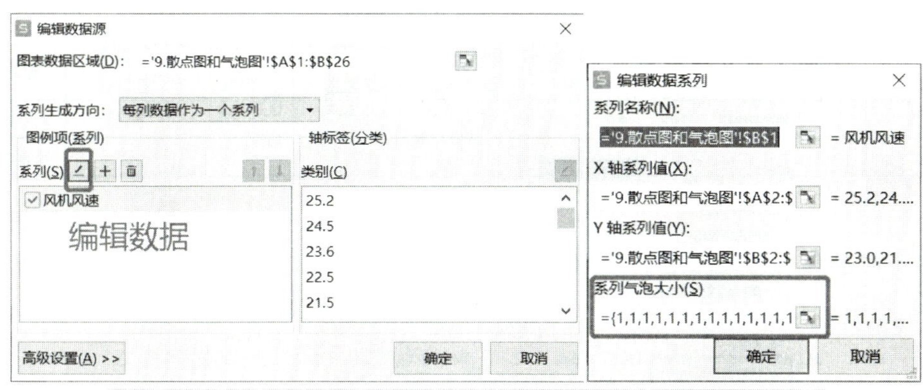

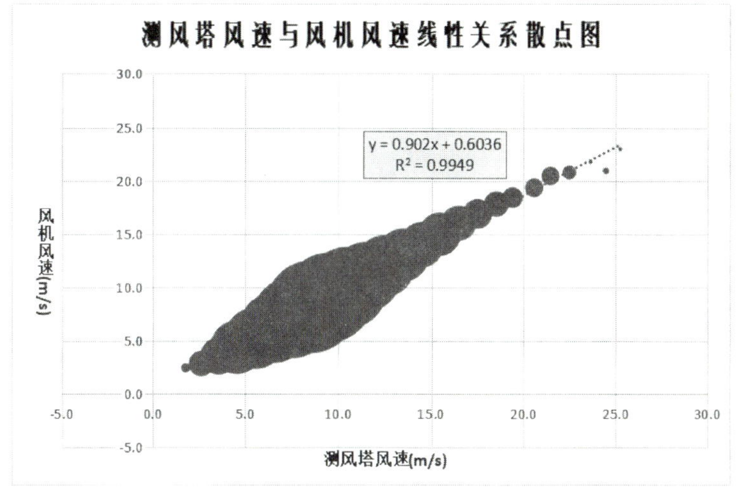

图 10-67　修改图表类型为气泡图（二）

注意：气泡图与散点图类似，不同之处在于，散点图对两组数值进行比较，而气泡图对三组数值进行比较，第三组数值确定气泡数据点的大小。

步骤 5　选择横坐标轴，右键菜单单击“设置坐标轴格式”，在右侧窗口“坐标轴选项”选择“坐标轴”选项卡，设置边界最小值为 0、最大值为 25。同样设置纵坐标轴，如图 10-68 所示。

步骤 6　选择任一气泡，即选择全部数据系列，右键菜单单击“设置数据系列格式”，在右侧窗口“系列选项”下“填充与线条”，勾选“依数据点着色”，设置线条为无线条；在“系列”选项卡下设置将气泡大小缩放为 50%。设置标题为“测风塔风速与风机风速线性关系气泡图”，如图 10-69 所示。

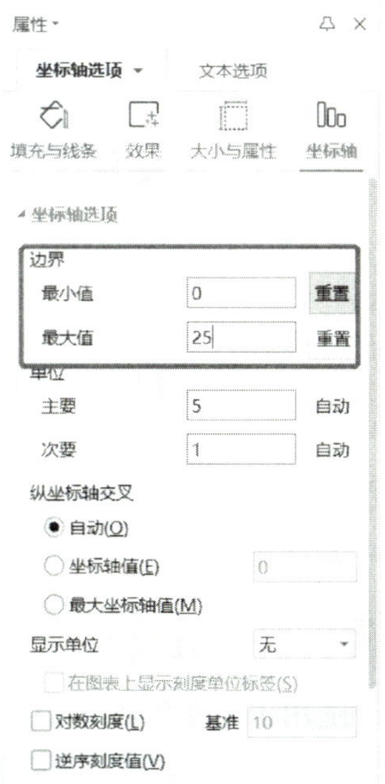

图 10-68　设置横纵坐标轴边界范围

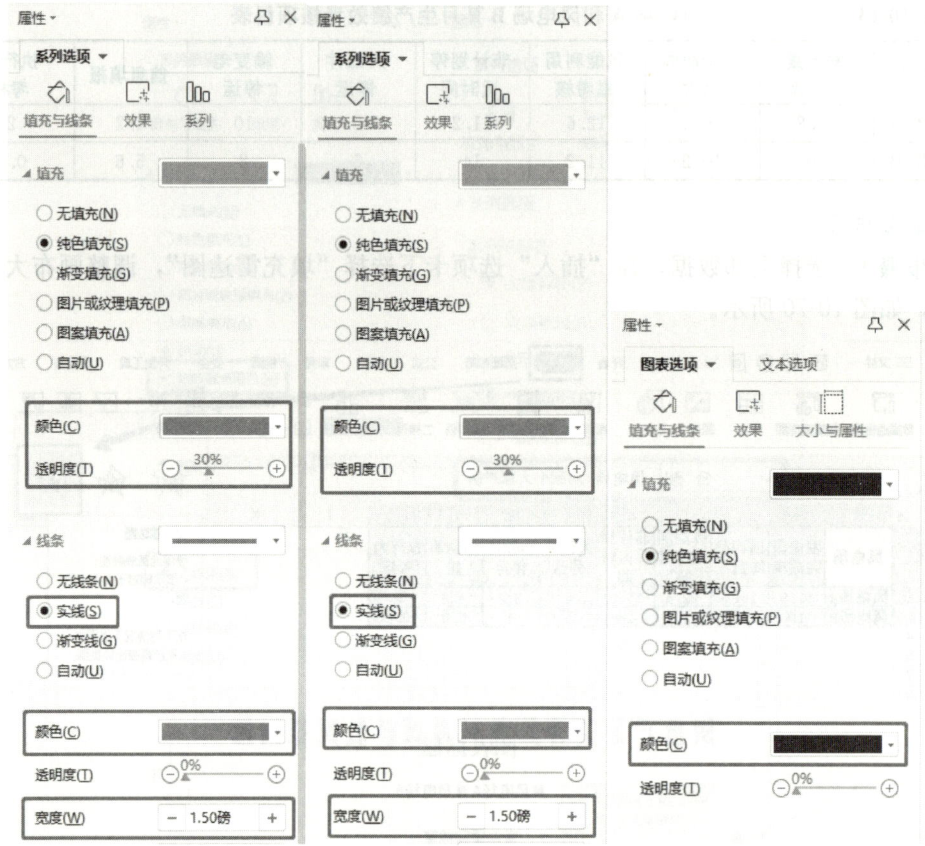

图 10-71　设置数据系列和绘图区格式

色。图 10-72 为设置坐标轴标签和图例字体。

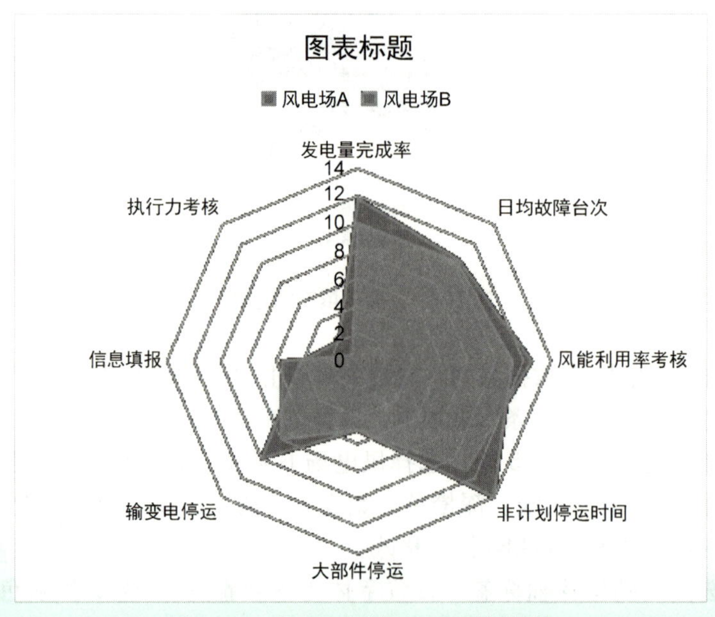

图 10-72　设置坐标轴标签和图例字体

步骤 4 选择网格线，右键菜单单击“设置网格线格式”，在右侧“主要网格线选项”窗口选择“填充与线条”选项卡，设置线条为实线、浅灰、透明度 20%、宽度 0.75 磅、短划线、前端箭头为圆形，如图 10-73 所示。

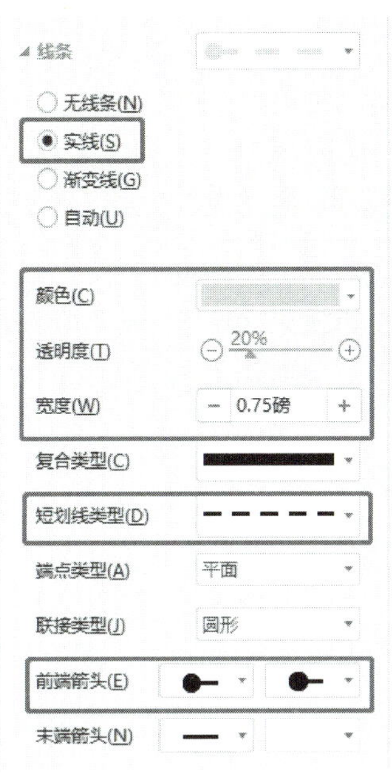

图 10-73 设置网格线格式

步骤 5 设置标题为“风电场绩效考核项目对比图”，选择标题内容设置字体为方正姚体、16 号、加粗、浅灰色，如图 10-74 所示。

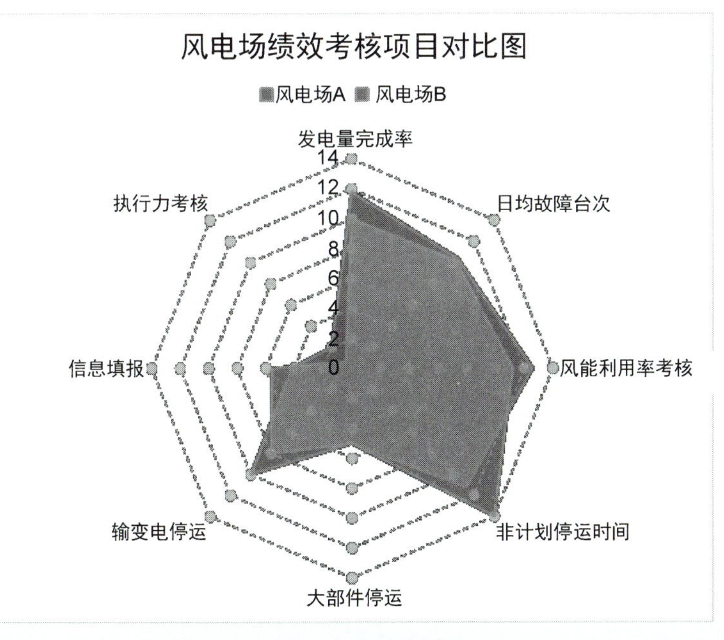

图 10-74 风电场绩效考核项目对比图

10.12 风电机组风速功率散点图

风电机组风速功率散点图实例

现有某单机容量 2MW 机组 2022 年 10 月 10min 平均风速和平均功率数据（见表 10-14）以及该机型标准功率曲线（见表 10-15），标准风速为 3~25m/s，间隔 0.5m/s 一个数据点。请绘制该机组实际风速功率散点图，并附加标准功率曲线，用以判断机组功率曲线表现优劣。

表 10-14 某单机容量 2MW 机组 2022 年 10 月 10min 平均风速和平均功率部分数据

时间	风速（m/s）	功率（kW）
2020-10-1 0:00	5.95	269
2020-10-1 0:10	5.34	199
2020-10-1 0:20	4.67	122
2020-10-1 0:30	4.47	115
2020-10-1 0:40	5.66	205
2020-10-1 0:50	6.40	359
2020-10-1 1:00	6.75	455
2020-10-1 1:10	6.11	396
2020-10-1 1:20	6.47	367
2020-10-1 1:30	5.68	359
2020-10-1 1:40	4.66	98
2020-10-1 1:50	4.72	140
2020-10-1 2:00	4.62	71
2020-10-1 2:10	4.33	117
2020-10-1 2:20	4.40	120
2020-10-1 2:30	4.89	174
2020-10-1 2:40	4.96	190
2020-10-1 2:50	7.34	686
2020-10-1 3:00	8.48	1019

表 10-15　　某单机容量 2MW 机组标准功率曲线数据

标准风速（m/s）	标准功率（kW）	标准风速（m/s）	标准功率（kW）
3	11	14.5	2025
3.5	26	15	2027
4	58	15.5	2029
4.5	110	16	2031
5	173	16.5	2033
5.5	246	17	2035
6	335	17.5	2037
6.5	452	18	2038
7	581	18.5	2039
7.5	728	19	2039
8	900	19.5	2040
8.5	1075	20	2040
9	1258	20.5	2040
9.5	1434	21	2040
10	1582	21.5	2040
10.5	1713	22	2040
11	1807	22.5	2040
11.5	1886	23	2040
12	1941	23.5	2040
12.5	1976	24	2040
13	1996	24.5	2040
13.5	2010	25	2040
14	2020	—	—

解题步骤：

步骤1 选择风速功率两列数据，在“插入”选项卡下选择“散点图”，调整画布大小至合适，如图10-75所示。

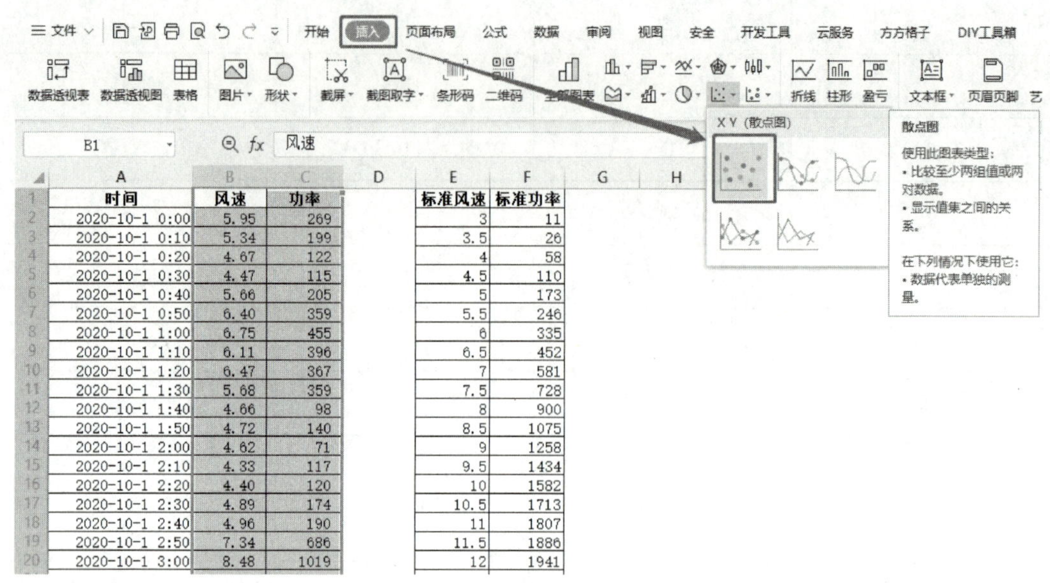

时间	风速	功率		标准风速	标准功率
2020-10-1 0:00	5.95	269		3	11
2020-10-1 0:10	5.34	199		3.5	26
2020-10-1 0:20	4.67	122		4	58
2020-10-1 0:30	4.47	115		4.5	110
2020-10-1 0:40	5.66	205		5	173
2020-10-1 0:50	6.40	359		5.5	246
2020-10-1 1:00	6.75	455		6	335
2020-10-1 1:10	6.11	396		6.5	452
2020-10-1 1:20	6.47	367		7	581
2020-10-1 1:30	5.68	359		7.5	728
2020-10-1 1:40	4.66	98		8	900
2020-10-1 1:50	4.72	140		8.5	1075
2020-10-1 2:00	4.62	71		9	1258
2020-10-1 2:10	4.33	117		9.5	1434
2020-10-1 2:20	4.40	120		10	1582
2020-10-1 2:30	4.89	174		10.5	1713
2020-10-1 2:40	4.96	190		11	1807
2020-10-1 2:50	7.34	686		11.5	1886
2020-10-1 3:00	8.48	1019		12	1941

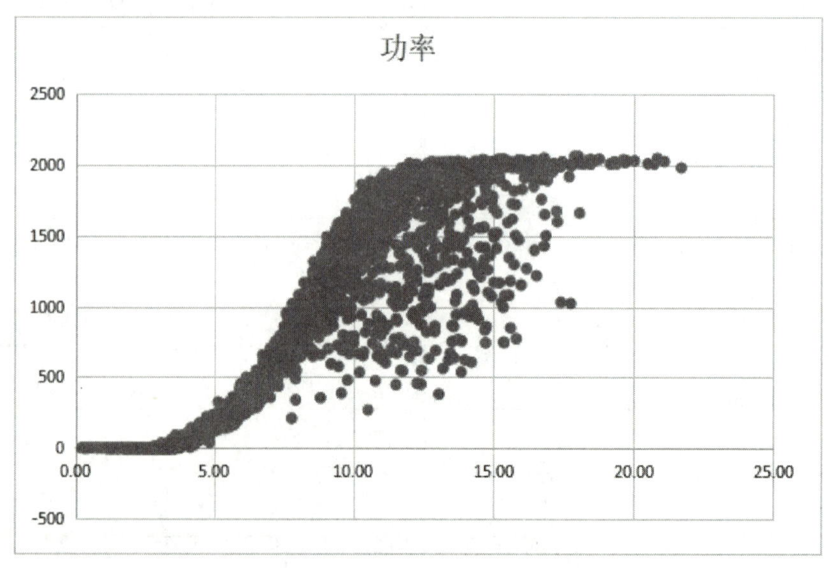

图10-75 插入散点图

步骤2 选择散点图，右键菜单选择“选择数据”，弹出“编辑数据源”窗口，将第一个散点图系列名称由“功率”修改为“风速功率散点图”，单击确定即可。选择“+”添加数据，系列名称改为“标准功率曲线”，X轴序列值选择标准风速列（不含标题），Y轴序列值选择标准功率列（不含标题），单击确定即可，如图10-76所示。

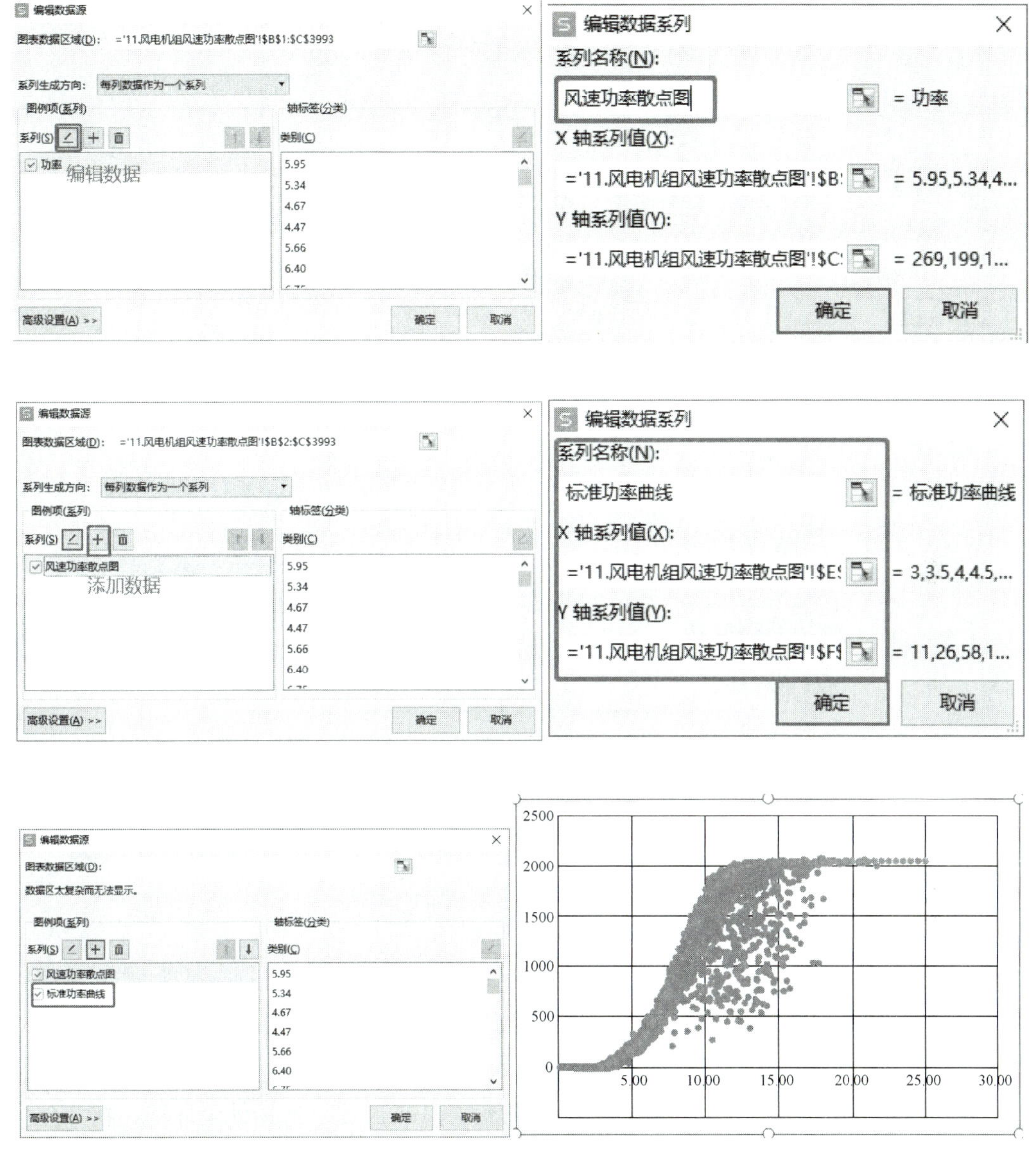

图 10-76 添加数据系列

步骤 3 选择散点图，右键菜单选择“更改图标类型”，修改为组合图。第一个风速功率散点图选择“散点图”，标准功率曲线选择“带平滑线和数据标记的散点图”，单击插入即可，如图 7-77 所示。

步骤 4 选择蓝色散点，右键菜单选择“设置数据系列格式”，在右侧“系列选项”窗口选择“填充与线条”选项卡“标记”子选项卡，设置数据标记选项为内置圆点、大小改为 2。选择标准功率曲线，在“填充与线条”选项卡“线条”子选项卡下设置线条

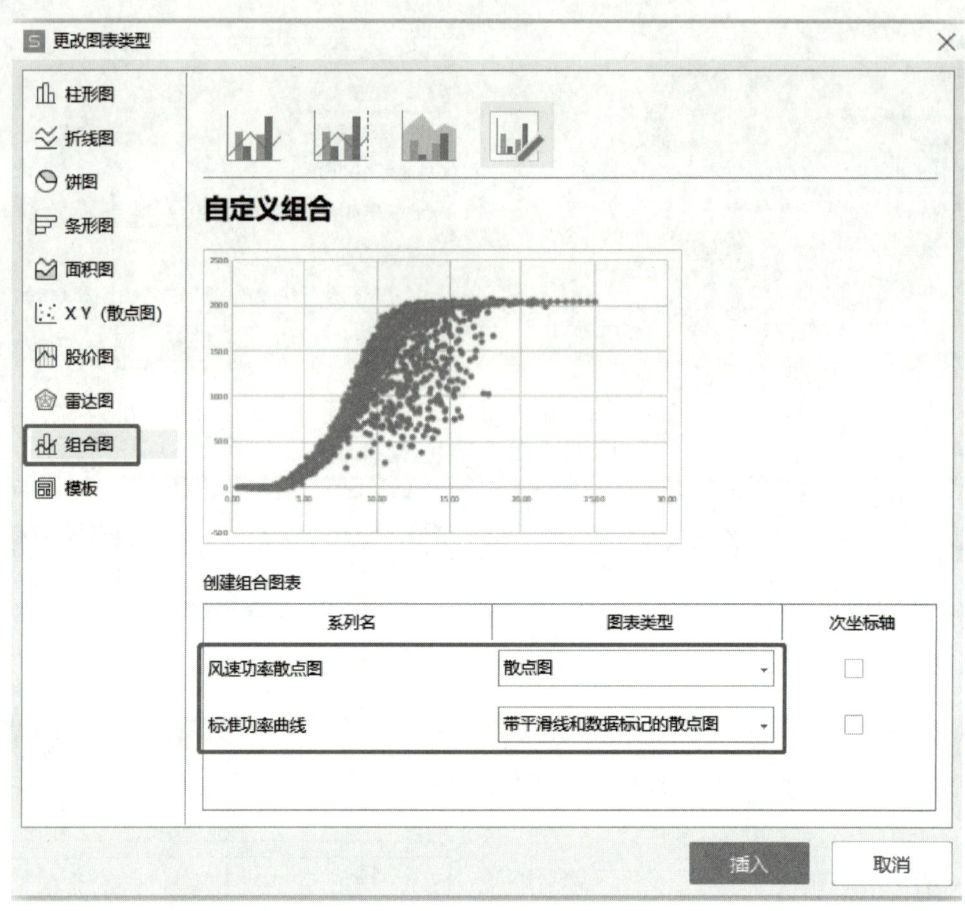

图 10-77　更改图表类型

颜色为红色，在“标记”子选项卡设置数据标记选项为内置圆点、大小改为 4、红色、线条改为无线条，如图 10-78 所示。

步骤 5　选择横坐标轴，右键菜单选择“设置坐标轴格式”，在“坐标轴选项”卡下，设置边界最大值为 25，主要单位为 1，即间隔 1m 风速。选择纵坐标轴，在“坐标轴选项”卡下，设置边界最小值为 0，主要单位为 200，即间隔 200kW，如图 10-79 所示。

步骤 6　选择图表，添加图表元素，快捷菜单选择“图例”子菜单中的“上部”。再次添加图表元素，快捷菜单选择“图表标题”子菜单中的“图表上方”，设置标题为“风电机组风速功率散点图”，选择标题内容设置字体为方正姚体、16 号、加粗、深钢蓝色。手动调整绘图区大小，保证能完全显示出图例和图表标题，如图 10-80 所示。

步骤 7　从图 10-80 可以看出，机组实际风速功率散点图基本与标准功率曲线相符，略微偏右。

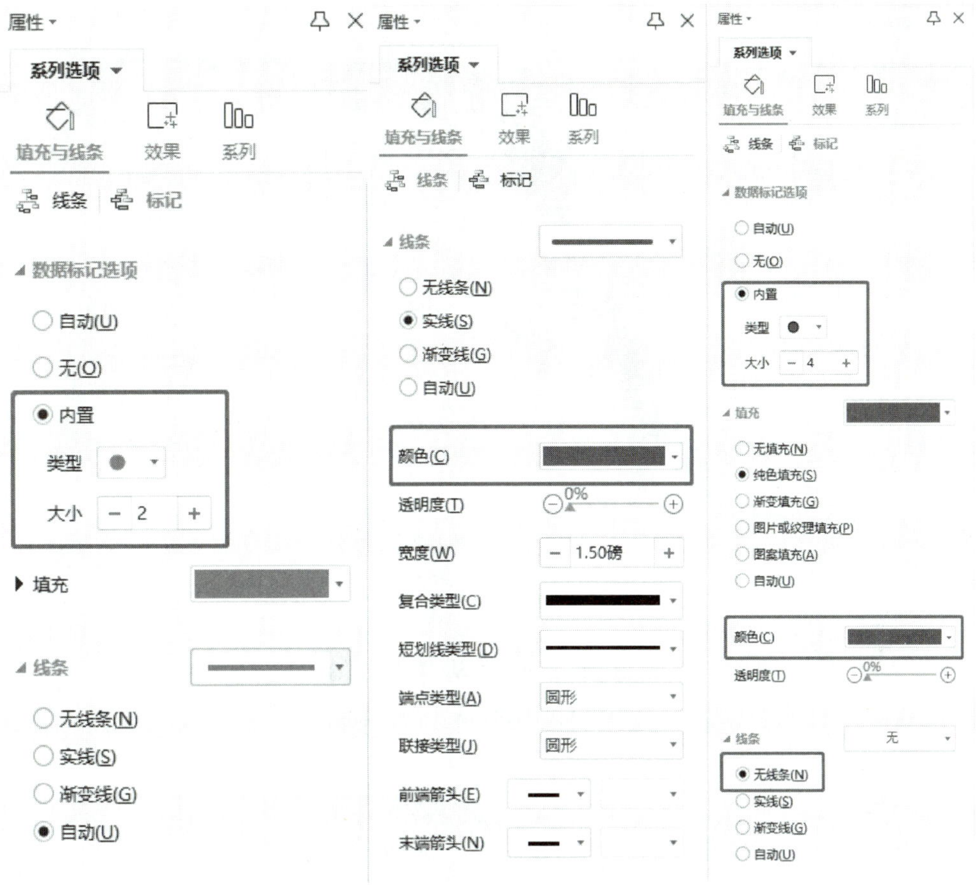

图 10-78 设置线条和数据标记

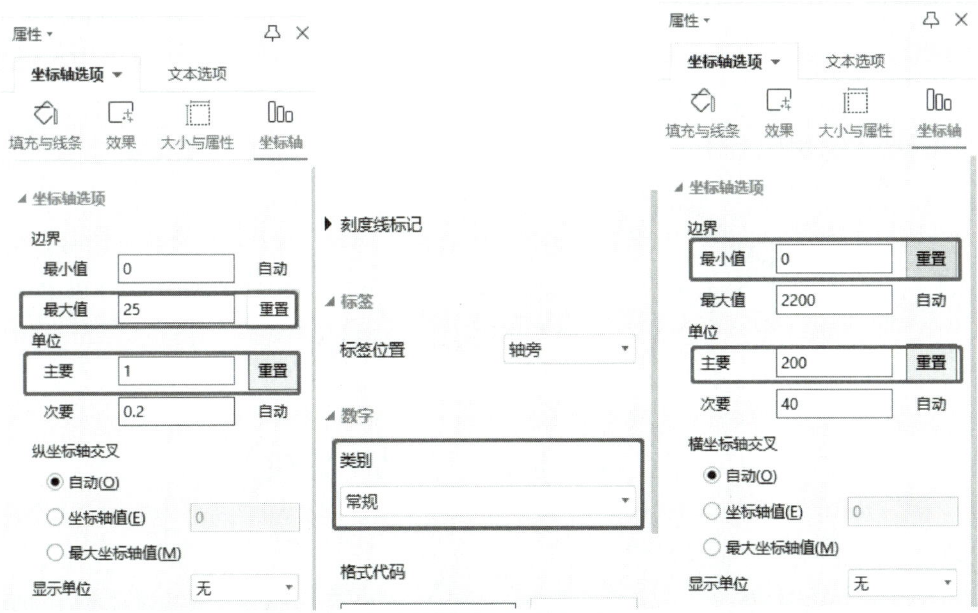

图 10-79 设置横纵坐标轴格式（一）

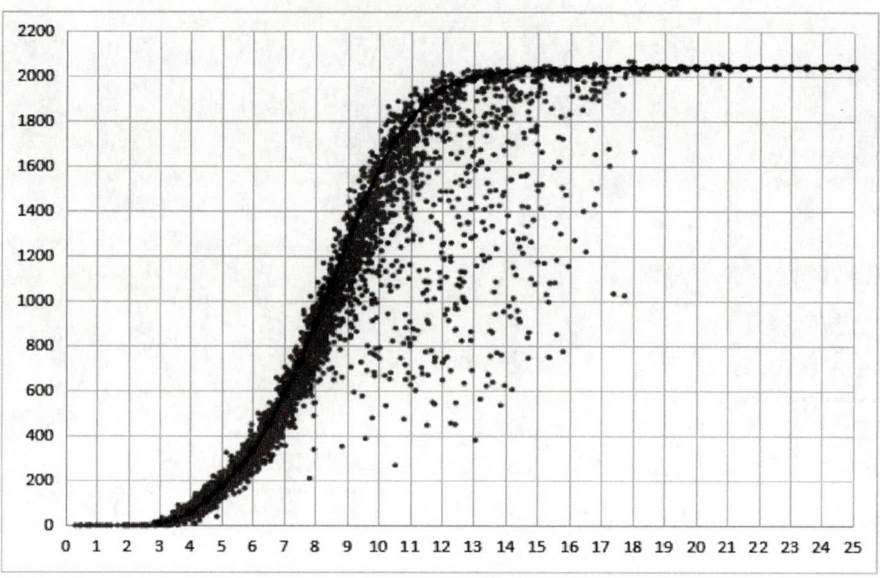

图 10-79　设置横纵坐标轴格式（二）

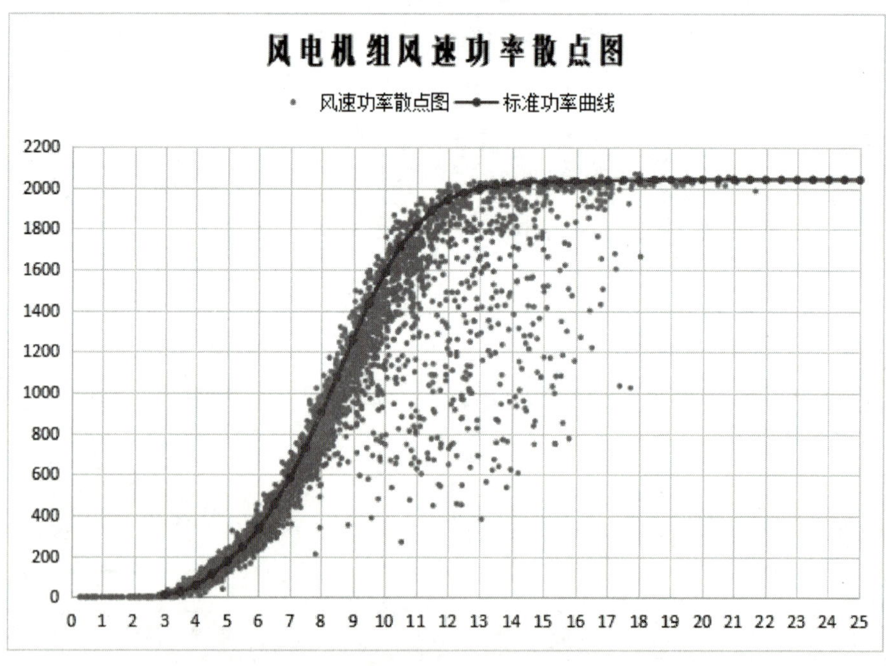

图 10-80　风电机组风速功率散点图

10.13　风电机组拟合功率曲线图

10.13.1　风速-功率区间阈值法

风速-功率区间阈值法：是一种基于区间阈值的风机功率曲线拟合数据滤波方法。该方法首先按照风速对数据分段，按照标准风速间隔确定风速上下限，其次依据标准功率曲线对功率上下限进行修正；最后采用均值法获得各风速段的功率曲线点，如图 10-81 所示。

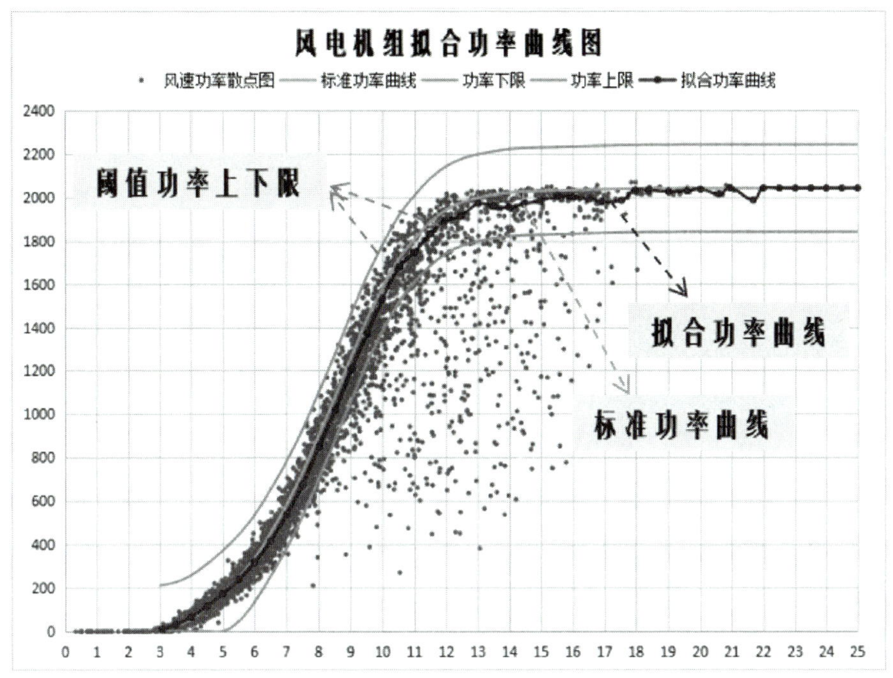

图 10-81 拟合功率曲线图

测试结果表明，风速—功率两次分段的滤波算法较风速单次分段滤波算法，可以有效滤除限电降容、性能降容等异常点，得到的功率曲线更接近真实的风机出力特性。

10.13.2 风电机组拟合功率曲线图实例

同上节实例：现有某单机容量 2MW 机组 2022 年 10 月 10min 平均风速和平均功率数据以及该机型标准功率曲线，标准风速为 3～25m/s，间隔 0.5m/s 一个数据点。请绘制该机组拟合功率曲线图，用以判断机组功率曲线表现优劣。

（1）计算拟合功率曲线数据。

解题步骤：

步骤 1 在“标准风速”和“标准功率”列之间插入两列，前面一列标题命名为“风速下限”，在 F2 单元格输入公式：＝E2－0.25，后面一列标题命名为“风速上限”，在 G2 单元格输入公式：＝E2＋0.25。选择 E2:F2 单元格区域，向下拖动填充公式。

注意：由于标准风速间隔为 0.5m/s，则风速阈值区间上下限应为风速间隔的一半，即 0.25m/s。比如标准风速 6m/s，则将其风速下限 5.75m/s 至风速上限 6.25m/s 的风速区间归为 6m/s（见图 10-82），计算平均风速和平均功率。

步骤 2 设置一个功率阈值控制参数，在 D1 单元格输入标题“功率阈值控制参数”，D2 单元格输入默认数值：200，如功率曲线拟合数据不准确，可以手动进行调整，数据调整范围为 100～400。

步骤 3 在“标准功率”列后一列标题命名为“功率下限”，在 I2 单元格输入公式：＝IF(H2－$D$2<0,0,H2－$D$2)，即风速下限减去阈值控制参数，并且大于等于零。在

F8　　=E8-0.25

	D	E	F	G	H	I
1		标准风速	风速下限	风速上限	标准功率	
2		3	2.75	3.25	11	
3		3.5	3.25	3.75	26	
4		4	3.75	4.25	58	
5		4.5	4.25	4.75	110	
6		5	4.75	5.25	173	
7		5.5	5.25	5.75	246	
8		6	5.75	6.25	335	
9		6.5	6.25	6.75	452	
10		7	6.75	7.25	581	
11		7.5	7.25	7.75	728	
12		8	7.75	8.25	900	
13		8.5	8.25	8.75	1075	
14		9	8.75	9.25	1258	
15		9.5	9.25	9.75	1434	
16		10	9.75	10.25	1582	

图 10-82　风速阈值区间上下限计算

“功率下限”列后一列标题命名为“功率上限”，在 J2 单元格输入公式：＝H2＋$D$2。选择 I2:J2 单元格区域，向下拖动填充公式。图 10-83 为功率阈值区间上下限计算。

注意：功率阈值控制参数为固定单元格，不能随公式移动，因此必须加绝对引用。

I2　　=IF(H2-$D$2<0,0,H2-$D$2)

	D	E	F	G	H	I	J
1	功率阈值控制参数	标准风速	风速下限	风速上限	标准功率	功率下限	功率上限
2	200	3	2.75	3.25	11	0	211
3		3.5	3.25	3.75	26	0	226
4		4	3.75	4.25	58	0	258
5		4.5	4.25	4.75	110	0	310
6		5	4.75	5.25	173	0	373
7		5.5	5.25	5.75	246	46	446
8		6	5.75	6.25	335	135	535
9		6.5	6.25	6.75	452	252	652
10		7	6.75	7.25	581	381	781
11		7.5	7.25	7.75	728	528	928
12		8	7.75	8.25	900	700	1100
13		8.5	8.25	8.75	1075	875	1275
14		9	8.75	9.25	1258	1058	1458
15		9.5	9.25	9.75	1434	1234	1634
16		10	9.75	10.25	1582	1382	1782

图 10-83　功率阈值区间上下限计算

步骤 4　现已计算出风速和功率阈值上下限，则求平均风速和平均功率时，需要用风速下限、风速上限、功率下限、功率上限来圈定数据，共计 4 个判定条件，使用 AVERAGEIFS 多条件求平均函数，来计算圈定范围内风速和功率数据的平均值。比如标准风速为 10m/s，标准功率为 1582kW，则其风速下限为 9.75m/s、风速上限为 10.25m/s、功率下限为 1382kW、功率上限为 1782kW，通过 4 个限值，使用方框圈定出符合要求的数据点，如图 10-84 所示。此方法可以有效滤除限电降容、性能降容等异常点。

步骤 5　在“功率上限”列后一列标题命名为“平均风速”，输入公式：＝AVER-

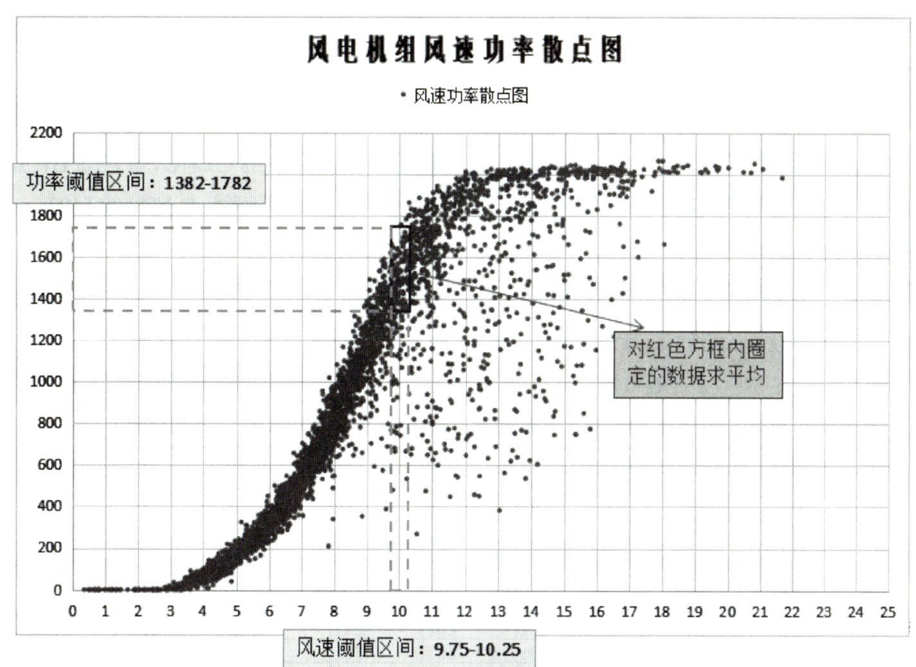

图 10-84　通过 4 个限值圈定数据范围

AGEIFS($B:$B, $B:$B,">="& $F2, $B:$B,"<"& $G2, $C:$C,">="& $I2, $C:$C,"<"& $J2)。

对求得的平均风速保留两位小数，并向下拖动填充公式。可以发现，由于超过 22m/s 风速没有数据，因此我们可以选择使用对应“标准风速列”数据进行代替，则修改公式为：=IFERROR(AVERAGEIFS($B:$B, $B:$B,">="& $F2, $B:$B,"<"& $G2, $C:$C, ">="& $I2, $C:$C,"<"& $J2), $E2)。

图 10-85 为求拟合平均风速数据。

注意：公式内包含风速上下限、功率上下限共计 4 个判定条件，需要对计算区域和条件区域加绝对引用，4 个条件均为混合引用，即列绝对引用行相对引用。

```
fx =IFERROR(AVERAGEIFS($B:$B, $B:$B,">="&$F2, $B:$B,"<"&$G2, $C:$C,">="&$I2, $C:$C,"<"&$J2), $E2)
```

D	E	F	G	H	I	J	K	L	M	N
功率阈值控制参数	标准风速	风速下限	风速上限	标准功率	功率下限	功率上限	平均风速			
200	3	2.75	3.25	11	0	211	3.06			
	3.5	3.25	3.75	26	0	226	3.51			
	4	3.75	4.25	58	0	258	4.01			
	4.5	4.25	4.75	110	0	310	4.50			
	5	4.75	5.25	173	0	373	4.99			
	5.5	5.25	5.75	246	46	446	5.51			
	6	5.75	6.25	335	135	535	6.00			
	6.5	6.25	6.75	452	252	652	6.50			
	7	6.75	7.25	581	381	781	7.00			
	7.5	7.25	7.75	728	528	928	7.51			
	8	7.75	8.25	900	700	1100	8.01			
	8.5	8.25	8.75	1075	875	1275	8.52			
	9	8.75	9.25	1258	1058	1458	9.03			
	9.5	9.25	9.75	1434	1234	1634	9.51			
	10	9.75	10.25	1582	1382	1782	9.98			

图 10-85　求拟合平均风速数据

一个散点图系列名称由“功率”修改为“风速功率散点图”，单击确定即可。选择“+”添加数据，系列名称改为“标准功率曲线”，X 轴序列值选择标准风速列 E2:E46（不含标题），Y 轴序列值选择标准功率列 H2:H46（不含标题），单击确定即可。图 10-88 为添加标准功率曲线数据系列。

步骤 3 继续添加数据系列：选择“+”添加数据，系列名称改为“功率下限”，X 轴序列值选择标准风速列 E2:E46，Y 轴序列值选择功率下限列 I2:I46，单击确定即可；选择“+”添加数据，系列名称改为“功率上限”，X 轴序列值选择标准风速列 E2:E46，Y 轴序列值选择功率上限列 J2:J46，单击确定即可；选择“+”添加数据，系列名称改为“拟合功率曲线”，X 轴序列值选择平均风速列 K2:K46，Y 轴序列值选择平均功率列 L2:L46，单击确定即可；确定后相当于多个散点图重叠放在一起。图 10-89 为添加功率上限、功率下限、拟合功率曲线数据系列。

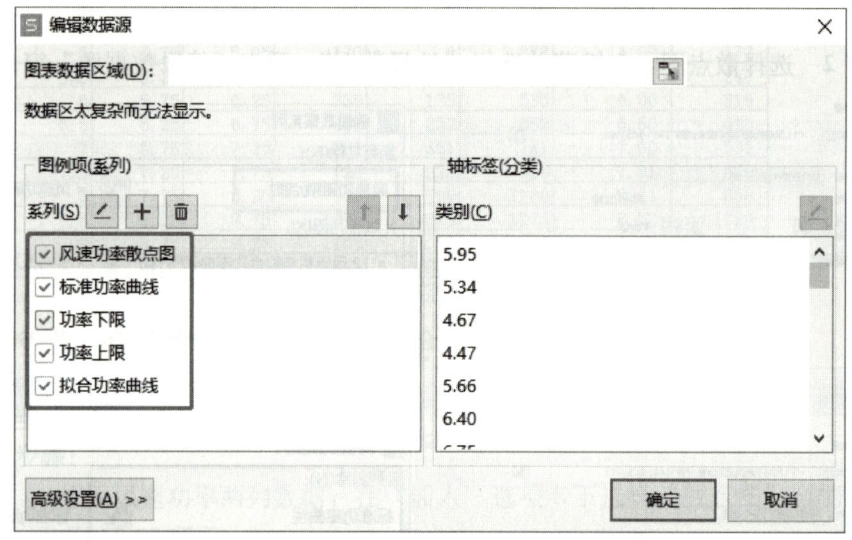

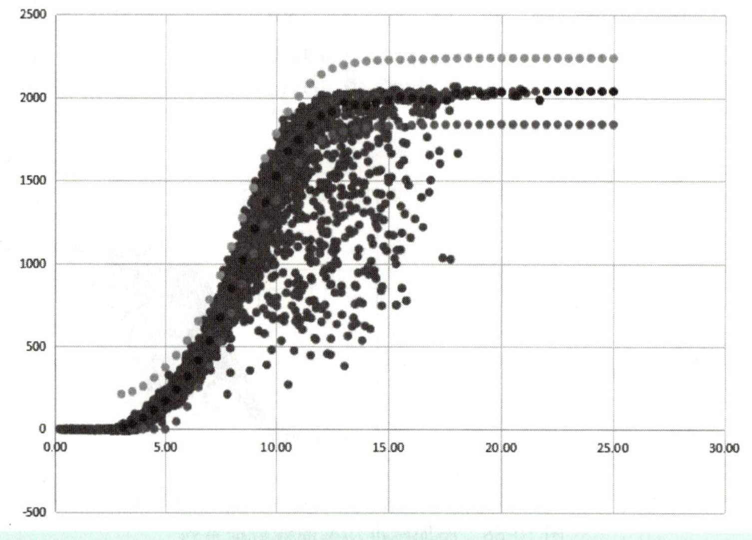

图 10-89 添加功率上限、功率下限、拟合功率曲线数据系列

步骤 4 选择散点图，右键菜单选择“更改图标类型”，修改为组合图，如图 10-90 所示。第一个风速功率散点图选择“散点图”，标准功率曲线、功率下限、功率上限均选择带平滑线的散点图，拟合功率曲线选择“带平滑线和数据标记的散点图”，单击插入即可。

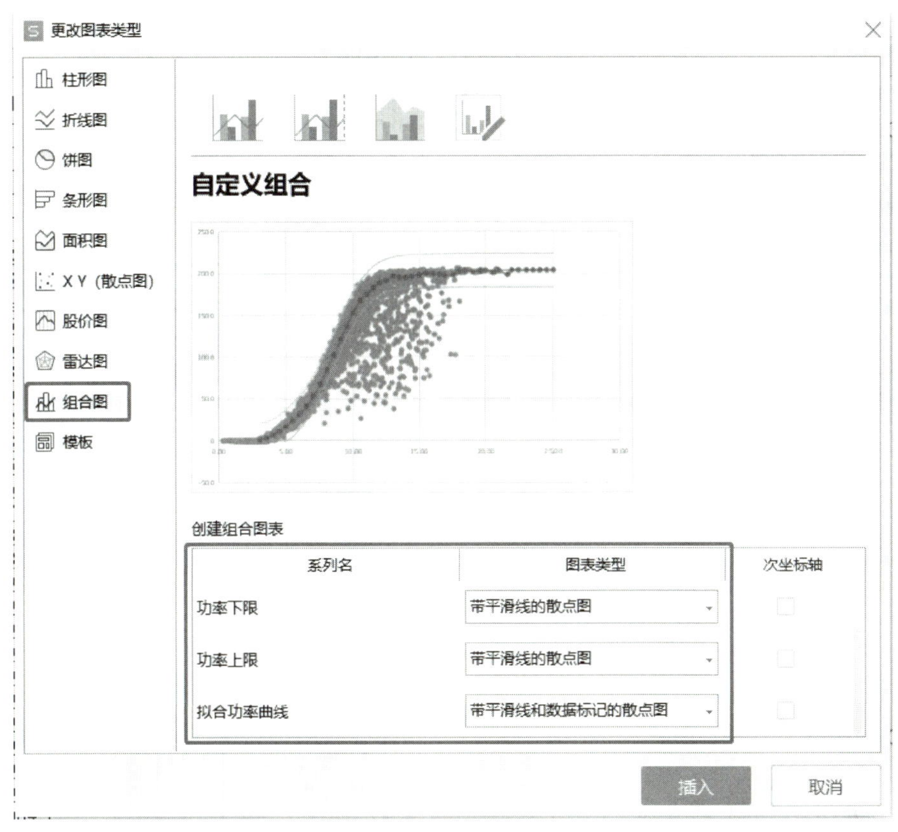

图 10-90 更改图表类型

步骤 5 选择蓝色散点，右键菜单选择“设置数据系列格式”，在右侧“系列选项”窗口选择“填充与线条”选项卡“标记”子选项卡，设置数据标记选项为内置圆点、大小改为 2；选择标准功率曲线，在“填充与线条”选项卡“线条”子选项卡下设置线条颜色为亮蓝色；分别选择功率上限和功率下限曲线，设置线条颜色为绿色；选择拟合功率曲线，设置线条颜色为红色，在“标记”子选项卡设置数据标记选项为内置圆点、大小改为 4、红色、线条改为无线条。图 10-91 为设置风速功率散点，数据标记和标准功率曲线、功率上限、功率下限曲线颜色。图 10-92 为设置拟合功率曲线线条和数据标记。图 10-93 为设置多条曲线线条和数据标记结果。

步骤 6 选择横坐标轴，右键菜单选择“设置坐标轴格式”，在“坐标轴选项”卡下，设置边界最大值为 25，主要单位为 1，即间隔 1m 风速，数字格式设置为常规。选择纵坐标轴，在“坐标轴选项”卡下，设置边界最小值为 0，主要单位为 200，即间隔 200kW。图 10-94 为设置横纵坐标轴格式。

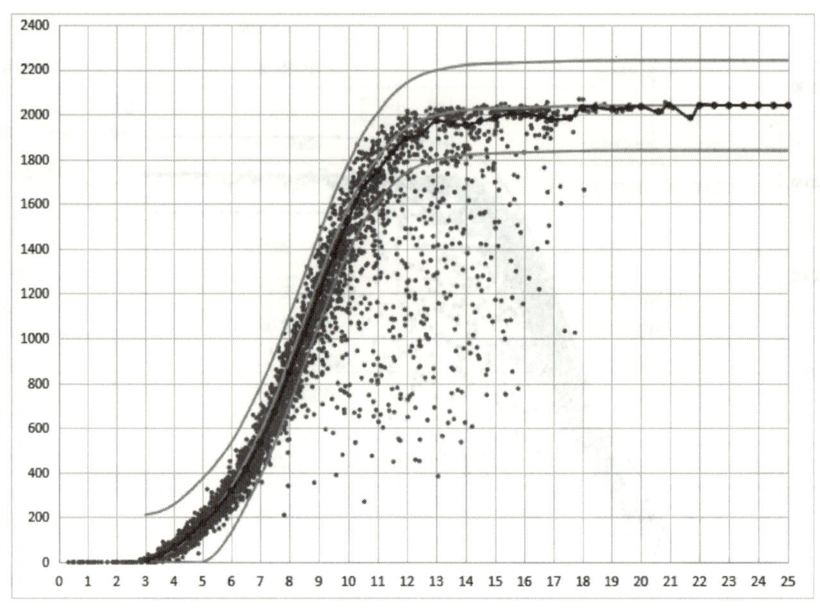

图 10-94 设置横纵坐标轴格式（二）

步骤 7 选择图表，添加图表元素，快捷菜单选择“图例”子菜单中的“上部”。再次添加图表元素，快捷菜单选择“图表标题”子菜单中的“图表上方”，设置标题为“风电机组拟合功率曲线图”，选择标题内容设置字体为方正姚体、16 号、加粗、深钢蓝色。手动调整绘图区大小，保证能完全显示出图例和图表标题。图 10-95 为风电机组拟合功率曲线图。

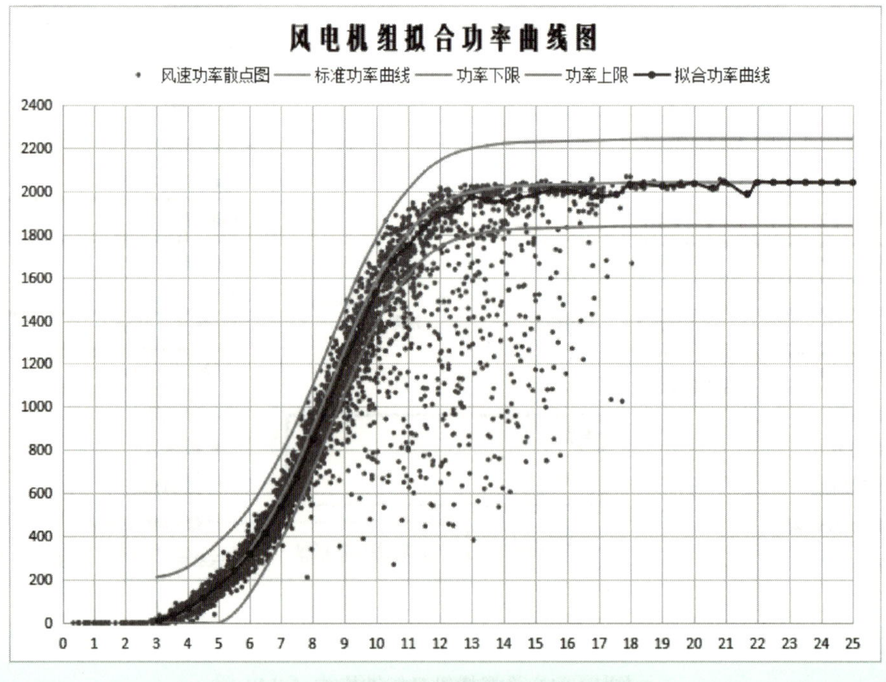

图 10-95 风电机组拟合功率曲线图

步骤 8 从图 10-95 可以看出，机组拟合功率曲线基本与标准功率曲线相符，略微偏右。

10.14 拟合功率曲线图阈值区间修正

10.14.1 拟合功率曲线图阈值区间情况

通过风电机组拟合功率曲线图（见图 10-96），可以发现最终拟合功率曲线上下区间呈两头宽中间细喇叭形状，视觉上不美观，而且重要的是在中部（风速 7～11m/s 区间）筛除掉许多正常点，导致拟合功率曲线与实际功率曲线存在细微偏差。

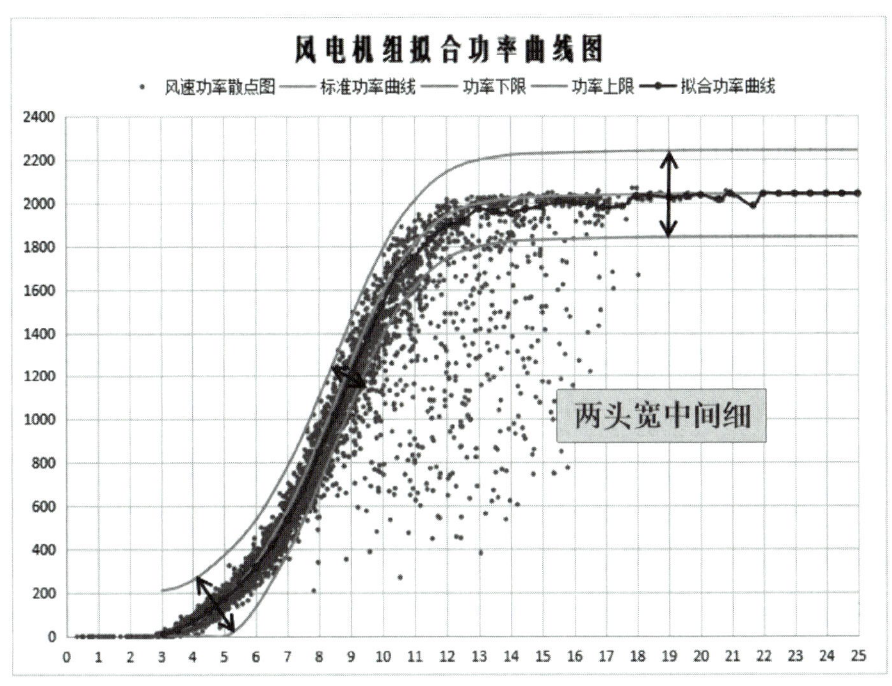

图 10-96 风电机组功率曲线拟合图

10.14.2 功率阈值区间修正原理

风速功率阈值区间如果为均匀宽度，必须满足在标准功率曲线上任意一点切线的垂直方向偏移量相等。由于风速和功率不在一个数量级范围，所以应将实际风速功率其标准化。

任意一点标准化风速：$\overline{V}_i=\overline{V}_i/V_e$

任意一点标准化功率：$\overline{P}_i=\overline{P}_i/P_e$

其中：V_e 为正常运行最大风速，一般设置 20m/s 即可，P_e 为额定功率。

标准功率曲线上任一点切线角度正切值为该点前后两标准化功率差除以前后两点标准化风速差，即

$$\tan\theta=\frac{\overline{p}_{i+1}-\overline{p}_{i-1}}{\overline{v}_{i+1}-\overline{v}_{i-1}}$$

实际功率偏移值：$\Delta\widetilde{P}=\Delta P/\cos\theta$

其中，ΔP 为设定功率偏移值。

根据数学结论可知：$\cos\theta=\sqrt{1/(\tan^2\theta+1)}$

则计算出任一标准点下实际功率偏移值，注意首尾两个点不满足前后均有点条件，直接设置 $\cos\theta=1$ 即可。

表 10-16 为标准功率曲线任一点切线角度 $\cos\theta$。

表 10-16　　标准功率曲线任一点切线角度 cosθ

标准风速（m/s）	标准功率（kW）	前后两点 cosθ	功率下限（kW）	功率上限（kW）
3	11	1.000	0	111
3.5	26	0.905	0	136
4	58	0.766	0	189
4.5	110	0.656	0	262
5	173	0.592	4	342
5.5	246	0.525	56	436
6	335	0.437	106	564
6.5	452	0.377	186	718
7	581	0.341	287	875
7.5	728	0.299	394	1062
8	900	0.277	539	1261
8.5	1075	0.269	703	1447
9	1258	0.268	885	1631
9.5	1434	0.295	1095	1773
10	1582	0.337	1286	1878
10.5	1713	0.406	1467	1959
11	1807	0.500	1607	2007
11.5	1886	0.598	1719	2053
12	1941	0.743	1806	2076
12.5	1976	0.876	1862	2090
13	1996	0.947	1890	2102
13.5	2010	0.972	1907	2113
14	2020	0.989	1919	2121
14.5	2025	0.998	1925	2125
15	2027	0.999	1927	2127
15.5	2029	0.999	1929	2129
16	2031	0.999	1931	2131
16.5	2033	0.999	1933	2133

续表

标准风速（m/s）	标准功率（kW）	前后两点 cosθ	功率下限（kW）	功率上限（kW）
17	2035	0.999	1935	2135
17.5	2037	1.000	1937	2137
18	2038	1.000	1938	2138
18.5	2039	1.000	1939	2139
19	2039	1.000	1939	2139
19.5	2040	1.000	1940	2140
20	2040	1.000	1940	2140
20.5	2040	1.000	1940	2140
21	2040	1.000	1940	2140
21.5	2040	1.000	1940	2140
22	2039	1.000	1939	2139
22.5	2039	1.000	1939	2139
23	2039	1.000	1939	2139
23.5	2038	1.000	1938	2138
24	2038	1.000	1938	2138
24.5	2038	1.000	1938	2138
25	2037	1.000	1937	2137

如表 10-17 所示，该机组为某风电场额定功率为 2000kW 机组，设定标准功率偏移量为 100kW。通过上表可以看出，标准功率曲线任一点切线角度 cosθ 值从 1 开始递减，在标准风速为 9m/s 时，降低至最小值 0.268；然后开始递增，在标准风速为额定风速 13.5m 时，达到 0.972（非常接近 1），最终达到 1。即切线角度从 0°开始，逐渐增大，在标准风速 9m/s 时，达到最大；然后开始减小，在额定风速 13.5m/s 时，接近 0°，最终回归 0°，符合标准功率曲线走势规律。通过任一点 cosθ 值，最终得到一组功率偏移值变化的风速功率阈值区间曲线，并计算出实际拟合功率曲线。

10.14.3 功率阈值区间修正方法

解题步骤：

步骤 1　设置一个机组额定功率控制参数，在 D3 单元格输入标题“额定功率控制参数”，D4 单元格输入本例机组额定功率数值：2000，可以手动进行调整。

步骤 2　在“标准风速”列后插入一列，标题命名为“前后两点 cosθ 值”，首尾两个单元格直接赋值为 1，根据上述计算原理，在 I3 单元格输入公式：=SQRT(1/(((H4－H2)/$D$4/(1/20))^2＋1))。

计算结果保留三位小数，并向下拖动填充公式。

图 10-97 为前后两点 cosθ 值计算。

步骤 3　修改功率阈值控制参数为 100。修改“功率下限”列计算公式，选择 J2 单元格，根据上述计算原理，修改公式为：=IF(H2－$D$2/I2<0,0,H2－$D$2/I2)。

I3	=SQRT(1/(((H4-H2)/$D$4/(1/20))^2+1))						
	D	E	F	G	H	I	J	K

	D	E	F	G	H	I	J	K
1	功率阈值控制参数	标准风速	风速下限	风速上限	标准功率	前后两点cosθ	功率下限	功率上限
2	200	3	2.75	3.25	11	1	0	211
3	额定功率控制参数	3.5	3.25	3.75	26	0.905	0	226
4	2000	4	3.75	4.25	58	0.766	0	258
5		4.5	4.25	4.75	110	0.656	0	310
6		5	4.75	5.25	173	0.592	0	373
7		5.5	5.25	5.75	246	0.525	46	446
8		6	5.75	6.25	335	0.437	135	535
9		6.5	6.25	6.75	452	0.377	252	652
10		7	6.75	7.25	581	0.341	381	781
11		7.5	7.25	7.75	728	0.299	528	928
12		8	7.75	8.25	900	0.277	700	1100
13		8.5	8.25	8.75	1075	0.269	875	1275
14		9	8.75	9.25	1258	0.268	1058	1458
15		9.5	9.25	9.75	1434	0.295	1234	1634
16		10	9.75	10.25	1582	0.337	1382	1782

图 10-97　前后两点 cosθ 值计算

计算结果保留整数，并向下拖动填充公式。

步骤 4　修改“功率上限”列计算公式，选择 K2 单元格，根据上述计算原理，修改公式为：＝H2＋$D$2/I2。

计算结果保留整数，并向下拖动填充公式。

图 10-98 为修改功率下限和功率上限计算公式。图 10-99 为功率阈值区间修正后的拟合功率曲线图。

J2　=IF(H2-$D$2/I2<0,0,H2-$D$2/I2)

	D	E	F	G	H	I	J	K
1	功率阈值控制参数	标准风速	风速下限	风速上限	标准功率	前后两点cosθ	功率下限	功率上限
2	100	3	2.75	3.25	11	1	0	111
3	额定功率控制参数	3.5	3.25	3.75	26	0.905	0	136
4	2000	4	3.75	4.25	58	0.766	0	189
5		4.5	4.25	4.75	110	0.656	0	262
6		5	4.75	5.25	173	0.592	4	342
7		5.5	5.25	5.75	246	0.525	56	436
8		6	5.75	6.25	335	0.437	106	564
9		6.5	6.25	6.75	452	0.377	186	718
10		7	6.75	7.25	581	0.341	287	875
11		7.5	7.25	7.75	728	0.299	394	1062
12		8	7.75	8.25	900	0.277	539	1261
13		8.5	8.25	8.75	1075	0.269	703	1447
14		9	8.75	9.25	1258	0.268	885	1631
15		9.5	9.25	9.75	1434	0.295	1095	1773
16		10	9.75	10.25	1582	0.337	1286	1878

图 10-98　修改功率下限和功率上限计算公式（一）

K2 　fx =H2+$D$2/I2

	D	E	F	G	H	I	J	K
1	功率阈值控制参数	标准风速	风速下限	风速上限	标准功率	前后两点 cosθ	功率下限	功率上限
2	100	3	2.75	3.25	11	1	0	111
3	额定功率控制参数	3.5	3.25	3.75	26	0.905	0	136
4	2000	4	3.75	4.25	58	0.766	0	189
5		4.5	4.25	4.75	110	0.656	0	262
6		5	4.75	5.25	173	0.592	4	342
7		5.5	5.25	5.75	246	0.525	56	436
8		6	5.75	6.25	335	0.437	106	564
9		6.5	6.25	6.75	452	0.377	186	718
10		7	6.75	7.25	581	0.341	287	875
11		7.5	7.25	7.75	728	0.299	394	1062
12		8	7.75	8.25	900	0.277	539	1261
13		8.5	8.25	8.75	1075	0.269	703	1447
14		9	8.75	9.25	1258	0.268	885	1631
15		9.5	9.25	9.75	1434	0.295	1095	1773
16		10	9.75	10.25	1582	0.337	1286	1878

图 10-98　修改功率下限和功率上限计算公式（二）

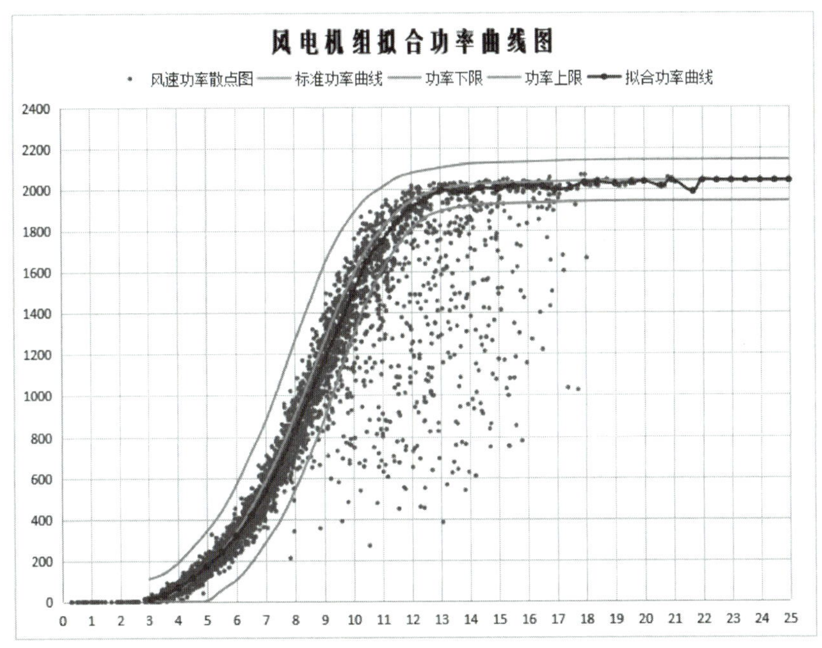

图 10-99　功率阈值区间修正后的拟合功率曲线图

步骤 5　从图 10-99 可以看出，功率阈值区间修正后，阈值区间宽度基本一致，几乎囊括了所有正常数据点参与计算，计算的拟合功率曲线更符合实际。

10.15　简单项目进度甘特图（横道图）

10.15.1　项目进度甘特图（横道图）介绍

甘特图又称为横道图、条状图，通过项目列表和时间刻度表示出特定项目的开展顺序与持续时间。其中，横轴表示时间，纵轴表示项目，线条表示期间计划和实际完成情况，可直观表明计划何时进行、进展与要求的对比情况，便于管理者弄清项目的剩余任务，评估工作进度。可以通过使用 WPS 表格插入图表的方式实现简单的甘特图效果。

10.15.2 简单项目进度甘特图（横道图）实例

现有某风电项目从可研编制到场内道路施工的前期规划时间进度安排表（见表 10-17），请绘制项目进度甘特图。

表 10-17　某风电项目前期规划时间进度安排表

项目内容	开始时间	结束时间
可研编制	3 月 15 日	4 月 30 日
地形图测绘	4 月 10 日	4 月 20 日
微观选址	4 月 30 日	5 月 15 日
立项审批	4 月 30 日	5 月 20 日
投决审批	5 月 10 日	5 月 31 日
项目备案	5 月 20 日	5 月 24 日
土地预审	5 月 4 日	5 月 20 日
环评水保批复	5 月 20 日	6 月 30 日
电能质量评估	3 月 23 日	5 月 8 日
接入系统设计	3 月 24 日	5 月 9 日
接入系统	4 月 30 日	5 月 31 日
初步设计评审	4 月 30 日	5 月 31 日
施工图设计	6 月 20 日	7 月 20 日
招标	7 月 10 日	9 月 10 日
场内道路施工	9 月 15 日	11 月 20 日

解题步骤：

步骤 1　在表格右侧增加一列“当年开始时间天数”，选择 D2 单元格，输入公式：＝B2－″2023－1－1″，即开始时间－当年第一天，不算开始时间当天，向下拖动填充公式。图 10-100 为计算当年开始时间天数。

D2　fx　=B2-″2023-1-1″

	A	B	C	D
1	项目内容	开始时间	结束时间	当年开始时间天数
2	可研编制	3月15日	4月30日	73
3	地形图测绘	4月10日	4月20日	99
4	微观选址	4月30日	5月15日	119
5	立项审批	4月30日	5月20日	119
6	投决审批	5月10日	5月31日	129
7	项目备案	5月20日	5月24日	139
8	土地预审	5月4日	5月20日	123
9	环评水保批复	5月20日	6月30日	139
10	电能质量评估	3月23日	5月8日	81
11	接入系统设计	3月24日	5月9日	82
12	接入系统	4月30日	5月31日	119
13	初步设计评审	4月30日	5月31日	119
14	施工图设计	6月20日	7月20日	170
15	招标	7月10日	9月10日	190
16	场内道路施工	9月15日	11月20日	257

图 10-100　计算当年开始时间天数

步骤 2 在表格右侧继续增加一列“持续天数”，选择 E2 单元格，输入公式：=C2−B2+1，即结束时间−开始时间+1，包括开始时间当天，向下拖动填充公式。图 10-101 为计算每项工作持续天数。

E2   fx =C2-B2+1

	A	B	C	D	E
1	项目内容	开始时间	结束时间	当年开始时间天数	持续天数
2	可研编制	3月15日	4月30日	73	47
3	地形图测绘	4月10日	4月20日	99	11
4	微观选址	4月30日	5月15日	119	16
5	立项审批	4月30日	5月20日	119	21
6	投决审批	5月10日	5月31日	129	22
7	项目备案	5月20日	5月24日	139	5
8	土地预审	5月4日	5月20日	123	17
9	环评水保批复	5月20日	6月30日	139	42
10	电能质量评估	3月23日	5月8日	81	47
11	接入系统设计	3月24日	5月9日	82	47
12	接入系统	4月30日	5月31日	119	32
13	初步设计评审	4月30日	5月31日	119	32
14	施工图设计	6月20日	7月20日	170	31
15	招标	7月10日	9月10日	190	63
16	场内道路施工	9月15日	11月20日	257	67

图 10-101 计算每项工作持续天数

步骤 3 选择项目内容、当年开始时间天数、持续天数三列数据，在“插入”选项卡下选择“堆积条形图”，调整画布大小至合适，删除图例。图 10-102 为插入堆积条形图。

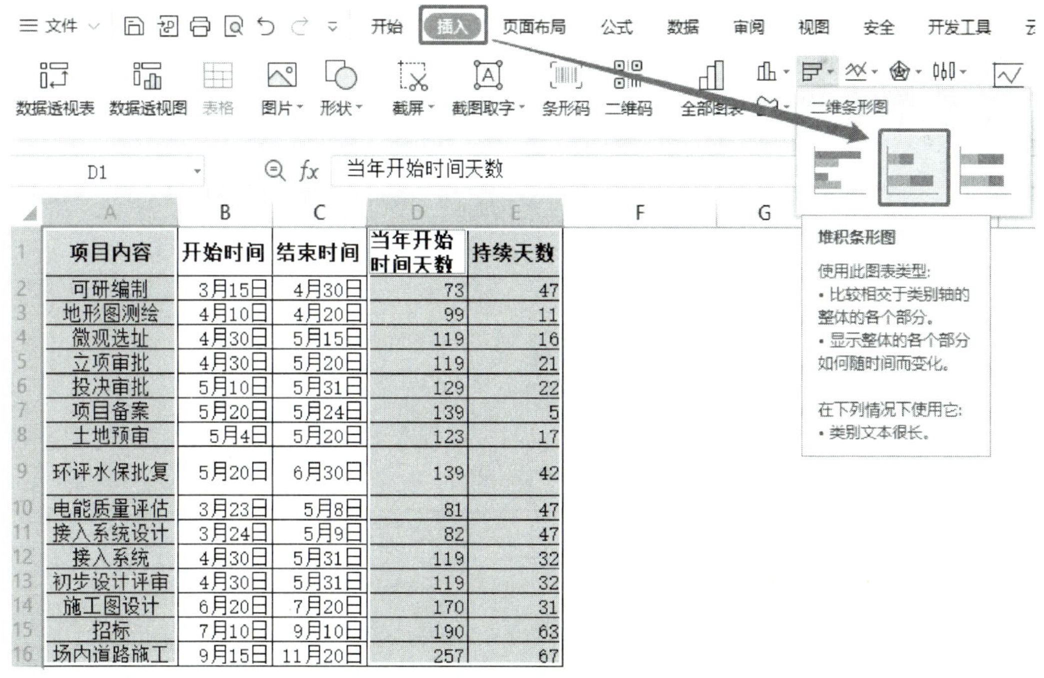

	A	B	C	D	E
1	项目内容	开始时间	结束时间	当年开始时间天数	持续天数
2	可研编制	3月15日	4月30日	73	47
3	地形图测绘	4月10日	4月20日	99	11
4	微观选址	4月30日	5月15日	119	16
5	立项审批	4月30日	5月20日	119	21
6	投决审批	5月10日	5月31日	129	22
7	项目备案	5月20日	5月24日	139	5
8	土地预审	5月4日	5月20日	123	17
9	环评水保批复	5月20日	6月30日	139	42
10	电能质量评估	3月23日	5月8日	81	47
11	接入系统设计	3月24日	5月9日	82	47
12	接入系统	4月30日	5月31日	119	32
13	初步设计评审	4月30日	5月31日	119	32
14	施工图设计	6月20日	7月20日	170	31
15	招标	7月10日	9月10日	190	63
16	场内道路施工	9月15日	11月20日	257	67

图 10-102 插入堆积条形图（一）

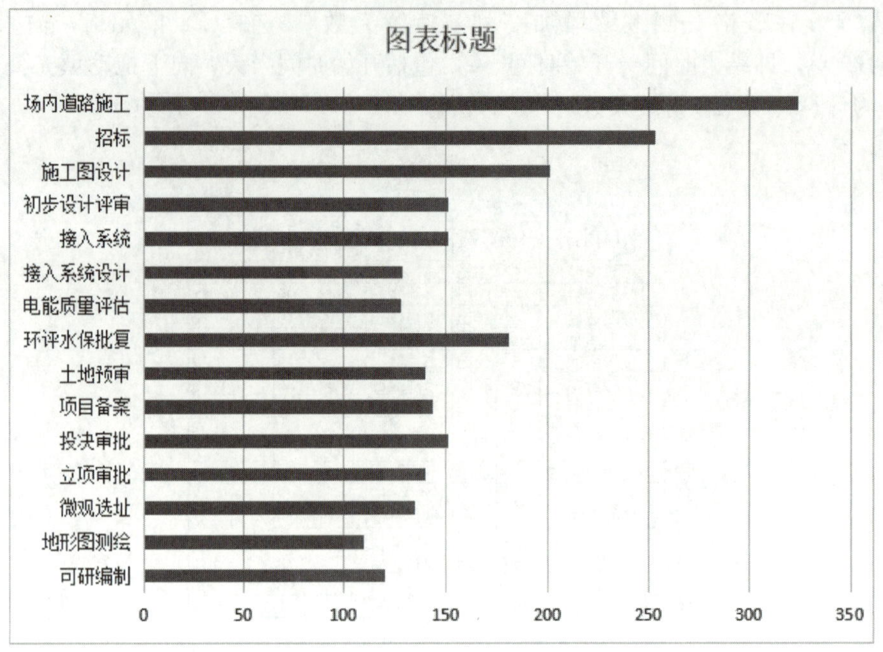

图 10-102　插入堆积条形图（二）

步骤 4　单击任一蓝色条形，即可选择全部蓝色条形系列数据，右键菜单选择“设置数据系列格式”，在右侧“系列选项”窗口选择“填充与线条”选项卡下设置无填充；单击任一橘色条形，即可选择全部橘色条形系列数据，在“填充与线条”选项卡下设置颜色为橙红色，在“系列”选项卡下设置分类间距为 65%。图 10-103 为设置条形填充颜色和系列分类间距。

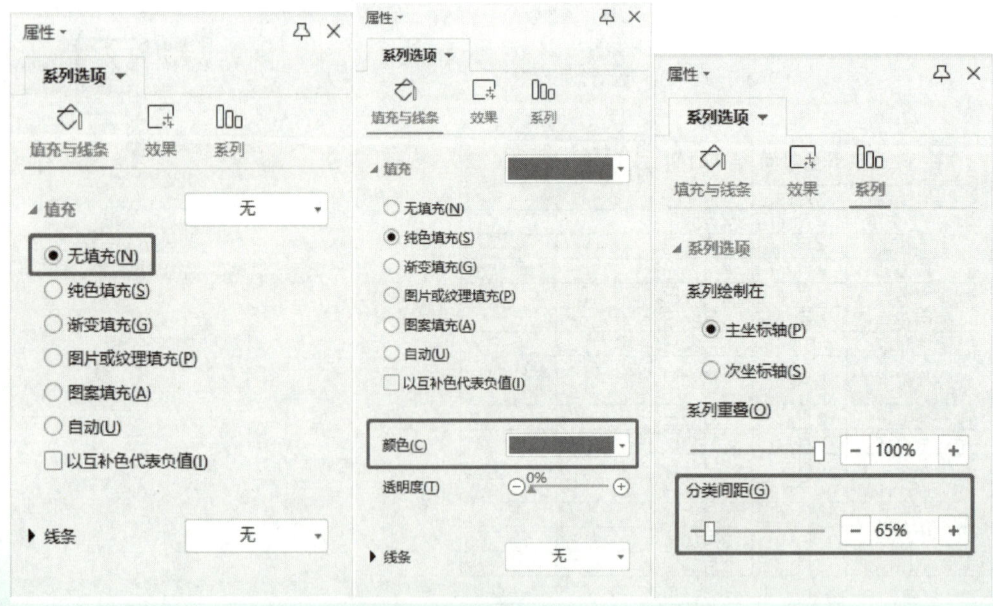

图 10-103　设置条形填充颜色和系列分类间距（一）

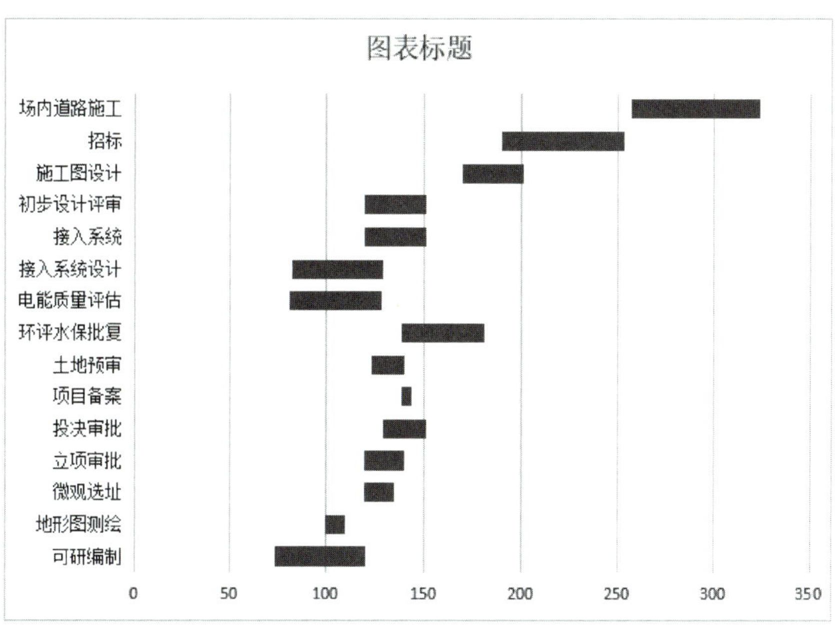

图 10-103　设置条形填充颜色和系列分类间距（二）

步骤 5　选择横坐标轴，右键菜单选择“设置坐标轴格式”，在右侧“坐标轴选项”窗口选择“坐标轴”选项卡下设置边界最小值为“当年开始时间天数”中最小值 73 略小，本例设为 70，主要单位设为 15，设置数字格式类别为“日期”、类型为“3-8”，即“月-日”。图 10-104 为设置横坐标轴格式。

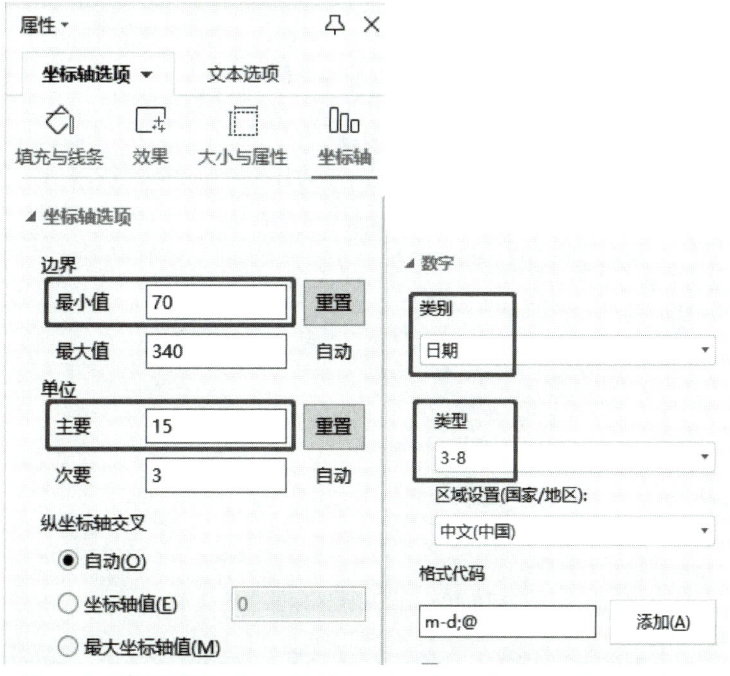

图 10-104　设置横坐标轴格式（一）

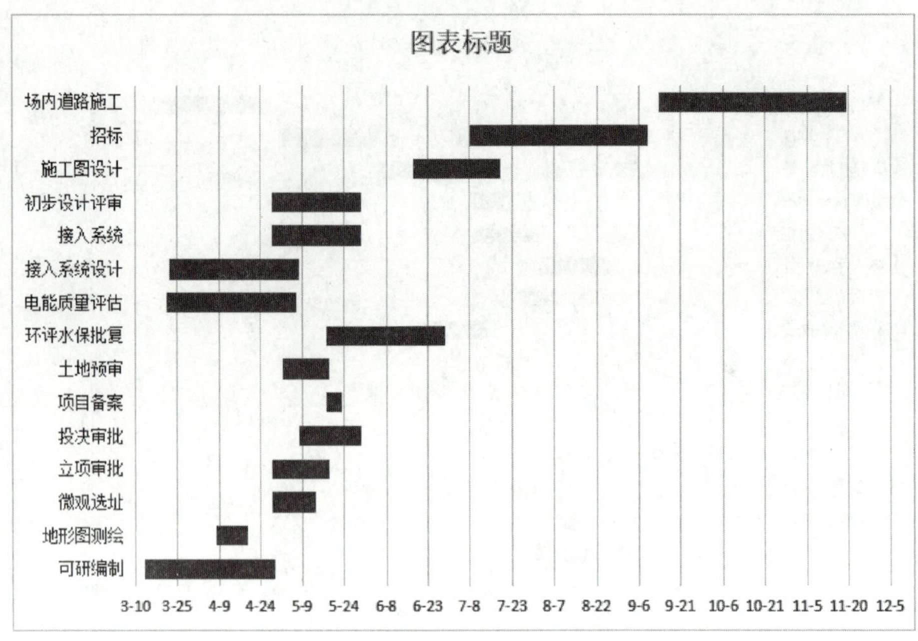

图 10-104　设置横坐标轴格式（二）

步骤 6　选择纵坐标轴，右键菜单选择“设置坐标轴格式”，在右侧“坐标轴选项”窗口选择“坐标轴”选项卡下勾选“逆序类别”，如图 10-105 所示。

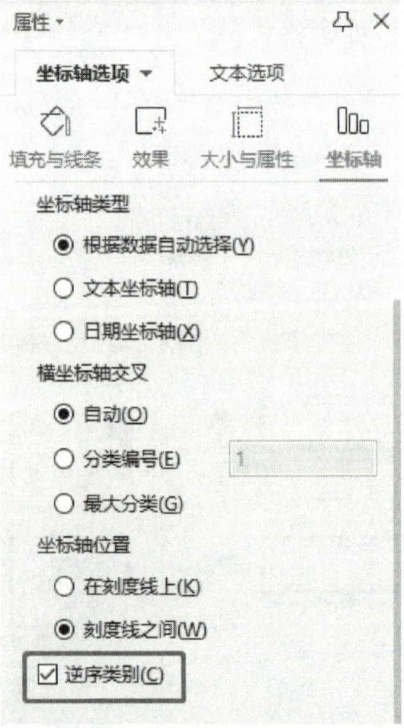

属性
坐标轴选项　文本选项
填充与线条　效果　大小与属性　坐标轴
坐标轴类型
根据数据自动选择(Y)
文本坐标轴(T)
日期坐标轴(X)
横坐标轴交叉
自动(O)
分类编号(E)　1
最大分类(G)
坐标轴位置
在刻度线上(K)
刻度线之间(W)
逆序类别(C)

图 10-105　设置纵坐标轴逆序类别

步骤 7　设置图表区域填充颜色为浅黄色，设置标题为“风电项目前期规划时间进度甘特图”，选择标题内容设置字体为方正姚体、16 号、加粗、深钢蓝色，如图 10-106 所示。

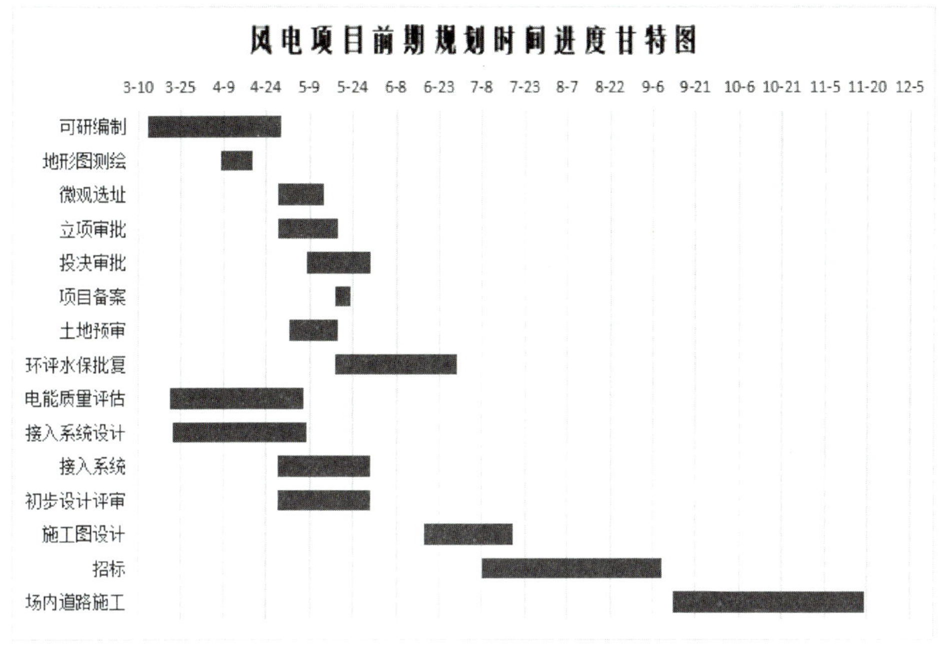

图 10-106　风电项目前期规划时间进度甘特图

10.16　高级项目进度甘特图（横道图）

高级项目进度甘特图（横道图）实例

同上节实例，通过使用 WPS 表格插入图表的方式可以实现简单的甘特图效果，但是实用性非常有限，本节教大家使用通过条件格式填充单元格底色的方式，实现较为全面的甘特图效果，支持动态展示项目计划进度、当前进度、项目未按计划完成进度以及时间线变动。

最终效果如图 10-107 所示，其中绿色底色为项目计划进度，红色底色为项目当前进度，灰色底色为项目未按计划完成进度，红色点划线为当前时间线，图表根据计划开始时间、计划结束时间、当前时间、完成比例动态变化。

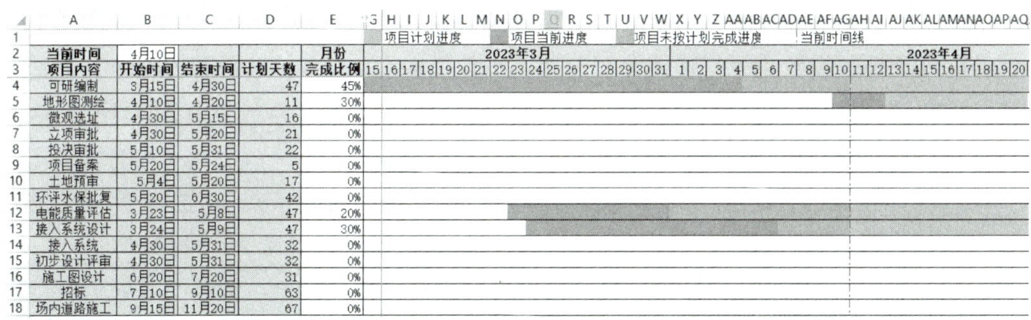

当前时间	4月10日			月份
项目内容	开始时间	结束时间	计划天数	完成比例
可研编制	3月15日	4月30日	47	45%
地形图测绘	4月10日	4月20日	11	30%
微观选址	4月30日	5月15日	16	0%
立项审批	4月30日	5月20日	21	0%
投决审批	5月10日	5月31日	22	0%
项目备案	5月20日	5月24日	5	0%
土地预审	5月4日	5月20日	17	0%
环评水保批复	5月20日	6月30日	42	0%
电能质量评估	3月23日	5月8日	47	20%
接入系统设计	3月24日	5月9日	47	30%
接入系统	4月30日	5月31日	32	0%
初步设计评审	4月30日	5月31日	32	0%
施工图设计	6月20日	7月20日	31	0%
招标	7月10日	9月10日	63	0%
场内道路施工	9月15日	11月20日	67	0%

图 10-107　高级项目进度甘特图

同上节实例：现有某风电项目从可研编制到场内道路施工的前期规划时间进度安排表，请绘制项目进度甘特图。

如果只绘制项目计划进度甘特图，直接阅读“（2）创建条件格式　步骤 1 设置项目计划进度条件格式”即可。

（1）计算设置相关参数。

解题步骤：

步骤 1　在表格上方插入两行备用，在表格右侧增加一列“计划天数”，选择 D2 单元格，输入公式：=C4−B4+1，即结束时间−开始时间+1，包括开始时间当天，向下拖动填充公式。图 10-108 为计算每项工作计划天数。

步骤 2　选择空白区域设置标准比例参数，标准比例从 0%～100%，间隔 5%一个数据点，本例设置在 A21:A41 单元格区域，如图 10-109 所示。

D4　　fx　=C4-B4+1

	A	B	C	D
1				
2				
3	项目内容	开始时间	结束时间	计划天数
4	可研编制	3月15日	4月30日	47
5	地形图测绘	4月10日	4月20日	11
6	微观选址	4月30日	5月15日	16
7	立项审批	4月30日	5月20日	21
8	投决审批	5月10日	5月31日	22
9	项目备案	5月20日	5月24日	5
10	土地预审	5月4日	5月20日	17
11	环评水保批复	5月20日	6月30日	42
12	电能质量评估	3月23日	5月8日	47
13	接入系统设计	3月24日	5月9日	47
14	接入系统	4月30日	5月31日	32
15	初步设计评审	4月30日	5月31日	32
16	施工图设计	6月20日	7月20日	31
17	招标	7月10日	9月10日	63
18	场内道路施工	9月15日	11月20日	67

图 10-108　计算每项工作计划天数

	A
19	
20	标准比例
21	0%
22	5%
23	10%
24	15%
25	20%
26	25%
27	30%
28	35%
29	40%
30	45%
31	50%
32	55%
33	60%
34	65%
35	70%
36	75%
37	80%
38	85%
39	90%
40	95%
41	100%

图 10-109　设置标准比例参数

步骤 3　设置标准比例下拉选项：在表格右侧继续增加一列“完成比例”，选择单元格区域 E4:E18，设置单元格格式为百分比，小数位数为 0。在“数据”选项卡下设置数据有效性，有效性条件设为“序列”，数据来源选择标准比例参数 A21:A41 单元格区域，如图 10-110 所示。

步骤 4　在表格右侧继续增加一列“已完成进度对应时间节点”，选择 F4 单元格，输入公式：=ROUND(D4 * E4,0)+B4−1，即计划天数 * 完成比例+开始时间−1。

图 10-111 为计算已完成进度对应时间节点。

步骤 5　从 G3 单元格输入项目计划中最小日期，即 2023 年 3 月 15 日，H3 单元格输入公式：=G3+1

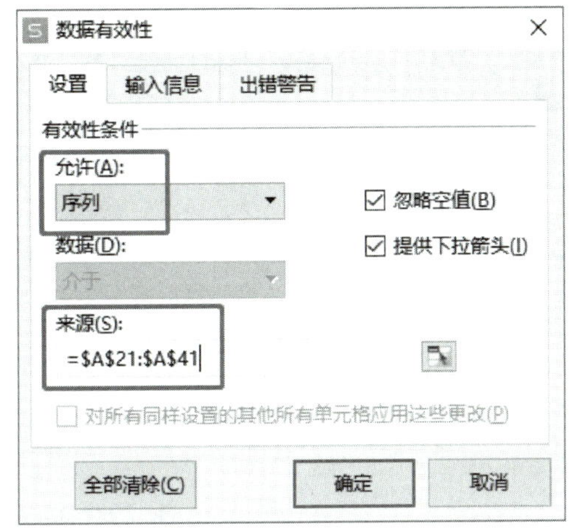

图 10-110　通过数据有效性设置标准比例下拉选项

F4　　fx　=ROUND(D4*E4,0)+B4-1

	A	B	C	D	E	F
3	项目内容	开始时间	结束时间	计划天数	完成比例	已完成进度对应时间节点
4	可研编制	3月15日	4月30日	47	5%	3月16日
5	地形图测绘	4月10日	4月20日	11		4月9日
6	微观选址	4月30日	5月15日	16		4月29日
7	立项审批	4月30日	5月20日	21		4月29日
8	投决审批	5月10日	5月31日	22		5月9日
9	项目备案	5月20日	5月24日	5		5月19日
10	土地预审	5月4日	5月20日	17		5月3日
11	环评水保批复	5月20日	6月30日	42		5月19日
12	电能质量评估	3月23日	5月8日	47		3月22日
13	接入系统设计	3月24日	5月9日	47		3月23日
14	接入系统	4月30日	5月31日	32		4月29日
15	初步设计评审	4月30日	5月31日	32		4月29日
16	施工图设计	6月20日	7月20日	31		6月19日
17	招标	7月10日	9月10日	63		7月9日
18	场内道路施工	9月15日	11月20日	67		9月14日

图 10-111　计算已完成进度对应时间节点

向右拖动填充公式至超出项目计划中最大日期，即 2023 年 11 月 30 日。

设置日期格式为自定义格式：d，即只显示日，不显示年月。设置日期单元格宽度为 2 个字符，尽可能将单元格宽度设窄，满足能显示出两位数日期即可，如图 10-112 所示。

在第二行，逐个通过合并单元格，设置月份。在 B2 单元格输入当前时间值。

步骤 6　设置所有日期下面单元格区域只显示横线，不显示竖线。如设置显示竖线，动态时间线条件格式不生效。最后在第一行设置相关图例，如图 10-113 所示。

（2）创建条件格式。

解题步骤：

步骤 1　设置项目计划进度条件格式（见图 10-114）：选择所有日期下单元格区域 G15:JG18，在“开始”选项卡下“条件格式”下拉选项中单击“新建规则”，弹出“新建格式规则”设置框，选择规则类型为最后一项“使用公式确定要设置格式的单元格”，

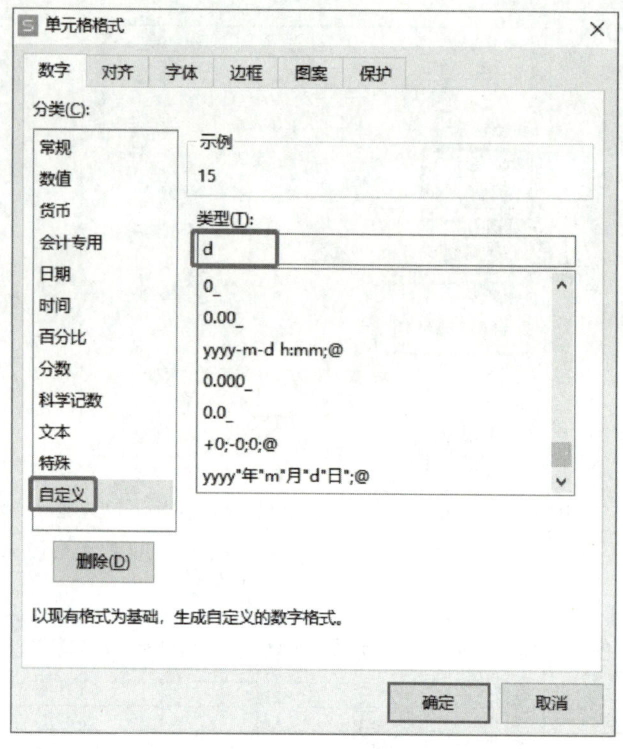

图 10-112　设置日期格式

	A	B	C	D	E	F
1						
2	当前时间	4月10日			月份	
3	项目内容	开始时间	结束时间	计划天数	完成比例	已完成进度对应时间节点
4	可研编制	3月15日	4月30日	47	45%	4月4日
5	地形图测绘	4月10日	4月20日	11	30%	4月12日
6	微观选址	4月30日	5月15日	16	0%	4月29日
7	立项审批	4月30日	5月20日	21	0%	4月29日
8	投决审批	5月10日	5月31日	22	0%	5月9日
9	项目备案	5月20日	5月24日	5	0%	5月19日
10	土地预审	5月4日	5月20日	17	0%	5月3日
11	环评水保批复	5月20日	6月30日	42	0%	5月19日
12	电能质量评估	3月23日	5月8日	47	20%	3月31日
13	接入系统设计	3月24日	5月9日	47	30%	4月6日
14	接入系统	4月30日	5月31日	32	0%	4月29日
15	初步设计评审	4月30日	5月31日	32	0%	4月29日
16	施工图设计	6月20日	7月20日	31	0%	6月19日
17	招标	7月10日	9月10日	63	0%	7月9日
18	场内道路施工	9月15日	11月20日	67	0%	9月14日

	G	H	I	J	K	L	M	N	O	P	Q	R	S	T	U	V	W	X	Y	Z	AA	AB	AC	AD	AE	AF	AG	AH	AI
1		项目计划进度							项目当前进度							项目未按计划完成进度									当前时间线				
2	2023年3月																												
3	15	16	17	18	19	20	21	22	23	24	25	26	27	28	29	30	31	1	2	3	4	5	6	7	8	9	10	11	12

图 10-113　设置框线和图例

输入公式：=AND(G$3>=$B4,G$3<=$C4)，设置单元格底色为淡绿色。

注意：设置条件格式公式，注意引用方式，上述公式依据 G4 单元格设置的，对应 G3 具体日期、B4 开始日期、C4 结束日期；如果向右移动一个单元格依据 H4 单元格设置条件，则应对应 H3 具体日期、开始日期和结束日期不变；如果向下移动一个单元格依据 G5 单元格设置条件，则应对 G3 具体日期不变、B5 开始日期、C5 结束日期；因此需要设置 G3 列相对引用行绝对引用，即 G$3；设置 B4、C4 为列绝对引用行相对引用，即 $B4、$C4。

步骤 2　设置项目当前进度条件格式（见图 10-115）：选择所有日期下单元格区域 G15:JG18，在“开始”选项卡下“条件格式”下拉选项中单击“新建规则”，弹出“新

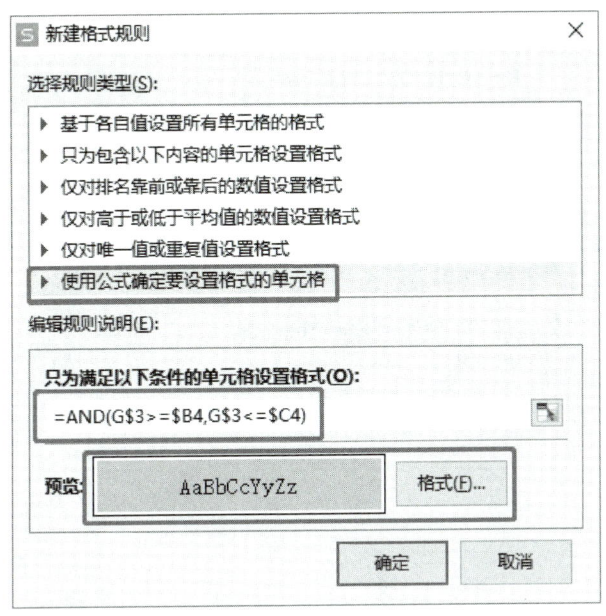

项目计划进度　项目当前进度　项目未按计划完成进度　当前时间线

当前时间	4月10日			月份	
项目内容	开始时间	结束时间	计划天数	完成比例	已完成进度对应时间节点
可研编制	3月15日	4月30日	47	45%	4月4日
地形图测绘	4月10日	4月20日	11	30%	4月12日
微观选址	4月30日	5月15日	16	0%	4月29日
立项审批	4月30日	5月20日	21	0%	4月29日
投决审批	5月10日	5月31日	22	0%	5月9日
项目备案	5月20日	5月24日	5	0%	5月19日
土地预审	5月4日	5月20日	17	0%	5月3日
环评水保批复	5月20日	6月30日	42	0%	5月19日
电能质量评估	3月23日	5月8日	47	20%	3月31日
接入系统设计	3月24日	5月9日	47	30%	4月6日
接入系统	4月30日	5月31日	32	0%	4月29日
初步设计评审	4月30日	5月31日	32	0%	4月29日
施工图设计	6月20日	7月20日	31	0%	6月19日
招标	7月10日	9月10日	63	0%	7月9日
场内道路施工	9月15日	11月20日	67	0%	9月14日

2023年3月：15 16 17 18 19 20 21 22 23 24 25 26 27 28 29 30 31　2023年4月：1 2 3 4 5 6 7 8 9 10 11 12 13 14 15 16 17 18 19 20

图 10-114　设置项目计划进度条件格式

建格式规则”设置框，选择规则类型为最后一项“使用公式确定要设置格式的单元格”，输入公式：=AND(G$3>=$B4,G$3<=$F4)，即同时满足大于等于“开始时间”和小于等于“已完成进度对应时间点”，设置单元格底色为淡红色。

注意：设置条件格式公式，注意引用方式。设置当前时间为4月10日，输入各工作项目完成比例，查看显示效果。

步骤3　设置项目未按计划完成进度（见图10-116）：选择所有日期下单元格区域G15:JG18，在“开始”选项卡下“条件格式”下拉选项中单击“新建规则”，弹出“新建格式规则”设置框，选择规则类型为最后一项“使用公式确定要设置格式的单元格”，输入公式：=AND(G$3>=$F4+1，G$3<=MIN($C4，$B$2))，即同时满足大于等于“已完成进度对应时间点”的后一天和小于等于“结束时间”“当前时间”的最小值，避免出现当前时间大于结束时间，未完成进度条超出计划进度条的情况。设置单元格底色为灰色。

注意：设置条件格式公式，注意引用方式。

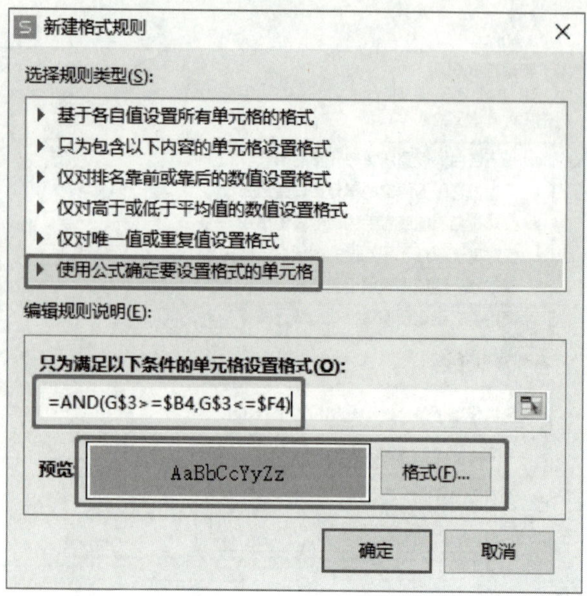

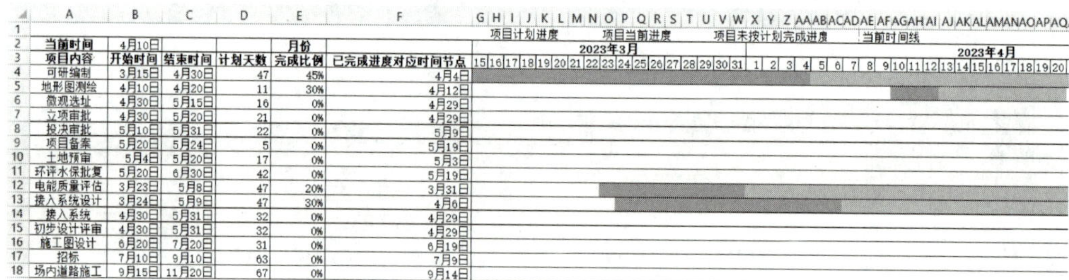

当前时间	4月10日			月份	
项目内容	开始时间	结束时间	计划天数	完成比例	已完成进度对应时间节点
可研编制	3月15日	4月30日	47	45%	4月4日
地形图测绘	4月10日	4月20日	11	30%	4月12日
微观选址	4月30日	5月15日	16	0%	4月29日
立项审批	4月30日	5月20日	21	0%	4月29日
投决审批	5月10日	5月31日	22	0%	5月9日
项目备案	5月20日	5月24日	5	0%	5月19日
土地预审	5月4日	5月20日	17	0%	5月3日
环评水保批复	5月20日	6月30日	42	0%	5月19日
电能质量评估	3月23日	5月8日	47	20%	3月31日
接入系统设计	3月24日	5月9日	47	30%	4月6日
接入系统	4月30日	5月31日	32	0%	4月29日
初步设计评审	4月30日	5月31日	32	0%	4月29日
施工图设计	6月20日	7月20日	31	0%	6月19日
招标	7月10日	9月10日	63	0%	7月9日
场内道路施工	9月15日	11月20日	67	0%	9月14日

图 10-115　设置项目当前进度条件格式

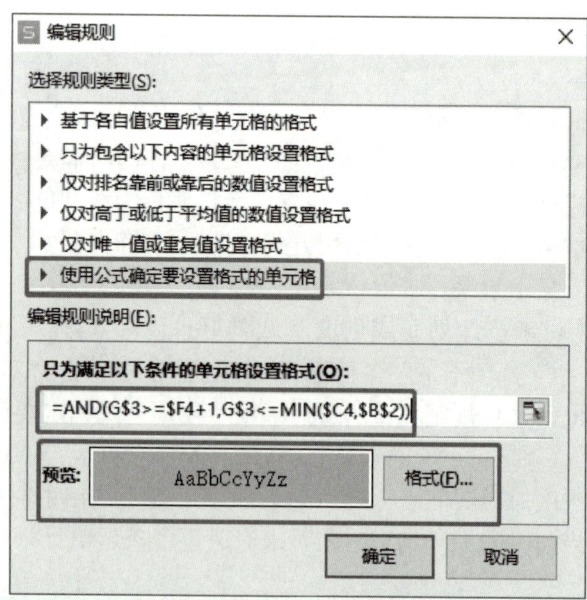

图 10-116　设置项目未按计划完成进度条件格式（一）

	A	B	C	D	E	F
1						
2	当前时间	4月10日			月份	
3	项目内容	开始时间	结束时间	计划天数	完成比例	已完成进度对应时间节点
4	可研编制	3月15日	4月30日	47	45%	4月4日
5	地形图测绘	4月10日	4月20日	11	30%	4月12日
6	微观选址	4月30日	5月15日	16	0%	4月29日
7	立项审批	4月30日	5月20日	21	0%	4月29日
8	投决审批	5月10日	5月31日	22	0%	5月9日
9	项目备案	5月20日	5月24日	5	0%	5月19日
10	土地预审	5月4日	5月20日	17	0%	5月3日
11	环评水保批复	5月20日	6月30日	42	0%	5月19日
12	电能质量评估	3月23日	5月8日	47	20%	3月31日
13	接入系统设计	3月24日	5月9日	47	30%	4月6日
14	接入系统	4月30日	5月31日	32	0%	4月29日
15	初步设计评审	4月30日	5月31日	32	0%	4月29日
16	施工图设计	6月20日	7月20日	31	0%	6月19日
17	招标	7月10日	9月10日	63	0%	7月9日
18	场内道路施工	9月15日	11月20日	67	0%	9月14日

图 10-116　设置项目未按计划完成进度条件格式（二）

步骤 4　设置当前时间线（见图 10-117）：选择所有日期下单元格区域 G15:JG18，在“开始”选项卡下“条件格式”下拉选项中单击“新建规则”，弹出“新建格式规则”设置框，选择规则类型为最后一项“使用公式确定要设置格式的单元格”，输入公式：=G$3=$B$2，即具体日期等于当前时间，设置单元格右框线为红色点划线。

注意：设置条件格式公式，注意引用方式。

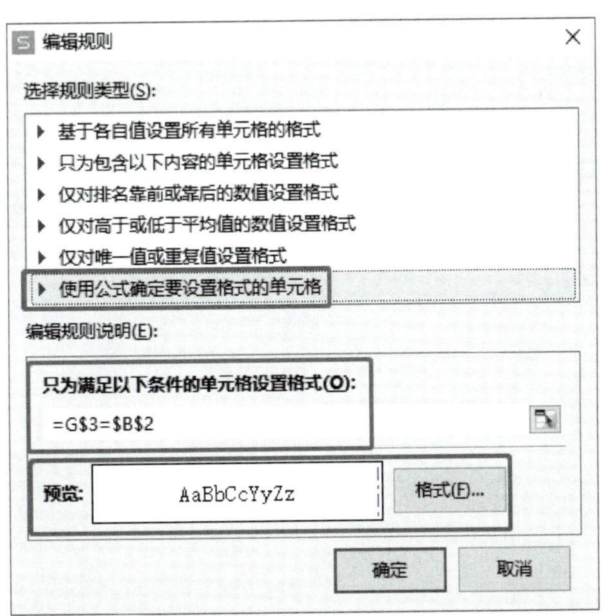

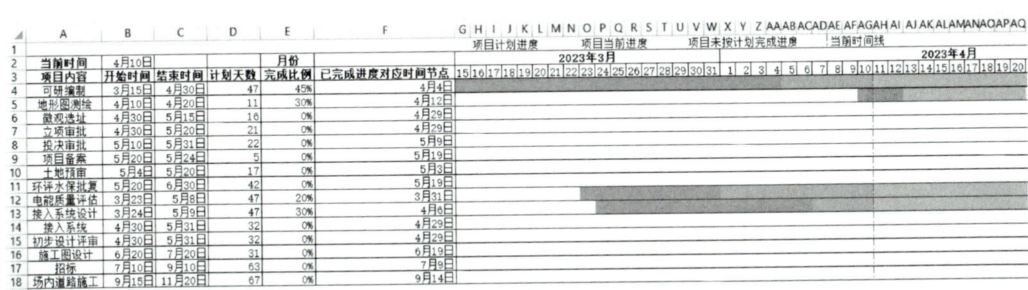

	A	B	C	D	E	F
1						
2	当前时间	4月10日			月份	
3	项目内容	开始时间	结束时间	计划天数	完成比例	已完成进度对应时间节点
4	可研编制	3月15日	4月30日	47	45%	4月4日
5	地形图测绘	4月10日	4月20日	11	30%	4月12日
6	微观选址	4月30日	5月15日	16	0%	4月29日
7	立项审批	4月30日	5月20日	21	0%	4月29日
8	投决审批	5月10日	5月31日	22	0%	5月9日
9	项目备案	5月20日	5月24日	5	0%	5月19日
10	土地预审	5月4日	5月20日	17	0%	5月3日
11	环评水保批复	5月20日	6月30日	42	0%	5月19日
12	电能质量评估	3月23日	5月8日	47	20%	3月31日
13	接入系统设计	3月24日	5月9日	47	30%	4月6日
14	接入系统	4月30日	5月31日	32	0%	4月29日
15	初步设计评审	4月30日	5月31日	32	0%	4月29日
16	施工图设计	6月20日	7月20日	31	0%	6月19日
17	招标	7月10日	9月10日	63	0%	7月9日
18	场内道路施工	9月15日	11月20日	67	0%	9月14日

图 10-117　设置当前时间线条件格式

步骤 5 美化表格（见图 10-118）：隐藏 F 列“已完成进度对应时间节点”，选择 H4 单元格，设置冻结窗格，方便浏览。设置 A4:D18 单元格区域底色为淡蓝色，表头 2 至 3 行为淡蓝色，当前时间 B2 单元格无填充颜色。

注意： 如果设置 G4 单元格为冻结窗格位置，则当冻结窗格向右移动后，导致“完成比例”列下拉菜单无法显示。

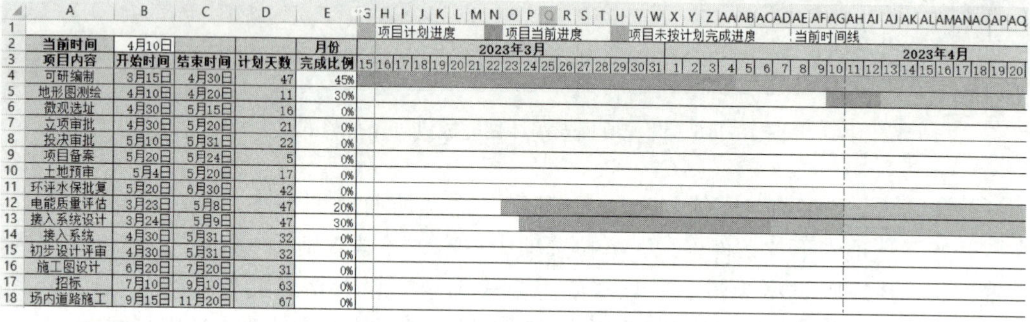

项目计划进度　项目当前进度　项目未按计划完成进度　当前时间线

2023年3月：15 16 17 18 19 20 21 22 23 24 25 26 27 28 29 30 31　2023年4月：1 2 3 4 5 6 7 8 9 10 11 12 13 14 15 16 17 18 19 20

当前时间	4月10日			月份
项目内容	开始时间	结束时间	计划天数	完成比例
可研编制	3月15日	4月30日	47	45%
地形图测绘	4月10日	4月20日	11	30%
微观选址	4月30日	5月15日	16	0%
立项审批	4月30日	5月20日	21	0%
投决审批	5月10日	5月31日	22	0%
项目备案	5月20日	5月24日	5	0%
土地预审	5月4日	5月20日	17	0%
环评水保批复	5月20日	6月30日	42	0%
电能质量评估	3月23日	5月8日	47	20%
接入系统设计	3月24日	5月9日	47	30%
接入系统	4月30日	5月31日	32	0%
初步设计评审	4月30日	5月31日	32	0%
施工图设计	6月20日	7月20日	31	0%
招标	7月10日	9月10日	63	0%
场内道路施工	9月15日	11月20日	67	0%

图 10-118　风电项目前期规划时间进度甘特图

VBA自动化控制应用篇

11　VBA 自动化控制

11.1　WPS VBA 和宏

11.1.1　WPS VBA 是什么?

VBA 英文全称是（Visual Basic For Application），它是一种编程语言，依托于 Office 软件，不能独立运行，通过 VBA 语言可以实现各种 Office 软件操作的自动化。Excel VBA 则是以 Microsoft Excel 为开发对象的 VBA 语言。

WPS 软件使用 VBA 是微软公司授权的，90%左右接口是兼容的，但也有些地方无法完全兼容，一些使用方法略有差异，但不影响我们基本使用。

如运行下面的 VBA 代码，就可以在当前工作表 A1 单元格中输入 100。

```
Sub test()
  Range("A1")=100
End Sub
```

11.1.2　VBA 和宏的关系

VBA 是编程语言，宏是一个操作过程，VBA 用于编写 WPS 表格的操作过程，进而生成一个宏。录制的宏是 VBA 里最简单的程序，正因为如此，录制宏存在许多缺陷：如无法进行判断和循环，不能显示用户窗体，不能进行人机交互等。解决录制宏的这些问题，需要掌握 VBA 编程的方法，自主地编写 VBA 程序。

如何录制一个宏？请录制一个简单的复制粘贴的宏代码。

解题步骤：

步骤 1　开始录制宏（见图 11-1）。单击“开发工具”选项卡下“录制新宏”命令，弹出“录制新宏”对话框，可以自定义设置宏名称（默认名称为 Macro1，即宏 1）、指定快捷键、保存位置为当前工作簿或新工作簿、说明内容，一般选择默认选项，单击确定即可开始录制宏操作，原“录制新宏”命令变为“停止录制”命令。

步骤 2　手动执行操作（见图 11-2）。选择测试数据 A1:A6 单元格区域，右键菜单复制，选择其他区域任一单元格位置（如 D1），右键菜单粘贴，执行完操作后，单击“开发工具”选项卡下“停止录制”命令即可。

步骤 3　查看宏代码（见图 11-3）。单击“开发工具”选项卡下“VB 编辑器”命令，

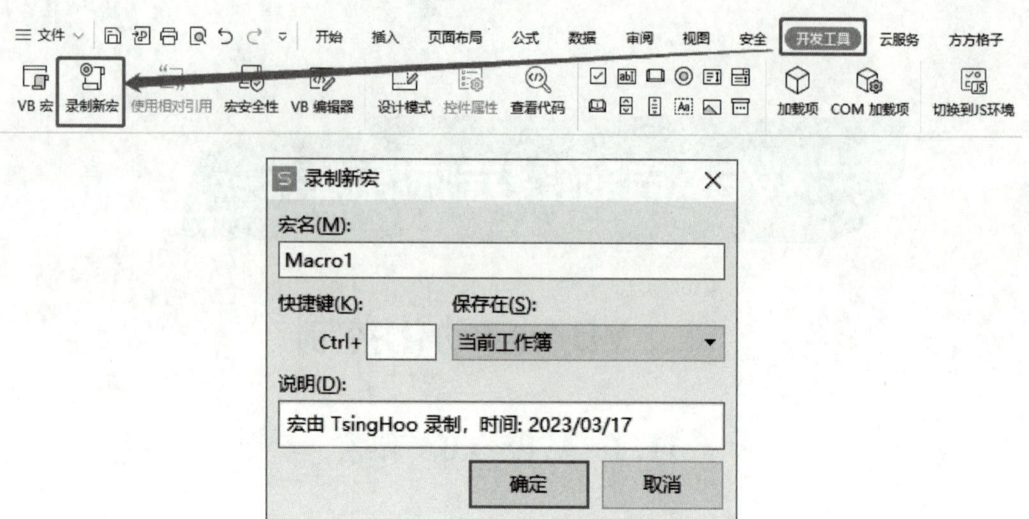

图 11-1　录制新宏操作

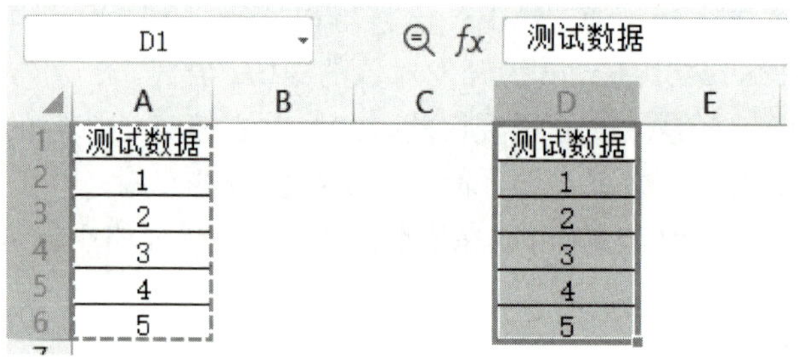

图 11-2　手动执行操作

打开 VBA 编辑器，单击左侧“工程资源管理器”中“模块”分类下 NewMacros 新宏模块，所有录制宏均保存在此处，在右侧代码窗口即可查看。

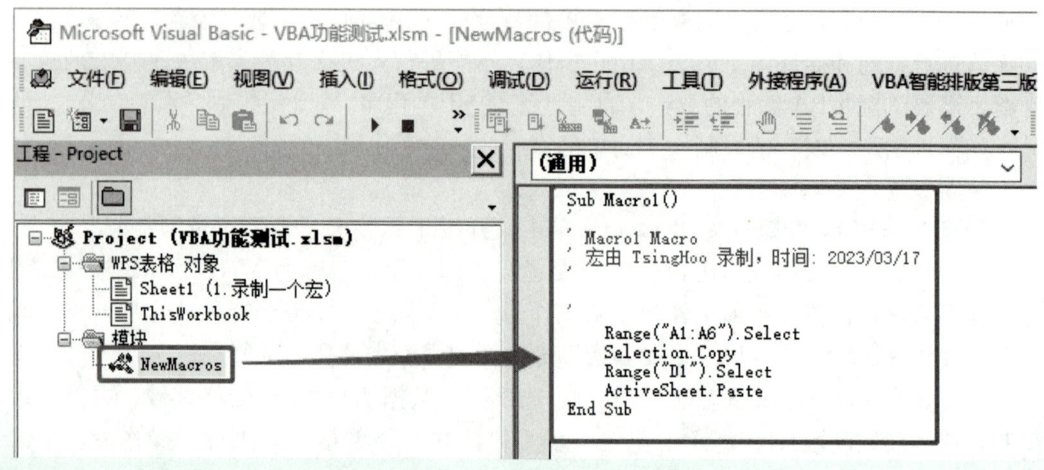

图 11-3　查看宏代码

步骤 4　代码分析。

Sub Macro1()：Sub 是宏过程，Macro1 是宏名称，英文圆括号内为空，表示无传递参数；

Range("A1:A6").Select：选择 A1:A6 单元格区域；

Selection.Copy：选择区域复制；

Range("D1").Select：选择 D1 单元格；

ActiveSheet.Paste：当前活动工作表粘贴；

End Sub：结束宏过程。

步骤 5　执行宏代码。为方便观看效果，首先删除 D1:D6 数据。

方式一：单击“VB 宏”命令。单击“开发工具”选项卡下“VB 宏”命令，弹出“VB 宏”对话框，选择刚录制的“Macro1”宏，单击运行即可。可以看到，自动执行了刚才复制粘贴操作。图 11-4 为执行宏代码。

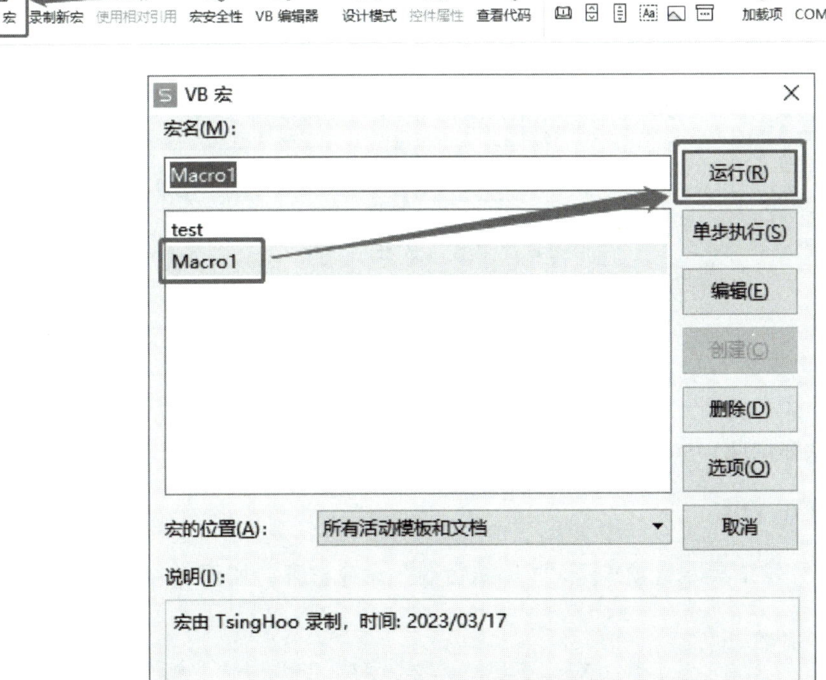

图 11-4　执行宏代码

方式二：创建执行宏按钮。如需多次进行操作，上述过程较为复杂。可以在表格中插入一个圆角矩形，输入文字“复制粘贴数据”，右键菜单选择“指定宏”，弹出“指定 VB 宏”对话框，选择宏 Macro1，单击确定即可。以后每次可单击“复制粘贴数据”按钮进行执行宏，非常简便快捷。图 11-5 为指定 VB 宏。

图 11-5　指定 VB 宏

11.2　VBE 编辑器介绍

VBE 英文全称是（Visual Basic Editor），即 VBA 的编程环境。

11.2.1　如何打开 VBE

（1）通过“开发工具”选项卡下“VB 编辑器”命令打开，如图 11-6 所示。

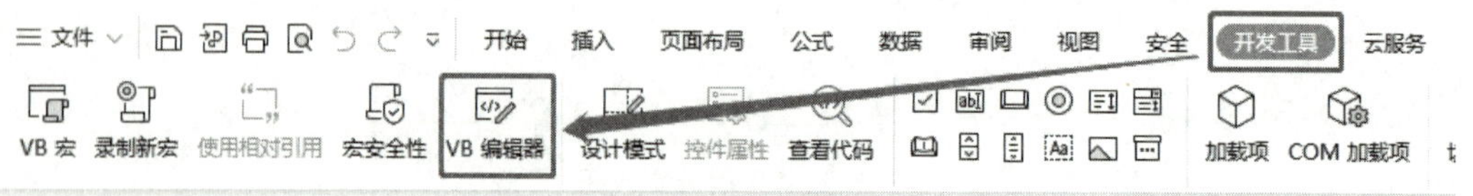

图 11-6　打开 VBE 编辑器方式一

注意：如果没有“开发工具”选项卡，可以通过选择“文件”菜单>“工具”>“选项”，弹出“选项”设置窗口，选择“自定义功能区”，勾选“开发工具”，单击“确定”即可，如图 11-7 所示。

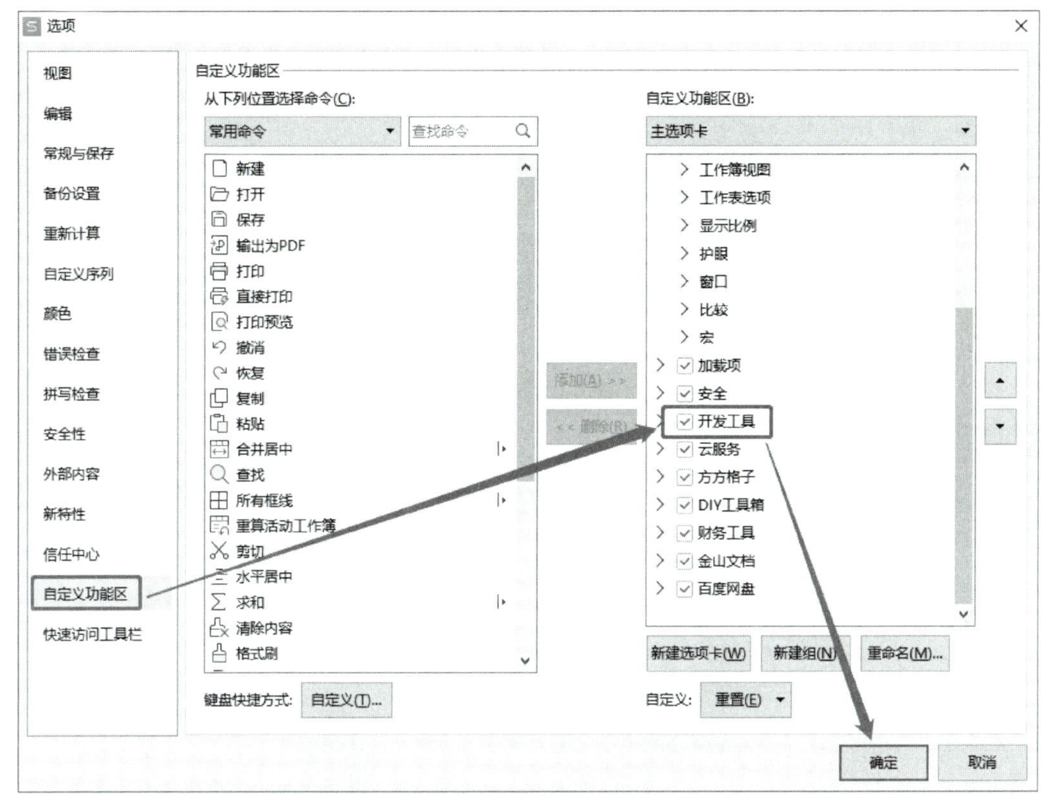

图 11-7　显示“开发工具”选项卡设置

（2）通过 Alt＋F11 快捷键打开。

11.2.2　VBE 界面介绍

VBE 主窗口包含菜单栏、工具栏、工程资源管理器、属性窗口、代码窗口、立即窗口，如图 11-8 所示。

（1）菜单栏：包含 VBE 中各种组件的命令。

（2）工具栏：包含标准、编辑和调试三个工具栏，可以在 VBE“视图”选项卡下“工具栏”菜单里进行显示或隐藏设置。

（3）工程资源管理器：可以看到所有打开的工作簿、工作表和已加载的宏，一个工作簿就是一个工程，工程名称为“Project（工作簿名称）”，这里最多可以显示工程里的 4 类对象，即 WPS 表格对象（包括 Sheet 对象和 ThisWorkbook 对象）、窗体对象、模块对象和类模块对象，如图 11-9 所示。

（4）属性窗口：查看或设置对象的属性。

（5）代码窗口：包含对象列表框、过程列表框、边界标识条、视图按钮、代码编辑区、过程分界线，如图 11-10 所示。

（6）立即窗口：显示程序输出信息窗口，其重要用途是进行代码调试。想显示立即窗口，可以在“视图”选项卡中选择“立即窗口”或者使用快捷键“Ctrl＋G”调出立即窗口。

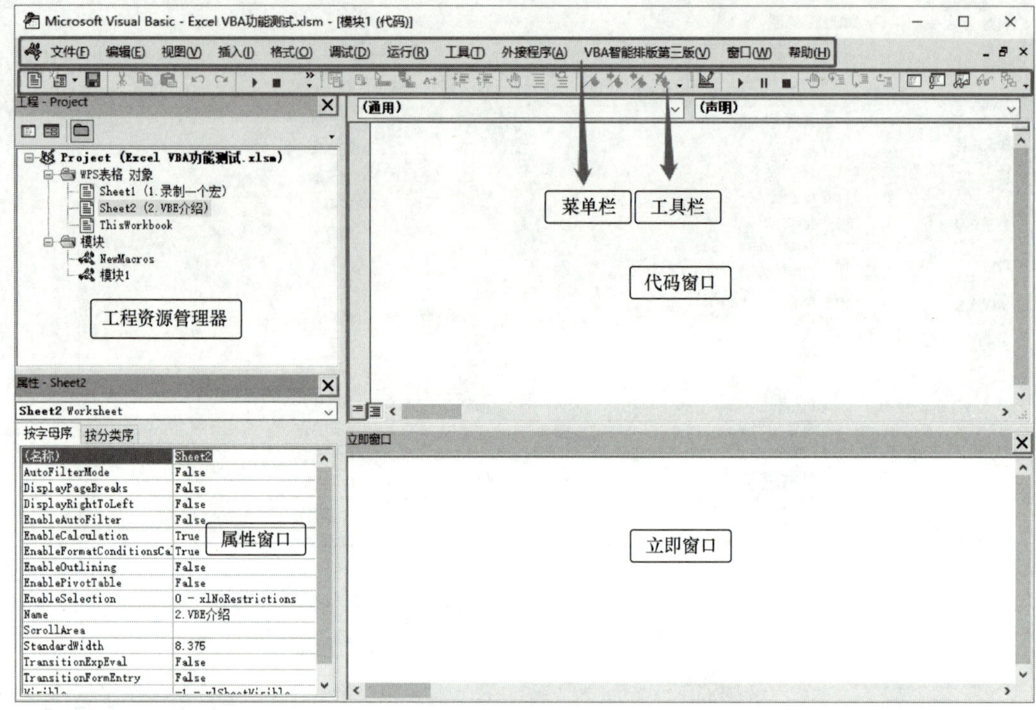

图 11-8 VBE界面

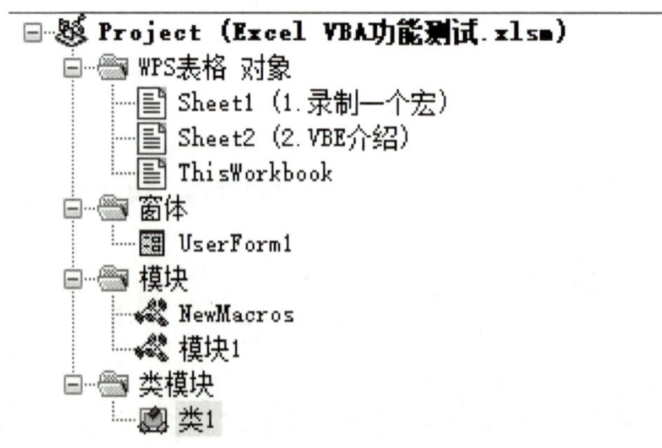

图 11-9 工程资源管理器四类对象

11.2.3 如何保护自己的VBA代码

为了让代码不被其他人查看，保护工作成果，可以通过设置锁定工程防止他人查看源代码。

解题步骤：

步骤1 在VBE窗口，单击“工具”选项卡，选择“Project属性”，弹出“Project-

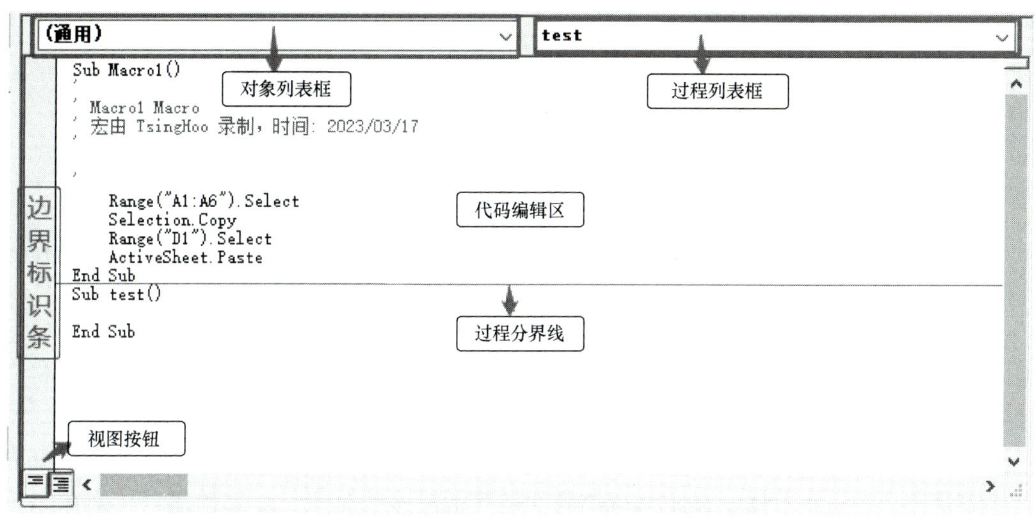

图 11-10　代码窗口

工程属性”设置窗口，选择“保护”页面，勾选“查看时锁定工程”，在“查看工程属性的密码”输入自己想要设置的密码，单击“确定”即可，如图 11-11 所示。

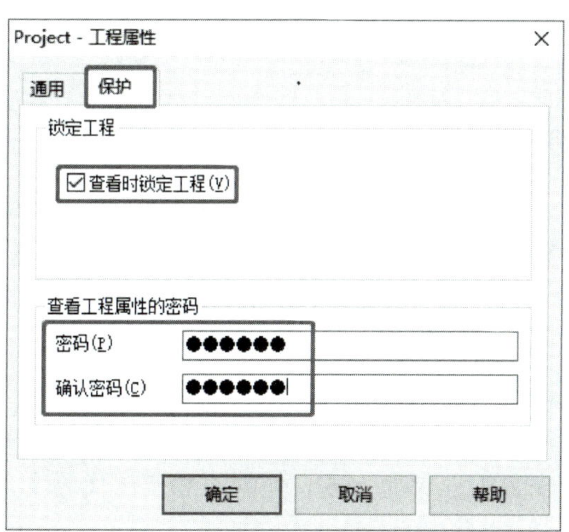

图 11-11　设置查看时锁定工程

步骤 2　保存文件后关闭，重新打开文件，进入 VBE 窗口，如果我们想要查看源代码，则需要录入密码，如图 11-12 所示。

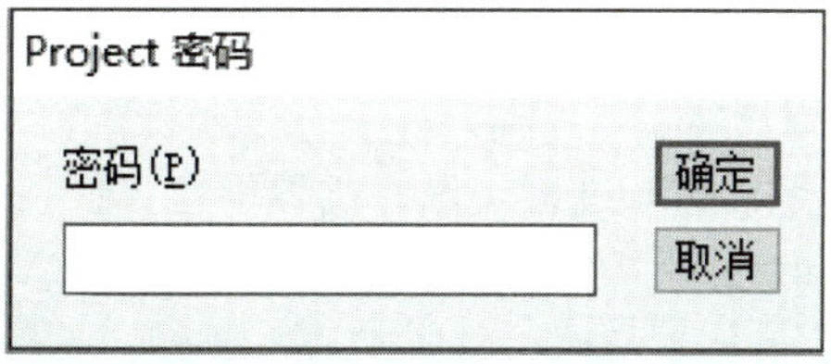

Project 密码
密码(P)
确定
取消

图 11-12　Project 密码录入窗口

11.3 VBA 代码存放位置和四种过程

11.3.1 VBA 代码存放位置

上节讲到，VBE 工程资源管理器下面有 4 类对象，即 WPS 表格对象（包括 Sheet 对象和 ThisWorkbook 对象）、窗体对象、模块对象和类模块对象，这些对象均可以存放代码。

WPS 表格对象： 包括 Sheet 对象、Thisworkbook 对象，这些对象都有很多事件，可以对这些事件进行编程，实现相应功能。比如 Thisworkbook 的 Workbook_Open() 事件，就是打开工作簿时触发，在其中插入代码，便可以在打开工作簿时执行。

窗体对象： 窗体本身就是一个对象，这个对象又是其他对象的容器，每个对象都有自己的属性、方法和事件，在此编写代码就是要指挥这些对象。可以使用窗体对象来创建一个略为复杂的用户界面，来完成特定的工作。在用户窗体中，我们可以添加控件，可以显示数据，可以和用户保持实时的交互。总之，窗体比控件的应用更加丰富。

模块对象： 录制的宏代码默认存放位置，第一次录制宏的时候，系统会自动插入一个模块，一个工程可以有多个模块，一个模块可以有若干个子过程。

类模块对象： 同其他编程语言一样，VBA 可以创建类对象，类对象拥有自己的属性、方法和事件，在此创建自定义类对象。

11.3.2 VBA 过程简介

过程是构成程序的一个模块，往往用来完成一个相对独立的功能。过程可以使程序更清晰、更具结构性。VBA 具有四种过程：Sub 子程序过程、Function 函数、Event 事件过程和 Property 属性过程。Event 事件过程实际上属于 Sub 过程，只不过它依附于特定的对象。

使用过程优点： 可以简化大量代码堆积导致程序的复杂程度，可以将每个独立小功能的代码分别放入不同的过程中，最后在一个总体过程中依次调用包含独立小功能的各个过程，这种利用过程来组织程序的方式，使编写和调试代码变得更加简单高效。

11.3.3 Sub 子程序过程

功能：执行任务但不返回任何值，以关键字 Sub 开头和 End Sub 结束，可配合 IF 条件判断语句，使用 Exit Sub 中途退出 Sub 过程。 Sub 过程是 VBA 中最常使用的一类过程，在 WPS 表格中录制的宏就是 Sub 过程。可以通过手动输入或“添加过程”对话框方式声明 Sub 过程。

（1）不含参数 Sub 过程用法。

所有录制的宏都是公有的 Sub 过程，这些过程不包含任何参数。每个模块可以包含多个 Sub 过程，在每个 Sub 过程中放置用于完成不同功能的 VBA 代码。

语法：

Sub 过程名()

……

End Sub

示例：在指定位置插入 1 行，如图 11-13 所示。

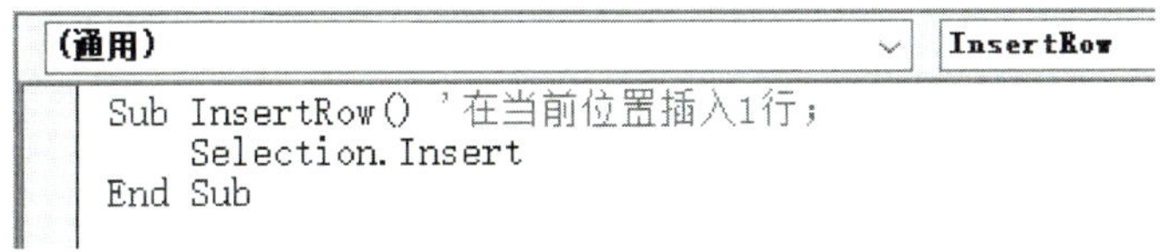

```
(通用)                                    InsertRow
Sub InsertRow() '在当前位置插入1行;
    Selection.Insert
End Sub
```

图 11-13　不含参数的 Sub 过程

(2) 含参数 Sub 过程用法。

为了让 Sub 过程具有更大的灵活性，可以通过向 Sub 过程传递参数，从而允许为过程提供需要处理的数据，而不是将要处理的数据固定写入到过程内部。**包含参数的 Sub 过程只能被其他过程调用，而不能直接运行，也不会显示在“宏”对话框中。**

语法：

Sub 过程名([ByVal/ByRef]参数 1 As 变量类型,[ByVal/ByRef] 参数 2 As 变量类型,……)

……

End Sub

注意：Sub 过程的参数有两种传递方式：按值传递（ByVal）和按地址传递(ByRef)，**如省略则默认按地址传递。ByVal 按值传递：**使过程访问到变量的复本，结果是过程不可改变变量的真正值。**ByRef 按地址传递：**使过程访问到实际的变量，结果是过程可改变变量的真正值。

示例：在指定位置插入 n 行，如图 11-14 所示。

```
(通用)                                    test
Sub InsertRows(pos As String, n As Integer) '在指定位置插入n行;
    For i = 1 To n
        Range(pos).Insert
    Next
End Sub
Sub test() '测试在指定位置插入10行;
    InsertRows "A4", 10 '直接调用Sub过程;
End Sub
```

图 11-14　在指定位置插入 n 行

(3) Sub 过程的作用域。

Sub 过程的作用域与变量类似，但是只分为模块级和工程级两种。对于 Sub 过程而言，可以将模块级的 Sub 过程称为私有过程，将工程级的 Sub 过程称为公有过程。区分 Sub 过程是私有过程还是公有过程的最直接方法，是在 Sub 语句之前是否包含 Public 或 Private 关键字，以 Public 关键字开头的 Sub 过程是公有过程，以 Private 关键字开头的 Sub 过程是私有过程。如果既没有 Public 关键字也没有 Private 关键字，而是直接以 Sub 关键字开头，那么该过程是公有过程。如果模块开头放置了 Option Private 语句，那么即便使用 Public 声明了公有 Sub 过程，该过程也会被看成是 Private 私有过程。

语法：

1）工程级公有过程。

Public Sub 过程名（）

……

End Sub

2）模块级私有过程。

Private Sub 过程名（）

……

End Sub

(4) Sub 过程调用方法

可以直接使用过程名来调用 Sub 过程，也可以使用 Call 语句来调用 Sub 过程，能实现相同的效果。

语法：

1）直接调用。

Sub 主过程()

……

子过程名 参数 1,参数 2…

……

End Sub

2）Call 语句调用。

Sub 主过程（）

……

Call 子过程名(参数 1,参数 2…)

……

End Sub

注意：使用 Call 语句调用 Sub 过程，Sub 过程的参数必须包含在圆括号中，参数用英文逗号分隔开；直接调用 Sub 过程名称，则不使用圆括号，参数用英文逗号分隔开。

图 11-15 为直接调用和 Call 语句调用。

```
(通用)                                    test2
Sub InsertRows(pos As String, n As Integer) '在指定位置插入n行；
    For i = 1 To n
        Range(pos).Insert
    Next
End Sub
Sub test() '测试在指定位置插入10行；
    InsertRows "A4", 10 '直接调用Sub过程；
End Sub
Sub test2() '测试在指定位置插入10行；
    Call InsertRows("A4", 10) 'Call语句调用Sub过程；
End Sub
```

图 11-15 直接调用和 Call 语句调用

(5) Sub 过程的递归调用。

递归是指过程调用其自身，任何一个过程都可以递归，但是递归可能导致堆栈溢出，在某些情况下可以通过递归来完成任务。比如用户登录验证，如果用户名和密码输入正确，则可以进入系统界面；如果用户名或密码输入错误则提示“用户名或密码输入错误，请重新输入”，从而继续显示用户登录界面。

注意：需要使用 IF 语句设置终止递归的判断条件，否则会使递归过程陷入无限循环。

示例：用户登录过程验证。

图 11-16 为用户登录过程递归调用。

```
(通用)                                    UserLogin
Sub UserLogin() '用户登录过程；
    Dim strUserName As String
    strUserName = InputBox("请输入用户名：")
    'StrPtr函数可返回字符串变量在内存的地址，此处检查变量是否被分配了一个值；
    '如果它从未被分配则返回零，如果分配，则返回一个8位内存地址数据。
    If StrPtr(strUserName) = 0 Then '如果单击“取消”则退出运行；
        Exit Sub
    ElseIf strUserName = "admin" Then
        '如果用户名输入正确用户名admin，则弹出消息框提示：登录成功。
        MsgBox "登录成功！"
        Exit Sub
    Else
        '如果用户名输入错误用户名，则弹出消息框提示：用户名错误，请重新输入；
        '并且程序重新进入用户登录界面。
        MsgBox "用户名错误，请重新输入！"
        UserLogin 'Sub过程递归调用。
    End If
```

图 11-16　用户登录过程递归调用

11.3.4　Function 函数过程

功能：执行具体任务并返回值，以关键字 Function 开头和 End Function 结束，可配合 IF 条件判断语句，使用 Exit Function 中途退出 Function 函数过程。要从函数返回值，必须为函数名称赋值。如果未对函数名称进行赋值，该过程将返回一个默认值：数字函数返回 0，字符串函数返回零长度的字符串（" "），Variant 函数返回 Empty，对象引用函数返回 Nothing。

语法：

Function 函数名([ByVal/ByRef] 参数 1 As 变量类型,[ByVal/ByRef] 参数 2 As 变量类型,……)As 变量类型

函数名=……

End Function

注意：

①如果返回值为对象引用，则需要使用 Set 关键字为函数名称赋值。

②Function 函数过程直接使用函数名称调用。

③Function 函数过程参数传递方式、作用域、递归与 Sub 过程完全一致。

示例：计算风电机组轮毂高度处理论风能。

图 11-17 为 Function 函数过程创建和调用。

11.3.5　Event 事件过程

VBA 中有三种事件：工作表事件、工作簿事件、窗体控件事件。

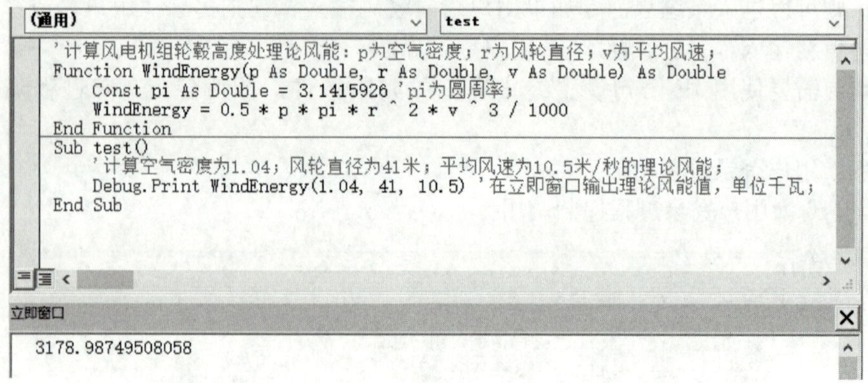

图 11-17　Function 函数过程创建和调用

(1) 工作表事件。

工作表事件在工作表中发生更改时被触发，在 VBE 编辑器，选择其中一个工作表对象，在左侧下拉列表选择工作表对象名 Worksheet，在右侧列表框会出现供选择的相应工作表事件，如图 11-18 所示。

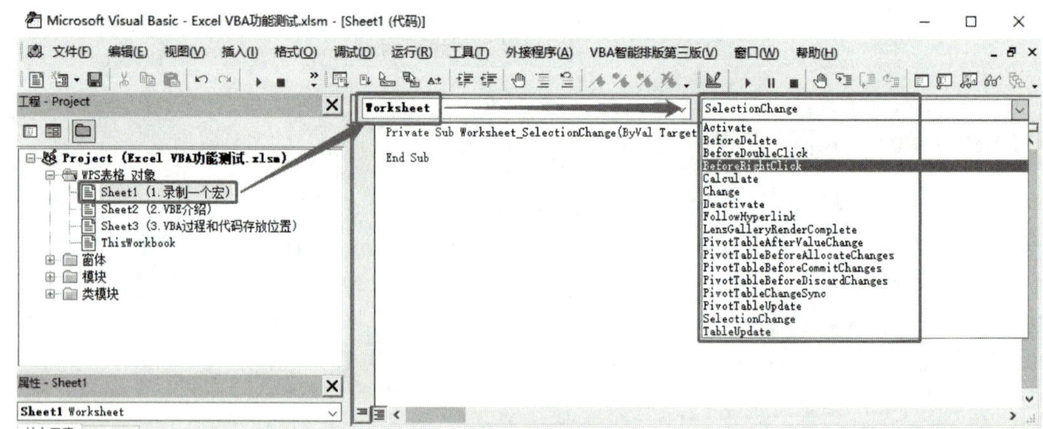

图 11-18　添加工作表事件

常用工作表 Worksheet 事件，各个事件发生条件为：

1) SelectionChange 事件：改变变工作表单元格选择时（默认选项）。

2) Activate 事件：工作表成为当前活动工作表时。

3) BeforeDelete 事件：工作表被删除之前。

4) BeforeDoubleClick 事件：双击工作表时。

5) BeforeRightClick 事件：鼠标右键单击工作表时。

6) Calcuate 事件：工作表重新计算时。

7) Change 事件：工作表更改单元格时。

8) Deactivate 事件：工作表由活动状态转为非活动状态时。

9) FollowHyperlink 事件：单击工作表中的超链接时。

10) PivotTableUpdate 事件：更新工作表中数据透视表后。

(2) 工作簿事件。

工作簿事件是在工作簿发生更改被触发，可以通过选择“ThisWorkbook”工作簿对象，在左侧下拉列表选择工作簿对象名 Workbook，在右侧列表框会出现供选择的相应工作簿事件，如图 11-19 所示。比如：工作簿 Open 事件，即在打开工作簿时发生的行为。

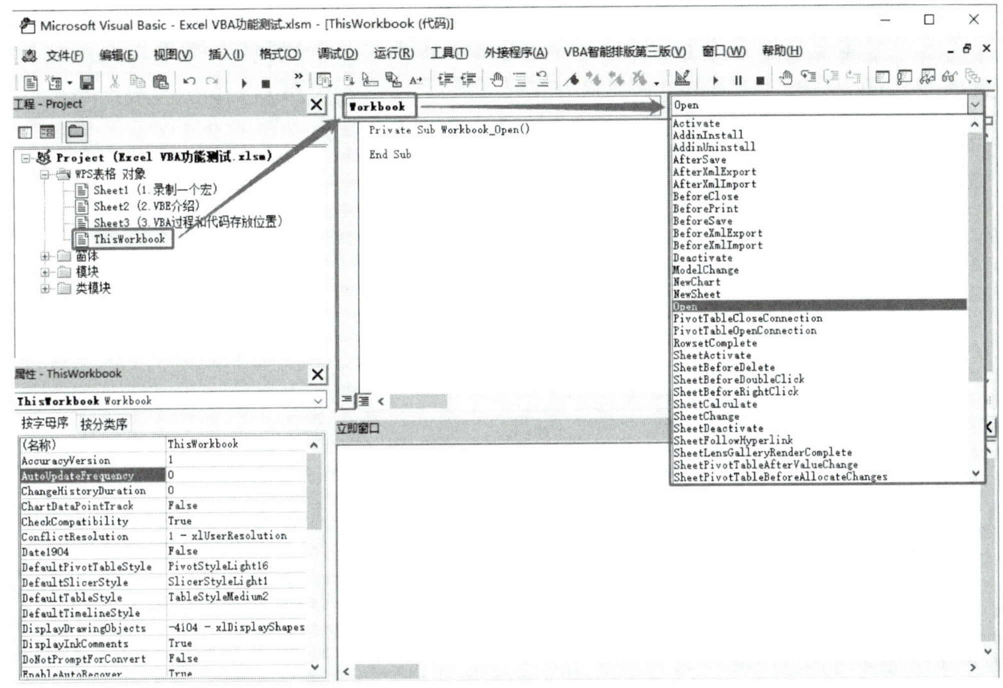

图 11-19 添加工作簿事件

常用工作簿 Workbook 事件，各个事件发生条件为：

1）Open 事件：打开工作簿时（默认选项）；

2）BeforeClose 事件：工作簿关闭之前；

3）BeforeSave 事件：保存工作簿之前；

4）Deactive 事件：工作簿从活动状态转为非活动状态；

5）NewSheet 事件：在工作簿中新建工作表时；

6）SheetActivate 事件：激活任一工作表时；

7）SheetBeforeDoubleClick 事件：双击任一工作表时；

8）SheetBeforeRightClick 事件：鼠标右键单击任一工作表时；

9）SheetCalcuate 事件：任一工作表重新计算时；

10）SheetChange 事件：任一工作表更改单元格时；

11）SheetDeactivate 事件：任一工作表由活动状态转为非活动状态时；

12）SheetFollowHyperlink 事件：单击任一工作表中的超链接时；

13）SheetPivotTableUpdate 事件：更新任一工作表中数据透视表后。

可见，所有工作表相同事件可以直接在 Workbook 对象中编写代码，统一控制所有工作表。

(3) 窗体控件事件。

用户窗体可以显示固定信息来提示用户，如标签；也可以与用户交互，如输入文本框，下拉列表框进行选择，也可以调用计算机的相关程序，如调用打印，保存等操作。用户窗体看上去就像一个自定义对话框，可以在上面添加各种各样的控件，可以给这些控件设置属性以及编写对窗体反映的 VBA 过程和控制事件。

比如：窗体上增加一个按钮控件，右键菜单选择“查看代码”，可添加编写按钮控件的单击 Click 事件，即当单击该按钮时执行的操作，当然可以选择其他按钮事件，如图 11-20 所示。

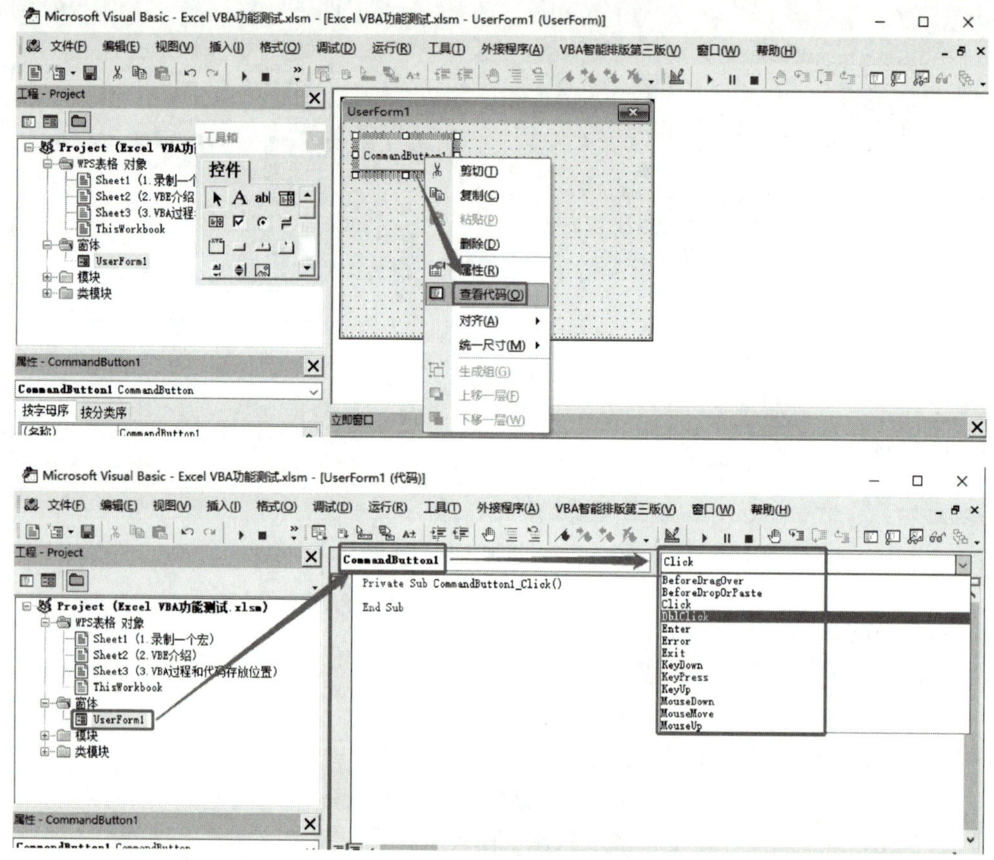

图 11-20 添加窗体控件事件

窗体控件包含标签、文本框、复合框、列表框、复选框、选项按钮、切换按钮、框架、命令按钮、滚动条、微调按钮、图像等。各类控件均有各自事件，在此不一一赘述。

11.3.6 Property 属性过程

VBA 允许创建和操作自定义属性，Property 属性过程可用于为窗体、标准模块和类模块创建只读属性。VBA 提供了以下三种类型的属性过程：Property Let（设置属性过程）、Property Get（返回属性值过程）、Property Set（设置对象引用过程）。属性过程很少使用，有兴趣可查阅相关资料。

11.4 VBA 代码书写规范

代码书写规范

(1) 代码缩进。

VBA 的代码块不要求缩进严格对齐，但对齐后便于阅读，因此应保持良好书写代码习惯。代码缩进快捷键如下：

设置缩进：Tab

取消缩进：Shift+Tab

注意：Tab 键默认缩进 4 个字符，可在 VBE 编辑器“工具”→“选项”→“编辑器”页面卡下修改 Tab 键缩进宽度。

(2) 更改长短行代码。

1) 更改长行代码为短行代码：在子句后面输入一个空格和一个下划线，即“ _ ”，然后换行，这就把一行代码分成两行。

2) 多个短行代码合并为长行代码：在第一行代码后加上英文冒号“:”，可以接着写第二行代码。

(3) 代码注释。

注释这个概念类似于标注，在代码的一些关键地方或者不太懂的地方，写一些提示信息，便于阅读理解。

1) 手动输入注释符（单行注释）。

①使用英文单引号“'”注释：在单引号后面写上需要注释的内容即可；

②关键字 Rem 注释：后面写上需要注释的内容即可。

2) 使用工具栏中“设置注释块”和“解除注释块”(多行快速注释)，如图 11-21 所示。

①在 VBE 编辑器中，单击“视图”选项卡→“工具栏”→勾选“编辑”，即可显示编辑工具栏；

②选择需要注释的内容，单击“设置注释块”即可；

③如需取消注释，则选择需要取消注释的内容，单击“解除注释块”即可。

图 11-22 为代码书写规范示例。

图 11-21 设置和解除注释块

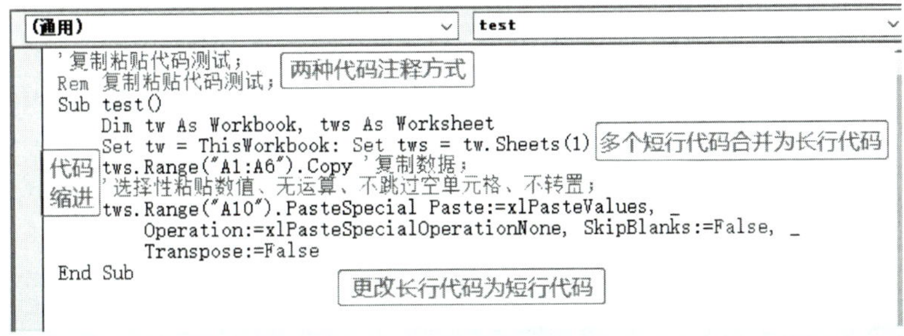

图 11-22 代码书写规范示例

11.5 VBA程序调试与保存文件格式要求

11.5.1 VBA程序调试

VBE编程环境提供了完整的一套调试工具和调试方法，熟练掌握好这些调试工具和调试方法的使用，可以快速、准确地找到问题所在，进行不断修改完善。

常用的调试工具方法有以下几种。

(1) 单步执行调试程序。

1) 逐语句调试：快捷键F8；

2) 逐过程调试：快捷键Shift+F8，即在逐语句执行过程中，遇到调用的过程，不想进入其中停留，可逐过程执行而不进入；

3) 跳出过程：快捷键Ctrl+Shift+F8，可以运行当前过程剩余语句代码，转到调用该过程语句的下一条语句中执行。

(2) 执行特定语句块。

运行到光标处：快捷键Ctrl+F8，将光标移动至要停止的语句处，执行"运行到光标处"，则可以直接运行到该语句处。

(3) 添加监视。

在监视窗口查看某些表达式的值。

1) 添加监视：首先在代码窗口用鼠标选中表达式，再单击"调试"→"添加监视"，出现"添加监视"对话框，单击确定即可，如图11-23所示。

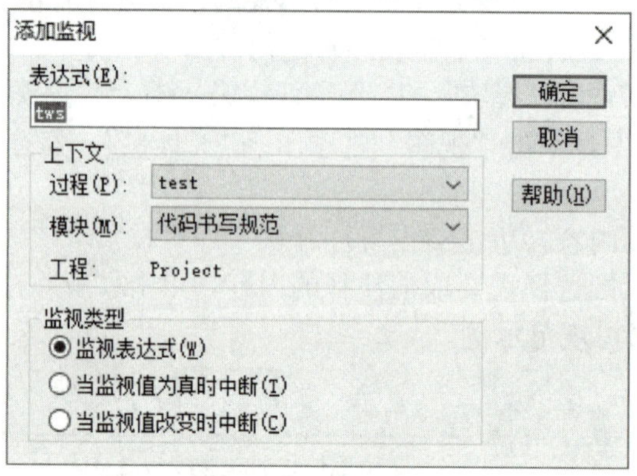

图11-23 添加监视

2) 快速监视：在代码窗口中选中表达式，按Shift+F9快捷键，出现"快速监视"对话框，显示该表达式的上下文，表达式及其值，如图11-24和图11-25所示。

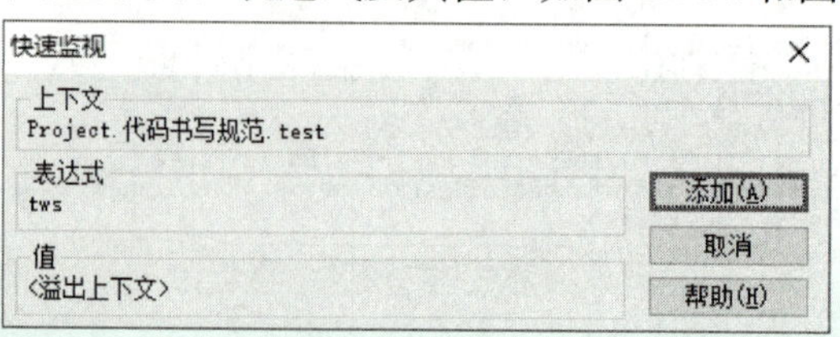

图11-24 快速监视

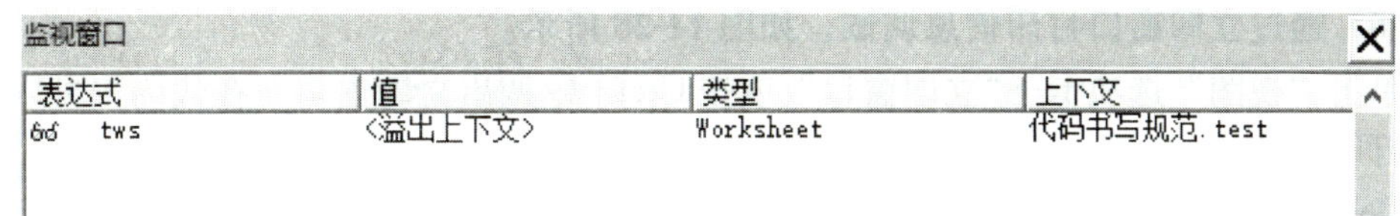

图 11-25　监视窗口表达式

(4) 设置断点，如图 11-26 所示。

在设计和中断模式下都可以设置断点，当程序执行到断点语句时，则中断执行，这时处于中断模式。

1) 设置断点： 在代码窗口，用鼠标点击左边区使之出现红点，代表已经设置断点；也可以把光标移动到选定语句上，按 F9 快捷键设置断点。断点语句以粗体字表示，颜色默认为深红色。

可以通过“工具”选项卡→“选项”→“编辑器格式”页面卡→“代码颜色”→“断点文本”选项自定义设置。

2) 清除断点： 在代码窗口，用鼠标点击左边区红点即可清除断点；也可以单击“调试”选项卡→“清除所有断点”，快捷键 Ctrl+Shift+F9。

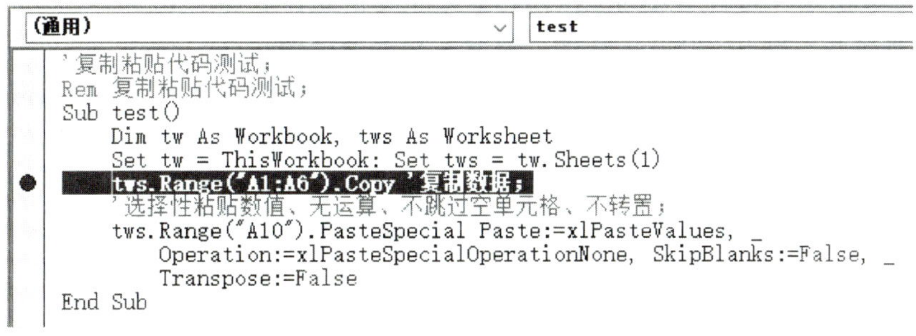

图 11-26　设置断点

(5) 自动显示数据提示，如图 11-27 所示。

VBE 编辑器默认开启“自动显示数据提示”，如未开启，则在“工具”选项卡→“选项”→“编辑器”→勾选“自动显示数据提示”。

在调试过程中，当用鼠标悬停在变量或表达式上时，会出现提示窗口，显示其名称和值。

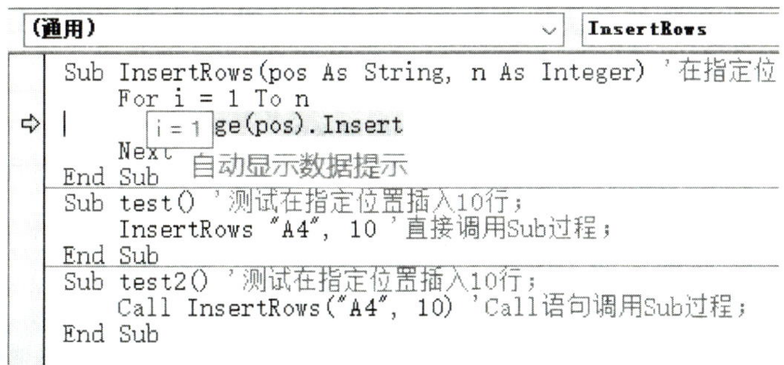

图 11-27　自动显示数据提示

11.6.2 VBA 变量

变量被用于保存临时数据，在程序执行过程中可以随时被赋予新值或清空。

（1）变量命名规则。

在 VBA 编程中，为变量命名是一个非常重要的步骤，良好的变量命名可以使代码更具可读性和可维护性，以下是一些常用的变量命名规则，过程名命名规则与变量名相同。

1）变量名应该以字母、汉字、下划线开头，不应该以数字或其他符号开头。

2）变量名不能包含空格、句号、感叹号、@、&、$ 和 #。

3）变量名不应该与 VBA 关键字相同。

VBA 有许多关键字，比如 Sub、Function、If、For、Then 等，变量名不应与这些关键字相同。

4）变量名最多不超过 255 个字符，实际编程中应尽量避免使用过长的变量名。

5）变量名应该使用“驼峰命名法”或“下划线命名法”。

驼峰命名法：是指将单词的第一个字母转换为大写字母，并将单词连接起来。比如：FirstName、LastName。

下划线命名法：是指在单词之间使用下划线分隔符进行连接。比如：first _ name、last _ name。

6）变量名应具有一定的描述性。

变量名应该能够准确地描述变量所表示的含义。比如：InsertRows 表示插入多行、WindEnergy 表示风的能量。

总之，为变量命名时应该遵循一定的规则，以使代码更易于理解和维护。

（2）声明变量。

使用关键字 Dim 声明变量。

1）单变量定义。

语法：

Dim 变量名 As 数据类型

或 Dim 变量名**变量类型符**

示例：

Dim str As String：声明一个 String 类型（变长）的变量，名称是 str；

Dim str As String * 10：声明一个 String 类型（定长，最大存储 10 个字符）的变量，名称为 str；

Dim str $ ：声明一个 String（变长）类型变量，$ 变量类型声明符，代表 String。

2）多变量定义（变量类型相同）。

语法：

Dim 变量 1，变量 2，…… As 数据类型

示例：

Dim x，y，z As String

3）多变量定义（变量类型不同）。

语法：

Dim 变量 1 As 数据类型 1，变量 2 As 数据类型 2

示例：

Dim str As String，n As Integer

4）不指定类型的变量类型定义，默认为 Variant 类型。

示例：

Dim str

（3）变量赋值。

1）给文本、数值、日期等数据类型变量赋值。

语法：

[Let] 变量名称 =数据

注意：这里的 Let 可以省略。

例如：

Dim str As String

Let str ="好好学习,天天向上"

Str="好好学习,天天向上"

2）给对象变量 Object 赋值

语法：

Set 变量名称=对象

注意：这里 Set 不能省略。

示例：

Dim rng =Range'声明 rng 变量为 Range 对象类型；

Set rng =Worksheets("sheet1"). Range("A1")'给变量 rng 赋值；

rng. Value=100'将数据写入变量指定的单元格中。

（4）强制声明变量。

Option Explicit 语句：在模块的开头使用它来强制声明所有变量。添加此语句后，如未声明变量，则 VBA 会在执行代码时提示“编译错误：变量未定义”，如图 11-29 所示。

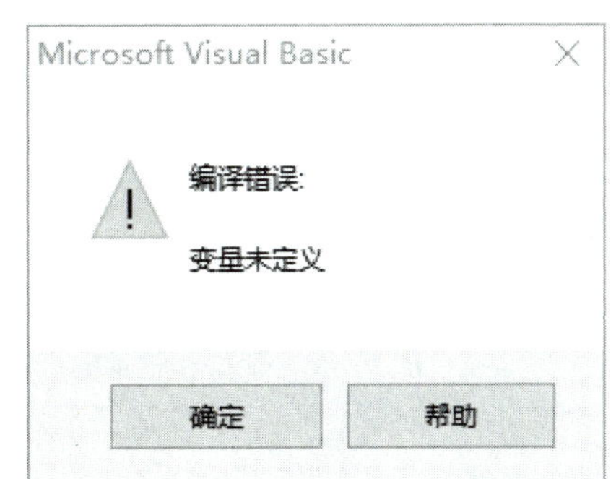

图 11-29 强制声明变量后提示编译错误

11.6.3 VBA 常量

常量是用于保存固定数据，在声明常量时，直接赋予值，在程序中可以引用此常量，但不能再改变或赋予新值。

（1）常量命名规则。

常量命名规则与变量相同。

（2）声明常量并赋值。

使用 Const 关键字声明常量，并且在声明的同时就赋值。

语法：

Const 常量名 As 数据类型 =数值

示例：声明常量圆周率。

Const pi As Double =3.1 415 926

11.6.4 变量和常量的作用域（见表 11-2）

表 11-2 变量和常量的作用域

作用域	变量定义	常量定义
工程作用域：一个 WPS 表格工作簿是一个 VBA 工程，表示在当前工程的所有模块、WPS 表格对象、用户窗体、类模块中均可以被使用	**工程变量：**在本模块第一个过程之前使用关键词 Public 声明的变量	**工程常量：**在本模块第一个过程之前使用关键词 Public Const 声明的常量
模块作用域：即本模块的所有过程	**模块变量：**在本模块第一个过程之前使用关键词 Private 或 Dim 声明的变量	**模块常量：**在本模块第一个过程之前使用关键词 Private Const 或直接用 Const 声明的常量
过程作用域：即本过程	**过程变量：**在过程内部使用 Dim 声明的变量，只有在当前过程内被使用	**过程常量：**在过程内部使用 Const 声明的常量，只有在当前过程内被使用

图 11-30 为变量和常量的声明。

注意：注意一个 VBA 工程中可添加多个模块，但是在每个模块中声明的全局变量名不能重复，否则提示“编译错误：发现二义性名称”，如图 11-31 所示。

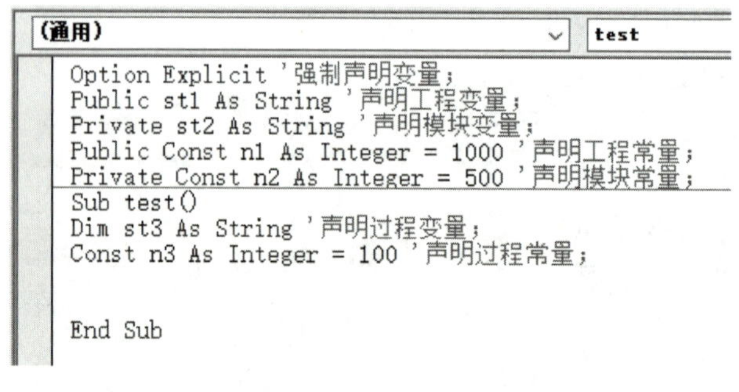

图 11-30 变量和常量的声明

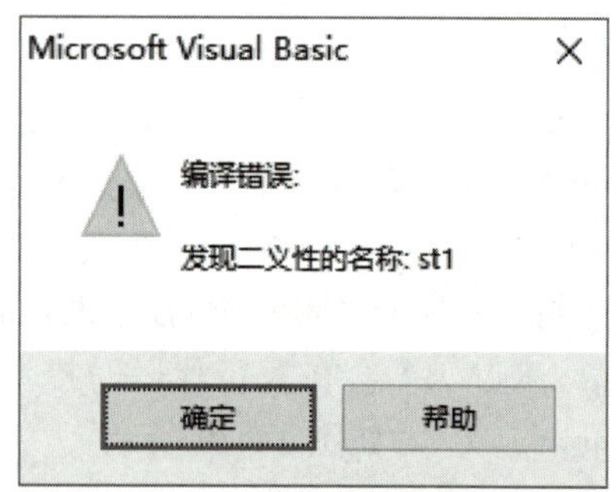

图 11-31 全局变量名重复提示编译错误

11.7 VBA 运 算 符

VBA 表达式中的常量、变量、函数等都依靠运算符连接，VBA 中的运算符分为四类：算术运算符、比较运算符、逻辑运算符、连接运算符。

11.7.1 算术运算符

算术运算符用于算术运算，返回值类型为数值型，共有 7 种，如表 11-3 所示。

表 11-3　　　　算术运算符

运算符	功能	应用示例
+	加：求两个数的和	3+4=7
−	减：求两个数的差取负数：求一个数的相反数	10−2=8−(−2)=2
*	乘：求两个数的乘积	2*3=6
/	除：求两个数的商	9/2=4.5
\	整除：两个数相除取商的整数部分	9\2=4
^	指数运算：求一个数的几次方	2^3=8
Mod	求模运算：即两个数相除取余数	9 Mod 2 =1

11.7.2　比较运算符

比较运算符用于比较运算，返回值类型为逻辑值，即 True 或 False，共有 8 种，如表 11-4 所示。

表 11-4　　　　比较运算符

运算符	功能	语法	返回结果
=	等于	表达式 1=表达式 2	当两个表达式相等时，返回 True，否则返回 False
<	小于	表达式 1<表达式 2	当表达式 1 小于表达式 2 时，返回 True，否则返回 False
>	大于	表达式 1>表达式 2	当表达式 1 大于表达式 2 时，返回 True，否则返回 False
<=	小于等于	表达式 1<=表达式 2	当表达式 1 小于等于表达式 2 时，返回 True，否则返回 False
>=	大于等于	表达式 1>=表达式 2	当表达式 1 大于等于表达式 2 时，返回 True，否则返回 False
<>	不等于	表达式 1<>表达式 2	当两个表达式不相等时，返回 True，否则返回 False
Is	比较两个对象的引用变量	对象 1 Is 对象 2	当对象 1 和对象 2 引用相同的对象时，返回 True，否则返回 False
Like	用于判断给定的字符串是否与指定的模式相匹配	字符串 Like 指定模式	当字符串与指定模式相匹配时，返回 True，否则返回 False

注　Like 指定模式，可以使用一些特殊字符，如表 11-5 所示。

表 11-5　　　　Like 比较运算符

Like 指定模式字符	相匹配的文本	应用示例
?	任意单个字符	"Abc" Like "A??" 结果：True
*	任意零或多个字符	"Abc" Like "A*" 结果：True
#	任意单个数字（0−9）	"A2c" Like "A#c" 结果：True

续表

Like指定模式字符	相匹配的文本	应用示例
[字符列表]	字符列表中的任意单个字符，可以使用连字号“－”产生一组字符，比如［A-D］表示A、B、C、D四个字符	"E" Like "[A-Z]" 结果：True
[！字符列表]	不在字符列表中的任意单个字符，比如［！A-D］表示除了A、B、C、D的其他字符	"E" Like "[！A-Z]" 结果：False

11.7.3 逻辑运算符

逻辑运算符用于判断逻辑运算式的真假，参与逻辑运算的数据为布尔型数据Boolean，即逻辑型数据True或False，共有6个逻辑运算符，如表11-6所示。

表11-6 逻辑运算符

运算符	功能	语法	返回结果
And	与	表达式1 And 表达式2	两个表达式均为True，则返回True
Or	或	表达式1 Or 表达式2	只要有一个表达式为True，则返回True
Not	非	Not 表达式	表达式为True，则返回False
Xor	异或	表达式1 Xor 表达式2	两个表达式返回值不相同时，返回True
Eqv	等价	表达式1 Eqv 表达式2	两个表达式返回值相同时，返回True
Imp	蕴含	表达式1 Imp 表达式2	表达式1为True，表达式2为False，则返回False，否则返回True。比如：A表示“他去过法国”，B表示”他去过欧洲“，这就是A蕴含B。如果A为真，则B为真；如果A为假，B为真或假；如果B为真，则A或真或假；如果B为假，则A为假

11.7.4 连接运算符

和号“&”和加号“＋”可以将两个表达式作为字符串强制连接在一起。

语法：

字符串1 & 字符串2

或者

字符串1＋字符串2

示例：

a="欢迎来到"

b="河北承德！"

Debug. Print a+b

结果： 欢迎来到河北承德！

Debug . Print a & b

结果： 欢迎来到河北承德！

注意：

Debug . Print 4+5’符号＋两边都是数值，执行算术运算；

结果：9

Debug. Print "4"+5"其中 5 是数值，执行算术运算；

结果：9

Debug. Print "4"+"5" "两个都是文本，执行连接运算；

结果：45

11.7.5 运算符的优先级

在编写程序时，经常用到比较复杂的表达式，表达式中包含了大量的变量和运算符，运算符的优先顺序是：算术运算符、比较运算符、逻辑运算符。所有比较运算符的优先顺序都相同，即按它们出现的顺序从左到右进行处理。表 11-7 为运算符的优先级。

表 11-7 运算符的优先级

运算符	优先级	运算符	优先级
指数运算（^）	1	=、>、<、>=、<=、<>	8
负数（—）	2	非 Not	9
乘除（*、/）	3	与 And	10
整除（\）	4	或 Or	11
求模运算（Mod）	5	异或 Xor	12
加减（+、—）	6	等价 Eqv	13
字符串连接（&）	7	蕴含 Imp	14

除了上述优先顺序，还可以灵活运用括号。表达式中括号内的运算总是优先于括号外的运算，但在括号之内，运算符的优先顺序保持不变。

11.8 VBA 流程控制语句

VBA 执行语句分为三种构造。

顺序构造：顺序构造是最根本的程序构造，按照程序语句编写的先后顺序逐条执行。

条件构造：根据条件选择运行的结果，有 If 系列条件语句、Select Case 条件语句。

循环构造：对程序中的某段代码反复执行，有 For Next 循环语句、For Each Next 循环语句、Do While Loop 循环语句、Do Loop While 循环语句、While Wend 循环语句、Do Loop Until 循环语句。

另外还有 GoTo 分支语句、With 引用对象语句。

11.8.1 If 条件语句

If 条件语句共有四种语法，分别如下：

（1）If 条件 Then 语句。

注意：如果条件为真，则执行语句命令。

（2）If 条件 Then 语句 1 Else 语句 2。

注意：如果条件为真，则执行语句 1，否则执行语句 2。

(3) If 条件 Then。

```
If 条件 Then
    语句系列 1
Else
    语句系列 2
End If
```

注意：如果条件为真，则执行语句系列 1 中的命令（可能为多行代码），否则执行语句序列 2 中的命令。

(4) If 条件 1 Then。

```
If 条件 1 Then
    语句系列 1
ElseIf 条件 2 Then
    语句系列 2
ElseIf 条件 2 Then
    语句系列 3
……
Else
  语句系列
End If
```

注意：如果条件 1 为真，则执行语句系列 1 中的命令；如果条件 2 为真，则执行语句系列 2 中的命令；如果条件 3 为真，则执行语句系列 3 中的命令……否则执行最后语句序列中的命令。

示例：现有新能源发电企业分类标准（见表 11-8），请使用 VBA 对输入的企业装机容量数据，输出所属类别。图 11-32 所示为 If 条件语句使用之判断新能源发电企业分类标准。

表 11-8　　新能源发电企业分类标准

分类指标	一类企业	二类企业	三类企业
装机容量（万 kW）	100 及以上	40（含）～100	40 以下

11.8.2　Select Case 条件语句

语法：

```
Select Case 变量或测试表达式
  Case 表达式 1
    语句系列 1
  Case 表达式 2
    语句系列 2
    ……
  [Case Else
    语句系列 n+1]
  End Select
```

```
Sub EpCategory1() '判断企业类别方式一;
    Dim Cap As Double '申明装机容量变量;
    Cap = InputBox("请输入企业装机容量（万千瓦）：") '输入对话框;
    If Cap >= 100 Then MsgBox ("该企业为：一类企业！")
    If Cap >= 40 And Cap < 100 Then MsgBox ("该企业为：二类企业！")
    If Cap < 40 Then MsgBox ("该企业为：三类企业！")
End Sub
```

```
Sub EpCategory2() '判断企业类别方式二;
    Dim Cap As Double '申明装机容量变量;
    Cap = InputBox("请输入企业装机容量（万千瓦）：") '输入对话框;
    If Cap >= 100 Then
        MsgBox ("该企业为：一类企业！")
    ElseIf Cap >= 40 Then
        MsgBox ("该企业为：二类企业！")
    Else
        MsgBox ("该企业为：三类企业！")
    End If
End Sub
```

图 11-32　If 条件语句使用之判断新能源发电企业分类

注意：

①程序首先记录下测试表达式的值，然后进入 Case 子句，如果第一个 Case 子句表达式值与测试表达式值相匹配，则执行语句系列 1，执行完毕跳到 End Select 语句。如果第一个 Case 子句表达式值与测试表达式值不匹配，则会检查每个 Case 子句表达式值，直到匹配为止。

②Select Case 语句当执行多条件判断时，书写代码相对于 If 条件语句整洁，更容易理解。

③如测试表达式为某一变量时，在 Case 语句使用 Is 关键字进行判断。

示例同上：判断新能源发电企业类别。图 11-33 所示为 Select Case 条件语句使用之判断新能源发电企业分类。

```
Sub EpCategory3() '判断企业类别方式三;
    Dim Cap As Double '申明装机容量变量;
    Cap = InputBox("请输入企业装机容量（万千瓦）：") '输入对话框;
    Select Case Cap
        Case Is >= 100
            MsgBox ("该企业为：一类企业！")
        Case Is >= 40
            MsgBox ("该企业为：二类企业！")
        Case Else
            MsgBox ("该企业为：三类企业！")
    End Select
End Sub
```

图 11-33　Select Case 条件语句使用之判断新能源发电企业分类

11.8.3　For Next 循环语句

语法：

For 循环变量=初值 To 终值 [Step 步长]。

　　语句系列

[Exit For]'退出循环;

　　语句系列

Next

11.8.7 With 引用对象语句

当需要对相同的对象进行多次操作时，会编写一些重复代码，可以使用 With 语句简化代码，省去了重复引用对象的麻烦。

示例：设置单元格字体格式。

```
Sub FontSet() '设置字体格式；
    Dim tw As Workbook, tws As Worksheet
    Set tw = ThisWorkbook '赋值本工作簿；
    Set tws = tw.Sheets("8.VBA流程控制语句") '赋值本工作表；
    With tws.Range("A1").Font '设置A1单元格字体；
        .Name = "仿宋" '仿宋字体；
        .Size = 12 '大小为12磅；
        .Bold = True '设置加粗；
        .ColorIndex = 3 '设置字体颜色为红色；
    End With '这里的With语句结束标志，不可缺少。
End Sub
```

图 11-37 With 语句设置单元格字体格式

11.9 VBA 常用代码集

在以下代码中常用变量名称：tw（本工作簿）、tws（本工作表）、mw（模板文件）、mws（模板文件工作表）、nw（新工作簿）、nws（新工作表）、i/j/n 均为整数变量。

11.9.1 工作簿、工作表和单元格区域引用

（1）引用工作簿。

1）引用本工作簿。

Set tw =ThisWorkbook

2）打开引用已有工作簿。

Set mw =Workbooks.Open("D:\基础信息表.xlsx")'双引号之间是一个文件的完整路径。

Setmw =Workbooks.Open("D:\基础信息表.xlsx",UpdateLinks:=False)'设置打开文件且不更新文件链接,防止批量打开文件操作时程序停止运行,必须逐个响应用户操作后才能继续运行。

3）打开引用新工作簿。

Set nw =Application.Workbooks.Add

（2）引用工作表。

1）按工作表序号引用

Set tws =tw.Sheets(2)'引用第 2 个工作表。

2）按工作表名称引用。

Set tws =tw.Sheets("原始数据")'引用工作表名称为"原始数据"的工作表。

（3）单元格或单元格区域引用。

在 VBA 中可以通过多种不同的方式引用工作表中的单元格或单元格区域，为确保

引用无误，请在下列代码前加引用的工作表，例如第一个为 tws. Range ("B1")。

1）引用固定单元格。

Range("B1")'引用 B1 单元格；

Cells(1,2)'引用第 1 行第 2 列单元格，即 B1 单元格；

[B1]'引用 B1 单元格。

2）动态引用单元格。

Range ("B" & i)'引用列号为 B，行号为变量 i 的单元格，可用于循环语句；

Cells(i,j)'引用第 i 行第 j 列单元格，i 和 j 均为变量，可用于循环语句。

3）引用单元格区域。

Range("A1","D2")'引用单元格区域 A1:D2；

Range("A1",Cells(2,4))'引用单元格区域 A1:D2；

Range(Cells(1,1),Cells(2,4))'引用单元格区域 A1:D2。

4）按行列引用单元格区域。

Rows(3)或 Rows("3:3")或 Range("3:3")'引用第 3 行；

Range("3:5")或 Rows("3:5")'引用第 3 至第 5 行；

Columns(3)或 Columns("C")或 Columns("C:C")或 Range("C:C")'引用第 3 列；

Columns("3:5")或 Range("C:E")'引用第 3 到第 5 列；

Range("A1:A5,D1:D5")或 Union(Range("A1"),Range("C1:D2"),Range("E3:F5"))'引用不连续单元格区域；

Range("3:5,7:10")或 Range("C:E,G:I")'引用不连续的行或列。

5）引用全部单元格。

Cells'引用工作表中所有单元格。

6）引用偏移后单元格。

Range("A1"). Offset(i,j)'引用相对于起始单元格区域向下 i 行向右 j 列的单元格。

7）引用最底部单元格。

Range("A1"). End(xlDown)'类似于 Ctrl+向下箭头。引用连续单元格区域中最底部的单元格，还可以使用 xlUP 向上、xlToLeft 向左和 xlToRight 向右来引用相应单元格。

11.9.2 复制粘贴数据

(1) 直接复制粘贴。

tws. Range("A1:D2"). Copy nws. Range("B2")

注意：粘贴目标位置指定左上角单元格即可。

(2) 选择性复制粘贴。

tws. Range("A1:D2"). Copy'复制数据；

nws. Range("A1"). PasteSpecial Paste:=xlPasteValues,Operation:=xlPasteSpecialOperationNone,SkipBlanks:=False,Transpose:=False'选择性粘贴数值、无运算、不跳过空单元格、不转置。

注意：

①Paste xlPasteType 常量，指定复制的具体内容，默认为全部复制。

全部 xlPasteAll

公式 xlPasteFormulas

数值 xlPasteValues

格式 xlPasteFormats

批注 xlPasteComments

验证 xlPasteValidation

所有使用源主题的单元 xlPasteAllUsingSourceTheme

边框除外 xlPasteAllExceptBorders

列宽 xlPasteColumnWidths

公式和数字格式 xlPasteFormulasAndNumberFormats

值和数字格式 xlPasteValuesAndNumberFormats

所有合并条件格式 xlPasteAllMergingConditionalFormats

②Operation xlPasteSpecialOperation 常量，指明粘贴时要进行的运算操作，即将复制的单元格中的数据与指定单元格区域中的值进行加减乘除运算。

无 xlPasteSpecialOperationNone

加 xlPasteSpecialOperationAdd

减 xlPasteSpecialOperationSubtract

乘 xlPasteSpecialOperationMultiply

除 xlPasteSpecialOperationDivide

③SkipBlanks 是否跳过空单元格，True（是）或 False（否）。

④Transpose 是否转置，True（是）或 False（否）。

（3）整个工作表复制粘贴。

tws. Cells. Copy nws. Cells

（4）单元格区域复制或剪切后插入。

①单元格区域复制后插入。

tws. Range("A1:D2"). Copy'复制单元格区域；

tws. Range("A3"). Insert Shift:=xlShiftDown'插入行:xlShiftDown 为活动单元格下移,xlShiftToRight 为活动单元格右移。

②单元格区域剪切后插入。

tws. Range("A1:D2"). Cut'剪切单元格区域；

tws. Range("A4"). Insert Shift:=xlShiftDown'插入行:xlShiftDown 为活动单元格下移。

注意：单元格区域剪切后插入只有活动单元格下移。

11.9.3 清除和删除单元格

（1）清除单元格内容。

tws. Range("A1:A10"). ClearContents

（2）删除单元格。

①删除单元格区域。

tws. Range("A1:A10"). Delete 或

tws. Range("A1:A10"). Delete xlShiftUp'删除 A1:A10 单元格区域,默认下方单元格上移;

tws. Range("A1:A10"). Delete xlShiftToLeft'删除 A1:A10 单元格区域,指定右侧单元格左移。

②批量删除多行。

tws. Range("1:1,3:3,6:6,7:7,9:9,10:10"). Delete'同时删除间隔多行;tws. Range("1:3"). Delete'删除第 1~3 行数据。

11.9.4 获取最后的行数和列数

(1) 获取最后一行的行数。

tws. UsedRange. Rows. Count'获取工作表中已经使用了的单元格区域的行数。

tws. [A65536]. end(xlup). row'返回工作表中 A 列中最后一个非空单元格,xlup 为向上查找,A65536 是 xls 格式表格 A 列最后一个单元格;

tws. [A1]. CurrentRegion. Rows. Count'获取包含 A1 单元格的自动扩展区域的最大有效行数。

(2) 获取最后一列列数。

tws. UsedRange. Columns. Count'获取工作表中已经使用了的单元格区域的列数。

tws. Range("ZZ1"). End(xlToLeft). Column'返回工作表中第一行中最后一个非空单元格,xlToleft 为向左查找,ZZ 列是比较靠后的一列,可以调整,xlsx 格式文件最后一列为 XFD 列。

11.9.5 Find 方法查找值

(1) Find 查找第一个符合条件的值。

Dim FindRng As Range,Rsult As Range'申明查找区域、返回结果变量;

Dim fd As String'申明查找值变量;

Dim st As Long'申明起始位置变量;

Set FindRng =tws. Columns("A")

fd ="承德"'设置查找内容;

Set Rsult =FindRng. Find(fd, tws. [A1], xlValues, xlWhole, xlByRows, xlNext, False)'查找参数分别为查找内容、开始查找的位置、查找值、完全匹配、按行查找、向后搜索、不区分大小写;

st =Rsult. Row'获取所在行。

注意:

①查找内容:要查找的数据,**可以使用通配符;**

②开始查找位置:必须为查找区域的某个单元格;查找是从该单元格之后开始的,直到绕回此单元格,才会对此单元格进行查找;**如果不指定参数,则从查找区域的左上角开始查找。**

③查找范围:xlVlues(按值查找)、xlFormulas(按公式查找)、xlComments(按

批注查找)；

④**匹配类型：** xlWhole（完全匹配）、xlPart（部分匹配）；

⑤**按行列查找：** xlByRows（按行查找）、xlByColumuns（按列查找）；

⑥**搜索方向：** xlNext（向后正向搜索），xlPrevious（向前反向搜索）；

⑦**区分大小写：** True（区分）、False（默认值，不区分）。

（2）FindNext 查找符合条件的下一个。

Set Rsult =FindRng. FindNext(Rsult)'在第一个查找结果之后继续查找下一个；

st=Rsult. Row'获取所在行。

注意： FindNext 必须搭配 Find 使用，前面通过 Find 查找第一个值，后面才能使用 FindNext。FindNext 方法对应于“查找与替换”对话框中的“查找下一个”按钮。

（3）Find 查找最后一个符合条件的值。

Dim FindRng As Range,Rsult As Range'申明查找区域、返回结果变量；

Dim fd As String'申明查找值变量；

Dim ed As Long'申明结束位置变量；

Set FindRng =tws. Columns("A")

fd ="承德"'设置查找内容；

Set Rsult =FindRng. Find(fd,tws. [A1],xlValues,xlWhole,xlByRows,xlPrevious, False)'查找参数分别为:查找内容、开始查找的位置、查找值、完全匹配、按行查找、向前搜索、不区分大小写；

ed =Rsult. Row'获取所在行。

注意： 修改搜索方向为向前搜索 xlPrevious 即可实现查找最后一个符合条件的值。

11.9.6 Replace 替换方法和函数

（1）Replace 方法替换值。

Dim FindRng As Range'申明查找区域变量；

Set FindRng =tws. Columns("A")

FindRng. Replace "承德","张家口", xlPart, xlByRows, False' 查找替换参数分别为：查找值、替换值、部分匹配（只要包含就替换）、按行查找替换、不区分大小写。

注意：

①**Replace 执行一次，即可替换全部符合条件的值。**

②**“查找值”和“替换值”：** 为必需参数，其余参数可选。

③**匹配类型：** xlWhole（完全匹配）、xlPart（部分匹配）。

④**按行列查找：** xlByRows（按行查找）、xlByColumuns（按列查找）。

⑤**区分大小写：** True（区分）、False（默认值，不区分）。

⑥**参数加括号规则：** 需要赋值时加括号，不赋值时不加括号。比如 Find 方法将查找结果赋值给 Rsult 变量，所以加括号；Replace 方法不需要赋值，因此不加括号。

（2）Replace 函数替换值。

Replace 函数：替换字符串指定部分。

语法： Replace（需要搜索替换的字符串，查找字符串，替换字符串，开始位置，替

换次数)

注意:

①开始位置:指定搜索的开始位置,默认为1;

②替换次数:指定替换执行的次数,默认为全部替换。

示例:

Dim str As String

str =Replace("承德1承德2承德3","承德","张家口")'全部替换。

输出结果为:str="张家口1张家口2张家口3"

Dim str As String

str =Replace("承德1承德2承德3","承德","张家口",1,2)'替换两次。

输出结果为:str="张家口1张家口2承德3"

11.9.7 Sort 数据区域排序

(1)按一列数据进行排序。

tws.UsedRange.Sort tws.Range("A1"),xlAscending,xlYes'指定按A列对所有数据进行升序排列,并且第一行包含标题。

注意:排序方式:xlAscending(升序排列)、xlDescending(降序排列)。

(2)按多列数据进行排序。

tws.UsedRange.Sort tws.Range("A1"), xlAscending, tws.Range("B1"), xlAscending, xlYes' 指定首要按A列对所有数据进行升序排列,次要按照B列对数据进行升序排列,并且第一行包含标题。

11.9.8 多文件读取和遍历

(1)通过 **GetOpenFilename** 对话框读取遍历多文件。

ChDrive "C:\"'设置默认驱动盘;

ChDir ThisWorkbook.Path'改变当前程序路径;

Dim nw As Workbook,x As Variant,x1 As Variant

x = Application.GetOpenFilename(FileFilter:="Excel 文件(*.xls; *.xlsx; *.csv),*.xls;*.xlsx;*.csv,所有文件(*.*),*.*",Title:="Excel 选择",MultiSelect:=True)'设置参数分别为:筛选文件类型、对话框标题、是否多选;

```
        If TypeName(x)="Boolean" Then'先判断变量类型;
            If x =False Then'如果未选择文件,则退出;
                Exit Sub
            End If
        End If
For Each x1 In x'循环遍历文件,逐个文件打开;
If x1 <> False Then Set nw =Workbooks.Open(x1)
Next
```

(2)通过 **Dir** 函数遍历某文件夹下的所有文件。

```
Dim nw As Workbook
Dim MyPath As String,MyName As String
MyPath ="C:\Users\TsingHoo\Desktop\机组十分钟数据\"'赋值查找遍历路径;
MyName =Dir(MyPath & "*.xlsx")'调用 Dir 函数查找指定路径下的 xlsx 文件;
Do While MyName <> ""'循环查找 xlsx 文件,当返回文件名为空时停止循环;
    Set nw =Workbooks.Open(MyPath & MyName)'打开文件;
    MyName =Dir'返回对应路径下一个符合条件的文件名称。
Loop
```

11.9.9 通过 FileDialog 对话框获取文件或文件夹路径

FileDialog 对象用于创建对话框，包括“打开”对话框、“另存为”对话框、“文件选取器”对话框和“文件夹选取器”对话框 4 个对话框，如表 11-9 所示。

表 11-9 文件对话框类型

名称	值	说明
msoFileDialogOpen	1	“打开”对话框
msoFileDialogSaveAs	2	“另存为”对话框
msoFileDialogFilePicker	3	“文件选取器”对话框
msoFileDialogFolderPicker	4	“文件夹选取器”对话框

（1）获取文件夹路径。

```
Dim strFolder As String
With Application.FileDialog(msoFileDialogFolderPicker)'打开"文件夹"选取器对话框;
    .Title ="选择文件夹"'设置对话框标题;
    .InitialFileName =ThisWorkbook.Path'指定默认路径;
    If .Show Then'显示创建的对话框,单击"打开"按钮时其返回值为-1,如果单击"取消"按钮则返回值为 0;
        strFolder =.SelectedItems(1)'获取文件夹路径;
        MsgBox (strFolder)
    Else
        MsgBox("已取消!")
    End If
End With
```

（2）获取文件路径，多文件遍历。

```
Dim nw As Workbook
With Application.FileDialog(msoFileDialogFilePicker)'打开"文件选取器"对话框;
    .Title ="选择文件"'设置对话框标题;
    .AllowMultiSelect =True'设置允许多选;
    .InitialFileName =ThisWorkbook.Path'指定默认路径;
    .Filters.Clear'必须先清除默认筛选规则;
```

.Filters.Add "Excel 文件","*.xls*",1'添加筛选规则名称、过滤文件类型、规则起始位置(初始为 1);

If .Show Then'显示创建的对话框,单击"打开"按钮时其返回值为-1,如果单击"取消"按钮则返回值为 0;

```
        For Each x1 In .SelectedItems'遍历文件集合,逐个打开文件;
            Set nw = Workbooks.Open(x1)'打开 WPS 表格;
        Next
    Else
        MsgBox "已取消"
    End If
End With
```

注意:

①"另存为"对话框和"文件夹选取器"对话框不支持多选,即使将 AllowMultiSelect 属性赋值为 True 也只能单选。

②"打开"对话框,执行打开命令需要在 Show 方法之后调用执行命令 Execute 方法,如果在不执行 Execute 方法,则也可以用来返回文件名,与"文件选取器"对话框没有区别;"另存为"对话框,执行保存命令需要在 Show 方法之后调用执行命令 Execute 方法。"文件选取器"和"文件夹选取器"对话框是没有执行命令 Execute 方法。

③Filter 筛选参数为要筛选的文件扩展名,这里可以使用? 和 * 作为通配符,比如"*.xls*"。当要显示多个文件的扩展名时,可以使用分号";"分隔,比如"*.xls*;*.doc*"。

11.9.10 新建工作簿和新增工作表

```
Dim nw As Workbook,nws1 As Worksheet
Set nw = Application.Workbooks.Add'新建工作簿;
Set nws1 = nw.Sheets(1)'赋值工作表;
nw.Sheets.Add After:=nws1,Count:=1'在 nws1 工作表后新增 1 个工作表;
nw.Sheets.Add before:=nws1,Count:=2'在 nws1 工作表前新增 2 个工作表。
```

11.9.11 输入框 InputBox 函数和消息框 MsgBox 函数

(1)输入框 InputBox 函数。

Dim num As Integer

num = InputBox ("请输入需要插入的行数:","插入行数")' 设置显示消息内容、对话框标题;

If num = "" Then Exit Sub' 如果点击取消、关闭,则退出程序。

(2)消息框 MsgBox 函数。

1)简单提示消息。

MsgBox("已完成!")' 写在程序末尾,提示已运行完毕。

2)具体应用设置。

语法: MsgBox (消息内容,显示按钮数量和类型,对话框标题)

注意：

①消息内容：最大长度约为 1024 个字符，具体取决于所使用的字符的宽度。如果包含两行以上，则可以在每行之间使用回车符（Chr(13)）、换行符（Chr(10)）或回车换行符组合（Chr(13)& Chr(10)）将其分隔。

②显示按钮数量和类型：为一数值，默认为 0，即只显示“确定”按钮。

表 11-10 为 MsgBox 消息按钮参数设置。

表 11-10　　MsgBox 消息框按钮参数设置

分组	常量	值	说　明
显示按钮数量和类型	vbOKOnly	0	仅显示“确定”按钮
	vbOKCancel	1	显示“确定”和“取消”按钮
	vbAbortRetryIgnore	2	显示“中止”“重试”和“忽略”按钮
	vbYesNoCancel	3	显示“是”“否”和“取消”按钮
	vbYesNo	4	显示“是”和“否”按钮
	vbRetryCancel	5	显示“重试”和“取消”按钮
显示图标样式	vbCritical	16	显示“关键消息”图标
	vbQuestion	32	显示“警告查询”图标
	vbExclamation	48	显示“警告消息”图标
	vbInformation	64	显示“信息消息”图标
确定默认按钮	vbDefaultButton1	0	第一个按钮是默认按钮
	vbDefaultButton2	256	第二个按钮是默认按钮
	vbDefaultButton3	512	第三个按钮是默认按钮
	vbDefaultButton4	768	第四个按钮是默认按钮
确定消息框的形式	vbApplicationModal	0	应用程序模式：用户在继续在当前应用程序中工作前必须响应消息框
	vbSystemModal	4096	系统模式：在用户响应消息框前，所有应用程序都挂起

③对话框标题：如果省略，则标题栏中将显示应用程序名称。

④返回值说明：如表 11-11 所示。

表 11-11　　MsgBox 消息框返回值说明

常量	值	说　明
vbOK	1	确定
vbCancel	2	取消，如果对话框中显示“取消”按钮，按 ESC 键与单击“取消”具有相同的作用
vbAbort	3	中止
vbRetry	4	重试
vbIgnore	5	忽略
vbYes	6	是
vbNo	7	否

3）应用示例一（使用常量）。

Dim isnum As Integer

num =MsgBox("是否需要重新计算?",vbYesNo+vbQuestion,"提示")'设置显示是否按钮、询问图标,对话框标题为"提示";

If num =vbYes Then'如果单击"是",则运行以下代码。

Debug. Print "是"

Else

Debug. Print "否"

End If

4）应用示例二（使用值）。

Dim isnum As Integer

num =MsgBox("是否需要重新计算?",4+32,"提示")'设置显示是否按钮、询问图标,对话框标题为"提示";

If num =6 Then'如果单击"是",则运行以下代码。

Debug. Print "是"

Else

Debug. Print "否"

End If

11.9.12 通过 MkDir 创建文件夹

Dim np As String

On Error Resume Next'为避免重复创建报错,增加这句如果出错继续执行;

pt =ThisWorkbook. Path'本程序所在路径;

np =pt & "\测算结果"'文件夹名称;

VBA. MkDir (np)'创建新文件夹。

11.9.13 保存文件

(1) 保存为 Excel 表格格式。

filepath =np & "\基础信息表 . xlsx"'np 为新建文件夹路径;

nw. SaveAs Filename:=filepath,FileFormat:=51'数值 51 为 xlsx 格式工作簿,52 为 xlsm 启用宏格式,56 为 xls 格式,6 为 csv 格式,文件格式数值必须与文件扩展名相对应。

注意：xlsx 格式文件最大行数 1 048 576 行；xls 格式文件最大行数 65 536 行；csv 格式文件最大行数 1 048 576 行。xls 是一个特有的二进制格式，其核心结构是复合文档类型的结构。xlsx 的核心结构是 XML 类型的结构，采用的是基于 XML 的压缩方式，使其占用的空间更小。

(2) 保存为 PDF 格式。

filepath =np & "\基础信息表 . pdf"'np 为新建文件夹路径。

Set nws =ThisWorkbook. Sheets(1)

nws. ExportAsFixedFormat Type:=xlTypePDF,Filename:=filepath'保存为 PDF

文件。

11.9.14 关闭屏幕刷新和关闭显示告警

(1) 程序开头添加下列代码:

Application. ScreenUpdating =False'关闭屏幕刷新，防止程序运行时屏幕一直在刷新跳变；

Application. DisplayAlerts =False'关闭显示告警，防止程序运行时出现告警而中断：比如重新生成覆盖原文件时，会出现告警信息。

(2) 程序结尾添加两条打开屏幕刷新和显示告警代码:

Application. ScreenUpdating =True'打开屏幕刷新；

Application. DisplayAlerts =True'打开显示告警。

11.9.15 数组应用

(1) 数组赋值。

1) 一维数组赋值。

Anum=Array(11,12,12,14)'赋值数值；

Astr =Array("承德","张家口","天津","石家庄")'赋值文本字符串。

2) 二维数组赋值。

方式一:

Anum=Application. Evaluate("{11,12,13,14;21,22,23,24;31,32,33,34}")'创建二维数组；

Debug. Print Anum(1,3)'输出为 13。

方式二:

Anum =Array(Array(11,12,13,14),Array(21,22,23,24),Array(31,32,33,34))'这种方式非二维数组,应该是一维数组里每个元素又是一维数组,调用时:Anum(1)(2);

Debug. Print Anum(1)(3)'输出为 13。

(2)求数组长度。

UBound(Anum)－LBound(Anum)＋1'一维数组长度；

UBound(Anum,2)－LBound(Anum,2)＋1'二维数组第二维长度。

(3) 数组下标强制从 1 开始。

数组下标默认从 0 开始，如需强制从 1 开始，则在 Sub 过程上方，输入代码:

Option Base 1

注意: 由字典创建的数组不受它的限制，数组下标仍然从 0 开始。

(4) 动态数组。

Dim num()'申明动态数组；

ReDim Preserve num(2)'动态的二维数组用 ReDim 修改大小,再次扩容必须加 Preserve 关键字,否则数组中的原有数据就会丢失。

(5) 两个一维数组合并。

y1 =Array(8,12,16,20,23,27)

y2 =Array(9,13,17,21,24,28)

```
y =Split(Join(y1,",")& "," & Join(y2,","),",")
Debug. Print y(1)
'输出结果为 12。
```

注意：

①先利用 Join 将数组合并为字符串，再使用 Split 拆分为数组。

②合并后数组下标从 0 开始，不受 Option Base 1 强制申明影响。

③数组合并完变为字符形式，需要单独乘以 1 变成数值形式。

11.9.16 日期相关代码

（1）Fortmat 格式函数设置。

Format(Now(),"yyyy 年 mm 月 dd 日")'设置现在日期为"××××年××月××日"的形式；

Format(Now(),"yyyy/m/d")'设置现在日期为"××××/×/×"的形式。

（2）返回上月末日期。

DateSerial(Year(rq),Month(rq),0)'rq 为指定日期。

11.9.17 单元格相关操作

（1）单元格合并。

1）合并单元格。

tws. Range("A1:A10"). Merge

2）取消合并单元格。

tws. Range("A1"). MergeArea. UnMerge

3）判断是否为合并单元格。

tws. Range("A1"). MergeCells

4）合并单元格数量。

tws. Range("A1"). MergeArea. Cells. Count

5）合并单元格第一个单元格。

tws. Range("A1"). MergeArea(1)

6）合并单元格最后一个单元格。

tws. Range("A1"). MergeArea(tws. Range("A1"). MergeArea. Cells. Count)

（2）单元格区域调整。

tws. Range("A1"). Resize(10,1)'以 A1 单元格为基准，单元格区域调整为 10 行 1 列，即 A1:A10。

（3）自动向下填充公式。

tws. Range("A1:A1000"). FillDown'从第 1 行单元格向下填充公式，第 1 行为公式所在行。

11.9.18 设置行列和工作表隐藏

tws. Columns("A:Z"). Hidden =True'隐藏所选列；

tws. Columns("A:Z"). Hidden =False'取消隐藏列；

tws. Visible =False 或 tws. Visible =xlSheetHidden'隐藏工作表；

tws. Visible =True 或 tws. Visible =xlSheetVisible'显示工作表；

tws. Visible =xlSheetVeryHidden'隐藏工作表后，工作表不能通过右键菜单“取消隐藏”来显示工作表。

11.9.19 工作表加密或解密

tws. Protect "666666"'在另存为之前加密；

tws. Unprotect "666666"'工作表解锁。

11.10 VBA 实战之批量删除首行数据

11.10.1 案例分析

某机型风电机组导出的 10min 数据表头标题行存在两行数据（见图 11-38），分别为中文标题行和英文标题行，为方便进行数据分析，必须删除一行标题，我们可以通过 VBA 进行批量删除一行数据，并重新保存文件。

	A	B	C	D	E	F	G	H
1	IO名称	SCADAUSE. (	SCADAUSE. (	SCADAUSE. (	SCADAUSE. (	SCADAUSE. (	SCADAUSE. (	SCADAUSE. (
2	描述	齿箱润滑油	高速轴刹车	液压系统主	电能频率	电能质量模	电能质量模	发电机转速
3	2021/1/1 0:00	6.1576256	0.4863813	150.45872	8.34E-05	312.65078	1578.1929	1789.2318
4	2021/1/1 0:10	6.1350425	0.0143053	150.43965	8.34E-05	325.45559	1513.1018	1777.4309
5	2021/1/1 0:20	6.2433813	0.0953689	150.36336	0.0014452	313.71784	1875.9048	1777.8309
6	2021/1/1 0:30	9.0363925	0.0143053	151.2789	0	327.58975	1762.7956	1778.831
7	2021/1/1 0:40	8.9964144	-0.023842	151.33612	0.0108944	317.98613	2000.7516	1779.1311
8	2021/1/1 0:50	8.89662	0.2098115	151.31704	0.0047524	317.98613	2030.6295	1777.731
9	2021/1/1 1:00	8.86305	0.4434653	151.12154	0.0128121	319.05319	2026.3613	1777.5311
10	2021/1/1 1:10	9.0424962	0.171664	151.16445	0.0092269	314.78494	2013.5565	1769.9305
11	2021/1/1 1:20	8.3482106	0.1335164	151.14538	0.001334	311.58372	1892.9779	1777.4309
12	2021/1/1 1:30	8.879225	-0.081064	150.65423	0.0019454	313.71784	1924.9899	1778.131
13	2021/1/1 1:40	8.6298925	0.1907378	150.96895	0.000139	324.38853	1693.4363	1777.331
14	2021/1/1 1:50	8.7769894	0.3671702	151.06432	2.78E-05	193.13922	760.81919	1605.6184
15	2021/1/1 2:00	5.8493938	0.2908751	151.25982	2.78E-05	174.99908	716.00231	1572.6158

图 11-38 两行标题的风电机组 10min 数据

11.10.2 编写 VBA 程序

Sub BatchDelete_FirstRow()'批量删除首行；

Application. ScreenUpdating =False'关闭屏幕刷新；

Application. DisplayAlerts =False'关闭显示告警；

Dim tw As Workbook, nw As Workbook, nws As Worksheet'声明工作簿、工作表变量；

Dim fn As String, fp As String'声明文件名称、文件路径变量；

Set tw =ThisWorkbook'赋值本文件；

pt =tw. Path'赋值本文件路径；

ChDrive "C:\"'设置默认驱动盘；

```
    ChDir pt'设置对话框显示为当前路径；
    x =Application. GetOpenFilename(FileFilter:="Excel 文件 (*.xls; *.xlsx;
*.csv),*.xls; *.xlsx;*.csv,所有文件(*.*),*.*",_
    Title:="Excel 选择",MultiSelect:=True)'设置参数分别为:筛选文件类型、对
话框标题、多选；
    If TypeName(x)="Boolean" Then'先判断变量类型；
        If x =False Then'如果未选择文件,则退出；
            Exit Sub
        End If
    End If
    On Error Resume Next'出错继续执行,避免重复创建文件夹报错；
    VBA. MkDir (pt+"\输出文件")'创建文件夹；
    For Each x1 In x
        If x1 <> False Then Set nw =Workbooks. Open(x1)'逐个打开文件；
        Set nws =nw. Sheets(1)'赋值第一个工作表；
        nws. Rows(1). Delete'删除第一行；
        fn =Left(nw. Name,InStrRev(nw. Name,".")- 1)'提取文件名；
        fp =pt & "\输出文件\" & fn & ". xlsx"'保存成 xlsx 格式文件；
        nw. SaveAs Filename:=fp,FileFormat:=51'保存文件,对应格式编号为 51；
        nw. Close'关闭文件；
    Next
    Application. ScreenUpdating =True'打开屏幕刷新；
    Application. DisplayAlerts =True'打开显示告警；
    MsgBox("已完成!")'提示已完成；
End Sub
```

图 11-39 为批量删除首行 VBA 程序代码。图 11-40 为删除首行英文标题数据效果。

```
(通用)                                    BatchDelete_FirstRow
Sub BatchDelete_FirstRow() '批量删除首行;
    Application.ScreenUpdating = False '关闭屏幕刷新;
    Application.DisplayAlerts = False '关闭显示告警;
    Dim tw As Workbook, nw As Workbook, nws As Worksheet '声明工作簿、工作表变量;
    Dim fn As String, fp As String '声明文件名称、文件路径变量;
    Set tw = ThisWorkbook '赋值本文件;
    pt = tw.Path '赋值本文件路径;
    ChDrive "C:\" '设置默认驱动盘;
    ChDir pt '设置对话框显示为当前路径;
    x = Application.GetOpenFilename(FileFilter:="Excel文件 (*.xls; *.xlsx;*.csv),*.xls; *.xlsx;*.csv,所有文件(*.*),*.*", _
        Title:="Excel选择", MultiSelect:=True) '设置参数分别为: 筛选文件类型、对话框标题、是否多选;
    If TypeName(x) = "Boolean" Then '先判断变量类型;
        If x = False Then '如果未选择文件, 则退出;
            Exit Sub
        End If
    End If
    On Error Resume Next '出错继续执行, 避免重复创建文件夹报错;
    VBA.MkDir (pt + "\输出文件") '创建文件夹;
    For Each x1 In x
        If x1 <> False Then Set nw = Workbooks.Open(x1) '逐个打开文件;
        Set nws = nw.Sheets(1) '赋值第一个工作表;
        nws.Rows(1).Delete '删除第一行;
        fn = Left(nw.Name, InStrRev(nw.Name, ".") - 1) '提取文件名;
        fp = pt & "\输出文件\" & fn & ".xlsx" '保存成xlsx格式文件;
        nw.SaveAs Filename:=fp, FileFormat:=51 '保存文件, 对应格式编号为51;
        nw.Close '关闭文件;
```

图 11-39　批量删除首行 VBA 程序代码

	A	B	C	D	E	F	G	H
1	描述	齿箱润滑油	高速轴刹车	液压系统主	电能频率	电能质量模	电能质量模	发电机转速
2	2021/1/1 0:00	6.1576256	0.4863813	150.45872	8.34E-05	312.65078	1578.1929	1789.2318
3	2021/1/1 0:10	6.1350425	0.0143053	150.43965	8.34E-05	325.45559	1513.1018	1777.4309
4	2021/1/1 0:20	6.2433813	0.0953689	150.36336	0.0014452	313.71784	1875.9048	1777.8309
5	2021/1/1 0:30	9.0363925	0.0143053	151.2789	0	327.58975	1762.7956	1778.831
6	2021/1/1 0:40	8.9964144	-0.023842	151.33612	0.0108944	317.98613	2000.7516	1779.1311
7	2021/1/1 0:50	8.89662	0.2098115	151.31704	0.0047524	317.98613	2030.6295	1777.731
8	2021/1/1 1:00	8.86305	0.4434653	151.12154	0.0128121	319.05319	2026.3613	1777.5311
9	2021/1/1 1:10	9.0424962	0.171664	151.16445	0.0092269	314.78494	2013.5565	1769.9305
10	2021/1/1 1:20	8.3482106	0.1335164	151.14538	0.001334	311.58372	1892.9779	1777.4309
11	2021/1/1 1:30	8.879225	-0.081064	150.65423	0.0019454	313.71784	1924.9899	1778.131
12	2021/1/1 1:40	8.6298925	0.1907378	150.96895	0.000139	324.38853	1693.4363	1777.331
13	2021/1/1 1:50	8.7769894	0.3671702	151.06432	2.78E-05	193.13922	760.81919	1605.6184
14	2021/1/1 2:00	5.8493938	0.2908751	151.25982	2.78E-05	174.99908	716.00231	1572.6158
15	2021/1/1 2:10	6.2647438	-0.138285	151.14538	2.78E-05	165.39547	646.64294	1525.0124

图 11-40　删除首行英文标题数据效果

注意： InStrRev（）函数返回一个字符串在另一个字符串中的第一次出现的位置，搜索方式为从右到左。提取文件名称时从右搜索字符点“.”，即扩展名分隔符的位置，返回长度为点所在位置减去 1 的字符串，即为不含扩展名的文件名称。

11.11　VBA 实战之批量修改新旧风机编号

11.11.1　案例分析

某场站机组导出 10min 数据为多个 Sheet 页，每个 Sheet 页为一台机组数据，Sheet 页名称为机组机位编号，与实际风机编号不相符，如图 11-41 所示。我们可以建立一张风机编号匹配表，然后通过 VBA 批量修改机组编号，并重新保存文件。

B25　fx　25.8

	A	B	C	D
1	系统时间	NCC300温度[°C]	NCC320温度[°C]	机侧电感温
2	2020-10-1 0:3:8	30.8	37	68.
3	2020-10-1 0:13:7	30.6	37.6	67.
4	2020-10-1 0:23:7	30.4	37.4	67.
5	2020-10-1 0:33:7	30.3	36.9	67.
6	2020-10-1 0:43:7	30.3	36.9	68.
7	2020-10-1 0:53:7	30.2	36.8	68.
8	2020-10-1 1:3:7	30.2	37	68.
9	2020-10-1 1:13:7	30.2	37.1	68.
10	2020-10-1 1:23:7	30.1	36.9	68.
11	2020-10-1 1:33:7	30	36.8	68
12	2020-10-1 1:43:7	29.8	36.6	67.
13	2020-10-1 1:53:7	29.6	36.4	67.

实际编号为：A1-001

27　32　12

图 11-41　多 Sheet 页的风电机组 10min 数据

11.11.2 建立标准风机编号匹配表

根据实际情况建立标准风机编号匹配表，Sheet 页命名为“配置表”，如图 11-42 所示。

	A	B
1	新编号	旧编号
2	A1-001	27
3	A1-002	32
4	A1-003	12
5	A1-004	51
6	A1-005	50
7	A1-006	29
8	A1-007	46
9	A1-008	9
10	A1-009	5
11	A1-010	15
12	A1-011	43
13	A1-012	65
14	A1-013	44
15	A1-014	23

配置表

图 11-42 建立标准风机编号匹配表

11.11.3 编写 VBA 程序

```
Sub Modify_Number()'修改编号；
    Application.ScreenUpdating =False'关闭屏幕刷新；
    Application.DisplayAlerts =False'关闭显示告警；
    Dim w As Workbook,ws As Worksheet,tw As Workbook,tws As Worksheet,rng As Range'声明工作簿、工作表、区域变量；
    Set tw =ThisWorkbook'赋值本文件；
    pt =tw.Path'赋值本文件路径；
    Set tws =tw.Sheets("配置表")'赋值配置表；
    Set rng =tws.Range("B1:B67")'赋值旧风机编号查找区域；
    ChDrive "C:\"'设置默认驱动盘；
    ChDir pt'设置对话框显示为当前路径；
    x = Application.GetOpenFilename(FileFilter:="Excel 文件(*.xls; *.xlsx),*.xls; *.xlsx,所有文件(*.*),*.*",_
        Title:="Excel 选择",MultiSelect:=False)'打开对话框选择文件,设置参数筛选文件类型、对话框标题、单选；
    If x <> False Then
        Set w =Workbooks.Open(x)'打开文件；
    Else
        Exit Sub'退出程序；
    End If
    For i =1 To w.Sheets.Count'循环遍历所有 Sheet 页；
        Set rsult =rng.Find(w.Sheets(i).Name,tws.[B1],xlValues,xlWhole,xlByRows,xlNext)'查找旧机组编号所在单元格,设置参数查找内容、开始位置、查找值、完全匹配、按行查找、向后查找；
        trow =rsult.Row'返回查找结果所在行；
        w.Sheets(i).Name =tws.Cells(trow,1)'Sheet 页名称重命名为新风机编号；
    Next
    filepath =pt & "\" & Left(w.Name,InStrRev(w.Name,".")- 1)& "_修改编号.xls"'修改文件名；
    w.SaveAs Filename:=filepath,FileFormat:=56'保存文件,对应 xls 格式编号为 56；
```

```
    w.Close'关闭文件;
    Application.ScreenUpdating =True'打开屏幕刷新;
    Application.DisplayAlerts =True'打开显示告警;
    MsgBox("已完成!")'提示已完成;
End Sub
```

图 11-43 为修改新旧风机编号 VBA 程序代码。图 11-44 为修改新旧风机编号结果。

```
(通用)                                              Modify_Number
Sub Modify_Number() '修改编号;
    Application.ScreenUpdating = False '关闭屏幕刷新;
    Application.DisplayAlerts = False '关闭显示告警;
    Dim w As Workbook, ws As Worksheet, tw As Workbook, tws As Worksheet, rng As Range
    '声明工作簿、工作表、区域变量;
    Set tw = ThisWorkbook '赋值本文件;
    pt = tw.Path '赋值本文件路径;
    Set tws = tw.Sheets("配置表") '赋值配置表;
    Set rng = tws.Range("B1:B67") '赋值旧风机编号查找区域;
    ChDrive "C:\" '设置默认驱动盘;
    ChDir pt '设置对话框显示为当前路径;
    x = Application.GetOpenFilename(FileFilter:="Excel文件 (*.xls; *.xlsx),*.xls; *.xlsx,所有文件(*.*),*.*", _
        Title:="Excel选择", MultiSelect:=False) '打开对话框选择文件，设置参数筛选文件类型、对话框标题、单选;
    If x <> False Then
        Set w = Workbooks.Open(x) '打开文件;
    Else
        Exit Sub '退出程序;
    End If
    For i = 1 To w.Sheets.Count '循环遍历所有Sheet页;
        Set rsult = rng.Find(w.Sheets(i).Name, tws.[B1], xlValues, xlWhole, xlByRows, xlNext)
        '查找旧机组编号所在单元格，设置参数查找内容、开始位置、查找值、完全匹配、按行查找、向后查找;
        trow = rsult.Row '返回查找结果所在行;
        w.Sheets(i).Name = tws.Cells(trow, 1) 'Sheet页名称重命名为新风机编号;
    Next
    filepath = pt & "\" & Left(w.Name, InStrRev(w.Name, ".") - 1) & "_修改编号.xls" '修改文件名;
    w.SaveAs Filename:=filepath, FileFormat:=56 '保存文件，对应xls格式编号为56。
    w.Close '关闭文件;
    Application.ScreenUpdating = True '打开屏幕刷新;
    Application.DisplayAlerts = True '打开显示告警;
    MsgBox ("已完成！") '提示已完成;
End Sub
```

图 11-43 修改新旧风机编号 VBA 程序代码

C20 fx 34.6

	A	B	C	D
1	系统时间	NCC300温度[°C]	NCC320温度[°C]	机侧电感温度[°C]
2	2020-10-1 0:3:8	30.8	37	68.4
3	2020-10-1 0:13:7	30.6	37.6	67.7
4	2020-10-1 0:23:7	30.4	37.4	67.6
5	2020-10-1 0:33:7	30.3	36.9	67.9
6	2020-10-1 0:43:7	30.3	36.9	68.2
7	2020-10-1 0:53:7	30.2	36.8	68.3
8	2020-10-1 1:3:7	30.2	37	68.5
9	2020-10-1 1:13:7	30.2	37.1	68.6
10	2020-10-1 1:23:7	30.1	36.9	68.6
11	2020-10-1 1:33:7	30	36.8	68
12	2020-10-1 1:43:7	29.8	36.6	67.8
13	2020-10-1 1:53:7	29.6	36.4	67.9
14	2020-10-1 2:3:7	29.5	36.2	67.8
15	2020-10-1 2:13:7	29.3	36	67.5

A1-001 A1-002 A1-003 A1-004 A1-005 A1-006 A1-007 …

图 11-44 修改新旧风机编号结果

11.12 VBA实战之多个数据文件合并

11.12.1 案例分析

实际工作中，我们经常遇到需要将多个数据文件合并成一个文件，或者将一个文件中多个Sheet页合并为一个Sheet页表，然后利用合并后的数据表进行数据统计分析。因此，我们需要设置两个功能：

第一种：多个文件合并为一个文件。可以设置表头行数、合并第几个Sheet表、是否添加文件名称列、保存文件格式、合并后文件名。

第二种：多个Sheet页合并为一个Sheet文件。可以设置表头行数、是否添加Sheet页名称列、保存文件格式、合并后文件名。

图11-45为多数据文件合并软件设置界面。

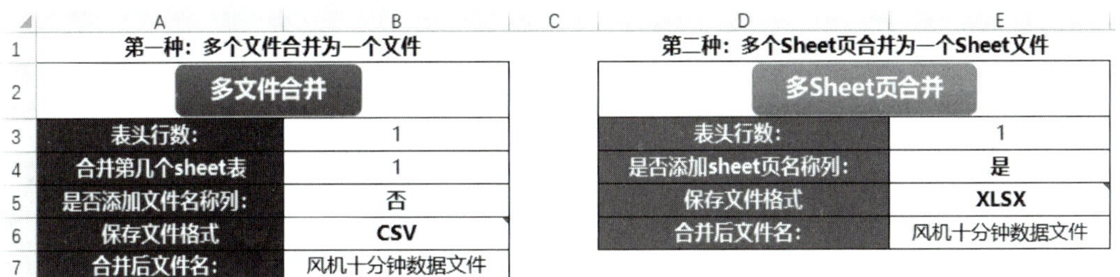

第一种：多个文件合并为一个文件	
多文件合并	
表头行数：	1
合并第几个sheet表	1
是否添加文件名称列：	否
保存文件格式	CSV
合并后文件名：	风机十分钟数据文件

第二种：多个Sheet页合并为一个Sheet文件	
多Sheet页合并	
表头行数：	1
是否添加sheet页名称列：	是
保存文件格式	XLSX
合并后文件名：	风机十分钟数据文件

图11-45　多数据文件合并软件设置界面

注意：

①csv格式文件最大行数1 048 576行，仅支持1个Sheet页，不保存文件格式。

②xlsx格式文件最大行数1 048 576行，支持多个Sheet页，保存文件格式。

③xls格式文件最大行数65 536行，支持多个Sheet页，保存文件格式，文件相对较大。

11.12.2 编写VBA程序

(1) 多个文件合并为一个文件。

```
Sub Data_merge1()'多文件数据合并；
    Application.ScreenUpdating =False'关闭屏幕刷新；
    Application.DisplayAlerts =False'关闭显示告警；
    Dim x As Variant,x1 As Variant,w As Workbook,tw As Workbook,nw As Workbook,ws As Worksheet,tws As Worksheet,nws As Worksheet'声明工作簿、工作表变量；
    Dim i As Integer,j As Integer,jh As Integer'声明整数变量；
    Set tw =ThisWorkbook'赋值本文件；
    Set tws =tw.Sheets("配置表")'赋值配置表；
    pt =tw.Path'赋值本文件路径；
```

```
    bt =tws.[B3]'表头行数;
    bn =tws.[B4]'合并第几个 Sheet 表;
    sn =tws.[B5]'是否添加文件名称列;
  fm =tws.[B6]'合并文件格式;
    wjm =tws.[B7]'合并后文件名;
    ChDrive "C:\"'设置默认驱动盘;
    ChDir pt'改变当前路径;
    x =Application.GetOpenFilename(FileFilter:="Excel 文件 (*.xls; *.xlsx; *.csv),*.xls; *.xlsx; *.csv",Title:="文件选择",MultiSelect:=True)'选择要合并的文件,可多选;
    If TypeName(x)="Boolean" Then'先判断变量类型;
        If x =False Then'如果未选择文件,则退出;
            Exit Sub
        End If
    End If
    jh =1'设置记录行变量初始值为 1;
    i =1'初始赋值 1,即第一个文件;
    Set nw =Workbooks.Add'新建文件;
    Set nws =nw.Sheets(1)'赋值第一个 sheet 页;
    For Each x1 In x'遍历选择的所有文件;
        Set w =Workbooks.Open(x1)'打开文件;
        Set ws =w.Sheets(bn)'合并第几张表;
        l1 =ws.UsedRange.SpecialCells(xlCellTypeLastCell).Column'数据列;
        h1 =ws.UsedRange.SpecialCells(xlCellTypeLastCell).Row'数据行;
        h2 =nws.UsedRange.SpecialCells(xlCellTypeLastCell).Row'合并表已有数据行;
        If i =1 Then
            ws.Range(ws.Cells(1,1),ws.Cells(h1,l1)).Copy nws.Cells(1,1)'第一个文件,则从表头开始复制;
            If sn ="是" Then'是否增加一列文件名称列;
              nws.Cells(1,l1+1)="文件名称"'赋值标题;
                nws.Range(nws.Cells(2,l1+1),nws.Cells(h1,l1+1))=w.Name'赋值文件名称;
            End If
        Else
            ws.Range(ws.Cells(bt+1,1),ws.Cells(h1,l1)).Copy nws.Cells(h2+1,1)'不是第一个文件,则跳过表头,开始复制;
            If sn ="是" Then
               nws.Range(nws.Cells(h2+1,l1+1),nws.Cells(h2+h1-1,l1+1))=w.Name'赋值文件名称;
```

```
            End If
        End If
        Set ws =Nothing'释放变量;
        w.Close'关闭文件;
    i =i+1'依次累加 1,之后判断不是第一个文件;
    Next
    On Error Resume Next'出错继续执行,避免重复创建文件夹报错;
    VBA.MkDir (pt+"\多文件数据合并结果")'创建文件夹;
    If fm ="CSV" Then
        filepath =pt+"\多文件数据合并结果" & "\" & wjm & ".csv"'保存成 csv
格式文件;
        nws.SaveAs Filename:=filepath,FileFormat:=6
    ElseIf fm ="XLSX" Then
        filepath =pt+"\多文件数据合并结果" & "\" & wjm & ".xlsx"'保存成
xlsx 格式文件;
        nws.SaveAs Filename:=filepath,FileFormat:=51
    ElseIf fm ="XLS" Then
  filepath =pt+"\多文件数据合并结果" & "\" & wjm & ".xls"'保存成 xls 格式文件;
        nws.SaveAs Filename:=filepath,FileFormat:=56
    End If
    Set nws =Nothing
    nw.Close'关闭合并的文件;
    tw.Save'保存程序设置;
    Application.ScreenUpdating =True'打开屏幕刷新;
    Application.DisplayAlerts =True'打开显示告警;
    MsgBox("已完成!")'提示已完成;
End Sub
```

图 11-46 为多个文件合并为一个文件 VBA 程序代码。

(2) 多个 Sheet 页合并为一个 Sheet 文件。

```
Sub Data_merge2()'多 Sheet 页数据合并;
    Application.ScreenUpdating =False'关闭屏幕刷新;
    Application.DisplayAlerts =False'关闭显示告警;
    Dim x As Variant,x1 As Variant,w As Workbook,tw As Workbook,nw As
Workbook,ws As Worksheet,tws As Worksheet,nws As Worksheet'声明工作簿、工作
表变量;
    Dim i As Integer,j As Integer,jh As Integer'声明整数变量;
    Set tw =ThisWorkbook'赋值本文件;
    Set tws =tw.Sheets("配置表")'赋值配置表;
    bt =tws.[E3]'表头行数;
    sn =tws.[E4]'是否添加 Sheet 页名称列;
```

```
(通用)                                              Data_merge1
Sub Data_merge1() '多文件数据合并;
    Application.ScreenUpdating = False '关闭屏幕刷新;
    Application.DisplayAlerts = False '关闭显示告警;
    Dim x As Variant, x1 As Variant, w As Workbook, tw As Workbook, nw As Workbook, ws As Worksheet, _
    tws As Worksheet, nws As Worksheet '声明工作簿、工作表变量;
    Dim i As Integer, j As Integer, jh As Integer '声明整数变量;
    Set tw = ThisWorkbook '赋值本文件;
    Set tws = tw.Sheets("配置表") '赋值配置表;
    pt = tw.Path '赋值本文件路径;
    bt = tws.[B3] '表头行数;
    bn = tws.[B4] '合并第几个sheet表;
    sn = tws.[B5] '是否添加文件名称列;
    fm = tws.[B6] '合并文件格式;
    wjm = tws.[B7] '合并后文件名;
    ChDrive "C:\" '设置默认驱动盘;
    ChDir pt '改变当前路径;
    x = Application.GetOpenFilename(FileFilter:="Excel文件 (*.xls; *.xlsx;*.csv),*.xls; *.xlsx;*.csv", _
        Title:="文件选择", MultiSelect:=True) '选择要合并的文件, 可多选;
    If TypeName(x) = "Boolean" Then '先判断变量类型;
        If x = False Then '如果未选择文件, 则退出;
            Exit Sub
        End If
    End If
    jh = 1 '设置记录行变量初始值为1;
    i = 1 '初始赋值1, 即第一个文件;
    Set nw = Workbooks.Add '新建文件;
    Set nws = nw.Sheets(1) '赋值第一个sheet页;
    For Each x1 In x '遍历选择的所有文件;
        Set w = Workbooks.Open(x1) '打开文件;
        Set ws = w.Sheets(bn) '合并第几张表;
        l1 = ws.UsedRange.SpecialCells(xlCellTypeLastCell).Column '数据列;
        h1 = ws.UsedRange.SpecialCells(xlCellTypeLastCell).Row '数据行;
        h2 = nws.UsedRange.SpecialCells(xlCellTypeLastCell).Row '合并表已有数据行;
        If i = 1 Then
            ws.Range(ws.Cells(1, 1), ws.Cells(h1, l1)).Copy nws.Cells(1, 1) '第一个文件, 则从表头开始复制;
            If sn = "是" Then '是否增加一列文件名称列;
                nws.Cells(1, l1 + 1) = "文件名称" '赋值标题;
```

```
                nws.Range(nws.Cells(2, l1 + 1), nws.Cells(h1, l1 + 1)) = w.Name '赋值文件名称;
            End If
        Else
            '不是第一个文件, 则跳过表头, 开始复制;
            ws.Range(ws.Cells(bt + 1, 1), ws.Cells(h1, l1)).Copy nws.Cells(h2 + 1, 1)
            If sn = "是" Then
                nws.Range(nws.Cells(h2 + 1, l1 + 1), nws.Cells(h2 + h1 - 1, l1 + 1)) = w.Name '赋值文件名称;
            End If
        End If
        Set ws = Nothing '释放变量;
        w.Close '关闭文件;
        i = i + 1 '依次累加1, 之后判断不是第一个文件;
    Next
    On Error Resume Next '出错继续执行,避免重复创建文件夹报错;
    VBA.MkDir (pt + "\多文件数据合并结果") '创建文件夹;
    If fm = "CSV" Then
        filepath = pt + "\多文件数据合并结果" & "\" & wjm & ".csv" '保存成csv格式文件;
        nws.SaveAs Filename:=filepath, FileFormat:=6
    ElseIf fm = "XLSX" Then
        filepath = pt + "\多文件数据合并结果" & "\" & wjm & ".xlsx" '保存成xlsx格式文件;
        nws.SaveAs Filename:=filepath, FileFormat:=51
    ElseIf fm = "XLS" Then
        filepath = pt + "\多文件数据合并结果" & "\" & wjm & ".xls" '保存成xls格式文件;
        nws.SaveAs Filename:=filepath, FileFormat:=56
    End If
    Set nws = Nothing
    nw.Close '关闭合并的文件;
    tw.Save '保存程序设置;
    Application.ScreenUpdating = True '打开屏幕刷新;
    Application.DisplayAlerts = True '打开显示告警;
    MsgBox ("已完成!") '提示已完成;
End Sub
```

图 11-46　多个文件合并为一个文件 VBA 程序代码

fm =tws.[E5]'合并文件格式;

wjm =tws.[E6]'合并后文件名;

ChDrive "C:\"'设置默认驱动盘;

ChDir ThisWorkbook.Path'改变当前路径;

```
        x = Application.GetOpenFilename(FileFilter:="Excel 文件(*.xls;*.xlsx),*.xls;*.xlsx",_
            Title:="文件选择",MultiSelect:=False)'选择要合并的文件,单选;
        If x =False Then'如果未选择文件,则退出;
            Exit Sub
        End If
        jh =1'设置记录行变量初始值为1;
    i =1'初始赋值1,即第一个文件;
        Set nw =Workbooks.Add'新建文件;
        Set nws =nw.Sheets(1)'赋值第一个Sheet页;
        Set w =Workbooks.Open(x)'打开文件;
        For n =1 To w.Sheets.Count'遍历选择的所有Sheet页;
            Set ws =w.Sheets(n)
            l1 =ws.UsedRange.SpecialCells(xlCellTypeLastCell).Column'数据列;
            h1 =ws.UsedRange.SpecialCells(xlCellTypeLastCell).Row'数据行;
            h2 =nws.UsedRange.SpecialCells(xlCellTypeLastCell).Row'合并表已有数据行;
            If i =1 Then
                ws.Range(ws.Cells(1,1),ws.Cells(h1,l1)).Copy nws.Cells(1,1)'第一个sheet页,则从表头开始复制;
                If sn ="是" Then'是否增加一列Sheet页名称列;
                    nws.Cells(1,l1+1)="Sheet页名称"'赋值标题;
                     nws.Range(nws.Cells(2,l1+1),nws.Cells(h1,l1+1))=ws.Name'赋值Sheet页名称;
                End If
            Else
                ws.Range(ws.Cells(bt+1,1),ws.Cells(h1,l1)).Copy nws.Cells(h2+1,1)'不是第一个sheet页,则跳过表头,开始复制;
                If sn ="是" Then
                    nws.Range(nws.Cells(h2+1,l1+1),nws.Cells(h2+h1-1,l1+1))=ws.Name'赋值Sheet名称;
                End If
            End If
            Set ws =Nothing'释放变量;
        i =i+1'依次累加1,之后判断不是第一个文件;
        Next
    w.Close'关闭文件;
        On Error Resume Next'出错继续执行,避免重复创建文件夹报错;
    VBA.MkDir (pt+"\多Sheet页数据合并结果")'创建文件夹;
```

If fm ="CSV" Then

filepath =pt+"\多 Sheet 页数据合并结果" & "\" & wjm & ". csv"'保存成 csv 格式文件;

nws. SaveAs Filename:=filepath,FileFormat:=6

ElseIf fm ="XLSX" Then

filepath =pt+"\多 Sheet 页数据合并结果" & "\" & wjm & ". xlsx"'保存成 xlsx 格式文件;

nws. SaveAs Filename:=filepath,FileFormat:=51

ElseIf fm ="XLS" Then

filepath =pt+"\多 Sheet 页数据合并结果" & "\" & wjm & ". xls"'保存成 xls 格式文件;

nws. SaveAs Filename:=filepath,FileFormat:=56

End If

Set nws =Nothing'释放变量;

nw. Close'关闭合并的文件;

tw. Save'保存程序设置;

Application. ScreenUpdating =True'打开屏幕刷新;

Application. DisplayAlerts =True'打开显示告警;

MsgBox("已完成!")'提示已完成;

End Sub

图 11-47 为多个 Sheet 页合并为一个 Sheet 文件 VBA 程序代码。

```
(通用)                                    Data_merge1
Sub Data_merge2() '多sheet页数据合并;
    Application.ScreenUpdating = False '关闭屏幕刷新;
    Application.DisplayAlerts = False '关闭显示告警;
    Dim x As Variant, x1 As Variant, w As Workbook, tw As Workbook, nw As Workbook, ws As Worksheet, _
    tws As Worksheet, nws As Worksheet '声明工作簿、工作表变量;
    Dim i As Integer, j As Integer, jh As Integer '声明整数变量;
    Set tw = ThisWorkbook '赋值本文件;
    Set tws = tw.Sheets("配置表") '赋值配置表;
    bt = tws.[E3] '表头行数;
    sn = tws.[E4] '是否添加sheet页名称列;
    fm = tws.[E5] '合并文件格式;
    wjm = tws.[E6] '合并后文件名;
    ChDrive "C:\" '设置默认驱动盘;
    ChDir ThisWorkbook.Path '改变当前路径;
    x = Application.GetOpenFilename(FileFilter:="Excel文件 (*.xls; *.xlsx),*.xls; *.xlsx", _
        Title:="文件选择", MultiSelect:=False) '选择要合并的文件, 单选;
    If x = False Then '如果未选择文件, 则退出;
        Exit Sub
    End If
    jh = 1 '设置记录行变量初始值为1;
    i = 1 '初始赋值1, 即第一个文件;
    Set nw = Workbooks.Add '新建文件;
    Set nws = nw.Sheets(1) '赋值第一个sheet页;
    Set w = Workbooks.Open(x) '打开文件;
    For n = 1 To w.Sheets.Count '遍历选择的所有Sheet页;
        Set ws = w.Sheets(n)
        l1 = ws.UsedRange.SpecialCells(xlCellTypeLastCell).Column '数据列;
        h1 = ws.UsedRange.SpecialCells(xlCellTypeLastCell).Row '数据行;
        h2 = nws.UsedRange.SpecialCells(xlCellTypeLastCell).Row '合并表已有数据行;
        If i = 1 Then
            ws.Range(ws.Cells(1, 1), ws.Cells(h1, l1)).Copy nws.Cells(1, 1) '第一个sheet页, 则从表头开始复制;
            If sn = "是" Then '是否增加一列Sheet页名称列;
                nws.Cells(1, l1 + 1) = "Sheet页名称" '赋值标题;
```

图 11-47　多个 Sheet 页合并为一个 Sheet 文件 VBA 程序代码（一）

```
                nws.Range(nws.Cells(2, l1 + 1), nws.Cells(h1, l1 + 1)) = ws.Name '赋值Sheet页名称；
            End If
        Else
            ws.Range(ws.Cells(bt + 1, 1), ws.Cells(h1, l1)).Copy nws.Cells(h2 + 1, 1)
            '不是第一个sheet页，则跳过表头，开始复制；
            If sn = "是" Then
                nws.Range(nws.Cells(h2 + 1, l1 + 1), nws.Cells(h2 + h1 - 1, l1 + 1)) = ws.Name '赋值Sheet名称；
            End If
        End If
        Set ws = Nothing '释放变量；
        i = i + 1 '依次累加1，之后判断不是第一个文件；
    Next
    w.Close '关闭文件；
    On Error Resume Next '出错继续执行，避免重复创建文件夹报错；
    VBA.MkDir (pt + "\多Sheet页数据合并结果") '创建文件夹；
    If fm = "CSV" Then
        filepath = pt + "\多Sheet页数据合并结果" & "\" & wjm & ".csv" '保存成csv格式文件；
        nws.SaveAs Filename:=filepath, FileFormat:=6
    ElseIf fm = "XLSX" Then
        filepath = pt + "\多Sheet页数据合并结果" & "\" & wjm & ".xlsx" '保存成xlsx格式文件；
        nws.SaveAs Filename:=filepath, FileFormat:=51
    ElseIf fm = "XLS" Then
        filepath = pt + "\多Sheet页数据合并结果" & "\" & wjm & ".xls" '保存成xls格式文件；
        nws.SaveAs Filename:=filepath, FileFormat:=56
    End If
    Set nws = Nothing '释放变量；
    nw.Close '关闭合并的文件；
    tw.Save '保存程序设置；
    Application.ScreenUpdating = True '打开屏幕刷新；
    Application.DisplayAlerts = True '打开显示告警；
    MsgBox ("已完成！") '提示已完成；
End Sub
```

图 11-47 多个 Sheet 页合并为一个 Sheet 文件 VBA 程序代码（二）

11.13 VBA 实战之未来七天发电量预测

11.13.1 案例分析

目前通过风功率预测系统可以下载未来七天短期预测风速，我们可以根据历史日平均风速和日发电量拟合一条发电量曲线，根据该发电量曲线和预测风速，来预测未来七天发电量。

11.13.2 制作计算模板

解题步骤：

步骤 1 根据历史日平均风速、日发电量，拟合历史日发电量曲线，如图 11-48 所示。可以使用 AVERAGEIFS 函数带条件求平均计算出来。

步骤 2 计算未来七天平均风速，如图 11-49 所示。首先构建动态日期列，第一个单元格为设定的初始日期，后面六天依次累计加 1。使用 AVERAGEIFS 函数对未来七天短期预测风速按日期进行求平均，求得平均风速值。

步骤 3 计算未来七天预测电量，如图 11-50 所示。使用 FORCAST 线性预测函数，并配合使用 OFFSET 偏移函数、MATCH 查找匹配函数，计算未来七天预测电量值。

步骤 4 设计未来七天发电量预测展示图表，如图 11-51 所示。

步骤 5 设计控制界面，如图 11-52 所示。首先修改报表日期，按照下方要求，下载对应日期范围的未来七天短期预测风速文件，并放入相应文件夹内。单击“自动生成未来七天发电量”按钮，则自动生成当日未来七天发电量预测文件。

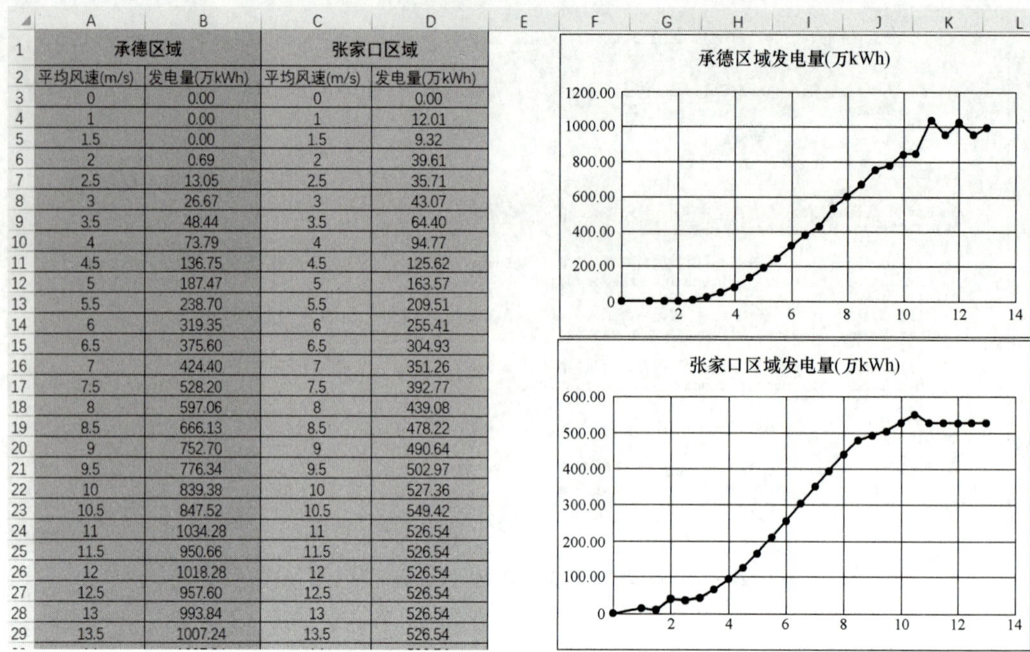

	A	B	C	D
1	承德区域		张家口区域	
2	平均风速(m/s)	发电量(万kWh)	平均风速(m/s)	发电量(万kWh)
3	0	0.00	0	0.00
4	1	0.00	1	12.01
5	1.5	0.00	1.5	9.32
6	2	0.69	2	39.61
7	2.5	13.05	2.5	35.71
8	3	26.67	3	43.07
9	3.5	48.44	3.5	64.40
10	4	73.79	4	94.77
11	4.5	136.75	4.5	125.62
12	5	187.47	5	163.57
13	5.5	238.70	5.5	209.51
14	6	319.35	6	255.41
15	6.5	375.60	6.5	304.93
16	7	424.40	7	351.26
17	7.5	528.20	7.5	392.77
18	8	597.06	8	439.08
19	8.5	666.13	8.5	478.22
20	9	752.70	9	490.64
21	9.5	776.34	9.5	502.97
22	10	839.38	10	527.36
23	10.5	847.52	10.5	549.42
24	11	1034.28	11	526.54
25	11.5	950.66	11.5	526.54
26	12	1018.28	12	526.54
27	12.5	957.60	12.5	526.54
28	13	993.84	13	526.54
29	13.5	1007.24	13.5	526.54

图 11-48 历史日发电量曲线数据表

F3 `=AVERAGEIFS($B:$B,$A:$A,">="&E3,$A:$A,"<"&E3+1)`

	A	B	C	D	E	F	G
1	承德区域		张家口区域		未来七天平均风速		
2	时间	短期预测风速	时间	短期预测风速	日期	承德区域	张家口区域
3	2022/05/17 00:00:00	6.70	2022/05/17 00:00:00	7.70	2022年5月17日	7.0	8.3
4	2022/05/17 00:15:00	6.90	2022/05/17 00:15:00	7.90	2022年5月18日	6.0	9.5
5	2022/05/17 00:30:00	7.00	2022/05/17 00:30:00	8.20	2022年5月19日	10.8	14.0
6	2022/05/17 00:45:00	7.10	2022/05/17 00:45:00	8.40	2022年5月20日	18.2	14.0
7	2022/05/17 01:00:00	7.20	2022/05/17 01:00:00	8.60	2022年5月21日	14.4	11.1
8	2022/05/17 01:15:00	7.30	2022/05/17 01:15:00	8.80	2022年5月22日	9.5	7.4
9	2022/05/17 01:30:00	7.40	2022/05/17 01:30:00	9.00	2022年5月23日	4.9	5.0

图 11-49 计算未来七天平均风速

`=FORECAST(F3,OFFSET(历史日发电量曲线!$B$2,MATCH(F3,历史日发电量曲线!$A$3:$A$52,1),0,2,1),OFFSET(历史日发电量曲线!$A$2,MATCH(F3,历史日发电量曲线!$A$3:$A$52,1),0,2,1))`

E	F	G	H	I
未来七天平均风速			未来七天发电量	
日期	承德区域	张家口区域	承德区域	张家口区域
2022年5月17日	7.0	8.3	424.8	465.6
2022年5月18日	6.0	9.5	311.5	503.1
2022年5月19日	10.8	14.0	970.9	526.5
2022年5月20日	18.2	14.0	1007.2	526.5
2022年5月21日	14.4	11.1	1007.2	526.5
2022年5月22日	9.5	7.4	778.6	385.8
2022年5月23日	4.9	5.0	172.6	161.1

图 11-50 计算未来七天预测发电量

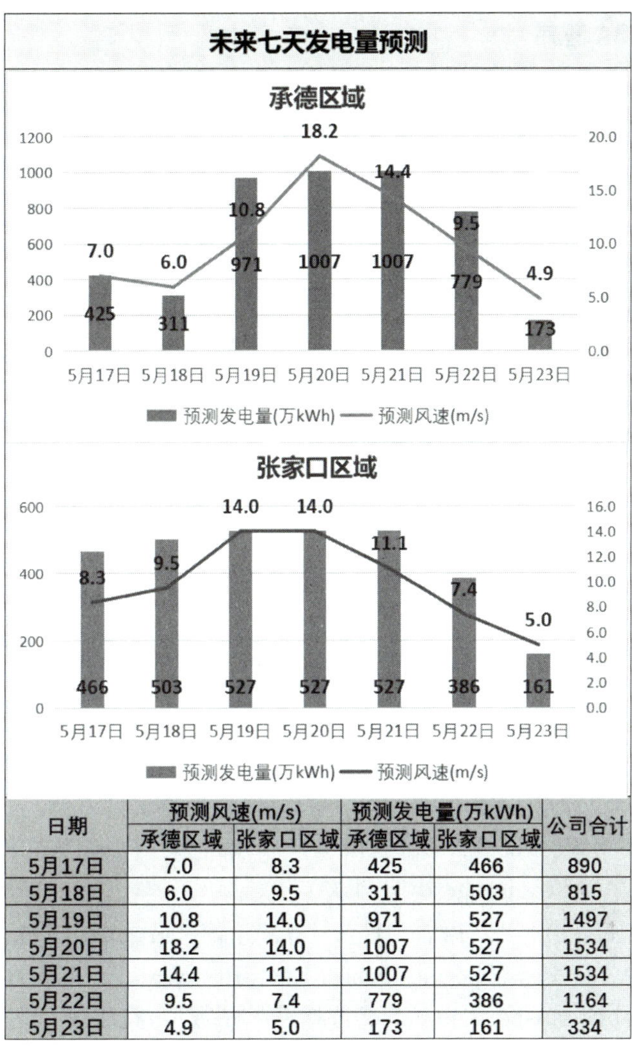

日期	预测风速(m/s)		预测发电量(万kWh)		公司合计
	承德区域	张家口区域	承德区域	张家口区域	
5月17日	7.0	8.3	425	466	890
5月18日	6.0	9.5	311	503	815
5月19日	10.8	14.0	971	527	1497
5月20日	18.2	14.0	1007	527	1534
5月21日	14.4	11.1	1007	527	1534
5月22日	9.5	7.4	779	386	1164
5月23日	4.9	5.0	173	161	334

图 11-51　未来七天发电量预测展示图

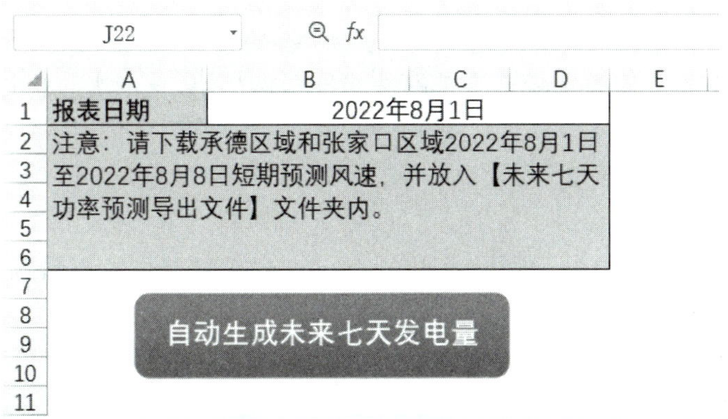

图 11-52　未来七天发电量预测控制界面

11.13.3 编写 VBA 程序

计算模板设计完毕后，程序主要实现打开预测风速数据文件、复制粘贴风速值、修改开始日期、生成预测文件。

Sub PowerGenerationForecast()’发电量预测；

Dim tw As Workbook,mb As Workbook,mbs As Worksheet,ycw1 As Workbook,ycw2 As Workbook’声明工作簿、工作表变量；

Application. ScreenUpdating =False’关闭屏幕刷新；

Application. DisplayAlerts =False’关闭应用告警；

Set tw =ThisWorkbook’赋值本文件；

rq =tw. Sheets(1). [B1]’赋值日期；

pt =tw. Path’赋值文件路径；

DateRange =Format(rq,"yyyy-mm-dd") & "_" & Format(rq+7,"yyyy-mm-dd")’设置日期范围；

Set mb =Workbooks. Open(pt & "/发电量预测模板【勿动】/发电量预测模板 . xlsx")

Set mbs =mb. Sheets("计算表")’赋值 Sheet 表；

mbs. [E3] =rq’赋值日期；

Set ycw1 =Workbooks. Open(pt & "/未来七天功率预测导出文件/功率预测_河北_承德区域_" & DateRange & ". xlsx")’打开风速预测文件；

Set ycw2 =Workbooks. Open(pt & "/未来七天功率预测导出文件/功率预测_河北_张家口区域_" & DateRange & ". xlsx")

ycw1. Sheets(1). [A2:B673]. Copy’复制承德区域未来七天短期功率预测数据；

mbs. [A3] . PasteSpecial Paste: = xlPasteValues, Operation: = xlNone, SkipBlanks:=False,Transpose:=False’选择性粘贴数值,且不进行运算,不跳过空单元格,不转置；

ycw2. Sheets(1). [A2:B673]. Copy’复制张家口区域未来七天短期功率预测数据；

mbs. [C3] . PasteSpecial Paste: = xlPasteValues, Operation: = xlNone, SkipBlanks:=False,Transpose:=False’选择性粘贴数值,且不进行运算,不跳过空单元格,不转置；

ycw1. Close’关闭文件；

ycw2. Close

mb. Sheets("发电量预测展示图"). Activate’设置首页发电量预测展示图为活动工作表；

On Error Resume Next’避免重复创建该文件夹而报错；

wjj =pt & "/" & Year(rq)& "年发电量预测"

VBA. MkDir (wjj)’创建文件夹；

filepath =wjj & "/" & Format(rq,"m 月 d 日")& "发电量预测表 . xlsx"’设置文

件名称；

mb. SaveAs Filename：＝filepath，FileFormat：＝51’另存文件，数值 51 为 xlsx 格式工作簿；

Set mbs ＝Nothing’释放工作表变量；

mb. Close’关闭模板；

tw. Save’保存文件；

Application. ScreenUpdating ＝True’打开屏幕刷新；

Application. DisplayAlerts ＝True’打开应用告警；

MsgBox "Finish!"，"提示"’输出提示对话框；

End Sub

图 11-53 为未来七天发电量预测 VBA 程序代码。

```
(通用)                                                    PowerGenerationForecast
Sub PowerGenerationForecast() '发电量预测;
    Dim tw As Workbook, mb As Workbook, mbs As Worksheet, ycw1 As Workbook, ycw2 As Workbook
    '声明工作簿、工作表变量;
    Application.ScreenUpdating = False '关闭屏幕刷新;
    Application.DisplayAlerts = False '关闭应用告警;
    Set tw = ThisWorkbook '赋值本文件;
    rq = tw.Sheets(1).[B1] '赋值日期;
    pt = tw.Path '赋值文件路径;
    DateRange = Format(rq, "yyyy-mm-dd") & "_" & Format(rq + 7, "yyyy-mm-dd") '设置日期范围;
    Set mb = Workbooks.Open(pt & "/发电量预测模板【勿动】/发电量预测模板.xlsx")
    Set mbs = mb.Sheets("计算表") '赋值Sheet表;
    mbs.[E3] = rq '赋值日期;
    Set ycw1 = Workbooks.Open(pt & "/未来七天功率预测导出文件/功率预测_河北_承德区域_" & DateRange & ".xlsx")
    '打开风速预测文件;
    Set ycw2 = Workbooks.Open(pt & "/未来七天功率预测导出文件/功率预测_河北_张家口区域_" & DateRange & ".xlsx")
    ycw1.Sheets(1).[A2:B673].Copy '复制承德区域未来七天短期功率预测数据;
    mbs.[A3].PasteSpecial Paste:=xlPasteValues, Operation:=xlNone, SkipBlanks:=False, Transpose:=False
    '选择性粘贴数值，且不进行运算，不跳过空单元格，不转置。
    ycw2.Sheets(1).[A2:B673].Copy '复制张家口区域未来七天短期功率预测数据;
    mbs.[C3].PasteSpecial Paste:=xlPasteValues, Operation:=xlNone, SkipBlanks:=False, Transpose:=False
    '选择性粘贴数值，且不进行运算，不跳过空单元格，不转置。
    ycw1.Close '关闭文件;
    ycw2.Close
    mb.Sheets("发电量预测展示图").Activate '设置首页发电量预测展示图为活动工作表;
    On Error Resume Next '避免重复创建该文件夹而报
    wjj = pt & "/" & Year(rq) & "年发电量预测"
    VBA.MkDir (wjj) '创建文件夹;
    filepath = wjj & "/" & Format(rq, "m月d日") & "发电量预测表.xlsx" '设置文件名称;
    mb.SaveAs Filename:=filepath, FileFormat:=51 '另存文件，数值51为xlsx格式工作簿;
    Set mbs = Nothing '释放工作表变量;
    mb.Close '关闭模板;
    tw.Save '保存文件;
    Application.ScreenUpdating = True '打开屏幕刷新;
    Application.DisplayAlerts = True '打开应用告警;
    MsgBox "Finish!", , "提示" '输出提示对话框;
End Sub
```

图 11-53　未来七天发电量预测 VBA 程序代码